ROLF LINDNER · LUDWIG STAIGER

ALGEBRAISCHE CODIERUNGSTHEORIE

Theorie der sequentiellen Codierungen

ELEKTRONISCHES RECHNEN UND REGELN

Herausgegeben von

Prof. Dr. Hans Frühauf · Prof. Dr. Wilhelm Kämmerer
Prof. Dr. Kurt Schröder · Prof. Dr. Helmut Thiele
Prof. Dr. Horst Völz

Band 11

ALGEBRAISCHE CODIERUNGSTHEORIE

Theorie der sequentiellen Codierungen

von

Prof. Dr. sc. nat. ROLF LINDNER

und

Dipl.-Math. LUDWIG STAIGER

AKADEMIE-VERLAG · BERLIN
1977

ALGEBRAISCHE CODIERUNGSTHEORIE

Theorie der sequentiellen Codierungen

von

Prof. Dr. sc. nat. ROLF LINDNER

Dipl.-Math. LUDWIG STAIGER

Jena

Mit 47 Abbildungen und 15 Tabellen

AKADEMIE-VERLAG · BERLIN

1977

Erschienen im Akademie-Verlag, 108 Berlin, Leipziger Str. 3 – 4

Lizenznummer: 202 · 100/402/77
Gesamtherstellung: VEB Druckerei „Thomas Müntzer", 582 Bad Langensalza
Bestellnummer: 761 8676 (6126) · LSV 1085
Printed in GDR
DDR 48, – M

Unserem verehrten Lehrer

Herrn Professor Dr. sc. nat. H. Thiele

gewidmet

VORWORT

In den Jahren seit 1967 hat man sich innerhalb der algebraischen Codierungstheorie der Untersuchung *rekurrenter* (*convolutional*) Codes besonders intensiv zugewandt (siehe auch [70]). Dabei wurde nahezu ausschließlich von Beschreibungen derartiger Codes durch *Polynome* Gebrauch gemacht, ein Weg, der sich durch entwicklungsbedingte enge Bindungen an das Ideengut der Theorie der linearen Blockcodes erklären läßt.

Es zeigt sich jedoch, daß man aus der Theorie der *endlichen Automaten* und *regulären Mengen* ebenfalls hinreichend gute und umfassende Beschreibungen von rekurrenten Codes ableiten kann. Ein solcher Ansatz erweist sich deshalb als vorteilhaft, weil er es gestattet, von Verhaltensweisen der Codierungen „im Großen" auf die Eigenschaften „im Kleinen" zu schließen. Darüber hinaus entsteht bei diesem Vorgehen eine Theorie, die eine einheitliche Darstellung aller am Codierungsprozeß wesentlich beteiligten Objekte liefert.

Wir legen deshalb dem Leser mit dieser Monographie ein mögliches Konzept für globale Codierungstheorien vor, wobei wir uns sinnvoll zunächst auf spezielle subrekursive Bereiche beschränken. Damit wenden wir uns

an den Praktiker und Spezialisten für Informatik in der Hoffnung, durch sein Zutun das hier vorgelegte und allein aus theoretischen Erwägungen entstandene Material einer Nutzung und damit notwendigerweise verbundenen Weiterentwicklung zuführen zu können, sowie

an den Mathematiker in Lehre und Forschung mit der Absicht, ihm eine relativ geschlossene Abhandlung über das Verhalten sequentieller Automaten anzubieten, die durch vielfältige Querverbindungen zur Analysis, Algebra, Topologie usw. die Verankerung der Automatentheorie innerhalb der Mathematik und den Nutzen für die Codierungstheorie auf ihre Weise unterstreicht.

Entsprechend diesem Vorhaben erörtern wir in allgemeinverständlichen Formulierungen die zentralen Aufgaben einer Theorie sequentieller Codierungen in den Kapiteln I und II. Es schließt sich im Kapitel III eine zur Lösung geeignete Theorie an. Schließlich bieten wir im Kapitel IV Lösungsvarianten für eingangs formulierte Aufgaben, deren wichtigste Teilschritte in einem Anhang für denjenigen Leser, der die Theorie nicht ausführlich studieren möchte, übersichtlich zusammengestellt sind.

Die vorliegenden Resultate stützen sich auf Untersuchungen globaler Eigenschaften kommafreier Codes, die auf Initiative von Herrn Prof. Dr. H. Thiele im Jahre 1966 in Jena begonnen wurden. Das generelle Konzept einer Theorie störresistenter sequentieller Codes ist in [33] publiziert worden und war Gegenstand der Forschung der Autoren in Jerevan (1970—1973) sowie in Moskau (1969—1971).

Es ist den Autoren eine angenehme Pflicht, ihren verehrten Lehrern von Herzen Dank zu sagen. Darüber hinaus sei unseren Kollegen und Freunden, insbesondere Prof. Dr. L. Budach (Berlin), Doz. Dr. G. Wechsung, Dr. K. Wagner und Dipl.-Math. R. Klette (Jena) für viele anregende Diskussionen sowie teilweise oder vollständige Durchsicht der Manuskripte gedankt. Bei Frau G. Girlich und Frau E. Lotz (Jena) bedanken wir uns für die sorgfältige Ausführung der Schreibarbeiten und schließlich bei den Kollegen des Akademie-Verlages Berlin und der Druckerei „Thomas Müntzer", Bad Langensalza für die vorzügliche Zusammenarbeit.

Jena, im März 1975

Rolf Lindner Ludwig Staiger

INHALTSVERZEICHNIS

EINLEITUNG

1. Allgemein wird anerkannt, daß Informationen Bestandteile der objektiven Realität und als solche an reale Träger gebunden sind. Demgemäß werden die Begriffe *Codierung*, *Code* und *Decodierung* in der Regel als Synonyme für *Transformationen* von Trägern, *Transformierte* von Trägern bzw. *inverse Transformationen* von Trägern benutzt. Dabei ist es sinnvoll, sogleich sorgsam zu unterscheiden zwischen der *Codierung* (d. h. der Transformation) und dem *Resultat* einer Codierung, dem *Code*. Ferner wollen wir in diese allgemeine begriffliche Klärung auch zunächst keine Forderungen an die Beziehungen zwischen transformierten Trägern, den von ihnen getragenen Informationen und den von den ursprünglichen Trägern getragenen Informationen aufnehmen. Dies empfiehlt sich schon deshalb, weil auf dieser allgemeinen Stufe der Begriff des *Inhaltes von Informationen* erhebliche Schwierigkeiten bereiten dürfte. Trägertransformationen oder, wie man etwas weniger genau häufig auch sagt, Informationsverschlüsselungen und -entschlüsselungen, treten in den verschiedensten Bereichen der Informationsverarbeitung, -speicherung und -übertragung auf und werden dort zu sehr unterschiedlichen Zwecken angewandt.

a) In manchen Fällen macht es die Auswertung gewisser Informationen in einem Medium erforderlich, daß die Träger dieser Informationen dem jeweiligen Medium angepaßt sind. Werden diese Informationen jedoch zunächst durch Träger gegeben, die nicht mit dem betreffenden Medium korrespondieren, so macht sich eine Codierung notwendig.

Nicht immer tritt in solchen Fällen der Prozeß der Decodierung deutlich zu Tage; häufiger sogar ist er nicht eindeutig auszumachen. Eine derartige Situation liegt z. B. dann vor, wenn man die Aufgabe hat, einen abstrakten endlichen Automaten (siehe z. B. Abbildung 0.1.) strukturell zu synthetisieren, d. h. ein Netz, bestehend aus logischen (zweiwertigen) Elementarschaltungen und Verzögerungselementen, zu konstruieren, das den gegebenen abstrakten Automaten realisiert (siehe z. B. [20], [28]). Man ist dann bekanntlich auf Grund der Zweiwertigkeit der zur Verfügung stehenden Bauelemente gezwungen, die Zustände A, B, C und die Eingabesignale x, y, z durch endliche Folgen von Nullen und Einsen zu codieren, etwa in der Form, wie dies in Tabelle 0.2. angegeben ist. Aus dem vorgegebenen abstrakten Automaten und der gewählten Codierung ergeben sich dann in kanonischer Weise BOOLEsche Funktionen, die lokal das Verhalten des zu konstruierenden logischen Netzes beschreiben (siehe Tabelle 0.3.). Analog beurteilen wir auch die Situation im Falle genetischer Codes,

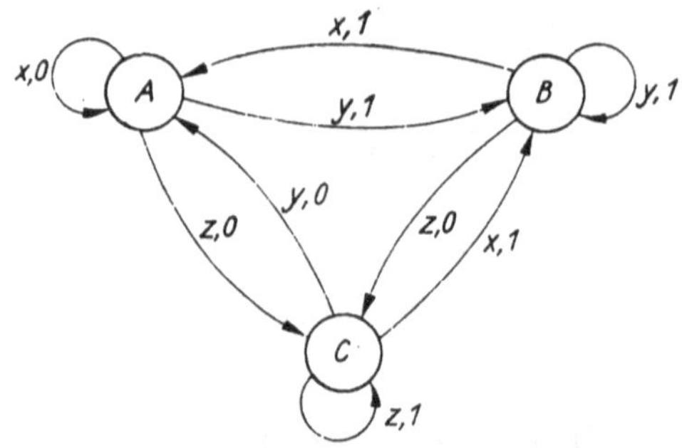

Abb. 0.1. Abstraktes Konzept eines logischen Netzes

Tab. 0.2. Eine Codierung der Elemente aus Abbildung 0.1.

Eingabesignal	Code	Zustand	Code
x	00	A	00
y	01	B	01
z	10	C	10

Tab. 0.3. BOOLEsche Funktion zu Abbildung 0.1. gemäß Tabelle 0.2.

Eing.-Code		Zust.-Code		Zustands-Code		Ausgabe
e_1	e_2	i_1	i_2	$f_1(e_1, e_2, i_1, i_2)$	$f_2(e_1, e_2, i_1, i_2)$	$g(e_1, e_2, i_1, i_2)$
0	0	0	0	0	0	0
0	0	0	1	0	0	1
0	0	1	0	0	1	1
0	0	1	1	—	—	—
0	1	0	0	0	1	1
⋮	⋮	⋮	⋮	⋮	⋮	⋮

obzwar gerade hier eine Präzisierung dessen, was Decodierung heißen soll, hinlänglich kompliziert sein dürfte.

Schließlich sei bemerkt, daß man sich auch in mathematischen Theorien selbst häufig der Codierung bedient, um gewisse Sachverhalte in eine Sprache zu transformieren, in der eine exakte begriffliche Klärung möglich ist. So sagt man z. B. in der Algorithmentheorie, daß eine Menge M von Paaren natürlicher Zahlen, d. h. $M \subseteq \mathsf{N} \times \mathsf{N}$, *rekursiv aufzählbar* heißt, wenn dies für die Menge $C_2(M)$ derjenigen natürlichen Zahlen zutrifft, die man vermöge der CANTOR-*Numerierung* (CANTOR-*Codierung*)

$$C_2(x, y) =_{Df} \frac{(x + y)\,(x + y + 1)}{2} + x$$

erhält [38].

b) Nicht selten machen sich Codierungen dann notwendig, wenn es gilt, von Trägern, die eine Fülle von z. T. unwesentlichen Teilinformationen tragen, überzugehen zu solchen Trägern, die nur noch wesentliche Teile dieser Informationen weitertragen. Derartige Codierungen treten in der Regel in den unmittelbaren Umgebungen von *Signalquellen* auf, weil für Signalquellen wesentliche oder unwesentliche Informationen, a priori und losgelöst vom Charakter der *Senke* (des *Empfängers*) im allgemeinen gar nicht existieren können und daher mit gewissen, für eine Senke wesentlichen Informationen auch zugleich eine Reihe von unwesentlichen Informationen auftreten werden. Dies wird bereits klar, wenn man z. B. die Informationsverdichtungen betrachtet, die beim maschinellen Lesen handgeschriebener Schriftzeichen und anschließenden Ausdrucken entsprechender normierter Druckzeichen auftreten. Die etwa für einen Graphologen wesentlichen Informationen, die durch die Verschiedenheit der Schriftzeichen (siehe z. B. Abbildung 0.4.) getragen werden, gehen bei einer derartigen Verdichtung völlig verloren, weil für die zugehörige Senke, d. h. in unserem Beispiel für das nachgeordnete Schreibgerät, den Rechner etc., nur ein Teil der durch diese Träger übermittelten Information wichtig ist, nämlich die Zugehörigkeit zu einer der Buchstabenklassen.

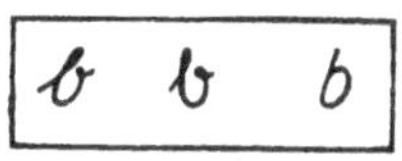

Abb. 0.4. Beispiele für Elemente der Buchstabenklasse „b“

Man sieht unschwer, daß diese Arten von Codierungen — sie werden häufig als *Quellencodierungen* bezeichnet — oft nicht von Erkennungsalgorithmen bestimmter Typen (Zeichenerkennungsalgorithmen, Spracherkennungsalgorithmen u. a. m.) zu unterscheiden sind. Nach Gegenstand und Methoden beurteilt, ist die Untersuchung von Quellencodierungen zweifellos ein Grenzgebiet zwischen Codierungs- und Erkennungstheorie.

c) Probleme der Weiterleitung von Informationen über ein übertragendes Medium (über einen *Kanal*) standen und stehen nach wie vor im Mittelpunkt codierungstheoretischer Untersuchungen. Aus diesem Aufgabenkreis erhielt die Codierungstheorie wesentliche Impulse, und eine Vielzahl von Resultaten der Theorie finden hier ihre Anwendungen. Grundsätzlich steht man bei der Untersuchung von Kanalcodierungen und -decodierungen vor der Aufgabe, nach einer bereits erfolgten Quellencodierung die Informationen längs eines Übertragungskanals weiterzuleiten, wobei durch den Übertragungskanal schon ein wohlbestimmtes Trägerrepertoire fixiert ist, welches i. a. von geringerem „Umfang“ als das der Ausgabeseite der Quellencodierung ist. Daher ist man zumeist darauf angewiesen, die Träger der zu übertragenden Informationen zunächst durch eine *Kanalcodierung* geeignet zu transformieren (siehe Abbildung 0.5.). Im Regelfalle schließt sich an die Übertragung über den Kanal eine inverse Transformation der Träger, die *Kanaldecodierung*, an.

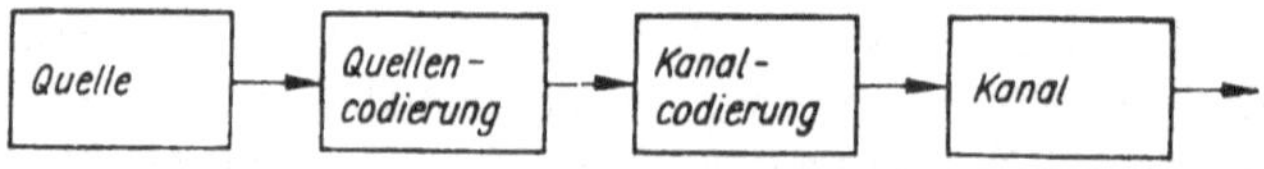

Abb. 0.5. Schema einer Anpassung der Quelle an den Kanal

d) Von nicht geringer Bedeutung für die Codierungstheorie und -praxis sind Störungen, denen Träger von Informationen in Speicher-, Übertragungs- und sonstigen informationsverarbeitenden Medien ausgesetzt sind. Sollen die Auswirkungen dieser Störungen in gewissen vertretbaren Grenzen gehalten werden, so muß, wie das die klassische Codierungs- und Informationstheorie bereits zeigt, die Trägermenge eine wohlbestimmte *Redundanz* aufweisen, oder es muß durch eine zusätzliche Transformation der Trägermenge in eine andere diese Redundanz „künstlich" geschaffen werden. Häufig wird in diesem Zusammenhang von sogenannten *„selbstkorrigierenden"* oder auch *„fehlerkorrigierenden"* Codes gesprochen, obwohl die betreffenden Codes gar keine Fehlerkorrektur selbst vornehmen können, sondern lediglich unter bestimmten Voraussetzungen eine Fehlerkorrektur durch den „äußeren Nutzer" erlauben. Wir ziehen daher die den Sachverhalt besser widerspiegelnde Bezeichnung *Störresistenz* von Codes den genannten vor.

Abschließend wollen wir anmerken, daß keine der unter a) bis d) aufgeführten Aufgabenklassen, einschließlich gewisser weiterer, hier nicht genannter, getrennt voneinander zu betrachten sind. Vielmehr durchdringen sich diese einzelnen Aufgabentypen gegenseitig, was wir am Beispiel der Beziehungen zwischen den im Punkt d) formulierten Problemen und den restlichen erläutern möchten. So sind z. B. Aufgaben aus der Strukturtheorie der Automaten (siehe a)) naturgemäß damit verbunden, nach Möglichkeit solche Codierungen der Zustände, der Eingabesignale usw. abstrakter Automaten zu finden, die gegenüber gewissen, dort näher zu präzisierenden Unregelmäßigkeiten der Arbeit einzelner Schaltelemente resistent in dem Sinne sind, daß die Verhaltensweise des strukturierten Automaten bei Einhaltung gewisser Störgrenzen gleich der konzipierten ist. Auch Quellencodierungen werden in der Regel nicht lösgelöst von Überlegungen zur Störresistenz untersucht.

So ist z. B. bei der Transformation geschriebener Zeichen in Druckzeichen (Buchstaben, Zahlen etc.) ein möglicher Störeinfluß beschrieben durch gewisse Verzeichnungen von geschriebenen Symbolen, die zur Unleserlichkeit oder zur fehlerhaften Transformation führen können. Aus dieser Situation ergibt sich dann u. a. die Aufgabe, den Umfang der Verzeichnungen derart einzuschränken, daß solche Fehler nicht auftreten, oder Grenzen für die Verzeichnungsmöglichkeiten derart anzugeben, daß gewisse Genauigkeitsbedingungen bei der Transformation eingehalten werden. Schließlich sind bekanntermaßen Übertragungskanäle und die damit erforderlichen Kanalcodierungen stets im Zusammenhang mit möglichen Störungen der Träger bei der Übertragung über den Kanal zu betrachten, und führen dort zu den aus der klassischen Informationstheorie und Codierungstheorie bekannten Untersuchungen über die Störresistenz von Codes.

2. Gebraucht man den Begriff der Codierung konsequent, so sollte man auch die Transformationen *kontinuierlicher Träger* als Codierungen auffassen und sie im Rahmen einer Codierungstheorie untersuchen. Natürlich erfordert es dann die Natur der Objekte, anstelle algebraischer und diskret-mathematischer Methoden funktionalanalytische und andere Methoden anzuwenden. Daß sich bisher die Mehrzahl der erschienenen Arbeiten mit diskreten Codierungen beschäftigte, liegt sicher u. a. daran, daß die zu Codierungs-, Decodierungs- und anderen Zwecken eingesetzten informationsverarbeitenden Systeme in der Regel diskreter Natur sind, und daß man auf dem Wege einer geeigneten Abtastung sehr wohl in der Lage ist, kontinuierliche Träger in diskrete zu überführen, sie zu analysieren, und umgekehrt aus derartigen diskreten Trägern auch wieder kontinuierliche zu synthetisieren. (Siehe hierzu z. B. [6]).

3. Die bereits aus dem Titel ersichtliche Betonung des *algebraischen* Aspektes unserer Untersuchungen verlangt nach einigen Erklärungen, besonders unter Beachtung des Verhältnisses zwischen Codierungstheorie und Informationstheorie. Wie allgemein bekannt ist, untersucht die Informationstheorie u. a. Eigenschaften des statistischen bzw. des semantischen Informationsgehaltes gewisser Ensembles sowie Probleme, die bei der Übertragung von Informationen über einen Kanal mit begrenzter Kanalkapazität auftreten. Dabei ist die Informationstheorie gezwungen, der Tatsache, daß Informationen an Träger gebunden sind, Rechnung zu tragen. Dies macht sich durch die dort zu findende Berücksichtigung der Natur der Träger (Codes) bemerkbar. Auf solche Weise existiert eine sehr enge und natürliche Beziehung zwischen dem Gegenstand und den Methoden der Informationstheorie und codierungstheoretischen Untersuchungen, die vorwiegend algebraischen und algorithmentheoretischen Charakters sind. So stellen z. B. bekannte Verfahren, wie der HUFFMANsche Algorithmus zur Konstruktion optimaler Codes, gewisse Bindeglieder zwischen dem informationstheoretischen und dem algebraischen Zugang zur Codierungstheorie dar. Auch im Falle nichtklassischer, z. B. sequentieller Codierungen, liegen die Verhältnisse nicht anders: Eine durchgängige Nutzung gewisser Ergebnisse einer Theorie sequentieller Codierungen in der Praxis erfordert u. a. auch die Klärung gewisser Probleme typisch informationstheoretischer Natur, wie z. B. Abschätzungen der Übertragungsgeschwindigkeit bei vorliegender Kanalkapazität, die Konstruktion minimal redundanter Codes u. a. m. Wenn wir uns nun in der vorliegenden Monografie ausschließlich mit der algebraischen Komponente der Codierungstheorie im Falle sequentieller Codes beschäftigen, so geschieht dies in dem Bewußtsein, daß damit zunächst die prinzipielle Leistungsfähigkeit sequentieller Codierungen abgesteckt wird, d. h. derjenige Untersuchungsraum, innerhalb dessen weitere informationstheoretisch orientierte Forschungen noch notwendig sind. Es ergibt sich natürlich hier wie in der klassischen Codierungstheorie die Frage, ob es überhaupt möglich ist, unter Verzicht auf wahrscheinlichkeits- und informationstheoretische Methoden gewisse Eigenschaften von Signal- und Rauschquellen so zu beschreiben, daß man dabei die Eigenschaften dieser Objekte noch hinreichend genau model-

liert hat. Wie wir später feststellen werden, ist dieses Problem bei geeigneter Verwendung algorithmentheoretisch orientierter Beschreibungsmethoden durchaus lösbar.

4. Beurteilt man die algebraische Codierungstheorie nach ihrem Gegenstand und nach ihren Methoden, so stellt man fest, daß es sich dabei um mathematische Beiträge zur Untersuchung der Informationsverarbeitung, -speicherung und -weiterleitung in entsprechenden Systemen handelt, mithin also um Beiträge zur *Mathematischen Kybernetik*.

KAPITEL I

EINIGE AUFGABEN DER ALGEBRAISCHEN CODIERUNGSTHEORIE — EINE ANALYSE DER KLASSISCHEN ALGEBRAISCHEN CODIERUNGSTHEORIE

1. Die Verhältnisse im Übertragungsensemble

Wie wir bereits in der Einleitung feststellen konnten, ist der Übertragungskanal ein hinreichend gutes Modell für eine große Klasse von Aufgabentypen, die in der algebraischen Codierungstheorie auftreten können. Wir werden deshalb unsere gesamten Untersuchungen ausschließlich am *diskreten* Kanal orientieren und geben zu diesem Zwecke zunächst eine ausführliche Beschreibung der Charakteristika der einzelnen Bestimmungsstücke eines Ensembles (siehe Abbildung 1.1.).

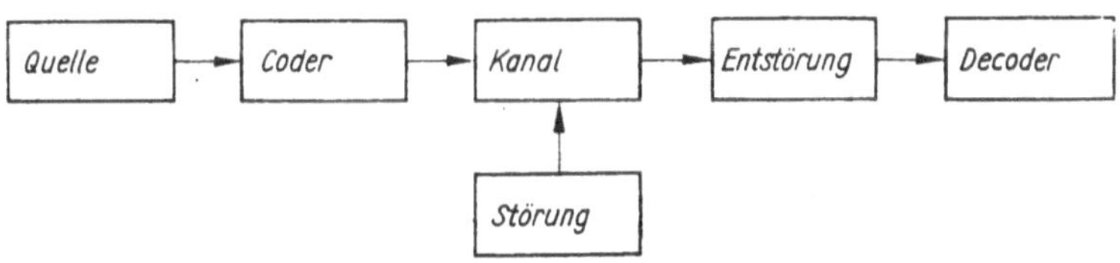

Abb. 1.1. Schema eines Ensembles

1.1. Die Bestimmungsstücke des Ensembles

1.1.1. Die Quelle

Wir gehen davon aus, daß eine Quellencodierung im engeren Sinne (siehe Einleitung) bereits erfolgt ist und daß nunmehr die betreffenden Informationen durch Sequenzen, bestehend aus Elementen einer endlichen Menge, getragen werden. Im weiteren identifizieren wir daher die Quelle mit einem gewissen Erzeugungsverfahren für derartige Sequenzen über einem endlichen *Alphabet* X. Aus der Praxis ist bekannt, daß sowohl relativ „kurzzeitig sendende" Quellen als auch solche, deren Sendedauer relativ große Zeiträume umfassen, auftreten können. Obwohl es sich in beiden Fällen natürlich um endliche Sequenzen von *Buchstaben* aus dem Alphabet X handelt, ist es doch ratsam, bei der mathematischen Beschreibung von Quellen diese Unterschiede geeignet zu berücksichtigen. Man stelle sich z. B. einen hinreichend lange währenden physikalischen, technologischen oder anderen Prozeß vor und nehme an, daß zum Zwecke der Überwachung ständig Meßwerte abgegriffen und für die Weiterleitung auf einer Datenübertragungsstrecke codiert werden. Dann ist man sicher geneigt, die

Folge der Träger (Buchstaben) als potentiell unendlich anzusehen. Wir wollen deshalb im folgenden eine Quelle R_1 vom *Worttypus* nennen, falls $R_1 \subseteq X^*$, wo X^* die Menge aller endlichen Zeichenreihen (*Wörter*) der Form $p = x_1 \cdots x_l$ ($l \geqq 1$, $x_\lambda \in X$) einschließlich des *leeren Wortes e*, d. h. des Wortes, das aus keinem Buchstaben besteht, sei; R_1 soll dagegen vom *Folgentypus* oder vom Typus ω heißen, falls $R_1 \subseteq X^\omega$, wobei X^ω die Menge aller unendlichen Folgen der Form $\xi = x_1 \cdots x_i \cdots$ ($x_i \in X$) bezeichne. Mischungen dieser Typen sind natürlich denkbar und sollen zunächst nicht ausgeschlossen sein.

Für die algorithmische Beschreibung derartiger Quellen bieten sich verschiedene Möglichkeiten an, wenn man z. B. an die Theorie der formalen Sprachen [15] denkt. Dazu gehören auch die auf KLEENE und MCNAUGTHON zurückgehenden Beschreibungen von Wort- bzw. Folgenmengen durch sogenannte *reguläre Terme*. Speziell von ihnen werden wir später ausgiebig Gebrauch machen. Der mit den Begriffen des KLEENE- und MCNAUGHTON-Termes noch nicht vertraute Leser findet im Kapitel III präzise Definitionen dieser Objekte. Uns soll es hier zunächst genügen, anhand von Beispielen die durch derartige Terme gegebenen Beschreibungsmöglichkeiten für Quellen zu betrachten.

Beispiel 1.1. Der KLEENE-Term $\mathcal{T} \equiv x_1 \circ \langle x_2 \vee x_3 \rangle \vee x_2 \circ \langle x_3 \circ x_1 \rangle$ über dem Alphabet $X = \{x_1, x_2, x_3\}$ beschreibt eine reguläre Wortmenge W, zu der alle und nur die Wörter gehören, die mit x_1 beginnend durch endliche, aus x_2 und x_3 bestehende Subsequenzen entstehen oder mit x_2 beginnend durch endliche, aus dem Wort x_3x_1 aufgebaute Subsequenzen fortgesetzt werden. So ist z. B. $x_1x_2x_2x_3x_2 \in W$, jedoch gilt $x_2x_3x_3x_1 \notin W$.

Beispiel 1.2. Durch den MCNAUGHTON-Term $\mathcal{T}' \equiv x_1 \circ [x_2 \vee x_3] \vee x_2 \circ [x_3 \circ x_1]$ ist eine reguläre Folgenmenge F definiert, zu der alle und nur die Folgen aus X^ω gehören, die mit x_1 beginnend durch unendliche Folgen, bestehend aus x_2 und x_3, oder mit x_2 beginnend durch unendliche Folgen, bestehend aus den Subsequenzen x_3x_1, fortgesetzt werden. In diesem Sinne gilt also für die periodische Folge $\xi = x_1\overline{x_2} = x_1x_2x_2 \ldots$, daß $\xi \in F$; für die periodische Folge $\xi' = \overline{x_2x_1} = x_2x_1x_2x_1 \ldots$ haben wir jedoch $\xi' \notin F$.

Algorithmische Beschreibungen von Quellen des Wort- oder Folgentypus, wie z. B. die Beschreibung durch reguläre Terme, haben den Vorteil, daß man sehr leicht präzisieren kann, auf welche Weise eine Quelle ihre Träger in Abhängigkeit von der Vorgeschichte der Sendung ausgibt. Betrachten wir etwa die durch Beispiel 1.2. beschriebene reguläre Quelle vom Typus ω, so stellen wir leicht fest, daß nach der „Vorgeschichte" $x_1x_2x_2x_3$ nie mehr der Buchstabe x_1 auftreten kann. Eine solche Eigenschaft liegt dahingegen bei der durch den MCNAUGHTON-Term $\mathcal{T}'' \equiv [x_1 \vee x_2 \vee x_3]$ beschriebenen regulären Quelle vom Typus ω nicht vor. Hier würden wir davon sprechen, daß diese Quelle unabhängig von der Vorgeschichte der Sendung die nächsten Symbole (Buchstaben) ausgibt. Bereits die statistische Informationstheorie untersucht mit den ihr eigenen Methoden Quellen mit und ohne „Gedächtnis". Eine anschaulich-intuitive Rechtfertigung erhalten diese wie unsere Zugänge dadurch, daß z. B. bei der Abtastung realer physikalischer, chemischer u. a. Prozesse in vielen Fällen gewisse Sprünge von Meßwerten ausgeschlossen sind.

1.1.2. Der Coder und die von ihm realisierte Codierung

Vereinbarungsgemäß gilt es, die Quelleninformationen über einen diskreten Kanal zu übertragen. Wir dürfen daher sogleich voraussetzen, daß der *Signalumfang* des Kanals durch ein endliches Alphabet Y erfaßt ist. Dann besteht die Aufgabe des Coders bekanntlich darin, in wohlbestimmter Weise die aus der Quelle R_1 einlaufenden Buchstaben in Wörter über dem Alphabet Y umzuformen. Häufig macht man nun an dieser Stelle eine Fallunterscheidung: Der Coder trennt die einzelnen, im Ergebnis der Codierung von Quellenbuchstaben entstehenden Wörter durch ein spezielles *Trennzeichen* voneinander oder nicht. Bei einer allgemeinen Erörterung der Rolle des Coders sind derartige Unterschiede nicht erheblich. Geht man nämlich davon aus, daß Y die Menge aller und nur der für den Kanal zur Verfügung stehenden Buchstaben ist, so hat man nur die Wahl, ein spezielles Zeichen aus dem Alphabet Y ausschließlich als Trennzeichen zu verwenden — häufig ist dies, wie z. B. im Falle des Alphabets $Y = \{0, 1\}$ gar nicht möglich —, sich über Y ein spezielles Wort, das als *Trennwort* fungiert, zu konstruieren, oder schließlich die Konstruktion der Codewörter so zu wählen, daß eine nachträgliche Trennung dieser Wörter möglich ist. Gleichviel, wofür man sich entscheidet, in jedem Falle wird zunächst das Alphabet Y vollständig ausgeschöpft, was nichts anderes bedeutet, als daß jede der diskutierten Varianten lediglich eine gewisse spezielle Art von allgemeiner Codierung verkörpert.

Ein hinreichend allgemeines mathematisches Modell für die Arbeitsweise eines programmierten Coders ist — der Hypothese von CHURCH folgend — durch die Arbeitsweise der folgenden TURING-Maschine gegeben (siehe Abbildung 1.2.).

Der Coder verarbeitet sukzessive die auf dem Eingabeband aufgetragenen Quellenausgaben mit Hilfe seines Programmes und eines als potentiell unendlich angenommenen Arbeitsbandes und gibt im Ergebnis dieser Abarbeitung auf dem Ausgabeband sukzessive Buchstaben aus Y (den Code) aus. Diese allgemeine

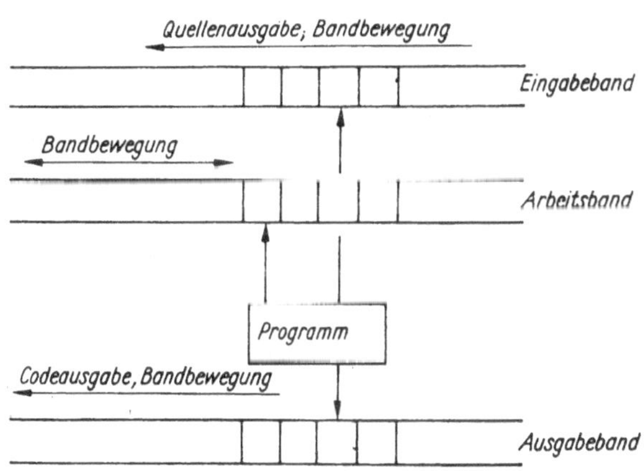

Abb. 1.2. Schema eines „TURING-Coders“

Auffassung eines Coders als spezielle TURING-Maschine hat den Vorteil, daß man auf diese Weise sehr übersichtlich die möglichen Arbeits- und Verhaltensweisen von Codern klassifizieren kann. Zunächst ist es klar, daß bei entsprechender Programmierung der in Abbildung 1.2. dargestellten TURING-Maschine ein Operator Φ aus $X^\omega \cup X^*$ in $Y^\omega \cup Y^*$ realisiert wird, dessen Definitionsbereich D_Φ die Quellenmenge R_1 umfaßt ($R_1 \subseteq D_\Phi$)[1]). Wesentliche Unterscheidungsmerkmale für die Arbeitsweise solcher Coder ergeben sich nun aus der Art der Abhängigkeit des im Takt t ausgegebenen Codebuchstabens von der bis zu diesem Moment auf dem Eingabeband erfolgten Eingabe.

a) Ist der Coder so programmiert, daß seine Ausgabe i. a. *effektiv* von beliebig langen „Vorgeschichten" der Eingabe vermöge seines potentiell unendlichen Arbeitsbandes abhängt, so wird durch ihn eine Codierung Φ berechnet, die wir berechenbar sequentiell nennen wollen.

b) Ist der Coder so programmiert, daß die Ausgabe im Takt t nur in dem Umfange von der Eingabevorgeschichte abhängt, wie dies ein endlicher Speicher erlaubt, so wollen wir die realisierte Codierung als *sequentielle Codierung* mit *endlichem Gewicht* bezeichnen.

c) Schließlich liegt ein Sonderfall von b) dann vor, wenn die Ausgabe im Takt t überhaupt nicht von der Eingabevorgeschichte, sondern nur von dem jeweils eingestellten Eingabebuchstaben abhängt. In diesem Falle wollen wir Φ als *kombinatorische* Codierung bezeichnen.

Mit den Erörterungen in a), b) und c) ist hinreichend genau, wenn auch nicht formalisiert, erfaßt, in welchem Zusammenhang man sinnvoll davon sprechen kann, daß bei einer Codierung die Quellenbesonderheiten, d. h. die Bauweise der von der Quelle R_1 auszusendenden Buchstabenfolgen, berücksichtigt werden. Derartige Gesichtspunkte finden sich bereits in der statistischen Informationstheorie ([11]); sie werden im Unterschied dazu hier unter ausschließlicher Verwendung algorithmentheoretischer Mittel beachtet. Unser Beispiel 1.2. zeigt auch, daß entsprechende Überlegungen durchaus gewissen Gegebenheiten in der Praxis Rechnung tragen: Wenn man nämlich z. B. weiß, daß nach Ablauf einer gewissen „Quellenvorgeschichte" nur noch Buchstaben aus wohlbestimmten Teilmengen des gesamten Quellenalphabetes auftreten können, wenn also nach Erreichen eines bestimmten Zustandes eines realen Prozesses nicht mehr alle möglichen Meßwerte auftreten können, so ist es sicher sinnvoll, sich in der Art und Weise der Codierung der nachfolgenden Buchstaben auf diesen Umstand einzustellen.

Im weiteren soll R_2 für den *Code* von R_1 bei der Codierung Φ stehen, d. h. $R_2 = \Phi(R_1)$.

1.1.3. Die Kanalstörung und die von ihr realisierte Abbildung

Im Ergebnis von 1.1.2. liegen Sequenzen aus $\hat{Y}$, d. h. Codes gewisser Quelleninformationen vor, und es gilt nun, die bei der Übertragung über einen Kanal

---

[1]) Im folgenden setzen wir der Kürze halber $\hat{X} =_{Df} X^\omega \cup X^*$ für ein endliches Alphabet X.

mit dem Alphabet Y einsetzenden Störungen geeignet mathematisch zu erfassen.

Eingangs überlegen wir uns dazu, daß es sinnvoll ist, vom Kanalalphabet Y zu einem Erweiterungsalphabet Z mit $Z \supseteq Y$ überzugehen. Wir haben dafür folgende Gründe: Im Ergebnis der Störungen unserer Codeelemente können neue Buchstaben auftreten, die nicht zum Kanalalphabet gehören. Sie lassen sich z. B. interpretieren als verschiedene Grade der Unleserlichkeit oder allgemeiner der Deutbarkeit am Ende des Kanales, d. h. nach der Störung. Unser allgemeines mathematisches Modell eines gestörten Übertragungsmediums müßte daher ein informationsverarbeitendes System sein, das eingabeseitig das Alphabet Y und ausgabeseitig das Alphabet Z hat. Grundsätzlich bieten sich dazu unter anderem die folgenden Ansätze an:

a) Man denkt sich alle im Kanal auftretenden Störungen bereits im *Coder* lokalisiert und erfaßt sie, indem man anstelle der in 1.1.2. gewählten deterministischen TURING-Maschine eine *nichtdeterministische* TURING-Maschine mit dem Ausgabealphabet Z wählt.

b) Man wählt als Modell für das *Übertragungsmedium* eine *nichtdeterministische* 3-bändrige TURING-Maschine mit dem Eingabealphabet Y und mit dem Ausgabealphabet Z und deutet Störungen als das Ergebnis der Anwendung der Maschine auf eingabeseitig aufgetragene Codeelemente.

c) Wir identifizieren das *Übertragungsmedium* mit einer 3-bändrigen *deterministischen arbeitenden* TURING-Maschine (siehe Abbildung 1.3.). Auf das Eingabeband dieser Maschine denken wir uns das Codeelement η, $\eta \in \hat{Y}$, aufgetragen. Dies entspricht der Eingabe des Codeelementes in den Kanal. Ferner liege eine wohlbestimmte Menge S von *Störsequenzen* σ aus $\hat{Z}$ vor. Wir denken uns diese Menge in bestimmter Weise konstruktiv beschrieben, etwa so, wie wir z. B. reguläre Folgen- und Wortmengen zu beschreiben in der Lage sind. Aus dieser Störmenge S sei ein gewisses Element σ auf das Arbeitsband unserer Maschine

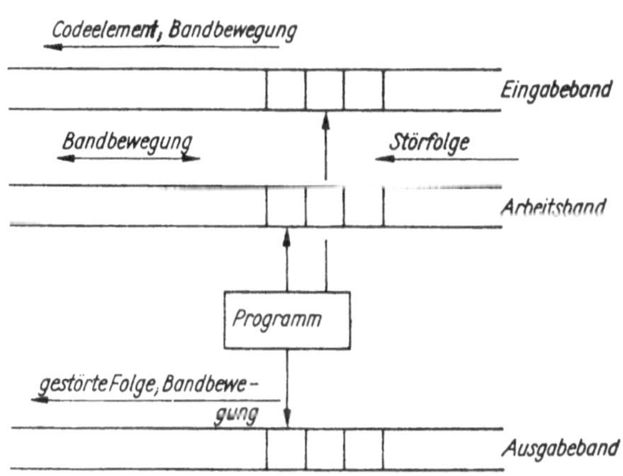

Abb. 1.3. Schema eines „TURING-Mediums“

aufgetragen. Auf dem Ausgabeband erscheint dann eine Sequenz η', $\eta' \in Z$, die wir als gestörtes Codeelement bezeichnen. Bei entsprechender Programmierung realisiert also diese Maschine eine Abbildung $\Sigma: \hat{Y}_2 \times S \to \hat{Z}$. Die sogenannte S-Störung, der ein Codeelement η ausgesetzt sein kann, beschreiben wir dann durch die Störfunktion $\Sigma_S(\eta) =_{Df} \{\Sigma(\eta, \sigma): \sigma \in S\}$. Die Menge $R_3 =_{Df} \Sigma_S(R_2)$ bezeichne den S-gestörten Code.

Man kann sich leicht von der Gleichwertigkeit der in a), b) und c) beschriebenen Ansätze überzeugen. Erstmals wurde der in a) beschriebene Störungstyp für eine spezielle Klasse von Maschinen, nämlich für nichtdeterministische endliche Automaten, von Grabowski ([22]) untersucht. Weiteren Ergebnissen dieser sehr interessanten Forschungsrichtung und ihren Anwendungen in der Praxis darf man mit Interesse entgegensehen.

Wir haben uns für die Variante c) entschieden, weil wir, wie wir später zeigen werden, bei festgehaltenem „Störmechanismus" Σ in Abhängigkeit von geeigneten Beschreibungen der Stör- oder Rauschmenge S nicht nur qualitative, sondern auch quantitative Aussagen formulieren können.

Man bemerkt nun, daß unser allgemeiner Zugang c) für die konstruktive Beschreibung von Störfunktionen mehrere Arten des „Memorierens" einschließt. Einerseits kann z. B. bei festgehaltener Störfolge der Einfluß dieser Störung auf das Codeelement vom bereits eingelesenen Teil des Codeelements in bestimmter Weise abhängig sein. Zum anderen ist zu erwarten, daß beim Vorliegen bestimmter Eigenschaften der Stör- oder Rauschmenge S, wir denken z. B. an Störmengen „mit Gedächtnis" (siehe 1.1.1.), die Störung von ihrer Vorgeschichte abhängt.

Wir schließen nicht aus, daß man den Begriff der Störung noch weit allgemeiner wählen kann, als dies hier geschehen ist. Doch bereits auf unserer Beschreibungsstufe wird klar, daß wir in der Lage sind, nahezu alle uns aus der Theorie und Praxis bekannt gewordenen Typen von Störungen zu erfassen. Als Beispiele seien genannt: Die Auswechslung von Codewortteilen durch Störwörter variabler Länge (Hierzu gehört insbesondere das Löschen einzelner Buchstaben bzw. das Einfügen von Wörtern in das Codeelement), das Auswechseln von Codeteilwörtern durch Störwörter gleicher Länge (Hierzu gehört als Spezialfall die Ersetzung einzelner Buchstaben durch Störbuchstaben.).

Bei den nun folgenden Bestimmungsstücken eines Übertragungsensembles und den von ihnen realisierten Abbildungen handelt es sich im gewissen Sinne um Inversionen der bereits aufgeführten Objekte.

1.1.4. Die Kanalentstörung und die von ihr realisierte Abbildung

Den allgemeinen „Entstörmechanismus" werden wir naturgemäß identifizieren mit einer Turing-Maschine (siehe Abbildung 1.4.), die eingabeseitig über dem Alphabet Z und ausgabeseitig über dem Alphabet Y arbeitet. Bei entsprechender Programmierung realisiert sie eine Abbildung $\Lambda: \hat{Z} \to \hat{Y}(R_5 =_{Df} =_{Df} \Lambda(R_3))$, die wir *Entstörung* nennen. Diese Bezeichnung ist zunächst irreführend, weil noch gar kein Zusammenhang zwischen dieser Abbildung und der Störung Σ besteht. Wir sagen daher genauer:

Definition 1.3. Der Operator Λ heißt genau dann *S-Entstörung für den Code R_2 bezogen auf den Kanal Σ*, wenn für jedes σ, $\sigma \in S$, der einstellige Operator $\Lambda_\sigma(\eta) =_{Df} \Lambda(\Sigma(\eta, \sigma))$ auf R_2 die Identität ist.

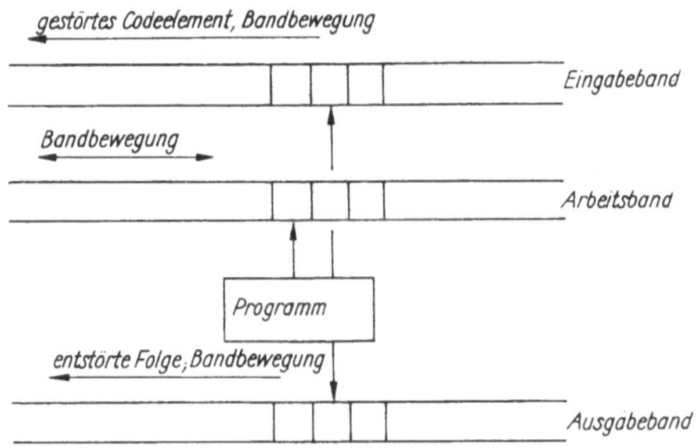

Abb. 1.4. Schema eines „TURING-Filters"

Unter Verwendung dieser Definition vereinbaren wir nun folgende Redeweise:

Definition 1.4. Der Code R_2 heißt genau dann *S-resistent bezüglich des Kanals Σ*, wenn es für diesen Code und für den Kanal Σ eine S-Entstörung Λ gibt.

Die bisher generell bei Quellen, Codierungen und Störungen zugelassenen Erscheinungen des „Memorierens" der betreffenden informationsverarbeitenden Systeme bringen im Falle des Entstörens ein weiteres Problem auf den Plan: Es kann uns aus sehr praktischen Erwägungen heraus nicht gleichgültig sein, wie groß die *Kompliziertheit* der Entstörung ist, d. h. wie groß z. B. der *zeitliche Abstand* zwischen dem Erscheinen des t-ten und des $(t + 1)$-ten Buchstabens der entstörten Folge oder der *räumliche Abstand*, d. h. die Anzahl der mit dem t-ten Takt beginnend einzulesenden Buchstaben der gestörten Folge, die zum Ausdrucken des $(t + 1)$-ten Buchstabens der entstörten Folge führt, ist. Da es sich bei unseren Maschinen um TURING-Maschinen mit potentiell unendlichem Arbeitsband handelt, sind Abschätzungen für diese räumlichen oder zeitlichen Abstände von größter Wichtigkeit für die Realisierung entsprechender Abbildungen in realen Systemen mit *endlichem Speicher*. Wir werden diesen zunächst intuitiv eingeführten Begriff der Entstörungsverzögerung im Kapitel IV unter gewissen einschränkenden Bedingungen exakter erfassen.

1.1.5. Der Decoder und die von ihm realisierte Abbildung

Auch den „Decodierungsmechanismus“, d. h. das Programm des Decoders, identifizieren wir mit einer TURING-Maschine wie in Abbildung 1.4., nur mit dem Unterschied, daß der Decoder eingabeseitig über dem Alphabet Y, ausgabeseitig über dem Alphabet X arbeitet und auf dem Eingabeband Elemente aus der Menge R_5 aufgetragen sind. Bei entsprechender Programmierung realisiert dann diese Maschine eine Abbildung $\Theta\colon \hat{Y} \to \hat{X}(R_6 =_{Df} \Theta(R_5))$, die wir *Decodierung* nennen. Auch dieser Begriff ist zunächst irreführend, weil Θ noch in keinem Zusammenhang mit der Codierung steht. Wir präzisieren ihn, indem wir die Existenz eines Kanals mit Störungen ignorieren bzw. annehmen, die betreffende Codierung sei S-resistent bezüglich Σ. D. h., wir sagen:

Definition 1.5. Der Operator Θ heißt genau dann *Decodierung der Codierung* Φ, wenn für den Code R_2 die Beziehung $\Theta = \Phi^{-1}$ gilt, d. h., wenn für jedes ξ, $\xi \in R_1$, die Gleichung $\Theta(\Phi(\xi)) = \xi$ erfüllt ist. Wir nennen ferner Φ *decodierbar,* wenn es für Φ eine Decodierung Θ gibt.

Analog wie in 1.1.4. haben wir auch bei Decodierungen mit gewissen Verzögerungen zu rechnen. Denken wir uns nun die einzelnen abstrakten Bestimmungsstücke eines Ensembles, d. h. die in 1.1.2. bis 1.1.5. diskutierten Maschinen miteinander in der entsprechenden Reihenfolge gekoppelt, und beobachten wir im Sinne eines Gedankenexperimentes die Arbeit dieses Ensembles, so ist leicht zu verifizieren, daß gegenüber der Sendung der Quelle auf der Empfängerseite, d. h. in der Senke, eine *Gesamtverzögerung* zu registrieren ist, die man als Maß für die *Aktualität* der eintreffenden Informationen ansehen kann. Diese Verzögerung ist gleichermaßen eine Kenngröße für die Kompliziertheit der im gesamten informationsverarbeitenden System ablaufenden Prozesse. Wir bezeichnen diese Gesamtverzögerung mit $\mathfrak{v}$ und bemerken, daß sie eine Funktion der Einzelverzögerungen, namentlich der Entstörungsverzögerung $\mathfrak{v}_\Lambda$ und der Decodierungsverzögerung $\mathfrak{v}_\Theta$ ist. Eine exakte Definition dieser Verzögerungen haben wir bisher noch nicht gegeben.

1.1.6. Zusammenfassung

Ein Übertragungsensemble $\mathfrak{E}$ der von uns betrachteten Art ist offenbar hinreichend allgemein und vollständig (abstrakt) durch die Bestimmungsstücke $\mathfrak{E} = [R_1, \Phi, \Sigma, S, \Lambda, \Theta, \mathfrak{v}]$ beschrieben (siehe auch Abbildung 1.5.).

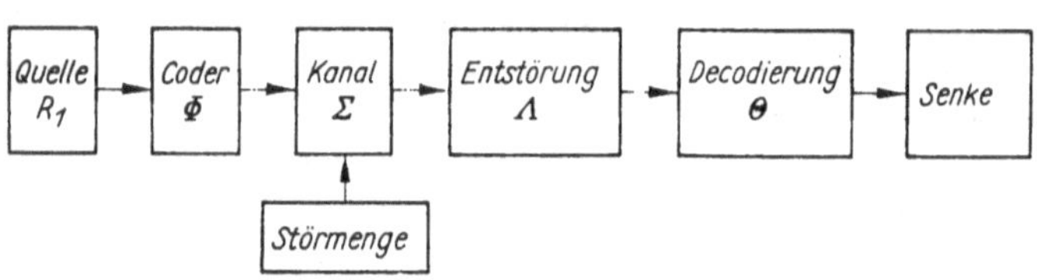

Abb. 1.5. Bezeichnungen der Elemente eines Ensembles

Falls man an das Ensemble gewisse natürliche Forderungen wie Decodierbarkeit, Resistenz u. a. richtet, treten die einzelnen Objekte nicht unabhängig voneinander auf, sondern in Abhängigkeit von der Wahl einzelner entstehen vermöge unserer Forderungen gewisse Bedingungen für die Wahl der restlichen. Aus diesen gegenseitigen Beziehungen leiten sich die wichtigsten allgemeinen Aufgaben einer algorithmentheoretisch orientierten algebraischen Codierungstheorie ab, zu denen wir nun übergehen wollen.

1.2. Zu einigen Aufgaben einer algebraischen Codierungstheorie

Wir klassifizieren die Aufgabentypen, die im Zusammenhang mit Übertragungsensembles entstehen, indem wir unterscheiden:

1. Analyse der Störresistenz einer Codierung

Gegeben seien uns eine Quelle R_1 sowie eine decodierbare Codierung Φ. Es ist zu analysieren, bezüglich welcher Kanäle Σ und gegenüber welchen Störmengen S der Code $R_2 = \Phi(R_1)$ resistent ist und mit welcher Gesamtverzögerung $\mathfrak{v}$ zu rechnen ist.

2. Analyse der codierbaren Quellen

Es sei eine Menge $R_2 \subseteq \hat{Y}$ gegeben, und es sei ferner bekannt, daß diese Menge bezüglich Σ gegenüber einer Menge S resistent ist. Man bestimme diejenigen Mengen R_1, $R_1 \subseteq \hat{X}$, für die eine Codierung Φ mit $\Phi(R_1) \subseteq R_2$ derart existiert, daß Φ decodierbar ist. Man schätze die Gesamtverzögerung des Ensembles ab.

4. Analyse der Codierungsvarianten für feste Quellen

Es seien eine Quelle R_1, ein Kanal Σ sowie eine Störmenge S gegeben. Man bestimme diejenigen decodierbaren Codierungen Φ, für die $\Phi(R_1) = R_2$ bezüglich des Kanals S-resistent ist, und schätze die Gesamtverzögerung ab.

Alle diese Analyseprobleme sind gleichzeitig in dem Maße Syntheseprobleme, wie sie mit Rücksicht auf ihre praktische Verwertbarkeit konstruktive Methoden für die Bestimmung der restlichen Objekte liefern sollten.

Der allgemeine Charakter unserer Erörterungen in diesem Paragraphen hat zweifellos den Nachteil, daß man noch nicht mit der erforderlichen Exaktheit nachweisen kann, wie sich das Ideengut der klassischen algebraischen Codierungstheorie in das hier diskutierte Modell einbetten läßt. Wir werden deshalb im folgenden Paragraphen 2 diese Einordnung vornehmen, ohne dabei in irgendeiner Hinsicht Vollständigkeit anzustreben. Dies erübrigt sich auch in der Tat dann, wenn man die Ausgangspunkte jener Theorie hinreichend sorgfältig analysiert.

Spätestens nach der Diskussion der sich aus dieser Analyse ergebenden Konsequenzen wird deutlich werden, welchen Rahmen die bisherigen algebraisch-codierungstheoretischen Untersuchungsergebnisse im Vergleich zu den noch ungelösten Problemen ausfüllen. Auf gleiche Weise ist dem Leser auch die

Möglichkeit gegeben, den Beitrag zu bewerten, den die Theorie sequentieller Codierungen zur Lösung der noch offenen Probleme zu leisten vermag. Diese wiederholt überprüfbaren Vorteile des allgemeinen Modells aus Abschnitt 1 überwiegen den genannten Nachteil und rechtfertigen damit unser Vorgehen.

2. Eine automatentheoretische Interpretation grundlegender Begriffe der „klassischen" algebraischen Codierungstheorie

Unsere allgemeinen Betrachtungen im Abschnitt 1 sollen uns nun helfen, lineare Blockcodes, ungleichmäßige Codes u. a. m. vom automatentheoretischen Standpunkt aus zu analysieren. Darauf aufbauend soll eine Theorie der sequentiellen Codierungen motiviert werden.

2.1. Lineare Blockcodes

2.1.1. Quelle, Codierung und Code

Es sei Y wieder unser endliches Kanalalphabet. Wenn im weiteren nicht ausdrücklich darauf hingewiesen wird, so sei Y stets gleich der Menge $[0, 1]$. Wir betrachten den endlichen Körper $[Y, +, \bullet, 0, 1]$, den wir der Einfachheit halber ebenfalls mit Y bezeichnen. Ferner sei Y^n die Menge aller n-buchstabigen Wörter über Y $(n \geqq 1)$, d. h. $Y^n =_{Df} \{p \colon p \in Y^* \wedge l(p) = n\}$, wobei $l(p)$ die Länge des Wortes p sei. (Man unterscheide im folgenden stets genau zwischen der Multiplikation $p_1 \cdot p_2$ in der freien Halbgruppe $[Y^*, \bullet, e, Y]$ und der Multiplikation „$\bullet$" im Körper Y.)

Mit der Addition $p_1 + p_2$ von Wörtern aus Y^n, wobei $y_1 \cdots y_n + y_1' \cdots y_n' = (y_1 + y_1') \cdots (y_n + y_n')$, und mit der Multiplikation $\alpha \bullet p =_{Df} (\alpha \bullet y_1) \cdots (\alpha \bullet y_n)$ von Wörtern aus Y^n mit einem Element α aus Y wird dann Y^n zu einem linearen Vektorraum über dem Körper Y, den wir mit Y^n bezeichnen wollen.

Bekanntlich sagt man nun in der Theorie der Blockcodes:

Definition 2.1. Eine Wortmenge W heißt genau dann *(n, k)-Gruppencode*, wenn W ein k-dimensionaler linearer Unterraum des Vektorraumes Y^n ist. (In Zeichen: $W \subseteq\!| \; Y^n$, $\dim W = k$.)

Häufig spricht man davon, daß eine surjektive lineare Abbildung $\psi \colon Y^n \to Y^{n-k}$ einen Gruppencode W definiert und meint damit, daß W mit dem Kern von ψ zusammenfällt, d. h. $W = \ker \psi = \psi^{-1}(0^{n-k})$ [1]).

Bei einem Vergleich mit 1.1.2. bemerken wir, daß in der Theorie der linearen Blockcodes der Begriff des Codes unabhängig vom Begriff der Codierung und der Beschaffenheit der Quelle definiert wird. Es fragt sich, welche Rolle in diesem

---

[1]) x^k bezeichne das Wort $xx \cdots x$ der Länge k.

Zusammenhang überhaupt Quelle und Codierung spielen. Wenn wir, wie das im weiteren fast immer geschehen wird, Codierungen über Quellen vom Typus ω studieren wollen, so bietet sich die folgenden Spezialisierung der in 1.1.2. betrachteten Codierungen an.

In Analogie zu Y^n gehen wir zum unendlich-dimensionalen Vektorraum Y^ω über, indem wir für $\eta, \eta' \in Y^\omega$ und $\alpha \in Y$ setzen

$$\eta + \eta' =_{Df} \big(\eta(1) + \eta'(1)\big) \cdots \big(\eta(n) + \eta'(n)\big) \cdots$$
$$\alpha \bullet \eta =_{Df} \big(\alpha \bullet \eta(1)\big) \cdots \big(x \bullet \eta(n)\big) \ldots ,$$

wobei $\eta(n)$ das n-te Element der Folge η bezeichne. Wenn nun W ein linearer Unterraum von Y^n ist, so gilt auch $W^\omega = \{p_1 \cdots p_i \cdots : p_i \in W\} \subseteq| Y^\omega$. Es ist W^ω sogar ein regulärer linearer Unterraum von Y^ω, denn W^ω kann im Sinne von Beispiel 1.2. durch den McNaughton-Term $\mathcal{T} \equiv [p_1 \vee \cdots \vee p_k]$ mit $W = \{p_1, \ldots, p_k\}$ beschrieben werden. Man könnte nun zunächst annehmen, in der klassischen Codierungstheorie würden derartige Räume W^ω benutzt, um die Bilder (Codes) von *Quellen* $R_1 \subseteq X^\omega$ des Typus ω bei gewissen berechenbar sequentiellen Operatoren $\Phi : X^\omega \to Y^\omega$ (siehe 1.1.2.). geeignet einzubetten $\big(\Phi(R_1) \subseteq W^\omega\big)$. Im Zusammenhang damit wäre dann z. B. zu entscheiden, welche Quellen R_1 sich im beschriebenen Sinne decodierbar codieren lassen, welche Möglichkeiten der günstigen Ausschöpfung von W^ω durch R_1 existieren u. a. m.

Wir erläutern diese Vorstellungen an einem Beispiel.

Beispiel 2.2. Ein (7,4)-Hamming-Code ([23]) $W \subseteq| Y^7$ sei als Kern der linearen Abbildung ψ: $Y^7 \to Y^3$ gegeben, wobei ψ wie folgt definiert sei:

$$\psi(y_1 \cdots y_7) = \left[\begin{Vmatrix} 0001111 \\ 0110011 \\ 1010101 \end{Vmatrix} \cdot \begin{Vmatrix} y_1 \\ \vdots \\ y_7 \end{Vmatrix} \right]^T$$

(siehe [46]). Es ist also $W = \{p_i\colon 1 \leqq i \leqq 16\}$, $p_1 = 0000000$, $p_2 = 0001111, \ldots, p_{15} = 1001100$, $p_{16} = 1111111$. Wir zerlegen nun jedes Wort p_i aus W in der folgenden Form $p_i = p_i'p_i''$ $(1 \leqq i \leqq 16,\ l(p_i') = 3)$, wählen uns als Quellenalphabet X ein Alphabet, für dessen Kardinalzahl $\mathrm{card}\ X = 32$ gilt und betrachten den sehr einfachen Operator Φ: $X^\omega \mapsto Y^\omega$, der im Zustand z_0 des in Abbildung 2.1. gegebenen endlichen deterministischen asynchronen initialen Automaten $\mathfrak{A} = [X, Y, \{z_0, z_1\}, f, g, z_0]$ berechnet wird, d. h. für den gilt $\Phi(\xi) = g(z_0, \xi(1)) \cdot g\big(f(z_0, \xi(1)) \cdot \xi(2)\big) \ldots$ Der Automat $\mathfrak{A}$ ist also, wie ein Vergleich mit 1.1.2. ergibt, ein spezieller Coder mit endlichem Speicher, d. h., Φ ist ein sequentieller Operator mit endlichem Gewicht.

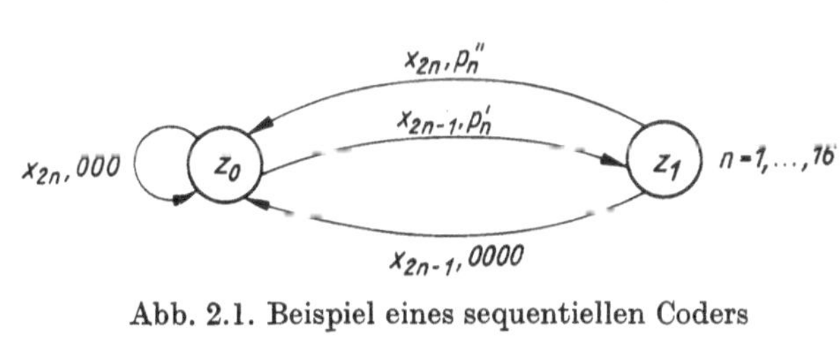

Abb. 2.1. Beispiel eines sequentiellen Coders

Man überzeugt sich nun leicht davon, daß die durch den McNaughton-Term $\mathcal{T} \equiv \equiv [x_1 \circ x_2 \vee x_3 \circ x_4 \vee \cdots \vee x_{31} \circ x_{32}]$ beschriebene reguläre Quelle R_1 vom Typus ω der Gleichung $\Phi(R_1) = W^\omega$ genügt, allerdings gilt auch $\Phi^{-1}(W^\omega) \subset R_1$, denn wir haben z. B. $\Phi(\bar{a}_{2n}) \in W^\omega$, $\bar{x}_{2n} \notin R_1$. Wir könnten also auch Quellen R_1' mit $R_1' \supset R_1$ durch Φ in W^ω codieren.

Daß wir in unserem Beispiel davon absehen, können wir nun bereits mit der Decodierbarkeit begründen. Wie wir uns leicht überlegen, und auch mit Mitteln, die wir im Kapitel IV anbieten, beweisen können, ist Φ eine im Sinne von 1.1.5. decodierbare Codierung von R_1; Φ ist sogar sequentiell decodierbar mit endlichem Gewicht. Dies kann etwa für $R_1' = \Phi^{-1}(W^\omega)$ schon nicht mehr zutreffen, weil auf R_1' unser Operator Φ nicht mehr eineindeutig, damit nicht decodierbar ist und daher erst recht nicht sequentiell decodierbar mit endlichem Gewicht. Die sich an dieses Beispiel anschließende Frage lautet also folgerichtig: Welche nichttrivialen Codierungen Φ und möglichst umfassenden Quellen R_1 gibt es, so daß $\Phi(R_1) \subseteq W^\omega$ gilt?

In der Theorie der linearen Codes geht man auf solche und ähnliche Probleme nicht ein. Die Tatsache, daß man sich ausschließlich der Untersuchung der Codes W selbst zuwendet, deutet darauf hin, daß man lediglich die folgende Situation im Auge hat, die wir wieder anhand von Quellen des Typus ω beschreiben wollen: Es liegt eine bijektive Abbildung φ vom Quellenalphabet X nach dem linearen Code W vor, und die Codierung $\Phi: X^\omega \to W^\omega$ ist folgendermaßen definiert:

$$\Phi(\xi) = \varphi(\xi(1)) \cdot \varphi(\xi(2)) \cdots .$$

Da Φ trivialerweise durch den abstrakten Automaten $\mathfrak{A} = [X, Y, \{z_0\}, f, g, z_0]$ (siehe Abbildung 2.2.) berechnet wird, ist Φ ein sehr spezieller sequentieller Operator mit endlichem Gewicht, nämlich mit dem Gewicht 1, d. h. ohne „Gedächtnis“. Darüber hinaus ist Φ ein Spezialfall eines *quasisynchronen* sequentiellen Operators, denn für die Fortsetzung der Ausgabefunktion g des Automaten $\mathfrak{A}$, der Φ berechnet, folgt aus $l(p_1) = l(p_2)$ sofort auch $l(g(z_0, p_1)) = l(g(z_0, p_2))$. Im konkreten Falle gilt sogar $l(g(z_0, x_1 \cdots x_n)) = n \cdot k$. (Die Funktionen f und g setzen wir dabei wie üblich induktiv auf $Z \times X^*$ fort:

$$g(z_0, e) = e; \qquad f(z_0, e) = z_0;$$

$$g(z_0, px) = g(z_0, p) \cdot g(f(z_0, p), x); \qquad f(z_0, px) = f(f(z_0, p), x) .)$$

Im Falle der Anwendung von linearen Blockcodes auf Quellen vom Typus ω hat man also offenbar $\mathsf{card}\, X = \mathsf{card}\, W$. Es wird ferner die Quelle R_1 mit X^ω identifiziert, d. h., es sind alle möglichen Quellenfolgen zu erwarten; codiert wird

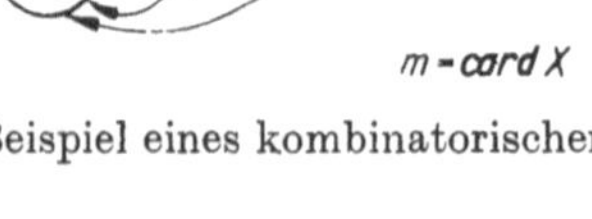

Abb. 2.2. Beispiel eines kombinatorischen Coders

mittels eines speziellen quasisynchronen sequentiellen Operators mit dem Gewicht 1, wobei der Raum W^ω vollständig ausgeschöpft wird, d. h. $\Phi(R_1) = R_2 = W^\omega$.

Analog zur Beschreibung eines Codes W als Kern einer linearen Abbildung $\psi\colon Y^n \to Y^{n-k}$ können wir natürlich auch W^ω als Kern eines geeigneten Operators beschreiben. Dazu wählen wir

$$\Psi\colon Y^\omega \mapsto Y^\omega \quad \text{mit} \quad \Psi(\eta) =_{Df} \psi(\eta(1) \cdots \eta(n)) \cdot \psi(\eta(n+1) \cdot \cdots \cdot (\eta(2n)) \cdots$$

Dann ist sofort klar, daß Ψ ein sequentieller Operator mit endlichem Gewicht ist, denn Ψ wird z. B. von dem folgenden abstrakten Automaten berechnet:

$$\mathfrak{A} = [Y, Y, Z, f, g, z_0]; \qquad Z =_{Df} \bigcup_{\nu=0}^{n-1} Y^\nu; \qquad z_0 =_{Df} e;$$

$$f(z, y) =_{Df} \begin{cases} zy, & \text{falls } l(z) < n-1 \\ e, & \text{falls } l(z) = n-1 \end{cases}; \qquad g(z, y) =_{Df} \begin{cases} e, & \text{falls } l(z) < n-1 \\ \psi(zy), & \text{falls } l(z) = n-1 \,. \end{cases}$$

(Siehe auch Abbildung 2.3.)

Die Konstruktion von Ψ weist auch aus, daß es sich bei Ψ wiederum um einen Spezialfall eines sequentiellen quasisynchronen Operators mit endlichem Gewicht handelt, da wir die Beziehung $l(g(z_0, y_1 \cdots y_m)) = \left[\frac{m}{n}\right] \cdot k$ haben.[1])

Schließlich folgt die Linearität von Ψ unmittelbar aus der Linearität von ψ:

$$\begin{aligned}\Psi(\eta + \eta') &= \psi((\eta(1) + \eta'(1)) \cdot \cdots \cdot (\eta(n) + \eta'(n))) \cdot \psi((\eta(n+1) + \\ &\quad + \eta'(n+1)) \cdot \cdots \cdot (\eta(2n) + \eta'(2n))) \cdot \cdots \\ &= (\psi(\eta(1) \cdot \cdots \cdot \eta(n)) + \psi(\eta'(1) \cdot \cdots \cdot \eta'(n))) \cdot (\psi(\eta(n+1) \cdot \cdots \\ &\quad \cdots \cdot \eta(2n)) + \psi(\eta'(n+1) \cdot \cdots \cdot \eta'(2n))) \cdot \cdots \\ &= \Psi(\eta) + \Psi(\eta')\end{aligned}$$

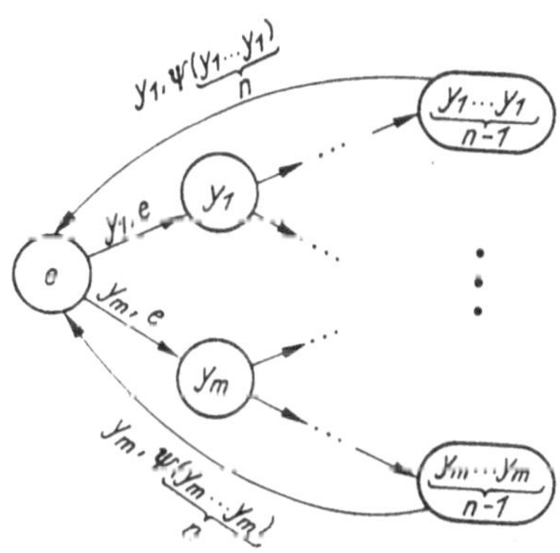

Abb. 2.3. Beispiel eines linearen Automaten

[1]) $[a]$ bezeichne für eine reelle Zahl a die größte ganze, a nicht überschreitende Zahl.

$$\Psi(\alpha \bullet \eta) = \psi((\alpha \bullet \eta(1)) \cdot \cdots \cdot (\alpha \bullet \eta(n))) \cdot \cdots = (\alpha \bullet \psi(\eta(1) \cdot \cdots \cdot \eta(n))) \cdot \cdots = \\ = \alpha \bullet \Psi(\eta) .$$

Derartige Operatoren, die sowohl sequentiell (mit endlichem Gewicht) als auch linear sind, wollen wir fortan *lineare sequentielle Operatoren* (mit endlichem Gewicht) nennen.

Zusammenfassend ergibt sich damit unter dem Gesichtspunkt von 1.1.1. und 1.1.2. für lineare Codes die folgende Übersicht (siehe Abbildung 2.4.):

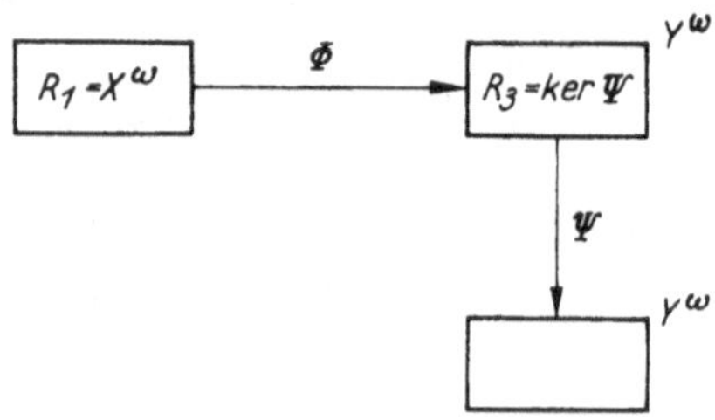

Abb. 2.4. Prinzip der Codierung mittels linearer Codes

Bei Verwendung linearer Blockcodes werden Quellen vom Typus ω, Codierungen und Codes derart spezialisiert, daß $R_1 = X^\omega$, $\Phi(R_1) = R_2 = \ker \Psi$ und R_1, R_2 reguläre Mengen sind, wobei Φ eine kombinatorische Codierung (d. h. ein sequentieller Operator mit dem Gewicht 1) und Ψ ein linearer sequentieller Operator mit endlichem Gewicht ist, der quasisynchron berechnet werden kann. Es wird im Kapitel II zu überprüfen sein, auf welche der beschriebenen Eigenschaften man zum Zwecke einer Verallgemeinerung verzichten sollte und welche Eigenschaften sich sogar als Folgerungen ergeben. So ist z. B. zu überprüfen, ob die für Ψ konstatierte Quasisynchronität zu fordern ist oder ob sie eine allgemeine Eigenschaft linearer sequentieller Operatoren ist.

2.1.2. Kanalstörung

In der Theorie der linearen Codes sagt man, daß ein linearer Code $W \subseteq| Y^n$ durch eine Menge T ($T \subseteq Y^n$) gestört heißt, wenn man für jedes p aus W nach der Übertragung über den Kanal damit rechnen muß, daß anstelle von p ein Element aus der komplexen Summe $p + T$ auftritt. Eine Störung durch ein Element $s \in T$ bewirkt also eine Abänderung von p zu $p + s$, wobei jedes Element $s \in T$ gleichberechtigt auftreten kann.

Wir verwenden im weiteren die in 2.1.1. herausgearbeiteten Besonderheiten von Quellen des Typus ω, Codierungen und Codes bei automatentheoretischer Interpretation der entsprechenden Grundbegriffe der linearen Blockcodes. Dann läßt sich der eben geschilderte Störeinfluß unter Zuhilfenahme von Bezeichnungen aus 1.1.3. wie folgt beschreiben:

Die in 1.1.3. betrachtete Maschine (der Kanal) vereinfacht sich dergestalt, daß durch sie eine Abbildung Σ realisiert wird, für die $\Sigma(\eta, \sigma) = \eta + \sigma$ ($\eta \in W^\omega$) gilt, wobei σ aus einer Störmenge S mit $S = T^\omega$ genommen wird. Die Störmenge S ist, wie man sofort sieht, regulär. Ein Vergleich mit unserem allgemeinen Ansatz in 1.1.3. zeigt, daß der hier betrachtete Kanal Σ bezüglich η und σ ohne „Gedächtnis" arbeitet: Ob das Element $\eta(n)$ der Folge η durch den Kanal abgeändert wird, hängt ausschließlich vom Element $\sigma(n)$ der Störfolge ab. Ist $\sigma(n) = 1$, so wird $\eta(n)$ abgeändert, im anderen Falle nicht. Auch die reguläre Störmenge S weist eine Besonderheit auf. Wegen $S = T^\omega$ kann nämlich auf jedes $p, p \in T$, jedes beliebige Element aus T folgen. Wir registrieren, daß die hier gewählte Störung $\Sigma_S(\eta) =_{Df} \eta + S$ eine der denkbar einfachsten Varianten von 1.1.3. ist. Als S-gestörtes Bild R_3 des Codes $R_2 = W^\omega$ erhalten wir $R_3 = W^\omega + S$.

2.1.3. Kanalentstörung

Im weiteren bezeichne $\varepsilon(p)$ für $p \in Y^* = \{0, 1\}^*$ die Anzahl der Stellen des Wortes p, die mit dem Buchstaben 1 besetzt sind, d. h. $\varepsilon(y_1 \cdots y_l) = \sum_{i=1}^{l} y_i$. Aus dem linearen Vektorraum Y^n wählen wir nun die Menge aller und nur der Wörter p aus, für die $\varepsilon(p) \leqq r$ gilt, wo r eine feste natürliche Zahl ist, d. h., wir bilden $T_r =_{Df} \{p: p \in Y^n \wedge \varepsilon(p) \leqq r\}$. Bekanntlich beweist man in der „klassischen" Codierungstheorie:

Satz 2.3. *Ein Code $W \subseteq| Y^n$ ist genau dann gegenüber einer Störung T_r gemäß 2.1.2. resistent, wenn $(T_r + T_r) \cap W = \{0^n\}$ gilt.*

Beweis. Es genügt zu zeigen, daß dann und nur dann zu jedem Element N aus der Menge Y^n/W der Nebenklassen von Y^n nach dem Unterraum W höchstens ein s mit $s \in T_r$ derart existiert, daß $W + s = N$, wenn $(T_r + T_r) \cap W = \{0^n\}$ gilt. Es sei also $W + s_1 = W + s_2$ für $s_1, s_2 \in T_r$, und es gelte $(T_r + T_r) \cap W = \{0^n\}$. Aus der ersten Voraussetzung folgt dann $s_1 + s_2 \in W$ und aus der zweiten $s_1 + s_2 = 0^n$, d. h. $s_1 = s_2$. Gilt umgekehrt, daß für jedes $s_1, s_2 \in T_r$ aus $W + s_1 = W + s_2$ auch $s_1 = s_2$ folgt, so beachtet man, daß nach Definition der Nebenklassen aus Y^n/W mit $W + s_1 \neq W + s_2$ zugleich $s_1 + s_2 \notin W$ gilt und hat damit sofort $(T_r + T_r) \cap W = \{0^n\}$.

Ist nun W Kern einer linearen Abbildung ψ: $Y^n \to Y^{n-k}$, also $Y^n/W = \{\psi^{-1}(q): q \in Y^{n-k}\}$, so existiert dann und nur dann eine Funktion λ: $Y^{n-k} \to T_r$ derart, daß für jedes $p, p \in W$, und jedes $s, s \in T_r$, die Beziehung $\lambda(\psi(p + s)) = s$ gilt, wenn es für jede Nebenklasse N aus Y^n/W höchstens ein $s, s \in T_r$, mit $W + s = N$ gibt. D. h., in diesem und nur in diesem Falle existiert eine Entstörung der Form $(p + s) + \lambda(\psi(p + s)) = p + s + s = p.$ ▮[1])

Wir merken an, daß man mit Hilfe der *minimalen* HAMMING-*Distanz* $H_W =_{Df} \min\limits_{\substack{p \neq p' \\ p, p' \in W}} \varepsilon(p + p')$ eines linearen Blockcodes W ein notwendiges und hinreichendes Kriterium für die T_r-Resistenz von W formulieren kann (siehe [23]).

[1]) Mit dem Zeichen ▮ kennzeichnen wir fortan das Ende von Beweisen.

Satz 2.4. *Der Code $W \subseteq| Y^n$ ist genau dann T_r-resistent, wenn $H_W \geqq 2r + 1$.*

In Fortsetzung von 2.1.2. beschreiben wir nun wieder die vorgenannten Eigenschaften mit automatentheoretischen Mitteln, wobei wir uns an die Vorstellungen von 1.1.4. halten werden. Es seien also $R_2 = W^\omega$, $W \subseteq| Y^n$, $S = (T_r)^\omega$, $\Sigma(\eta, \sigma) = \eta + \sigma$. Dann beweist man streng analog zum Beweis von Satz 2.3. die folgende Aussage.

Satz 2.5. *Der Code $W^\omega \subseteq| Y^\omega$ ist genau dann S-resistent bezüglich Σ, wenn $(S + S) \cap W^\omega = \{\bar{0}\}$.*

Es gilt sogar:

Satz 2.6. *Ist $W^\omega \subseteq Y^\omega$ ein S-resistenter Code bezüglich Σ, so existiert für W^ω eine sequentielle Entstörung Λ mit endlichem Gewicht.*

Beweis. Wir definieren einen Operator $\Lambda'\colon Y^\omega \mapsto Y^\omega$, indem wir mit Hilfe von λ (siehe Beweis von Satz 2.3.) setzen

$$\Lambda'(\eta) =_{Df} \lambda(y_1 \cdots y_{n-k}) \cdot \lambda(y_{n-k+1} \cdots y_{2(n-k)}) \cdot \cdots$$

Man sieht unmittelbar ein, daß Λ' ein sequentieller Operator mit endlichem Gewicht ist. Wir behaupten nun zunächst, daß der Operator $\Lambda(\eta) =_{Df} =_{Df} \eta + \Lambda'(\Psi(\eta))$ eine S-Entstörung für W^ω bezüglich Σ ist. In der Tat gilt für jedes $\eta \in W^\omega$ und für jedes $\sigma \in S$:

$$\Delta_\sigma(\eta) = \Lambda(\Sigma(\eta, \sigma)) = (\eta + \sigma) + \Lambda'(\Psi(\eta + \sigma)) = \eta + \sigma + \sigma = \eta\,.$$

D. h., für jedes $\sigma \in S$ ist Δ_σ auf W^ω die Identität.

Da Λ nur durch Komposition von sequentiellen Operatoren mit endlichem Gewicht entsteht, kann man leicht darauf schließen, daß Λ selbst ein sequentieller Operator mit endlichem Gewicht ist. Diese, hier noch nicht bewiesene Verallgemeinerung eines Satzes von Glebski [19] umgehen wir vorerst, indem wir uns davon überzeugen, daß der folgende endliche abstrakte Automat den Operator Λ berechnet.

$$\mathfrak{A} = [Y, Y, Z, f, g, z_0]; \qquad Z =_{Df} \bigcup_{\nu=1}^{n-1} Y^\nu; \qquad z_0 =_{Df} e$$

$$f(z, y) =_{Df} \begin{cases} zy, & \text{falls } l(z) < n - 1\,, \\ e, & \text{falls } l(z) = n - 1\,, \end{cases} \quad g(z, y) =_{Df} \begin{cases} e, & \text{falls } l(z) < n - 1 \\ zy + \lambda(\psi(zy)), & \text{falls } l(z) = n - 1\,, \end{cases}$$

(siehe auch Abbildung 2.5.). ▮

Beispiel 2.7. Wir verwenden den (7,4)-Hamming-Code W aus Beispiel 2.2. Man prüft leicht nach, daß $H_W = 3$ gilt, d. h., W ist T_1-resistent. Daher ist W^ω S-resistent bezüglich Σ, wobei $S = \{s_i : 0 \leqq i \leqq 7\}^\omega$, $s_0 = 0^7$, $s_i = 0^{i-1}\,1\,0^{n-i}$ $(1 \leqq i \leqq 7)$. Betrachten wir $y_1 \cdots y_n$ als dyadische Zahl, d. h., setzen wir $[y_1 \cdots y_n]_2 = \sum_{\nu=1}^{n} y_\nu \cdot 2^{n-\nu}$, so gilt auf Grund der Konstruktion der linearen Abbildung ψ aus Beispiel 2.2. $[\psi(p + s_i)]_2 = i$. Damit verein-

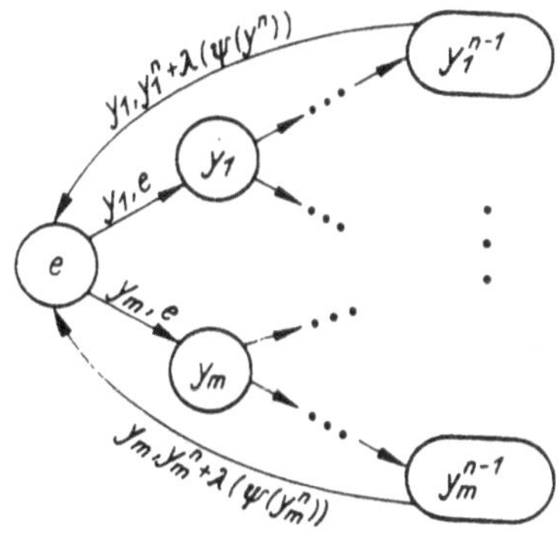

Abb. 2.5. Beispiel eines sequentiellen Filters

facht sich die Ausgabefunktion für den Automaten $\mathfrak{A}$, der Λ berechnet (siehe Abbildung 2.5.), zu

$$g(z, y) =_{Df} \begin{cases} e, & \text{falls } l(z) < n - 1 \\ zy + s_{[\psi(yz)]_2}, & \text{falls } l(z) = n - 1 . \end{cases}$$

Wir fassen die Betrachtungen von 2.1.2. und 2.1.3. zusammen. Es ergibt sich der in Abbildung 2.6. dargestellte Sachverhalt. Die im Falle der Verwendung linearer Blockcodes entstehenden Spezialisierungen von 1.1.3. und 1.1.4. werden noch einmal deutlich: Die Mengen R_2 und S und damit auch die Mengen R_3, und $R_4 =_{Df} \Psi(R_3)$ sind spezielle reguläre Teilmengen von Y^ω. Der Operator Σ ist ein kombinatorischer Operator; Λ ist ein quasisynchroner sequentieller Operator mit endlichem Gewicht, der durch den linearen sequentiellen Operator Ψ und durch den quasisynchronen sequentiellen Operator Λ' definiert ist. Wie im Zusammenhang mit 2.1. werden wir uns auch hier damit zu beschäftigen haben, welche Verallgemeinerungen im Rahmen dieses Modelles möglich sind. So fragt es sich z. B., welche regulären Störmengen, deren Bauweise von der Form $S = T^\omega$

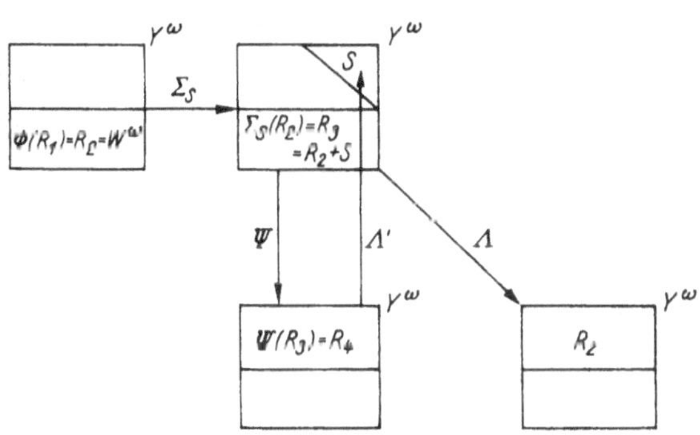

Abb. 2.6. Allgemeines Konzept der Codierung und Filterung mittels linearer sequentieller Codes

abweicht, bei Verwendung beliebiger linearer sequentieller Operatoren Ψ mit endlichem Gewicht möglich sind und ob unter diesen Bedingungen eine sequentielle Entstörung mit endlichem Gewicht existieren kann.

2.1.4. Decodierung

Da die in 2.1.1. diskutierte sequentielle Codierung $\Phi: X^\omega \to W^\omega$ die spezielle Form $\Phi(\xi) = \varphi(\xi(1)) \cdot \varphi(\xi(2)) \cdot \cdots$ hat, wo φ eine eineindeutige Abbildung von X auf W ist, bereitet natürlich eine Decodierung von Φ keine Schwierigkeiten.

Man überlegt sich leicht, daß Φ sogar sequentiell und mit endlichem Gewicht decodierbar ist, denn die Abbildung

$$\Theta(\eta) =_{Df} \varphi^{-1}(\eta(1) \cdots \eta(n)) \cdot \varphi^{-1}(\eta(n+1) \cdots \eta(2n)) \cdot \cdots$$

läßt sich leicht zu einem überall definierten Operator fortsetzen, der in einem endlichen Automaten berechnet werden kann. Es wird weiter zu untersuchen sein, welche Probleme dann entstehen, wenn man die Folge $\Phi(\xi)$ nicht mehr, wie dies in unserem Spezialfall zutraf, in Blöcke der Länge n aufgliedern kann, um sie dann mit Hilfe einer eineindeutigen Funktion φ zu decodieren. Mit anderen Worten, wir werden uns im weiteren auch dafür interessieren müssen, wann sequentielle Operatoren mit endlichem Gewicht, die nicht notwendig durch eine Funktion φ der oben beschriebenen Art definiert sind, eine sequentielle Umkehrabbildung mit endlichem Gewicht haben.

2.2. Längenvariable Codierungen und Codes

2.2.1. Codierung und Decodierung

Wir knüpfen an die Gedanken von 2.1.4. an und setzen zunächst voraus, daß die Elemente $x \in X$ unabhängig vom Kontext mit unterschiedlichen Wahrscheinlichkeiten auftreten. Es ist gut bekannt, daß in solch einem Falle eine Blockcodierung, die sich auf eine Abbildung φ gemäß 2.1.1 stützt, zu weitschweifig ist. Seit langem verwendet man für solche Fälle in der Codierungstheorie und -praxis sogenannte *längenvariable Codierungen*, das sind kombinatorische Codierungen, die durch eine injektive Abbildung $\varphi: X \to Y^*$ definiert werden. Im Falle einer Quelle vom Worttypus ($R_1 = X^*$) betrachtet man also die *Wortfunktion* $\hat{\varphi}(x_1 \cdots x_n) =_{Df} \varphi(x_1) \cdot \cdots \cdot \varphi(x_n)$ $(\hat{\varphi}(e) =_{Df} e)$, die bekanntlich ein *Homomorphismus* von der *freien Halbgruppe* $[X^*, \cdot, e, X]$ mit dem *freien Erzeugendensystem* X in die freie Halbgruppe $[Y^*, \cdot, e, Y]$ mit dem freien Erzeugendensystem Y ist. Im Gegensatz zu Blockcodierungen ist jedoch $\hat{\varphi}$ im allgemeinen kein *Isomorphismus* auf die Halbgruppe $[\hat{\varphi}(X^*), \cdot, e]$ mit dem Erzeugendensystem $\varphi(X)$, d. h., im allgemeinen ist $\varphi(X)$ kein freies Erzeugendensystem dieser Halbgruppe, was gleichbedeutend damit ist, daß $[\hat{\varphi}(X^*), \cdot, e, \varphi(X)]$ keine freie Halbgruppe ist. Selbst wenn man also φ als eineindeutige Abbildung wählt, muß $\hat{\varphi}$ nicht notwendig decodierbar sein.

Beispiel 2.8. Es sei φ durch die folgende Tabelle gegeben. Dann gilt $\hat{\varphi}(x_1x_2) = 01110 = \hat{\varphi}(x_4x_3x_4)$, d. h. $\hat{\varphi}$ ist nicht eineindeutig.

Tab. 2.7. Beispiel einer nicht eineindeutigen kombinatorischen Codierung

	x_1	x_2	x_3	x_4
φ	01	110	111	0

Bei der Konstruktion sogenannter *minimal-redundanter* Codes (siehe [11]) beschränkte man sich daher zunächst auf solche Abbildungen $\varphi\colon X \to Y^*$, für die kein Wort p aus $\varphi(X^*)$ Anfangswort eines von p verschiedenen Wortes q aus $\varphi(X)$ ist. Mit anderen Worten, man wählte Abbildungen, für die $\varphi(X)$ bezüglich der *Anfangswortrelation* „$\sqsubset$" total ungeordnet ist. (Wir setzen im weiteren wie üblich $p \sqsubset r$ als Zeichen dafür, daß es ein $q \neq e$ mit der Eigenschaft $pq = r$ gibt.) Es ist evident, daß die Fortsetzung $\hat{\varphi}$ einer injektiven Abbildung volles Bild $\varphi(X)$ bezüglich „$\sqsubset$" total ungeordnet ist, ein Isomorphismus von φ, deren $[X^*, \cdot, e, X]$ in $[Y^*, \cdot, e, Y]$ ist.

Tab. 2.8. Beispiel für einen Isomorphismus $\hat{\varphi}$

	x_1	x_2	x_3	x_4	x_5	x_6
φ	10	01	00	111	1101	1100

Beispiel 2.9. Es sei φ die durch Tabelle 2.8. gegebene Funktion. Dann ist $\varphi(X)$ bezüglich „$\sqsubset$" total ungeordnet. Also ist $\hat{\varphi}$ ein Isomorphismus. Aus der Beziehung $\hat{\varphi}(x_1 \cdots x_m) = \hat{\varphi}(x_1' \cdots x_l')$ für $x_1 \neq x_1'$ würde nämlich folgen, daß $\varphi(x_1) \sqsubset \varphi(x_1')$ oder $\varphi(x_1) \sqsubset \varphi(x_1)$ im Widerspruch zur Voraussetzung über $\varphi(X)$ gilt.

Es lag nahe, allgemeiner nach notwendigen und hinreichenden Bedingungen dafür zu suchen, daß eine eineindeutige Abbildung $\varphi\colon X \to Y^*$ zu einem Isomorphismus fortgesetzt werden kann. Diesen Problemen wandten sich z. B. Sardinas/Patterson [51], Schützenberger [53] und Löwenstein [35] zu. Wir geben hier Resultate von Löwenstein wieder (Sätze 2.11., 2.12., 2.14., 2.15.).

Es sei $\varphi\colon X \to Y^*$ gegeben, und wir bilden die Menge

$$E_\varphi =_{Df} \{p\colon p \in Y^* \setminus \{e\} \wedge \exists r(r \in Y^* \wedge rp \in \varphi(X))\}$$

aller nichtleeren Endwörter von Wörtern aus $\varphi(X)$. Auf E_φ definieren wir eine binäre Relation „$<$", indem wir setzen $p < q =_{Df} pq \in \varphi(X) \vee p \in \varphi(X) \cdot q$. Ferner bezeichne „$\lll$" den transitiven Abschluß von „$<$".

Beispiel 2.10. Wir verwenden die Abbildung φ aus Beispiel 2.8. Dann ist $E_\varphi = \{01, 110, 111, 0, 1, 10, 11\}$, und es gilt $1 < 10$, $11 < 1$, $01 < 1$, $0 < 1 < 11 < 0$. Alle anderen Elemente von E_φ sind bezüglich „$<$" unvergleichbar.

Satz 2.11. *Ist $\hat{\varphi}$ der durch eine eineindeutige Abbildung $\varphi\colon X \to Y^*$ definierte Homomorphismus von $[X^*, \cdot, e, X]$ in $[Y^*, \cdot, e, Y]$ $(\hat{\varphi}(x_1 \cdots x_n) =_{Df} \varphi(x_1) \cdot \cdots \cdot \varphi(x_n))$, so ist $\hat{\varphi}$ genau dann Isomorphismus, wenn für jedes p_1 und $p_2(p_1, p_2 \in \varphi(X))$ die Unvergleichbarkeit bezüglich „$\lll$“ gilt.*

Beweis. a) $\leftarrow$: Wir beweisen die Kontraposition. Es sei also $\hat{\varphi}(x_1 \cdots x_n) = \hat{\varphi}(x_1' \cdots x_m)$, $x_1 \cdots x_n \neq x_1' \cdots x_m'$. O. B. d. A. wollen wir voraussetzen, daß $\varphi(x_1) \sqsubset \varphi(x_1')$ und $l(\varphi(x_n)) < l(\varphi(x_m'))$ (siehe Abbildung 2.9.). Dann gibt es Wörter $q_1, \ldots, q_k$ $(q_k \in E_\varphi)$, so daß $\varphi(x_1) < q_1 < \cdots < q_k < \varphi(x_n)$ gilt, d. h., wir haben $\varphi(x_1) \lll \varphi(x_n)$ bewiesen.

Abb. 2.9. Skizze zum Beweis von Satz 2.11.

b) $\leftarrow$: Wir beweisen die Kontraposition. Es existieren also x und x' $(x, x' \in X)$ derart, daß $\varphi(x) \lll \varphi(x')$, d. h., es gibt $q_1, \ldots, q_k$ $(q_k \in E_\varphi,\ k \geqq 0)$, so daß gilt $\varphi(x) < q_1 < \cdots < q_k < \varphi(x')$. Nach Konstruktion von „$<$“ gibt es dann $x_1 \cdots x_n$, $x_1' \cdots x_m'$ derart, daß

$$\hat{\varphi}(x_1 \cdots x_n) = \varphi(x) \cdot \hat{\varphi}(x_2 \cdots x_n) = \hat{\varphi}(x_1' \cdots x_m') = r_2 \cdot \hat{\varphi}(x_2' \cdots x_m'),$$

wobei wir setzen

$$r_2 =_{Df} \begin{cases} \varphi(x''), & \text{falls } \varphi(x) = \varphi(x'') \cdot q_1 \\ \varphi(x) \cdot q_1, & \text{sonst.} \end{cases}$$

Auf Grund der Eineindeutigkeit von φ haben wir dann $x_1 = \varphi^{-1}(\varphi(x)) \neq \varphi^{-1}(r_2) = x_1'$, d. h. $x_1 \cdots x_n \neq x_1' \cdots x_m'$. Also ist $\hat{\varphi}$ kein Isomorphismus. ∎

Man überzeugt sich leicht davon, daß die in Satz 2.11. formulierte Bedingung algorithmisch entscheidbar ist.

In analoger Weise fragt man sich nun, unter welchen Bedingungen die durch eine Abbildung $\varphi\colon X \to Y^*$ definierte kombinatorische Codierung $\Phi(\xi) =_{Df} \varphi(\xi(1)) \cdot \varphi(\xi(2)) \cdots$ einer Quelle $R_1 = X^\omega$ vom Typus ω eineindeutig ist und unter welchen Bedingungen sie sequentiell (mit endlichem Gewicht) decodierbar ist. Zunächst bemerken wir, daß die Eineindeutigkeit von $\check{\varphi}$ für die Eineindeutigkeit von Φ notwendig ist.

Satz 2.12. *Es sei $\varphi\colon X \to Y^*$* injektiv. *Ist $\Phi\colon X^\omega \to Y^\omega$ mit $\Phi(\xi) =_{Df} \varphi(\xi(1)) \cdot \varphi(\xi(2)) \cdots$ eineindeutig, so ist $\hat{\varphi}$ mit $\hat{\varphi}(x_1 \cdots x_n) = \varphi(x_1) \cdot \cdots \cdot \varphi(x_n)$ ein Isomorphismus.*

Beweis. Wir zeigen die Kontraposition. Es gelte also $\hat{\varphi}(p_1) = \hat{\varphi}(p_2)$ für $p_1 \neq p_2 (p_1, p_2 \in X^*)$. Bezeichnet $p\xi$ diejenige Folge aus X^ω, die durch Aneinanderfügen des Wortes $p \in X^*$ und der Folge $\xi \in X^\omega$ entsteht, so haben wir $\Phi(p_1\xi) = \Phi(p_2\xi)$, wobei $p_1\xi \neq p_2\xi$. D. h. Φ ist nicht eineindeutig. ∎

Beispiel 2.13. Wir belegen durch ein Beispiel, daß die Eineindeutigkeit von $\hat{\varphi}$ nicht für die Eineindeutigkeit von Φ hinreicht. Dazu betrachten wir die in Tabelle 2.10. gegebene Abbildung φ. Der durch φ definierte Homomorphismus $\hat{\varphi}$ ist offensichtlich ein Isomorphismus, denn zwischen den Wörtern aus $\varphi(X)$ besteht keine Relation „$\lessdot$“. Jedoch haben wir $\Phi(x_1\bar{x}_3) = \Phi(x_2\bar{x}_3)$, wenn Φ der von φ definierte sequentielle (kombinatorische) Operator ist.

Tab. 2.10. Beispiel eines Isomorphismus $\hat{\varphi}$, für den Φ nicht eineindeutig ist

	x_1	x_2	x_3
φ	01	011	111

Satz 2.14. *Es sei* $\varphi\colon X \to Y^*$ *injektiv. Der durch* φ *definierte Operator* $\Phi(\xi) =_{Df} =_{Df} \varphi(\xi(1)) \cdot \varphi(\xi(2)) \cdots$ *ist genau dann eineindeutig, wenn die folgenden Bedingungen erfüllt sind:*

1. *Der durch* φ *definierte Homomorphismus* $\hat{\varphi}(x_1 \cdots x_n) =_{Df} \varphi(x_1) \cdots \varphi(x_n)$ *ist ein Isomorphismus.*
2. *Kein* q, $q \in E_\varphi$, *das zu einem* p, $p \in \varphi(X)$, *in der Relation* $p \lessdot q$ *steht, ist bezüglich „*$\lessdot$*“ mit sich selbst vergleichbar.*

Beweis. a) $\leftarrow$: Wir beweisen die Kontraposition. Es gelte $\Phi(\xi) = \Phi(\xi')$ für $\xi \neq \xi'$. Dann sind die folgenden Fälle möglich:

α) Es existieren Wörter p und p' aus X^*, die Anfangswörter von ξ bzw. ξ', $\xi, \xi' \in X^\omega$, sind (wir schreiben auch hier in Zeichen $p \sqsubset \xi$, $p' \sqsubset \xi'$), und es gilt $\hat{\varphi}(p) = \varphi(p')$, wobei $p \neq p'$. Dann ist $\hat{\varphi}$ kein Isomorphismus.

β) Es existiert eine unendliche Kette der Form $\varphi(x_1) < q_1 < \cdots < q_k < < \cdots$ ($q_\varkappa \in E_\varphi$). Dann folgt aus der Endlichkeit von E_φ die Existenz eines k_0 derart, daß $\varphi(x_1) \lessdot q_{k_0} \lessdot q_{k_0}$. Das ist aber die Negation unserer Bedingung 2.

b) $\leftarrow$: Wir beweisen die Kontraposition. Ist $\hat{\varphi}$ kein Isomorphismus, so wissen wir bereits nach Satz 2.12., daß Φ nicht eineindeutig ist. Die Negation der Bedingung 2 dagegen impliziert die Existenz einer Kette der Form $\varphi(x_1) < < q_1 < \cdots < q_k < \cdots < q_k$. Dann gibt es nach Überlegungen, die zu denen im Beweis von Satz 2.11. analog sind, Elemente ξ, ξ' aus X^ω derart, daß $\xi \neq \xi'$ und $\Phi(\xi) = \Phi(\xi')$ gilt. ∎

Interessant ist nun, daß mit Satz 2.13. nicht nur eine konstruktive Methode zur Entscheidung der Eineindeutigkeit kombinatorischer Operatoren vorliegt, sondern zugleich ein wichtiges Hilfsmittel für den Beweis des folgenden Satzes.

Satz 2.15. *Ist der kombinatorische Operator* $\Phi\colon X^\omega \to Y^\omega$ *eineindeutig, so gibt es eine sequentielle Decodierung* Θ *von* Φ *mit endlichem Gewicht.*

Beweis. Wir stellen dem Beweis eine nichtformale Betrachtung voran. Es sei $\varphi(x) < q_1 < \cdots < q_k$ eine Kette in $[E_\varphi, \lessdot]$. Wir definieren induktiv das durch diese Kette eindeutig bestimmte „Kettenwort“ $\varkappa(\varphi(x), q_1, \ldots, q_n)$:

A) $\varkappa(\varphi(x)) =_{Df} \varphi(x)$

I) Es sei $\varkappa(\varphi(x), q_1, \ldots, q_l)$ bereits definiert. Dann ist

$$\varkappa(\varphi(x), q_1, \ldots, q_{l+1}) =_{Df} \begin{cases} \varkappa(\varphi(x), q_1, \ldots, q_l), & \text{falls} \quad q_l \in \varphi(X) \cdot q_{l+1} \\ \varkappa(\varphi(x), \ldots, q_l) \cdot q_{l+1}, & \text{sonst.} \end{cases}$$

Unseren Operator Θ werden wir nun durch einen Automaten berechnen, der ein „einlaufendes" Wort $y_1 \cdots y_l$ so lange speichert, wie $y_1 \cdots y_l$ Anfangswort eines Kettenwortes ist. Erstmals dann, wenn das Wort $y_1 \cdots y_{l'}$ in keinem Kettenwort enthalten ist, wählt man ein maximales Kettenwort mit der Eigenschaft $\varkappa(\varphi(x), q_1, \ldots, q_n) \sqsubseteq y_1 \cdots y_{l'}$, so daß $y_1 \cdots y_{l'} \mid \varkappa(\varphi(x), q_1, \ldots, q_n)$ mit einem Wort aus $\varphi(X)$ vergleichbar ist. Man überzeugt sich leicht davon, daß es auch nur ein derartiges Wort gibt. Wir bezeichnen es mit dem Symbol $\mathsf{Max}_<\ (y_1 \cdots y_{l'})$. Als „Beitrag" zur Decodierung gibt dann unser Automat das Wort $\hat{\varphi}^{-1}\,(\mathsf{Max}_<\ (y_1 \cdots y_{l'}))$, das wegen der Eindeutigkeit von $\hat{\varphi}^{-1}$ eindeutig bestimmt ist, aus, speichert den „Rest", d. h. das Wort $y_1 \cdots y_{l'} \mid \mathsf{Max}_<\ (y_1 \cdots y_{l'})$[1]) usf. Da Φ als eineindeutig vorausgesetzt ist, gibt es nur endliche, in $\varphi(X)$ beginnende Ketten. Dies bedeutet, daß bei entsprechender Konstruktion unser Automat nur einen endlichen Speicher benötigt.

Wir gehen nun zur formalen Konstruktion eines derartigen Automaten über. Als Eingabealphabet verwenden wir Y, als Ausgabealphabet X, die Zustandsmenge identifizieren wir mit Y^*. Damit unser Automat vollständig definiert sei, diskutieren wir zunächst den Fall, daß α) das Wort zy mit jedem Wort aus $\varphi(X)$ bezüglich „$\sqsubseteq$" unvergleichbar ist. In diesem Fall setzen wir

$$f(z, y) =_{Df} e; \qquad g(z, y) =_{Df} x_0 \qquad (x_0 \text{ fest})\,.$$

In den weiteren Fällen sei nun zy mit wenigstens einem Wort aus $\varphi(X)$ vergleichbar.

β) Es existieren $x \in X$, $q_1, \ldots, q_k, q_\varkappa \in E_\varphi$, derart, daß $\varphi(x) < q_1 < \cdots < q_k$ und $zy \sqsubseteq \varkappa(\varphi(x), q_1, \ldots, q_k)$. Dann setzen wir $f(z, y) = zy$; $g(z, y) =_{Df} e$.

γ) Es gilt nicht β). In diesem Falle definieren wir

$$f(z, y) =_{Df} zy \mid \mathsf{Max}_<\ (zy)\,, \qquad g(z, y) =_{Df} \hat{\varphi}^{-1}\,(\mathsf{Max}_<\ (zy))\,,$$

wenn Max existiert und sonst wie in α). Unser Automat ist unendlich, denn $Z = Y^*$. Wir benötigen jedoch nur denjenigen Teilautomaten, der alle und nur die Zustände, die aus dem Anfangszustand $z_0 = e$ erreichbar sind, enthält. Dieser Automat ist endlich, da die Längen der von $\varphi(X)$ ausgehenden Ketten in $[E_\varphi, <]$ beschränkt sind und damit auch die Längen der Restwörter. Der von diesem Automaten berechnete Operator Θ ist ein sequentieller Operator mit endlichem Gewicht. Das Produkt $\Theta \circ \Phi$ ist auf X^ω die Identität.

---

[1]) Im folgenden schreiben wir stets $p \mid r$ als Zeichen für das Endwort von p nach Abstreichen von r, falls r Anfangswort von p ist.

Beispiel 2.16. Zur Illustration der Konstruktion im Beweis von Satz 2.15. betrachten wir ein einfaches Beispiel. Es sei φ die in Tabelle 2.11. beschriebene Abbildung. Dann gilt $01 < 0 < 10$ und $010 < 0 < 1 < 10$. Alle anderen Elemente aus E_φ sind bezüglich „$<$" unvergleichbar. Der gemäß α), β), γ) (siehe Beweis von Satz 2.15.) konstruierte Automat ist in Abbildung 2.12. dargestellt. Die punktierten, gestrichelten bzw. ausgezogenen Pfeile markieren dabei Überführungen und Ausgaben gemäß α), β) bzw. γ).

Tab. 2.11. Beispiel einer kombinatorischen Codierung

	x_1	x_2	x_3
φ	01	010	110

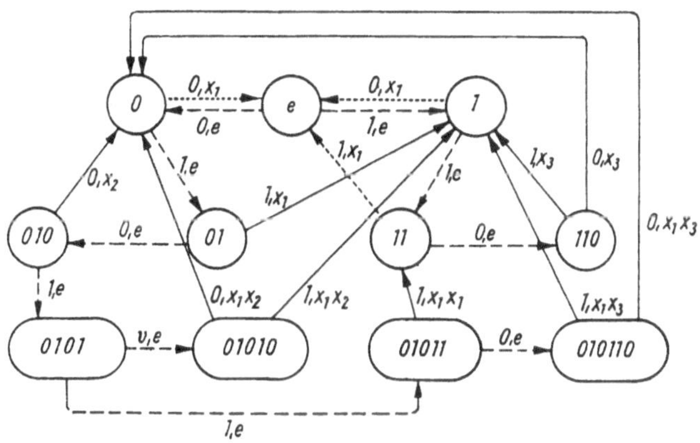

Abb. 2.12. Decodierung zur Codierung aus Tabelle 2.11.

Relativ frühzeitig wurde erkannt, daß es Quellen gibt, bei denen die Wahrscheinlichkeit für das Auftreten eines $x \in X$ vom *Kontext* bedingt wird. Für eine spezielle Art dieser Quellen (Markovsche Quellen) wurde daher der Vorschlag gemacht, *längenvariabel* und mit *endlichem Gedächtnis* zu codieren ([11]). Dabei wurden zunächst wieder als Coder solche Automaten verwendet, für die in jedem Zustand $z \in Z$ die Menge der Ausgabewörter $g(z, X)$ bezüglich „$\sqsubset$" total ungeordnet ist. Der Grund hierfür liegt auf der Hand: In diesem Falle ist es sicher, daß die im Anfangszustand z_0 eines derartigen Automaten berechnete *sequentielle Wortfunktion* mit endlichem Gewicht eineindeutig ist. Wir betrachten dazu ein einfaches Beispiel.

Beispiel 2.17. Die von dem in Abbildung 2.13. dargestellten abstrakten Automaten im Zustand z_0 berechnete Wortfunktion $\varphi(p) =_{Df} g(z_0, p)$ ist eindeutig umkehrbar, denn die Mengen $g(z_0, X) = \{10, 111\}$, $g(z_1, X) = \{01, 1101\}$ sind jeweils bezüglich „$\sqsubset$" total ungeordnet.

Die Ergebnisse der Untersuchungen kombinatorischer sequentieller Funktionen und Operatoren (siehe z. B. Sätze 2.11. bis 2.15.) legten es nahe, nach *Kriterien* für die Eineindeutigkeit von solchen Funktionen und Operatoren, die

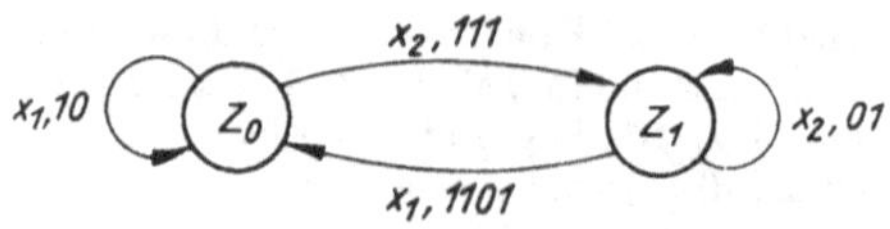

Abb. 2.13. Beispiel für die Berechnung einer eineindeutigen sequentiellen Wortfunktion

in endlichen abstrakten Automaten berechenbar sind, zu suchen. Beiträge hierzu wurden u. a. von GLEBSKI ([19]), LÖWENSTEIN ([37]) und unabhängig davon von einem der Autoren ([31]) geliefert. Für den allgemeineren Fall, d. h. für Operatoren, die in endlichen nichtdeterministischen Automaten berechnet werden, finden sich in der Arbeit von GRABOWSKI ([22]) Lösungen. Wir stellen eine Auswahl dieser Ergebnisse im Kapitel IV dar und verzichten daher an dieser Stelle auf eine detaillierte Erörterung. Wir nehmen lediglich den Hauptsatz vorweg.

Satz 2.18. *Es ist algorithmisch entscheidbar, ob ein sequentieller Operator mit endlichem Gewicht eineindeutig ist. Zu jedem eineindeutigen sequentiellen Operator Φ mit endlichem Gewicht existiert eine sequentielle Decodierung Θ mit endlichem Gewicht.*

Diese Aussagen bieten zwar eine gewisse Rechtfertigung für eine allgemeine Theorie sequentieller Codierungen. Ihnen steht jedoch noch eine Reihe von Problemen gegenüber, deren konstruktive Lösung im Interesse einer praktischen Nutzanwendung einer derartigen Theorie dringend erforderlich ist. So ist es z. B. im Sinne der Arbeit von SCHNORR ([52]) durchaus gerechtfertigt, an Stelle der Beschreibung der Wahrscheinlichkeiten, mit denen Elemente $x \in X$ der Quelle auftreten, eine „konstruktive" Beschreibung der Menge $R_1 \subseteq X^\omega$ aller und nur der Folgen, die tatsächlich als Quellenfolgen auftreten können, anzugeben. Es ist dann evident, daß die „vollständige" Decodierbarkeit von Φ gar nicht mehr wesentlich ist, sondern nur noch die Eineindeutigkeit von Φ auf R_1. Effektive Kriterien zur Entscheidung der Frage, wann ein sequentieller Operator Φ auf einer regulären Menge $R_1 \subseteq X^\omega$ eineindeutig ist, existierten bisher nicht. Wenn man ferner davon ausgeht, daß man im allgemeinen aus Gründen der Entstörbarkeit als Coderaum nicht den gesamten Raum Y^ω, sondern nur einen wohlbestimmten Teilraum von Y^ω in Anspruch nehmen darf, so entsteht sofort das Problem, Kriterien dafür zu finden, daß zu vorgegebenen regulären Folgenmengen $R_1 \subseteq X^\omega$ und $R_2 \subseteq Y^\omega$ ein sequentieller Operator Φ: $X^\omega \to Y^\omega$ existiert, der die folgenden Bedingungen erfüllt:

1. $\Phi(R_1) \subseteq R_2$;
2. Φ ist auf R_1 eindeutig umkehrbar.

Falls ein derartiger Operator existiert, so ist es natürlich erwünscht, ihn unter Zuhilfenahme der Beschreibungen von R_1 und R_2 effektiv konstruieren zu können. Schließlich gibt es Abwandlungen dieses Problems: Sind z. B. Φ: $X^\omega \to Y^\omega$ und $R_1 \subseteq X^\omega$ gegeben, so wird man sich dafür zu interessieren haben, welcher

Teilraum R_2 von Y^ω durch $\Phi(R_1)$ als Coderaum in Anspruch genommen wird. (Man denke an die Konsequenzen, die ggf. bei Entstörungen entstehen.) Desgleichen ist es denkbar, daß $R_2 \subseteq Y^\omega$ gegeben ist, etwa deshalb, weil man weiß, daß dieser Raum gegenüber gewissen Störungen und Kanälen resistent ist, und es fragt sich, welche „maximale" Menge R_1 von Folgen aus X^ω in diesem Raum codiert werden kann und zwar so, daß die betreffende sequentielle Codierung auf R_1 eindeutig umkehrbar ist.

2.2.2. Störung und Entstörung

Wenn auch im Sinne der letzten Ausführungen von 2.2.1. noch eine Reihe von konstruktiven Methoden zur Lösung gewisser Typen von Aufgaben fehlt, so sind doch die Beziehungen zwischen längenvariablen Codierungen und Decodierungen zufolge Satz 2.18. befriedigend geklärt. Anders dagegen ist die Situation im Falle der Untersuchung störresistenter längenvariabler Codierungen. Man kann nicht davon sprechen, daß im Rahmen der klassischen Codierungstheorie ein in irgendeiner Hinsicht geschlossenes System von Aussagen über die Störresistenz von längenvariablen Codes angeboten wird. Wir werden uns später sogar davon überzeugen können, daß es die Methoden der Untersuchung störresistenter Blockcodes auch gar nicht erlauben, das genannte Problem erschöpfend zu behandeln.

Eine erste Rechtfertigung unserer These erhalten wir bereits, wenn wir die Störresistenz einer kombinatorischen sequentiellen Codierung $\Phi\colon X^\omega \to Y^\omega$, die im Sinne von 2.2.1. durch eine Funktion $\varphi\colon X \to Y^*$ erzeugt ist, gegenüber der einfachen Störungsvariante $\Sigma(\eta, \sigma) =_{Df} \eta + \sigma$ untersuchen. Hat man nämlich nur die Theorie der störresistenten linearen Blockcodes zur Verfügung, so gibt es im wesentlichen lediglich eine Methode, die Störresistenz von $R_2 = \Phi(X^\omega)$ zu analysieren: Man hat ein geeignetes (ggf. störresistentes) W, $W \subseteq| Y^n$, so zu wählen, daß $R_2 \subseteq W^\omega$ gilt. Es entsteht zunächst der Eindruck, als sei damit in der Tat das Problem der störresistenten Einbettung gelöst, und man habe lediglich ein geeignetes W zu finden. Obwohl die Sätze 2.19. und 2.21. diesen Eindruck noch verstärken, indem sie konstruktive Methoden für die Einbettung $R_2 \subseteq W^\omega$ anbieten, wird uns spätestens im Anschluß an diese Sätze das Dilemma, in das wir im allgemeinen durch derartige Einbettungen geraten, deutlich werden.

S a t z 2.19. *Es gibt ein algorithmisches Verfahren, mit dem für jede durch eine Abbildung $\varphi\colon X \to Y^*$ erzeugte kombinatorische Codierung $\Phi\colon X^\omega \to Y^\omega$ und für jedes W und jedes n mit $W \subseteq| Y^n$ entscheidbar ist, ob $\Phi(X^\omega) \subseteq W^\omega$ gilt.*

B e w e i s (BERNHARDT). Es seien $\Phi\colon X^\omega \to Y^\omega$ und W mit $W \subseteq| Y^n$ gegeben. Für $Q \subseteq \bigcup_{i=0}^{n} Y^i$ und $x \in X$ sei $R(x, Q) =_{Df} \{r\colon r \in Y^* \wedge \varphi(x)\, r \in QW^*\} \cap \bigcup_{i=1}^{n-1} Y^i$ gesetzt. Wir konstruieren wie folgt induktiv einen gerichteten Graphen $\mathfrak{G}$, dessen

Knoten mit Elementen der Potenzmenge $\mathfrak{P} Y^*$ und dessen Kanten mit Buchstaben aus X belegt sind. Der Anfangsknoten sei mit $R_e =_{Df} \{e\}$ belegt.

Ist nun der Knoten K_p ($p \in X^*$) bereits mit der Menge R_p belegt, so verbinden wir die Knoten K_p und K_{px} mit der durch $x \in X$ belegten Kante von K_p nach K_{px} und belegen K_{px} mit $R_{px} =_{Df} R(x, R_p)$. Falls ein bis zu diesem Schritt konstruierter Knoten K_r bereits derart existiert, daß $R_{px} = R_r$ gilt, so identifizieren wir K_{px} mit K_r.

Die Konstruktion von $\mathfrak{G}$ bricht nach endlich vielen Schritten ab, da es wegen $R_p \subseteq \bigcup_{i=1}^{n-1} Y^i$ nur endlich viele Knoten gibt. Es gilt nun nach Konstruktion genau dann $\Phi(X^\omega) \subseteq W^\omega$, wenn in $\mathfrak{G}$ kein Knoten K_p vorkommt, der mit $R_p = \emptyset$ belegt ist. ▮

Beispiel 2.20. Zur Illustration des im Beweis von Satz 2.19. verwendeten Verfahrens untersuchen wir, ob für die längenvariable Codierung $\Phi(\xi) = \varphi(\xi(1)) \cdot \varphi(\xi(2)) \ldots$ mit $\varphi(x_1) = 10$, $\varphi(x_2) = 101$ und für den Kern $W = \ker \psi$ der durch $||11100||$ definierten Abbildung ψ: $Y^5 \mapsto Y$ die Beziehung $\Phi(X^\omega) \subseteq W^\omega$ gilt. Der dazu aufgestellte Graph in Abbildung 2.14. liefert das Resultat: $\Phi(X^\omega)$ ist nicht in W^ω einzubetten.

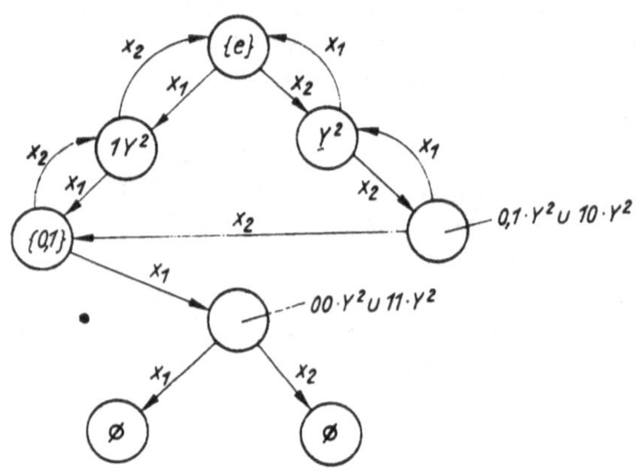

Abb. 2.14. Graph zum Beispiel 2.20., nach dem Verfahren von Satz 2.19. konstruiert.

Satz 2.21. *Zu jedem φ: $X \to Y^*$ und zu jedem n, $n \in \mathsf{N}$, kann der minimale Raum $W \subseteq| Y^n$, für den $\Phi(X^\omega) \subseteq W^\omega$ gilt, effektiv konstruiert werden.* (*Dabei sei* $\Phi(\xi) = \varphi(\xi(1)) \cdot \varphi(\xi(2)) \ldots$)

Beweis. Es sei $\mathcal{T}$ ein McNaughton-Term, der die Menge $(\varphi(X))^\omega$ beschreibt. Ferner sei K die Anzahl der Stellen, die in $\mathcal{T}$ mit Buchstaben aus Y besetzt sind. Durch die Abbildung ι ordnen wir jedem k ($1 \leq k \leq K$) eindeutig denjenigen Buchstaben $\iota(k) \in Y$, der in $\mathcal{T}$ von links gezählt an der k-ten mit Buchstaben aus Y besetzten Stelle steht, zu. Es ist gut bekannt, daß man auf diese Weise (siehe etwa [21]) alle möglichen Buchstabensequenzen aus $(\varphi(X))^\omega$ beschreiben kann. Dazu führen wir in der Potenzmenge $\mathfrak{P}(\{1, \ldots, K\})$ Relationen

$<_0$, $<_1$ ein, indem wir für Mengen A, B $(A, B \in \mathfrak{P}(\{1, \ldots, K\}))$ vereinbaren, daß $A <_\varepsilon B$ genau dann gilt, wenn zu jedem j, $j \in B$, ein i, $i \in A$, derart existiert, daß $\iota(i) = \varepsilon$ gilt und $\iota(i) \cdot \iota(j)$ als Subsequenz der durch $\mathcal{T}$ beschriebenen Folgenmenge auftreten kann ($\varepsilon = 0, 1$). Schließlich gehen wir zur Vereinigung $\lessdot =_{Df} <_0 \cup <_1$ unserer Relationen über und betrachten im weiteren nur noch $[I, \lessdot]$, d. h. alle und nur die bei $\hat{A}$ beginnenden, bezüglich „$<_\varepsilon$" aufsteigenden Ketten nichtleerer Mengen. Dabei sei $\hat{A}$ die Menge aller und nur der k, $k \leqq K$, für die $\iota(k)$ Anfangsbuchstabe einer Folge aus der Menge $(\varphi(X))^\omega$ ist.

Parallel zum Beweis von Satz 2.21. erläutern wir die einzelnen Schritte an einem Beispiel.

Beispiel 2.22. Wir suchen denjenigen minimalen Unterraum $W \subseteq| Y^5$, für den $\Phi(X^\omega) \subseteq W^\omega$ gilt, wobei Φ die bereits in Beispiel 2.20. betrachtete sequentielle Codierung sei. Wir haben dann als beschreibenden McNaughton-Term $\mathcal{T} \equiv [10 \vee 101]$. Also ist $K = 5$ und es gilt $\iota(2) = \iota(4) = 0$; $\iota(1) = \iota(3) = \iota(5) = 1$; $A = \{1, 3\}$. Damit erhalten wir für $[I, \lessdot]$:

$$\{1, 3\} <_1 \{2, 4\} <_0 \{1, 3, 5\} <_1 \{1, 2, 3, 4\} <_1 \{2, 4\}; \{1, 2, 3, 4,\} <_0 \{1, 3, 5\}.$$

Verfolgen wir nun die von $\hat{A}$ aufsteigenden Ketten, so erhalten wir eine eindeutige Auskunft darüber, welche Anfangswörter zu Folgen aus $(\varphi(X))^\omega$ gehören und sind gleichzeitig durch die jeweils erreichte Menge $B \in I$ vollständig informiert über die nach Abstreichen des Anfangswortes übrigbleibende „Restfolgenmenge", d. h., die Menge der Fortsetzungen dieses Anfangswortes, auch *Zustand* von $(\varphi(X))^\omega$ genannt. Insbesondere sind wir also auch in der Lage, sukzessive die Anfangswörter der uns vorgegebenen Länge n abzuarbeiten, sie, sowie die erreichten Zustände zu registrieren, und damit entsprechend unserem Ziel die gesamte Menge $(\varphi(X))^\omega$ in Blöcke der Länge n zu zerlegen. Im einzelnen verfahren wir wie folgt. Ist $K \equiv B_1 <_{\varepsilon_1} B_2 <_{\varepsilon_1} \cdots <_{\varepsilon_{k-1}} B_k$ eine von $B_1 \in I$ aufsteigende endliche Kette, so soll $W(K) = \varepsilon_1 \cdots \varepsilon_{k-1}$ *Kettenwort* von K genannt werden. Wir registrieren nun in geeigneter Form, z. B. tabellarisch, alle und nur die von $\hat{A}$ ausgehenden Kettenwörter der Länge n sowie die durch sie jeweils erreichten Elemente $B \in I$, danach wiederholen wir dasselbe für die soeben erreichten Elemente $B \in I$, d. h., wir registrieren alle und nur die von den B ausgehenden Kettenwörter der Länge n und die durch sie erreichten Zustände usf. Es ist klar, daß dieses Verfahren nach endlich vielen Schritten abbricht, da unsere Menge I endlich ist. Bezeichnet nun W' die Menge aller und nur der auf diese Weise konstruierten Kettenwörter, so ist die lineare Hülle $W = \mathcal{L}(W')$ von W' der gesuchte Raum W. Diese Behauptung bedarf keiner weiteren ausführlichen Beweisführung, denn alle und nur die „für Φ benötigten" Subsequenzen der Länge n treten auf und sind durch unsere halbgeordnete Menge $[I, \lessdot]$ eindeutig fixiert. Der lineare Abschluß ist erforderlich, da ein linearer Unterraum von Y^n gesucht wurde. ∎

Beispiel 2.22. (Fortsetzung) Die sich aus der Menge $[I, \lessdot]$ ergebenden Kettenwörter sind in der Tabelle 2.15. zusammengestellt. Am Zeileneingang steht jeweils das Anfangselement, am Spalteneingang das Endelement der zugehörigen Ketten. Im Kreuzungspunkt der Zeilen und Spalten alle und nur die Kettenwörter, die vom Anfangs- zum Endelement

Tab. 2.15. Übersicht der Kettenwörter von Beispiel 2.22.

	{1, 2, 3, 4}	{1, 3, 5}	{2, 4}
{1, 3}	10101	10110	
{1, 2, 3, 4}	10101 01101	10110 01010	01011
{1, 3, 5}	10101	11010 10110	11011
{2, 4}		01101 01010	01011

führen. Man erkennt sofort, daß die lineare Hülle der so konstruierten Menge von Kettenwörtern gleich der Menge Y^5 ist. Mit anderen Worten, unsere ungleichmäßige kombinatorische Codierung Φ läßt sich in keinen echten Unterraum von Y^5 einbetten.

Unsere Sätze 2.19. und 2.21. sowie die zugehörigen Beispiele 2.20. und 2.22. deuten darauf hin, daß eine große Zahl nichttrivialer kombinatorischer Codierungen existieren wird, für die außer der trivialen keine andere Möglichkeit der Einbettung in einen Raum W^ω möglich ist.

Diese Codes sind also, vom klassischen Standpunkt aus betrachtet, nicht resistent. Selbst für die Fälle aber, in denen eine nichttriviale Einbettung möglich wird, (siehe z. B. [43, 44]) fehlt in der klassischen Codierungstheorie hinreichende Auskunft darüber, mit welcher (maximalen) Störresistenz gerechnet werden darf, d. h., welche notwendigen und hinreichenden Voraussetzungen eine kombinatorische und natürlich aus Gründen der Decodierbarkeit eineindeutige Codierung erfüllen muß, damit sie resistent gegenüber S bei vorgelegtem Σ ist. Noch weit weniger ist für den Fall bekannt, daß anstelle der kombinatorischen Codierungen sequentielle Codierungen mit endlichem Gewicht vorliegen. Wir werden im IV. Kapitel einige Lösungen dieses Problems angeben. Es sei aber schon darauf verwiesen, daß wir mit Notwendigkeit von der hier diskutierten Einbettung in spezielle lineare Räume abzuweichen hatten. Das Festhalten an der durch die Theorie der linearen Blockcodes gegebenen Entstörungsmöglichkeit impliziert nämlich nicht nur durch die Starre des zur Verfügung stehenden sequentiellen Coderaumes Schwierigkeiten bei der Wahl geeigneter eineindeutiger sequentieller Codierungen, sondern führt auch dazu, daß die aus der Sequentialität herrührenden Entstörungsmöglichkeiten ungenügend ausgeschöpft werden. Obzwar nämlich der Raum $\Phi(X^\omega)$ unseres Beispiels 2.22. nur in den Raum $(Y^5)^\omega = Y^\omega$ eingebettet werden kann und damit im Sinne der Theorie der linearen Blockcodes nicht resistent ist, ist er gegenüber einer Störmenge S, die zwar regulär, aber von einer Störmenge der Form T_r verschieden ist, bezüglich Σ resistent, wie man sich leicht überlegt.

Wir konnten uns davon überzeugen, daß selbst für sehr einfache Kanäle der Form $\Sigma(\eta, \sigma) =_{Df} \eta + \sigma$ Analyse- und Synthese-Probleme für störresistente sequentielle Codierungen mit endlichem Gewicht ungenügend beherrscht werden und daß bei der Überwindung dieses Zustandes die bessere Ausnutzung der durch die Sequentialität und Regularität gegebenen Variationsmöglichkeiten einen besonderen Platz einnimmt. Daher ist es natürlich, daß wir in unseren gesamten Untersuchungen diese einfache Form der Störung und des Kanals beibehalten. Wir lassen uns dabei von dem Gedanken leiten, daß es möglich sein sollte, an den entsprechenden Stellen die erzielten Ergebnisse mit denen aus der klassischen Codierungstheorie vergleichen zu können.

Es wird weiteren Untersuchungen vorbehalten bleiben, durch bessere Ausnutzung des z. B. von Wechsung ([68, 69]) abgegrenzten subrekursiven Bereiches die Kanäle Σ komplizierter zu gestalten und nach zugehörigen Möglichkeiten der Entstörung zu suchen. In einem derartigen Rahmen sehen wir auch entscheidende Möglichkeiten, eine Vielzahl von vereinzelten Ansätzen über spezielle Störmedien (siehe als Beispiel Löwenstein ([36])) vereinheitlicht darstellen zu können.

KAPITEL II

ZUM GEGENSTAND DER THEORIE SEQUENTIELLER CODIERUNGEN

Im Abschnitt 1 wurden die Aufgaben der algebraischen Codierungstheorie auf der Grundlage eines sehr allgemeinen Modells diskutiert. Ferner konnten wir uns in Abschnitt 2 davon überzeugen, daß sich die Theorie der linearen Blockcodes in dieses Modell einreiht und den Rahmen unseres allgemeinen Modells nicht ausschöpfen kann. Zwischen diesen beiden Extremen existiert nun offensichtlich eine ganze Hierarchie von Codierungstheorien in Abhängigkeit von der Wahl der Berechnungskonzepte für die verwendeten Operatoren aus subrekursiven oder rekursiven Bereichen. Die Theorie der sequentiellen Codierungen ist eine der möglichen Stufen in diesem Aufbau. Sie liegt noch hinreichend „dicht" an der klassischen Codierungstheorie, ist andererseits allgemeiner als jene und läßt solche Ideen deutlicher zu Tage treten, die auch auf „höheren" Stufen der Berechenbarkeit verwertbar sein könnten. In Anlehnung an die in Abschnitt 1 formulierten grundsätzlichen Aufgaben der Codierungstheorie wollen wir in diesem Kapitel noch einmal ausführlich auf die speziellen Probleme, die in der Theorie der sequentiellen Codierungen entstehen, zu sprechen kommen. Wir gehen dabei so vor, daß wir in Abschnitt 3 dieses Kapitels ein konkretes Beispiel analysieren, um im Anschluß daran in § 4 die wichtigsten Aufgaben verständlicher formulieren zu können.

3. Ein Beispiel für sequentielle Codierung, Störung, Entstörung und Decodierung

Im Sinne von 1.2. wählen wir ein Beispiel zur Aufgabenklasse 3, der sogenannten Analyse der Codierungsvarianten für feste Quellen. Unser Beispiel soll lediglich demonstrieren, wie diejenigen Objekte, von denen wir im folgenden ausschließlich sprechen werden, d. h. Codierungen, Störungen, etc., beschaffen sein könnten und in welcher Beziehung sie zueinander stehen. Es soll gleichzeitig zeigen, daß es sinnvolle Aufgaben echt sequentieller Natur in der Codierungstheorie gibt und das Verständnis für den erforderlichen mathematischen Apparat wecken. Wir haben nicht die Absicht, bereits mit diesem Beispiel eine Erläuterung der erforderlichen Methoden und verwendeten mathematischen Sachverhalte zu verbinden. Zwar geben wir an den betreffenden Stellen Hinweise, wie man zu gewissen Lösungen gelangen könnte, es bleiben jedoch damit die Fragen nach der Existenz solcher Lösungen und nach den Bedingungen für die Lösbarkeit zugehöriger Teilaufgaben völlig unberührt. Diesem Gegenstand werden wir uns beginnend mit dem Kapitel III zuwenden.

Beispiel 3.1. Wir denken uns eine Meßvorrichtung, die über die Meßpunkte a, b, c verfüge. Der durch diese Meßvorrichtung beobachtete Prozeß bewirke, daß die Meßpunkte beginnend von links nach dem folgenden Schema durchlaufen werden können (siehe Abbildung 3.1.). Die Folge der auftretenden Meßpunkte soll nun fortwährend verfolgt werden und zu diesem Zwecke entsprechend codiert über einen gestörten Kanal weitergegeben werden. Wir können daher die *Quelle* R_1 identifizieren mit der Menge derjenigen unendlichen Folgen von Buchstaben aus dem Alphabet $X = \{a, b, c\}$, die überhaupt auftreten können. Es ist ohne weiteres klar, daß der McNaughton-Term

$$\mathfrak{R}_1 \equiv [a \vee ba \vee bca]$$

die Quelle R_1 beschreibt. Man sieht auch unschwer, daß $R_1 \subset X^\omega$, denn es ist z. B. $\bar{b} \notin R_1$. Für die Kardinalzahlen der Mengen R_1 und $X^\omega \setminus R_1$ gilt sogar $\mathrm{card}\,(R_1) = \mathrm{card}\,(X^\omega \setminus R_1) = 2^{\aleph_0}$, wie man sich leicht überlegt.

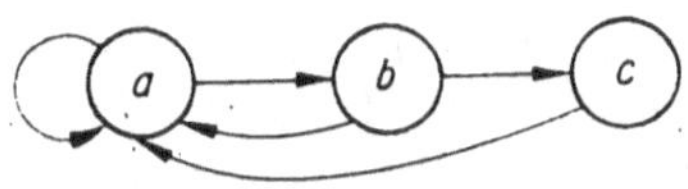

Abb. 3.1. Moore-Automat als Modell einer Meßpunktfolge

Diese Quelle soll nun geeignet codiert werden, so daß wir in der Lage sind, die Quelleninformationen nach der Übertragung über ein gestörtes Medium unverfälscht zurückzuerhalten. Dazu legen wir fest:

Beispiel 3.2. Der *Übertragungskanal* Σ verfüge über das Alphabet $Y = \{0, 1\}$ und störe nach dem Schema $\Sigma(\eta, \sigma) = \eta + \sigma$. Wir wollen annehmen, daß die *Rauschquelle* S wie folgt beschaffen sei: Nach dem Erscheinen einer Störung „1" sollen mindestens drei der unmittelbar nachfolgenden Störbuchstaben trivialer Natur, d. h. gleich „0" sein. Also ist unsere Störmenge durch den McNaughton-Term $\mathcal{S} \equiv [0 \vee 1000]$ beschreibbar.

Unsere Aufgabe besteht nunmehr nicht nur darin, R_1 eineindeutig zu codieren, sondern zugleich ist es notwendig, die Codierung so zu wählen, daß der Code resistent gegenüber S bezüglich Σ ist. Natürlich ist es möglich, einen linearen Blockcode zu konstruieren, der allen diesen Anforderungen gerecht wird. Wir überlassen dies dem Leser und empfehlen ihm, sein Resultat mit dem unsrigen gegenüberzustellen (vgl. auch 9.3.4.).

Wir versuchen jetzt, eine auf R_1 eineindeutige sequentielle Codierung $\Phi\colon X^\omega \to Y^\omega$ mit endlichem Gewicht und einen linearen sequentiellen Operator $\Psi\colon Y^\omega \to Y^\omega$ mit endlichem Gewicht zu konstruieren, so daß dabei die folgenden Beziehungen gesichert sind:

1. $\Phi(R_1) \subseteq \ker \Psi$;
2. $(S + S) \cap \ker \Psi = \{\bar{0}\}$.

Die erste Bedingung bedarf keiner eingehenden Erläuterungen. Wir benötigen einen nichttrivialen Coderaum, der es gestattet, R_1 eineindeutig und sequentiell mit endlichem Gewicht einzubetten. Von der zweiten Bedingung wissen wir bereits aus 2.1.3., daß sie notwendig und hinreichend für die Existenz einer Entstörung für die Rauschquelle S und den Kanal Σ ist. Daher liegt ihre Notwendigkeit für die Existenz einer sequentiellen Entstörung mit endlichem Gewicht auf der Hand. Unbekannt dagegen ist, ob diese Eigenschaft auch dafür hinreicht.

Wir werden also zunächst die Menge $S + S$ analysieren müssen, um sie bei der Konstruktion von Ψ entsprechend der Bedingung 2. berücksichtigen zu können. Unser Beispiel wird ergeben, daß die Menge $S + S$ eine reguläre Folgenmenge ist. Wir lassen hier noch die Frage offen, ob diese Eigenschaft allgemein für Summen regulärer Folgenmengen gilt.

Beispiel 3.3. Wir beschaffen uns eine reguläre Beschreibung der Menge $S + S$ durch einen McNaughton-Term, indem wir wie im Beweis von Satz 2.2. die Buchstaben des Terms $\mathscr{S}$ eineindeutig indizieren, d. h., wir setzen $\iota(1) = \iota(3) = \iota(4) = \iota(5) = 0$, $\iota(2) = 1$. Mittels dieser Indizierung analysieren wir die Menge aller Folgen von Vektoren der Form $\begin{vmatrix} u \\ v \end{vmatrix}$ $(1 \leqq u, v \leqq 5)$, die durch Summationen $\sigma + \sigma'$ $(\sigma, \sigma' \in S)$ entstehen können. Wir erhalten die in Tabelle 3.2. wiedergegebene Übersicht. Die Zeileneingänge seien mit v, die Spalteneingänge mit u belegt; im Kreuzungspunkt der u-ten Spalte und v-ten Zeile sollen diejenigen Vektoren $\begin{vmatrix} u' \\ v' \end{vmatrix}$ stehen, die bei einer Summation der Form $\sigma + \sigma'$ Folgeindizes von $\begin{vmatrix} u \\ v \end{vmatrix}$ sein können. Zur Illustration betrachten wir eine dieser Sequenzen. So kann (siehe Tabelle 3.2.) auf $\begin{vmatrix} 1 \\ 1 \end{vmatrix}$ u. a. der Indexvektor $\begin{vmatrix} 2 \\ 1 \end{vmatrix}$ folgen; dem Indexvektor $\begin{vmatrix} 2 \\ 1 \end{vmatrix}$ kann z. B. der Indexvektor $\begin{vmatrix} 3 \\ 2 \end{vmatrix}$ folgen; ihm nur der Vektor $\begin{vmatrix} 4 \\ 3 \end{vmatrix}$; diesem wiederum nur der Vektor $\begin{vmatrix} 5 \\ 4 \end{vmatrix}$ usw. Mit dieser Folge korrespondiert dann der Anfang der Summenfolge 01100 ··· Wir benennen vorübergehend die Menge $S + S$ mit U und verifizieren nacheinander an Tabelle 3.2 die folgenden Behauptungen: Nach dem Symbol „0" kann die gesamte Folgenmenge U auftreten, d. h. $0 \cdot U \subseteq U$. Analoges gilt für den Anfang 1000 und 1100, d. h., wir haben $1000 \cdot U \cup 1100$.

Tab. 3.2. Übersicht über diejenigen Vektoren, die bei $\sigma + \sigma'$ entstehen können (vgl. Beispiel 3.3.)

	1	2	3	4	5
1	$\begin{vmatrix} 1 \\ 1 \end{vmatrix}$ $\begin{vmatrix} 1 \\ 2 \end{vmatrix}$ $\begin{vmatrix} 2 \\ 1 \end{vmatrix}$ $\begin{vmatrix} 2 \\ 2 \end{vmatrix}$	$\begin{vmatrix} 3 \\ 1 \end{vmatrix}$ $\begin{vmatrix} 3 \\ 2 \end{vmatrix}$	$\begin{vmatrix} 4 \\ 1 \end{vmatrix}$ $\begin{vmatrix} 4 \\ 2 \end{vmatrix}$	$\begin{vmatrix} 5 \\ 1 \end{vmatrix}$ $\begin{vmatrix} 5 \\ 2 \end{vmatrix}$	$\begin{vmatrix} 1 \\ 1 \end{vmatrix}$ $\begin{vmatrix} 1 \\ 2 \end{vmatrix}$ $\begin{vmatrix} 2 \\ 1 \end{vmatrix}$ $\begin{vmatrix} 2 \\ 2 \end{vmatrix}$
2	$\begin{vmatrix} 1 \\ 3 \end{vmatrix}$ $\begin{vmatrix} 2 \\ 3 \end{vmatrix}$	$\begin{vmatrix} 3 \\ 3 \end{vmatrix}$	$\begin{vmatrix} 4 \\ 3 \end{vmatrix}$	$\begin{vmatrix} 5 \\ 3 \end{vmatrix}$	$\begin{vmatrix} 1 \\ 3 \end{vmatrix}$ $\begin{vmatrix} 2 \\ 3 \end{vmatrix}$
3	$\begin{vmatrix} 1 \\ 4 \end{vmatrix}$ $\begin{vmatrix} 2 \\ 4 \end{vmatrix}$	$\begin{vmatrix} 3 \\ 4 \end{vmatrix}$	$\begin{vmatrix} 4 \\ 4 \end{vmatrix}$	$\begin{vmatrix} 5 \\ 4 \end{vmatrix}$	$\begin{vmatrix} 1 \\ 4 \end{vmatrix}$ $\begin{vmatrix} 2 \\ 4 \end{vmatrix}$
4	$\begin{vmatrix} 1 \\ 5 \end{vmatrix}$ $\begin{vmatrix} 2 \\ 5 \end{vmatrix}$	$\begin{vmatrix} 3 \\ 5 \end{vmatrix}$	$\begin{vmatrix} 4 \\ 5 \end{vmatrix}$	$\begin{vmatrix} 5 \\ 5 \end{vmatrix}$	$\begin{vmatrix} 1 \\ 5 \end{vmatrix}$ $\begin{vmatrix} 2 \\ 5 \end{vmatrix}$
5	$\begin{vmatrix} 1 \\ 1 \end{vmatrix}$ $\begin{vmatrix} 1 \\ 2 \end{vmatrix}$ $\begin{vmatrix} 2 \\ 1 \end{vmatrix}$ $\begin{vmatrix} 2 \\ 2 \end{vmatrix}$	$\begin{vmatrix} 3 \\ 1 \end{vmatrix}$ $\begin{vmatrix} 3 \\ 2 \end{vmatrix}$	$\begin{vmatrix} 4 \\ 1 \end{vmatrix}$ $\begin{vmatrix} 4 \\ 2 \end{vmatrix}$	$\begin{vmatrix} 5 \\ 1 \end{vmatrix}$ $\begin{vmatrix} 5 \\ 2 \end{vmatrix}$	$\begin{vmatrix} 1 \\ 1 \end{vmatrix}$ $\begin{vmatrix} 1 \\ 2 \end{vmatrix}$ $\begin{vmatrix} 2 \\ 1 \end{vmatrix}$ $\begin{vmatrix} 2 \\ 2 \end{vmatrix}$

$\cdot U \subseteq U$. Dahingegen folgen auf die Anfänge 1010 und 1001 von U verschiedene Folgenmengen, die wir vorübergehend mit U_1 bzw. U_2 bezeichnen. Also gilt $1010 \cdot U_1 \subseteq U$, $1001 \cdot U_2 \subseteq U$. Da es keine weiteren außer den bereits erörterten Anfängen gibt, die von U, U_1, U_2 verschiedene Nachfolgemengen haben, ist also

$$U = 0 \cdot U \cup 1000 \cdot U \cup 1100 \cdot U \cup 1010 \cdot U_1 \cup 1001 \cdot U_2 .$$

Für die in dieser Vereinigungsmenge auftretenden Mengen U_1 und U_2 prüft man nun auf gleiche Weise leicht nach, daß

$$U_1 = 0 \cdot U \cup 10 \cdot U_1; \qquad U_2 = 0 \cdot U_1 \cup 100 \cdot U$$

gilt. Damit sind wir sofort in der Lage, in der Gleichung für U die Menge U_2 zu eliminieren. Wir erhalten

$$U = 0 \cdot U \cup 1000 \cdot U \cup 1100 \cdot U \cup 1010 \cdot U_1 \cup 10010 \cdot U_1 \cup 1001100 \cdot U;$$

$$U_1 = 0 \cdot U \cup 10 \cdot U_1 .$$

Die Elimination von U_1 bereitet ein wenig mehr Mühe, jedoch keine prinzipiellen Schwierigkeiten, denn unsere Gleichung für U zeigt, daß mit Ausnahme der Subsequenzen 1010 und 10010 auf jede der auf der rechten Seite von U vorkommenden Subsequenzen jede andere aus dieser Menge folgen kann. Tritt jedoch eine der beiden ausgeschlossenen Subsequenzen auf, so muß danach (siehe die Gleichung für U_1) eine „0" folgen, damit wieder jede Subsequenz folgen kann, oder es wiederholen sich die Subsequenzen 10. Mit anderen Worten, der folgende McNaughton-Term beschreibt unsere Menge U:

$$U \equiv [0 \vee 1000 \vee 1100 \vee 1010 \langle 10\rangle 0 \vee 10010 \langle 10\rangle 0 \vee 1001100] \vee$$
$$\vee \langle 0 \vee 1000 \vee 1100 \vee 1010 \langle 10\rangle 0 \vee 10010 \langle 10\rangle 0 \vee 1001100\rangle \cdot (1010 \vee 10010) \cdot [10] .$$

Nachdem nun eine Beschreibung der Menge $S + S$ in der Form eines McNaughton-Termes vorliegt, gehen wir zur Konstruktion eines linearen sequentiellen Operators Ψ über, wobei wir versuchen, der Bedingung $(S + S) \cap \cap \ker \Psi = \{\bar{0}\}$ gerecht zu werden. Es sei an dieser Stelle vermerkt, daß uns noch jegliche Aussage darüber fehlt, wann überhaupt zu vorliegender Summe $S + S$ ein derartiger linearer sequentieller Operator mit endlichem Gewicht und nichttrivialem Kern existiert und ob es algorithmische Verfahren gibt, im Falle der Existenz derartige Operatoren, ausgehend von $S + S$, zu konstruieren.

Beispiel 3.4. (Siehe [72]) Die Konstruktion unseres *linearen sequentiellen Operators* leiten wir ein, indem wir das Verhalten dieses Operators auf gewissen Basiselementen der Form $\varepsilon_i = 0 \cdots 0\, 1_i\, 0 \cdots 0 \cdots \in Y^\omega$ des Raumes Y^ω analysieren. Wir bilden ε_1 auf die Folge $11\bar{0}$ ab. Da wir die Beziehungen $1000 \cdot U \subseteq U$ und $1100 \cdot U \subseteq U$ haben, können wir das Bild von ε_2 gleich $1\bar{0}$ wählen, zusammen mit der angestrebten Linearität unseres gesuchten Operators Ψ würde dann nämlich $\Psi(\varepsilon_1 + \varepsilon_2) = \Psi(11\bar{0}) = 01\bar{0}$ gelten. Schließlich können wir aus gleichen Gründen wie soeben die folgenden Festlegungen treffen:

$$\Psi(\varepsilon_3) = \Psi(\varepsilon_4) = 01\bar{0}; \quad \Psi(\varepsilon_5) = \Psi(\varepsilon_6) = 001\bar{0}; \quad \Psi(\varepsilon_7) = 0001\bar{0} .$$

In diesem Fall haben wir nämlich $\Psi(101\bar{0}) = \Psi(\varepsilon_1 + \varepsilon_3) = 1\bar{0}$
(es ist $10100 \cdot U \subseteq U$); $\Psi(1001\bar{0}) = \Psi(\varepsilon_1 + \varepsilon_4) = 1\bar{0}$
(es ist $100100 \cdot U \subseteq U$); $\Psi(10011\bar{0}) = \Psi(\varepsilon_1 + \varepsilon_4 + \varepsilon_5) = 101\bar{0}$
(es ist $1001100 \cdot U \subseteq U$) usf.
Mit Hilfe der auf den Basiselementen $B = \{\varepsilon_1, \ldots, \varepsilon_7\}$ festgelegten Abbildung versuchen wir nun, einen linearen sequentiellen Operator mit endlichem Gewicht durch Vervollständigung dieser Abbildung zu konstruieren. Dazu definieren wir eine partielle sequentielle Wortfunktion $\psi\colon Y^7 \to Y^7$, indem wir für jedes Wort $q \in Y^7$ die (eindeutig bestimmte) Basis-

darstellung der Form $\sum \alpha_i \cdot \varepsilon_i$; für $q\bar{0}$ wählen und $\psi(q)$ gleich dem Anfangswort der Länge 7 der Folge $\Psi(\sum \alpha_i \cdot \varepsilon_i)$ setzen. Die so konstruierte Funktion ist in Abbildung 3.3 graphisch dargestellt. Die Linearität der Funktion liegt nach Konstruktion auf der Hand. Es bleibt nun zu untersuchen, ob wir den Graphen von Abbildung 3.3 so fortsetzen können, daß durch die Fortsetzung ein linearer sequentieller Operator mit endlichem Gewicht fixiert ist. In der Tat ist dies möglich, denn vergleicht man die in Abbildung 3.3. auftretenden Teilbäume, so stellt man fest, daß es vier paarweise verschiedene gibt, deren Anfangsknoten mit Eingabewörtern einer Länge, die 2 nicht übersteigt, erreichbar sind. Demzufolge ist nach einem bekannten Satz von TRACHTENBROT ([28]) über die Fortsetzbarkeit partieller sequentieller Funktionen der hier gegebene Graph eindeutig zum Graphen eines sequentiellen Operators mit dem Gewicht 4 fortsetzbar. Der in Abbildung 3.4 dargestellte Graph des abstrakten endlichen Automaten $\mathfrak{A}$ ist lediglich der „Abschluß" des Graphen aus Abbil-

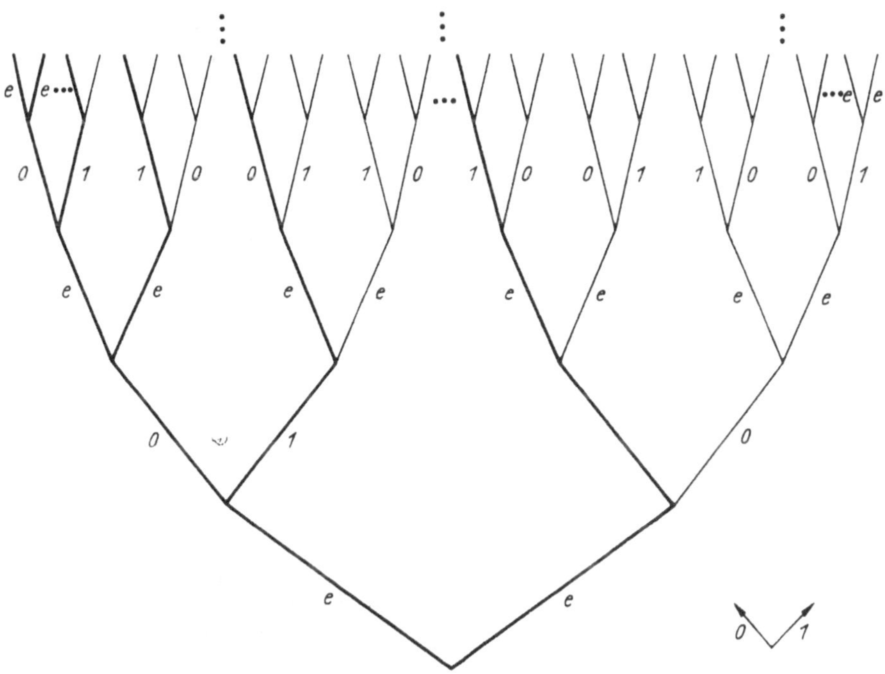

Abb. 3.3. Linearer sequentieller Operator gemäß Beispiel 3.4.

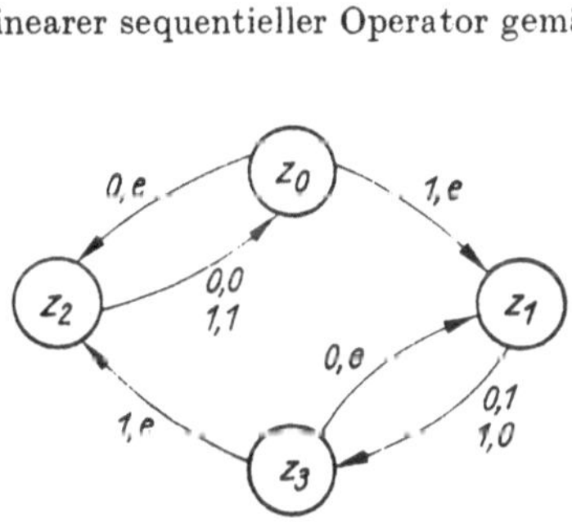

Abb. 3.4. Abstrakter Automat zur Berechnung von Ψ aus Abbildung 3.3.

dung 3.3. Der Automat $\mathfrak{A}$ berechnet im Zustand z_0 unseren linearen sequentiellen Operator Ψ. Wir lesen unschwer ab, daß für den Kern von Ψ die folgenden Gleichungen gelten:

$$\ker \Psi = 00 \cdot \ker \Psi \cup 11 \cdot L'$$
$$L' = 10 \cdot \ker \Psi \cup 01 \cdot L' .$$

Also haben wir: $\ker \Psi$ wird durch den Term

$$\mathcal{K} \equiv [00 \vee 11 \langle 01 \rangle 10] \vee 11 [01 \vee 10 \langle 00 \rangle 11]$$

beschrieben. In der Tat ist

$$(S + S) \cap \ker \Psi = \{\bar{0}\} .$$

Es ergibt sich nun die Frage, ob wir die durch den Term $\mathcal{S}_1 \equiv [a \vee ba \vee bca]$ beschriebene Menge R_1 mittels eines sequentiellen Operators mit endlichem Gewicht eineindeutig in die Menge $\ker \Psi$ abbilden können. Auch hier verfügen wir noch nicht über Informationen, unter welchen Bedingungen eine derartige Abbildung überhaupt existiert und wie man sie im Falle ihrer Existenz gegebenenfalls durch algorithmische Verfahren bestimmen kann. Wir behelfen uns in unserem Beispiel lediglich wieder mit einer Lösungsvariante, die zunächst keinen Anspruch auf Allgemeingültigkeit hat.

Beispiel 3.5. Die Konstruktion einer geeigneten, auf R_1 eineindeutigen *sequentiellen Codierung* Φ mit endlichem Gewicht, für die $\Phi(R_1) \subseteq \ker \Psi$ gilt, beginnen wir mit einer Hilfscodierung von R_1 in einer geeigneten Menge X'^{ω}. Wir setzen vorübergehend $X' =_{Df}$ $=_{Df} \{u, v, w\}$ und $\varphi'(u) = a$, $\varphi'(v) = ba$, $\varphi'(w) = bca$. Für die so konstruierte Funktion φ': $X' \to X^*$ ist nach Satz 2.14. der kombinatorische Operator Φ': $X'^{\omega} \to X^{\omega}$ mit $\Phi'(\xi) =_{Df} \varphi'(\xi(1))\, \varphi'(\xi(2)) \ldots$ eineindeutig, und es gilt $\Phi'^{-1}(R_1) = X'^{\omega}$. Wir codieren nun zunächst X'^{ω} in $L = \ker \Psi$. Da für L nach Beispiel 3.4. die Gleichungen $L = 00 \cdot L \cup 11 \cdot L'$, $L' = 10 \cdot L \cup 01 \cdot L'$ gelten, codieren wir X'^{ω} in Anlehnung an bekannte Verfahren (siehe z. B. [11]) unter Berücksichtigung der „Zustände" von L. Hierzu bietet sich etwa der von dem in Abbildung 3.5. angegebenen endlichen Automaten im Zustand $[e, L]$ berechnete sequentielle Operator mit endlichem Gewicht an. Da für jeden Zustand z unseres Automaten die Menge $g(z, X')$ bezüglich „$\sqsubset$" total ungeordnet ist, folgt aus Gründen, wie sie bereits in Abschnitt 2 (siehe Beispiel 2.17.) erwähnt wurden, daß der vom Automaten im Zustand $[e, L]$ berechnete Operator Φ'' eineindeutig ist. Er ist sogar bijektiv, wie man leicht prüft. Es bereitet nun keine Mühe, einen endlichen Automaten zu konstruieren, der in seinem Anfangszustand den Produktoperator $\Phi'' \circ \Phi'^{-1}$ berechnet. Dies leistet z. B. der

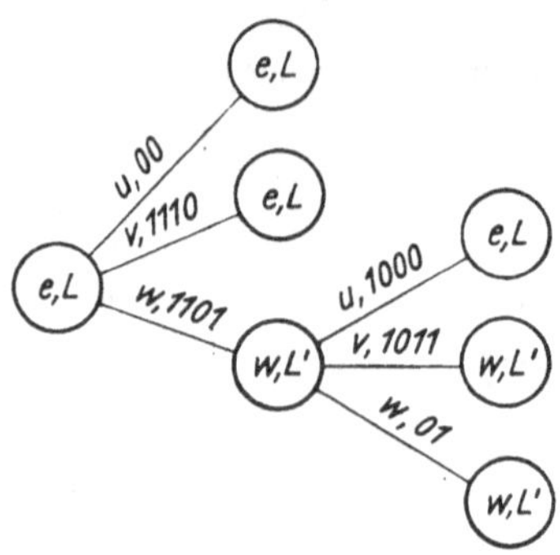

Abb. 3.5. Beispiel einer sequentiellen Codierung von X'^{ω} in L nach Beispiel 3.5.

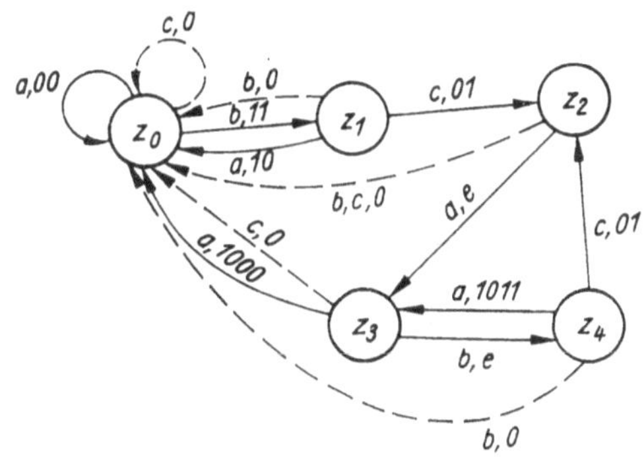

Abb. 3.6. Automat zur Berechnung von $\Phi'' \circ \Phi'^{-1}$ gemäß Beispiel 3.5.

in Abbildung 3.6 angegebene endliche Automat im Zustand z_0 (die gestrichelten Pfeile kennzeichnen Festlegungen für Werte der Überführungs- und Ergebnisfunktion, die keinen Bedingungen gemäß Φ'^{-1} unterliegen). Für den vom Automaten aus Abbildung 3.6 im Zustand z_0 berechneten sequentiellen Operator Φ mit endlichem Gewicht gilt nach Konstruktion $\Phi \supset \Phi'' \circ \Phi'^{-1}$. Wegen der Eineindeutigkeit von Φ' und Φ'' ist daher Φ auf R_1 eineindeutig. Es gilt ferner $\Phi(R_1) = R_2 = \ker \Psi$.

Wir wissen, daß $\ker \Psi$ gegenüber $S = \{0{,}1000\}^\omega$ resistent bezüglich Σ ist und versuchen nun, eine Entstörung $\Lambda\colon Y^\omega \to Y^\omega$ in Gestalt eines sequentiellen Operators mit endlichem Gewicht zu finden. Auch hierfür sind uns zunächst keine Existenzbedingungen und Lösungsverfahren bekannt.

Beispiel 3.6. Bei der *Konstruktion des Operators* Λ erinnern wir uns zunächst daran, daß der lineare sequentielle Operator Ψ (siehe Abbildung 3.4) nach Konstruktion für jedes Paar $\sigma, \sigma' \in S$ mit $\sigma + \sigma' \neq \bar{0}$ einen Wert $\Psi(\sigma + \sigma') \neq \bar{0}$ „ausgibt". Mithin gilt wegen seiner Linearität für $\sigma \neq \sigma' (\sigma, \sigma' \in S)$ auch $\Psi(\sigma) \neq \Psi(\sigma')$. Also ist die Einschränkung $\hat{\Psi}$ von Ψ auf S injektiv. Es genügt daher, die Existenz eines endlichen abstrakten Automaten nachzuweisen, der in seinem Anfangszustand den Operator

$$\Lambda(\eta') =_{Df} \hat{\Psi}^{-1}(\Psi(\eta')) + \eta' \qquad (\eta' \in \hat{\Psi}(S))$$

berechnet. Ist dann nämlich $\eta \in \ker \Psi$ und $\sigma \in S$, so hat man

$$\begin{aligned}\Lambda(\eta + \sigma) &= \hat{\Psi}^{-1}(\Psi(\eta + \sigma)) + (\eta + \sigma) = \\ &= \hat{\Psi}^{-1}(\Psi(\eta) + \Psi(\sigma)) + (\eta + \sigma) = \\ &= \hat{\Psi}^{-1}(\Psi(\sigma)) + (\eta + \sigma) = \\ &= \sigma + \eta + \sigma = \eta\,,\end{aligned}$$

d. h., Λ ist Entstörung für S bezüglich Σ.

Da nun Ψ bereits ein sequentieller Operator mit endlichem Gewicht ist und da ferner die Addition

$$\Sigma(\eta, \eta') =_{Df} (\eta(1) + \eta'(1))\,(\eta(2) + \eta'(2)) \cdots$$

trivialerweise ein kombinatorischer sequentieller Operator ist, reicht für die Existenz eines endlichen Automaten, der Λ berechnet, die Existenz eines endlichen Automaten $\mathfrak{B}$, der $\hat{\Psi}^{-1}$ berechnet, aus. Einen derartigen Automaten können wir aber nun leicht unter Verwendung von Abbildung 3.4 angeben. Der in Abbildung 3.7 dargestellte endliche abstrakte

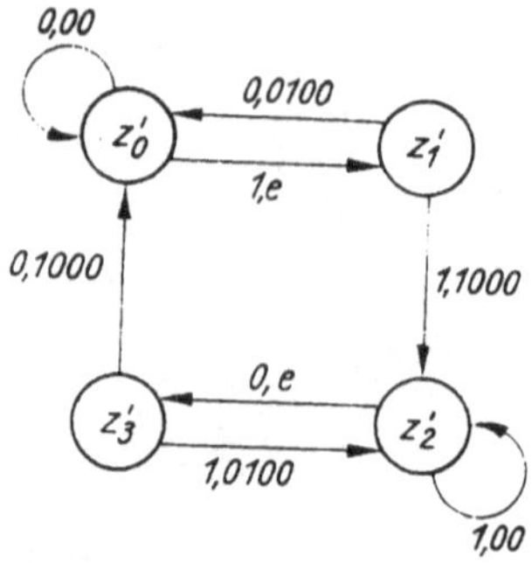

Abb. 3.7. Automat zur Berechnung von $\hat{\Psi}^{-1}$ gemäß Beispiel 3.6.

Automat leistet z. B. das Gewünschte, d. h., berechnet im Anfangszustand z_0 den Operator $\hat{\Psi}^{-1}$. Auf Grund unserer Vorüberlegungen ist daher nachgewiesen, daß Λ ein sequentieller Operator mit endlichem Gewicht ist. Lediglich aus Gründen der Vollständigkeit geben wir noch eine detaillierte Konstruktion von Λ an.

Zunächst konstruieren wir unter Zuhilfenahme der endlichen Automaten, welche die Operatoren Ψ und $\hat{\Psi}^{-1}$ berechnen, einen endlichen Automaten, der das Produkt $\hat{\Psi}^{-1} \circ \Psi$ dieser beiden Operatoren berechnet. Ist $\mathfrak{A} = [Y, Y, Z, f, g, z_0]$ der Automat (siehe Abbildung 3.4), der Ψ berechnet, und $\mathfrak{B} = [Y, Y, Z', f_1, g_1, z_0']$ der Automat (siehe Abbildung 3.7), der $\hat{\Psi}^{-1}$ berechnet, so wählen wir wie üblich $\mathfrak{C} = [Y, Y, Z'', f_2, g_2, z_0'']$ wie folgt:

$$Z'' =_{Df} Z \times Z', \qquad f_2([z, z'], y) =_{Df} [f(z, y), f_1(z', g(z, y))],$$
$$z_0'' =_{Df} [z_0, z_0'], \qquad g_2([z, z'], y) =_{Df} g_1(z', g(z, y)).$$

In Abbildung 3.8 ist der aus dem Anfangszustand $[z_0, z_0']$ erreichbare Teilautomat des Automaten $\mathfrak{C}$ graphisch dargestellt. Die vollständige Berechnung des Operators Λ erfordert es nun noch, die sequentielle Addition $\hat{\Psi}^{-1}(\Psi(\eta')) + \eta'$ zu berechnen. Da der Automat von Abbildung 3.8 auf manche Eingaben verzögernd reagiert, indem er das leere Wort ausgibt, müssen notwendig auch so lange die entsprechenden Eingabebuchstaben von η' gespeichert bleiben. Dies bewirkt, daß sich die Zustandszahl des Automaten, der Λ berechnet, gegenüber der des Automaten von Abbildung 3.8 noch weiter vergrößert. Wir geben die Überführungs- und Ergebnisfunktion des Automaten, der Λ berechnet, vollständig in Tabelle 3.9 wieder.

Als Zustandsmenge dieses Automaten $\mathfrak{D} = [Y, Y, Z''', f_3, g_3, z_0''']$ wurde eine Teilmenge von $Z'' \times Y^*$ benutzt. Die Konstruktion des Automaten ist sehr einfach zu verstehen, wenn man berücksichtigt, daß die dritte Komponente q eines Zustandes $[z, z', q]$ lediglich denjenigen letzten Teil einer Eingabefolge speichert, der noch nicht zu der Ausgabefolge addiert werden konnte, weil während dieser Eingabe das leere Wort erschien. Der mit Tabelle 3.9. beschriebene endliche abstrakte Automat berechnet unseren Operator Λ im Anfangszustand $[z_0, z_0', e]$.

Nach der Entstörung durch Λ haben wir nun noch für die Decodierung Θ zu sorgen.

Beispiel 3.7. Wir wissen bereits, daß Φ (siehe Beispiel 3.5.) auf R_1 eineindeutig ist. Betrachten wir daher die Einschränkung $\hat{\Phi}$ von Φ auf R_1, so ist es uns leicht möglich, unter Verwendung von Abbildung 3.6 einen Automaten zu konstruieren, der einen Operator berechnet, welcher Fortsetzung von $\hat{\Phi}^{-1}$ ist. Wir haben in Abbildung 3.10. den „wesentlichen“ Teil eines solchen Automaten, d. h. einen partiellen Automaten, der im Zustand

Tab. 3.9. Automat zur Berechnung von Λ gemäß Beispiel 3.6.

		$z_0z_0'e$	$z_2z_0'0$	$z_1z_0'1$	$z_0z_1'01$	$z_3z_1'01$	$z_1z_1'100$	$z_3z_0'e$	$z_2z_1'010$	$z_1z_1'011$	$z_2z_1'101$	$z_1z_0'0$
0	f_3 g_3	$z_2z_0'0$ e	$z_0z_0'e$ 00	$z_3z_1'10$ e	$z_2z_1'010$ e	$z_2z_1'010$ e	$z_3z_2'e$ 0000	$z_1z_0'0$ e	$z_0z_0'e$ 0000	$z_3z_2'e$ 1110	$z_0z_0'e$ 1110	$z_3z_1'01$ e
1	f_3 g_3	$z_1z_0'1$ e	$z_0z_1'01$ e	$z_3z_0'e$ 11	$z_1z_1'011$ e	$z_2z_1'101$ e	$z_3z_0'e$ 1101	$z_2z_0'1$ e	$z_0z_2'e$ 1101	$z_3z_0'e$ 0011	$z_0z_2'e$ 0011	$z_3z_0'e$ 01
		$z_2z_0'1$	$z_0z_2'e$	$z_3z_2'e$	$z_3z_0'e$	$z_3z_1'01$	$z_0z_1'11$	$z_2z_2'0$	$z_1z_2'1$	$z_1z_2'0$	$z_2z_2'1$	$z_1z_1'010$
0	f_3 g_3	$z_0z_0'e$ 10	$z_2z_2'0$ e	$z_1z_2'0$ e	$z_1z_0'0$ e	$z_1z_1'010$ e	$z_2z_1'110$ e	$z_0z_3'00$ e	$z_3z_2'e$ 10	$z_3z_2'e$ 00	$z_0z_3'10$ e	$z_3z_2'e$ 1100
1	f_3 g_3	$z_0z_1'11$ e	$z_1z_2'1$ e	$z_2z_2'1$ e	$z_2z_0'1$ e	$z_2z_1'011$ e	$z_1z_1'111$ e	$z_0z_2'e$ 01	$z_3z_3'11$ e	$z_3z_3'01$ e	$z_0z_2'e$ 11	$z_3z_0'e$ 0001
		$z_2z_1'011$	$z_2z_1'110$	$z_1z_1'111$	$z_0z_3'00$	$z_3z_3'11$	$z_3z_3'01$	$z_0z_3'10$	$z_2z_3'000$	$z_1z_3'001$	$z_1z_3'110$	$z_2z_3'111$
0	f_3 g_3	$z_0z_0'e$ 0010	$z_0z_0'e$ 1000	$z_3z_2'e$ 0110	$z_2z_3'000$ e	$z_1z_3'110$ e	$z_1z_3'010$ e	$z_2z_3'100$ e	$z_0z_0'e$ 1000	$z_3z_2'e$ 0110	$z_3z_2'e$ 1000	$z_0z_0'e$ 0110
1	f_3 g_3	$z_0z_2'e$ 1111	$z_0z_2'e$ 0101	$z_3z_0'e$ 1011	$z_1z_3'001$ e	$z_2z_3'111$ e	$z_2z_3'011$ e	$z_1z_3'101$ e	$z_0z_2'e$ 0101	$z_3z_0'e$ 1011	$z_3z_0'e$ 0101	$z_0z_2'e$ 1011
		$z_1z_3'010$	$z_2z_3'011$	$z_2z_3'100$	$z_1z_3'101$							
0	f_3 g_3	$z_3z_2'e$ 0000	$z_0z_0'e$ 1110	$z_0z_0'e$ 0000	$z_3z_2'e$ 1110							
1	f_3 g_3	$z_3z_0'e$ 1101	$z_0z_2'e$ 0011	$z_0z_2'e$ 1101	$z_3z_0'e$ 0011							

$[z_0, e]$ den Operator $\hat{\Phi}^{-1}$ berechnet, graphisch dargestellt. Zur Konstruktion dieses Automaten ist lediglich zu bemerken, daß als Zustandsmenge eine Teilmenge der Menge $Z \times Y^*$ verwendet worden ist, wo Z die Menge der Zustände des Automaten von Abbildung 3.6 bezeichne.

Das Wort q des Zustandes $[z, q]$ bedeute dann: q ist in den letzten Takten eingegeben worden und konnte noch nicht eindeutig decodiert werden.

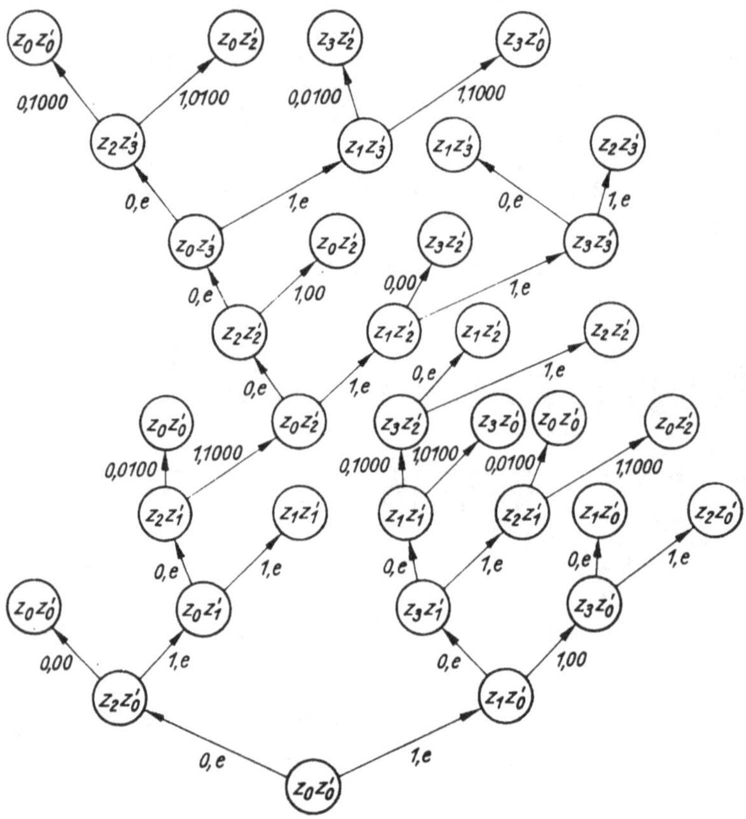

Abb. 3.8. Teilautomat von $\mathfrak{C}$ gemäß Beispiel 3.6.

Mit den Elementen $R_1, \Phi, \Psi, \Sigma, \Lambda, \Theta$ ist unser gesamtes Ensemble vollständig beschrieben. Die Nacheinanderausführung der Transformationen Φ, Σ, Λ, Θ ergibt die gesamte Kanalabbildung Γ, für die wir anstrebten, daß sie auf R_1 die Identität sei. Obzwar Γ also ein auf R_2 identischer Operator ist, bewirkt seine Realisierung in Form einer Hintereinanderanwendung gewisser endlicher asynchroner Automaten eine Verzögerung. Wir machen uns diesen Umstand an einem weiteren Beispiel deutlich.

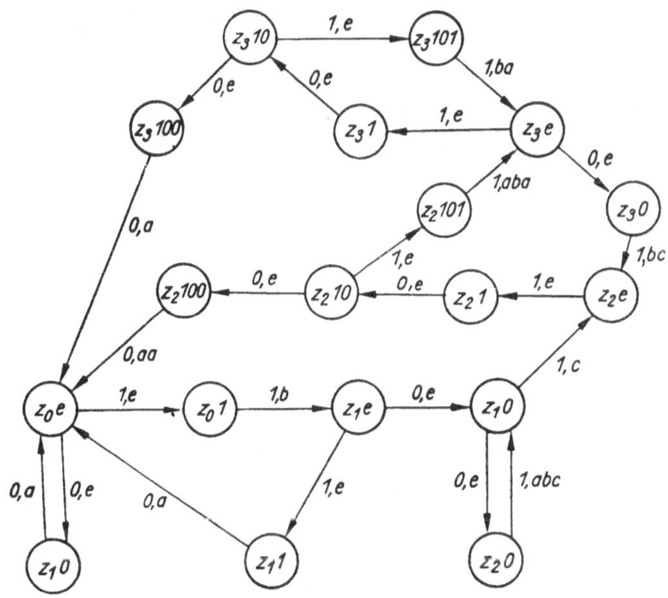

Abb. 3.10. Decodierung gemäß Beispiel 3.7.

Beispiel 3.8. Es sei ξ eine Eingabefolge aus R_1. Wir beobachten schrittweise die Abarbeitung der Träger. Dazu führen wir eine *Zeitspreizung* ein, um die Verzögerungen besser veranschaulichen zu können. Wir erhalten dann z. B.

$$\begin{aligned}
\xi \qquad & = a\,.\,b\,.\,.\,.\,.\,a\,.\,.\,b\,.\,c\,.\,.\,.\,.\,a \\
\eta = \Phi(\xi) \qquad & = 0011\,.\,.\,.\,10\,.\,1101\,.\,.\,.\,. \\
\sigma \qquad & = 1000\,.\,.\,.\,00\,.\,1000\,.\,.\,.\,. \\
\eta' = \Sigma(\eta, \sigma) & = 1011\,.\,.\,.\,10\,.\,0101\,.\,.\,.\,. \\
\eta = \Lambda(\eta') \qquad & = .\,.\,.\,001110\,.\,.\,.\,1101\,. \\
\xi = \Theta(\eta) \qquad & = .\,.\,.\,.\,a\,.\,b\,.\,.\,a\,.\,.\,.\,.\,b\,.\,c\,.
\end{aligned}$$

Diese kleine Übersicht zeigt uns, daß wir die resistente Codierbarkeit unserer Quelle R_1 unter Ausnutzung der Speicherleistungen der beteiligten Automaten erreichten. Es ist daher ganz natürlich, daß wir diesen Gewinn mit einer entsprechenden Verzögerung bei der Realisierung der gesamten Abbildung Γ zu bezahlen haben.

4. Aufgaben einer Theorie der sequentiellen Codierungen

Mit unserem Beispiel in Abschnitt 3 und den wiederholt formulierten Fragen nach Existenz und Beschaffenheit von Lösungsmethoden haben wir die Aufgaben der Theorie der sequentiellen Codierungen bereits grob skizziert. Der besseren Übersichtlichkeit wegen geben wir in diesem Abschnitt noch einmal zusammenfassend einen Überblick über die Probleme, die im Rahmen einer Theorie sequentieller Codierungen zu lösen sind. Dabei folgen wir den in Abschnitt 1 entwickelten allgemeinen Vorstellungen und präzisieren sie für den Fall sequentieller Transformationen.

In diesem Sinne seien die Verhältnisse am Übertragungskanal beschrieben durch die Objekte $R_1, \Phi, \Psi, \Sigma, S, \Lambda, \Theta$ (siehe Abbildung 4.1.), d. h., die Gesamttransformation Γ werde stets[1]) in der Form $\Gamma = \Theta \circ \Lambda \circ \Sigma \circ \Phi$ dekomponiert. Es wird dabei angestrebt, daß Γ auf R_1 die Identität und insgesamt ein sequentieller Operator mit endlichem Gewicht sei. Im einzelnen wird dazu R_1 als reguläre Teilmenge von X^ω gewählt; die Codierung soll ein sequentieller Operator mit endlichem Gewicht sein, der auf R_1 eineindeutig ist und dessen Bild $R_2 = \Phi(R_1)$ Teilmenge des Kernes $\ker \Psi$ eines linearen sequentiellen Operators mit endlichem Gewicht ist. Als Kanal Σ wird ausschließlich die Abbildung $\Sigma(\eta, \sigma) =_{Df} \eta + \sigma$ betrachtet, wobei die σ aus einer regulären Teilmenge S von Y^ω genommen seien. Die Korrektur Λ (Entstörung) sei ein sequentieller Operator mit endlichem Gewicht und verwende den linearen sequentiellen Operator Ψ im Sinne einer Störkontrolle. Das Produkt $\Lambda \circ \Sigma$ sei auf R_2 die Identität; die Decodierung Θ soll ebenfalls ein sequentieller Operator mit endlichem Gewicht sein, das Produkt $\Theta \circ \Phi$ ergebe auf R_1 die Identität.

Diese Spezialisierung des allgemeinen Ansatzes von Abschnitt 1 läßt uns nun auch die in Abschnitt 1 formulierten drei Grundtypen codierungstheoretischer Aufgaben wie folgt präzisieren.

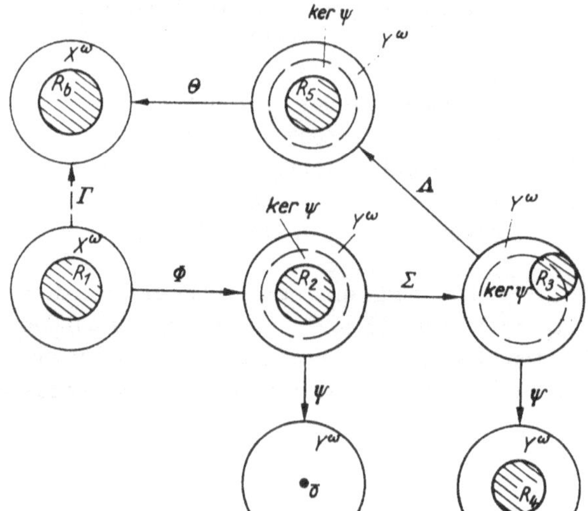

Abb. 4.1. Präzisiertes Schema eines sequentiellen Ensembles

[1]) Korrekt müßten wir stets von einer *Schar* $\sum_\sigma$ $(\sigma \in S)$ und einer Schar von Dekompositionen $\Gamma_\sigma = \Theta \circ \Lambda \circ \Sigma_\sigma \circ \Phi$ $(\sigma \in S)$ sprechen. Der Übersichtlichkeit halber verzichten wir darauf.

1. Analyse der Störresistenz sequentieller Codierungen

Es seien uns eine reguläre Teilmenge R_1 von X^ω sowie eine sequentielle Codierung Φ mit endlichem Gewicht gegeben. Dann sind die folgenden Aufgaben zu lösen:

Gibt es Entscheidungsverfahren für die Eigenschaft „Φ ist auf R_1 eineindeutig"? Gibt es Konstruktionsverfahren, die uns lineare sequentielle Operatoren mit endlichem Gewicht dergestalt liefern, daß $R_2 = \Phi(R_1)$ Teilmenge des Kernes dieser linearen sequentiellen Operatoren ist? Als Teilproblem ist zu untersuchen, ob R_2 *effektiv* beschrieben werden kann, spezieller, unter welchen Bedingungen R_2 sogar *regulär* ist. Sind nun bereits nichttriviale lineare sequentielle Operatoren mit endlichem Gewicht entsprechend unserer formulierten Aufgabe gefunden, so sind *Aussagen über diejenigen Mengen S, $S \subseteq Y^\omega$*, zu machen, für die die betreffenden *Kerne S-resistent* sind. Zur Lösung dieser Aufgabe gehören dann ferner *Algorithmen für die Konstruktion von sequentiellen Entstörungen Λ* mit endlichem Gewicht zu vorgegebenen S-resistenten Kernen.

Lösungen zum ersten Teil dieses Problemkomplexes geben wir in der vorliegenden Monographie im Kapitel IV, Abschnitt 8; zum zweiten Teil äußern wir uns im Kapitel IV, Abschnitt 8, sowie im Kapitel III, Abschnitt 5 und 7. Zu den letzten Aufgaben schließlich geben wir im Kapitel IV, Abschnitt 9, Antworten.

2. Analyse der codierbaren Quellen

Es sei uns ein linearer sequentieller Operator Ψ mit endlichem Gewicht gegeben. Es ist zu untersuchen, in welcher Weise sich sein *Kern* $\ker \Psi$ *beschreiben* läßt, und ob er insbesondere sogar *regulär* ist. Unter Verwendung dieser Ergebnisse hat man *Verfahren* anzugeben, die es gestatten, vorgegebene *reguläre Mengen R_1, $R_1 \subseteq X^\omega$, sequentiell* und mit *endlichem Gewicht in die gegebenen Kerne eineindeutig einzubetten.* Falls dies nicht immer möglich ist, sind *Bedingungen für die Anwendbarkeit dieser Verfahren* gefragt. Ferner sind im Falle einer eineindeutigen Codierbarkeit von R_1 *Verfahren zur Konstruktion einer Decodierung Θ* gesucht. Antworten auf diesen Aufgabenkomplex geben wir im Kapitel III, Abschnitt 7 (besonders zu Kernen von linearen sequentiellen Operatoren mit endlichem Gewicht), sowie im Kapitel IV, Abschnitt 8 (zur Codierbarkeit und Decodierung).

3. Analyse der Codierungsvarianten für feste Quellen

Vorgegeben sei eine reguläre Teilmenge R_1 von X^ω sowie eine reguläre Teilmenge S von Y^ω. Es sind *Konstruktionsverfahren* gesucht, die uns *lineare sequentielle Operatoren* derart liefern, daß deren *Kerne S-resistent* sind und es gestatten, R_1 sequentiell mit endlichem Gewicht und eineindeutig in diesen Kernen zu codieren. Antworten auf dieses Problem findet der Leser im Kapitel IV, Abschnitt 9.

Bisher blieben Fragen der Verzögerung bei der Entstörung und bei der Decodierung unerwähnt. Wir weisen darauf hin, daß beginnend mit Abschnitt 7 eine exakte Klärung des Begriffes der Verzögerung sowie deren Abschätzung vorgenommen wird.

Abschließend geben wir in tabellarischer Form eine zusammenfassende Übersicht der soeben formulierten Aufgaben:

gegeben	gesucht	Lösungen
1. $R_1 \subseteq X^\omega$	a) Entscheidung der Eineindeutigkeit von Φ auf R_1;	§8
	b) Beschreibung von R_2;	§ 6
	c) Ψ mit $\ker \Psi \supseteq R_2$;	§ 5, § 7
	d) S, für welches $\ker \Psi$ S-resistent ist;	§ 9
2. $\ker \Psi$	a) R_1, Φ, wobei $\Phi(R_1) \subseteq \ker \Psi$ und Φ auf R_1 eineindeutig;	§ 8
	b) Decodierung Θ;	§ 8
3. R_1, S	a) Ψ, für welche $\ker \Psi$ S-resistent ist;	§ 9
	b) Φ mit $\Phi(R_1) \subseteq \ker \Psi$, wobei Φ eineindeutig auf R_1;	§ 8

KAPITEL III

GRUNDLAGEN DER THEORIE SEQUENTIELLER CODIERUNGEN

Aus dem im Abschnitt 3 angegebenen Beispiel wurde deutlich, daß für die Theorie der sequentiellen Codierungen eine hinreichend erschöpfende Behandlung der regulären Folgenmengen und der sequentiellen Operatoren endlichen Gewichts, d. h. der in endlichen Automaten realisierbaren Operatoren, notwendig ist. Das vorliegende Kapitel wird sich ausschließlich dieser Aufgabe widmen, wobei codierungstheoretische Gesichtspunkte und Verfahren vorerst nicht im Vordergrund der Betrachtungen stehen werden. Dies wird Aufgabe der folgenden Kapitel sein.

Wir werden hier automatentheoretische und topologische Betrachtungen miteinander verbinden, um einerseits eine geschlossene Theorie sequentieller Operatoren zu geben und andererseits die vorgelegte Theorie in der algebraischen Codierungstheorie anwenden zu können.

Weitergehende Untersuchungen über reguläre Folgenmengen und sequentielle Operatoren findet der Leser in den Arbeiten [47, 60, 64, 63, 28, 5].

Bei den automatentheoretischen Betrachtungen zu regulären Wortmengen stützten wir uns im wesentlichen auf die Resultate der Arbeiten [15, 17, 18, 14, 64, 11, 21, 24, 25, 49, 50, 61].

Es wird der Leser, der sich mehr für die Automatentheorie interessiert, in diesem Kapitel eine ausführliche Theorie der sequentiellen Operatoren finden, und der Leser, der mehr an der Praxis der Codierungen interessiert ist, erhält eine theoretische Begründung der Verfahren, die im Kapitel IV angegeben werden.

5. Folgenräume und reguläre Folgenmengen

Wie aus den vorangegangenen Abschnitten ersichtlich wurde, bilden sequentielle Operatoren unendliche Buchstabenfolgen auf solche ab. Es erweist sich daher zunächst als notwendig, Mengen vom Typus X^ω, wobei X wie üblich ein nichtleeres endliches Alphabet bezeichne, genauer zu untersuchen. Wir werden im folgenden X^ω als *topologischen Raum* mit einer geeigneten *Metrik* betrachten.

5.1. Der Raum $[X^\omega, \varrho]$

5.1.1. Allgemeine Eigenschaften von $[X^\omega, \varrho]$

Wir führen zunächst eine Metrik ϱ ein.

Definition 5.1. Für Elemente $\xi, \xi' (\xi, \xi' \in X^\omega)$ setzen wir

$$\varrho(\xi, \xi') =_{Df} \begin{cases} \max\left\{\frac{1}{n} : \xi(n) \neq \xi'(n)\right\}, & \text{wenn} \quad \xi \neq \xi' \\ 0, & \text{anderenfalls.} \end{cases}$$

(Hierbei sei, wie auch früher schon bemerkt, $\xi(n)$ der n-te Buchstabe der Folge ξ.)

Zwei Folgen aus X^ω besitzen also einen um so *geringeren Abstand* voneinander, je „*später*" sie voneinander abweichen. Wie Folgerung 5.2. zeigt, ist ϱ eine *Metrik* für die Menge X^ω.

Folgerung 5.2. *Es seien $\xi, \xi', \xi'' \in X^\omega$. Dann gelten die folgenden Beziehungen:*

(1) *Es ist genau dann $\varrho(\xi, \xi') = 0$, wenn $\xi = \xi'$;*
(2) $\varrho(\xi, \xi') = \varrho(\xi', \xi)$;
(3) $\varrho(\xi, \xi'') \leqq \max\{\varrho(\xi, \xi'), \varrho(\xi', \xi'')\}$.

Die Beziehungen (1) und (2) sind leicht zu verifizieren. Zum Beweis von (3) geben wir zwei Eigenschaften der Metrik ϱ an.

Folgerung 5.3. *Es seien $\xi, \xi', \xi'' \in X^\omega$. Dann gelten die folgenden Beziehungen:*

(1) *Wenn $\varrho(\xi, \xi') < \varrho(\xi, \xi'')$, so ist $\varrho(\xi, \xi'') = \varrho(\xi', \xi'')$;*
(2) *wenn $\varrho(\xi, \xi') = \varrho(\xi', \xi'')$, so ist $\varrho(\xi, \xi'') \leqq \varrho(\xi', \xi'')$.*

Beweis.

(1) Es sei $\varrho(\xi, \xi'') = 1/n$. Dann gilt nach Definition $\xi(n) \neq \xi''(n)$, und für alle $m < n$ gilt $\xi(m) = \xi''(m)$. Da nun $\varrho(\xi, \xi') < 1/n$ ist, haben wir für alle $m \leqq n$ die Beziehung $\xi(m) = \xi'(m)$. Demzufolge erhalten wir $\xi'(m) = \xi''(m)$ für $m < n$ und $\xi'(n) \neq \xi''(n)$, was aber besagt, daß $\varrho(\xi', \xi'') = 1/n = \varrho(\xi, \xi'')$ gilt.
(2) Diese Behauptung wird auf dieselbe Weise bewiesen. ∎

Bezeichnen wir nun wie üblich mit $d(F)$ den Durchmesser einer Teilmenge F von X^ω, d. h. $d(F) =_{Df} \sup\{\varrho(\xi, \xi') : \xi, \xi' \in F\}$, so erhalten wir unmittelbar

Lemma 5.4. *Ist F nichtleere Teilmenge von X^ω, so gibt es zu jedem $\xi_0, \xi_0 \in F$, ein $\xi, \xi \in F$, derart, daß*

$$\varrho(\xi_0, \xi) = d(F).$$

Beweis. Betrachten wir die Menge $\{\varrho(\xi, \xi') : \xi, \xi' \in F\}$, so gilt zufolge Definition 5.1.

$$\{\varrho(\xi, \xi') : \xi, \xi' \in F\} \subseteq \left\{0, \ldots, \frac{1}{n}, \ldots, \frac{1}{2}, 1\right\}.$$

Somit existiert in $\{\varrho(\xi, \xi') : \xi, \xi' \in F\}$ ein Maximum $\varrho(\xi_1, \xi_2)$, $\xi_1, \xi_2 \in F$. Dieses muß dann mit $d(F)$ zusammenfallen. Gilt nun $\varrho(\xi_0, \xi_1) = \varrho(\xi_1, \xi_2) = d(F)$, so ist die Aussage bewiesen. Anderenfalls erhalten wir aus $\varrho(\xi_0, \xi_1) < \varrho(\xi_1, \xi_2)$ mit Folgerung 5.3. (1) sofort $\varrho(\xi_0, \xi_2) = \varrho(\xi_1, \xi_2) = d(F)$. ∎

Nachdem wir einige Eigenschaften der Metrik ϱ betrachtet haben, wenden wir uns den Eigenschaften des *Raumes* $[X^\omega, \varrho]$ zu. Dem Leser, der mit den Grundzügen der Topologie vertraut ist, werden manche der angegebenen Sätze gut bekannt sein; wir geben sie jedoch der Vollständigkeit halber an.

Satz 5.4. *$[X^\omega, \varrho]$ ist ein kompakter metrischer Raum.*

Beweis. Wir zeigen zuerst, daß $[X^\omega, \varrho]$ ein vollständiger metrischer Raum ist, und danach beweisen wir, daß es zu jedem n, $n \in \mathsf{N}$, ein endliches System von Punkten aus $[X^\omega, \varrho]$ derart gibt, daß jeder Punkt des Raumes von diesem System einen Abstand hat, der kleiner als $1/n$ ist.

Zum Beweis der *Vollständigkeit* gehen wir von einer Fundamentalfolge $(\xi_i)_{i \in \mathsf{N}}$ von Elementen aus X^ω aus, d. h., für Elemente ξ_j, ξ_k dieser Folge gelte $\varrho(\xi_j, \xi_k) < 1/n$, falls $j, k \geqq \mathrm{j}(n)$. Damit gilt aber für alle j und k mit $j, k \geqq \mathrm{j}(n)$ und für alle m mit $m \leqq n$ die Gleichung $\xi_j(m) = \xi_k(m)$. Somit können wir das Grenzelement ξ der Folge $(\xi_i)_{i \in \mathsf{N}}$ mit Hilfe der $\mathrm{j}(n)$ konstruieren.

Wir setzen für den n-ten Buchstaben von ξ:

$$\xi(n) =_{Df} \xi_{\mathrm{j}(n)}(n) .$$

Man überzeugt sich leicht von der Richtigkeit der Konstruktion, indem man

$$\varrho(\xi_j, \xi) < \frac{1}{n} \quad \text{für} \quad j \geqq \mathrm{j}(n) \quad \text{nachprüft.}$$

Zum Nachweis der *Kompaktheit* geben wir nun ein endliches System F_n von Elementen aus X^ω derart an, daß es für alle ξ', $\xi' \in X^\omega$, ein ξ, $\xi \in F_n$, gibt, für welches $\varrho(\xi, \xi') < 1/n$ gilt. Wir wählen zunächst ein x, $x \in X$, aus und setzen

$$F_n =_{Df} X^n \cdot \{x\}^\omega .$$

Dieses System ist tatsächlich endlich, da nur die ersten n Buchstaben der Elemente von F_n frei wählbar sind. Weiterhin gilt für ein beliebiges ξ', $\xi' \in X^\omega$, daß $\varrho(\xi', \xi) < 1/n$ für dasjenige Element ξ, $\xi \in F_n$, gilt, dessen erste n Buchstaben mit denen von ξ' übereinstimmen. ∎

Betrachten wir nun die *Vollkugeln* im Raume $[X^\omega, \varrho]$, d. h. Mengen der Art $\mathfrak{K}_\varepsilon(\xi) =_{Df} \{\xi' : \varrho(\xi, \xi') < \varepsilon\}$, so erhalten wir unmittelbar

Folgerung 5.5.

(1) *Wenn $\xi' \in \mathfrak{K}_\varepsilon(\xi)$, so ist $\mathfrak{K}_\varepsilon(\xi') = \mathfrak{K}_\varepsilon(\xi)$;*
(2) *wenn $\xi' \notin \mathfrak{K}_\varepsilon(\xi)$, so ist $\mathfrak{K}_\varepsilon(\xi') \cap \mathfrak{K}_\varepsilon(\xi) = \emptyset$.*

Beweis.

(1) Es sei $\xi'' \in \mathfrak{K}_\varepsilon(\xi')$. Somit gilt $\varrho(\xi'', \xi') < \varepsilon$. Es ist nach Voraussetzung auch $\varrho(\xi', \xi) < \varepsilon$. Also ist nach Folgerung 5.2. (3) auch $\varrho(\xi, \xi'') < \varepsilon$. Mithin

haben wir $\mathfrak{K}_\varepsilon(\xi') \subseteq \mathfrak{K}_\varepsilon(\xi)$. Vertauscht man die Rollen von ξ und ξ' miteinander, so folgt auch die andere Inklusion.

(2) Es sei $\xi'' \in \mathfrak{K}_\varepsilon(\xi')$. Dann gilt $\varrho(\xi'', \xi') < \varepsilon$. Nach Voraussetzung ist $\varepsilon \leq \varrho(\xi, \xi')$. Damit haben wir mit Folgerung 5.3. $\varrho(\xi'', \xi) = \varrho(\xi, \xi') \geq \varepsilon$ und $\xi'' \notin \mathfrak{K}_\varepsilon(\xi)$. ∎

Also sind zwei Vollkugeln entweder disjunkt, oder diejenige größeren Radius' enthält die andere.

Außerdem gilt noch

Folgerung 5.6. *Jede Vollkugel $\mathfrak{K}_\varepsilon(\xi)$ ist sowohl offene als auch abgeschlossene Teilmenge von X^ω.*

Beweis. Nach Definition ist $\mathfrak{K}_\varepsilon(\xi)$ offen. Es sei nun $(\xi_i)_{i\in\mathsf{N}}$ eine konvergente Folge innerhalb von $\mathfrak{K}_\varepsilon(\xi)$. Wir zeigen, daß dann auch das Grenzelement ξ' dieser Folge in $\mathfrak{K}_\varepsilon(\xi)$ liegt. Es ist $\varrho(\xi, \xi_i) < \varepsilon$ für alle $i, i \in \mathsf{N}$. Da $(\xi_i)_{i\in\mathsf{N}}$ gegen ξ' konvergiert, gibt es ein $j, j \in \mathsf{N}$, derart, daß $\varrho(\xi', \xi_j) < \varepsilon$ gilt. Nun haben wir aber mit Folgerung 5.2. (3) auch $\varrho(\xi', \xi) < \varepsilon$. ∎

5.1.2. Offene und abgeschlossene Teilmengen von $[X^\omega, \varrho]$

Wie aus der Definition der Metrik ϱ (siehe Definition 5.1.) leicht abzulesen ist, läßt sich eine Vollkugel $\mathfrak{K}_\varepsilon(\xi)$ mit Hilfe eines Anfangswortes p von ξ beschreiben. Ist nämlich $n - 1 \leqq 1/\varepsilon < n$ und $p \sqsubset \xi$ mit $l(p) = n$, so gilt

$$\mathfrak{K}_\varepsilon(\xi) = \{\xi' : p \sqsubset \xi'\} .$$

Da sich die Vollkugeln im Raume $[X^\omega, \varrho]$ auf diese einfache Weise durch Wörter beschreiben lassen, ist anzunehmen, daß sich auch die *offenen* und *abgeschlossenen* Mengen durch *Wortmengen* beschreiben lassen. Dieses in der Literatur bereits behandelte Problem (siehe z. B. [26], [47]) läßt sich z. B. wie folgt lösen.

Wir führen eine eineindeutige Abbildung A von $\hat{X} = X^\omega \cup X^*$ in $\mathfrak{P}X^*$ ein: Für $b, b \in \hat{X}$, bilden wir die Menge aller *Anfangswörter* $\mathsf{A}(b)$ von b, d. h.

$$\mathsf{A}(b) =_{Df} \{p : p \in X^* \wedge p \sqsubseteq b\} .$$

Wir dehnen diese Abbildung folgendermaßen auf Teilmengen M von $\hat{X}$ aus:

$$\mathsf{A}(M) =_{Df} \bigcup_{b \in M} \mathsf{A}(b) .$$

Weiterhin setzen wir für Mengen $W, W \subseteq X^*$, und $M, M \subseteq \hat{X}$,

$$W \cdot M =_{Df} \{p \cdot b : p \in W \wedge b \in M\} .$$

Falls $W = \{p\}$ ist, so schreiben wir der Einfachheit halber $p \cdot M$. Der Operator A hat folgende Eigenschaften, die man leicht beweist:

Folgerung 5.7. *Es seien M_1, M_2, M_i Teilmengen von $\hat{X}$, wobei i einen beliebigen Indexbereich I durchlaufe. Dann gelten die folgenden Aussagen:*

(1) *Ist* $M_1 \subseteq M_2$, *so gilt* $\mathsf{A}(M_1) \subseteq \mathsf{A}(M_2)$;
(2) $\mathsf{A}\left(\bigcup_{i\in I} M_i\right) = \bigcup_{i\in I} \mathsf{A}(M_i)$;
(3) $\mathsf{A}(\mathsf{A}(M_1)) = \mathsf{A}(M_1)$;
(4) $\mathsf{A}\left(\bigcap_{i\in I} \mathsf{A}(M_i)\right) = \bigcap_{i\in I} \mathsf{A}(M_i)$.

Ist $W \subseteq X^*$, *so gelten weiterhin:*

(5) $W \subseteq \mathsf{A}(W)$;
(6) $\mathsf{A}(W)$ *ist genau dann eine endliche Menge, wenn auch W endlich ist.*

Außerdem gilt folgendes

Lemma 5.8. *Es sei $W \subseteq X^*$. Ist W unendliche Menge, so gibt es ein ξ, $\xi \in X^\omega$, derart, daß $\mathsf{A}(\xi) \subseteq \mathsf{A}(W)$ ist.*

Beweis: Nach Voraussetzung gibt es eine Folge $(p_i)_{i\in \mathsf{N}}$ von Wörtern aus W mit der Eigenschaft $l(p_i) = i$. Wir wählen nun ein ξ_0, $\xi_0 \in X^\omega$, fest aus und bilden die Folge $(p_i \cdot \xi_0)_{i\in\mathsf{N}}$ von Elementen aus X^ω. Da der Raum $[X^\omega, \varrho]$ kompakt ist (siehe Satz 5.4.), gibt es eine konvergente Teilfolge $(p_j \cdot \xi_0)_{j\in N}$ dieser Folge. Es sei $\lim_{j\to\infty} p_j \cdot \xi_0 = \xi$. Ist nun p ein Anfangswort von ξ der Länge n, so gibt es ein j, $j \in N$, derart, daß $j > n$ und $\varrho(p_j \cdot \xi_0, \xi) < 1/n$. Damit ist aber auch $p \sqsubset p_j \cdot \xi_0$. Da $l(p_j) = j > n$ vorausgesetzt war, haben wir $p \sqsubset p_j$ für geeignetes j, $j \in N$. Es gilt also $\mathsf{A}(\xi) \subseteq \bigcup_{j\in\mathsf{N}} \mathsf{A}(p_j) \subseteq \mathsf{A}(W)$. ∎

Neben den bezüglich des Operators A abgeschlossenen Wortmengen $\mathsf{A}(W)$ lassen sich auch deren Komplemente $X^* \setminus \mathsf{A}(W)$ einfach beschreiben. Für diese Mengen gilt nämlich: Ist $p \in X^* \setminus \mathsf{A}(W)$, so gilt für jedes p' mit $p \sqsubseteq p'$ ebenfalls $p' \in X^* \setminus \mathsf{A}(W)$. Somit haben wir

Folgerung 5.9.

(1) $X^* \setminus \mathsf{A}(W) = (X^* \setminus \mathsf{A}(W)) \cdot X^*$
(2) $\mathsf{A}(W) = X^* \setminus (X^* \setminus \mathsf{A}(W)) \cdot X^*$.

Damit gilt für Wortmengen des Typs $W \cdot X^*$ und für Folgenmengen des Typs $W \cdot X^\omega$

Folgerung 5.10.

(1) $\mathsf{A}(X^* \setminus W \cdot X^*) = X^* \setminus W \cdot X^*$
(2) $\mathsf{A}(X^\omega \setminus W \cdot X^\omega) \subseteq X^* \setminus W \cdot X^*$.

Wir haben im Anschluß an Folgerung 5.6. gesehen, daß sich die Vollkugeln im Raum $[X^\omega, \varrho]$ auf einfache Weise mit Hilfe von Wörtern p, $p \in X^*$, beschreiben lassen. Da nun die Vollkugeln in einem metrischen Raume eine *Basis der Topologie* bilden, folgt unmittelbar

Lemma 5.11. *Eine Teilmenge F von X^ω ist genau dann offen, wenn sie sich in der Form $F = W \cdot X^\omega$ mit geeignetem W, $W \subseteq X^*$, darstellen läßt. Ist überdies W eine endliche Menge, so ist F auch abgeschlossen.*

Zum Beweis des Lemmas ist nur noch zu bemerken, daß die zweite Behauptung unmittelbar aus Folgerung 5.6. folgt. ▮

Auf Grund der komplementären Beziehungen zwischen Wortmengen der Typen $W \cdot X^*$ und $\mathsf{A}(W)$ ist nun anzunehmen, daß sich die abgeschlossenen Teilmengen von X^ω mit Hilfe des Anfangswortoperators A beschreiben lassen. Wir führen zu diesem Zwecke einen Operator von $\mathfrak{P}X^*$ in $\mathfrak{P}X^\omega$ ein, der in gewissem Sinne eine *Umkehrung* des Operators A darstellt.

Definition 5.12. Für Wortmengen W, $W \subseteq X^*$, setzen wir

$$\mathsf{ls}\, W =_{Df} \{\xi : \xi \in X^\omega \wedge \mathsf{A}(\xi) \subseteq \mathsf{A}(W)\} .$$

Elgot ([11]) gab einen ähnlichen Operator an $\left(\mathsf{lim}\, W =_{Df} \{\xi : \mathsf{A}(\xi) \subseteq W\}\right)$, der jedoch, wie wir später im Abschnitt 6 sehen werden, für unsere Zwecke nicht geeignet ist.

Folgende Eigenschaften des Operators ls sind leicht aus den Eigenschaften des Anfangswortoperators A ableitbar.

Folgerung 5.13.

(1) *Wenn* $W_1 \subseteq W_2$, *so ist* $\mathsf{ls}\, W_1 \subseteq \mathsf{ls}\, W_2$;
(2) $\mathsf{ls}\, W = \mathsf{ls}\, \mathsf{A}(W)$;
(3) $\mathsf{A}(W) \supseteq \mathsf{A}\,(\mathsf{ls}\, W)$.

Ist F Teilmenge von X^ω, so gilt

(4) $F \subseteq \mathsf{ls}\, \mathsf{A}(F)$.

Folgerung 5.14.

(1) *Es gilt genau dann* $\mathsf{ls}\, W = \emptyset$, *wenn W endlich ist.*
(2) *Ist* $\xi \in \mathsf{ls}\, W$, *so gibt es eine Teilmenge V von W derart, daß* $\mathsf{ls}\, V = \{\xi\}$ gilt.

Beweis. (1) folgt leicht aus Lemma 5.8.

Zum Beweis von (2) geben wir eine Menge V an. Zu jedem p, $p \sqsubset \xi$, wählen wir bzgl. „$\sqsubseteq$" ein minimales p', $p' \in W$, aus, für welches $p \sqsubseteq p'$ gelte. Wir setzen dann V gleich der Menge aller dieser p'. Offensichtlich gilt $\{\xi\}$ $\mathsf{ls}\, V$. ▮

Lemma 5.15.

(1) $\mathsf{ls}\,(W_1 \cup W_2) = \mathsf{ls}\, W_1 \cup \mathsf{ls}\, W_2$;
(2) $\mathsf{ls} \bigcap_{i \in I} A(W_i) = \bigcap_{i \in I} \mathsf{ls}\, W_i$;
(3) $\mathsf{ls}\,(\mathsf{A}(W_1) \setminus W_2 \cdot X^*) = \mathsf{ls}\, W_1 \setminus W_2 \cdot X^\omega$.

Beweis.

(1) Die Inklusion „$\supseteq$" leitet sich unmittelbar aus Folgerung 5.13. (1) ab.

Es sei nun $\xi \in \mathsf{ls}\,(W_1 \cup W_2)$. Wegen Folgerung 5.14. (2) gibt es ein V, $V \subseteq W_1 \cup W_2$, derart, daß $\{\xi\} = \mathsf{ls}\, V$ gilt. Somit ist nach Folgerung 5.14. (1) wenigstens eine der beiden Mengen $V \cap W_1$ oder $V \cap W_2$ unendlich. Damit ist dann $\xi \in \mathsf{ls}\, W_1$ oder $\xi \in \mathsf{ls}\, W_2$.

(2) Wegen Folgerung 5.13. (1) und (2) genügt es, die Inklusion „$\supseteq$" zu zeigen. Es sei $\xi \in \bigcap_{i \in I} \mathsf{ls}\, W_i$. Mithin gilt für alle $i \in I$ die Beziehung $\xi \in \mathsf{ls}\, W_i$, was mit $\mathsf{A}(\xi) \subseteq \mathsf{A}(W_i)$ gleichbedeutend ist. Es ist daher auch $\mathsf{A}(\xi) \subseteq \bigcap_{i \in I} \mathsf{A}(W_i)$ und somit $\xi \in \mathsf{ls} \bigcap_{i \in I} \mathsf{A}(W_i)$.

(3) Es ist genau dann $\xi \in \mathsf{ls}\,(\mathsf{A}(W_1) \setminus W_2 \cdot X^*)$, wenn $\mathsf{A}(\xi) \subseteq \mathsf{A}(\mathsf{A}(W_1) \setminus W_2 \cdot X^*)$. Wegen $\mathsf{A}(W_1) \setminus W_2 \cdot X^* = \mathsf{A}(W_1) \cap (X^* \setminus W_2 \cdot X^*)$ gilt mit den Folgerungen 5.7. (4) und 5.10. (1) $\mathsf{A}(\mathsf{A}(W_1) \setminus W_2 \cdot X^*) = \mathsf{A}(W_1) \setminus W_2 \cdot X^*$. Somit ist $\mathsf{A}(\xi) \subseteq \mathsf{A}(\mathsf{A}(W_1) \setminus W_2 \cdot X^*)$ äquivalent zu $\mathsf{A}(\xi) \subseteq \mathsf{A}(W_1)$ und $\mathsf{A}(\xi) \cap W_2 \cdot X^* = \emptyset$. Das ist aber gleichbedeutend mit $\xi \in \mathsf{ls}\, W_1$ und $\xi \notin W_2 \cdot X^\omega$. ∎

Nach diesen einleitenden Untersuchungen sind wir in der Lage, die *abgeschlossenen* Teilmengen des Raumes $[X^\omega, \varrho]$ zu charakterisieren.

Satz 5.16. *Eine Teilmenge F von X^ω ist genau dann abgeschlossen, wenn es eine Wortmenge W, $W \subseteq X^*$, derart gibt, daß $F = \mathsf{ls}\, W$.*

Beweis. Wir zeigen zunächst, daß alle Mengen der Form $\mathsf{ls}\, W$ abgeschlossen sind. Es ist $\mathsf{ls}\, W = \mathsf{ls}\, \mathsf{A}(W)$. Nach Folgerung 5.9. (2) gilt $\mathsf{A}(W) = X^* \setminus (X^* \setminus \mathsf{A}(W)) \cdot X^*$. Somit ist nach Lemma 5.15. (3)

$$\mathsf{ls}\, W = \mathsf{ls}\,(X^* \setminus (X^* \setminus \mathsf{A}(W)) \cdot X^*) = \mathsf{ls}\, X^* \setminus (X^* \setminus \mathsf{A}(W)) \cdot X^\omega$$
$$= X^\omega \setminus (X^* \setminus \mathsf{A}(W)) \cdot X^\omega ,$$

also zufolge Lemma 5.11. als Komplement einer offenen Menge abgeschlossen. Ist F nun abgeschlossen, so ist $X^\omega \setminus F$ offen, d. h., es gibt ein W, $W \subseteq X^*$, so daß $X^\omega \setminus F = W \cdot X^\omega$ und somit $F = X^\omega \setminus W \cdot X^\omega$. Damit ist $\mathsf{A}(F) = \mathsf{A}(X^\omega \setminus W \cdot X^\omega)$ und nach Folgerung 5.10. (2) $\mathsf{A}(F) \subseteq X^* \setminus W \cdot X^*$. Mit Lemma 5.15. (3) und Folgerung 5.13. (4) haben wir dann $\mathsf{ls}\, \mathsf{A}(F) = X^\omega \setminus W \cdot X^\omega = F$. ∎

Wir konnten uns überdies davon überzeugen, daß für abgeschlossene Mengen F, $F \subseteq X^\omega$, die Beziehung $F = \mathsf{ls}\, \mathsf{A}(F)$ gilt. Ist nun $\mathfrak{C}_\varrho$ der *topologische Hüllenoperator* in $[X^\omega, \varrho]$, der jeder Teilmenge F von X^ω ihre *abgeschlossene Hülle* $\mathfrak{C}_\varrho(F)$ zuordnet, so können wir noch die folgende Beziehung ableiten.

Korollar 5.17. *Es ist* $\mathfrak{C}_\varrho = \mathsf{ls} \circ \mathsf{A}$.

Beweis. Es sei $F \subseteq X^\omega$. Dann ist $\mathsf{ls}\, \mathsf{A}(F')$ eine F enthaltende abgeschlossene Menge. Ist nun F' eine F enthaltende abgeschlossene Teilmenge von X^ω, so gilt wegen der Monotonie von A und ls bezüglich „$\subseteq$" auch $\mathsf{ls}\, \mathsf{A}(F) \subseteq \mathsf{ls}\, \mathsf{A}(F')$. Da F' abgeschlossen ist, haben wir $\mathsf{ls}\, \mathsf{A}(F') = F'$. Somit ist $\mathsf{ls}\, \mathsf{A}(F)$ die kleinste F enthaltende abgeschlossene Menge. ∎

Um die Menge aller gleichzeitig offenen und abgeschlossenen Teilmengen von X^ω charakterisieren zu können, ziehen wir die Menge $\mathsf{Min}\ W =_{Df} \{p : p \in W \wedge \wedge \forall p' (p' \in W \rightarrow \sim p' \sqsubset p)\}$ aller minimalen Wörter einer Wortmenge W heran. Es hat „Min“ die folgenden Eigenschaften:

Folgerung 5.18.

(1) $\mathsf{Min}\ W = W \setminus W \cdot X \cdot X^*$;

(2) *ist* $W_1 \subseteq W_2$, *so existiert zu jedem* $p \in \mathsf{Min}\ W_1$ *ein* $p' \in \mathsf{Min}\ W_2$, *für das* $p' \sqsubseteq p$ *gilt*;

(3) *wenn* $p, p' \in \mathsf{Min}\ W$, *so ist* $p \parallel p'$;[1])

(4) $W \cdot X^* = (\mathsf{Min}\ W) \cdot X^*$;

(5) $W \cdot X^\omega = (\mathsf{Min}\ W) \cdot X^\omega$.

Folgerung 5.19. *Ist* $W \subseteq X^*$, *so gilt* $\mathsf{Is}\ (\mathsf{Min}\ W) \cap W \cdot X^\omega = \emptyset$.

Beweis. Da $\mathsf{Min}\ W$ total ungeordnet ist, kann in $\mathsf{Is}\ (\mathsf{Min}\ W)$ kein Element ξ vorkommen, für das $\mathsf{A}(\xi) \cap W \neq \emptyset$ gilt. ▮

Benutzen wir nun Lemma 5.11., so können wir die zugleich offenen und abgeschlossenen Teilmengen von X^ω folgendermaßen charakterisieren:

Lemma 5.20. *Eine offene Menge* $W \cdot X^\omega$ *ist genau dann abgeschlossen, wenn* $\mathsf{Min}\ W$ *endlich ist.*

Beweis. Wegen Lemma 5.11. und Folgerung 5.18. (5) haben wir nur zu zeigen: Ist $W \cdot X^\omega$ abgeschlossen, so ist $\mathsf{Min}\ W$ endlich. Es sei also $W \cdot X^\omega$ abgeschlossen. Zufolge Satz 5.16. gilt dann $W \cdot X^\omega = \mathsf{Is}\ \mathsf{A}(W \cdot X^\omega)$. Da $\mathsf{Min}\ W \subseteq \subseteq \mathsf{A}(W \cdot X^\omega)$, haben wir $W \cdot X^\omega = \mathsf{Is}\left(\mathsf{Min}\ W \cup \mathsf{A}(W \cdot X^\omega)\right)$ und mit Lemma 5.15. (1)

$$\begin{aligned} W \cdot X^\omega &= \mathsf{Is}\ (\mathsf{Min}\ W) \cup \mathsf{Is}\ \mathsf{A}(W \cdot X^\omega) \\ &= \mathsf{Is}\ (\mathsf{Min}\ W) \cup W \cdot X^\omega . \end{aligned}$$

Mit Folgerung 5.19. und 5.14. (1) erhalten wir daraus unmittelbar, daß $\mathsf{Min}\ W$ endlich ist.

5.1.3. $\mathbf{F}_\sigma$-Mengen und $\mathbf{G}_\delta$-Mengen in $[X^\omega, \varrho]$

Außer den offenen und abgeschlossenen Mengen lassen sich weiterhin die Folgenmengen der topologischen Typen $\mathbf{F}_\sigma$ und $\mathbf{G}_\delta$ (*abzählbare Vereinigungen von abgeschlossenen bzw. abzählbare Durchschnitte von offenen Mengen*) mit Hilfe von Wortmengen charakterisieren. Wir geben hier Resultate von Rabin ([48]) wieder.

Definition 5.21. (Rabin): Für $W \subseteq X^*$ sei

$$\mathcal{F}_\sigma(W) =_{Df} \{\xi : \xi \in X^\omega \wedge \mathsf{card}\left(\mathsf{A}(\xi) \cap W\right) < \aleph_0\}$$

gesetzt.

[1]) „$\parallel$“ bezeichne die Unvergleichbarkeit von Wörtern bezüglich „$\sqsubset$“, d. h. für $b, b' \in \hat{X}$ heiße $b \parallel b'$ dasselbe wie $b \not\sqsubset b' \vee b' \not\sqsubset b$. Man beachte jedoch, daß sich $b \parallel b'$ und $b = b'$ nicht gegenseitig ausschließen.

Der Operator $\underline{\mathcal{F}}_\sigma$ besitzt die folgenden leicht einzusehenden Eigenschaften:

Folgerung 5.22.

(1) *Aus* $W_1 \subseteq W_2$ *folgt* $\underline{\mathcal{F}}_\sigma(W_1) \supseteq \underline{\mathcal{F}}_\sigma(W_2)$;

(2) $\underline{\mathcal{F}}_\sigma(W_1 \cup W_2) = \underline{\mathcal{F}}_\sigma(W_1) \cap \underline{\mathcal{F}}_\sigma(W_2)$;

(3) $\underline{\mathcal{F}}_\sigma(X^* \setminus W) \cap \underline{\mathcal{F}}_\sigma(W) = \emptyset$;

(4) *ist* W *endlich oder* $W = \mathsf{Min}\, W$, *d. h. total ungeordnet, so gilt* $\underline{\mathcal{F}}_\sigma(W) = X^\omega$;

(5) $\underline{\mathcal{F}}_\sigma(W \cdot X^*) = X^\omega \setminus W \cdot X^\omega$;

(6) $\underline{\mathcal{F}}_\sigma(\mathsf{A}(W)) = X^\omega \setminus \mathsf{Is}\, W$.

Es gilt nun der folgende

Satz 5.23. (Rabin) *Eine Teilmenge* F *von* X^ω *ist genau dann* $\mathbf{F}_\sigma$*-Menge, wenn es ein* W, $W \subseteq X^*$, *derart gibt, daß* $F = \underline{\mathcal{F}}_\sigma(W)$ *gilt.*

Beweis. Wir zeigen zunächst, daß für beliebiges W, $W \subseteq X^*$, die Menge $\underline{\mathcal{F}}_\sigma(W)$ als abzählbare Vereinigung von abgeschlossenen Mengen darstellbar ist. Wir definieren dazu

$$F_n(W) =_{Df} \{\xi : \xi \in X^\omega \wedge \mathsf{card}\,(\mathsf{A}(\xi) \cap W) \leqq n\}\,.$$

Diese Mengen sind offensichtlich abgeschlossen. Es ist aber $\underline{\mathcal{F}}_\sigma(W) = \bigcup_{n \in \mathsf{N}} F_n(W)$.

Ist F nun $\mathbf{F}_\sigma$-Menge, so ist F in der Form $F = \bigcup_{n \in \mathsf{N}} F_n$ darstellbar, wobei o.B.d.A. angenommen werden darf, daß $F_n \subseteq F_{n+1}$ gelte und die F_n abgeschlossen seien. Wir setzen für n, $n \in \mathsf{N}$, induktiv $W_0 =_{Df} \mathsf{Min}\,(X^* \setminus \mathsf{A}(F_0))$ und $W_n =_{Df} \mathsf{Min}\left(X^* \setminus \left(\mathsf{A}(F_n) \cup \bigcup_{i=0}^{n-1} W_i\right)\right)$ für $n \geqq 1$. Nach Konstruktion gilt $W_n \cap W_m = \emptyset$ für $n \neq m$. Weiterhin wissen wir wegen $\mathsf{A}(F_n) \subseteq \mathsf{A}(F_{n+1})$ mit Folgerung 5.18. (2), daß zu jedem $p \in W_{n+1}$ ein $p' \in W_n$ mit $p' \sqsubset p$ existiert

Wir wählen $W =_{Df} (X^* \setminus \mathsf{A}(F)) \cup \bigcup_{n \in \mathsf{N}} W_n$ und zeigen $F = \underline{\mathcal{F}}_\sigma(W)$. Ist $\xi \in F$ so gibt es ein n, $n \in \mathsf{N}$, derart, daß $\xi \in F_m$ für alle m, $m \geqq n$, gilt. Dann ist aber nach Konstruktion einerseits

$$\mathsf{A}(\xi) \cap (X^* \setminus \mathsf{A}(F)) = \emptyset$$

und andererseits für alle m, $m \geqq n$, die Beziehung $\mathsf{A}(\xi) \cap W_m = \emptyset$ erfüllt. Somit haben wir $\xi \in \underline{\mathcal{F}}_\sigma(W)$.

Ist $\xi \notin F$, so ist entweder $\mathsf{A}(\xi) \not\subseteq \mathsf{A}(F)$ und damit $\mathsf{card}\,(\mathsf{A}(\xi) \cap (X^* \setminus \mathsf{A}(F))) = \aleph_0$ oder $\mathsf{A}(\xi) \subseteq \mathsf{A}(F)$ und $\xi \notin F_n$ für alle $n \in \mathsf{N}$. Da aber für die abgeschlossenen Mengen F_n die Beziehungen $\xi \in F_n$ und $\mathsf{A}(\xi) \subseteq \mathsf{A}(F_n)$ äquivalent sind (siehe Satz 5.16.), ist $\mathsf{A}(\xi) \cap (X^* \setminus \mathsf{A}(F_n))$ fur alle $n \in \mathsf{N}$ eine unendliche Menge. Demzufolge ist für alle W_n die Beziehung $\mathsf{A}(\xi) \cap W_n \neq \emptyset$ erfüllt. Damit ist aber nach Konstruktion der W_n die Menge $\mathsf{A}(\xi) \cap \bigcup_{n \in \mathsf{N}} W_n$ unendlich. ∎

Zur Charakterisierung der $\mathbf{G}_\delta$-Mengen führen wir den zu $\underline{\mathcal{F}}_\sigma$ komplementären Operator $\underline{\mathcal{G}}_\delta$ ein.

Definition 5.24. Für $W \subseteq X^*$ sei

$$\underline{\mathcal{G}}_\delta(W) = \{\xi : \xi \in X^\omega \wedge \mathsf{card}\,(\mathsf{A}(\xi) \cap W) = \aleph_0\}$$

gesetzt.

Es lassen sich unmittelbar die folgenden Beziehungen ableiten.

Folgerung 5.25.

(1) $\mathcal{G}_\delta(W) = X^\omega \setminus \mathcal{F}_\sigma(W)$;
(2) *aus* $W_1 \subseteq W_2$ *folgt* $\mathcal{G}_\delta(W_1) \subseteq \mathcal{G}_\delta(W_2)$;
(3) $\mathcal{G}_\delta(W_1 \cup W_2) = \mathcal{G}_\delta(W_1) \cup \mathcal{G}_\delta(W_2)$;
(4) $\mathcal{G}_\delta(X^* \setminus W) \cup \mathcal{G}_\delta(W) = X^\omega$;
(5) *ist* W *endlich oder* $W = \mathsf{Min}\, W$, *so gilt* $\mathcal{G}_\delta(W) = \emptyset$;
(6) $\mathcal{G}_\delta(W \cdot X^*) = W \cdot X^\omega$;
(7) $\mathcal{G}_\delta(\mathsf{A}(W)) = \mathsf{ls}\, W$;
(8) $\mathcal{G}_\delta(W) \subseteq W \cdot X^\omega$;
(9) $\mathcal{G}_\delta(W) \subseteq \mathsf{ls}\, W$.

Mit Hilfe von Folgerung 5.25. (1) läßt sich der Satz 5.23. auf G_δ-Mengen übertragen.

Lemma 5.26. *Eine Teilmenge* F *von* X^ω *ist genau dann* G_δ*-Menge, wenn es ein* W, $W \subseteq X^\omega$, *derart gibt, daß* $F = \mathcal{G}_\delta(W)$ *gilt.*

Abschließend sei noch bemerkt, daß ein großer Teil der Resultate dieses Abschnittes auch für *unendliche* Alphabete X gilt. Allerdings ist dann der Raum $[X^\omega, \varrho]$ nicht mehr *kompakt* und Sätze, die auf der *Kompaktheit* beruhen, gelten also nicht mehr.

Beispiel 5.27. Es sei $X = \{x_i\colon i \in \mathsf{N}\}$ ein abzählbar unendliches Alphabet. Dann ist $\mathsf{ls}\, X = \emptyset$, obwohl X unendlich ist.

5.2. Reguläre Folgenmengen

5.2.1. Beschreibung von Folgenmengen durch Terme

Unter den Teilmengen von X^ω sind für die Zwecke der Codierungstheorie besonders diejenigen interessant, die sich in gewisser Weise *endlich beschreiben* lassen (siehe auch Kapitel II). Zu diesem Zwecke führen wir die McNaughton-*Terme* ein, die eine Unterklasse der Klasse aller Folgenmengen, die sogenannten *regulären* Folgenmengen, charakterisieren. Wir gehen dabei auf einen Ansatz von McNaughton [41] zurück, in dem reguläre Folgenmengen mit Hilfe von *regulären Wortmengen* beschrieben werden. Andere Ansätze, bei denen die regulären Folgenmengen mit Hilfe der *Prädikatenlogik der zweiten Stufe* beschrieben werden, findet der Leser in den Arbeiten von Trachtenbrot ([63, 64]), Büchi ([8]) und Rabin ([47]).

Bei der von uns gewählten Beschreibungsvariante erweist es sich als notwendig, auch die regulären Wortmengen zu beschreiben. Wir verwenden dazu den Ansatz von Kleene ([27]).

Für ein beliebiges endliches Alphabet X betrachten wir das *Erweiterungsalphabet* $X' =_{Df} X \cup \{\mathcal{O}\} \cup \{\vee, \circ, \langle,\rangle, [,], (,)\}$, wobei $X \cap \{\mathcal{O}, \vee, \circ, \langle,\rangle, [,], (,)\} = \emptyset$ gelte.

Definition 5.28. (*Induktive Definition der* KLEENE-*Terme über* X)

A) Es sind alle x aus X, sowie $\mathcal{O}$ KLEENE-Terme über X.

I) Sind $\mathcal{T}_1, \mathcal{T}_2$ KLEENE-Terme über X, so sind auch $(\mathcal{T}_1 \vee \mathcal{T}_2)$, $(\mathcal{T}_1 \circ \mathcal{T}_2)$ und $\langle\mathcal{T}_1\rangle$ KLEENE-Terme über X.

S) Eine Zeichenreihe über X' ist nur dann KLEENE-Term über X, wenn das auf Grund von **A**) und **I**) der Fall ist.

Definition 5.29. (*Induktive Definition der speziellen* KLEENE-*Terme über* X)

A) Es sind alle x aus X, sowie $\mathcal{O}$ spezielle KLEENE-Terme über X.

I) Sind $\mathcal{T}_1, \mathcal{T}_2$ spezielle KLEENE-Terme über X und ist $\mathcal{T}$ KLEENE-Term über X, so sind auch $(\mathcal{T}_1 \vee \mathcal{T}_2)$, $(\mathcal{T} \circ \mathcal{T}_1)$ und $(\mathcal{T}_1 \circ \mathcal{T})$ spezielle KLEENE-Terme über X.

S) Eine Zeichenreihe über X' ist nur dann spezieller KLEENE-Term über X, wenn das auf Grund von **A**) und **I**) der Fall ist.

Definition 5.30. (*Induktive Definition der* McNAUGHTON-*Terme über* X).

A) Ist $\mathcal{T}$ ein spezieller KLEENE-Term über X, so ist $[\mathcal{T}]$ McNAUGHTON-Term über X.

I) Sind $\mathcal{T}_1, \mathcal{T}_2$ McNAUGHTON-Terme über X und ist $\mathcal{T}$ KLEENE-Term über X, so sind auch $(\mathcal{T}_1 \vee \mathcal{T}_2)$ und $(\mathcal{T} \circ \mathcal{T}_1)$ McNAUGHTON-Terme über X.

S) Eine Zeichenreihe über X' ist nur dann McNAUGHTON-Term über X, wenn das auf Grund von **A**) und **I**) der Fall ist.

Folgerung 5.31.

(1) *Die Klasse der speziellen* KLEENE-*Terme ist eine echte Teilklasse der* KLEENE-*Terme.*

(2) *Die Klassen der* KLEENE- *und* McNAUGHTON-*Terme sind disjunkt.*

Beweis:

(1) Es ist z. B. $\langle\mathcal{O}\rangle$ kein spezieller KLEENE-Term.

(2) Charakteristisches Merkmal der McNAUGHTON-Terme sind die Klammern [,], die in KLEENE-Termen nicht vorkommen. ∎

Um zur Interpretation der KLEENE- und McNAUGHTON-Terme übergehen zu können, benötigen wir noch die folgenden Abbildungen von $\mathfrak{P}X^*$ in $\mathfrak{P}X^*$ bzw. von $\mathfrak{P}(X^*\setminus\{e\})$ in $\mathfrak{P}X^\omega$: Es seien $W \subseteq X^*$ und $V \subseteq X^*\setminus\{e\}$. Wir setzen $W^0 =_{Df} \{e\}$ und $W^n =_{Df} W^{n-1} \cdot W$. Weiterhin seien $W^* =_{Df} \bigcup_{n\in\mathbb{N}} W^n$ und $V^\omega =_{Df} V \cdot V \cdot V \cdot \cdots$. Die Struktur $[W^*, \cdot]$ ist somit die *durch* W *erzeugte Unterhalbgruppe* (*mit Einselement*) *von* $(X^*, \cdot]$ und V^ω ist die Menge aller Folgen aus X^ω, die sich als *unendliche Produkte von Elementen* aus V darstellen lassen. Die Forderung $e \notin V$ sichert hierbei, daß in V^ω keine Elemente aus X^* vorkommen.

Man beweist leicht

Folgerung 5.31.

(1) $W \subseteq W^*$;
(2) *aus* $W_1 \subseteq W_2$ *folgt* $W_1^* \subseteq W_2^*$;
(3) $W^{**} = W^*$;
(4) $W^* = \{e\} \cup W \cdot W^*$.

Folgerung 5.32.

(1) *Aus* $V_1 \subseteq V_2$ *folgt* $V_1^\omega \subseteq V_2^\omega$;
(2) $V \cdot V^\omega = V^\omega$;
(3) $(V \cdot V^*)^\omega = V^\omega$;
(4) *es ist genau dann* $V^\omega = \emptyset$, *wenn* $V = \emptyset$.

Ist $V = \{p\}$, so schreiben wir für $\{p\}^*$ und $\{p\}^\omega$ der Einfachheit halber p^* bzw. p^ω. Dabei ist streng zwischen der auf Seite 8 eingeführten Bezeichnung $\overline{p}$ und p^ω zu unterscheiden. Es ist nämlich $\{\overline{p}\} = p^\omega$, d. h., $\overline{p}$ ist Element von X^ω, während p^ω eine Teilmenge von X^ω bezeichnet.

Als *Interpretation* der Menge aller KLEENE- und McNAUGHTON-Terme über X definieren wir nun eine Abbildung $\mathfrak{Cl}$ dieser Menge in $\mathfrak{P}X^* \cup \mathfrak{P}X^\omega$ wie folgt:

Definition 5.33. (*Induktive Definition der Funktion* $\mathfrak{Cl}$)

A) $\mathfrak{Cl}(\mathcal{O}) = \emptyset$;
$\mathfrak{Cl}(x) = \{x\}$;

I) $\mathfrak{Cl}\,((\mathcal{T}_1 \vee \mathcal{T}_2)) = \mathfrak{Cl}\,(\mathcal{T}_1) \cup \mathfrak{Cl}\,(\mathcal{T}_2)$;
$\mathfrak{Cl}\,((\mathcal{T}_1 \circ \mathcal{T}_2)) = \mathfrak{Cl}\,(\mathcal{T}_1) \cdot \mathfrak{Cl}\,(\mathcal{T}_2)$;
$\mathfrak{Cl}\,(\langle\mathcal{T}\rangle) = (\mathfrak{Cl}\,(\mathcal{T}))^*$;
$\mathfrak{Cl}\,([\mathcal{T}]) = (\mathfrak{Cl}\,(\mathcal{T}))^\omega$.

Wie aus der Interpretation hervorgeht, beschreiben die KLEENE-Terme über X Teilmengen von X^*. Eine Teilmenge W von X^* wird genau dann durch einen KLEENE-Term $\mathcal{T}$ beschrieben, wenn sie sich aus Teilmengen von X durch endlichmalige Anwendung der Operationen „$\cup$", „$\cdot$" und „$*$" erzeugen läßt. Diese Klasse von Wortmengen ist aus der Literatur (siehe [15, 21, 14, 28, 50, 64]) gut bekannt. Man sagt:

Definition 5.34. Eine Wortmenge W, $W \subseteq X^*$, heißt *regulär* $=_{Df}$. Es gibt einen KLEENE-Term $\mathcal{T}$ derart, daß $\mathfrak{Cl}\,(\mathcal{T}) = W$ gilt.

Im Zusammenhang mit der Korrektheit von Definition 5.33. („ω" war nur auf Wortmengen anwendbar, die das leere Wort nicht enthalten!) interessiert nun die folgende Frage.

Beschreiben die speziellen KLEENE-Terme nur Wortmengen, die das leere Wort nicht enthalten, und ist jede reguläre Wortmenge, die das leere Wort nicht enthält, durch einen speziellen KLEENE-Term beschreibbar?

Die Antwort gibt uns

Lemma 5.35.

(1) *Ein* KLEENE-*Term* $\mathcal{T}$ *ist genau dann ein spezieller* KLEENE-*Term, wenn* $e \notin \mathfrak{El}\,(\mathcal{T})$ *gilt.*

(2) *Zu jedem* KLEENE-*Term* $\mathcal{T}$ *kann man einen speziellen* KLEENE-*Term* $\mathfrak{spez}\,(\mathcal{T})$ *finden, so daß* $\mathfrak{El}\,(\mathfrak{spez}\,(\mathcal{T})) = \mathfrak{El}\,(\mathcal{T})\setminus\{e\}$ *gilt.*

Beweis.

(1) Nach Definition und Interpretation (siehe Definitionen 5.29. und 5.33.) gilt für jeden speziellen KLEENE-Term $\mathcal{T}$ die Beziehung $e \notin \mathfrak{El}\,(\mathcal{T})$.

Nehmen wir nun an, es sei $\mathcal{T}$ ein nichtspezieller KLEENE-Term, für den gelte $e \notin \mathfrak{El}\,(\mathcal{T})$. Dann gibt es unter allen Termen dieser Art einen kürzesten, d. h. einen mit kleinster Anzahl von Zeichen aus X'. Es sei $\mathcal{T}$ sogleich ein derartiger Term. Betrachten wir nun die möglichen Formen von $\mathcal{T}$, so scheiden $\mathcal{T} \equiv x$ für $x \in X$, $\mathcal{T} \equiv \emptyset$ und $\mathcal{T} \equiv \langle \mathcal{T}_1 \rangle$[1]) mit geeignetem Term $\mathcal{T}_1$ von vornherein aus. Betrachten wir nun den Fall $\mathcal{T} \equiv (\mathcal{T}_1 \vee \mathcal{T}_2)$, so erhalten wir, da $e \notin \mathfrak{El}\,(\mathcal{T})$ gilt, sofort $e \notin \mathfrak{El}\,(\mathcal{T}_1)$ und $e \notin \mathfrak{El}\,(\mathcal{T}_2)$. Da $\mathcal{T}_1$ und $\mathcal{T}_2$ kürzer sind als $\mathcal{T}$, sind sie somit spezielle KLEENE-Terme. Nach Definition 5.29 ist dann aber auch $\mathcal{T}$ ein spezieller KLEENE-Term. Im Falle $\mathcal{T} \equiv (\mathcal{T}_1 \circ \mathcal{T}_2)$ schließt man analog. Somit haben wir einen Widerspruch zur Annahme erhalten.

(2) Wir gehen von der Gültigkeit der Beziehungen

$$(W_1 \cup W_2)\setminus\{e\} = (W_1\setminus\{e\}) \cup (W_2\setminus\{e\})$$

$$(W_1 \cdot W_2)\setminus\{e\} = (W_1\setminus\{e\}) \cdot W_2 \cup W_1 \cdot (W_2\setminus\{e\}) ,$$

und

$$W_1^*\setminus\{e\} = (W_1^*\setminus\{e\}) \cdot W$$

für Teilmengen W_1, W_2 von X^* aus und definieren induktiv:

A) Ist $\mathcal{T} \equiv \emptyset$ oder $\mathcal{T} \equiv x$, $x \in X$, so setzen wir $\mathfrak{spez}\,(\mathcal{T}) \equiv \mathcal{T}$.

I) Für $\mathcal{T} \equiv (\mathcal{T}_1 \vee \mathcal{T}_2)$ setzen wir $\mathfrak{spez}\,(\mathcal{T}) \equiv (\mathfrak{spez}\,(\mathcal{T}_1) \vee \mathfrak{spez}\,(\mathcal{T}_2))$, für $\mathcal{T} \equiv (\mathcal{T}_1 \circ \mathcal{T}_2)$ setzen wir $\mathfrak{spez}\,(\mathcal{T}) \equiv ((\mathfrak{spez}\,(\mathcal{T}_1) \circ \mathcal{T}_2) \vee (\mathcal{T}_1 \circ \mathfrak{spez}\,(\mathcal{T}_2)))$ und für $\mathcal{T} \equiv \langle \mathcal{T}_1 \rangle$ schließlich $\mathfrak{spez}\,(\mathcal{T}) \equiv (\mathfrak{spez}\,(\mathcal{T}_1) \circ \langle \mathcal{T}_1 \rangle)$.

S) Nach Definition 5.28. reichen die angegebenen Regeln aus, einen KLEENE-Term $\mathcal{T}$ in einen speziellen KLEENE-Term $\mathfrak{spez}\,(\mathcal{T})$ zu überführen, für den dann die angegebene Beziehung gilt. ∎

Damit ist unsere Interpretation auch für McNAUGHTON-Terme korrekt. Wir sagen nun:

Definition 5.36. KLEENE- oder McNAUGHTON-Terme $\mathcal{T}_1$ und $\mathcal{T}_2$ heißen *gleichwertig* $(\mathcal{T}_1 - \mathcal{T}_2) =_{Df}$

$$\mathfrak{El}\,(\mathcal{T}_1) = \mathfrak{El}\,(\mathcal{T}_2) .$$

---

[1]) „$\equiv$“ bezeichne hierbei die Gleichheit von Termen, d. h., „$\equiv$“ wird als *Gleichheit von Wörtern aus* X' aufgefaßt.

Die Gleichwertigkeit von KLEENE-Termen ist in der Literatur (siehe [49, 50]) hinreichend gut untersucht. Wir verweisen deshalb den Leser im Falle der Verwendung von Resultaten aus der *Theorie der Wortmengen* (*Sprachen*) auf die einschlägigen Lehrbücher über *Automatentheorie*. Eine detaillierte Darlegung dieser Resultate unterbleibt hier, da sie den Rahmen der vorliegenden Monographie sprengen würde.

Für McNAUGHTON-Terme sind u. a. die folgenden Gleichwertigkeiten evident:

Folgerung 5.37. *Es seien* $\mathcal{T}_1, \mathcal{T}_2$ KLEENE-*Terme und* $\mathcal{T}_3, \mathcal{T}_4$ McNAUGHTON-*Terme. Dann gelten*

(1) $((\mathcal{T}_1 \vee \mathcal{T}_2) \circ \mathcal{T}_3) = ((\mathcal{T}_1 \circ \mathcal{T}_3) \vee (\mathcal{T}_2 \circ \mathcal{T}_3))$;
(2) $(\mathcal{T}_1 \circ (\mathcal{T}_3 \vee \mathcal{T}_4)) = ((\mathcal{T}_1 \circ \mathcal{T}_3) \vee (\mathcal{T}_1 \circ \mathcal{T}_4))$.

Damit haben wir:

Lemma 5.38. *Jeder* McNAUGHTON-*Term* $\mathcal{T}$ *ist einem Term*[1]) *der Form* $\bigvee_{i=1}^{n} (\mathcal{T}_i \circ [\mathcal{T}'_i])$ *gleichwertig, wobei die* $\mathcal{T}_i$ KLEENE-*Terme und die* $\mathcal{T}'_i$ *spezielle* KLEENE-*Terme bezeichnen. Für jeden* McNAUGHTON-*Term* $\mathcal{T}$ *über* X *gilt die Beziehung* $\mathfrak{Cl}(\mathcal{T}) \subseteq X^\omega$.

Beweis. Wir beweisen das Lemma induktiv mit Hilfe von Definition 5.30.

A) Ist $\mathcal{T} \equiv [\mathcal{T}_1]$, so folgt $\mathcal{T} = (\langle \mathcal{O} \rangle \circ [\mathcal{T}_1])$.

I) Ist $\mathcal{T} \equiv (\mathcal{T}_1 \vee \mathcal{T}_2)$ und gelten $\mathcal{T}_1 = \bigvee_{i=1}^{n} (\mathcal{T}_{1,i} \circ [\mathcal{T}'_{1,i}])$ sowie $\mathcal{T}_2 = \bigvee_{j=1}^{m} (\mathcal{T}_{2,j} \circ [\mathcal{T}'_{2,j}])$, so folgt $\mathcal{T} = \bigvee_{i=1}^{m+n} (\mathcal{T}_i \circ [\mathcal{T}'_i])$, wobei $\mathcal{T}_i \equiv \mathcal{T}_{1,i}$, $\mathcal{T}'_i \equiv \mathcal{T}'_{1,i}$ für $i \leqq n$ und $\mathcal{T}_i \equiv \mathcal{T}_{2,(i-n)}$, $\mathcal{T}'_i \equiv \mathcal{T}'_{2,(i-n)}$ für $i > n$ gesetzt sei. Ist $\mathcal{T} \equiv (\mathcal{T}_0 \circ \mathcal{T}')$ und $\mathcal{T}' = \bigvee_{i=1}^{n} (\mathcal{T}_i \circ [\mathcal{T}'_i])$. so gilt $\mathcal{T} = \bigvee_{i=1}^{n} ((\mathcal{T}_0 \circ \mathcal{T}_i) \circ [\mathcal{T}'_i])$.

Die zweite Behauptung folgt unmittelbar aus der Darstellung $\mathcal{T} = \bigvee_{i=1}^{n} (\mathcal{T}_i \circ [\mathcal{T}'_i])$. ∎

Wir sind nunmehr in der Lage, die regulären Folgenmengen zu definieren.

Definition 5.39. Eine Teilmenge F von X^ω heißt *regulär* $=_{Df}$. Es gibt einen McNAUGHTON-Term $\mathcal{T}$ über X derart, daß $\mathfrak{Cl}(\mathcal{T}) = F$ gilt.

Hieraus ergibt sich nun unmittelbar die von McNAUGHTON ([41]) gegebene Definition der regulären Folgenmengen.

Folgerung 5.40. *Eine Teilmenge* F *von* X^ω *ist genau dann regulär, wenn es ein* n, $n \in \mathbb{N}$, *und reguläre Wortmengen* W_i, V_i $(1 \leqq i \leqq n)$ *mit* $e \notin V_i$ *derart gibt, daß* $F = \bigcup_{i=1}^{n} W_i \cdot V_i^\omega$ *gilt.*

Bemerkenswert ist nun die Tatsache, daß — im Gegensatz zu den Wortmengen — nicht jede *endliche* Folgenmenge regulär ist. Dies folgt unmittelbar aus der Existenz überabzählbar vieler endlicher Teilmengen von X^ω, aber nur

[1]) Hier wie im weiteren machen wir von den üblichen Klammereinsparungen Gebrauch.

abzählbar vieler McNaughton-Terme über X. Untersuchen wir den Operator „$^\omega$" genauer, so können wir die eben getroffene Feststellung weiter präzisieren.

Folgerung 5.41. *Es sei* $V \subseteq X^*\backslash\{e\}$. *Dann gelten:*

(1) *Aus* $V^\omega = \{\xi\}$ *folgt* $V^\omega = p^\omega$ *für jedes* p *aus* V;
(2) *entweder ist* $\mathsf{card}\ V^\omega \leqq 1$, *oder es gilt* $\mathsf{card}\ V^\omega = 2^{\aleph_0}$.

Beweis.

(1) Ist $p \in V$, so gilt nach Folgerung 5.32. (1) $p^\omega \subseteq V^\omega$. Da $V^\omega = \{\xi\}$ vorausgesetzt war, haben wir die Behauptung.
(2) Enthält V^ω zwei Folgen ξ, ξ', so gibt es Anfangswörter p und p' von ξ bzw. ξ' derart, daß $p \| p'$ und $p \neq p'$ gilt. Mithin gibt es Wörter $p_1, \dots, p_m$ und $p_1', \dots, p_n'$ aus V, die den Beziehungen $p \sqsubseteq p_0 \dots p_m$ und $p' \sqsubseteq p_1' \dots p_n'$ genügen. Wir setzen $r =_{Df} p_1 \cdot \dots \cdot p_m \cdot p_1' \cdot \dots \cdot p_n'$ und $q =_{Df} p_1' \cdot \dots \cdot p_n' \cdot p_1 \cdot \dots \cdot p_m$. Dann gelten $l(r) = l(q)$ und $r \neq q$. Damit ist aber $\mathsf{card}\ \{q, r\}^\omega = 2^{\aleph_0}$. Wegen $V^\omega \supseteq \{q, r\}^\omega$ und $\mathsf{card}\ X^\omega = 2^{\aleph_0}$ folgt $\mathsf{card}\ V^\omega = 2^{\aleph_0}$. ∎

Somit gilt unmittelbar das

Lemma 5.41.a).

(1) *Eine reguläre Teilmenge F von X^ω erfüllt genau eine der folgenden Bedingungen:*
   a) $\mathsf{card}\ F = 2^{\aleph_0}$;
   b) $\mathsf{card}\ F \leqq \aleph_0$ *und F besteht nur aus periodischen Folgen.*
(2) *Eine endliche Folgenmenge ist genau dann regulär, wenn sie nur periodische enthält.*

Beweis.

(1) Es reicht aus, reguläre Folgenmengen der Form $F = W \cdot V^\omega$ zu betrachten. Dann gilt $\mathsf{card}\ F \leqq \mathsf{card}\ W \cdot \mathsf{card}\ V^\omega$. Mit Folgerung 5.41. (1) und (2) erhalten wir die Beziehungen $\mathsf{card}\ V^\omega = 1$ und $V^\omega = p^\omega$, falls $0 < \mathsf{card}\ F < 2^{\aleph_0}$ gilt. Wegen $\mathsf{card}\ W \leqq \aleph_0$ haben wir dann $\mathsf{card}\ F \leqq \aleph_0$ und $F = W \cdot p^\omega$.
(2) Mit (1) und Folgerung 5.40. genügt es zu zeigen, daß eine Einermenge, die aus einer periodischen Folge, d. h. aus einer Folge der Form $p \cdot \bar{q}(p \in X^*, q \in X^*\backslash\{e\})$, besteht, regulär ist. Dies ist aber unmittelbar einzusehen. ∎

5.2.2. Beschreibung von Folgenmengen durch Automaten — der Satz von McNaughton

Nachdem wir einige Eigenschaften der regulären Folgenmengen betrachtet haben, gehen wir zu den Beziehungen zwischen *endlichen Automaten* und regulären Mengen über. Dazu sei $\mathfrak{A} =_{Df} [X, Z, f, z_0]$ ein endlicher initialer Automat ohne Ausgabe (Medwedjew-Automat). Ist $Z' \subseteq Z$, so bezeichnen wir mit $\mathbf{T}(\mathfrak{A}, Z')$ die Menge aller der Wörter p, $p \in X^*$, für die $f(z_0, p) \in Z'$ gilt. Für reguläre Wortmengen hat man nun bekanntlich

Satz 5.42. *Eine Menge W ist genau dann reguläre Teilmenge von X^*, wenn es einen endlichen Automaten $\mathfrak{A} = [X, Z, f, z_0]$ und ein $Z', Z' \subseteq Z$ derart gibt, daß $W = \mathbf{T}(\mathfrak{A}, Z')$ gilt.*

Betrachten wir das Verhalten endlicher Automaten auf unendlichen Folgen, so können wir die Menge aller Zustände eines Automaten $\mathfrak{A}$, die beim Abarbeiten einer Folge ξ, $\xi \in X^\omega$, unendlich oft angenommen werden, auszeichnen: Es sei $\mathfrak{A} = [X, Z, f, z_0]$. Wir setzen

$$U_{\mathfrak{A}}(\xi) =_{Df} \{z : z \in Z \wedge \mathsf{card}\,\{p : p \sqsubset \xi \wedge f(z_0, p) = z\} = \aleph_0\} .$$

Mit Hilfe einer Menge $\mathfrak{Z}$ von Teilmengen von Z definieren wir:

Definition 5.43. (MÜLLER, MCNAUGHTON) Eine Teilmenge F von X^ω heißt *von dem Automaten $\mathfrak{A}$ mit der Menge $\mathfrak{Z}$* akzeptiert $(F = \mathbf{T}^\omega(\mathfrak{A}, \mathfrak{Z})) =_{Df}$

$$F = \{\xi : \xi \in X^\omega \wedge U_{\mathfrak{A}}(\xi) \in \mathfrak{Z}\} .$$

Zwischen den regulären und den durch endliche Automaten akzeptierbaren Folgenmengen besteht folgender hier ohne Beweis wiedergegebener Zusammenhang (siehe [41]):

Satz 5.44. (MCNAUGHTON) *Eine Teilmenge F von X^ω ist genau dann regulär, wenn es einen endlichen Automaten $\mathfrak{A} = [X, Z, f, z_0]$ und ein $\mathfrak{Z}, \mathfrak{Z} \subseteq \mathfrak{P}Z$, derart gibt, daß*

$$F = \mathbf{T}^\omega(\mathfrak{A}, \mathfrak{Z})$$

gilt. Diese Existenzaussage ist in beiden Richtungen konstruktiv.

Wir wenden uns nun der Abgeschlossenheit der regulären Mengen bezüglich der Operationen „$\cap$“ und „$\setminus$“ zu.

Lemma 5.45. *Sind W_1 und W_2 reguläre Teilmengen von X^*, so sind auch $W_1 \cap W_2$ und $W_1 \setminus W_2$ regulär.*

Lemma 5.46. (BÜCHI) *Sind F_1 und F_2 reguläre Teilmengen von X^ω, so sind auch $F_1 \cap F_2$ und $F_1 \setminus F_2$ regulär.*

Beweis. Nach Definition 5.30. ist mit F_1 und F_2 auch $F_1 \cup F_2$ regulär. Es reicht also zu zeigen, daß für reguläres F auch $X^\omega \setminus F$ regulär ist. Nach Satz 5.44. gibt es für F einen endlichen Automaten $\mathfrak{A} = [X, Z, f, z_0]$ und ein $\mathfrak{Z}, \mathfrak{Z} \subseteq \mathfrak{P}Z$, derart, daß $F = \mathbf{T}^\omega(\mathfrak{A}, \mathfrak{Z})$ gilt. Dann ist aber offensichtlich $X^\omega \setminus F = \mathbf{T}^\omega(\mathfrak{A}, \mathfrak{P}Z \setminus \mathfrak{Z})$, und $X^\omega \setminus F$ ist nach Satz 5.44. regulär. ∎

Für reguläre Wortmengen sind bekanntlich u. a. die Prädikate „$W = \emptyset$“, „$W_1 \subseteq W_2$“, „$\mathsf{card}\, W \geqq \aleph_0$“ entscheidbar. Stützt man sich auf Satz 5.44., so lassen sich analoge Eigenschaften auch für reguläre Folgenmengen nachweisen. Dazu einige Vorbetrachtungen.

Lemma 5.47. *Es seien F regulär, $\mathfrak{A} = [X, Z, f, z_0]$ ein Automat mit $\mathsf{card}\, Z = n$, $\mathfrak{Z} \subseteq \mathfrak{P}Z$ und $F = \mathbf{T}^\omega(\mathfrak{A}, \mathfrak{Z})$. Dann gelten die Aussagen*

(1) *$d(F) \geqq 1/n$, falls $\mathsf{card}\, F > 1$;*

(2) *ist F endlich, so genügen alle $\xi, \xi', \xi, \xi' \in F$, der Beziehung $\varrho(\xi, \xi') \geqq 1/n$;*

(3) *entweder ist $\mathsf{card}\, F \leqq (\mathsf{card}\, X)^n$ oder $\mathsf{card}\, F \geqq \aleph_0$.*

Beweis.

(1) Es seien ξ, ξ' Elemente von F derart, daß $\xi(m) \neq \xi'(m)$ und $\xi(i) = \xi'(i)$ für alle $i, i < m$, gilt. Ist nun $m > n$, so gibt es in der Folge $z_0, f(z_0, \xi(1)), \dots$ $\dots, f(z_0, \xi(1) \cdots \xi(m-1))$ zwei gleiche Glieder. Es seien dies $f(z_0, \xi(1) \cdots \xi(i))$ und $f(z_0, \xi(1) \cdots \xi(j))$, wobei $i < j < m$. Dann sind aber auch die Folgen $\xi_1 =_{Df} \xi(1) \cdots \xi(i)\, \xi(j+1) \cdots$ und $\xi_1' =_{Df} \xi'(1) \cdots \xi'(i)\, \xi'(j+1) \cdots$ Elemente von F, da $U_{\mathfrak{A}}(\xi) = U_{\mathfrak{A}}(\xi_1)$ und $U_{\mathfrak{A}}(\xi') = U_{\mathfrak{A}}(\xi_1')$ gelten.

Es ist dann $\varrho(\xi_1, \xi_1') > \varrho(\xi, \xi')$. Führen wir dieses Verfahren fort, bis wir $m \leq n$ erreicht haben, so erhalten wir Elemente ξ_k, ξ_k' aus F derart, daß $\varrho(\xi_k, \xi_k') \geqq 1/n$ erfüllt ist.

(2) Da F endlich ist, gibt es Folgen ξ, ξ' aus F derart, daß $\varrho(\xi, \xi') = \min \{\varrho(\xi_1, \xi_2) : \xi_1, \xi_2 \in F \wedge \xi_1 \neq \xi_2\}$. Ist nun $\varrho(\xi, \xi') < 1/n$, so gibt es ein $m, m > n$, derart, daß $\xi(m) \neq \xi'(m)$ und $\xi(i) = \xi'(i)$ für $i < m$ gelten. Dann gibt es in der Zustandsfolge $z_0, \dots, f(z_0, \xi(1) \cdots \xi(m-1))$ zwei gleiche Glieder $f(z_0, \xi(1) \cdots \xi(i))$ und $f(z_0, \xi(1) \cdots \xi(j))$ mit $i < j < m$. Also sind auch $\xi_0 =_{Df} \xi(1) \cdots \xi(j)\, \xi(i+1) \cdots \xi(j)\, \xi(j+1) \cdots$ und $\xi_0' =_{Df} \xi'(1) \cdots \xi'(j)\, \xi'(i+1) \cdots$ $\cdots \xi'(j)\, \xi'(j+1) \cdots$ Elemente von F. Es ist aber $\varrho(\xi_0, \xi_0') < \varrho(\xi, \xi')$, was einen Widerspruch zur Wahl von ξ, ξ' ergibt.

Die Aussage (3) folgt unmittelbar aus (2) ,da es höchstens $\mathsf{card}\ X^n$ verschiedene Anfangswörter der Länge n in Folgen aus F geben kann. ∎

Satz 5.48. *Für reguläre Teilmengen F, F_1, F_2 von X^ω sind die folgenden Prädikate entscheidbar:*

(1) „$F = \emptyset$“;
(2) „$F_1 \subseteq F_2$“;
(3) „$\mathsf{card}\ F = k$“ ($k \in \mathsf{N}$);
(4) „$\mathsf{card}\ F = 2^{\aleph_0}$.

Beweis.

(1) Es sei $F = \mathbf{T}^\omega(\mathfrak{A}, \mathfrak{Z})$ für geeignete $\mathfrak{A}$ und $\mathfrak{Z}$, ferner sei $Z' \in \mathfrak{Z}$. Dann ist $\mathbf{T}\,(\mathfrak{A}, \{Z'\}) = W_{z_0, z_1} \cdot (V^{Z'}_{z_1, z_2} \cdots V^{Z'}_{z_n, z_1})$. falls $Z' = \{z_1, \dots, z_n\}$, $W_{z_0, z_1} =_{Df}$ $=_{Df} \{p : p \in X^* \wedge f(z_0, p) = z_1\}$ sowie für $1 < i < n$

$$V^{Z'}_{z_i, z_{i+1}} =_{Df} \{p : p \in X^* \wedge f(z_i, p) = z_{i+1} \wedge \forall q (q \sqsubset p \rightarrow f(z_i, q) \in Z')\}\,.$$

(Im Falle $i = n$, sei $i + 1 =_{Df} 1$. Diese Mengen sind regulär, und überdies enthalten die Mengen $V^{Z'}_{z_i, z_{i+1}}$ das leere Wort nicht. Dann und nur dann, wenn wenigstens eine der angegebenen Wortmengen W_{z_0, z_1} oder $V^{Z'}_{z_i, z_{i+1}}$ leer ist, folgt $\mathbf{T}(\mathfrak{A}, \{Z'\}) = \emptyset$. Das Entscheidungsverfahren erhält man nun leicht, indem man für alle Z', $Z' \in \mathfrak{Z}$, nachprüft, ob eine der Mengen W_{z_0, z_1} oder $V^{Z'}_{z_i, z_{i+1}}$ ($i = 1, \dots, n$) leer ist. Das ist möglich, da die Eigenschaft $W = \emptyset$ für reguläre Wortmengen W entscheidbar ist.

(2) Es reicht aus, nachzuprüfen, ob die nach Satz 5.46. reguläre Menge $F_1 \setminus F_2$ leer ist.

(3) Wir führen den Beweis induktiv. Es sei $F = \mathbf{T}^\omega(\mathfrak{A}, \mathfrak{Z})$ für geeignete $\mathfrak{A} = [X, Z, f, z_0]$ und $\mathfrak{Z}$. Ist F endlich, so ist wegen Lemma 5.47. (3) $\mathsf{card}\, F \leqq \mathsf{card}\, X^{\mathsf{card}\, Z}$. Diese Zahl gibt uns den Abbruch des Verfahrens an. Ist nun $F \neq \emptyset$, so gibt es ein $Z', Z' \in \mathfrak{Z}$, für das $W_{z_0, z_1} \cdot (\tilde{V}_{z_1}^{Z'})^\omega$ nicht leer ist. (Hierbei sei wieder $Z' = \{z_1, \dots, z_n\}$, und $\tilde{V}_{z_1}^{Z'}$ stehe für das Produkt $V_{z_1, z_2}^{Z'} \cdot \dots \cdot V_{z_n, z_1}^{Z'}$.) Wir wählen ein p, $p \in W_{z_0, z_1}$, und ein $q, q \in \tilde{V}_{z_1}^{Z'}$. Dann ist die Folge $p \cdot \bar{q}$ aus F. Ist nun $F \subseteq \{p \cdot \bar{q}\}$, so gilt $\mathsf{card}\, F = 1$, anderenfalls setzen wir das Verfahren mit $F \setminus \{p \cdot \bar{q}\}$ fort, bis wir einen Abbruch erhalten oder $\mathsf{card}\, X^{\mathsf{card}\, Z}$ Schritte durchgeführt haben. Bricht das Verfahren mit dem $\mathsf{card}\, X^{\mathsf{card}\, Z}$-ten Schritt nicht ab, so ist F unendlich.

(4) Es sei wieder $F = \mathbf{T}^\omega(\mathfrak{A}, \mathfrak{Z})$. Wir bilden für alle $Z', Z' \in \mathfrak{Z}$, die regulären Mengen W_{z_0, z_1} und $(\tilde{V}_{z_1}^{Z'})^\omega$. Ist $W_{z_0, z_1} \neq \emptyset$, so prüfen wir die Eigenschaft $2 \leqq \mathsf{card}\, (\tilde{V}_{z_1}^{Z'})^\omega$ für das zugehörige $\tilde{V}_{z_1}^{Z'}$ nach. Mit Folgerung 5.41. haben wir dann $\mathsf{card}\, (\tilde{V}_{z_1}^{Z'})^\omega = 2^{\aleph_0}$ und somit $\mathsf{card}\, F = 2^{\aleph_0}$. ▮

Den engen Zusammenhang zwischen den regulären Folgenmengen und den periodischen Folgen unterstreicht die folgende Tatsache. Es sei $X^{per} =_{Df} \{p \cdot \bar{q} : p, q \in X^* \wedge q \neq e\}$ die Menge aller periodischen Folgen aus X^ω.

Lemma 5.49. *Reguläre Teilmengen F_1, F_2 von X^ω sind schon dann gleich, wenn $F_1 \cap X^{per}$ und $F_2 \cap X^{per}$ übereinstimmen.*

Beweis. Wir bemerken zunächst, daß sämtliche nichtleeren regulären Folgenmengen zumindest eine periodische Folge enthalten. Nun untersuchen wir $(F_1 \setminus F_2) \cup (F_2 \setminus F_1)$. Diese Menge ist zufolge Lemma 5.46. regulär. Falls $F_1 \cap X^{per} = F_2 \cap X^{per}$, so enthält $(F_1 \setminus F_2) \cup (F_2 \setminus F_1)$ keine periodische Folge. Da $(F_1 \setminus F_2) \cup (F_2 \setminus F_1)$ regulär ist, gilt somit $(F_1 \setminus F_2) \cup (F_2 \setminus F_1) = \emptyset$, d. h. $F_1 = F_2$. ▮

5.2.3. Beschreibung von Folgenmengen durch Gleichungssysteme

Eng mit dem Begriff der Regularität von Wort- oder Folgenmengen sind die Begriffe *Zustand* und *Gewicht* einer Wort- oder Folgenmenge verbunden.

Wir definieren zunächst in $\hat{X}$ die Operation der *linksseitigen Division* durch Wörter aus X^*: Für b aus $\hat{X}$ und p aus X^* sei (siehe auch S. 28)

$$b \mid p =_{Df} \begin{cases} \text{dasjenige } b', \text{ für das } b = p \cdot b' \text{ gilt,} \\ \qquad \text{falls } p \sqsubseteq b, \\ \text{nicht definiert, anderenfalls.} \end{cases}$$

Weiterhin sei für M, $M \subseteq \hat{X}$, und $p, p \in X^*$,

$$M \mid p =_{Df} \{b \mid p : b \in M\} \text{ gesetzt.}$$

Wir nennen $M \mid p$ *den von p erzeugten Zustand der Menge M*. Die linksseitige Division hat u. a. folgende Eigenschaften:

Folgerung 5.50.

(1) *Aus* $M_1 \subseteq M_2$ *folgt* $M_1 \mid p \subseteq M_2 \mid p$;
(2) $\left(\bigcup_{i \in I} M_i\right) \Big| p = \bigcup_{i \in I} M_i \mid p$;
(3) $(M_1 \setminus M_2) \mid p = M_1 \mid p \setminus M_2 \mid p$;
(4) $\left(\bigcap_{i \in I} M_i\right) \Big| p = \bigcap_{i \in I} M_i \mid p$.

Folgerung 5.50. a)

(1) $M \mid e = M$;
(2) $(M \mid p) \mid q = M \mid p \cdot q$;
(3) $(p \cdot M) \mid p = M$;
(4) $\mathsf{A}(M \mid p) = \mathsf{A}(M) \mid p$.

Für Wortmengen W, $W \subseteq X^*$, *gilt*

(5) $\mathsf{ls}\,(W \mid p) = \mathsf{ls}\, W \mid p$.

Wir sagen nun:

Definition 5.51. G_M heißt *Gewicht* der Menge M, $M \subseteq \hat{X}$, $=_{Df}$

$$G_M = \mathsf{card}\,\{M \mid p : p \in X^*\}.$$

Für Wortmengen existiert folgender Zusammenhang zwischen der Regularität und dem Gewicht einer Menge (siehe [49, 50]):

Satz 5.52. (Schützenberger, Salomaa)

(1) *Eine Teilmenge* W *von* X^* *ist genau dann regulär, wenn sie endliches Gewicht hat.*
(2) *Eine Teilmenge* W *von* X^* *ist genau dann regulär, wenn es ein Gleichungssystem der Form* $W_i = \bigcup_{x \in X} x \cdot W_{\mathbf{j}(x,i)} \cup \varepsilon(W_i)$, $1 \leqq i \leqq n$, *gibt, das* $W = W_1$ *als Lösung hat.* (*Dabei seien* $\{\varepsilon\}(W_i) = \{e\}$ *oder* $\varepsilon(W_i) = \emptyset$ *und* $\mathbf{j} : X \times \{1, \ldots, n\} \to \{1, \ldots, n\}$.)

Das angegebene Gleichungssystem ist stets *eindeutig* lösbar. Die Voraussetzung dazu liefert

Lemma 5.53. *Es seien* W, V_1, V_2 *Teilmengen von* X^* *derart, daß* $e \notin V_1$ *und* $W = V_1 \cdot W \cup V_2$ *gelten. Dann ist* $W = V_1^* \cdot V_2$.

Wir geben anstelle eines Beweises von Satz 5.52. (2) Verfahren an, die es uns gestatten werden, zu jedem Kleene-Term $\mathscr{T}$ ein Gleichungssystem zu bestimmen, das $\mathfrak{Cl}\,(\mathscr{T})$ als Lösung hat, und andererseits zu jedem Gleichungssystem einen Kleene-Term zu bestimmen, der die Lösung dieses Gleichungssystems beschreibt.

Wir entwickeln die Gleichungssysteme induktiv gemäß Definition 5.28.:

A) Es sei $\mathcal{T} \equiv \mathcal{O}$. Dann löst $\mathfrak{Cl}\,(\mathcal{O}) = \emptyset$ das Gleichungssystem $W_1 = \bigcup_{x \in X} x \cdot W_1 \cup \emptyset$. Ist $\mathcal{T} \equiv x_0$ für $x_0 \in X$, dann löst $\mathfrak{Cl}\,(\mathcal{T}) = \{x_0\}$ das Gleichungssystem

$$W_1 = x_0 \cdot W_2 \cup \bigcup_{x \neq x_0} x \cdot W_3 \cup \emptyset\,,$$

$$W_2 = \bigcup_{x \in X} x \cdot W_3 \cup \{e\}\,,$$

$$W_3 = \bigcup_{x \in X} x \cdot W_3 \cup \emptyset\,.$$

I) Es seien nun $\mathcal{T}_1$ und $\mathcal{T}_2$ KLEENE-Terme, für die schon Gleichungssysteme

$$W_i = \bigcup_{x \in X} x \cdot W_{\mathbf{j}(x,i)} \cup \varepsilon(W_i) \qquad (1 \leqq i \leqq n)$$

und

$$V_l = \bigcup_{x \in X} x \cdot V_{\mathbf{k}(x,l)} \cup \varepsilon(V_l) \qquad (1 \leqq l \leqq m)$$

konstruiert seien.

a) Bilden wir $W_1 \cup V_1 = \bigcup_{x \in X} x(W_{\mathbf{j}(x,1)} \cup V_{\mathbf{k}(x,1)}) \cup \big(\varepsilon(W_1) \cup \varepsilon(V_1)\big)$ und für alle auf der rechten Seite der Gleichung neu auftretenden Mengen $(W_i \cup V_l)$ entsprechende Gleichungen, so erhalten wir ein Gleichungssystem, dessen Lösung $\mathfrak{Cl}\,\big((\mathcal{T}_1 \vee \mathcal{T}_2)\big)$ ist.

b) Bilden wir $W_1 \cdot V_1 = \bigcup_{x \in X} x(W_{\mathbf{j}(x,1)} \cdot V_1 \cup \varepsilon(W_1) \cdot V_{\mathbf{k}(x,1)}) \cup \big(\varepsilon(W_1) \cdot \varepsilon(V_1)\big)$ und für alle auf der rechten Seite der Gleichung neu auftretenden Mengen $W_i \cdot V_l$ bzw. $W_i \cdot V_l \cup V_{l'}$ (es ist $\varepsilon(W_i) = \emptyset$ oder $\varepsilon(W_i) = \{e\}$) entsprechende Gleichungen für $W_i \cdot V_l$ bzw. gemäß a) für $W_i \cdot V_l \cup V_{l'}$, so erhalten wir ein Gleichungssystem, dessen Lösung $\mathfrak{Cl}\,\big((\mathcal{T}_1 \circ \mathcal{T}_2)\big)$ ist.

c) Bilden wir $W_1^* = \bigcup_{x \in X} x(W_{\mathbf{j}(x,1)} \cdot W_1^*) \cup \{e\}$ und für alle neu auftretenden Mengen $W_i \cdot W_1^*$ die Gleichungen

$$W_i \cdot W_1^* = \bigcup_{x \in X} x(W_{\mathbf{j}(x,i)} \cdot W_1^*) \cup \emptyset\,,$$

falls $\varepsilon(W_i) = \emptyset$, bzw. $W_i \cdot W_1^* = \bigcup_{x \in X} x(W_{\mathbf{j}(x,i)} \cdot W_1^* \cup W_{\mathbf{j}(x,1)} \cdot W_1^*) \cup \{e\}$, sonst, und schließlich für die Mengen $W_i \cdot W_1^* \cup W_{i'} \cdot W_1^*$ gemäß a) neue Gleichungen, so erhalten wir ein Gleichungssystem, dessen Lösung $\mathfrak{Cl}\,(\langle\mathcal{T}_1\rangle)$ ist.

Haben wir nun umgekehrt ein Gleichungssystem mit n Unbekannten gegeben, so können wir es in ein Termgleichungssystem (im Sinne von Definition 5.36.) der Form $\mathcal{U}_i = \bigvee_{j=1}^{n} (\mathcal{T}_{ij} \circ \mathcal{U}_j) \vee \mathcal{T}_i$ $(1 \leqq i \leqq n)$ verwandeln, wobei die $\mathcal{U}_i$ die Unbekannten, die $\mathcal{T}_{ij}$ spezielle KLEENE-Terme und die $\mathcal{T}_i$ KLEENE-Terme bezeichnen. Kommt dabei im ursprünglichen Gleichungssystem die der Termvariablen $\mathcal{U}_j$ entsprechende Unbekannte nicht in der i-ten Gleichung vor, so setzen wir $\mathcal{T}_{ij} \equiv \mathcal{O}$. Zufolge Lemma 5.53. können wir nun eine Gleichung mit einer Unbekannten folgendermaßen lösen: Es sei

$$\mathcal{U}_1 = (\mathcal{T}_{11} \circ \mathcal{U}_1) \vee \mathcal{T}_1 .$$

Dann ist $\mathcal{U}_1 \equiv (\langle \mathcal{T}_{11} \rangle \circ \mathcal{T}_1)$ eine Lösung dieser Gleichung, und für alle Lösungen $\mathcal{U}$ dieser Gleichung gilt $\mathcal{U} = \mathcal{U}_1$. Es sei nun $\mathcal{U}_i = \bigvee_{j=1}^{n} (\mathcal{T}_{ij} \circ \mathcal{U}_j) \vee \mathcal{T}_i$ $(1 \leqq i \leqq n)$ ein Gleichungssystem mit n Unbekannten. Wir reduzieren wie folgt dieses Gleichungssystem auf eines mit $(n-1)$ Unbekannten: Es sei

$$\mathcal{U}_n = \bigvee_{j=1}^{n-1} (\mathcal{T}_{nj} \circ \mathcal{U}_j) \vee (\mathcal{T}_{nn} \circ \mathcal{U}_n) \vee \mathcal{T}_n$$

die n-te Gleichung. Dann ist

$$\mathcal{U}_n = \bigvee_{j=1}^{n-1} (\langle \mathcal{T}_{nn} \rangle \circ \mathcal{T}_{nj} \circ \mathcal{U}_j) \vee \langle \mathcal{T}_{nn} \rangle \circ \mathcal{T}_n .$$

Setzen wir $\mathcal{U}_n$ nun in die anderen $(n-1)$ Gleichungen ein, so erhalten wir

$$\mathcal{U}_i = \bigvee_{j=1}^{n-1} \big((\mathcal{T}_{ij} \vee \mathcal{T}_{in} \circ \langle \mathcal{T}_{nn} \rangle \circ \mathcal{T}_{nj}) \circ \mathcal{U}_j\big) \vee (\mathcal{T}_{in} \circ \langle \mathcal{T}_{nn} \rangle \circ \mathcal{T}_n) \vee \mathcal{T}_i .$$

Dabei ist $(\mathcal{T}_{ij} \vee \mathcal{T}_{in} \circ \langle \mathcal{T}_{nn} \rangle \circ \mathcal{T}_{nj})$ nach Voraussetzung und Definition 5.29. wieder ein spezieller KLEENE-Term. Eliminieren wir sukzessive alle Unbekannten, so erhalten wir einen Term für $\mathcal{U}_1$ und daraus wieder Terme für $\mathcal{U}_2, \ldots, \mathcal{U}_n$. Damit ist die Beschreibung der Verfahren abgeschlossen.

Im Falle von Folgenmengen sind die Beziehungen zwischen Regularität und Gewicht sowie die Auflösung von Gleichungssystemen wesentlich komplizierter. Es gilt nur (man vergleiche mit Satz 5.52.)

Satz 5.54.

(1) *Jede reguläre Folgenmenge hat endliches Gewicht.*

(2) *Eine Folgenmenge F hat genau dann endliches Gewicht, wenn es ein Gleichungssystem der Form $F_i = \bigcup_{x \in X} x \cdot F_{\mathbf{j}(x,i)}$ $(1 \leqq i \leqq n)$ gibt, das $F = F_1$ als Lösung hat. Hierbei sei $\mathbf{j}: X \times \{1, \ldots, n\} \to \{1, \ldots, n\}$.*

(3) *Besitzen F_1 und F_2 endliches Gewicht, so haben auch $F_1 \cup F_2$, $F_1 \cap F_2$ und $F_1 \setminus F_2$ endliches Gewicht, und es gelten $G_{F_1 \cup F_2} \leqq G_{F_1} \cdot G_{F_2}$, $G_{F_1 \cap F_2} \leqq G_{F_1} \cdot G_{F_2}$ und $G_{F_1 \setminus F_2} \leqq G_{F_1} \cdot G_{F_2}$.*

(4) *Jeder Zustand $F \mid p$ einer regulären Folgenmenge F ist wieder regulär, und jeder Zustand einer Folgenmenge endlichen Gewichts hat wieder endliches Gewicht.*

Beweis.

(1) Es sei F regulär. Zufolge Satz 5.44. gibt es einen endlichen Automaten $\mathfrak{A} = \lfloor X, Z, f, z_0 \rfloor$ und ein $\mathfrak{Z} \subseteq \mathfrak{P}Z$ derart, daß $F = \mathbf{T}^\omega(\mathfrak{A}, \mathfrak{Z})$ gilt. Es sei nun p aus X^*. Dann ist offensichtlich $F \mid p = \mathbf{T}^\omega([X, Z, f, f(z_0, p)], \mathfrak{Z})$. Das heißt aber, daß es höchstens $\mathrm{card}\, Z$ verschiedene Zustände $F \mid p$ von F geben kann.

(2) Es seien $F = F_1$ und $F_2, \dots, F_n$ sämtliche Zustände von F. Dann ist $F_i = \bigcup_{x \in X} x \cdot (F_i \mid x)$. Die $F_i \mid x$ sind wieder Zustände von F. Wir setzen also $\mathfrak{j}(x, i)$ gleich demjenigen i', $1 \leqq i' \leqq n$, für das $F_i \mid x = F_{i'}$ gilt. (Dabei sei vorausgesetzt, daß kein Zustand von F zwei verschiedene Indizes besitze.) Die angegebenen Gleichungen bilden ein Gleichungssystem für F, da $F_1, \dots, F_n$ sämtliche Zustände von F sind. Erfüllt nun F ein Gleichungssystem der Form $F_i = \bigcup_{x \in X} x \cdot F_{\mathfrak{j}(x,i)}$, so gilt für $p = e$ die Beziehung $F \mid e = F_1$. Ist $p = p' \cdot x$ und gilt $F \mid p' = F_i$, so ist $F \mid p = (F \mid p') \mid x = F_i \mid x = F_{\mathfrak{j}(x,i)}$ ebenfalls eine der Mengen $F_1, \dots, F_n$. Also hat F nur endlich viele Zustände.

(3) Es seien $F_{11}, \dots, F_{1n}$ und $F_{21}, \dots, F_{2m}$ sämtliche Zustände von F_1 bzw. F_2. Dann besitzt wegen Folgerung 5.50. (2) die Menge $F_1 \cup F_2$ höchstens die Zustände $F_{11} \cup F_{21}, \dots, F_{1n} \cup F_{2m}$. Gleiches gilt wegen Folgerung 5.50. (3) und (4) auch für $F_1 \cap F_2$ und $F_1 \setminus F_2$.

Die Behauptung (4) folgt unmittelbar aus dem Beweis von (1) bzw. (2). ∎

Im Zusammenhang mit den Aussagen (1) und (2) von Satz 5.54. ist noch zu erwähnen, daß nicht jede Folgenmenge endlichen Gewichts regulär ist und daß die Gleichungssysteme für Folgenmengen nicht eindeutig lösbar sind.

Beispiel 5.55. Wir betrachten das Gleichungssystem $F = \bigcup_{x \in X} x \cdot F$, das u. a. die Mengen $\emptyset$, $X^* \cdot x^\omega$ mit $x \in X$, X^{per} und X^ω als Lösungen hat. Alle diese Mengen sind also endlichen Gewichts. Unter den Lösungen dieses Gleichungssystems befinden sich jedoch auch nicht-reguläre Folgenmengen; so ist z. B. X^{per} nach Lemma 5.49. nicht regulär.

Wir untersuchen nun die Auflösung von Gleichungssystemen der Form $F = V \cdot F \cup E$. (Man vergleiche mit Lemma 5.53.)

Lemma 5.56. *Es seien E, F Teilmengen von X^ω und V eine Teilmenge von $X^* \setminus \{e\}$. Dann gelten die Aussagen:*

(1) *Ist $F \subseteq V \cdot F$, so sind $V^* \cdot F = V \cdot V^* \cdot F$ und $F \subseteq V^\omega$;*
(2) *$F \supseteq V \cdot F$ ist gleichwertig mit $F = V^* \cdot F$;*
(3) *es gilt $F = V \cdot F$ genau dann, wenn $F = V \cdot V^* \cdot F$;*
(4) *aus $F = V \cdot F \cup E$ folgt $V^* \cdot E \subseteq F \subseteq V^\omega \cup V^* \cdot E$.*

Beweis.

(1) Es sei ξ aus F. Dann ist $\xi \in V \cdot F$, und somit läßt sich ξ zerlegen in ein Produkt $\xi = p_1 \cdot \xi_1$ mit $p_1 \in V$ und $\xi_1 \in F$. Analog läßt sich nun ξ_1 zerlegen in $\xi_1 = p_2 \cdot \xi_2$ mit $p_2 \in V$ und $\xi_2 \in F$. Führen wir dieses Verfahren ad infinitum fort, so erhalten wir eine Darstellung $\xi = p_1 \cdot p_2 \cdot \cdots \cdot p_i \cdots$ von ξ als unendliches Produkt von Wörtern aus V, d. h., es ist $\xi \in V^\omega$. Die erste Behauptung folgt unmittelbar aus der Inklusion

$$F \subseteq V \cdot F \subseteq V^2 \cdot F \subseteq \cdots$$

Die Behauptung (2) ist wegen der aus beiden Beziehungen folgenden Inklusion $F \supseteq V^n \cdot F$ leicht einzusehen.

(3) Ist $F = V \cdot F$, so gilt auch $V \cdot F = V^2 \cdot F$ usw. Damit haben wir $F = \bigcup_{n>0} V^n \cdot F = V \cdot V^* \cdot F$. Ist andererseits $F = V \cdot V^* \cdot F$, so gilt nach (2) $F = (V \cdot V^*)^* F = V^* \cdot F$. Durch Ersetzen auf der rechten Seite erhalten wir $F = V \cdot F$.

(4) Ist $F \supseteq V \cdot F \cup E$, so erhalten wir unmittelbar $F \supseteq V^* \cdot E$. Nun genügt es, die Beziehung $F \setminus V^* \cdot E \subseteq V(F \setminus V^* \cdot E)$ zu zeigen. Mit (1) folgt dann die Behauptung. Nach Voraussetzung ist aber $F \setminus V^* \cdot E = (V \cdot F \cup E) \setminus \setminus V^* \cdot E$. Formen wir den Ausdruck auf der rechten Seite weiter um, so erhalten wir

$$\begin{aligned} F \setminus V^* \cdot E &= (V \cdot F \setminus V^* \cdot E) \cup (E \setminus V^* \cdot E) \\ &= V \cdot F \setminus V^* \cdot E \end{aligned}$$

und daraus $F \setminus V^* \cdot E \subseteq V \cdot F \setminus V \cdot V^* \cdot E$. Wegen der Beziehung $W \cdot F_1 \setminus \setminus W \cdot F_2 \subseteq W \cdot (F_1 \setminus F_2)$ für Mengen $W \subseteq X^*$ und $F_1, F_2 \subseteq X^\omega$ erhalten wir daraus $F \setminus V^* \cdot E \subseteq V \cdot (F \setminus V^* \cdot E)$. ∎

Damit haben wir den Bereich derjenigen Mengen F, welche die Gleichung $F = V \cdot F \cup E$ erfüllen, eingegrenzt. Es ist nun aber nicht jede Menge F mit $V^* \cdot E \subseteq F \subseteq V^\omega \cup V^* \cdot E$ Lösung der Gleichung $F = V \cdot F \cup E$. Wir geben dazu ein Beispiel an:

Beispiel 5.57. Es sei $X =_{Df} \{0, 1\}$. Wir setzen $V =_{Df} X$, $F =_{Df} \{0 \cdot \dot{1}\}$ und $E =_{Df} \emptyset$. Dann ist $F \subseteq V^\omega$, aber $F \not\subseteq V \cdot F = \{00\dot{1}, 10\dot{1}\}$.

5.2.4. Abgeschlossene Folgenmengen und Gleichungssysteme

Da, wie wir später sehen werden, die Beschreibung von Folgenmengen durch Gleichungssysteme für viele Verfahren grundlegend ist, versuchen wir jetzt, Gleichungssysteme für *Folgenmengen* auf solche für *Wortmengen* zurückzuführen. Die letztgenannten lassen sich, wie in Satz 5.52. erwähnt, dann eindeutig lösen. Die leere Menge löst jedes Gleichungssystem für Folgenmengen, deshalb treffen wir die Vereinbarung, nur noch *nichtleere Zustände* zu verwenden, d. h., wir schreiben

$$F_i = \bigcup_{x \in X_i} x \cdot F_{\mathfrak{j}(x, i)}\,,$$

wobei

$$X_i =_{Df} \{x : x \in X \wedge F_{\mathfrak{j}(x, i)} \neq \emptyset\}\,.$$

Damit ist zwar die leere Menge nicht mehr durch ein Gleichungssystem beschreibbar, aber wir haben

Satz 5.58. *Erfüllen F und F' ein und dasselbe Gleichungssystem, so gilt*

$$\mathsf{A}(F) = \mathsf{A}(F')\,.$$

Zum Beweis dieses Satzes benötigen wir noch einige Eigenschaften des Operators A.

Folgerung 5.59. *Es seien $W \subseteq X^*$ und $M \subseteq \hat{X}$. Dann gelten die folgenden Beziehungen:*

(1) $\mathsf{A}(W \cdot M) = c(M) \cdot \mathsf{A}(W) \cup W \cdot \mathsf{A}(M)$ [1];
(2) $\mathsf{A}(W^*) \quad = W^* \cdot (\mathsf{A}(W) \cup \{e\})$;
(3) $\mathsf{A}(W^\omega) \quad = W^* \cdot \mathsf{A}(W) \quad$ für $e \notin W$;
(4) *ist W regulär, so ist auch $\mathsf{A}(W)$ regulär.*

Beweis. Die Behauptungen (1), (2) und (3) sind unmittelbar einzusehen, und (4) folgt leicht aus (1), (2) sowie Folgerung 5.7. (2) und (6). ∎

Beweis des Satzes 5.58. Es sei $F_i = \bigcup_{x \in X_i} x \cdot F_{\mathfrak{j}(x,i)}$ $(1 \leqq i \leqq n)$ ein Gleichungssystem, welches sowohl von F als auch von F' erfüllt werde. Dann lösen $\mathsf{A}(F)$ und $\mathsf{A}(F')$ das Gleichungssystem

$$\mathsf{A}(F_i) = \bigcup_{x \in X_i} x \cdot \mathsf{A}(F_{\mathfrak{j}(x,i)}) \cup \bigcup_{x \in X \setminus X_i} x \cdot \emptyset \cup c(F_i) \quad (1 \leqq i \leqq n)\,,$$

$$\emptyset = \bigcup_{x \in X} x \cdot \emptyset \cup \emptyset\,.$$

Dieses System ist zufolge Satz 5.52. (2) eindeutig lösbar, und somit gilt $\mathsf{A}(F) = \mathsf{A}(F')$. ∎

Korollar 5.60. *Hat $F, F \subseteq X^\omega$, endliches Gewicht, so ist $\mathsf{A}(F)$ regulär, und es gilt $G_{\mathsf{A}(F)} \leqq G_F$.*

Diese Behauptung folgt mit den Sätzen 5.54. (2) und 5.52. (2) sofort aus dem Beweis von Satz 5.58.

Aus Satz 5.58. können wir ferner unmittelbar schließen, daß jedes Gleichungssystem für Folgenmengen höchstens eine abgeschlossene Menge als Lösung hat. Wir wollen jetzt zeigen, daß es auch von wenigstens einer abgeschlossenen Menge erfüllt wird. Dazu beweisen wir

Lemma 5.61. *Es seien W, W_1 und W_2 Teilmengen von X^*. Dann gelten die Gleichungen:*

(1) $\mathsf{ls}\, W_1 \cdot W_2 = (c(W_2) \cdot \mathsf{ls}\, W_1) \cup (W_1 \cdot \mathsf{ls}\, W_2)$,
(2) $\mathsf{ls}\, W^* = (W \setminus \{e\})^\omega \cup W^* \cdot \mathsf{ls}\, W$.

Beweis.

(1) Wir beschränken uns auf den Fall $W_1 \cdot W_2 \neq \emptyset$ und zeigen zunächst $\mathsf{ls}\, W_1 \cdot W_2 \supseteq \mathsf{ls}\, W_1 \cup W_1 \cdot \mathsf{ls}\, W_2$.

Wegen $\mathsf{A}(W_1) \subseteq \mathsf{A}(W_1 \cdot W_2)$ (siehe Folgerung 5.59. (1)) ist $\mathsf{ls}\, W_1 \subseteq \mathsf{ls}\, W_1 \cdot W_2$. Weiterhin ist mit Folgerung 5.59. (1) und Folgerung 5.13. (3)

$$\mathsf{A}(W_1 \cdot \mathsf{ls}\, W_2) \subseteq \mathsf{A}(W_1 \cdot W_2)\,,$$

---

[1]) Dabei sei $c(M) =_{Df} \begin{cases} \emptyset, & \text{für } M = \emptyset \\ \{e\}, & \text{anderenfalls.} \end{cases}$

und somit $W_1 \cdot \mathsf{ls}\, W_2 \subseteq \mathsf{ls}\, W_1 \cdot W_2$. Ist nun $\xi \in \mathsf{ls}\, W_1 \cdot W_2$, so gibt es wegen Folgerung 5.14. (2) eine Menge V, $V \subseteq W_1 \cdot W_2$, derart, daß $\{\xi\} = \mathsf{ls}\, V$ gilt. Es sei

$$V_1 = \{p : p \in W_1 \wedge \exists q\, (q \in W_2 \vee p \cdot q \in V)\}\,.$$

Wenn V_1 unendlich ist, so gilt $\mathsf{ls}\, V_1 \neq \emptyset$ und wegen $\mathsf{A}(V_1) \subseteq \mathsf{A}(V)$ auch $\{\xi\} = \mathsf{ls}\, V_1 \subseteq \mathsf{ls}\, W_1$. Ist andererseits V_1 endlich, so ist für ein p aus V_1 die Menge $V|p$ unendlich. Es ist dann $\mathsf{A}(p \cdot V|p) \subseteq \mathsf{A}(V)$ und somit $\mathsf{ls}\, p \cdot V|p = \{\xi\}$. Mit Folgerung 5.51. (3) und (5) ist aber $\mathsf{ls}\, p \cdot V|p = p \cdot \mathsf{ls}\, V|p$. Damit folgt $p \cdot \mathsf{ls}\, V|p \subseteq W_1 \cdot \mathsf{ls}\, W_2$.

(2) Wegen $W^* = (W \setminus \{e\})^*$ können wir $e \notin W$ annehmen. Mit $\mathsf{A}(W^\omega) \subseteq \mathsf{A}(W^*)$ ist auch $W^\omega \subseteq \mathsf{ls}\, W^*$ (siehe Folgerung 5.13. (4)). Andererseits ist $\mathsf{ls}\, W^* = \mathsf{ls}\,(W \cdot W^* \cup \{e\}) = \mathsf{ls}\, W \cdot W^*$. Aus (1) folgt dann $\mathsf{ls}\, W^* = W \cdot \mathsf{ls}\, W^* \cup \mathsf{ls}\, W$. Betrachten wir diese Gleichung für $\mathsf{ls}\, W^*$ unter der Bedingung $W^\omega \subseteq \mathsf{ls}\, W^*$, so erhalten wir zufolge Lemma 5.56. (4) $\mathsf{ls}\, W^* = W^\omega \cup W^* \cdot \mathsf{ls}\, W$. ▮

Korollar 5.62. *Ist W reguläre Teilmenge von X^*, so ist $\mathsf{ls}\, W$ reguläre Teilmenge von X^ω.*

Beweis. Die Behauptung folgt unmittelbar aus Folgerung 5.14. (1), Lemma 5.15. (1) und Lemma 5.61. ▮

Im Falle abgeschlossener Folgenmengen haben wir darüber hinaus:

Lemma 5.63. *Es sei F abgeschlossene Teilmenge von X^ω. Dann gelten die Aussagen:*

(1) *F ist genau dann regulär, wenn es ein reguläres W, $W \subseteq X^*$, mit $F = \mathsf{ls}\, W$ gibt;*
(2) (Trachtenbrot) *F ist genau dann regulär, wenn F endliches Gewicht hat.*

Beweis.

(1) Wegen Korollar 5.62. und Korollar 5.17. reicht es aus zu zeigen, daß für jedes reguläre F auch $\mathsf{A}(F)$ regulär ist. Das ist aber nach Satz 5.54. und Korollar 5.60. der Fall.

Die Behauptung (2) folgt unmittelbar aus den Korollaren 5.60., 5.62. und aus dem Satz 5.54. ▮

Wir können nun zeigen, daß die abgeschlossenen regulären Folgenmengen eindeutig durch Gleichungssysteme bestimmt werden.

Satz 5.64. *Es sei $F_i = \bigcup_{x \in X_i} x \cdot F_{\mathfrak{j}(x,\,i)}$ $(1 \leq i \leq n)$ ein endliches Gleichungssystem. Dann gibt es genau eine abgeschlossene Folgenmenge, die dieses Gleichungssystem löst. Diese Lösung ist darüber hinaus regulär.*

Beweis. Im Beweis von Satz 5.58. wurde schon gezeigt: Falls F das gegebene Gleichungssystem erfüllt, so löst $\mathsf{A}(F)$ das folgende Gleichungssystem

$$\mathsf{A}(F_i) = \bigcup_{x \in X_i} x \cdot \mathsf{A}(F_{\mathfrak{j}(x,i)}) \cup \bigcup_{x \in X \setminus X_i} x \cdot \emptyset \cup c(F_i) \qquad (1 \leqq i \leqq n)\,,$$

$$\emptyset = \bigcup_{x \in X} x \cdot \emptyset \cup \emptyset\,.$$

Wenden wir nun den Operator ls auf dieses Gleichungssystem an, so erhalten wir mit Folgerung 5.14. (1), Lemma 5.15. (1) und Lemma 5.61. (1) wegen $\mathsf{ls}\,\mathsf{A}(F_i) = \bigcup_{x \in X_i} x \cdot \mathsf{ls}\,\mathsf{A}(F_{\mathfrak{j}(x,i)})$ $(1 \leqq i \leqq n)$ unser ursprüngliches Gleichungssystem. Damit hat auch die Lösung $\mathsf{ls}\,\mathsf{A}(F_1)$ endliches Gewicht und ist zufolge Lemma 5.63. (2) regulär. ▮

Im Anschluß an dieses Ergebnis geben wir noch einige *Verfahren* an, die es ermöglichen, aus Termen Gleichungssysteme oder andere Terme, die bestimmte Mengen beschreiben, zu erhalten. Zuerst betrachten wir eine Methode, aus einem beliebigen McNaughton-Term $\mathcal{T}$ ein Gleichungssystem

$$F_i = \bigcup_{x \in X_i} x \cdot F_{\mathfrak{j}(x,i)} \qquad (1 \leqq i \leqq n)$$

zu konstruieren, für welches $\mathfrak{Cl}\,(\mathcal{T})$ eine Lösung ist.

A) Wir untersuchen zunächst $\mathcal{T} \equiv [\mathcal{T}']$, wobei $\mathcal{T}'$ ein spezieller Kleene-Term ist. Es sei

$$V_i = \bigcup_{x \in X_i} x \cdot V_{\mathfrak{j}(x,i)} \cup \varepsilon(V_i) \quad (1 \leq i \leq n)$$

ein Gleichungssystem für $\mathfrak{Cl}\,(\mathcal{T}')$, das die Bedingung $X_i = \{x : x \in X \wedge V_{\mathfrak{j}(x,i)} \neq \emptyset\}$ erfülle. Diese Bedingung ist effektiv überprüfbar, da man für die Mengen $V_{\mathfrak{j}(x,i)}$ entscheiden kann, ob sie leer sind. Haben wir nämlich ein Gleichungssystem der Form

$$V_i = \bigcup_{x \in X} x \cdot V_{\mathfrak{j}(x,i)} \cup \varepsilon(V_i) \qquad (1 \leqq i \leqq n)\,,$$

so sind zunächst alle V_i mit $\varepsilon(V_i) = \{e\}$ nichtleer. Damit sind aber auch alle diejenigen V_i nichtleer, für die ein $V_{\mathfrak{j}(x,i)}$ nichtleer ist. Sämtliche anderen V_i sind leer. Also können wir auch das Gleichungssystem für $\mathfrak{Cl}\,(\mathcal{T}')$ auf die Form

$$V_i = \bigcup_{x \in X_i} x \cdot V_{\mathfrak{j}(x,i)} \cup \varepsilon(V_i)$$

bringen. Dann ist aber für $V = V_{n1} V_1$

$$V^\omega = V_1^\omega = \bigcup_{x \in X_1} x \cdot (V_{\mathfrak{j}(x,1)} \cdot V^\omega)\,,$$

da wegen $e \notin V_1$ auch $\varepsilon(V_1) = \emptyset$ gilt. Für V_i haben wir nun

$$V_i \cdot V^\omega = \bigcup_{x \in X_i} x \cdot (V_{\mathfrak{j}(x,i)} \cdot V^\omega) \cup \bigcup_{x \in X_1} x \cdot \big(\varepsilon(V_i) \cdot V_{\mathfrak{j}(x,1)} \cdot V^\omega\big)\,.$$

Führen wir dieses Verfahren für sämtliche neu auftretenden Mengen fort, so erhalten wir ein Gleichungssystem für $V^\omega = \mathfrak{Cl}\,(\mathcal{T})$.

I) Ist $\mathcal{T} \equiv (\mathcal{T}_1 \vee \mathcal{T}_2)$ oder $\mathcal{T} \equiv (\mathcal{T}_1 \circ \mathcal{T}_2)$, so wenden wir die für Wortmengen bekannten Verfahren an (siehe Seite 70), wobei wir aber die Ausgangsgleichungssysteme für Folgen- und Wortmengen schon in der angegebenen Form voraussetzen können: Gleichungssysteme für Wortmengen bringen wir nach dem oben angegebenen Verfahren auf die Form

$$W_i = \bigcup_{x \in X_i} x \cdot W_{\mathfrak{j}(x,i)} \cup \varepsilon(W_i) \qquad (1 \leqq i \leqq n)\,,$$

und Gleichungssysteme für Folgenmengen haben gemäß Induktionsanfang die Form

$$F_i = \bigcup_{x \in X_i} x \cdot F_{\mathfrak{j}(x,i)} \qquad (1 \leq i \leq m)\,.$$

Damit haben wir zugleich ein Verfahren, das angibt, wie man aus einem McNaughton-Term $\mathcal{T}$ ein Gleichungssystem für $\mathsf{ls\,A}\,(\mathfrak{El}\,(\mathcal{T}))$ erhält, denn $\mathsf{ls\,A}\,(\mathfrak{El}\,(\mathcal{T}))$ erfüllt dasselbe Gleichungssystem wie $\mathfrak{El}\,(\mathcal{T})$. Wollen wir uns aber direkt einen Term für $\mathsf{ls\,A}\,(\mathfrak{El}\,(\mathcal{T}))$ verschaffen, so ist es günstiger, die folgenden Verfahren anzuwenden.

I. Dieses Verfahren gibt an, wie man für einen beliebigen Kleene- oder McNaughton-Term $\mathcal{T}$ einen Term $\mathfrak{Anf}\,(\mathcal{T})$ derart bestimmen kann, daß

$$\mathsf{A}\,(\mathfrak{El}\,(\mathcal{T})) = \mathfrak{El}\,(\mathfrak{Anf}\,(\mathcal{T}))$$

gilt. Grundlage hierfür sind die Folgerungen 5.7. (2) und 5.59. (1), (2), (3). Zunächst müssen wir für jeden Term $\mathcal{T}$ wegen Folgerung 5.59. einen Term $\mathfrak{c}(\mathcal{T})$ bestimmen, für den $c\,(\mathfrak{El}\,(\mathcal{T})) = \mathfrak{El}\,(\mathfrak{c}(\mathcal{T}))$ gilt. Wir setzen dazu:

A) $\mathfrak{c}(\mathcal{O}) \equiv \mathcal{O}$;
$\mathfrak{c}(x) \equiv \langle\mathcal{O}\rangle$, für $x \in X$;
I) $\mathfrak{c}(\mathcal{T}_1 \vee \mathcal{T}_2) \equiv \mathfrak{c}(\mathcal{T}_1) \vee \mathfrak{c}(\mathcal{T}_2)$;
$\mathfrak{c}(\mathcal{T}_1 \circ \mathcal{T}_2) \equiv \mathfrak{c}(\mathcal{T}_1) \circ \mathfrak{c}(\mathcal{T}_2)$;
$\mathfrak{c}(\langle\mathcal{T}\rangle) \equiv \langle\mathcal{O}\rangle$;
$\mathfrak{c}([\mathcal{T}]) \equiv \mathfrak{c}(\mathcal{T})$.

Nun definieren wir $\mathfrak{Anf}$ wie üblich induktiv:

A) $\mathfrak{Anf}\,(\mathcal{O}) \equiv \mathcal{O}$;
$\mathfrak{Anf}\,(x) \equiv (x \vee \langle\mathcal{O}\rangle)$, für $x \in X$;
I) $\mathfrak{Anf}\,(\mathcal{T}_1 \vee \mathcal{T}_2) \equiv \mathfrak{Anf}\,(\mathcal{T}_1) \vee \mathfrak{Anf}\,(\mathcal{T}_2)$;
$\mathfrak{Anf}\,(\mathcal{T}_1 \circ \mathcal{T}_2) \equiv (\mathfrak{c}(\mathcal{T}_2) \circ \mathfrak{Anf}\,(\mathcal{T}_1)) \vee (\mathcal{T}_1 \circ \mathfrak{Anf}\,(\mathcal{T}_2))$;
$\mathfrak{Anf}\,(\langle\mathcal{T}\rangle) \equiv \langle\mathcal{T}\rangle \circ (\mathfrak{Anf}\,(\mathcal{T}) \vee \langle\mathcal{O}\rangle)$;
$\mathfrak{Anf}\,([\mathcal{T}]) \equiv \langle\mathcal{T}\rangle \circ \mathfrak{Anf}\,(\mathcal{T})$.

II. Nun geben wir ein Verfahren an, welches es uns erlaubt, zu jedem Kleene-Term $\mathcal{T}$ einen McNaughton-Term $\mathfrak{Ls}\,(\mathcal{T})$ derart zu bestimmen, daß

$$\mathsf{ls}\,(\mathfrak{El}\,(\mathcal{T})) = \mathfrak{El}\,(\mathfrak{Ls}\,(\mathcal{T}))\,.$$

Grundlage hierfür bilden Folgerung 5.14. (1), Lemma 5.16. (1), Lemma 5.61. und der Beweis von Lemma 5.35. (2). Wir gehen wieder induktiv vor:

A) $\mathfrak{Ls}\,(\mathcal{O}) \equiv \mathfrak{Ls}\,(x) \equiv [\mathcal{O}]$ für $x \in X$;

I) $\mathfrak{Ls}\,(\mathcal{T}_1 \vee \mathcal{T}_2) \equiv \mathfrak{Ls}\,(\mathcal{T}_1) \vee \mathfrak{Ls}\,(\mathcal{T}_2)$;

$\mathfrak{Ls}\,(\mathcal{T}_1 \circ \mathcal{T}_2) \equiv \big(\mathfrak{c}(\mathcal{T}_2) \circ \mathfrak{Ls}\,(\mathcal{T}_1)\big) \vee \mathcal{T}_1 \circ \mathfrak{Ls}\,(\mathcal{T}_2)$;

$\mathfrak{Ls}\,(\langle\mathcal{T}\rangle) \equiv [\mathfrak{spez}\,(\mathcal{T})] \vee \big(\langle\mathcal{T}\rangle \circ \mathfrak{Ls}\,(\mathcal{T})\big)$.

Der Vollständigkeit halber geben wir noch die folgenden Resultate an.

Lemma 5.65. *Es sei F eine offene Teilmenge von X^ω.*

(1) *F ist genau dann regulär, wenn es eine reguläre Teilmenge W von X^* gibt, so daß $F = W \cdot X^*$ gilt.*

(2) *F ist genau dann regulär, wenn F endliches Gewicht hat.*

Beweis. Ist F offen, so ist $\overline{F} =_{Df} X^\omega \setminus F$ abgeschlossen.

(1) Mit F ist zufolge Lemma 5.46. auch $\overline{F}$ regulär. Es ist aber $F = \big(X^* \setminus \setminus \mathsf{A}(\overline{F})\big) \cdot X^\omega$, da F offen ist Wegen Korollar 5.60. ist $\mathsf{A}(\overline{F})$ regulär und damit auch $X^* \setminus \mathsf{A}(\overline{F})$. Die Umkehrung ist leicht einzusehen.

Behauptung (2) folgt aus Lemma 5.63. (2) mit Satz 5.54. (3). ▮

Nun betrachten wir das Verhalten der Operatoren $\underline{\mathcal{F}}_\sigma$ und $\underline{\mathcal{G}}_\delta$ auf regulären Wortmengen. Wir können die folgende Behauptung beweisen:

Lemma 5.66. *Es sei W reguläre Teilmenge von X^ω. Dann sind $\underline{\mathcal{F}}_\sigma(W)$ und $\underline{\mathcal{G}}_\delta(W)$ regulär.*

Beweis. Wir beweisen die Behauptung nur für $\underline{\mathcal{G}}_\delta(W)$. Der Beweis für $\underline{\mathcal{F}}_\sigma(W)$ ist dann wegen Folgerung 5.24. und Lemma 5.46. klar. Es seien also $\mathfrak{A} = [X, Z, f, z_0]$ ein endlicher Automat und Z' eine Teilmenge von Z derart, daß $\mathbf{T}(\mathfrak{A}, Z') = W$ (siehe Satz 5.42.) gilt. Es ist nun genau dann $\xi \in \underline{\mathcal{G}}_\delta(W)$, wenn $\mathsf{A}(\xi) \cap W$ unendlich ist. Dies ist aber gleichbedeutend mit der Bedingung $U_{\mathfrak{A}}(\xi) \cap Z' \neq \emptyset$. Daher sieht man leicht ein, daß $\underline{\mathcal{G}}_\delta(W) = \mathbf{T}^\omega(\mathfrak{A}, \mathfrak{Z})$ für $\mathfrak{Z} =_{Df} \{Z'' : Z'' \subseteq Z \wedge Z'' \cap Z' \neq \emptyset\}$ gilt. ▮

Im Gegensatz zu den abgeschlossenen und offenen Folgenmengen sind $\mathbf{F}_\sigma$- oder $\mathbf{G}_\delta$-Mengen endlichen Gewichts nicht notwendig regulär. Wir geben ein Beispiel an:

Beispiel 5.67.

(1) Es ist X^{per} eine abzählbare Folgenmenge und mithin $\mathbf{F}_\sigma$-Menge. Nach Beispiel 5.55. ist X^{per} zwar endlichen Gewichts, aber nicht regulär.

(2) Ebenso ist $X^\omega \setminus X^{per}$ endlichen Gewichts und auch $\mathbf{G}_\delta$-Menge, aber nicht regulär.

5.2.5. Ein Beispiel für das Rechnen mit Gleichungssystemen und Termen

Das nachfolgende Beispiel soll uns die im Abschnitt 5.2. angegebenen Verfahren illustrieren.

Beispiel 5.68. Wir betrachten den Term $[1 \circ \langle 0 \rangle]$ über dem Alphabet $\{0, 1\}$. Dieser Term ist ein McNaughton-Term und beschreibt somit eine reguläre Folgenmenge.

a) Wir interpretieren nun diesen Term (siehe Definition 5.33.). Es ist

$$\mathfrak{El}\,([1 \circ \langle 0 \rangle]) = (\mathfrak{El}\,(1 \circ \langle 0 \rangle))^{\omega} .$$

Der Term $1 \circ \langle 0 \rangle$ ist ein spezieller Kleene-Term, da schon 1 ein spezieller Kleene-Term ist. Weiterhin sind

$$\mathfrak{El}\,(1 \circ \langle 0 \rangle) = \mathfrak{El}\,(1) \cdot \mathfrak{El}\,(\langle 0 \rangle)$$

und

$$\mathfrak{El}\,(\langle 0 \rangle) = (\mathfrak{El}\,(0))^* .$$

Mit $\mathfrak{El}\,(x) = \{x\}$ für $x = 0, 1$, können wir unschwer $\mathfrak{El}\,([1 \circ \langle 0 \rangle])$ zusammensetzen: $\mathfrak{El}\,([1 \circ \langle 0 \rangle]) = (1 \cdot 0^*)^{\omega}$.

b) Wir konstruieren ein Gleichungssystem für $(1 \cdot 0^*)^{\omega}$. Dazu suchen wir zunächst ein Gleichungssystem für $1 \cdot 0^*$ gemäß dem Verfahren von Seite 70, d. h., wir stellen für die Mengen $\{0\}$ und $\{1\}$ Gleichungssysteme auf, und aus diesen konstruieren wir dann die Gleichungssysteme für 0^* und schließlich für $1 \cdot 0^*$. Es ist

$$\begin{aligned} W_1 &= 0 \cdot W_2 \cup 1 \cdot W_3 \cup \emptyset \\ W_2 &= 0 \cdot W_3 \cup 1 \cdot W_3 \cup \{e\} \\ W_3 &= 0 \cdot W_3 \cup 1 \cdot W_3 \cup \emptyset \end{aligned} \tag{I}$$

ein Gleichungssystem für $W_1 = \{0\}$. Analog ist

$$\begin{aligned} W_1' &= 0 \cdot W_3' \cup 1 \cdot W_2' \cup \emptyset \\ W_2' &= 0 \cdot W_3' \cup 1 \cdot W_3' \cup \{e\} \\ W_3' &= 0 \cdot W_3' \cup 1 \cdot W_3' \cup \emptyset \end{aligned} \tag{II}$$

ein Gleichungssystem für $W_1' = \{1\}$. Für W_1^* erhalten wir nun folgendes Gleichungssystem:

$$\begin{aligned} W_1^* &= 0 \cdot W_2 \cdot W_1^* \cup 1 \cdot W_3 \cdot W_1^* \cup \{e\} \\ W_2 \cdot W_1^* &= 0 \cdot (W_3 \cdot W_1^* \cup W_2 \cdot W_1^*) \cup 1 \cdot (W_3 \cdot W_1^* \cup W_3 \cdot W_1^*) \cup \{e\} = \\ &= 0 \cdot (W_3 \cdot W_1^* \cup W_2 \cdot W_1^*) \cup 1 \cdot W_3 \cdot W_1^* \cup \{e\} \\ W_3 \cdot W_1^* &= 0 \cdot W_3 \cdot W_1^* \cup 1 \cdot W_3 \cdot W_1^* \cup \emptyset \\ W_3 \cdot W_1^* \cup W_2 \cdot W_1^* &= 0 \cdot (W_3 \cdot W_1^* \cup W_3 \cdot W_1^* \cup W_2 \cdot W_1^*) \cup 1 \cdot (W_3 \cdot W_1^* \cup W_3 \cdot W_1^*) \cup \{e\} = \\ &= 0 \cdot (W_3 \cdot W_1^* \cup W_2 \cdot W_1^*) \cup 1 \cdot W_3 \cdot W_1^* \cup \{e\} . \end{aligned}$$

Neue Zustände treten nicht auf, also ist das Verfahren beendet. Wie wir aber sehen, stimmen die rechten Seiten der Gleichungen für die Mengen $W_2 \cdot W_1^*$ und $W_3 \cdot W_1^* \cup W_2 \cdot W_1^*$ überein. Diese Mengen sind mithin gleich. Dann fallen aber auch die Mengen W_1^* und $W_2 \cdot W_1^*$ zusammen. Damit erhalten wir für 0^* folgendes Gleichungssystem

$$\begin{aligned} V_1 &= 0 \cdot V_1 \cup 1 \cdot V_2 \cup \{e\} \\ V_2 &= 0 \cdot V_2 \cup 1 \cdot V_2 \cup \emptyset . \end{aligned} \tag{III}$$

Nun betrachten wir $1 \cdot 0^*$:

In den Gleichungssystemen (II) und (III) suchen wir gleiche Zustände, d. h. Zustände, die dasselbe Teilgleichungssystem erfüllen, auf. In dem gegebenen Falle sind das die Zustände W_3' und V_2 (beide stehen nämlich für die leere Menge.). Wir setzen also V_2 für W_3' und erhalten:

$$\begin{aligned} W_1' \cdot V_1 &= 0 \cdot V_2 \cdot V_1 \cup 1 \cdot W_2' \cdot V_1 \cup \emptyset \\ V_2 \cdot V_1 &= 0 \cdot V_2 \cdot V_1 \cup 1 \cdot V_2 \cdot V_1 \cup \emptyset \\ W_2' \cdot V_1 &= 0 \cdot (V_2 \cdot V_1 \cup V_1) \cup 1 \cdot (V_2 \cdot V_1 \cup V_2) \cup \{e\} \\ V_2 \cdot V_1 \cup V_1 &= 0 \cdot (V_2 \cdot V_1 \cup V_1) \cup 1 \cdot (V_2 \cdot V_1 \cup V_2) \cup \{e\} \\ V_2 \cdot V_1 \cup V_2 &= 0 \cdot (V_2 \cdot V_1 \cup V_2) \cup 1 \cdot (V_2 \cdot V_1 \cup V_2) \cup \emptyset . \end{aligned}$$

Es gelten wiederum $V_2 \cdot V_1 = V_2 \cdot V_1 \cup V_2$ und $W_2' \cdot V_1 = V_2 \cdot V_1 \cup V_1$, und unser Gleichungssystem vereinfacht sich zu

$$\begin{aligned} V_1' &= 0 \cdot V_2' \cup 1 \cdot V_3' \cup \emptyset \\ V_2' &= 0 \cdot V_2' \cup 1 \cdot V_2' \cup \emptyset \\ V_3' &= 0 \cdot V_3' \cup 1 \cdot V_2' \cup \{e\}. \end{aligned} \tag{IV}$$

c) Wir bestimmen ein Gleichungssystem für $(V_1')^\omega$. Aus dem Gleichungssystem für V_1' sind alle V_i' zu streichen, für welche $V_i' = \emptyset$ gilt.

Da $e \in V_3'$ und $1 \cdot V_3' \subseteq V_1'$ gelten, ist nur $V_2' = \emptyset$, wie man auch unmittelbar mit Hilfe von Lemma 5.53. durch Lösung der Gleichung für V_2' findet. Wir erhalten durch Streichen von V_2'

$$\begin{aligned} V_1' &= 1 \cdot V_3' \cup \emptyset \\ V_3' &= 0 \cdot V_3' \cup \{e\}. \end{aligned}$$

Für V_1' gilt dann $e \notin V_1'$, wie leicht zu sehen ist. Damit ist nach dem Verfahren von Seite 76

$$\begin{aligned} (V_1')^\omega &= 1 \cdot V_3' \cdot (V_1')^\omega \\ V_3' \cdot (V_1')^\omega &= 0 \cdot V_3' \cdot (V_1')^\omega \cup 1 \cdot V_3' \cdot (V_1')^\omega. \end{aligned}$$

Für $(1 \cdot 0^*)^\omega$ haben wir also das Gleichungssystem

$$\begin{aligned} F_1 &= 1 \cdot F_2 \\ F_2 &= 0 \cdot F_2 \cup 1 \cdot F_2 \end{aligned} \tag{V}$$

erhalten. Nach Satz 5.69. wird dieses Gleichungssystem auch von $\mathsf{IsA}\,((1 \cdot 0^*)^\omega)$ erfüllt.

d) Wir bestimmen $\mathsf{A}((1 \cdot 0^*)^\omega)$ aus dem Gleichungssystem (V) und erhalten

$$\begin{aligned} \mathsf{A}(F_1) &= 0 \cdot \emptyset \cup 1 \cdot \mathsf{A}(F_2) \cup \{e\} \\ \mathsf{A}(F_2) &= 0 \cdot \mathsf{A}(F_2) \cup 1 \cdot \mathsf{A}(F_2) \cup \{e\} \\ \emptyset &= 0 \cdot \emptyset \cup 1 \cdot \emptyset \cup \emptyset. \end{aligned} \tag{VI}$$

e) Mit dem Verfahren von Seite 71 bestimmen wir nun einen Term für $\mathsf{A}(F_1)$.
Dazu schreiben wir das Gleichungssystem als Termgleichungssystem auf:

$$\begin{aligned} \mathcal{U}_1 &= \mathcal{O} \circ \mathcal{U}_1 \vee 1 \circ \mathcal{U}_2 \vee 0 \circ \mathcal{U}_3 \vee \langle \mathcal{O} \rangle \\ \mathcal{U}_2 &= \mathcal{O} \circ \mathcal{U}_1 \vee (0 \vee 1) \circ \mathcal{U}_2 \vee \mathcal{O} \circ \mathcal{U}_3 \vee \langle \mathcal{O} \rangle \\ \mathcal{U}_3 &= \mathcal{O} \circ \mathcal{U}_1 \vee \mathcal{O} \circ \mathcal{U}_2 \vee (0 \vee 1) \circ \mathcal{U}_3 \vee \mathcal{O}. \end{aligned}$$

Dann ist

$$\mathcal{U}_3 = \langle 0 \vee 1 \rangle \circ \mathcal{O}.$$

Da $\langle 0 \vee 1 \rangle \circ \mathcal{O} = \mathcal{O}$ gilt, vereinfachen wir sofort

$$\mathcal{U}_3 = \mathcal{O}.$$

Wir haben dann

$$\begin{aligned} \mathcal{U}_1 &= 1 \circ \mathcal{U}_2 \\ \mathcal{U}_2 &= (0 \vee 1) \circ \mathcal{U}_2 \vee \langle \mathcal{O} \rangle. \end{aligned}$$

Also können wir weiter vereinfachen

$$\begin{aligned} \mathcal{U}_1 &= 1 \circ \mathcal{U}_2 \vee \langle \mathcal{O} \rangle \\ \mathcal{U}_2 &= (0 \vee 1) \circ \mathcal{U}_2 \vee \langle \mathcal{O} \rangle \end{aligned}$$

und erhalten für $\mathcal{U}_2$

$$\begin{aligned} \mathcal{U}_2 &= \langle 0 \vee 1 \rangle \circ \langle \mathcal{O} \rangle \\ &= \langle 0 \vee 1 \rangle. \end{aligned}$$

Damit ist dann

$$\mathcal{U}_1 = 1 \circ \langle 0 \vee 1 \rangle \vee \langle \mathcal{O} \rangle .$$

Als Lösung für $\mathcal{U}_1$ erhalten wir den Term

$$\mathcal{T}_1 \equiv 1 \circ \langle 0 \vee 1 \rangle \vee \langle \mathcal{O} \rangle .$$

Dann sind

$$\mathcal{T}_2 \equiv \langle 0 \vee 1 \rangle$$

und

$$\mathcal{T}_3 \equiv \mathcal{O}$$

Lösungen für $\mathcal{U}_2$ bzw. $\mathcal{U}_3$. Es ist also $\mathfrak{El}\,(\mathcal{T}_1) = \mathsf{A}\,(\mathfrak{El}([1 \circ \langle 0 \rangle]))$.

f) Wir können auch unmittelbar aus $[1 \circ \langle 0 \rangle]$ einen Term für $\mathsf{A}\,(\mathfrak{El}([1 \circ \langle 0 \rangle])$ erhalten, wenn wir das Verfahren von Seite 77 anwenden:
Es ist

$$\mathfrak{Anf}\,([1 \circ \langle 0 \rangle]) \equiv \langle 1 \circ \langle 0 \rangle \rangle \circ \mathfrak{Anf}\,(1 \circ \langle 0 \rangle) .$$

Weiterhin ist

$$\mathfrak{Anf}\,(1 \circ \langle 0 \rangle) \equiv \mathfrak{c}(\langle 0 \rangle) \circ \mathfrak{Anf}\,(1) \vee 1 \circ \mathfrak{Anf}\,(\langle 0 \rangle) ,$$

und es gelten dabei

$$\begin{aligned} \mathfrak{c}(\langle 0 \rangle) &\equiv \langle \mathcal{O} \rangle , \\ \mathfrak{Anf}\,(1) &\equiv (1 \vee \langle \mathcal{O} \rangle) , \\ \mathfrak{Anf}\,(\langle 0 \rangle) &\equiv \langle 0 \rangle \circ (\mathfrak{Anf}\,(0) \vee \langle \mathcal{O} \rangle) \\ &\equiv \langle 0 \rangle \circ (0 \vee \langle \mathcal{O} \rangle \vee \langle \mathcal{O} \rangle) . \end{aligned}$$

Wir erhalten also

$$\mathfrak{Anf}\,([1 \circ \langle 0 \rangle]) \equiv \langle 1 \circ \langle 0 \rangle \rangle \circ (\langle \mathcal{O} \rangle \circ (1 \vee \langle \mathcal{O} \rangle) \vee 1 \circ \langle 0 \rangle \circ (0 \vee \langle \mathcal{O} \rangle \vee \langle \mathcal{O} \rangle)) .$$

g) Wollen wir nun aus den Termen $\mathcal{T}_1$ oder $\mathfrak{Anf}\,([1 \circ \langle 0 \rangle])$ einen Term für $\mathsf{IsA}\,(F_1)$ gewinnen, so können wir dies mit dem Verfahren von Seite 78 erreichen. Wir berechnen nur $\mathfrak{Ls}\,(\mathcal{T}_1)$:

$$\begin{aligned} \mathfrak{Ls}\,(\mathcal{T}_1) &\equiv \mathfrak{Ls}\,((1 \circ \langle 0 \vee 1 \rangle \vee \langle \mathcal{O} \rangle) \\ &\equiv \mathfrak{Ls}\,(1 \circ \langle 0 \vee 1 \rangle) \vee \mathfrak{Ls}\,(\langle \mathcal{O} \rangle) . \end{aligned}$$

Weiterhin hat man

$$\begin{aligned} \mathfrak{Ls}\,(\langle \mathcal{O} \rangle) &\equiv [\mathfrak{spez}\,(\mathcal{O})] \vee (\langle \mathcal{O} \rangle \circ \mathfrak{Ls}\,(\mathcal{O})) \\ &\equiv [\mathcal{O}] \vee \langle \mathcal{O} \rangle \circ [\mathcal{O}] \end{aligned}$$

(siehe auch Beweis von Lemma 5.35. (2)) und

$$\begin{aligned} \mathfrak{Ls}\,(1 \circ \langle 0 \vee 1 \rangle) &\equiv \mathfrak{c}(\langle 0 \vee 1 \rangle) \circ \mathfrak{Ls}\,(1) \vee 1 \circ \mathfrak{Ls}\,(\langle 0 \vee 1 \rangle) \\ &\equiv \langle \mathcal{O} \rangle \circ [\mathcal{O}] \vee 1 \circ \mathfrak{Ls}\,(\langle 0 \vee 1 \rangle) . \end{aligned}$$

Schließlich sind

$$\mathfrak{Ls}\,(\langle 0 \vee 1 \rangle) \equiv [\mathfrak{spez}\,(0 \vee 1)] \vee \langle 0 \vee 1 \rangle \circ \mathfrak{Ls}\,(0 \vee 1)$$

und

$$\begin{aligned} \mathfrak{Ls}\,(0 \vee 1) &\equiv \mathfrak{Ls}\,(0) \vee \mathfrak{Ls}\,(1) \\ &\equiv [\mathcal{O}] \vee [\mathcal{O}] . \end{aligned}$$

Vereinfachen wir diese Terme zu gleichwertigen Termen unter Verwendung der Beziehungen $\mathcal{T} \circ [\mathcal{O}] = [\mathcal{O}]$ und $\mathcal{T} \vee [\mathcal{O}] = \mathcal{T}$, so erhalten wir den folgenden, zu $\mathfrak{Ls}\,(\mathcal{T}_1)$ äquivalenten Term:

$$\mathcal{T}_1' \equiv 1 \circ [\mathfrak{spez}\,(0 \vee 1)] \equiv 1 \circ [0 \vee 1] .$$

Es ist somit $\mathsf{Is}\,\mathsf{A}\,((1 \cdot 0^*)^\omega) = 1 \cdot \{0, 1\}^\omega$.

5.3. Perfekte Mengen

Im vorliegenden Abschnitt wollen wir auf weitere topologische Probleme, insbesondere auf Eigenschaften, die mit abgeschlossenen Folgenmengen im Zusammenhang stehen, eingehen. Wir wenden hierbei Resultate, die z. B. in [1, 30, 42] zu finden sind, vor allem auf Mengen *endlichen Gewichts* an. Dazu verallgemeinern wir die Aussagen von Lemma 5.47. für Folgenmengen endlichen Gewichts.

Lemma 5.69. *Es sei F eine Teilmenge von X^ω mit $G_F = k < \aleph_0$. Dann gelten die folgenden Aussagen:*

(1) $d(F) \geqq 1/k$, falls card $F < 1$;

(2) *ist F endlich, so gilt für alle ξ, ξ' aus F die Beziehung* $\varrho(\xi, \xi') \geqq 1/k$;

(3) *entweder ist* $\text{card } F \leqq (\text{card } X)^k$ *oder* $\text{card } F \geqq \aleph_0$;

(4) *es gilt genau dann* $\text{card } F = 1$, *wenn* $\text{card } \mathsf{A}(F) \cap X^k = 1$ *ist.*

Beweis. Die Aussagen (1) und (2) werden wie in Lemma 5.47. bewiesen, indem man dort an die Stelle der Zustände des Automaten die Zustände der Folgenmenge setzt.

Behauptung (3) folgt aus (2).

(4) Es sei $\mathsf{A}(F) \cap X^k = \{p\}$. Damit ist zunächst $F \neq \emptyset$. Dann gibt es in der Menge $\{r: e \sqsubseteq r \sqsubseteq p\}$ wegen $l(p) = k$ Wörter r_1, r_2 derart, daß $F \mid r_1 = F \mid r_2$ und $r_1 \sqsubset r_2$ gilt. Es ist dann weiterhin $F = r_1 \cdot (F \mid r_1) = r_2 \cdot (F \mid r_2)$. Daraus folgt aber $F \mid r_1 = (r_2 \mid r_1) \cdot (F \mid r_1)$, und wegen $F \neq \emptyset$ haben wir $F \mid r_1 = (r_2 \mid r_1)^\omega$ und $F = r_1(r_2 \mid r_1)^\omega$. Die andere Richtung ist unmittelbar klar. ∎

Eng mit dem Begriff der abgeschlossenen Menge ist in der Topologie der Begriff des *Häufungspunktes* verbunden. Wie bekannt, nennt man ein Element ξ, $\xi \in X^\omega$, *Häufungspunkt* einer Menge F, $F \subseteq X^\omega$, wenn $\xi \in \mathfrak{C}_\varrho(F \setminus \{\xi\})$ gilt. Mit ∂F bezeichnen wir die *Menge aller Häufungspunkte* der Menge F. Dann gilt (vergleiche z. B. [30, 42]):

Folgerung 5.70.

(1) *Aus* $F_1 \subseteq F_2$ *folgt* $\partial F_1 \subseteq \partial F_2$;

(2) $\partial(F_1 \cup F_2) = \partial F_1 \cup \partial F_2$;

(3) $\partial\partial F \subseteq \partial F$;

(4) $\mathfrak{C}_\varrho(F) = F \cup \partial F$;

(5) *F ist genau dann abgeschlossen, wenn $\partial F \subseteq F$ gilt.*

Weiterhin heißt eine Teilmenge F von X^ω *perfekt*, wenn $F = \partial F$ gilt, d. h. wenn F abgeschlossen und jeder Punkt von F Häufungspunkt von F ist. Ist $\xi \in F$ kein Häufungspunkt von F, so heißt ξ *isolierter Punkt* von F. Es gilt nun

Lemma 5.71. *Es sei F Teilmenge von X^ω. Die Menge $\mathfrak{C}_\varrho(F)$ ist genau dann perfekt, wenn aus $p \in \mathsf{A}(F)$ stets die Existenz von p_0, p_1 mit $p \cdot p_0$, $p \cdot p_1 \in \mathsf{A}(F)$, $p_0 \neq p_1$ und $p_0 \parallel p_1$ folgt.*

Beweis. Ist $\mathfrak{C}_\varrho(F)$ perfekt, d. h. $\partial\mathfrak{C}_\varrho(F) = \mathfrak{C}_\varrho(F)$, so gilt mit Folgerung 5.70. (2), (3), (4)

$$\partial\mathfrak{C}_\varrho(F) = \partial(F \cup \partial F) = \partial F = \mathfrak{C}_\varrho(F) \supseteq F ,$$

d. h., jeder Häufungspunkt von $\mathfrak{C}_\varrho(F)$ ist schon Häufungspunkt von F. Es sei nun $p \in \mathsf{A}(F)$. Dann gibt es ein ξ, $\xi \in F$, derart, daß $p \sqsubset \xi$. Da ξ Häufungspunkt von F ist, gibt es in $p \cdot X^\omega$ wenigstens ein weiteres ξ' aus F. Also lassen sich Anfangswörter pp_0 und pp_1 von ξ bzw. ξ' finden, die unvergleichbar bezüglich „$\sqsubset$" sind.

Wir beweisen nun die umgekehrte Richtung. Dazu seien ξ aus F und $p \cdot X^\omega$ eine Kugelumgebung von ξ, d. h. $p \sqsubset \xi$. Dann gibt es aber in F Elemente ξ_0, ξ_1 derart, daß $p \cdot p_0 \sqsubset \xi_0$ und $p \cdot p_1 \sqsubset \xi_1$ gilt. Damit enthält jede Kugelumgebung von ξ wenigstens ein weiteres Element aus F, d. h., ξ ist Häufungspunkt von F. Also ist $F \subseteq \partial F$ und $\mathfrak{C}_\varrho(F)$ somit perfekt. ∎

Aus diesem Lemma läßt sich weiterhin die folgende Tatsache schließen:

Lemma 5.72. *Ist F perfekte, nichtleere Teilmenge von X^ω, so gilt* $\mathsf{card}\, F = 2^{\aleph_0}$.

Beweis. Es sei $p \in \mathsf{A}(F)$. Dann gibt es zufolge Lemma 5.71. Wörter p_0, p_1 derart, daß $pp_0, pp_1 \in \mathsf{A}(F)$, $p_0 \parallel p_1$ und $p_0 \neq p_1$. Betrachten wir nun pp_0 und pp_1, so erhalten wir auf die gleiche Weise Wörter p_{00}, p_{01} und p_{10}, p_{11} mit $p_{00} \parallel p_{01}$, $p_{10} \parallel p_{11}$, $p_{00} \neq p_{01}$ und $p_{10} \neq p_{11}$. Führen wir diese Konstruktion weiter fort, so erhalten wir zu jeder endlichen Folge von Nullen und Einsen eine Folge von Wörtern $(p \cdot p_q)_{q \in \{0,1\}^*}$ derart, daß für $r, q \in (0, 1)^*$ die Beziehungen $p \cdot p_q \cdot p_r = p \cdot p_{qr}$ sowie $p \cdot p_r \parallel p \cdot p_q$ und $pp_r \neq pp_q$, falls $r \parallel q$ und $r \neq q$ ist, gelten. Damit können wir nun jeder Folge η, $\eta \in \{0, 1\}^\omega$, eineindeutig die Folge ξ mit $\{\xi\} = \mathsf{ls}\, \{p \cdot p_q : q \sqsubset \eta\}$ zuordnen.

Die Eineindeutigkeit wird dabei durch die Beziehung $pp_r \parallel pp_q$, $pp_r \neq pp_q$, falls $r \parallel q$, $r \neq q$, garantiert. Die Behauptung unseres Lemmas folgt nun unmittelbar aus $\mathsf{card}\, \{0, 1\}^\omega = 2^{\aleph_0}$. ∎

Hiermit haben wir überdies gezeigt, daß für jede Kugelumgebung $p \cdot X^\omega$ eines Elements ξ, $\xi \in F$, die Gleichung $\mathsf{card}\, F \cap p \cdot X^\omega = 2^{\aleph_0}$ gilt, falls F perfekt ist.

Für weitere Betrachtungen ist es nun nützlich, den Begriff des *Kondensationspunktes* einzuführen. Wir üblich sagen wir, ξ heißt genau dann *Kondensationspunkt* von F, wenn für alle Kugelumgebungen $p \cdot X^\omega$ von ξ die Ungleichung $\mathsf{card}\, F \cap p \cdot X^\omega > \aleph_0$ gilt. Weiterhin bezeichnen wir mit $F^\odot$ die Menge aller Kondensationspunkte von F.

Lemma 5.73. (Lindelöf) *Ist kein Punkt einer Menge F, $F \subseteq X^\omega$, Kondensationspunkt von F, so ist F höchstens abzählbar.*

Beweis. Zu jedem ξ, $\xi \in F$, existiert nach Voraussetzung eine Kugelumgebung $\mathfrak{K}_\varepsilon(\xi)$ derart, daß $\mathsf{card}\, \mathfrak{K}_\varepsilon(\xi) \cap F \leq \aleph_0$ ist. Dann ist aber $F = \bigcup_{\xi \in F} (\mathfrak{K}_\varepsilon(\xi) \cap F)$ wegen der Kompaktheit von X^ω höchstens abzählbar. ∎

Folgerung 5.74.

(1) *Aus* $F_1 \subseteq F_2$ *folgt* $F_1^{\odot} \subseteq F_2^{\odot}$;
(2) $(F_1 \cup F_2)^{\odot} = F_1^{\odot} \cup F_2^{\odot}$;
(3) $F^{\odot} \subseteq \partial F \subseteq \mathfrak{C}_{\varrho}(F)$.

Folgerung 5.75.

(1) $\mathrm{card}\, F \setminus F^{\odot} \leqq \aleph_0$;
(2) $F^{\odot} = F^{\odot\odot} = \partial(F^{\odot}) = \mathfrak{C}_{\varrho}(F^{\odot}) = (F \cap F^{\odot})^{\odot}$.

Beweis.

(1) Kein Punkt von $F \setminus F^{\odot}$ ist Kondensationspunkt von F und somit erst recht nicht von $F \setminus F^{\odot}$. Mit Lemma 5.73. folgt dann die Behauptung.

(2) Es ist $F = (F \setminus F^{\odot}) \cup (F \cap F^{\odot})$. Mit Folgerung 5.74. erhalten wir daraus $F^{\odot} = (F \setminus F^{\odot})^{\odot} \cup (F \cap F^{\odot})^{\odot}$, woraus wegen $\mathrm{card}\, F \setminus F^{\odot} \leqq \aleph_0$ sofort $(F \setminus F^{\odot})^{\odot} = \emptyset$ folgt. Damit ist $F^{\odot} = (F \cap F^{\odot})^{\odot}$. Nun gilt $F^{\odot} = (F \cap F^{\odot})^{\odot} \subseteq$ $\subseteq F^{\odot\odot}$. Wir zeigen noch $F^{\odot} \supseteq \partial(F^{\odot})$ und haben mit Folgerung 5.74. (3) und Folgerung 5.70. (4) die Behauptung. Es sei dazu ξ ein Häufungspunkt von $F^{\odot}$. Dann gibt es in jeder Kugelumgebung $p \cdot X^{\omega}$ von ξ einen Punkt aus $F^{\odot}$. Das heißt aber $\mathrm{card}\, p \cdot X^{\omega} \cap F > \aleph_0$. Demzufolge gibt es in jeder Kugelumgebung $p \cdot X^{\omega}$ von ξ überabzählbar viele Punkte von F, und ξ ist mithin Kondensationspunkt von F. ▮

Damit haben wir

Satz 5.76. (Cantor, Bendixsohn) *Jede abgeschlossene Menge* $F, F \subseteq X^{\omega}$, *läßt sich in der Form* $F = F_1 \cup F_2$ *darstellen, wobei* F_1 *eine perfekte und* F_2 *eine höchstens abzählbare Menge sind.*

Beweis. Nach Folgerung 5.74. (3) ist $F^{\odot} \subseteq F$. Somit ist $F = (F \setminus F^{\odot}) \cup$ $\cup F^{\odot}$. Nach Folgerung 5.75. ist $F^{\odot}$ perfekt und $F \setminus F^{\odot}$ höchstens abzählbar. ▮

Korollar 5.77.

(1) *Für jede überabzählbare abgeschlossene Teilmenge* F *von* X^{ω} *gilt* $\mathrm{card}\, F =$ $= 2^{\aleph_0}$.

(2) *Die Darstellung in Satz 5.76. ist eindeutig.*

Beweis. Die Behauptung

(1) folgt aus Lemma 5.72.

(2) Wäre die Darstellung nicht eindeutig, so gäbe es einen Punkt ξ, $\xi \in F$, der gleichzeitig Kondensationspunkt und nicht Kondensationspunkt von F wäre. ▮

Es gibt also zu jeder abgeschlossenen Menge eine *größte* in ihr enthaltene perfekte Menge.

Wir betrachten nun speziell *reguläre abgeschlossene* Mengen. Hier läßt sich Lemma 5.71. verschärfen.

Lemma 5.78. *Eine abgeschlossene Teilmenge F von X^ω mit $G_F < \aleph_0$ ist genau dann perfekt, wenn es zu $p \in \mathsf{A}(F)$ stets Wörter p_0, p_1 mit $l(p_0), l(p_1) \leqq G_F$, pp_0, $pp_1 \in \mathsf{A}(F)$, $p_0 \parallel p_1$ und $p_0 \neq p_1$ gibt.*

Beweis. Es genügt zu zeigen, daß aus der Perfektheit die Existenz von Wörtern $p_0, p_1 \in \mathsf{A}(F \mid p)$ mit $l(p_0), l(p_1) \leqq G_F$ folgt. Zufolge Lemma 5.69. (4) gilt aber $\mathrm{card}\, \mathsf{A}(F \mid p) \cap X^{G_F} > 1$ für alle $p \in \mathsf{A}(F)$. ∎

Im weiteren werden wir zu einer vorgegebenen abgeschlossenen regulären Folgenmenge die größte in ihr enthaltene perfekte Menge konstruieren. Dazu untersuchen wir zunächst die Menge der isolierten Punkte einer Folgenmenge endlichen Gewichts.

Wir nennen „$\sim$" genau dann *rechtsstabile* Äquivalenzrelation von *endlichem Index* über X^*, wenn die folgenden Bedingungen erfüllt sind:

(1) „$\sim$" ist Äquivalenzrelation über X^* und $\mathrm{card}\, X^*/_\sim < \aleph_0$;
(2) aus $p \sim q$ folgt $p \cdot r \sim q \cdot r$ für jedes $p, q, r \in X^*$.

Für rechtsstabile Äquivalenzrelationen endlichen Index' gilt nun:

Satz 5.79. (Nerode) *Ist „$\sim$" eine rechtsstabile Äquivalenzrelation von endlichem Index über X^*, so sind sämtliche Äquivalenzklassen von $X^*/_\sim$ reguläre Wortmengen. Ist überdies W eine Vereinigung von Äquivalenzklassen nach „$\sim$", so gilt $G_W \leqq \mathrm{card}\, X^*/_\sim$.*

Beweis. Genauere Ausführungen zu diesem Sachverhalt entnehme man der einschlägigen Literatur über Automatentheorie. Wir geben hier nur die Konstruktion eines Automaten $\mathfrak{A}_\sim$ an, der die Menge W entscheidet. Es seien dazu $W_p =_{Df} \{q : q \in X^* \wedge q \sim p\}$. Wir setzen $\mathfrak{A}_\sim = [X, Z, f, z_0]$ mit $Z =_{Df} \{W_p : p \in X^*\}$, $z_0 =_{Df} W_e$ und $f(W_p, x) =_{Df} W_{px}$. Als Finalmenge wählen wir $Z' =_{Df} \{W_p : W_p \subseteq W\}$. Der Leser überzeugt sich leicht davon, daß der angegebene Automat korrekt definiert ist und daß $\mathbf{T}(\mathfrak{A}, Z') = W$ gilt. ∎

Damit beweist man:

Satz 5.80. *Es sei F eine Teilmenge von X^ω mit endlichem Gewicht. Dann ist die Menge $F \setminus \partial F$ aller isolierten Punkte von F regulär.*

Beweis. Es seien $F_1, \ldots, F_m$ sämtliche Zustände von F. Wir setzen

$$W_i =_{Df} \{p : p \in X^* \wedge F \mid p = F_i\} .$$

Dann gilt $F \setminus \partial F = \bigcup_{\mathrm{card}\, F_i = 1} W_i \cdot F_i$. Ist nämlich ξ ein isolierter Punkt von F, so gibt es eine Umgebung $p \cdot X^\omega$ von ξ derart, daß $\{\xi\} = F \cap p \cdot X^\omega$ gilt. Dann ist aber $\mathrm{card}\, F \mid p = 1$ und $\xi \in p \cdot (F \mid p) \subseteq \bigcup_{\mathrm{card}\, F_i = 1} W_i \cdot F_i$. Haben wir andererseits $\xi \in \bigcup_{\mathrm{card}\, F_i = 1} W_i \cdot F_i$, so gibt es ein i mit $p \in W_i$ und $\xi' \in F_i$ derart, daß $p \cdot \xi' = \xi$. Es ist somit auch $F_i = F \mid p$. Da aber $\mathrm{card}\, F_i = 1$ gilt, haben wir wegen $p \cdot X^\omega \cap F = p \cdot (F \mid p)$ sofort $p \cdot X^\omega \cap F = \{\xi\}$, und ξ ist somit isolierter Punkt von F.

Wir zeigen noch, daß $F \setminus \partial F$ regulär ist. Es besteht jedes F_i aus einer periodischen Folge, sonst könnte F_i als Zustand nicht ebenfalls von F endliches Gewicht besitzen. Außerdem sind die $W_\mathfrak{i}$ als Äquivalenzklassen der rechtsstabilen Äquivalenzrelation „$\sim$" mit $p \sim q =_{Df} F \mid p = F \mid q$, die wegen $G_F < \aleph_0$ auch endlichen Index hat, regulär. Damit ist $F \setminus \partial F$ regulär. ▮

Korollar 5.81.

(1) *Es gilt* $G_{\partial F} \leqq G_F$.

(2) *Ist* $G_F = k$, *so ist* $\partial^{k-1}F = \partial^k F = (\mathfrak{C}_\varrho(F))^\odot$ [1].

Beweis.

(1) Für $G_F = \aleph_0$ ist nichts zu zeigen. Es seien $G_F = k < \aleph_0$ und

$$F_i = \bigcup_{x \in X_i} x \cdot F_{\mathfrak{j}(x,i)} \qquad (1 \leqq i \leqq k)$$

ein Gleichungssystem für F. Bestimmen wir nun ∂F, so erhalten wir offensichtlich

$$\partial F_i = \bigcup_{x \in X_i} x \cdot \partial F_{\mathfrak{j}(x,i)} \qquad (1 \leqq i \leqq k)$$

als Gleichungssystem für ∂F. Dieses Gleichungssystem enthält noch leere Zustände, falls F isolierte Punkte besitzt. Streichen wir diese, so entsteht ein Gleichungssystem

$$\partial F_i = \bigcup_{x \in X'_i} x \cdot \partial F_{\mathfrak{j}(x,i')} \qquad i \in \{j = 4\partial F_j = \emptyset\},$$

in dem $X'_i =_{Df} \{x \colon \partial F_{\mathfrak{j}(x,i)} \neq \emptyset\}$ ist. Enthält F isolierte Punkte, so ist sicher die leere Menge ein Zustand von F, so daß in diesem Fall $G'_{\partial F} < G_F$ gelten wird. Ist umgekehrt $G'_{\partial F} = G_F$, so ist $\mathfrak{C}_\varrho(F)$ perfekt, da F keine isolierten Punkte enthält. Damit können wir nun (2) einfach beweisen.

(2) Es sei $G_F = k$. Da $G_F \geqq G_{\partial F} \geqq \cdots \geqq G_{\partial^k F}$ und $G_{\partial^k F} \geqq 1$ gelten, muß es in der Folge der Gewichte ein $l < k$ geben, für welches $G_{\partial^l F} = G_{\partial^{l+1} F}$ ist. Zufolge der abschließenden Bemerkung im Beweis von (1) gilt dann auch $\partial^l F = \cdots = \partial^k F$. Damit ist $\partial^k F$ die größte in $\mathfrak{C}_\varrho(F)$ enthaltene perfekte Menge und somit gleich $(\mathfrak{C}_\varrho(F))^\odot$. ▮

Der Beweis von Korollar 5.81. gibt uns nun gleichzeitig eine Methode, zu gegebenem F mit endlichem Gewicht die Mengen ∂F und sukzessive $\partial^k F$, d. h. $(\mathfrak{C}_\varrho(F))^\odot$, zu konstruieren. Mit Hilfe von Lemma 5.69. (4) bestimme man dazu zunächst die Zustände F_i, für die $\mathrm{card}\, F_i = 1$ gilt (Wegen $G_F = k$ ist natürlich dann $G_{F_i} \leqq k$), streiche sie aus dem Gleichungssystem und setze die Streichungen solange fort, bis wieder ein Gleichungssystem der Form

$$F_i = \bigcup_{x \in X_i} x \cdot F_{\mathfrak{j}(x,i)} \qquad (1 \leqq i \leqq k')$$

entsteht. Wir geben hierzu ein Beispiel an.

[1] Wir setzen $\partial^k F =_{Df} \partial(\partial^{k-1}F)$; $\partial^1 F =_{Df} \partial F$.

Beispiel 5.82. Es sei $X = \{0, 1\}$, und F erfülle das Gleichungssystem

$$F_1 = 0 \cdot F_1 \cup 1 \cdot F_2,$$
$$F_2 = 0 \cdot F_3 \cup 1 \cdot F_3,$$
$$F_3 = 0 \cdot F_3.$$

Dann gilt offensichtlich $\mathsf{card}\, F_3 = 1$, da $\mathsf{A}(F_3) \cap X^3 = \{0^3\}$ ist. Streichen wir nun F_3 aus diesem Gleichungssystem, so erhalten wir

$$F_1 = 0 \cdot F_1 \cup 1 \cdot F_2$$

und keine Gleichung F_2

Damit ist auch F_2 zu streichen, und wir haben

$$F_1 = 0 \cdot F_1$$

als endgültiges Gleichungssystem für ∂F. Wie leicht zu sehen ist, gilt ferner $\partial\partial F = \emptyset$, d. h. $(\mathfrak{C}_\varrho(F))^\odot = \emptyset$.

5.4. Lineare Folgenräume

5.4.1. Der Raum $[Y^\omega, +, Y, ||\cdot||]$

Analog zu Abschnitt 2.1.1. werden wir jetzt als endliches Alphabet einen *endlichen Körper*, im weiteren mit Y bezeichnet, verwenden. Damit ist Y^ω nicht nur metrischer Raum wie in 5.1.1., sondern auch *linearer Raum* $[Y^\omega, +, Y]$ mit den Operationen „$+$" und „$\alpha \bullet$" ($\alpha \in Y$), wie sie in 2.1.1. definiert worden sind.

Weiterhin gelten dann für die Metrik ϱ (siehe Definition 5.1.) die folgenden Gleichungen:

Folgerung 5.83.

(1) $\varrho(\eta_1 + \eta, \eta_2 + \eta) = \varrho(\eta_1, \eta_2)$,
(2) $\varrho(\alpha \bullet \eta_1, \alpha \bullet \eta_2) = |\alpha| \cdot \varrho(\eta_1, \eta_2)$.

(Hier sei $|\alpha|$ für das Nullelement von Y die reelle Zahl 0 und für jedes andere Element von Y die reelle Zahl 1. Wir werden auch im weiteren das Nullelement von Y und die relle Zahl 0 sowie das Einselement von Y und die reelle Zahl 1 mit denselben Symbolen bezeichnen, da aus dem Kontext jeweils hervorgeht, was gemeint ist.)

Wir führen nun in $[Y^\omega, +, Y]$ eine *Norm* „$||\ ||$" wie folgt ein:

$$||\eta|| =_{Df} \varrho(\eta, \bar{0}).$$

Folgerung 5.84.

(1) $\varrho(\eta_1, \eta_2) = ||\eta_1 - \eta_2||$,
(2) $||\eta_1 + \eta_2|| \leqq \max\{||\eta_1||, ||\eta_2||\}$,
(3) $||\alpha \bullet \eta|| = |\alpha| \cdot ||\eta||$.

Damit ist gezeigt (man vergleiche mit den Eigenschaften (2), (3)), daß „$||\ ||$" wirklich eine Norm in $[Y^\omega, +, Y]$ ist, die überdies wegen (1) die Metrik ϱ, wie sie in 5.1.1. eingeführt wurde, auf Y^ω induziert. Wir können somit Y^ω als *voll-*

ständigen normierten Raum $[Y^\omega, +, Y, \|\cdot\|]$ auffassen und haben damit die Betrachtung von Y^ω als linearen Raum sowie als metrischen Raum vereinigt. Daher nennen wir eine Teilmenge L von Y^ω einen *Unterraum* von Y^ω, kurz $L \subseteq| Y^\omega$, wenn L lineare und abgeschlossene Teilmenge von Y^ω ist. Mit $\mathcal{L}(F)$ bezeichnen wir für $F \subseteq Y^\omega$ den kleinsten F enthaltenden Unterraum von Y^ω.

Wir untersuchen nun Eigenschaften von Unterräumen.

Lemma 5.85. *Es sei L Unterraum von Y^ω. Dann ist entweder L endlich, oder L ist perfekt.*

Beweis. Ist L unendlich, so enthält L wegen der Kompaktheit von Y^ω wenigstens einen Häufungspunkt. Da L darüber hinaus linear ist, muß dann jeder Punkt von L Häufungspunkt von L sein. Damit ist L perfekte Menge. ∎

Mit Lemma 5.72. folgt nun unmittelbar

Korollar 5.85. (a) *Ist L unendlicher Unterraum von Y^ω, so gilt* $\mathrm{card}\, L = 2^{\aleph_0}$.

Wir setzen die Operationen „+“ und „α •“ auf Folgenmengen wie folgt fort:

$$F_1 + F_2 =_{Df} \{\eta_1 + \eta_2 : \eta_1 \in F_1 \wedge \eta_2 \in F_2\};$$

$$\alpha \bullet F =_{Df} \{\alpha \bullet \eta : \eta \in F\}.$$

Weiterhin definieren wir für Wörter *gleicher Länge* die Addition sowie die Multiplikation von Wörtern mit Elementen aus Y wie in 2.1.1.

Für Wortmengen setzen wir dann:

$$W_1 + W_2 =_{Df} \{p_1 + p_2 : p_1 \in W_1 \wedge p_2 \in W_2 \wedge l(p_1) = l(p_2)\};$$

$$\alpha \bullet W =_{Df} \{\alpha \bullet p : p \in W\}.$$

Dann gelten die leicht einzusehenden Beziehungen:

Folgerung 5.86.

(1) $\mathsf{A}(F_1 + F_2) = \mathsf{A}(F_1) + \mathsf{A}(F_2)$;
(2) $\mathsf{A}(\alpha \bullet F) = \alpha \bullet \mathsf{A}(F)$;
(3) $(F_1 + F_2) \mid p = \bigcup_{p_1 + p_2 = p} (F_1 \mid p_1 + F_2 \mid p_2)$;
(4) $\alpha \bullet F \mid \alpha \bullet p = \alpha \bullet (F \mid p)$.

Für lineare Teilmengen L von Y^ω haben wir weiterhin

Folgerung 5.87.

(1) *Sind $p, q \in \mathsf{A}(L)$ und $l(p) = l(q)$, so ist $L \mid (p + q) = L \mid p + L \mid q$;*
(2) *ist $p \in \mathsf{A}(L)$, so gibt es entweder genau ein y aus Y, für das $py \in \mathsf{A}(L)$ gilt, oder für alle $y \in Y$ ist $py \in \mathsf{A}(L)$;*
(3) *sind $p, q \in \mathsf{A}(L)$, $l(p) = l(q)$ und ist für alle y aus Y auch $py \in \mathsf{A}(L)$, so gilt für alle y aus Y ebenfalls qy $\mathsf{A}(L)$.*

Beweis. Die Behauptung

(1) folgt wegen der Linearität von L aus Folgerung 5.86. (3).

(2) Gibt es für ein $p \in \mathsf{A}(L)$ mindestens zwei Buchstaben $y_1, y_2 \in Y$ derart, daß $py_1, py_2 \in \mathsf{A}(L)$, so ist auch $py_1 - py_2 = 0^{l(p)}(y_1 - y_2) \in \mathsf{A}(L)$. Damit ist wegen $y_1 - y_2 \neq 0$ für alle $y \in Y$ das Wort $0^{l(p)}\, y$ in $\mathsf{A}(L)$. Also ist für alle $y \in Y$ auch $py_1 + 0^{l(p)}y$ in $\mathsf{A}(L)$.

(3) Wie in (2) folgt, daß für alle $y \in Y$ das Wort $0^{l(p)}y$ in $\mathsf{A}(L)$ liegt. Dann sind aber für beliebiges $y \in Y$ auch alle qy in $\mathsf{A}(L)$. ▮

Wir haben uns davon überzeugen können, daß für lineare Teilmengen L von Y^ω die Anfangswortmengen $\mathsf{A}(L)$ im folgenden Sinne regelmäßig aufgebaut sind: Hat ein Wort $p \in \mathsf{A}(L)$ zwei Nachfolger py_1, py_2 in $\mathsf{A}(L)$, so besitzt es für jedes $y \in Y$ den Nachfolger py, und diese Eigenschaft trifft für alle Wörter gleicher Länge aus $\mathsf{A}(L)$ gleichermaßen zu. Hat umgekehrt ein Wort $p \in \mathsf{A}(L)$ genau einen Nachfolger py_1 (einen solchen muß es mindestens besitzen), so haben auch alle Wörter dieser Länge, die zu $\mathsf{A}(L)$ gehören, genau einen Nachfolger.

Für die topologischen Operatoren ∂ und $\mathfrak{C}_\varrho$ gilt im Zusammenhang mit der Operation „+" die

Folgerung 5.88.

(1) $\partial(F_1 + F_2) = (F_1 + \partial F_2) \cup (F_2 + \partial F_1) \cup (\partial F_1 + \partial F_2)$;

(2) $\mathfrak{C}_\varrho(F_1 + F_2) = \mathfrak{C}_\varrho(F_1) + \mathfrak{C}_\varrho(F_2)$;

(3) *ist F_1 offen, so ist $F_1 + F_2$ offen;*

(4) *ist F_1 abgeschlossen und ist F_2 perfekt, so ist $F_1 + F_2$ perfekt.*

Beweis.

(1) Die Folge ξ ist genau dann Häufungspunkt von $F_1 + F_2$, wenn es Folgen $(\xi_i)_{i\in\mathsf{N}}$ in F_1 und $(\eta_i)_{i\in\mathsf{N}}$ in F_2 derart gibt, daß $\xi_i + \eta_i$ gegen ξ konvergiert. Wegen $\lim\limits_{i\to\infty} (\xi_i + \eta_i) = \lim\limits_{i\to\infty} \xi_i + \lim\limits_{i\to\infty} \eta_i$ genügt es jetzt, die einzelnen Grenzwerte zu betrachten. Gibt es in $(\xi_i)_{i\in\mathsf{N}}$ nur endlich viele verschiedene Punkte, so muß $(\eta_i)_{i\in\mathsf{N}}$ unendlich viele verschiedene Punkte enthalten, und somit ist $\lim\limits_{i\to\infty} \eta_i \in \partial F_2$. Mithin haben wir $\xi \in F_1 + \partial F_2$. Die anderen Fälle behandelt man analog. Ebenso beweist man die Umkehrung.

Die Gleichung (2) folgt wegen der Beziehung $\mathfrak{C}_\varrho(F) = F \cup \partial F$ leicht aus (1).

(3) Es ist $F_1 + F_2 = \bigcup\limits_{\eta\in F_2} (F_1 \mid \eta)$ als Vereinigung offener Mengen wieder offen.

(4) Wir haben $\partial(F_1 + F_2) = F_1 + F_2$ zu zeigen. Dies folgt aber leicht aus (1) unter den Voraussetzungen $F_1 \supseteq \partial F_1$ und $F_2 = \partial F_2$. ▮

Schließlich betrachten wir noch den Operator $\underline{\mathscr{L}}$, der jeder Teilmenge F von Y^ω den kleinsten F enthaltenden Unterraum zuordnet. Es hat $\underline{\mathscr{L}}$ folgende Eigenschaften:

Folgerung 5.89.

(1) $F \subseteq \underline{\mathscr{L}}(F)$;

(2) *aus $F_1 \subseteq F_2$ folgt* $\underline{\mathscr{L}}(F_1) \subseteq \underline{\mathscr{L}}(F_2)$;

(3) $\underline{\mathcal{L}}(F) = \underline{\mathcal{L}}(\underline{\mathcal{L}}(F)) = \mathfrak{C}_\varrho(\underline{\mathcal{L}}(F)) = \underline{\mathcal{L}}(\mathfrak{C}_\varrho(F))$;
(4) *sind F_1 und F_2 nichtleer, so ist* $\underline{\mathcal{L}}(F_1 \cup F_2) = \underline{\mathcal{L}}(F_1 + F_2) = \underline{\mathcal{L}}(F_1) + \underline{\mathcal{L}}(F_2)$;
(5) *für* $\alpha \neq 0$ *gilt* $\underline{\mathcal{L}}(\alpha \bullet F) = \underline{\mathcal{L}}(F)$.

Beweis. Die Beziehungen

(1) und (2) sind unmittelbar klar.
(3) Wir zeigen nur $\underline{\mathcal{L}}(F) = \underline{\mathcal{L}}(\mathfrak{C}_\varrho(F))$, die anderen Gleichungen sind sofort einzusehen. Wegen (2) reicht es aus, $\underline{\mathcal{L}}(F) \supseteq \underline{\mathcal{L}}(\mathfrak{C}_\varrho(F))$ zu beweisen. Dies folgt aber leicht aus der Beziehung
$$\underline{\mathcal{L}}(F) = \mathfrak{C}_\varrho(\underline{\mathcal{L}}(F)) = \underline{\mathcal{L}}(\mathfrak{C}_\varrho(\underline{\mathcal{L}}(F)))\,.$$
(4) Nach Folgerung 5.88. (2) ist die Summe zweier abgeschlossener Mengen wieder abgeschlossen. Da $\underline{\mathcal{L}}(F_1) + \underline{\mathcal{L}}(F_2)$ als Summe zweier Unterräume eine lineare Teilmenge von Y^ω ist, muß $\underline{\mathcal{L}}(F_1) + \underline{\mathcal{L}}(F_2)$ Unterraum von Y^ω sein. Daraus folgt dann die Behauptung.

Die Aussage (5) ist leicht einzusehen. ▮

5.4.2. Linearität und Regularität

Im Zusammenhang mit der Beschreibung von Folgenmengen durch McNaughton-Terme oder Gleichungssysteme interessiert uns nun die Frage, ob der von einer *regulären* Menge F erzeugte Unterraum $\underline{\mathcal{L}}(F)$ wieder *regulär* ist, und wie man gegebenenfalls aus der Beschreibung der Menge F eine *Beschreibung des Unterraumes* gewinnen kann. Wir werden uns hierbei auf Gleichungssysteme stützen. Zunächst untersuchen wir, ob die Operationen „$\alpha \bullet$" ($\alpha \in Y$) und „$+$" die Regularität erhalten.

Die folgende Behauptung ist leicht zu verifizieren:

Folgerung 5.90.

(1) *Hat $F \subseteq Y^\omega$ endliches Gewicht, so hat auch $\alpha \bullet F$ endliches Gewicht, und es gilt* $G_{\alpha \bullet F} \leqq G_F + 1$.
(2) *Ist $F \subseteq Y^\omega$ regulär, so ist auch $\alpha \bullet F$ regulär.*
(3) *Ist $F \subseteq Y^\omega$ regulär und abgeschlossen, so ist auch $\alpha \bullet F$ regulär und abgeschlossen.*

Für die weiteren Betrachtungen ist es nützlich, den Begriff des Gewichts einer Folgenmenge geringfügig abzuändern. Wir nennen G'_F genau dann *reduziertes Gewicht* von F, wenn $G'_F = \mathrm{card}\,\{F \mid p : p \in X^* \wedge F \mid p \neq \emptyset\}$ gilt. Damit ist $G'_F = G_F - 1$, falls $\mathfrak{C}_\varrho(F) \neq Y^\omega$.

Es gilt dann

Lemma 5.91.

(1) *Haben $F_1, F_2 \subseteq Y^\omega$ endliches Gewicht, so hat auch $F_1 + F_2$ endliches Gewicht, und es ist*
$$G'_{F_1+F_2} \leqq 2^{G'_{F_1} \cdot G'_{F_2}} - 1\,.$$

(2) *Sind F_1 und F_2 regulär und abgeschlossen, so ist auch $F_1 + F_2$ regulär und abgeschlossen.*

Beweis. (1) Es seien $F_{11}, \dots, F_{1n}$ und $F_{21}, \dots, F_{2m}$ sämtliche nichtleeren Zustände von F_1 bzw. F_2. Die Menge $F_1 + F_2$ hat dann wegen Folgerung 5.86. (3) nur nichtleere Zustände der Form

$$\bigcup_{(i,j)\in N} F_{1i} + F_{2j}\,, \qquad \text{wobei } \emptyset \subset N \subseteq \{1, \dots, n\} \times \{1, \dots, m\}.$$

Es gibt aber genau $2^{n \cdot m} - 1$ nichtleere Teilmengen von $\{1, \dots, n\} \times \{1, \dots, m\}$.

Die Behauptung (2) folgt mit Lemma 5.63. (2) und Folgerung 5.88. (2) leicht aus (1). ∎

Im Punkt 7.3.6. wird darüber hinaus gezeigt, daß die *Summe* zweier *beliebiger regulärer Mengen* wieder *regulär* ist.

Im Anschluß an den Beweis von Lemma 5.91. geben wir ein Verfahren an, das es uns gestattet, aus den Gleichungssystemen für Folgenmengen F und E ein Gleichungssystem für $F + E$ zu bestimmen.

Es seien dazu

$$F_i = \bigcup_{y \in Y_i} y \cdot F_{\mathfrak{j}(y,i)} \qquad (1 \leqq i \leqq n)$$

und

$$E_l = \bigcup_{y \in Y_l'} y \cdot E_{\mathfrak{k}(y,l)} \qquad (1 \leqq l \leqq m)$$

Gleichungssysteme für F bzw. E. Wir bestimmen zunächst

$$F_1 + E_1 = \bigcup_{\substack{y_1 \in Y_1 \\ y_2 \in Y_1'}} (y_1 + y_2)\,(F_{\mathfrak{j}(y_1,1)} + E_{\mathfrak{k}(y_2,1)})\,.$$

Danach ordnen wir nach gleichen y-Werten:

$$F_1 + E_1 = \bigcup_{y \in Y_1 + Y_1'} y \cdot \Big(\bigcup_{y_1 + y_2 = y} F_{\mathfrak{j}(y_1,1)} + E_{\mathfrak{k}(y_2,1)} \Big)\,.$$

Für Zustände, die auf der rechten Seite neu auftreten, bestimmen wir neue Gleichungen, indem wir zunächst für die $F_i + E_l$ und danach für die Vereinigung Gleichungen bestimmen (siehe Verfahren von Seite 70).

Beispiel 5.92. Wir verwenden die Menge S aus Beispiel 3.2. und konstruieren ein Gleichungssystem für $S + S$. Es waren dort $Y = \{1, 0\}$ und $S = \{0, 1000\}^\omega$. Dann erfüllt S das Gleichungssystem

$$S = 0 \cdot S \cup 1 \cdot S_1$$
$$S_1 = 0 \cdot S_2$$
$$S_2 = 0 \cdot S_3$$
$$S_3 = 0 \cdot S\,.$$

Hierbei gilt dann $S \supseteq S_3$, wie wir aus einem direkten Vergleich der ersten und vierten Gleichung erhalten. Demzufolge ist $0 \cdot S \supseteq 0 \cdot S_3$ und somit $S_3 \supseteq S_2$. Schließlich erhält man genauso $S_2 \supseteq S_1$. Wir lesen also aus dem Gleichungssystem bereits die Inklusionen $S \supseteq S_3 \supseteq \supseteq S_2 \supseteq S_1$ ab. Außerdem ist S abgeschlossen, und es gilt $G'_S = 4$. Wir stellen nun die erste Gleichung auf:

$$(S + S) = 0 \cdot (S + S) \cup 0 \cdot (S_1 + S_1) \cup 1 \cdot (S + S_1) \cup 1 \cdot (S_1 + S) .$$

Wegen $S_1 \subseteq S$ ist auch $S_1 + S_1 \subseteq S + S$, weiterhin gilt $S_1 + S = S + S_1$, und somit können wir wie folgt vereinfachen:

$$(S + S) = 0 \cdot (S + S) \cup 1 \cdot (S + S_1) .$$

Es ist $S + S_1$ der einzige neu auftretende Zustand:

$$(S + S_1) = 0(S + S_2) \cup 1(S_1 + S_2) .$$

Wir bilden weiter

$$(S + S_2) = 0(S + S_3) \cup 1(S_1 + S_3) ,$$
$$(S + S_3) = 0(S + S) \cup 1(S + S_1) = (S + S) .$$

Damit ist $(S + S_2) = 0(S + S) \cup 1(S_1 + S_3)$. Weiterhin sind

$$(S_1 + S_2) = 0(S_2 + S_3) ,$$
$$(S_1 + S_3) = 0(S + S_2) ,$$
$$(S_2 + S_3) = 0(S + S_3) = 0(S + S) .$$

Wir haben also folgendes Gleichungssystem für $S + S$:

$$\begin{aligned}
(S + S) &= 0(S + S) \cup 1(S + S_1) \\
(S + S_1) &= 0(S + S_2) \cup 1(S_1 + S_2) \\
(S + S_2) &= 0(S + S) \cup 1(S_1 + S_3) \\
(S_1 + S_3) &= 0(S + S_2) \\
(S_1 + S_2) &= 0(S_2 + S_3) \\
(S_2 + S_3) &= 0(S + S) .
\end{aligned}$$

Das reduzierte Gewicht von $S + S$ beträgt mithin $6 < 2^{4 \cdot 4} - 1$.

Wir konnten an diesem Beispiel sehen, daß zusätzliche *Relationen* (hier: $S \supseteq S_1$), die wir aus den Ausgangssystemen gewinnen, bei der Aufstellung des Gleichungssystems der Summe von Nutzen sind. Weiterhin wurde deutlich, daß die Schranke für $G'_{F_1+F_2}$ beträchtlich unterschritten werden kann, weswegen es günstig ist, nur unmittelbar benötigte Gleichungen zu ermitteln. Man kann sich ferner überlegen, daß für G'_{F+F} schon $2^{\frac{1}{2} G'_F(G'_F+1)} - 1$ eine obere Schranke ist.

Wir wenden uns nun der Frage zu, ob für reguläres F auch $\underline{\mathscr{L}}(F)$ regulär ist. Zu ihrer Beantwortung ist es zunächst günstig, den Operator $\underline{\mathscr{L}}$ zu zerlegen. Wir führen dazu den Operator $\underline{\mathscr{S}}$ ein, der jeder Teilmenge F von Y^ω die kleinste F enthaltende und bezüglich „+“ abgeschlossene Teilmenge zuordnet, d. h.

$$\underline{\mathscr{S}}(F) =_{Df} \left\{ \sum_{i=1}^{n} \eta_i : \eta_i \in F \wedge n \in \mathsf{N} \right\} .$$

(Die leere Summe, d. h. $\sum_{i=1}^{0} \eta_i$, sei dabei das Element $\bar{0}$). Dieser Operator hat u. a. die folgenden Eigenschaften:

Folgerung 5.93.

(1) $\underline{\mathscr{S}}(F) \subseteq \underline{\mathscr{L}}(F)$;
(2) $F \subseteq \underline{\mathscr{S}}(F)$;
(3) *aus* $F_1 \subseteq F_2$ *folgt* $\underline{\mathscr{S}}(F_1) \subseteq \underline{\mathscr{S}}(F_2)$;
(4) $\underline{\mathscr{S}}(F) = \underline{\mathscr{S}}(\underline{\mathscr{S}}(F)) = \underline{\mathscr{S}}(F \cup 0^{\omega})$;
(5) $\underline{\mathscr{L}}(F) = \mathfrak{C}_{\varrho}\left(\underline{\mathscr{S}}\left(\bigcup_{\alpha \in Y} \alpha \bullet F\right)\right)$.

Beweis. Die Eigenschaften (1) bis (4) sind leicht einzusehen.

(5) Es ist $\bigcup_{\alpha \in Y} \alpha \bullet F \subseteq \underline{\mathscr{L}}(F)$, und damit wegen (1) und Folgerung 5.89. (3) $\underline{\mathscr{L}}(F) \supseteq \mathfrak{C}_{\varrho}\left(\underline{\mathscr{S}}\left(\bigcup_{\alpha \in Y} \alpha \bullet F\right)\right)$. Andererseits ist $\underline{\mathscr{S}}\left(\bigcup_{\alpha \in Y} \alpha \bullet F\right)$ eine F umfassende lineare Menge. Sind nämlich η_1, η_2 aus $\underline{\mathscr{S}}\left(\bigcup_{\alpha \in Y} \alpha \bullet F\right)$, so gibt es $\alpha_i, \beta_i \in Y$ und $\eta_{1i}, \eta_{2j} \in F$ $(1 \leqq i \leqq n,\ 1 \leqq j \leqq m)$ derart, daß $\sum_{i=1}^{n} \alpha_i \bullet \eta_{1i} = \eta_1$ und $\sum_{j=1}^{m} \beta_j \bullet \eta_{2j} = \eta_2$ gelten. Dann sind aber auch $\eta_1 + \eta_2 = \sum_{i=1}^{n} \alpha_i \bullet \eta_{1i} + \sum_{j=1}^{m} \beta_j \bullet \eta_{2j}$ und $\alpha \bullet \eta_1 = \sum_{i=1}^{n} (\alpha \bullet \alpha_i) \bullet \bullet\, \eta_{1i}$ aus $\underline{\mathscr{S}}\left(\bigcup_{\alpha \in Y} \alpha \bullet F\right)$. Damit ist dann $\mathfrak{C}_{\varrho}\left(\underline{\mathscr{S}}\left(\bigcup_{\alpha \in Y} \alpha \bullet F\right)\right)$ ein F umfassender Unterraum von Y^{ω}, und es gilt also $\underline{\mathscr{L}}(F) \subseteq \mathfrak{C}_{\varrho}\left(\underline{\mathscr{S}}\left(\bigcup_{\alpha \in Y} \alpha \bullet F\right)\right)$. ∎

Um Mengen $\underline{\mathscr{S}}(F)$ durch Gleichungssysteme beschreiben zu können, zerlegen wir $\underline{\mathscr{S}}$ weiter. Es sei dazu $k =_{Df} \mathrm{char}\ Y$, d. h., k sei die kleinste von 0 verschiedene natürliche Zahl, für die $k \cdot 1 = 0$ mit $1, 0 \in Y$ gilt.[1]) Wir setzen dann

$$\underline{\mathscr{S}}_m(F) =_{Df} \left\{ \sum_{i=1}^{k \cdot n + m} \eta_i : \eta_i \in F \wedge n \in \mathsf{N} \right\}.$$

Für die Operatoren $\underline{\mathscr{S}}_m$ gelten die folgenden leicht einzusehenden Beziehungen:

Folgerung 5.93. (a).

(1) $\underline{\mathscr{S}}_m(F) \subseteq \underline{\mathscr{S}}(F)$
(2) $\underline{\mathscr{S}}_{m+k}(F) = \underline{\mathscr{S}}_m(F)$
(3) $\underline{\mathscr{S}}(F) = \bigcup_{m=0}^{k-1} \underline{\mathscr{S}}_m(F)$
(4) *ist* $0 \in F$, *so gilt* $\underline{\mathscr{S}}_m(F) = \underline{\mathscr{S}}(F)$ *für beliebiges* m, $m \in \mathsf{N}$;
(5) $\underline{\mathscr{S}}_m(F) + \underline{\mathscr{S}}_l(F) = \underline{\mathscr{S}}_{m+l}(F)$;
(6) $\underline{\mathscr{S}}_m(F) + \underline{\mathscr{S}}(F) = \underline{\mathscr{S}}(F)$ *für* $F \neq \emptyset$;
(7) $\underline{\mathscr{S}}_m(F_1 \mid F_2) = \underline{\mathscr{S}}_m(F_1) \mid \underline{\mathscr{S}}_m(F_2)$ *für* $F_1 \mid F_2 \neq \emptyset$.

[1]) Im weiteren unterscheiden wir auch nicht mehr die Bezeichnungen der natürlichen Zahl n und der Zahl $\underbrace{1 + \cdots + 1}_{n\text{-mal}} \in Y$.

Für die weiteren Betrachtungen ist es zweckmäßig, die Indizes m von $\underline{\mathscr{S}}_m$ nicht mehr als natürliche Zahlen, sondern als Elemente (Vielfache des Einselements) von Y anzusehen. Die Korrektheit dieser Betrachtungsweise ergibt sich aus Folgerung 5.93. (a) (2) und (5).

Es gilt dann

Folgerung 5.94.

(1) $\underline{\mathscr{S}}_m(p \cdot F) = (m \bullet p) \cdot \underline{\mathscr{S}}_m(F)$;

(2) $\underline{\mathscr{S}}_m(p_1 \cdot F_1 \cup p_2 \cdot F_2) = \bigcup_{m_1+m_2=m} (m_1 \bullet p_1 + m_2 \bullet p_2) \left(\underline{\mathscr{S}}_{m_1}(F_1) + \underline{\mathscr{S}}_{m_2}(F_2)\right)$ *für* $l(p_1) = l(p_2)$;

(3) $\underline{\mathscr{S}}(F) \mid p = \bigcup_{\substack{m_1 \bullet p_1 + \cdots + m_n \bullet p_n = p \\ p_1, \ldots, p_n \in \mathsf{A}(F)}} \left(\underline{\mathscr{S}}_{m_1}(F \mid p_1) + \cdots + \mathscr{S}_{m_n}(F \mid p_n)\right)$.

Beweis.

(1) Ist η aus $\underline{\mathscr{S}}_m(p \cdot F)$, so gibt es ein $n \in \mathsf{N}$ und $\eta_1, \ldots, \eta_{k \cdot n+m} \in p \cdot F$ derart, daß $\sum_{i=1}^{k \cdot n+m} \eta_i = \eta$ gilt. Für sämtliche η_i ist aber $p \sqsubset \eta_i$. Demzufolge ist $(k \cdot n + m) \bullet p = m \bullet p \sqsubset \eta$.

Die Gleichheit in (2) beweist man analog.

(3) Wir zeigen zunächst $\underline{\mathscr{S}}(F) \mid p \supseteq \underline{\mathscr{S}}_1(F \mid p)$. Es ist mit Folgerung 5.93. (a) (1) $\underline{\mathscr{S}}(F) \supseteq \underline{\mathscr{S}}_1(F)$, und wegen $F \supseteq p \cdot (F \mid p)$ gilt auch $\underline{\mathscr{S}}(F) \supseteq \underline{\mathscr{S}}_1(p \cdot (F \mid p))$. Mit (1) ist $\underline{\mathscr{S}}_1(p \cdot (F \mid p)) = p \cdot \underline{\mathscr{S}}_1(F \mid p)$.

Damit haben wir mit Folgerung 5.50. (1) auch $\underline{\mathscr{S}}(F) \mid p \supseteq \underline{\mathscr{S}}_1(F \mid p)$. Wegen (2) und Folgerung 5.93. (a) (1) und (5) erhalten wir aus dieser Beziehung

$$\underline{\mathscr{S}}(F) \mid p \supseteq \bigcup_{\substack{m_1 \bullet p_1 + \cdots + m_n \bullet p_n = p \\ p_1, \ldots, p_n \in \mathsf{A}(F)}} \left(\underline{\mathscr{S}}_{m_1}(F \mid p_1) + \cdots + \underline{\mathscr{S}}_{m_n}(F \mid p)\right).$$

Zum Beweis der Umkehrung dieser Inklusion gehen wir von der Gleichung

$$\underline{\mathscr{S}}(F) = 0^\omega \cup F \cup (F + F) \cup (F + F + F) \cup \cdots$$

aus. Mit Folgerung 5.50. (2) ist zunächst

$$\underline{\mathscr{S}}(F) \mid p = 0^\omega \mid p \cup F \mid p \cup (F + F) \mid p \cup \cdots,$$

und mit Folgerung 5.86. (3) erhalten wir daraus

$$\mathscr{S}(F) \mid p = \bigcup_{\substack{p_1 + \cdots + p_n = p \\ p_1, \ldots p_n \in \mathsf{A}(F)}} (F \mid p_1 + \cdots + F \mid p_n).$$

Wegen $F \mid p \subseteq \underline{\mathscr{S}}_1(F \mid p)$ haben wir

$$\underline{\mathscr{S}}(F) \mid p \subseteq \bigcup_{\substack{p_1 + \cdots + p_n = p \\ p_1, \ldots, p_n \in \mathsf{A}(F)}} \left(\underline{\mathscr{S}}_1(F \mid p_1) + \cdots + \underline{\mathscr{S}}_1(F \mid p_n)\right),$$

woraus unsere Behauptung leicht folgt. ∎

Damit ist der Operator $\underline{\mathscr{S}}$ so zerlegt, daß wir $\underline{\mathscr{S}}(F)$ durch ein Gleichungssystem beschreiben können.

Satz 5.95. *Ist F Teilmenge endlichen Gewichts von Y^ω, so hat auch $\underline{\mathscr{S}}(F)$ endliches Gewicht, und $2^{2^{G'_F \cdot k}} - 1$ ist eine obere Schranke für $G'_{\underline{\mathscr{S}}(F)}$.*

Beweis. Nach Folgerung 5.94. (3) hat jeder Zustand $\underline{\mathscr{S}}(F) \mid p$ von $\underline{\mathscr{S}}(F)$ die Form

$$\bigcup_{\substack{m_1 \bullet p_1 + \cdots + m_n \bullet p_n \\ p_1, \ldots, p_n \in \mathsf{A}(F)}} \left(\underline{\mathscr{S}}_{m_1}(F \mid p_1) + \cdots + \underline{\mathscr{S}}_{m_n}(F \mid p_n)\right).$$

Fassen wir für gleiche Zustände $F \mid p_i$ die Mengen $\underline{\mathscr{S}}_{m_i}(F \mid p_i)$ gemäß Folgerung 5.93. (a) (5) zusammen, so hat die Summe höchstens G'_F Summanden. Es gibt aber (unter Einschluß der leeren Summe, welche gleich 0^ω gesetzt ist) höchstens $2^{G'_F \cdot k}$ derartige Summen. Damit gibt es höchstens $2^{2^{G'_F \cdot k}} - 1$ nichtleere Zustände von $\underline{\mathscr{S}}(F)$. ▮

Bemerkung. Es ist anzunehmen, daß die angegebene Schranke für große G'_F wesentlich unterboten wird, da man durch Inklusionsbeziehungen zwischen den Summen die Schranke für die Anzahl der verschiedenen Vereinigungen reduzieren kann.

Im Zusammenhang mit Satz 5.95. bleibt die Frage offen, ob für reguläres F auch $\underline{\mathscr{S}}(F)$ regulär ist.

Korollar 5.96. *Hat $F \subseteq Y^\omega$ endliches Gewicht, so ist $\underline{\mathscr{S}}(F)$ regulär.*

Beweis. Diese Behauptung leitet sich mit den Folgerungen 5.90. (1) und 5.93. (5) sowie mit Lemma 5.63. (2) unmittelbar aus Satz 5.95. ab. ▮

Zum Abschluß dieses Paragraphen geben wir ein Verfahren an, das es uns gestattet, aus einem Gleichungssystem für eine Folgenmenge F ein Gleichungssystem für $\underline{\mathscr{S}}(F)$ zu bestimmen. Gleichzeitig geben wir ein Beispiel an. Es sei

$$F_i = \bigcup_{y \in Y_i} y \cdot F_{\mathfrak{j}(y,\, i)} \qquad (1 \leqq i \leqq n)$$

ein Gleichungssystem für die Menge F. Weiter sei

$$F_1 = y_1 \cdot F_{\mathfrak{j}(y_1,\, 1)} \cup \cdots \cup y_l \cdot F_{\mathfrak{j}(y_l,\, 1)}$$

die erste Gleichung dieses Systems. Wegen Folgerung 5.93. (a) (3) reicht es aus, für alle $m \in \{0, \ldots, k-1\}$ die Gleichung für $\underline{\mathscr{S}}_m(F_1)$ zu berechnen. Die Gleichung für $\underline{\mathscr{S}}(F)$ erhält man dann durch Zusammenfassung der k Gleichungen. Benutzen wir Folgerung 5.94. (2), so erhalten wir

$$\underline{\mathscr{S}}_m(F_1) = \bigcup_{m_1 + \cdots + m_l = m} (m_1 \bullet y_1 + \cdots + m_l \bullet y_l) \cdot \left(\underline{\mathscr{S}}_{m_1}(F_{\mathfrak{j}(y_1,\, 1)}) + \cdots + \underline{\mathscr{S}}_{m_l}(F_{\mathfrak{j}(y_l,\, 1)})\right).$$

Für alle neu auftretenden Mengen $\underline{\mathscr{S}}_m(F_i)$ stellt man die Gleichungen analog auf und bildet dann gemäß dem Verfahren von Seite 91 die Summen. Dabei fasse man möglichst frühzeitig Mengen der Form $\underline{\mathscr{S}}_m(F_i)$ und $\underline{\mathscr{S}}_l(F_j)$ bzw. $\underline{\mathscr{S}}(F_j)$ mit Hilfe der in Folgerung 5.93. (a) gegebenen Beziehungen zusammen, um die Zahl der zu bildenden Gleichungen möglichst weit einzuschränken. Eine große Hilfe hierbei können am Ausgangssystem für F abgelesene Beziehungen der

Form $F_i \subseteq F_j$, $F_i \cup F_j = F_l$, $F_i + F_j = F_l$ u. ä. sein. Dieses Verfahren ist beendet, sobald keine neuen Zustände mehr auftreten.

Damit haben wir gemäß Folgerung 5.93. (5) gleichzeitig eine Methode entwickelt, die uns unter den gegebenen Voraussetzungen ein Gleichungssystem für $\underline{\mathscr{S}}(F)$ liefert.

Beispiel 5.97. Es seien $Y = \{0, 1, 2\}$ und $F = 0^* \cdot 2 \cdot 1 \cdot 0^\omega$. Dann sind $0 \bullet F = 0^\omega$, $1 \bullet F = F$ und $2 \bullet F = 0^* \cdot 1 \cdot 2 \cdot 0^\omega$, und die Menge $0 \bullet F \cup 1 \bullet F \cup 2 \bullet F$ erfüllt das Gleichungssystem

$$\begin{aligned} F_1 &= 0 \cdot F_1 \cup 1 \cdot F_2 \cup 2 \cdot F_3 \\ F_2 &= 2 \cdot F_4 \\ F_3 &= 1 \cdot F_4 \\ F_4 &= 0 \cdot F_4 \,. \end{aligned}$$

Aus diesen Gleichungen erhalten wir zunächst die Beziehung $F_4 + F_4 = 0 \cdot (F_4 + F_4)$ und somit $F_4 + F_4 = F_4$. Damit haben wir dann auch $F_2 + F_3 = F_4$. Weiterhin sind $2 \cdot F_2 = F_3$, $\bar{0} \in F_1$ und $F_4 = 0^\omega$.

Wegen $\bar{0} \in F_1$ ist $\underline{\mathscr{S}}(F_1) = \underline{\mathscr{S}}_0(F_1) = \underline{\mathscr{S}}_1(F_1) = \underline{\mathscr{S}}_2(F_1)$. Es gilt dann

$$\begin{aligned} \underline{\mathscr{S}}(F_1) = \underline{\mathscr{S}}_0(F_1) &= \bigcup_{m_1 + m_2 + m_3 = 0} (m_1 \bullet 0 + m_2 \bullet 1 + m_3 \bullet 2)\, (\underline{\mathscr{S}}_{m_1}(F_1) + \underline{\mathscr{S}}_{m_2}(F_2) + \underline{\mathscr{S}}_{m_3}(F_3)) \\ &= \bigcup_{m_2, m_3 \in Y} (m_2 \bullet 1 + m_3 \bullet 2)\, (\underline{\mathscr{S}}(F_1) + \underline{\mathscr{S}}_{m_2}(F_2) + \underline{\mathscr{S}}_{m_3}(F_3)) \\ &= (0 \bullet 1 + 0 \bullet 2)\, (\underline{\mathscr{S}}(F_1) + \underline{\mathscr{S}}_0(F_2) + \underline{\mathscr{S}}_0(F_3)) \cup \\ &\cup (0 \bullet 1 + 1 \bullet 2)\, (\underline{\mathscr{S}}(F_1) + \underline{\mathscr{S}}_0(F_2) + \underline{\mathscr{S}}_1(F_3)) \cup \\ &\cup (1 \bullet 1 + 0 \bullet 2)\, (\underline{\mathscr{S}}(F_1) + \underline{\mathscr{S}}_1(F_2) + \underline{\mathscr{S}}_0(F_3)) \cup \\ &\vdots \\ &\cup (2 \bullet 1 + 2 \bullet 2)\, (\underline{\mathscr{S}}(F_1) + \underline{\mathscr{S}}_2(F_2) + \underline{\mathscr{S}}_2(F_3)) \,. \end{aligned}$$

Mit Folgerung 5.93. (4), (5) und (6) erhalten wir wegen $F_2 + F_3 = F_4 = 0^\omega$ sofort

$$\underline{\mathscr{S}}_m(F_2) + \underline{\mathscr{S}}_m(F_3) = \underline{\mathscr{S}}_m(F_4) = \underline{\mathscr{S}}(F_4) = 0^\omega$$

und $\underline{\mathscr{S}}_1(F_2) + \underline{\mathscr{S}}_2(F_3) = \underline{\mathscr{S}}_1(F_2) + \underline{\mathscr{S}}_1(F_2) + \underline{\mathscr{S}}_1(F_2) = \underline{\mathscr{S}}_1(F_2)$ usw. Weiterhin ist $\underline{\mathscr{S}}(F_1) + \underline{\mathscr{S}}(F_4) = \underline{\mathscr{S}}(F_1)$. Somit vereinfacht sich die erste Gleichung zu

$$\begin{aligned} \underline{\mathscr{S}}(F_1) = 0 \cdot \underline{\mathscr{S}}(F_1) &\cup \\ \cup 1 \cdot (\underline{\mathscr{S}}(F_1) + (\underline{\mathscr{S}}_1(F_2) \cup \underline{\mathscr{S}}_2(F_3))) &\cup \\ \cup 2 \cdot (\underline{\mathscr{S}}(F_1) + (\underline{\mathscr{S}}_2(F_2) \cup \underline{\mathscr{S}}_1(F_3))) &\,. \end{aligned}$$

Berechnen wir nun $\underline{\mathscr{S}}_m(F_2)$ und $\underline{\mathscr{S}}_m(F_3)$, so erhalten wir

$$\underline{\mathscr{S}}_1(F_2) = \underline{\mathscr{S}}_2(F_3) = 2 \cdot \underline{\mathscr{S}}(F_4)$$

und

$$\underline{\mathscr{S}}_2(F_2) = \underline{\mathscr{S}}_1(F_3) = 1 \cdot \underline{\mathscr{S}}(F_4) \,.$$

Darüber hinaus ist $\underline{\mathscr{S}}(F_4) = 0 \cdot \underline{\mathscr{S}}(F_4)$. Die erste Gleichung vereinfacht sich damit zu

$$\underline{\mathscr{S}}(F_1) = 0 \cdot \underline{\mathscr{S}}(F_1) \cup 1 \cdot (\underline{\mathscr{S}}(F_1) + \underline{\mathscr{S}}(F_2)) \cup 2 \cdot (\underline{\mathscr{S}}(F_1) + \underline{\mathscr{S}}_2(F_2)) \,.$$

Für $\underline{\mathscr{S}}(F_1) + \underline{\mathscr{S}}_1(F_2)$ erhalten wir

$$\begin{aligned} \underline{\mathscr{S}}(F_1) + \underline{\mathscr{S}}_1(F_2) = 2 \cdot (\underline{\mathscr{S}}(F_1) + \underline{\mathscr{S}}(F_4)) \cup 0 \cdot (\underline{\mathscr{S}}(F_1) + \underline{\mathscr{S}}_1(F_2) + \underline{\mathscr{S}}(F_4)) &\cup \\ \cup 1 \cdot (\underline{\mathscr{S}}(F_1) + \underline{\mathscr{S}}_2(F_2) + \underline{\mathscr{S}}(F_4)) &\,. \end{aligned}$$

Mit $\underline{\mathscr{S}}(F_4) = 0^\omega$ haben wir

$$\underline{\mathscr{S}}(F_1) + \underline{\mathscr{S}}_1(F_2) = 2 \cdot \underline{\mathscr{S}}(F_1) \cup 0 \cdot (\underline{\mathscr{S}}(F_1) + \underline{\mathscr{S}}_1(F_2)) \cup 1 \cdot (\underline{\mathscr{S}}(F_1) + \underline{\mathscr{S}}_2(F_2)) .$$

Analog ergibt sich

$$\underline{\mathscr{S}}(F_1) + \underline{\mathscr{S}}_2(F_2) = 1 \cdot \underline{\mathscr{S}}(F_1) \cup 2 \cdot (\underline{\mathscr{S}}(F_1) + \underline{\mathscr{S}}_2(F_2)) \cup \\ \cup 0 \cdot (\underline{\mathscr{S}}(F_1) + \underline{\mathscr{S}}_2(F_2)) .$$

Neue Zustände treten hierbei nicht auf, also erfüllt $\underline{\mathscr{S}}(F_1)$ das Gleichungssystem

$$L_1 = 0 \cdot L_1 \cup 1 \cdot L_2 \cup 2 \cdot L_3$$
$$L_2 = 2 \cdot L_1 \cup 0 \cdot L_2 \cup 1 \cdot L_3$$
$$L_3 = 1 \cdot L_1 \cup 2 \cdot L_2 \cup 2 \cdot L_3 .$$

Um schließlich $\underline{\mathscr{L}}(F) = \mathfrak{C}_\varrho(L_1)$ zu bestimmen, verwenden wir, daß $\bar{0} \in \mathfrak{C}_\varrho(L_2)$ und $\bar{0} \in \mathfrak{C}_\varrho(L_3)$. Damit sind dann $1 \cdot \bar{0}$ und $2 \cdot \bar{0}$ in $\mathfrak{C}_\varrho(L_1)$. Da $\mathfrak{C}_\varrho(L_1)$ Unterraum von Y^ω ist, gilt wegen $\mathfrak{C}_\varrho(L_2) = \mathfrak{C}_\varrho(L_1) = 2 \cdot 0^\omega$ und $\mathfrak{C}_\varrho(L_3) = \mathfrak{C}_\varrho(L_1) + 1 \cdot 0^\omega$ die Beziehung $\mathfrak{C}_\varrho(L_1) = \mathfrak{C}_\varrho(L_2) = \mathfrak{C}_\varrho(L_3)$. Mithin erhält man leicht $\underline{\mathscr{L}}(F) = \mathfrak{C}_\varrho(L_1) = Y^\omega$.

Unser Beispiel zeigt, daß eine konsequente Anwendung der in Folgerung 5.93. gegebenen Beziehungen die Gleichungssysteme für $\underline{\mathscr{S}}(F)$ erheblich vereinfacht.

6. Sequentielle Operatoren und reguläre Folgenmengen

In diesem Abschnitt werden wir die von Automaten realisierten *Operatoren*, welche *Folgen* auf *Folgen* abbilden, betrachten. Sie sollen als *sequentielle* Operatoren bezeichnet werden. Ein besonderes Augenmerk widmen wir dabei denjenigen Operatoren, die von *endlichen* Automaten realisiert werden, wobei wir vor allem die Zusammenhänge zwischen Operatoren und regulären Folgenmengen bzw. Folgenmengen endlichen Gewichts studieren. Weiterhin werden wir die *topologischen* Eigenschaften der sequentiellen Operatoren sowie der regulären Folgenmengen untersuchen. Die dazu angegebenen Resultate sind im wesentlichen den Arbeiten [54] und [60] entnommen.

6.1. Realisierung sequentieller Operatoren

6.1.1. Automaten und sequentielle Funktionen

Wir verwenden hier einen Automatenbegriff, der von dem in der Literatur hauptsächlich vorkommenden geringfügig abweicht und häufig auch als verallgemeinerter oder *asynchroner* Automat bezeichnet wird.

Definition 6.1. $\mathfrak{A} = [X, Y, Z, f, g, z_0, q_0]$ heißt *initialer* (*deterministischer, asynchroner*) *Automat* $=_{Df}$

(1) X, Y sind nichtleere endliche Alphabete;
(2) Z ist eine nichtleere Menge (die Menge der Zustände von $\mathfrak{A}$);

(3) $f: Z \times X \to Z$ ist die Überführungsfunktion;
(4) $g: Z \times X \to Y^*$ ist die Ausgabefunktion;
(5) $z_0 \in Z$ ist der Anfangs- oder Startzustand;
(6) $q_0 \in Y^*$ ist die Anfangsausgabe.

Diese Definition wurde bei Grabowski ([22]) verwendet und ist für unsere Zwecke gut geeignet. Wir werden im weiteren Automaten stets als initial, voraussetzen. Die Ausdehnungen von f und g auf $Z \times X^*$ (siehe 2.1.1. auf Seite 18) bezeichnen wir ebenfalls mit f bzw. g. Wir nennen einen Automaten $\mathfrak{A} = [X, Y, Z, f, g, z_0, q_0]$ genau dann *endlich*, wenn Z endliche Menge ist.

Weiterhin bezeichnen wir einen Automaten genau dann als *synchron*, wenn $q_0 = e$ und $g: Z \times X \to Y$ gelten. Schließlich nennen wir genau dann $\varphi_{\mathfrak{A}}$ *die vom Automaten* $\mathfrak{A}$ *realisierte Wortabbildung,* wenn

(1) $\varphi_{\mathfrak{A}}$ eine Abbildung von X^* in Y^* ist und wenn
(2) für alle $p \in X^*$ die Gleichung $\varphi_{\mathfrak{A}}(p) = q_0 \cdot g(z_0, p)$ gilt.

Dabei hat $\varphi_{\mathfrak{A}}$ die folgenden leicht einzusehenden Eigenschaften:

Folgerung 6.2.

(1) $\varphi_{\mathfrak{A}}(e) = q_0$;
(2) *aus* $p \sqsubseteq p'$ *folgt* $\varphi_{\mathfrak{A}}(p) \sqsubseteq \varphi_{\mathfrak{A}}(p')$;
(3) *ist* $p \sqsubseteq p'$, *so gilt*
$\varphi_{\mathfrak{A}}(p') \mid \varphi_{\mathfrak{A}}(p) = g(f(z_0, p), p' \mid p)$.

Automaten realisieren somit Abbildungen von X^* in Y^*, die bezüglich „$\sqsubseteq$" *monoton* sind, d. h. *sequentielle Funktionen über* $[X, Y]$ (siehe etwa [19]).

Um nun die Frage zu beantworten, ob jede sequentielle Funktion über $[X, Y]$ durch einen Automaten realisiert werden kann, ist es notwendig, für sequentielle Funktionen den Begriff des Zustandes einzuführen. Es muß dann für jeden Zustand einer sequentiellen Funktion eine Beziehung der Art, wie sie in Folgerung 6.2. (3) angegeben wurde, gelten.

Es sei φ eine *sequentielle Funktion* über $[X, Y]$, d. h.

(1) $\varphi: X^* \to Y^*$ und
(2) aus $p \sqsubseteq p'$ folgt $\varphi(p) \sqsubseteq \varphi(p')$.

Betrachten wir für fest gewähltes p ein beliebiges p', $p \sqsubseteq p'$, so ist $\varphi(p') \mid \varphi(p)$ jeweils eindeutig bestimmt. Damit können wir *den von* p *erzeugten Zustand* φ_p der Funktion φ wie folgt definieren:

$$\varphi_p(r) =_{Df} \varphi(p \cdot r) \mid \varphi(p)$$

Der Leser überzeugt sich leicht davon, daß diese Festlegung korrekt ist und daß φ_p eine eindeutige Abbildung von X^* in Y^* ist. Weiterhin erhält man aus der Definition des Zustandes leicht

Folgerung 6.3.

(1) $\varphi(p \cdot r) = \varphi(p) \cdot \varphi_p(r)$;
(2) *aus* $r \sqsubseteq r'$ *folgt* $\varphi_p(r) \sqsubseteq \varphi_p(r')$;
(3) $\varphi_p(e) = e$;
(4) $(\varphi_p)_q = \varphi_{p \cdot q}$;
(5) *es ist genau dann* $\varphi = \varphi_e$, *wenn* $\varphi(e) = e$ *gilt.*

Die zweite Eigenschaft zeigt, daß auch jeder Zustand einer sequentiellen Funktion wieder sequentielle Funktion ist. Es sei $Z_\varphi =_{Df} \{\varphi_p : p \in X^*\}$ die Menge aller Zustände der Funktion φ. Mit G_φ bezeichnen wir die Zahl $\mathsf{card}\, Z_\varphi$ und nennen G_φ das *Gewicht* der Funktion φ.

Folgerung 6.3. (3) zeigt, daß jeder Zustand einer Zustandsfunktion einer sequentiellen Funktion wieder Zustand der Ausgangsfunktion ist.

Setzen wir für eine sequentielle Funktion über $[X, Y]$ nun $\mathfrak{A}_\varphi =_{Df} [X, Y, Z_\varphi, f, g, \varphi_e, \varphi(e)]$ mit $f(\varphi_p, x) =_{Df} \varphi_{px}$ und $g(\varphi_p, x) =_{Df} \varphi_p(x)$, so läßt sich unschwer $\varphi_{\mathfrak{A}_\varphi} = \varphi$ verifizieren. Damit haben wir (siehe [21])

Lemma 6.4. *Jeder Automat realisiert eine sequentielle Funktion, und jede sequentielle Funktion wird von einem Automaten realisiert. Ist darüberhinaus der Automat endlich, so realisiert er eine sequentielle Funktion endlichen Gewichts, und hat umgekehrt die sequentielle Funktion endliches Gewicht, so gibt es einen endlichen Automaten, der sie realisiert.*

Bemerkung. Die Aussage des Lemmas besagt allerdings nicht, daß jeder unendliche Automat eine Funktion unendlichen Gewichts realisiert. Es läßt sich in der Tat zu jeder sequentiellen Funktion ein unendlicher Automat angeben, der diese Funktion realisiert.

Wir wollen hier in diesem Zusammenhang nicht auf Reduktionsprobleme für Automaten eingehen. Es sei nur bemerkt, daß sich der Reduktionsalgorithmus von Gluschkow ([21]) ohne Schwierigkeiten auch auf asynchrone Automaten anwenden läßt. Neben dem Gewicht einer sequentiellen Funktion φ verwenden wir noch die folgende Kenngröße:

$$\mathfrak{max}\, \varphi =_{Df} \begin{cases} \max\, \{l(\varphi_p(x)) : p \in X^* \wedge x \in X\}, \text{ falls das Maximum existiert,} \\ \infty, \text{ anderenfalls.} \end{cases}$$

die wir *Maximalausgabe* nennen werden. Das Produkt $G_\varphi \cdot \mathfrak{max}\, \varphi$ kennzeichnet uns die *Kompliziertheit* einer sequentiellen Funktion. Dabei sind beide Faktoren nur insofern abhängig voneinander, als aus $G_\varphi < \aleph_0$ die Ungleichung $\mathfrak{max}\, \varphi < \infty$ und aus $\mathfrak{max}\, \varphi = 0$ die Gleichung $G_\varphi = 1$ folgen. Für das Gewicht und die Maximalausgabe einer Funktion φ gelten nach Definition die Gleichungen

$$G_\varphi = G_{\varphi_e}$$

und

$$\mathfrak{max}\, \varphi = \mathfrak{max}\, \varphi_e .$$

Für beliebige Zustände φ_p haben wir ebenso

Folgerung 6.5.

(1) $G_{\varphi_p} \leqq G_\varphi$;
(2) $\mathfrak{max}\, \varphi_p \leqq \mathfrak{max}\, \varphi$.

Ähnliche Schranken lassen sich für das Produkt (die Hintereinanderausführung) von sequentiellen Funktionen angeben.

Lemma 6.6. (siehe auch [19]) *Es seien φ und ψ sequentielle Funktionen über $[X, X_1]$ bzw. $[X_1, Y]$. Dann gelten folgende Beziehungen:*

(1) $(\psi \circ \varphi)_p = \psi_{\varphi(p)} \circ \varphi_p$;
(2) $G_{\psi \circ \varphi} \leqq G_\psi \cdot G_\varphi$;
(3) $\mathfrak{max}\, \psi \circ \varphi \leqq \mathfrak{max}\, \psi \cdot \mathfrak{max}\, \varphi$.

Beweis.

(1) Es sei $r \in X^*$. Dann ist $(\psi \circ \varphi)_p\,(r) = \psi \circ \varphi(pr) \mid \psi \circ \varphi(p)$. Damit haben wir $\psi \circ \varphi(pr) = \psi \circ \varphi(p) \cdot (\psi \circ \varphi)_p\,(r)$. Weiterhin gelten $\psi \circ \varphi(pr) = \psi(\varphi(pr))$ und $\psi \circ \varphi(p) = \psi(\varphi(p))$.

Zerlegen wir $\psi \circ \varphi(pr)$ weiter, so erhalten wir $\psi \circ \varphi(pr) = \psi(\varphi(p) \cdot \varphi_p(r)) = \psi(\varphi(p)) \cdot \psi_{\varphi(p)}(\varphi_p(r))$. Durch einen Vergleich mit der Ausgangsgleichung erhalten wir $\psi \circ \varphi(p) \cdot (\psi \circ \varphi)_p\,(r) = \psi \circ \varphi(pr) = \psi \circ \varphi(p) \cdot \psi_{\varphi(p)} \circ \varphi_p(r)$, woraus unsere Behauptung folgt.

Die Ungleichung (2) folgt nun mit (1).

(3) Ist $\mathfrak{max}\, \varphi = m$, so kann ein beliebiger Zustand ψ_p, angewendet auf ein Wort der Länge m, höchstens ein Wort der Länge $m \cdot \mathfrak{max}\, \psi$ ergeben. Im Falle der Unbeschränktheit von $\mathfrak{max}\, \varphi$ schließt man analog. ∎

Wegen ihrer praktischen Realisierbarkeit interessieren uns besonders din sequentiellen Funktionen endlichen Gewichts. Den Beziehungen zwischen diese- Funktionen und regulären Wortmengen gilt dabei unser Augenmerk. Zu die sem Zweck betrachten wir zunächst die Bilder und Urbilder von Zuständen einer Wortmenge bei derartigen Abbildungen. Wir setzen dazu $W_p(\varphi) =_{Df} \{p' : p' \in X^* \wedge \varphi_{p'} = \varphi_p\}$.

Lemma 6.7. *Es sei φ eine sequentielle Funktion über $[X, Y]$. Dann gelten:*

(1) $\varphi(W \cdot W') = \bigcup_{p \in X^*} \varphi\,(W \cap W_p(\varphi)) \cdot \varphi_p(W')$;
(2) $\varphi(W) \mid q = \bigcup_{\substack{p \in \mathsf{A}(W) \\ l(\varphi(p)) < l(q) + \mathfrak{max}\, \varphi}} (\varphi(p) \mid q) \cdot \varphi_p(W \mid p)$;
(3) $\varphi^{-1}(V) \mid p = \varphi_p^{-1}(V \mid \varphi(p))$.

Beweis. Die Gleichung

(1) folgt leicht aus der Beziehung $\varphi(p \cdot W') = \varphi(p) \cdot \varphi_p(W')$ durch Einordnen der Wörter aus W in die Mengen $W_p(\varphi)$.
(2) Ist $r \in \varphi(W) \mid q$, so gibt es ein $p' \in W$ derart, daß $\varphi(p') = q \cdot r$ gilt. Nehmen wir nun das kürzeste p, $p \sqsubseteq p'$, mit $q \sqsubseteq \varphi(p)$, so ist offensichtlich

$l(\varphi(p)) < l(q) + \mathfrak{max}\,\varphi$. Damit haben wir $\varphi(p') = \varphi(p) \cdot \varphi_p(p' \mid p)$, und somit ist $r = \varphi(p') \mid q = (\varphi(p) \mid q) \cdot \varphi_p(p' \mid p)$ ein Element der rechten Seite von (2). Ist umgekehrt r ein Element einer der Mengen $(\varphi(p) \mid q) \cdot \varphi_p(W \mid p)$ so ist $q \cdot r \in \varphi(p) \cdot \varphi_p(W \mid p) \subseteq \varphi(W)$, was aber $r \in \varphi(W) \mid q$ heißt.

(3) Es ist genau dann $r \in \varphi^{-1}(V) \mid p$, wenn $p \cdot r \in \varphi^{-1}(V)$ gilt. Diese Beziehung ist gleichbedeutend mit $\varphi(pr) \in V$. Wegen $\varphi(pr) = \varphi(p) \cdot \varphi_p(r)$ haben wir damit $\varphi_p(r) \in V \mid \varphi(p)$ und somit $r \in \varphi_p^{-1}(V \mid \varphi(p))$. ∎

Zwischen den sequentiellen Funktionen endlichen Gewichts und den regulären Wortmengen besteht nun folgender Zusammenhang.

Satz 6.8. (GINSBURG, ROSE): *Eine sequentielle Funktion φ über $[X, Y]$ hat genau dann endliches Gewicht, wenn für jede reguläre Teilmenge V von Y^* auch $\varphi^{-1}(V)$ regulär ist und $\mathfrak{max}\,\varphi < \infty$ gilt.*

Weiterhin hat man dann: *Ist $W \subseteq X^*$ regulär, so ist auch $\varphi(W)$ regulär.*

Den Beweis dieses Satzes findet der Leser in [17, 18] und [15]. Mit Lemma 6.7. und Lemma 5.52. können wir einen Teil der Behauptung von Satz 6.8. auch auf die nachstehende Art herleiten.

Korollar 6.9. *Es seien φ eine sequentielle Funktion über $[X, Y]$ sowie $W \subseteq X^*$ und $V \subseteq Y^*$. Dann gelten:* (1) $G_{\varphi(W)} \leqq 2^{G_W \cdot G_\varphi \cdot \mathfrak{p}_{Y^*}(\mathfrak{max}\,\varphi - 1)} + l(\varphi(e)) + 1$;
(2) $G_{\varphi^{-1}(V)} \leqq (G_V - 1) \cdot G_\varphi + 1$.

(Mit dem Symbol $\mathfrak{p}_W$ bezeichnen wir dabei für eine Wortmenge W die folgende Funktion

$$\mathfrak{p}_W(t) =_{Df} \begin{cases} \mathsf{card}\,\{p : p \in W \wedge l(p) \leqq t\}\,, & t \geqq 0; \\ 0, & \text{sonst.} \end{cases}$$

Es ist dann speziell $\mathfrak{p}_{Y^*}(n) = \dfrac{\mathsf{card}\,Y^{n+1} - 1}{\mathsf{card}\,Y - 1}$ $(n \in \mathsf{N}, \mathsf{card}\,Y > 1)$.)

Beweis.

(1) Der erste Summand ergibt sich aus einer kombinatorischen Betrachtung, die ähnlich der im Beweis von Satz 5.95. verwendeten ist, mit Hilfe von Lemma 6.7. (2), und der zweite Summand berücksichtigt die Sonderrolle der $q \in \mathsf{A}(\varphi(e))$.

Die Ungleichung (2) ergibt sich aus einer kombinatorischen Betrachtung mit Hilfe von Lemma 6.7. (3), wobei zu beachten ist, daß stets $\varphi_p^{-1}(\emptyset) = \varphi_q^{-1}(\emptyset)$ für $p, q \in X^*$ gilt. ∎

Wir können nun eine ähnliche Beziehung wie in Lemma 6.7. (1) auch für φ^{-1} zeigen. Vorbereitend dazu bemerken wir:

Folgerung 6.10. *Hat φ endliches Gewicht, so sind die Mengen $W_p(\varphi)$ regulär, und es gibt nur endlich viele Mengen $W_p(\varphi)$.*

Beweis. Die $W_p(\varphi)$ sind die Äquivalenzklassen der Relation „$\sim_\varphi$“ mit $p \sim_\varphi q =_{Df} \varphi_p = \varphi_q$. Die Behauptung folgt nun einfach mit Satz 5.79., da „$\sim_\varphi$“ rechtsstabil ist und $\mathsf{card}\, X^*/\sim_\varphi = G_\varphi$ gilt. ∎

Lemma 6.11. *Es seien φ sequentielle Funktion über $[X, Y]$, $V \subseteq \mathsf{A}(\varphi(X^*))$ und $V' \subseteq Y^*$. Dann gilt:*

(1) *Es gibt eine Zerlegung $V = V_0 \cup \bigcup_{j \in J} V_j \cdot \{r_j\}$ derart, daß* $\operatorname{card} V_0 < \aleph_0$, *$V_j \subseteq \varphi(X^*)$ und*
$(*)$ $\varphi^{-1}(V \cdot V') = \varphi^{-1}(V_0 \cdot V') \cup \bigcup_{j \in J} \bigcup_{p \in X^*} (\varphi^{-1}(V_j) \cap W_p(\varphi)) \cdot \varphi_p^{-1}(r_j \cdot V')$
gelten.

(2) *Sind darüber hinaus $G_\varphi < \aleph_0$ und V regulär, so können J endlich und alle V_j regulär gewählt werden. Weiterhin kann man dann $\bigcup_{p \in X^*} (\cdots)$ aus $(*)$ durch eine endliche Vereinigung ersetzen.*

Beweis. (1) Wir wählen $\{r_j : j \in J\} =_{Df} \{r : r \in Y^* \wedge l(r) < \mathfrak{max}\, \varphi\}$, $V_0 =_{Df}$ $=_{Df} \{q : q \in V \wedge q \sqsubset \varphi(e)\}$ und setzen $V_j =_{Df} \{q : q \in \varphi(X^*) \wedge q \cdot r_j \in V\}$. Offensichtlich ist dann $V_0 \cup \bigcup_{j \in J} V_j \cdot \{r_j\} \subseteq V$. Ist andererseits $q \in V$, so gilt entweder $q \sqsubset \varphi(e)$ oder es gibt ein längstes Wort $q' \in \varphi(X^*)$ derart, daß $q' \sqsubseteq q$ und ein kürzestes Wort $q'' \in \varphi(X^*)$ mit $q \sqsubset q''$. Wegen $l(q'') - l(q') \leqq \mathfrak{max}\, \varphi$ ist $l(q) -$ $- l(q') < \mathfrak{max}\, \varphi$. Damit haben wir dann $q \mid q' \in \{r_j : j \in J\}$ und mithin $q \in V_j \cdot$ $\cdot \{r_j\}$. Ist nun $p' \in \varphi^{-1}(V \cdot V')$, so gibt es $q \in V$ und $q' \in V'$ derart, daß $\varphi(p') =$ $= q \cdot q'$ gilt. Für $q \sqsubset \varphi(e)$ haben wir dann $p' \in \varphi^{-1}(V_0 \cdot V')$. Im anderen Falle gibt es ein längstes p mit $p \sqsubseteq p'$ und $\varphi(p) \sqsubseteq q$. Damit ist dann $l(q \mid \varphi(p)) <$ $< \mathfrak{max}\, \varphi$ und $q \mid \varphi(p) \in \{r_j : j \in J\}$. Also ist $p' \in (\varphi^{-1}(V_j) \cap W_p(\varphi)) \cdot \varphi_p^{-1}(r_j \cdot V')$ für ein geeignetes $j \in J$.

Wir zeigen nun die andere Inklusion. Es gilt $\varphi^{-1}(V_0 \cdot V') \subseteq \varphi^{-1}(V \cdot V')$ wegen $V_0 \subseteq V$. Ist für ein $j \in J$ und ein $p \in X^*$ das Wort p' aus $(\varphi^{-1}(V_j \cap W_p(\varphi)) \cdot$ $\cdot \varphi_p^{-1}(r_j \cdot V')$, so gibt es Wörter p_1, p_2 derart, daß $p_1 \cdot p_2 = p$, $p_1 \in \varphi^{-1}(V_j) \cap$ $\cap W_p(\varphi)$ und $p_2 \in \varphi_p^{-1}(r_j \cdot V')$ gelten. Damit sind dann $\varphi(p_1) \in V_j$, $\varphi_{p_1} = \varphi_p$ und $\varphi_p(p_2) \in r_j \cdot V'$. Wegen $\varphi_p = \varphi_{p_1}$ haben wir $\varphi(p_1) \cdot \varphi_p(p_2) = \varphi(p_1) \cdot \varphi_{p_1}(p_2) =$ $= \varphi(p_1 \cdot p_2) = \varphi(p)$. Somit gilt $\varphi(p) \in V_j \cdot r_j \cdot V' \subseteq V \cdot V'$.

(2) Mit $G_\varphi < \aleph_0$ gilt auch $\mathfrak{max}\, \varphi < \infty$, und wir können J endlich wählen. Weiterhin ist mit V auch $\{q : q \cdot r \in V\}$ für $r \in Y^*$ regulär. Aus Satz 6.8. folgt, daß $\varphi(X^*)$ regulär ist. Dann sind auch für $j \in J$ die Mengen $V_j = \{q : q \cdot r_j \in V\} \cap$ $\cap \varphi(X^*)$ regulär. Nach Folgerung 6.10. gibt es nur endlich viele Mengen $W_p(\varphi)$, und somit können wir $\bigcup_{p \in X^*} (\cdots)$ von $(*)$ durch eine endliche Vereinigung ersetzen. ∎

Anmerkung. Die Einschränkung $V \subseteq \mathsf{A}(\varphi(X^*))$ ist nicht schwerwiegend, da für $q \notin \mathsf{A}(\varphi(X^*))$ ohnehin $\varphi^{-1}(q \cdot Y^*) = \emptyset$ gilt.

In den folgenden Punkten werden wir fast ausschließlich solche sequentiellen Funktionen betrachten, für die zu jedem p, $p \in X^*$, ein n, $n \in \mathsf{N}$, derart existiert, daß für alle p', $p \sqsubseteq p'$, mit $l(p') - l(p) \geqq n$ die Beziehung $\varphi(p) \sqsubset \varphi(p')$ erfüllt ist. Die so ausgezeichneten sequentiellen Funktionen wollen wir *nichtverstummend* nennen. Wir werden in diesem Zusammenhang auch von einem nichtverstummenden Automaten sprechen, wenn der Automat eine nichtverstummende sequentielle Funktion realisiert.

Man verifiziert leicht:

Folgerung 6.12. *Es sei φ sequentielle Funktion über $[X, Y]$. Dann sind die folgenden Aussagen äquivalent:*

(1) *φ ist nichtverstummend.*
(2) *Für jedes $q, q \in Y^*$, ist $\varphi^{-1}(q)$ endlich.*
(3) *Für jedes $p, p \in X^*$, ist $\varphi_p^{-1}(e)$ endlich.*
(4) *Das Bild jeder unendlichen Menge ist unendlich.*

Für sequentielle Funktionen endlichen Gewichts gilt:

Folgerung 6.13. *Ist φ nichtverstummend und $G_\varphi = k < \aleph_0$, so ist für alle r, $r \in \bigcup_{\varphi_p \in Z_\varphi} \varphi_p^{-1}(e)$, die Beziehung $l(r) < k$ erfüllt.*

Beweis. Wir nehmen an, es gäbe ein $p, p \in X^*$, und ein $r, r \in \varphi_p^{-1}(e)$, mit $l(r) \geqq k$. Dann ist $\varphi_p(r) = e$. Betrachten wir die Folge der Zustände $(\varphi_{r'})_{p \sqsubseteq r' \sqsubseteq p \cdot r}$ so gibt es wegen $l(r) \geqq k$ und $G_\varphi = k$ Wörter r' und r'' derart, daß $p \sqsubseteq r' \sqsubset r' \cdot r'' \sqsubseteq r$ und $\varphi_{r'} = \varphi_{r' \cdot r''}$ gelten. Dann haben wir mit $\varphi_p(r) = e$ auch $\varphi_{r'}(r'') = e$. Wir erhalten nun leicht für alle $n, n \in \mathsf{N}$, die Gleichung $\varphi_{r'}(r''^n) = e$, und $\varphi_{r'}$ würde somit bei Eingaben aus $\{r''\}^*$ verstummen. ∎

Der Beweis von Folgerung 6.13. verdeutlicht nochmals, worin das Wesen nichtverstummender sequentieller Funktionen besteht. Gleichzeitig gibt er uns ein Entscheidungsverfahren, für eine gegebene sequentielle Funktion φ endlichen Gewichts nachzuprüfen, ob sie nichtverstummend ist. Es genügt dazu, in einem gegebenen Schema (in einem Graphen oder in einer Tabelle) für sämtliche Zustände φ_p und alle Wörter r der Länge G_φ nachzuprüfen, ob $\varphi_p(r) \neq e$ ist. Zum Abschluß von Punkt 6.1.1. geben wir noch Verfahren und Beispiele dafür an, wie man für nichtverstummende sequentielle Funktionen endlichen Gewichts das Bild bzw. Urbild einer regulären Wortmenge berechnet.

Von dem Gleichungssystem

$$\text{(I)} \qquad W_i = \bigcup_{x \in X} x \cdot W_{\mathfrak{j}(x,i)} \cup \varepsilon(W_i) \qquad (1 \leqq i \leqq n)$$

für die reguläre Menge W gehen wir zunächst zu einem Gleichungssystem der folgenden Art über:

$$\text{(II)} \qquad W_i = \bigcup_{r \in X^k} r \cdot W_{\mathfrak{j}(r,i)} \cup \hat{\varepsilon}(W_i) \qquad (1 \leqq i \leqq n)\,.$$

Dabei seien $k = G_\varphi$ und $\hat{\varepsilon}(W_i) \subseteq \bigcup_{i=0}^{k-1} X^i$. Das Gleichungssystem (II) erhält man, indem man sukzessive die Gleichungen des Systems (I) ineinander einsetzt, bis man als Koeffizienten Wörter der Länge k erhält. (Es genügt hierbei, das um 1 vergrößerte Maximum der Längen von Wörtern aus $\bigcup_{p \in X^*} \varphi_p^{-1}(e)$ für k zu nehmen). Mit dieser Verfahrensweise sichern wir uns, daß für jeden Zustand φ_p das Wort $\varphi_p(r)$, $r \in X^k$, nicht verschwindet. Danach wenden wir φ auf die erste Gleichung an und erhalten

$$\varphi(W_1) = \bigcup_{r \in X^k} \varphi(r) \cdot \varphi_r(W_{\mathfrak{j}(r,i)}) \cup \varphi(\hat{\varepsilon}(W_1))\,.$$

Für alle neu auftretenden Mengen $\varphi_r(W_{\mathfrak{j}(r,i)})$ berechnen wir die entsprechenden Gleichungen analog und erhalten somit ein Gleichungssystem der Form

$$\text{(III)} \qquad V_i = \bigcup_{q \in M} q \cdot V_{\mathfrak{j}(q,i)} \cup \hat{\varepsilon}(V_i) \qquad (1 \leqq i \leqq k \cdot n)\,.$$

Die q sind dabei nichtleere Wörter aus Y^*, die aus den Koeffizienten r des Systems II durch Anwendung von φ_p entstanden sind.

Das Gleichungssystem (III) bringen wir nun durch Abspalten der ersten Buchstaben, durch Vergleichen und Zusammenfassen auf die Normalform

$$\text{(IV)} \qquad V_i' = \bigcup_{y \in Y} y \cdot V'_{\mathfrak{j}(y,i)} \cup \dot{\varepsilon}(V_i') \qquad (1 \leq i \leq n')\,.$$

Bei der Berechnung des Urbildes verwandeln wir im Ausgangssystem

$$\text{(I)} \qquad V_i = \bigcup_{y \in Y} y \cdot V_{\mathfrak{j}(y,i)} \cup \varepsilon(V_i) \qquad (1 \leqq i \leqq m)$$

zunächst die erste Gleichung in die Form

$$V_1 = \bigcup_{l(q) = l(\varphi(e))} q \cdot V_{\mathfrak{j}(q,1)} \cup \hat{\varepsilon}(V_i)$$

und spalten den Summanden, für den $\varphi(e) = q$ gilt, ab. Die restlichen brauchen im Urbild nicht berücksichtigt zu werden.

Danach verwandeln wir das derart modifizierte System wie im ersten Verfahren in ein System der Form

$$\text{(II)} \qquad V_i = \bigcup_{l(q) = \mathfrak{max}\,\varphi} q \cdot V_{\mathfrak{j}(q,i)} \cup \hat{\varepsilon}(V_i) \qquad (1 \leqq i \leqq m)$$

und wenden zunächst auf die erste Gleichung φ_e^{-1} an:

$$\varphi_e^{-1}(V_1) = \bigcup_{l(q) = \mathfrak{max}\,\varphi} \varphi_e^{-1}(q \cdot V_{\mathfrak{j}(q,i)}) \cup \varphi_e^{-1}(\hat{\varepsilon}(V_1))\,.$$

Für q betrachten wir nun die Menge

$$V_{q,p} =_{Df} \{rx\colon r \in X^* \wedge x \in X \wedge \varphi_p(r) \sqsubseteq q \sqsubset \varphi_p(rx)\}\,.$$

Diese Menge ist wegen $l(q) = \mathfrak{max}\,\varphi$ nichtleer, ferner ist $e \notin V_{q,p}$ und $V_{q,p}$ nach Folgerung 6.12. damit endlich. Dann setzen wir

$$\varphi_e^{-1}(V_1) = \bigcup_{l(q) = \mathfrak{max}\,\varphi} \; \bigcup_{rx \in V_{q,e}} r \cdot \varphi_r^{-1}\big((q \mid \varphi_e(r)) \cdot V_{\mathfrak{j}(q,i)}\big) \cup \varphi_e^{-1}(\hat{\varepsilon}(V_1))\,.$$

Die entstandenen $\varphi_r^{-1}\big((q \mid \varphi_e(r)) \cdot V_{\mathfrak{j}(q,i)}\big)$ behandeln wir in derselben Weise weiter, bis keine neuen Zustände mehr auftreten. Wir erhalten dann ein Gleichungssystem der Form

$$\text{(III)} \qquad W_i = \bigcup_{r \in M} r \cdot W_{\mathfrak{j}(r,i)} \cup \hat{\varepsilon}(W_i) \qquad (1 \leqq i \leqq m \cdot k)\,,$$

wobei M und die $\hat{\varepsilon}(W_i)$ endliche Teilmengen von X^* sind. Durch Abspalten der ersten Buchstaben, durch Vergleichen und Zusammenfassen gewinnen wir dann ein Gleichungssystem für $\varphi^{-1}(V)$ der Form

$$\text{(IV)} \qquad W_i' = \bigcup_{x \in X} x \cdot W'_{\mathfrak{j}(x,i)} \cup \varepsilon(W_i') \qquad (1 \leq i \leq m')\,.$$

Wir illustrieren diese Verfahren durch ein Beispiel.

Beispiel 6.14.: Es sei φ eine sequentielle Funktion über $[\{0, 1\}, \{0, 1\}]$, gegeben durch den Graphen aus Abbildung 6.1. Der Graph ist folgendermaßen zu interpretieren:

(1) $\varphi(e) = 1$
(2) $\varphi_e(0) = 0$, $\varphi_e(1) = 01$ und $\varphi_0 = \varphi_1 = \varphi_e$.

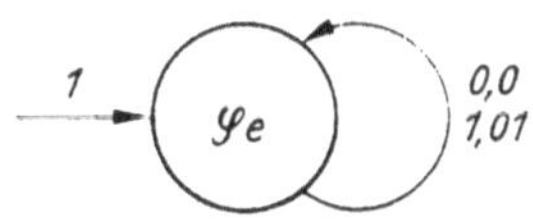

Abb. 6.1. Sequentielle Funktion aus Beispiel 6.14.

Wir berechnen zunächst $\varphi(X^*) = \varphi(\{0, 1\}^*)$. Es ist (I) $X^* = 0 \cdot X^* \cup 1 \cdot X^* \cup \{e\}$ ein Gleichungssystem für X^*. Dann ist $\varphi(X^*) = 1 \cdot \varphi_e(X^*)$. Wir berechnen der Einfachheit halber also

$$\varphi_e(X^*) = \varphi_e(0) \cdot \varphi_0(X^*) \cup \varphi_e(1) \cdot \varphi_1(X^*) \cup \varphi_i(e)\,,$$

und erhalten mit den Eigenschaften von φ:

$$\varphi_e(X^*) = 0 \cdot \varphi_e(X^*) \cup 01 \cdot \varphi_e(X^*) \cup \{e\}\,. \tag{III}$$

Durch Abspalten der ersten Buchstaben haben wir

$$\varphi_e(X^*) = 0 \cdot (\varphi_e(X^*) \cup 1 \cdot \varphi_e(X^*)) \cup 1 \cdot \emptyset \cup \{e\}\,.$$

Es tritt $\varphi_e(X^*) \cup 1 \cdot \varphi_e(X^*)$ als neuer Zustand auf:

$$\varphi_e(X^*) \cup 1 \cdot \varphi_e(X^*) = 0 \cdot (\varphi_e(X^*) \cup 1 \cdot \varphi_e(X^*)) \cup 1 \cdot \varphi_e(X^*) \cup \{e\}\,.$$

Damit ist unser Gleichungssystem aufgestellt. Fassen wir zusammen, so haben wir (der Kürze halber sei $W =_{Df} \varphi_e(X^*) \cup 1 \cdot \varphi_e(X^*)$ gesetzt):

$$\begin{aligned} \varphi(X^*) &= 0 \cdot \emptyset \cup 1 \cdot \varphi_e(X^*) \cup \emptyset \\ \varphi_e(X^*) &= 0 \cdot W \cup 1 \cdot \emptyset \cup \{e\} \\ W &= 0 \cdot W \cup 1 \cdot \varphi_e(X^*) \cup \{e\} \\ \emptyset &= 0 \cdot \emptyset \cup 1 \cdot \emptyset \cup \emptyset\,. \end{aligned} \tag{IV}$$

Der Übergang von (I) zu (II) erübrigte sich hierbei, weil $\varphi_e(x) \neq e$ für $x \in X$ galt. Als Lösung erhält man leicht $\varphi(X^*) = 1 \cdot (0^* \cdot 01)^* \cdot 0^*$. Wir berechnen nun $\varphi^{-1}((1 \cdot 0)^*)$. Als Gleichungssystem für $(1 \cdot 0)^*$ haben wir

$$\begin{aligned} (10)^* &= 0 \cdot \emptyset \cup 1 \cdot (0(10)^*) \cup \{e\} \\ 0 \cdot (10)^* &= 0 \cdot (10)^* \cup 1 \cdot \emptyset \cup \emptyset\,. \end{aligned} \tag{I}$$

Die Gleichung für $\emptyset$ ist entbehrlich, wenn wir diese Menge stets durch das festgelegte Symbol $\emptyset$ bezeichnen. Dann ist zunächst

$$\varphi^{-1}((10)^*) = \varphi_e^{-1}(0 \cdot (10)^*)\,.$$

Wir gehen wegen $l(\varphi_e(1)) = 2$ über zu

$$0 \cdot (10)^* = 01 \cdot (0(10)^*) \cup \{0\}, \tag{II}$$

wobei wir die leeren Zustände der Einfachheit halber weglassen, und erhalten

$$\varphi_e^{-1}(0 \cdot (10)^*) = \varphi_e^{-1}(01 \cdot 0(10)^*) \cup \varphi_e^{-1}(0)\,.$$

Es sind nun $\varphi_e(0) = 0$, $\varphi_e(00) \mid\mid 01$, $\varphi_e(01) \mid\mid 01$, $\varphi_e(1) = 01$ und somit $01 \sqsubseteq \varphi_e(10), \varphi_e(11)$. Damit ist

$$\varphi_e^{-1}(0 \cdot (10)^*) = 1 \cdot \varphi_e^{-1}(0 \cdot (10)^*) \cup \{0\} . \tag{III}$$

Durch Abspalten der ersten Buchstaben erhalten wir

$$\varphi_e^{-1}(0 \cdot (10)^*) = 0 \cdot \{e\} \cup 1 \cdot \varphi_e^{-1}(0 \cdot (10)^*) \cup \emptyset \tag{IV}$$

$$\{e\} = 0 \cdot \emptyset \cup 1 \cdot \emptyset \cup \{e\}$$

als Gleichungssystem für $\varphi^{-1}((10)^*) = \varphi_e^{-1}(0 \cdot (01)^*)$. Löst man das Gleichungssystem, so erhält man

$$\varphi^{-1}((10)^*) = 1^* \cdot 0 .$$

6.1.2. Automaten und sequentielle Operatoren — Die Sätze über die Limes-Übertragung

In diesem Abschnitt werden wir das Verhalten von Automaten bei Eingabe von Folgen aus X^ω betrachten. Für einen Automaten $\mathfrak{A} = [X, Y, Z, f, g, z_0, q_0]$ stellt sich die Ausgabe bei eingegebenen $\xi \in X^\omega$ folgendermaßen dar:

$$q_0 \cdot g(z_0, (1)) \cdot g(f(z_0, \xi(1)), \xi(2)) \cdot \cdots \cdot g(f(z_0, \xi(1) \cdots \xi(n)), \xi(n+1)) \cdots$$

Bezeichnen wir die von $\mathfrak{A}$ realisierte Folgenabbildung mit $\Phi_{\mathfrak{A}}$, so besteht zwischen $\Phi_{\mathfrak{A}}$ und $\varphi_{\mathfrak{A}}$ folgender Zusammenhang:

Folgerung 6.15.

$$\Phi_{\mathfrak{A}}(\xi) = \varphi_{\mathfrak{A}}(\xi(1)) \cdot \varphi_{\mathfrak{A}, \xi(1)}(\xi(2)) \cdot \cdots \cdot \varphi_{\mathfrak{A}, \xi(1) \cdots \xi(n)}(\xi(n+1)) \cdots$$

Es ist $\Phi_{\mathfrak{A}}$ eine Abbildung von X^ω in $\hat{Y} = Y^\omega \cup Y^*$.

Unter Verwendung von Lemma 6.4. können wir die von Automaten realisierten Folgenabbildungen also wie folgt charakterisieren:

Definition 6.16. Der Operator Φ von X^ω in $\hat{Y}$ wird *durch die sequentielle Funktion φ über $[X, Y]$ erzeugt* $(\Phi = \boldsymbol{P}\varphi) =_{Df}$. Für alle $\xi \in X^\omega$ gilt $\mathsf{A}(\Phi(\xi)) = \mathsf{A}(\varphi(\mathsf{A}(\xi)))$.

Man überzeugt sich leicht davon, daß Definition 6.16. dasselbe beinhaltet wie Folgerung 6.15.

Für unsere weiteren Betrachtungen sind nun besonders diejenigen durch eine sequentielle Funktion erzeugten Operatoren interessant, die X^ω in Y^ω abbilden.

Definition 6.17. Die Abbildung Φ heißt *sequentieller Operator* über $[X, Y] =_{Df}$

(1) Es gibt eine sequentielle Funktion φ über $[X, Y]$ mit $\Phi = \boldsymbol{P}\varphi$;
(2) $\Phi: X^\omega \to Y^\omega$.

In diesem Zusammenhang ist noch zu bemerken, daß zwar die Zuordnung $\varphi \mapsto \boldsymbol{P}\varphi$ eindeutig ist, aber umgekehrt ein sequentieller Operator von einer Vielzahl verschiedener sequentieller Funktionen erzeugt wird (siehe dazu Abschnitt 7). Umschreiben wir Definition 6.16. im Falle sequentieller Operatoren mit Hilfe des Operators ls, so erhalten wir unschwer die Bedingung $\{\Phi(\xi)\} = \mathsf{ls}\, \varphi(\mathsf{A}(\xi))$. Diese Gleichung läßt nun die Vermutung zu, daß sich die Beziehungen zwischen sequentiellen Operatoren und sequentiellen Funktionen mit Hilfe der Operatoren ls und A einfach darstellen lassen.

Folgerung 6.18. *Es seien φ sequentielle Funktion über $[X, Y]$ und $\Phi = \boldsymbol{P}\varphi$. Dann gelten für $W \subseteq X^*$, $V \subseteq Y^*$ und $F \subseteq X^\omega$:*

(1) $\mathsf{A}(\varphi(\mathsf{A}(W)) = \mathsf{A}(\varphi(W)))$;
(2) $\varphi^{-1}(\mathsf{A}(V)) = \mathsf{A}(\varphi^{-1}(\mathsf{A}(V))$;
(3) $\mathsf{A}(\Phi(F)) = \mathsf{A}(\varphi(\mathsf{A}(F)))$.

Beweis.

(1) Die Inklusion „$\supseteq$" gilt offensichtlich. Zum Beweis der anderen Richtung genügt es, $\varphi(\mathsf{A}(W)) \subseteq \mathsf{A}(\varphi(W))$ zu zeigen. Ist nun $q \in \varphi(\mathsf{A}(W))$, so gibt es ein $p \in \mathsf{A}(W)$ derart, daß $\varphi(p) = q$. Dann gibt es aber auch ein $p' \in W$ mit $p \sqsubseteq p'$ .Damit ist $q \sqsubseteq \varphi(p')$, wobei $\varphi(p') \in \varphi(W)$.
(2) Es reicht aus, die Gültigkeit der Inklusion „$\supseteq$" zu zeigen. Ist $p \in \mathsf{A}(\varphi^{-1}(\mathsf{A}(V)))$, so gibt es ein p' mit $p \sqsubseteq p'$ und $p' \in \varphi^{-1}(\mathsf{A}(V))$. Somit sind $\varphi(p') \in \mathsf{A}(V)$ und auch $\varphi(p) \in \mathsf{A}(V)$.
(3) Es ist $\mathsf{A}(\Phi(F)) = \mathsf{A}\left(\bigcup_{\xi \in F} \{\Phi(\xi)\}\right)$. Mit Folgerung 5.7. (2) haben wir dann $\mathsf{A}(\Phi(F)) = \bigcup_{\xi \in F} \mathsf{A}(\Phi(\xi))$; Definition 6.16. und Folgerung 5.7. (2) ergeben schließlich $\mathsf{A}(\Phi(F)) = \bigcup_{\xi \in F} \mathsf{A}(\varphi(\mathsf{A}(\xi)) = \mathsf{A}(\varphi(\mathsf{A}(F)))$. ∎

Satz 6.19. (*Erster Satz über die Limes-Übertragung*) *Es seien Φ ein sequentieller Operator über $[X, Y]$, φ eine Φ erzeugende sequentielle Funktion und $W \subseteq X^*$. Dann gilt*

$$\Phi(\mathsf{ls}\ W) = \mathsf{ls}\ \varphi(W)\ .$$

Beweis. Mit den Folgerungen 5.13. (3) und 6.18. (1) haben wir $\mathsf{A}(\varphi(\mathsf{A}(\mathsf{ls}\ W))) \subseteq$ $\subseteq \mathsf{A}(\varphi(W))$. Dann ist mit Folgerung 6.18. (3)

$$\mathsf{ls}\ \mathsf{A}(\Phi(\mathsf{ls}\ W)) \subseteq \mathsf{ls}\ \mathsf{A}(\varphi(W))\ .$$

Schließlich erhalten wir mit Folgerung 5.13. (1), (2) und (4) $\Phi\ (\mathsf{ls}\ W) \subseteq \mathsf{ls}\ \varphi(W)$.

Es sei nun $\eta \in \mathsf{ls}\ \varphi(W)$. Dann gibt es nach Folgerung 5.14. (2) eine Teilmenge V von $\varphi(W)$ mit $\{\eta\} = \mathsf{ls}\ V$ und somit auch eine Teilmenge W' von W derart, daß $\{\eta\} = \mathsf{ls}\ \varphi(W')$. Für $\xi \in \mathsf{ls}\ W'$ ist dann $\mathsf{A}(\Phi(\xi)) = \mathsf{A}(\varphi(\mathsf{A}(\xi))) \subseteq \mathsf{A}(\varphi(W'))$. Mithin ist $\{\Phi(\xi)\} = \mathsf{ls}\ \varphi(W') = \{\eta\}$, also $\eta \in \Phi(\mathsf{ls}\ W)$. ∎

Bemerkung. Der angegebene Satz ist in folgender Weise umkehrbar: *Ist φ sequentielle Funktion über $[X, Y]$, so folgt aus der Gültigkeit der Beziehung $\boldsymbol{P}\varphi(\mathsf{ls}\ W) = \mathsf{ls}\ \varphi(W)$ für alle $W \subseteq X^*$, daß $\boldsymbol{P}\varphi$ sequentieller Operator über $[X, Y]$ ist.*

Korollar 6.20. *Es seien Φ sequentieller Operator über $[X, Y]$ und $F \subseteq X^\omega$. Dann ist $\Phi(\mathfrak{C}_\varrho(F)) = \mathfrak{C}_\varrho(\Phi(F))$.*

Beweis. Mit Korollar 5.17. und Satz 6.19. haben wir zunächst $\Phi(\mathsf{ls}\,\mathsf{A}(F)) = \mathsf{ls}\,\varphi(\mathsf{A}(F))$. Für die andere Seite der behaupteten Gleichung erhalten wir mit Folgerung 6.18. (3)

$$\mathsf{ls}\,\mathsf{A}(\Phi(F)) = \mathsf{ls}\,\varphi(\mathsf{A}(F)). \blacksquare$$

Interpretieren wir Korollar 6.20. im topologischen Sinne, so folgt, daß jeder sequentieller Operator über $[X, Y]$ eine *stetige* und darüber hinaus *abgeschlossene* Abbildung des Raumes $[X^\omega, \varrho]$ in den Raum $[Y^\omega, \varrho]$ ist. Die Umkehrung dieser Aussage werden wir in Abschnitt 7 beweisen.

Satz 6.21. (*Zweiter Satz über die Limes-Übertragung*) *Es seien* Φ *ein sequentieller Operator über* $[X, Y]$, φ *eine* Φ *erzeugende sequentielle Funktion und* $V \subseteq Y^*$. *Dann gilt* $\Phi^{-1}(\mathsf{ls}\,V) = \mathsf{ls}\,\varphi^{-1}(\mathsf{A}(V))$.

Beweis. Mit Satz 6.19. und Folgerung 5.13. (2) ist $\mathsf{ls}\,V \supseteq \mathsf{ls}\,\varphi \circ \varphi^{-1}(\mathsf{A}(V)) = \Phi(\mathsf{ls}\,\varphi^{-1}(\mathsf{A}(V)))$. Demzufolge haben wir $\Phi^{-1}(\mathsf{ls}\,V) \supseteq \mathsf{ls}\,\varphi^{-1}(\mathsf{A}(V))$. Es sei nun $\xi \in \Phi^{-1}(\mathsf{ls}\,V)$. Dann ist $\Phi(\xi) \in \mathsf{ls}\,V$, d. h. $\mathsf{A}(\Phi(\xi)) \subseteq \mathsf{A}(V)$. Mit Definition 6.16. und Folgerung 5.7. (5) haben wir dann $\varphi(\mathsf{A}(\xi)) \subseteq \mathsf{A}(V)$. Daraus folgen $\mathsf{A}(\xi) \subseteq \varphi^{-1}(\mathsf{A}(V))$ und schließlich $\xi \in \mathsf{ls}\,\varphi^{-1}(\mathsf{A}(V))$. $\blacksquare$

Auch dieser Satz liefert uns im Verein mit Satz 5.16. die Aussage, daß jeder sequentielle Operator stetig ist. Weiterhin gibt er uns ein Kriterium dafür, daß eine sequentielle Funktion einen sequentiellen Operator erzeugt.

Korollar 6.22. *Eine sequentielle Funktion* φ *über* $[X, Y]$ *erzeugt dann und nur dann einen sequentiellen Operator über* $[X, Y]$, *wenn* φ *nichtverstummend ist.*

Beweis. Es sei $\boldsymbol{P}\varphi = \Phi$ sequentieller Operator. Wegen Folgerung 6.12. (2) genügt es zu zeigen, daß das Urbild $\varphi^{-1}(V)$ jeder endlichen Menge V endlich ist. Mit Satz 6.21. erhalten wir $\mathsf{ls}\,\varphi^{-1}(V) = \Phi^{-1}(\mathsf{ls}\,V)$, und mit Folgerung 5.14. (1) ist dann $\varphi^{-1}(V)$ endlich.

Es sei nun $\boldsymbol{P}\varphi$ kein sequentieller Operator. Dann gibt es ein $\xi \in X^\omega$ und ein $q \in Y^*$ derart, daß $\boldsymbol{P}\varphi(\xi) = q$. Dann gilt aber $\varphi(\mathsf{A}(\xi)) \subseteq \mathsf{A}(q)$ und mit Folgerung 6.12. (4) ist φ eine verstummende sequentielle Funktion. $\blacksquare$

Für die weiteren Ausführungen wäre es vorteilhaft, bereits die Begriffe *Zustand* und *Gewicht* eines sequentiellen Operators verwenden zu können. Die von den erzeugenden sequentiellen Funktionen unabhängige Definition des Zustandes eines sequentiellen Operators Φ bereitet jedoch, wie wir später sehen werden (siehe Abschnitt 7), einige Schwierigkeiten. Da wir bei den folgenden Untersuchungen auf sie noch verzichten können, begnügen wir uns vorerst damit, das *Gewicht* eines sequentiellen Operators einzuführen.

Definition 6.23. Die Größe G_Φ heißt *Gewicht des sequentiellen Operators* $\Phi =_{Df}$

$$G_\Phi = \min \{G_\varphi : \boldsymbol{P}\varphi = \Phi\}\,.$$

Wesentlich hierbei ist, daß wir einem Operator genau dann ein *endliches* Gewicht zuordnen, wenn es eine *sequentielle Funktion endlichen Gewichts* gibt, die den Operator *erzeugt.*

Wir sind nunmehr in der Lage, die Ergebnisse von Lemma 6.7., Korollar 6.9. und Lemma 6.11. auf sequentielle Operatoren und Folgenmengen zu übertragen. Dabei können die Beweise ohne Mühe übernommen werden; wir wiederholen sie also nicht.

Im Folgenden seien stets Φ ein sequentieller Operator über $[X, Y]$ und φ eine Φ erzeugende sequentielle Funktion.

Lemma 6.24.

(1) $\Phi(W \cdot F) = \bigcup_{p \in X^*} \varphi(W \cap W_p(\varphi)) \cdot \boldsymbol{P}\varphi_p(F)$;

(2) $\Phi(F) \mid q = \bigcup_{\substack{p \in \mathsf{A}(F) \\ l(\varphi(p)) < l(q) + \mathfrak{max}\, \varphi}} (\varphi(p) \mid q) \cdot \boldsymbol{P}\varphi_p(F \mid p)$;

(3) $\Phi^{-1}(E) \mid p = (\boldsymbol{P}\varphi_p)^{-1} (E \mid \varphi(p))$.

Lemma 6.25. *Es sei $G_\varphi = G_\Phi$. Dann gelten*

(1) $G_{\Phi(F)} \leqq 2^{G_F \cdot G_\Phi \cdot \mathfrak{P}_{Y^*}(\mathfrak{max}\, \varphi - 1)} + l(\varphi(e)) + 1$;

(2) $G'_{\Phi(F)} \leqq 2^{G'_F \cdot G_\Phi \cdot \mathfrak{P}_{Y^*}(\mathfrak{max}\, \varphi - 1)} + l(\varphi(e))$;

(3) $G_{\Phi^{-1}}(E) \leqq (G_E - 1) \cdot G_\Phi + 1$.

Lemma 6.26. *Es seien $V \subseteq \mathsf{A}(\varphi(X^*))$ und $E \subseteq Y^\omega$. Dann hat man:*

(1) *Es gibt eine Zerlegung wie in Lemma 6.11., und es gilt die Gleichung*

$$(*) \quad \Phi^{-1}(V \cdot E) = \Phi^{-1}(V_0 \cdot E) \cup \bigcup_{j \in J} \bigcup_{p \in X^*} (\varphi^{-1}(V_j) \cap W_p(\varphi)) \cdot (\boldsymbol{P}\varphi_p)^{-1} (r_j \cdot E) .$$

(2) *Sind darüber hinaus $G_\Phi < \aleph_0$ und V regulär, so gibt es eine Erzeugende φ von Φ mit endlichem Gewicht, so daß J endlich und die V_j regulär gewählt werden können. Weiterhin kann $\bigcup_{p \in X^*} (\cdots)$ aus $(*)$ durch eine endliche Vereinigung ersetzt werden.*

Lemma 6.25. besagt, daß Bilder bzw. Urbilder von Folgenmengen endlichen Gewichts bei Abbildungen durch einen sequentiellen Operator endlichen Gewichts wieder endliches Gewicht haben.

6.2. Sequentielle Operatoren endlichen Gewichts

6.2.1. Limes-reguläre Folgenmengen

Wie aus 5.2.3. bekannt, sind Folgenmengen endlichen Gewichts nicht notwendig regulär. Unsere nächste Aufgabe wird es nun sein, zu zeigen, daß sequentielle Operatoren endlichen Gewichts auch die Regularität in der Bild-Urbild- sowie in der Urbild-Bild-Richtung übertragen.

Aus den beiden Sätzen über die Limes-Übertragung sowie aus Satz 6.8., Korollar 5.60. und Lemma 5.63. (1) leiten wir unmittelbar ab:

Satz 6.27. *Es seien Φ ein sequentieller Operator endlichen Gewichts über $[X, Y]$, F und E reguläre abgeschlossene Teilmengen von X^ω bzw. Y^ω. Dann sind auch $\Phi(F)$ und $\Phi^{-1}(E)$ reguläre abgeschlossene Teilmengen von Y^ω bzw. X^ω.*

Dieser Satz gibt uns durch eine Kombination von Verfahren aus 5.2.4. und 6.1.1. eine Methode zur Bestimmung der Bilder bzw. Urbilder abgeschlossener regulärer Folgenmengen: Man bestimme zunächst Gleichungssysteme für $\mathsf{A}(F)$ bzw. $\mathsf{A}(E)$ und wende darauf die Verfahren aus 6.1.1. an. Für die erhaltenen Mengen $\varphi(\mathsf{A}(F))$ bzw. $\varphi^{-1}(\mathsf{A}(E))$ bestimme man dann $\mathsf{ls}\,\varphi(\mathsf{A}(F))$ bzw. $\mathsf{ls}\,\varphi^{-1}(\mathsf{A}(F))$ nach dem Verfahren aus 5.2.4.

Auf der Grundlage von Satz 6.27. werden wir mit Hilfe der Lemmata 6.24. (1) und 6.26. zunächst für eine weitere Teilklasse der regulären Folgenmengen die zu Beginn dieses Punktes angekündigte Behauptung beweisen.

Definition 6.28. Eine Teilmenge F von X^ω heißt *limes-regulär* $=_{Df}$. Es gibt eine Darstellung $F = \bigcup_{i=1}^{n} W_i \cdot \mathsf{ls}\, V_i$, wobei die W_i und V_i reguläre Wortmengen sind.

Mit den Lemmata 5.63. (1) und 5.65. (1) haben wir

Folgerung 6.29.

(1) *Jede limes-reguläre Folgenmenge ist reguläre* $\mathbf{F}_\sigma$*-Menge.*

(2) *Jede reguläre abgeschlossene oder offene Folgenmenge ist limes-regulär.*

Es interessiert nun, ob jede reguläre Folgenmenge auch limes-regulär ist bzw. ob jede limes-reguläre Folgenmenge schon offen oder abgeschlossen ist. Eine genaue Untersuchung des topologischen Charakters der limes-regulären Folgenmengen erfolgt in Punkt 6.3.; zur Beantwortung der angegebenen Fragen geben wir ein Beispiel.

Beispiel 6.30. (1) Es ist $\{0, 1\}^* \cdot 0^\omega$ weder offen noch abgeschlossen, aber limes-regulär.

(2) Die Menge $(0^* \cdot 1)^\omega$ ist nicht limes-regulär.

ad (1): Es ist $\{0, 1\}^* \cdot 0^\omega$ eine abzählbare, in sich dichte Menge, denn wir haben $\mathfrak{C}_\varrho(\{0, 1\}^* \cdot 0^\omega) \supseteq \{0, 1\}^* \cdot 0^\omega$. Demzufolge (siehe etwa [1]) ist $\{0, 1\}^* \cdot 0^\omega$ eine $\mathbf{F}_\sigma$-, aber keine $\mathbf{G}_\delta$-Menge. Damit kann $\{0, 1\}^* \cdot 0^\omega$ weder offen, noch abgeschlossen sein.

ad (2): Wegen $\{0, 1\}^\omega \setminus \{0, 1\}^* \cdot 0^\omega = (0^* \cdot 1)^\omega$ ist $(0^* \cdot 1)^\omega$ eine $\mathbf{G}_\delta$- aber keine $\mathbf{F}_\sigma$-Menge. Also ist mit Folgerung 6.29. (1) die Menge $(0^* \cdot 1)^\omega$ nicht limes-regulär.

Satz 6.31. *Es seien Φ ein sequentieller Operator endlichen Gewichts über $[X, Y]$, sowie F und E limes-reguläre Teilmengen von X^ω bzw. Y^ω. Dann sind auch $\Phi(F)$ und $\Phi^{-1}(E)$ limes-regulär.*

Beweis. Wir zeigen die Behauptung nur für $\Phi^{-1}(E)$. Den Beweis für $\Phi(F)$ führt man völlig analog, wobei man Lemma 6.24. (1) heranzieht. Es genügt, die Behauptung $E = W \cdot \mathsf{ls}\, V$ mit regulärem W und V nachzuweisen. Wir wählen eine Erzeugende φ von Φ mit endlichem Gewicht. Weiterhin zerlegen wir wie folgt W in W' und W'': $W' =_{Df} W \cap \mathsf{A}(\varphi(X^*))$; $W'' =_{Df} W \setminus \mathsf{A}(\varphi(X^*))$. Dann ist $\Phi^{-1}(W'' \cdot \mathsf{ls}\, V) = \emptyset$ (siehe Anmerkung zu Lemma 6.11.). Also können wir unmittelbar Lemma 6.26. anwenden und erhalten

$$\begin{aligned}\Phi^{-1}(W \cdot \mathsf{ls}\, V) &= \Phi^{-1}(W' \cdot \mathsf{ls}\, V)\\ &= \Phi^{-1}(W_0' \cdot \mathsf{ls}\, V) \cup \bigcup_{j \in J} \bigcup_{p \in X^*} \big(\varphi^{-1}(W_j') \cap W_p(\varphi)\big) \cdot \boldsymbol{P}\varphi_p^{-1}(r_j \cdot \mathsf{ls}\, V)\,.\end{aligned}$$

Die Regularität der Mengen W' und $W_p(\varphi)$ folgt mit Satz 6.8. und Lemma 5.45. aus der Endlichkeit des Gewichtes von φ. Damit können J endlich, die W_j' regulär und $\bigcup_{p \in X^*} (\cdots)$ ebenfalls endlich gewählt werden. Schließlich ist W_0' endlich, und es gelten $W_0' \cdot \mathsf{ls}\, V = \mathsf{ls}\, W_0' \cdot V$ und $r_j \cdot \mathsf{ls}\, V = \mathsf{ls}\, r_j \cdot V$ (siehe Lemma 5.61. (1)). Damit ist $\Phi^{-1}(W \cdot \mathsf{ls}\, V) = \Phi^{-1}(\mathsf{ls}\, W_0 \cdot V) \cup \bigcup_{j \in J} \bigcup_{p \in X^*} (\varphi^{-1}(W_j') \cap W_p(\varphi)) \cdot (\boldsymbol{P}\varphi_p)^{-1} (\mathsf{ls}\, r_j \cdot V)$. Mit φ_p hat auch $(\boldsymbol{P}\varphi_p)$ endliches Gewicht. Also sind $\Phi^{-1}(\mathsf{ls}\, W_0 \cdot V)$ und die $(\boldsymbol{P}\varphi_p)^{-1}(\mathsf{ls}\, r_j \cdot V)$ zufolge Satz 6.27. reguläre abgeschlossene Mengen. Damit folgt unmittelbar, daß $\Phi^{-1}(W \cdot \mathsf{ls}\, V)$ limes-regulär ist. ▌

6.2.2. Kanonische sequentielle Operatoren — Die Sätze über die Regularitätsstabilität

Um Satz 6.31. auf den Fall allgemeiner regulärer Mengen zu übertragen, betrachten wir zunächst eine Teilklasse der Klasse aller sequentiellen Operatoren endlichen Gewichts, nämlich diejenigen Operatoren, die sich in einem *synchronen* endlichen Automaten realisieren lassen. Wir nennen solche Operatoren *kanonische* sequentielle Operatoren.

Einen endlichen MEDWEDJEW-Automaten $\mathfrak{A} = [X, Z, f, z_0]$ können wir bekanntlich als einen endlichen synchronen Automaten $\mathfrak{A} = [X, Z, Z, f, g, z_0, e]$ mit Zustandsausgabe ansehen, wenn wir $g(z, x) =_{Df} z$ setzen. (Beide Automatentypen wollen wir im weiteren mit demselben Symbol $\mathfrak{A}$ bezeichnen.) Dann realisiert $\mathfrak{A}$ einen kanonischen sequentiellen Operator $\Phi_{\mathfrak{A}}$. Weiterhin gilt für die Menge $U_{\mathfrak{A}}(\xi)$ aller bei Eingabe von ξ unendlich oft durchlaufenen Zustände von $\mathfrak{A}$, daß genau dann $U_{\mathfrak{A}}(\xi) = Z'$ ist, wenn $\Phi_{\mathfrak{A}}(\xi) \in Z^* \cdot Z'^{\omega} \setminus \bigcup_{Z'' \subset Z'} Z^* \cdot Z''^{\omega}$.

Mit Satz 5.44. folgt jetzt unmittelbar

Satz 6.32. *Eine Menge $F \subseteq X^{\omega}$ ist genau dann regulär, wenn es limes-reguläre Teilmengen F_i, E_i $(1 \leqq i \leqq n)$ von X^{ω} derart gibt, daß $F = \bigcup_{i=1}^{n} (F_i \setminus E_i)$ gilt.*

Beweis. Ist F regulär, so gibt es einen endlichen MEDWEDJEW-Automaten $\mathfrak{A} = [X, Z, f, z_0]$ und ein $\mathfrak{Z} \subseteq \mathfrak{P}Z$ derart, daß $F = \mathbf{T}^{\omega}(\mathfrak{A}, \mathfrak{Z})$. Wir gehen nun zur Beschreibung von F durch den kanonischen sequentiellen Operator $\Phi_{\mathfrak{A}}$ über. Es ist genau dann $\xi \in F$, wenn $U_{\mathfrak{A}}(\xi) \in \mathfrak{Z}$. Hieraus folgt sofort, daß $\xi \in F$ genau dann gilt, wenn $\Phi_{\mathfrak{A}}(\xi) \in \bigcup_{Z' \in \mathfrak{Z}} (Z^* \cdot Z'^{\omega} \setminus \bigcup_{Z'' \subset Z'} Z^* \cdot Z''^{\omega})$. Damit haben wir $F = \Phi_{\mathfrak{A}}^{-1}\left(\bigcup_{Z' \in \mathfrak{Z}} \left(Z^* \cdot Z'^{\omega} \setminus \bigcup_{Z'' \subset Z'} Z^* \cdot Z''^{\omega}\right)\right)$. Formen wir den Ausdruck auf der rechten Seite der letzten Gleichung um, so folgt $F = \bigcup_{Z' \in \mathfrak{Z}} \left(\Phi_{\mathfrak{A}}^{-1}(Z \cdot Z'^{\omega}) \setminus \Phi_{\mathfrak{A}}^{-1}\left(\bigcup_{Z'' \subset Z'} Z^* \cdot Z''^{\omega}\right)\right)$. Die Mengen $Z^* \cdot Z'^{\omega}$ und $Z^* \cdot Z''^{\omega}$ sind offensichtlich limes-regulär; mit Satz 6.31. haben wir dann die gewünschte Darstellung. ▌

Korollar 6.33. (TRACHTENBROT) *Jede reguläre Folgenmenge ist höchstens vom topologischen Typ* $\mathbf{F}_{\sigma\delta} \cap \mathbf{G}_{\delta\sigma}$.[1])

[1]) Als $\mathbf{F}_{\sigma\delta}$-Mengen bzw. $\mathbf{G}_{\delta\sigma}$-Mengen bezeichnet man abzählbare Durchschnitte von $\mathbf{F}_{\sigma}$-Mengen bzw. abzählbare Vereinigungen von $\mathbf{G}_{\delta}$-Mengen. Den Typ $F_{\sigma\delta} \cap \mathbf{G}_{\delta\sigma}$ haben dann solche Mengen, die sowohl vom Typ $\mathbf{F}_{\sigma\delta}$ als auch vom Typ $\mathbf{G}_{\delta\sigma}$ sind.

Beweis. Die Behauptung ergibt sich aus Folgerung 6.29. (1). ▮

Aus Satz 6.32. folgt mit Satz 6.31., Folgerung 6.29. (1) und Lemma 5.46. unmittelbar

Satz 6.34. (*Erster Satz über die Regularitätsstabilität*) *Es seien Φ ein sequentieller Operator endlichen Gewichts über $[X, Y]$ und E eine reguläre Teilmenge von Y^ω. Dann ist $\Phi^{-1}(E)$ regulär.*

Wir können Satz 6.32. nicht gleichermaßen zum Beweis der Tatsache, daß für reguläre F auch $\Phi(F)$ regulär ist, ausnutzen, da Φ im Gegensatz zu Φ^{-1} bezüglich der Operationen „$\cap$" und „$\setminus$" nicht stabil ist. Wir wählen deshalb eine Methode, die auf die Anwendung der bisherigen Resultate dieses Abschnittes verzichtet. Für Folgen $\xi \in X^\omega$ und $\eta \in Y^\omega$ setzen wir $[[\xi, \eta]] =_{Df} [\xi(1), \eta(1)] \cdot [\xi(2), \eta(2)] \cdot \dots \cdot [\xi(n), \eta(n)] \cdots$, d. h. $[[\xi, \eta]] \in (X \times Y)^\omega$. Weiterhin sei $F \otimes E$ für $F \subseteq X^\omega$ und $E \subseteq Y^\omega$ als $F \otimes E =_{Df} \{[[\xi, \eta]] : \xi \in F \wedge \eta \in E\}$ definiert.

Folgerung 6.35. *Sind F und E reguläre Teilmengen von X^ω bzw. Y^ω, so ist $F \otimes E$ ebenfalls regulär.*

Beweis. Nach Satz 5.44. gibt es endliche Automaten $\mathfrak{A}_1 = [X, Z_1, f_1, z_{01}]$, $\mathfrak{A}_2 = [Y, Z_2, f_2, z_{02}]$ sowie Familien $\mathfrak{Z}_1 \subseteq \mathfrak{P}Z_1$ und $\mathfrak{Z}_2 \subseteq \mathfrak{P}Z_2$ derart, daß $\mathbf{T}^\omega(\mathfrak{A}_1, \mathfrak{Z}_1) = F$ und $\mathbf{T}^\omega(\mathfrak{A}_2, \mathfrak{Z}_2) = E$ gilt. Wir setzen $\mathfrak{A}_1 \times \mathfrak{A}_2 =_{Df} [X \times Y, Z_1 \times Z_2, f, [z_{01}, z_{02}]]$, wobei $f([z_1, z_2], [x, y]) =_{Df} [f_1(z_1, x), f_2(z_2, y)]$, und $\mathfrak{Z} =_{Df} =_{Df} \{Z' : Z' \subseteq Z_1 \times Z_2 \wedge \mathbf{pr}_1 Z' \in \mathfrak{Z}_1 \wedge \mathbf{pr}_2 Z' \in \mathfrak{Z}_2\}$.[1]) Dann ist offensichtlich $F \otimes E = \mathbf{T}^\omega(\mathfrak{A}_1 \times \mathfrak{A}_2, \mathfrak{Z})$. ▮

Definition 6.36. (ELGOT, TRACHTENBROT) Eine Teilmenge F von $(X \times Y)^\omega$ heißt *innerer Graph des sequentiellen Operators Φ* über $[X, Y]$ (in Zeichen $F = \mathfrak{Gr}(\Phi)) =_{Df}$

$$F = \{[[\xi, \Phi(\xi)]] : \xi \in X^\omega\} .$$

Lemma 6.37. (ELGOT, TRACHTENBROT): *Es seien $\mathfrak{A} = [X, Z, f, z_0]$ ein endlicher Automat ohne Ausgabe und $\Phi_\mathfrak{A} : X^\omega \to Z^\omega$ der von ihm realisierte kanonische sequentielle Operator. Dann ist $\mathfrak{Gr}(\Phi_\mathfrak{A})$ regulär.*

Beweis. Wir definieren die Relation $R \subseteq (X \times Z) \times (X \times Z)$ mit

$$[x, z]\, R[x', z'] =_{Df} f(z, x) = z' .$$

Dann gilt für jedes Element $\zeta \in \mathfrak{Gr}(\Phi_\mathfrak{A})$ und jedes $n \in \mathbf{N}$ die Beziehung $\zeta(n)\, R \zeta(n+1)$. Weiterhin ist $\zeta(0) \in \{[x, z_0] : x \in X\}$. Damit ist $\mathfrak{Gr}(\Phi_\mathfrak{A}) = \{[x, z_0] : x \in X\} \cdot (X \times Z)^\omega \setminus \bigcup_{[[x, z], [x', z']] \notin R} (X \times Z)^* \cdot [x, z] \cdot [x', z'] \cdot (X \times Z)^\omega$. Also ist $\mathfrak{Gr}(\Phi_\mathfrak{A})$ regulär. ▮

Lemma 6.37. läßt sich auch für beliebige kanonische sequentielle Operatoren beweisen. Da wir diese Aussage nicht unmittelbar benötigen und später (siehe Abschnitt 7) ohnehin eine notwendige und hinreichende Bedingung für die Re-

[1]) $\mathbf{pr}_i$ bezeichne die *Projektion* auf die i-te Komponente.

gularität des inneren Graphen eines sequentiellen Operators angeben werden, beschränken wir uns auf den in Lemma 6.37. betrachteten Fall.

Satz 6.38. (*Zweiter Satz über die Regularitätsstabilität*) *Es seien Φ ein sequentieller Operator endlichen Gewichts über $[X, Y]$ und F eine reguläre Teilmenge von X^ω. Dann ist auch $\Phi(F)$ regulär.*

Beweis. Da Φ sequentieller Operator endlichen Gewichts über $[X, Y]$ ist, gibt es einen endlichen Automaten $\mathfrak{B} = [X, Y, Z, f, g, z_0, q_0]$, der Φ realisiert. Für den Automaten $\mathfrak{A} =_{Df} [X, Z, Z, f, g', z_0, e]$ mit $g'(z, x) = z$ hat $\Phi_\mathfrak{A}$ nach Lemma 6.37. einen regulären inneren Graphen $\mathfrak{Gr}\ (\Phi_\mathfrak{A})$. Weiterhin ist nach Folgerung 6.35. die Menge $F \otimes Z^\omega$ und damit auch $\mathfrak{Gr}\ (\Phi_\mathfrak{A}) \cap F \otimes Z^\omega$ regulär. Es sei nun $\mathcal{T}$ ein McNaughton-Term, für den $\mathfrak{Cl}\ (\mathcal{T}) = \mathfrak{Gr}\ (\Phi_\mathfrak{A}) \cap F \times Z^\omega$ gelte. Substituieren wir in $\mathcal{T}$ die Buchstaben $[x, z] \in X \times Z$ durch $g(z, x)$, so erhalten wir offensichtlich wieder einen McNaughton-Term $\mathcal{T}'$. Wäre nämlich $\mathcal{T}'$ kein McNaughton-Term, so gäbe es Elemente $\xi \in X^\omega$ und $\zeta \in Z^\omega$ derart, daß $[[\xi, \zeta]] \in \mathfrak{Gr}\ (\Phi_\mathfrak{A})$ und $g(\zeta(1), \xi(1)) \cdot g(\zeta(2), \xi(2)) \cdot \dots \cdot g(\zeta(n)), \xi(n)) \cdot \dots \in Y^*$. Wegen $\Phi(\xi) \in Y^*$ wäre dann Φ kein sequentieller Operator. Schließlich überzeugt man sich leicht davon, daß $\Phi(F) = q_0 \cdot \mathfrak{Cl}\ (\mathcal{T}')$ gilt. ∎

Wir haben uns mit Satz 6.19. und Korollar 6.20. davon überzeugt, daß jedes sequentielle Bild einer abgeschlossenen Folgenmenge wieder abgeschlossen ist. Demzufolge ist für jeden sequentiellen Operator Φ über $[X, Y]$ auch $\Phi(X^\omega)$ abgeschlossen. Die Frage, ob *jede* abgeschlossene Folgenmenge $F \subseteq X^\omega$ volles Bild eines geeigneten sequentiellen Operators ist, beantwortet uns

Satz 6.39. (*Aufzählungssatz von* Trachtenbrot) *Es sei $F \subseteq X^\omega$ und $F \neq \emptyset$. Dann gibt es einen sequentiellen Operator Φ über $[X, X]$ derart, daß $\Phi(X^\omega) = \mathfrak{C}_\varrho(F)$ und $\Phi(\xi) = \xi$ für alle $\xi \in \mathfrak{C}_\varrho(F)$ gelten. Weiterhin kann Φ so gewählt werden, daß $G_\Phi \leqq G'_F$ gilt; falls $G_F < \aleph_0$, so ist der Operator Φ sogar kanonisch.*

Beweis. Wir geben einen Automaten $\mathfrak{B} = [X, X, Z, f, g, z_0, e]$ an, der Φ realisiert. Zunächst seien die Elemente von X in beliebiger Weise numeriert, d. h. etwa $X = \{x_1, \dots, x_n\}$ ($n = \text{card}\ X$). Wir setzen

$$Z =_{Df} \{F \mid p : p \in X^* \wedge F \mid p \neq \emptyset\};$$

$$z_0 =_{Df} F \mid e;$$

$$g(F \mid p, x) =_{Df} \begin{cases} x, & \text{falls } F \mid px \neq \emptyset; \\ x_i, & \text{falls } F \mid px = \emptyset \text{ sowie } F \mid px_i \neq \emptyset \text{ und} \\ & \text{für alle } j, j < i, \text{ gilt } F \mid px_j = \emptyset; \end{cases}$$

$$f(F \mid p, x) =_{Df} F \mid (p \cdot g(F \mid p, x)) .$$

Der Automat $\mathfrak{B}$ „verfolgt“ also taktweise für jedes eingegebene $\xi \in X^\omega$, ob mit $px \sqsubset \xi$ und $p \in \mathsf{A}(F)$ auch $px \in \mathsf{A}(F)$ gilt. Trifft dies zu, so gibt er x aus und ändert seinen Zustand entsprechend. Anderenfalls ändert er gemäß den in $\mathsf{A}(F)$ vorkommenden px_i die Ausgabe und nimmt den Zustand $F \mid px_i$ an. Es ist nun offensichtlich, daß für jedes $\xi \in X^\omega$ mit $\mathsf{A}(\xi) \subseteq \mathsf{A}(F)$ die Beziehung $\Phi(\xi) = \xi$ gilt. Somit hat man $\Phi(X^\omega) \supseteq \mathfrak{C}_\varrho(F)$. Aus dem Verhalten des Automaten ist ferner unmittelbar klar, daß $\Phi(X^\omega) \subseteq \mathfrak{C}_\varrho(F)$ gilt. Weiterhin ist $\mathfrak{B}$ ein synchroner Automat und mit der Ungleichung $\mathsf{card}\, Z \leqq G'_F$ haben wir für $G'_F < \aleph_0$ also einen kanonischen Operator. ∎

6.3. Automatentheoretische und automatenfreie Charakterisierung der topologischen Typen regulärer Folgenmengen

In Korollar 6.33. haben wir gesehen, daß die regulären Folgenmengen keinen höheren topologischen Typ als $\mathbf{F}_{\sigma\delta} \cap \mathbf{G}_{\delta\sigma}$ haben. Es interessiert in diesem Zusammenhang nun die Frage, ob und wie sich die „niederen" Typen, d. h. die regulären $\mathbf{G}_\delta$-, $\mathbf{F}_\sigma$-, $\mathbf{G}_\delta \cap \mathbf{F}_\sigma$-, die offenen und abgeschlossenen Mengen mit Hilfe der in Punkt 5.1. eingeführten Operatoren ls, $\underline{\mathcal{F}}_\sigma$, $\underline{\mathcal{G}}_\delta$ und der regulären Wortmengen beschreiben lassen.[1]) Teilantworten auf diese Frage haben wir schon in Punkt 5.2.4. sowie in Folgerung 6.29. (1) gegeben.

6.3.1. Subreguläre Akzeptierungsbegriffe

Das angegebene Problem werden wir durch die Einführung neuer Akzeptierungsbegriffe für Teilklassen regulärer Folgenmengen und durch die Untersuchung derselben lösen.

Wir betrachten endliche Automaten $\mathfrak{A} = [X, Z, f, z_0]$ ohne Ausgabe; mit $\Phi_\mathfrak{A}$ bezeichnen wir den in Punkt 6.2.2. definierten, von $\mathfrak{A}$ realisierten kanonischen sequentiellen Operator. Weiterhin bezeichnen wir für $\zeta \in Z^\omega$ mit

$$E(\zeta) =_{Df} \{z\colon \exists\, n(n \in \mathsf{N} \wedge \zeta(n) = z)\}$$

die Menge aller in ζ *auftretenden* Buchstaben aus Z und mit $U(\zeta) =_{Df}$ $=_{Df} \{z\colon \mathsf{card}\,\{n\colon \zeta(n) = z\} = \aleph_0\}$ die Menge aller in ζ *unendlich oft auftretenden* Buchstaben. Schließlich sei $Z' \sqcap Z''$ für beliebige Mengen Z', Z'' eine Abkürzung für $Z' \cap Z'' \neq \emptyset$. Im folgenden seien Ξ Metavariable für E und U, R Metavariable für $\subseteq, =, \sqcap$.

Definition 6.40. Für einen Automaten $\mathfrak{A} = [X, Z, f, z_0]$ und eine Familie $\mathfrak{Z} \subseteq \mathfrak{P}Z$ setzen wir

$$\mathbf{T}_R^\Xi(\mathfrak{A}, \mathfrak{Z}) =_{Df} \{\xi\colon \xi \in X^\omega \wedge \exists\, Z'(Z' \in \mathfrak{Z} \wedge \Xi(\Phi_\mathfrak{A}(\xi))\, RZ')\}$$

Ein Vergleich mit Definition 5.43. ergibt unmittelbar die Beziehung $\mathbf{T}_=^U(\mathfrak{A}, \mathfrak{Z}) = \mathbf{T}^\omega(\mathfrak{A}, \mathfrak{Z})$.

Folgerung 6.41.

(1) $\mathbf{T}_R^\Xi(\mathfrak{A}, \mathfrak{Z}) = \bigcup\limits_{Z' \in \mathfrak{Z}} \mathbf{T}_R^\Xi(\mathfrak{A}, \{Z'\})$;

(2) $\mathbf{T}_\sqcap^\Xi(\mathfrak{A}, \mathfrak{Z}) = \mathbf{T}_\sqcap^\Xi\left(\mathfrak{A}, \left\{\bigcup\limits_{Z' \in \mathfrak{Z}} Z'\right\}\right)$;

[1]) Weitergehende Untersuchungen über noch feinere Typisierungen findet der Leser in [66].

(3) $\mathbf{T}^{\Xi}_{\subseteq}(\mathfrak{A}, \{Z'\}) = \mathbf{T}^{\Xi}_{=}(\mathfrak{A}, \mathfrak{P}Z')$;
(4) $X^{\omega} \setminus \mathbf{T}^{\Xi}_{=}(\mathfrak{A}, \mathfrak{Z}) = \mathbf{T}^{\Xi}_{=}(\mathfrak{A}, \mathfrak{P}\, Z \setminus \mathfrak{Z})$;
(5) $X^{\omega} \setminus \mathbf{T}^{\Xi}_{\subseteq}(\mathfrak{A}, \{Z'\}) = \mathbf{T}^{\Xi}_{\sqcap}(\mathfrak{A}, \{Z \setminus Z'\})$.

Die Akzeptierungsbegriffe $\mathbf{T}^{\Xi}_{\sqcap}$ und $\mathbf{T}^{\Xi}_{\subseteq}$ sind also in gewissem Sinne komplementär zueinander.

6.3.2. Reguläre Folgenmengen der Typen $\mathbf{F}_{\sigma}$ und $\mathbf{G}_{\delta}$

Mit Satz 5.44. ist klar, daß die bezüglich $\mathbf{T}^{U}_{=}$ akzeptierbaren Mengen mit der Klasse aller regulären Mengen übereinstimmen. Wir interessieren uns in diesem Abschnitt dafür, welche Folgenmengen bezüglich $\mathbf{T}^{U}_{\subseteq}$ und $\mathbf{T}^{U}_{\sqcap}$ akzeptierbar sind.

Satz 6.42. *Für eine Teilmenge F von X^{ω} sind folgende Aussagen äquivalent:*

(1) *Es gibt einen endlichen Automaten $\mathfrak{A} = [X, Z, f, z_0]$ und ein $\mathfrak{Z} \subseteq \mathfrak{P}Z$ derart, daß $F = \mathbf{T}^{U}_{\subseteq}(\mathfrak{A}, \mathfrak{Z})$.*
(2) *F ist limes-regulär.*
(3) *F ist reguläre $\mathbf{F}_{\sigma}$-Menge.*

Beweis. (1) → (2): Aus $F = \mathbf{T}^{U}_{\subseteq}(\mathfrak{A}, \mathfrak{Z})$ folgt auf gleiche Weise wie in Punkt 6.2.2. $F = \Phi_{\mathfrak{A}}^{-1}\left(\bigcup_{Z' \in \mathfrak{Z}} Z^* \cdot Z'^{\omega}\right)$. Nun ist $\bigcup_{Z' \in \mathfrak{Z}} Z^* \cdot Z'^{\omega} = \bigcup_{Z' \in \mathfrak{Z}} Z^* \cdot \mathrm{ls}\, Z'^*$ limes-regulär. Also ist mit Satz 6.31. auch F limes-regulär.

(2) → (3): Dies war gerade die Aussage von Folgerung 6.29. (1).

(3) → (1): Da F regulär ist, gibt es einen Automaten $\mathfrak{A} = [X, Z, f, z_0]$ und ein $\mathfrak{Z} \subseteq \mathfrak{P}Z$ derart, daß $F = \mathbf{T}^{U}_{=}(\mathfrak{A}, \mathfrak{Z})$. Weiterhin ist F eine $\mathbf{F}_{\sigma}$-Menge, und mit Satz 5.23. haben wir somit ein $W \subseteq X^*$ mit $\underline{\mathcal{F}}_{\sigma}(W) = F$.

Es sei $\mathfrak{Z} = \{Z_1, \dots, Z_m\}$, und für alle Z_i gelte $\mathbf{T}^{U}_{=}(\mathfrak{A}, \{Z_i\}) \neq \emptyset$. (Im Falle $F = \emptyset$ ist ohnehin nichts zu zeigen.) Wir beweisen nun $F = \mathbf{T}^{U}_{=}\left(\mathfrak{A}, \bigcup_{i=1}^{m} \mathfrak{P}Z_i\right)$ und haben mit Folgerung 6.41. (1) und (3) die Behauptung. Wegen $\mathbf{T}^{U}_{=}(\mathfrak{A}, \{Z_i\}) \cap \mathbf{T}^{U}_{=}(\mathfrak{A}, \{Z_j\}) = \emptyset$, falls $Z_i \neq Z_j$, müssen wir für alle Z' mit $Z' \neq Z_i$ $(1 \leq i \leq m)$ und $Z' \subseteq Z_j$ (für ein gewisses $j \in \{1, \dots, m\}$) die Beziehung $\mathbf{T}^{U}_{=}(\mathfrak{A}, \{Z'\}) = \emptyset$ nachweisen. Wir führen den Beweis indirekt.

Es seien also $\mathbf{T}^{U}_{=}(\mathfrak{A}, \{Z'\}) \neq \emptyset$ sowie O. B. d. A. $Z' \subseteq Z_1$ und $Z' \neq Z_i$ für $1 \leq i \leq m$. Dann gibt es einen Zustand $z \in Z'$ und Wörter $p \subset X^*$, $q, r \subset X^* \setminus \{e\}$ derart, daß $z = f(z_0, p) = f(z, q) = f(z, r)$, $\{f(z, q') : q' \sqsubseteq q\} = Z'$ und $\{f(z, r') : r' \sqsubseteq r\} = Z_1$ gelten. Wegen $U(\Phi_{\mathfrak{A}}(p \cdot \bar{q})) = Z'$ ist $p \cdot \bar{q} \in \mathbf{T}^{U}_{=}(\mathfrak{A}, \mathfrak{Z}) = \underline{\mathcal{F}}_{\sigma}(W)$. Somit gibt es ein $p_0 \sqsubset p \cdot \bar{q}$ mit $p_0 \in W$. Wir wählen nun k_1 so, daß $p_0 \sqsubset p \cdot q^{k_1}$ gilt. Dann ist $U(\Phi_{\mathfrak{A}}(p \cdot q^{k_1} \cdot r \cdot \bar{q})) = Z'$ und nach dem gleichen Schluß erhalten wir ein $p_1 \sqsubset p \cdot q^{k_1} \cdot r \cdot \bar{q}$ mit $p_1 \in W$ und $p_0 \sqsubset p_1$. Wir wählen weiter ein k_2 so, daß $p_1 \sqsubset p \cdot q^{k_1} \cdot r \cdot q^{k_2}$ und führen dieses Verfahren ad infinitum fort. Auf diese Weise entstehen eine Folge $\xi = p \cdot q^{k_1} \cdot r \cdot q^{k_2} \cdot r \cdot q^{k_3} \cdot r \cdots$ und eine Folge $(p_i)_{i \in \mathbb{N}}$ von Wörtern aus W, für die $p_0 \sqsubset p_1 \sqsubset p_2 \sqsubset \cdots \sqsubset \xi$ gilt. Man verifiziert nun leicht $U(\Phi_{\mathfrak{A}}(\xi)) = Z_1$, also $\xi \in \mathbf{T}^{U}_{=}(\mathfrak{A}, \mathfrak{Z})$.

Andererseits ist $\mathsf{A}(\xi) \cap W$ eine unendliche Menge, demzufolge $\xi \notin \underline{\mathcal{F}}_\sigma(W)$. Damit ist unsere Annahme $\mathbf{T}^U_=(\mathfrak{A}, \{Z'\}) \neq \emptyset$ widerlegt. ∎

Für den Akzeptierungsbegriff $\mathbf{T}^U_\subseteq$ bietet sich die folgende Vereinfachung an:

Lemma 6.43. *Es seien* $\mathfrak{A} = [X, Z, f, z_0]$ *ein endlicher Automat und* $\mathfrak{Z} \subseteq \mathfrak{P}Z$. *Dann gibt es einen endlichen Automaten* $\hat{\mathfrak{A}} = [X, \hat{Z}, \hat{f}, \hat{z}_0]$ *und ein* $Z' \subseteq \hat{Z}$ *derart, daß* $\mathbf{T}^U_\subseteq(\mathfrak{A}, \mathfrak{Z}) = \mathbf{T}^U_\subseteq(\hat{\mathfrak{A}}, \{Z'\})$ *gilt.*

Beweis. Es sei $\mathfrak{Z} = \{Z_1, \dots, Z_m\}$. Wir setzen

$$\hat{Z} =_{Df} Z \times \mathfrak{P}\{1, \dots, m\},$$

$$\hat{z}_0 =_{Df} [z_0, \emptyset]$$

und

$$\hat{f}([z, N], x) =_{Df} \begin{cases} [f(z, x), N \cap \{i : f(z, x) \in Z_i\}], & \text{falls } N \neq \emptyset, \\ [f(z, x), \{i : f(z, x) \in Z_i\}], & \text{falls } N = \emptyset. \end{cases}$$

Unser Automat $\hat{\mathfrak{A}}$ „arbeitet" im wesentlichen wie $\mathfrak{A}$, „speichert" dabei aber, in welcher der Mengen Z_i sich $\mathfrak{A}$ jeweils befindet. Tritt nämlich das erste Mal bei der Abarbeitung einer Eingabefolge ξ ein Zustand z aus einer der Mengen Z_i auf, so werden die Indizes sämtlicher Z_j, in denen z liegt, gespeichert. In den weiteren Schritten werden dann noch diejenigen Indizes beibehalten, mit denen der Vorgänger schon belegt war. Ist nun $U(\Phi_{\mathfrak{A}}(\xi)) \subseteq \bigcap_{j \in N} Z_j$ mit $N \subseteq \{1, \dots, m\}$ und gilt $U(\Phi_{\mathfrak{A}}(\xi)) \not\subseteq Z_i$ für alle $i \notin N$, so gibt es ein $p \sqsubset \xi$ derart, daß für alle $p', p \sqsubset p' \sqsubset \xi$, auch $f(z_0, p') \notin Z_i$, falls $i \in N$. Weiterhin gibt es dann ein $q, p \sqsubset q \sqsubset \xi$, so daß für alle $q', q \sqsubseteq q' \sqsubset \xi$, die Beziehung $f(z_0, q') \in \bigcap_{j \in N} Z_j$ gilt. Damit ist $\hat{f}([z_0, \emptyset], q')$ für alle $q', q \sqsubseteq q' \sqsubset \xi$, mit einer Teilmenge von N markiert. Setzen wir also $Z' =_{Df} Z \times (\mathfrak{P}\{1, \dots, m\} \setminus \emptyset)$, so ist $\mathbf{T}^U_\subseteq(\mathfrak{A}, \mathfrak{Z}) \subseteq \mathbf{T}^U_\subseteq(\hat{\mathfrak{A}}, \{Z'\})$. Andererseits folgt leicht aus der Konstruktion von $\hat{\mathfrak{A}}$ die Beziehung $\mathbf{T}^U_\subseteq(\hat{\mathfrak{A}}, \{Z'\}) \subseteq \mathbf{T}^U_\subseteq(\mathfrak{A}, \mathfrak{Z})$. ∎

Es läßt sich nun Lemma 5.66. verschärfen:

Folgerung 6.44.

(1) *Eine Folgenmenge* $F \subseteq X^\omega$ *ist genau dann reguläre* $\mathbf{F}_\sigma$*-Menge, wenn es ein reguläres* $W \subseteq X^*$ *mit* $\underline{\mathcal{F}}_\sigma(W) = F$ *gibt.*

(2) *Eine Folgenmenge* $E \subseteq X^\omega$ *ist genau dann reguläre* $\mathbf{G}_\delta$*-Menge, wenn es ein reguläres* $V \subseteq X^*$ *mit* $\underline{\mathcal{G}}_\delta(V) = E$ *gibt.*

Beweis.

(1) Wir brauchen nur noch die Existenz eines regulären W mit $F = \underline{\mathcal{F}}_\sigma(W)$ nachzuweisen. Mit Lemma 6.43. ist $F = \mathbf{T}^U_\subseteq(\mathfrak{A}, \{Z'\})$ für geeignete $\mathfrak{A} = [X, Z, f, z_0]$ und $Z' \subseteq Z$. Wir setzen $W =_{Df} \mathbf{T}(\mathfrak{A}, Z \setminus Z')$. Mithin ist $\xi \in \mathbf{T}^U_\subseteq(\mathfrak{A}, \{Z'\})$ genau dann, wenn $\mathsf{A}(\xi) \cap W$ endlich ist.

Die Behauptung (2) folgt mit $\underline{\mathcal{G}}_\delta(W) = X \setminus \underline{\mathcal{F}}_\sigma(W)$ unmittelbar aus (1). ∎

Mit Folgerung 6.41. (5) haben wir

Folgerung 6.45. *Eine Teilmenge F von X^ω ist genau dann eine reguläre $\mathfrak{G}_\delta$-Menge, wenn es einen endlichen Automaten $\mathfrak{A} = [X, Z, f, z_0]$ und ein $Z' \subseteq Z$ derart gibt, daß $F = \mathbf{T}^U_\sqcap(\mathfrak{A}, \{Z'\})$ gilt.*

Damit kann nun eine automatenfreie Darstellung für reguläre $\mathfrak{G}_\delta$-Mengen gegeben werden.

Lemma 6.46. *Eine Teilmenge F von X^ω ist genau dann reguläre $\mathfrak{G}_\delta$-Menge, wenn es ein $n \in \mathsf{N}$ und reguläre, bezüglich „$\sqsubset$" total ungeordnete Wortmengen W_i, V_i $(1 \leqq i \leqq n)$ mit $e \notin V_i$ gibt, so daß $F = \bigcup_{i=1}^{n} W_i \cdot V_i^\omega$ gilt.*

Beweis. Ist $F = \bigcup_{i=1}^{n} W_i \cdot V_i^\omega$, so genügt es nachzuweisen, daß $W_i \cdot V_i^\omega$ eine $\mathfrak{G}_\delta$-Menge ist. Wir zeigen dazu $W \cdot V^\omega = \bigcap_{j \in \mathsf{N}} W \cdot V^j \cdot X^\omega$. Die Inklusion $W \cdot V^\omega \subseteq \bigcap_{j \in \mathsf{N}} W \cdot V^j \cdot X^\omega$ ist leicht einzusehen. Es sei nun $\xi \in \bigcap_{j \in \mathsf{N}} W \cdot V^j \cdot X^\omega$. Damit ist $\xi \in W \cdot X^\omega$. Da W bezüglich „$\sqsubset$" total ungeordnet ist, gibt es genau ein $p_1 \in W$ mit $p_1 \sqsubset \xi$. Weiterhin ist $\xi \in W \cdot V \cdot X^\omega$. Somit gibt es ein p_2', $p_2' \sqsubset \xi$, das in $W \cdot V$ liegt. Weil die Mengen W und V bezüglich „$\sqsubset$" total ungeordnet sind, zerfällt p_2' in eindeutiger Weise in $p_1 \in W$ und $p_2 \in V$. Führen wir dieses Verfahren ad infinitum fort, so erhalten wir eine Darstellung $\xi = p_1 \cdot p_2 \cdot p_3 \cdot \cdots$ mit $p_1 \in W$ und $p_i \in V$ für $i > 1$, d. h. $\xi \in W \cdot V^\omega$.

Ist F reguläre $\mathfrak{G}_\delta$-Menge, so gibt es einen endlichen Automaten $\mathfrak{A} = [X, Z, f, z_0]$ und ein $Z' \subseteq Z$ derart, daß $F = \mathbf{T}^U_\sqcap(\mathfrak{A}, \{Z'\})$ gilt. Es sei $Z' = \{z_1, \ldots, z_n\}$. Mit Folgerung 6.41. (3) haben wir $F = \bigcup_{i=1}^{n} \mathbf{T}^U_\sqcap(\mathfrak{A}, \{\{z_i\}\})$. Wir setzen $W_i =_{Df}$ $=_{Df} \{p : f(z_0, p) = z_i \wedge \forall p'(p' \sqsubset p \to f(z_0, p') \neq z_i)\}$ und $V_i =_{Df} \{q : f(z_i, q) =$ $= z_i \wedge \forall q'(e \sqsubset q' \sqsubset q \to f(z_i, q') \neq z_i)\}$. Diese Mengen sind total ungeordnet. Weiterhin ist offensichtlich $\mathbf{T}^U_\sqcap(\mathfrak{A}, \{\{z_i\}\}) = W_i \cdot V_i^\omega$. ∎

6.3.3. Reguläre Folgenmengen der Typen $\mathbf{F}$, $\mathfrak{G}$ und $\mathbf{F}_\sigma \cap \mathfrak{G}_\delta$

In Punkt 5.2.4. wurde für die abgeschlossenen bzw. offenen regulären Folgenmengen schon eine automatenfreie Charakterisierung gegeben; diese Mengen lassen sich aber auch mit Hilfe der hier verwendeten Akzeptierungsbegriffe charakterisieren.

Lemma 6.47. *Für eine Folgenmenge $F \subseteq X^\omega$ sind folgende Aussagen äquivalent:*

(1) *F ist regulär und abgeschlossen.*
(2) *Es gibt einen endlichen Automaten $\mathfrak{A} = [X, Z, f, z_0]$ und ein $z' \in Z$ derart, daß $F = \mathbf{T}^E_\subseteq(\mathfrak{A}, \{Z \setminus \{z'\}\})$ gilt.*
(3) *Es gibt einen endlichen Automaten $\mathfrak{A} = [X, Z, f, z_0]$ und ein $\mathfrak{Z} \subseteq \mathfrak{P}Z$ derart, daß $F = \mathbf{T}^E_\subseteq(\mathfrak{A}, \mathfrak{Z})$ gilt.*

Beweis. (1) → (2): Wir setzen $\mathfrak{A} = [X, Z, f, z_0]$ mit $Z =_{Df} \{F \mid p : p \in X^*\} \cup \cup \{\emptyset\}$, $z_0 =_{Df} F \mid e$, $f(F \mid p, x) =_{Df} F \mid px$ und $z' =_{Df} \emptyset$. Dieser Automat ist endlich, weil F regulär ist. Da für abgeschlossene Mengen F die Beziehungen $\xi \in F$ und $\mathsf{A}(\xi) \subseteq \mathsf{A}(F)$ gleichwertig sind (siehe Satz 5.16.), gilt $\xi \notin F$ dann und nur dann, wenn es ein $p \sqsubset \xi$ derart gibt, daß $p \notin \mathsf{A}(F)$, d. h. $F \mid p = \emptyset$. Also ist unmittelbar klar, daß $F = \mathbf{T}^E_{\subseteq}(\mathfrak{A}, \{Z \setminus \{z'\}\})$.

(2) → (3): Diese Richtung ist trivial.

(3) → (1): Es ist $\mathbf{T}^E_{\subseteq}(\mathfrak{A}, \mathfrak{Z}) = \Phi_{\mathfrak{A}}^{-1}\left(\bigcup_{Z' \in \mathfrak{Z}} Z'\right)$ offensichtlich abgeschlossen und regulär (siehe Satz 6.27.). ∎

Anmerkung: Für den im Schritt (1) → (2) konstruierten Automaten gilt sogar $f(z', x) = z'$ für alle $x \in X$. Damit ist $\mathbf{T}^E_{\subseteq}(\mathfrak{A}, \{Z \setminus \{z'\}\}) = \mathbf{T}^U_{=}(\mathfrak{A}, \mathfrak{P}(Z \setminus \setminus \{z'\}))$, wovon sich der Leser leicht überzeugt.

Infolge der komplementären Beziehungen zwischen abgeschlossenen und offenen Mengen sowie zwischen den Akzeptierungsbegriffen $\mathbf{T}^E_{\subseteq}$ und $\mathbf{T}^E_{\sqsubset}$ (siehe Folgerung 6.41. (5)) haben wir mit Lemma 6.47. sogleich

Lemma 6.48. *Für eine Folgenmenge $F \subseteq X^\omega$ sind folgende Aussagen äquivalent:*

(1) *F ist offen und regulär.*

(2) *Es gibt einen endlichen Automaten $\mathfrak{A} = [X, Z, f, z_0]$ und ein $z' \in Z$ derart, daß $F = \mathbf{T}^E_{\sqcap}(\mathfrak{A}, \{\{z'\}\})$ gilt.*

(3) *Es gibt einen endlichen Automaten $\mathfrak{A} = [X, Z, f, z_0]$ und ein $\mathfrak{Z} \subseteq \mathfrak{P}Z$ derart, daß $F = \mathbf{T}^E_{\sqcap}(\mathfrak{A}, \mathfrak{Z})$ gilt.*

Anmerkung: Für den in Schritt (1) → (2) des Beweises von Lemma 6.47. konstruierten Automaten ist

$$\mathbf{T}^E_{\sqcap}(\mathfrak{A}, \{\{z'\}\}) = \mathbf{T}^U_{=}(\mathfrak{A}, \{\{z'\}\}).$$

Schließlich wollen wir noch eine Charakterisierung der Folgenmengen vom Typ $\mathbf{F}_\sigma \cap \mathbf{G}_\delta$ geben.

Satz 6.49. *Für eine Folgenmenge $F \subseteq X^\omega$ sind folgende Aussagen äquivalent:*

(1) *F ist regulär und sowohl $\mathbf{F}_\sigma$- als auch $\mathbf{G}_\delta$-Menge.*

(2) *Es gibt ein $n \in \mathsf{N}$ und reguläre, bezüglich „$\sqsubset$“ total ungeordnete Wortmengen W_i $(1 \leqq i \leqq n)$, sowie reguläre Wortmengen V_i $(1 \leqq i \leqq n)$ derart, daß $F = \bigcup_{i=1}^{n} W_i \cdot \mathsf{ls}\, V_i$ gilt.*

(3) *Es gibt einen endlichen Automaten $\mathfrak{A} = [X, Z, f, z_0]$ und ein $\mathfrak{Z} \subseteq \mathfrak{P}Z$ derart, daß $F = \mathbf{T}^E_{=}(\mathfrak{A}, \mathfrak{Z})$ gilt.*

(4) *Es gibt ein $n \in \mathsf{N}$ und reguläre abgeschlossene Folgenmengen F_i, E_i $(1 \leqq i \leqq n)$ derart, daß $F = \bigcup_{i=1}^{n} (F_i \setminus E_i)$ gilt.*

Beweis. (1) → (2): Da F regulär und sowohl $\mathbf{F}_\sigma$- als auch $\mathbf{G}_\delta$-Menge ist, gibt es wegen Folgerung 6.44. reguläre Teilmengen W, V von X^* mit $F = \underline{\mathcal{F}}_\sigma(W) =$

$= \underline{\mathcal{S}}_\delta(V)$. Mit Folgerung 5.25. (1) ist $X^\omega \setminus F = \underline{\mathcal{S}}_\delta(W)$, und aus Folgerung 5.25. (2) können wir dann auf $\underline{\mathcal{S}}_\delta(W \cap V) = \emptyset$ schließen. Damit dürfen wir W und V disjunkt wählen. Aus der Regularität von W und V folgt die Existenz eines endlichen Automaten $\mathfrak{A} = [X, Z, f, z_0]$ und gewisser Teilmengen Z_1, Z_2 von Z mit $V = \mathbf{T}(\mathfrak{A}, Z_1)$ und $W = \mathbf{T}(\mathfrak{A}, Z_2)$. Wir setzen $V_z =_{Df} \{p : p \in X^* \wedge f(z, p) = z\}$ für $z \in Z_1$. Dann gilt $\{f(z, p') : p' \in \mathsf{A}(V_z)\} \cap Z_2 = \emptyset$. Wäre nämlich $f(z, p') \in Z_2$, so gäbe es ein $p \in V_z$ mit $p' \sqsubseteq p$. Wählen wir nun ein $r \in X^*$, so daß $f(z_0, r) = z$, so erhalten wir für die Folge $\xi = r \cdot \overline{p}$ die Beziehung $\mathsf{card}\,(\mathsf{A}(\xi) \cap W) = \mathsf{card}\,(\mathsf{A}(\xi) \cap V) = \aleph_0$, was unserer Voraussetzung widerspricht. Wir zeigen nun $F = \bigcup_{z \in Z_1} W_z \cdot \mathsf{ls}\, V_z$ für

$$W_z =_{Df} \mathsf{Min}\,\{r : r \in X^* \wedge f(z_0, r) = z\}\,.$$

Ist $\xi \in W_z \cdot \mathsf{ls}\, V_z$ für ein $z \in Z_1$, so gibt es ein $r \sqsubset \xi$ derart, daß $\mathsf{A}(\xi \mid r) \subseteq \mathsf{A}(V_z)$. Damit ist $\mathsf{A}(\xi) \cap W = \mathsf{A}(r) \cap W$, und somit $\xi \in F$.

Ist dagegen $\xi \in F$, so untersuchen wir die Folge $(f(z_0, p))_{p \sqsubset \xi}$. Weil $\mathsf{A}(\xi) \cap V$ unendlich ist, taucht in dieser Folge unendlich oft ein Element $z \in Z_1$ auf. Es sei nun p_0 das kürzeste Anfangswort von ξ, für das $f(z_0, p_0) = z$ gilt. Dann ist offenbar $p_0 \in W_z$, und die Menge $\{p \mid p_0 : p \sqsubset \xi \wedge f(z_0, p) = z\}$ ist eine unendliche Teilmenge von V_z. Damit ist aber $\xi \in W_z \cdot \mathsf{ls}\, V_z$.

(2) $\rightarrow$ (3): Wir zeigen die Behauptung für den Fall $n = 1$. Dann folgt die Behauptung für beliebiges $n \in \mathsf{N}$ aus der Beziehung $\mathbf{T}^E_=(\mathfrak{A}', \mathfrak{Z}') \cup \mathbf{T}^E_=(\mathfrak{A}'', \mathfrak{Z}'') = \mathbf{T}^E_=(\mathfrak{A}, \mathfrak{Z})$, wenn wir $\mathfrak{A} =_{Df} [X, Z' \times Z'', f, [z_0', z_0'']]$, $f([z', z''], x) =_{Df} [f'(z', x), f''(z'', x)]$ und $\mathfrak{Z} =_{Df} \{\hat{Z} : \hat{Z} \subseteq Z' \times Z'' \wedge (\mathbf{pr}_1\, \hat{Z} \in \mathfrak{Z} \vee \mathbf{pr}_2\, \hat{Z} \in \mathfrak{Z})\}$ setzen. Es gelte also $F = W \cdot \mathsf{ls}\, V$, wobei W, V regulär und W total ungeordnet seien.

Aus den Automaten $\mathfrak{A}_1 = [X, Z_1, f_1, z_{01}]$ und $\mathfrak{A}_2 = [X, Z_2, f_2, z_{02}]$, für die es Z_1' und Z_2' derart gibt, daß $\mathbf{T}(\mathfrak{A}_1, Z_1') = W$ und $\mathbf{T}(\mathfrak{A}_2, Z_2') = \mathsf{A}(V)$ gilt, konstruieren wir einen Automaten $\mathfrak{A}$ folgendermaßen (wir setzen dabei $Z_1 \cap Z_2 = \emptyset$ voraus):

$$\mathfrak{A} =_{Df} [X, Z_1 \cup Z_2, f, z_{01}]\,,$$

wobei

$$f(z, x) =_{Df} \begin{cases} f_1(z, x), & \text{wenn } z \in Z_1 \text{ und } f_1(z_1, x) \notin Z_1'\,; \\ z_{02}, & \text{wenn } z \in Z_1 \text{ und } f_1(z_1, x) \in Z_1'\,; \\ f_2(z, x), & \text{wenn } z \in Z_2\,. \end{cases}$$

Der Automat $\mathfrak{A}$ ist also eine Hintereinanderschaltung der Automaten $\mathfrak{A}_1$ und $\mathfrak{A}_2$, in der die Umschaltung von $\mathfrak{A}_1$ auf $\mathfrak{A}_2$ immer dann vorgenommen wird, wenn ein Zustand aus Z_1' erreicht wurde.

Ist nun $\xi \in W \cdot \mathsf{ls}\, V$, so gibt es nach Voraussetzung über W genau ein $r \in W$ mit $r \sqsubset \xi$. Der Automat „schaltet“ also bei Eingabe von r um und bewegt sich danach wegen $\mathsf{A}(\xi \mid r) \subseteq \mathsf{A}(V)$ nur noch in Z_2'. Ist dagegen $\xi \notin W \cdot \mathsf{ls}\, V$, so ist entweder $\xi \notin W \cdot X^\omega$ oder es gibt ein und wiederum nur ein $r \sqsubset \xi$, so daß $\mathsf{A}(\xi \mid r) \nsubseteq \mathsf{A}(V)$ gilt. Im ersten Falle wird nie eine „Umschaltung“ erreicht, während im zweiten Falle nach der „Umschaltung“ mindestens ein Zustand aus $Z_2 \setminus Z_2'$ erreicht wird. Aus dieser Beschreibung wird unmittelbar klar, daß $F = \mathbf{T}^E_=(\mathfrak{A}, \mathfrak{Z})$ für $\mathfrak{Z} =_{Df} \{Z' : Z' \subseteq Z_1 \cup Z_2' \wedge z_{02} \in Z'\}$ gilt.

(3) → (4): Es ist $\mathbf{T}^E_=(\mathfrak{A}, \mathfrak{Z}) = \Phi_{\mathfrak{A}}^{-1}\Big(\bigcup_{Z' \in \mathfrak{Z}} \Big(Z'^{\omega} \setminus \bigcup_{Z'' \subset Z'} Z''^{\omega}\Big)\Big) = \bigcup_{Z' \in \mathfrak{Z}} \Big(\Phi_{\mathfrak{A}}^{-1}(Z'^{\omega}) \setminus \setminus \Phi_{\mathfrak{A}}^{-1}\Big(\bigcup_{Z'' \subset Z'} Z''^{\omega}\Big)\Big)$, und die Behauptung folgt mit Satz. 6.27.

(4) → (1): Diese Richtung ist leicht zu beweisen, da alle regulären abgeschlossenen Mengen auch reguläre Mengen vom Typ $\mathbf{F}_\sigma \cap \mathbf{G}_\delta$ sind und weil die regulären Mengen vom Typ $\mathbf{F}_\sigma \cap \mathbf{G}_\delta$ eine Mengenalgebra bilden. ∎

6.4. Zusammenfassung

Zum Abschluß dieses Paragraphen wollen wir für jeden topologischen Typ regulärer Folgenmengen eine Menge angeben, die von diesem und keinem niedrigeren Typus ist. Weiterhin fassen wir die Ergebnisse dieses Paragraphen in einigen Tabellen zusammen.

Beispiel 6.50. Es sei $X =_{Df} \{0, 1\}$. Dann sind

(1) $F_1 = 0^* \cdot 1 \cdot 0^\omega \cup 0^\omega = \text{ls}\; 0^* 10^*$ abgeschlossen,
(2) $F_2 = 0^* \cdot 1 \cdot X^\omega$ offen,
(3) $F_3 = 0^* \cdot 1 \cdot 0^\omega = F_1 \cap F_2$ vom Typ $\mathbf{F}_\sigma \cap \mathbf{G}_\delta$,
(4) $F_4 = 0 \cdot \{0, 1\}^* \cdot 0^\omega$ eine $\mathbf{F}_\sigma$-Menge,
(5) $F_5 = 1 \cdot (0^* \cdot 1)^\omega$ eine $\mathbf{G}_\delta$-Menge,
(6) $F_6 = \mathrm{F}_4 \cup F_5$ vom Typ $\mathbf{F}_{\sigma\delta} \cap \mathbf{G}_{\delta\sigma}$.

Die Behauptungen folgen leicht aus der Darstellung. Wir müssen lediglich noch zeigen, daß die angegebenen Mengen von keinem niedrigeren topologischen Typ als dem angegebenen sind.

(1) Die Menge F_1 ist abzählbar, also nicht offen.
(2) Es gilt $\mathfrak{C}_\varrho(F_2) = X^\omega \neq F_2$, also ist F_2 nicht abgeschlossen.
(3) Die Menge F_3 ist abzählbar, also nicht offen, und wegen $\bar{0} \notin F_3$ ist F_3 nicht abgeschlossen.
(4), (5) Nach Beispiel 6.30. sind $\{0, 1\}^*. 0^\omega$ limes-regulär, aber $X^\omega \setminus \{0, 1\}^*. 0^\omega = (0^* \cdot 1)^\omega$ nicht limes-regulär. Also sind weder $\{0, 1\}^*. 0^\omega$ noch $(0^* \cdot 1)^\omega$ und somit auch weder F_4 noch F_5 vom Typ $\mathbf{F}_\sigma \cap \mathbf{G}_\delta$.
(6) Wäre F_6 eine $\mathbf{F}_\sigma$-Menge, so müßte auch $F_6 \cap 1 \cdot X^\omega = F_5$ eine $\mathbf{F}_\sigma$-Menge sein. Das steht aber im Widerspruch zu (5). Aus der Annahme, F_6 sei eine $\mathbf{G}_\delta$-Menge, leitet man auf analoge Weise einen Widerspruch zu (4) ab.

Die Ergebnisse der Abschnitte 6.3. und 5.2.3. sowie des Aufzählbarkeitssatzes und des Satzes von McNaughton fassen wir nun in der folgenden Tabelle zusammen (Tabelle 6.2.).

In zwei weiteren Tabellen wollen wir die Ergebnisse der Abschnitte 6.1.2. und 6.2. über sequentielle Operatoren unter Berücksichtigung des Abschnittes 6.3. aufführen (siehe Tabellen 6.3., 6.4.). Nach Korollar 6.20. ist jeder sequentielle Operator Φ über $[X, Y]$ eine stetige und abgeschlossene Abbildung von $[X^\omega, \varrho]$ in $[Y^\omega, \varrho]$.

Tab. 6.2. Übersicht über topologische Typen, Akzeptierbarkeiten und Darstellbarkeiten regulärer Mengen

Topologischer Typ	Akzeptierungs-begriff	Darstellbarkeit durch reguläre Wortmengen	Sonstiges
abgeschlossen	$\mathbf{T}^E_{\subseteq}$	$\mathsf{Is}\ V$	kanonisch aufzählbar
offen	$\mathbf{T}^E_{\sqcap}$	$W \cdot X^\omega$	·/.
$\mathbf{F}_\sigma \cap \mathbf{G}_\delta$	$\mathbf{T}^E_{=}$	$\bigcup_{i=1}^{n} W_i \cdot \mathsf{Is}\ V_i$ mit $W_i = \mathsf{Min}\ W_i$	
$\mathbf{F}_\sigma$	$\mathbf{T}^U_{\subseteq}$	$\underline{\mathcal{F}}_\sigma(W)$; $\bigcup_{i=1}^{n} W_i \cdot \mathsf{Is}\ V_i$	
$\mathbf{G}_\delta$	$\mathbf{T}^U_{\sqcap}$	$\underline{\mathcal{G}}_\delta(W)$; $\bigcup_{i=1}^{n} W_i \cdot V_i^\omega$ mit $W_i = \mathsf{Min}\ W_i$ und $V_i = \mathsf{Min}\ V_i$	
$\mathbf{F}_{\sigma\delta} \cap \mathbf{G}_{\delta\sigma}$	$\mathbf{T}^U_{=}$	$\bigcup_{i=1}^{n} W_i \cdot V_i^\omega$	·/.

Wir haben also für die topologischen Typen des Bildes bzw. des Urbildes einer Folgenmenge F:

Tab. 6.3. Topologische Typen von Bildern und Urbildern bei sequentiellen Operatoren

F	$\Phi(F)$	$\Phi^{-1}(F)$
abgeschlossen	abgeschlossen	abgeschlossen
offen	$\mathbf{F}_\sigma$	offen
$\mathbf{F}_\sigma \cap \mathbf{G}_\delta$	$\mathbf{F}_\sigma$	$\mathbf{F}_\sigma \cap \mathbf{G}_\delta$
$\mathbf{F}_\sigma$	$\mathbf{F}_\sigma$	$\mathbf{F}_\sigma$
$\mathbf{G}_\delta$	?	$\mathbf{G}_\delta$
$\mathbf{F}_{\sigma\delta} \cap \mathbf{G}_{\delta\sigma}$	?	$\mathbf{F}_{\sigma\delta} \cap \mathbf{G}_{\delta\sigma}$

Für sequentielle Operatoren endlichen Gewichts gilt weiterhin:

Tab. 6.4. Typisierung wie in Tabelle 6.3. für Operatoren mit endlichem Gewicht

F	$\Phi(F)$	$\Phi^{-1}(F)$
$G_F < \aleph_0$	$G_{\Phi(F)} < \aleph_0$	$G_{\Phi^{-1}(F)} < \aleph_0$
regulär	regulär	regulär
$\mathbf{G}_\delta$ und regulär[1])	$\mathbf{F}_{\sigma\delta} \cap \mathbf{G}_{\delta\sigma}$	$\mathbf{G}_\delta$
$\mathbf{F}_{\sigma\delta} \cap \mathbf{G}_{\delta\sigma}$ und regulär[1])	$\mathbf{F}_{\sigma\delta} \cap \mathbf{G}_{\delta\sigma}$	$\mathbf{F}_{\sigma\delta} \cap \mathbf{G}_{\delta\sigma}$

[1]) Wie ein Vergleich mit Tabelle 6.3. zeigt, ist die hier geforderte Regularität für die Aussagen in der Spalte „$\Phi(F)$" erforderlich.

Die Aussagen der Tabellen lassen sich auch für kanonische sequentielle Operatoren nicht verschärfen. (Wir haben dabei die Fälle im Auge, daß $\Phi(F)$ für offenes F eine $\mathbf{F}_\sigma$-Menge bzw. für eine $\mathfrak{G}_\delta$-Menge F vom Typ $\mathbf{F}_{\sigma\delta} \cap \mathfrak{G}_{\delta\sigma}$ ist.)

Beispiel 6.51. Es sei Φ realisiert durch den folgenden Automaten $[\{0, 1, 2\}, \{0, 1\}, \{z_0, z_1\}, f, g, z_0, e]$ mit

$$f(z_0, x) =_{Df} \begin{cases} z_0, & \text{für } x = 0, 1; \\ z_1, & \text{für } x = 2; \end{cases}$$

$$f(z_1, x) =_{Df} z_1;$$

$$g(z_0, x) =_{Df} \begin{cases} x, & \text{für } x = 0, 1; \\ 0, & \text{für } x = 2; \end{cases}$$

$$g(z_1, x) =_{Df} 0 .$$

Der Automat überträgt, solange der Buchstabe 2 nicht eingegeben worden ist, die Buchstaben 0 und 1 ungeändert; nach der Eingabe einer 2 gibt er konstant 0 aus.

Man verifiziert nun leicht

$$\Phi(0 \cdot \{0, 1\}^* \cdot 2 \cdot \{0, 1, 2\}^\omega) = 0 \cdot \{0, 1\}^* \cdot 0^\omega \tag{*}$$

und

$$\Phi(1 \cdot (0^* \cdot 1)^\omega) = 1 \cdot (0^* \cdot 1)^\omega . \tag{**}$$

Mit Beispiel 6.50. (4) haben wir in (∗) als Bild einer offenen Menge eine $\mathbf{F}_\sigma$-Menge, und durch Zusammenfassen von (∗) und (∗∗) erhalten wir als Bild einer $\mathfrak{G}_\delta$-Menge eine Menge vom Typ $\mathbf{F}_{\sigma\delta} \cap \mathfrak{G}_{\delta\sigma}$.

7. Analytische Betrachtung sequentieller Operatoren

Mit unseren Untersuchungen schließen wir jetzt wieder unmittelbar an Punkt 6.1. an und werden zunächst die angekündigte automatenfreie Charakterisierung sequentieller Operatoren geben. Ferner werden wir neben sequentiellen Operatoren endlichen Gewichts auch weitere Klassen sequentieller Operatoren untersuchen. Wir referieren dabei im wesentlichen Resultate der Arbeiten [5], [34], [32, 33] sowie [56, 57, 59].

7.1 Die Normale sequentieller Operatoren

7.1.1. Stetige Abbildungen von $[X^\omega, \varrho]$ in $[Y^\omega, \varrho]$

Ziel dieses Punktes ist es, nachzuweisen, daß jede eindeutige *stetige* Abbildung von $[X^\omega, \varrho]$ in $[Y^\omega, \varrho]$ ein sequentieller Operator über $[X, Y]$ ist. Dazu stellen wir einige Vorbetrachtungen an.

Lemma 7.1. *Für eine stetige Abbildung Φ von $[X^\omega, \varrho]$ in $[Y^\omega, \varrho]$ und eine sequentielle Funktion φ gilt genau dann $\mathbf{P}\varphi = \Phi$, wenn φ nichtverstummend ist und für alle $p \in X^*$ und $\xi \in X^\omega$ aus $p \sqsubset \xi$ die Beziehung $\varphi(p) \sqsubset \Phi(\xi)$ folgt.*

Beweis. Die Richtung von links nach rechts folgt unmittelbar aus Korollar 6.22. und Lemma 6.24. (1), da Φ dann sequentieller Operator über $[X, Y]$ ist. Für eine nichtverstummende sequentielle Funktion φ ist für alle $\xi \in X^\omega$ die Menge $\varphi(\mathsf{A}(\xi))$ unendlich. Weiterhin folgt mit der zweiten Bedingung für $p \in \mathsf{A}(\xi)$ die Beziehung $\varphi(p) \in \mathsf{A}(\Phi(\xi))$. Damit ist $\varphi(\mathsf{A}(\xi)) \subseteq \mathsf{A}(\Phi(\xi))$ und aus $\mathsf{card}\ \varphi(\mathsf{A}(\xi)) = \aleph_0$ folgt $\mathsf{A}(\varphi(\mathsf{A}(\xi)) = \mathsf{A}(\Phi(\xi))$. ∎

Wir bezeichnen für $W \subseteq X^*$ mit $\mathsf{Max}\ W$ die Menge aller *maximalen* Elemente von W, d. h.

$$\mathsf{Max}\ W =_{Df} \{p : p \in W \wedge \forall p'(p' \in W \rightarrow \sim p \sqsubset p')\} .$$

Es gelten die folgenden Beziehungen:

Folgerung 7.2.

(1) $\mathsf{Max}\ \mathsf{A}(W) = \mathsf{Max}\ W$;

(2) *Ist* $W_1 \subseteq W_2$, *so existiert zu jedem* $p \in \mathsf{Max}\ W_2$ *ein* $p' \in \mathsf{Max}\ W_1$, *für das* $p' \sqsubseteq p$ *gilt;*

(3) *ist* W *total geordnet, d. h. aus* $p, p' \in W$ *folgt* $p \sqsubset p'$ *oder* $p' \sqsubseteq p$, *so ist* $\mathsf{card}\ \mathsf{Max}\ W \leqq 1$, *und es gilt genau dann* $\mathsf{card}\ \mathsf{Max}\ W = 1$, *wenn* W *endlich ist.*

Für eine stetige Abbildung Φ von X^ω in Y^ω setzen wir

$$C_\Phi =_{Df} \{p : p \in X^* \wedge \mathsf{card}\ (\Phi(p \cdot X^\omega)) > 1\} .$$

Definition 7.3. Wir nennen χ_Φ *Normale* der stetigen Abbildung Φ von X^ω in $Y^\omega =_{Df}$

(1) $\chi_\Phi : X^* \rightarrow Y^*$;

(2) $$\chi_\Phi(p) =_{Df} \begin{cases} q, & \text{falls } \mathsf{Max} \bigcap\limits_{p \sqsubset \xi} \mathsf{A}(\Phi(\xi)) = \{q\}; \\ \text{nicht definiert, anderenfalls.} \end{cases}$$

Um den Charakter der Normalen χ_Φ einer stetigen Abbildung Φ zu erhellen, untersuchen wir die Menge $\bigcap\limits_{p \sqsubset \xi} \mathsf{A}(\Phi(\xi))$. Wir stellen dabei fest, daß $\bigcap\limits_{p \sqsubset \xi} \mathsf{A}(\Phi(\xi))$ als Teilmenge der total geordneten Menge $\mathsf{A}(\Phi(p \cdot \bar{x}))$ bezüglich „$\sqsubseteq$" total geordnet ist.

Wegen Folgerung 7.2. (3) ist χ_Φ dann und nur dann für $p \in X^*$ definiert, wenn $\bigcap\limits_{p \sqsubset \xi} \mathsf{A}(\Phi(\xi))$ endlich ist. Das heißt aber $\mathsf{card}\ \Phi(p \cdot X^\omega) > 1$. Also gilt für den Definitionsbereich D_{χ_Φ} von χ_Φ die Beziehung $D_{\chi_\Phi} = C_\Phi$.

Weiter hat man

Folgerung 7.4.

(1) $C_\Phi = \mathsf{A}(C_\Phi)$;

(2) *aus* $p \in C_\Phi$ *und* $p' \sqsubseteq p$ *folgt* $\chi_\Phi(p') \sqsubseteq \chi_\Phi(p)$;

(3) *aus* $p \in C_\Phi$ *und* $p \sqsubset \xi$ *folgt* $\chi_\Phi(p) \sqsubset \Phi(\xi)$;

(4) *für* $p \in C_\Phi$ *gilt* $d(\Phi(p \cdot X^\omega)) = \dfrac{1}{l(\chi_\Phi(p)) + 1}$.

Beweis.

(1) Ist $p \in C_\Phi$ und $p' \sqsubseteq p$, so gilt wegen $p' \cdot X^\omega \supseteq p \cdot X^\omega$ nach Definition sofort $p' \in C_\Phi$.

(2) Für $p' \sqsubseteq p$ haben wir $\bigcap_{p' \sqsubset \xi} \mathsf{A}(\Phi(\xi)) \subseteq \bigcap_{p \sqsubset \xi} \mathsf{A}(\Phi(\xi))$, und die Behauptung ergibt sich aus Folgerung 7.2. (2).

Die Behauptung (3) ist unmittelbar einzusehen.

(4) Aus (3) folgt für alle $\xi, \xi' \in p \cdot X^\omega$ die Beziehung $\varrho(\Phi(\xi), \Phi(\xi')) \leqq \frac{1}{l(\chi_\Phi(p)) + 1}$. Mit Lemma 5.4. gibt es in $\Phi(p \cdot X^\omega)$ Elemente η_1, η_2 derart, daß $\varrho(\eta_1, \eta_2) = d(\Phi(p \cdot X^\omega))$. Es sei q das maximale gemeinsame Anfangswort von η_1 und η_2. Wegen $\varrho(\eta_1, \eta) \leqq \varrho(\eta_1, \eta_2)$ für $\eta \in \Phi(p \cdot X^\omega)$ ist q gemeinsames Anfangswort aller Elemente η aus $\Phi(p \cdot X^\omega)$. Damit gilt $q \in \bigcap_{p \sqsubset \xi} \mathsf{A}(\Phi(\xi))$ und nach Definition 7.3. $q \sqsubseteq \chi_\Phi(p)$. Somit ist $d(\Phi(p \cdot X^\omega)) = \varrho(\eta_1, \eta_2) = \frac{1}{l(q) + 1} \geqq \frac{1}{l(\chi_\Phi(p)) + 1}$. ▮

Wir nennen nun eine Abbildung φ aus X^* in Y^* genau dann *partielle sequentielle Funktion* über $[X, Y]$, wenn

(1) φ eindeutig ist, und
(2) aus $p, p' \in D_\varphi$ und $p \sqsubseteq p'$ folgt $\varphi(p) \sqsubseteq \varphi(p')$.

Wir bezeichnen weiter in Analogie zu Folgerung 6.12. die partielle sequentielle Funktion φ als *nichtverstummend*, wenn das Urbild jeder endlichen Menge wieder endlich ist. Diese Forderung ist gleichbedeutend damit, daß für jede unendliche Teilmenge W von D_φ auch $\varphi(W)$ unendlich ist. Schließlich nennen wir eine partielle sequentielle Funktion *Funktion vom Typ* A, wenn $D_\varphi = \mathsf{A}(D_\varphi)$.

Damit haben wir

Lemma 7.5.

(1) *Für jede eindeutige stetige Abbildung Φ von X^ω in Y^ω ist χ_Φ eine nichtverstummende partielle sequentielle Funktion vom Typ A über $[X, Y]$.*
(2) *Ist $C_\Phi = X^*$ für eine eindeutige stetige Abbildung Φ von X^ω in Y^ω, so ist χ_Φ eine Φ erzeugende sequentielle Funktion.*

Beweis.

(1) Nach Folgerung 7.4. (1) und (2) ist χ_Φ partielle sequentielle Funktion vom Typ A über $[X, Y]$. Es bleibt zu zeigen, daß χ_Φ nichtverstummend ist.

Wir bemerken eingangs, daß jede stetige Abbildung von $[X^\omega, \varrho]$ in $[Y^\omega, \varrho]$ wegen der Kompaktheit von $[X^\omega, \varrho]$ auch gleichmäßig stetig ist, d. h., für alle $n \in \mathsf{N}$ existiert ein $k \in \mathsf{N}$, so daß für alle $\xi, \xi' \in X^\omega$ aus $\varrho(\xi, \xi') < 1/k$ auch $\varrho(\Phi(\xi), \Phi(\xi')) < 1/n$ folgt. Formulieren wir diese Aussage um, so erhalten wir, daß es zu jedem $n \in \mathsf{N}$ ein $k \in \mathsf{N}$ derart gibt, daß für alle $F \subseteq X^\omega$ aus $d(F) < 1/k$

die Ungleichung $d(\Phi(F)) < 1/n$ folgt. Es sei nun $p \in C_\Phi$ mit $l(p) \geqq k$. Dann ist $d(p \cdot X^\omega) < 1/k$, also $d(\Phi(p \cdot X^\omega)) < 1/n$.

Mit Folgerung 7.4. (4) haben wir dann $l(\chi_\Phi(p)) \geqq n$. Somit ist $\chi_\Phi^{-1}(q) \subseteq \mathsf{A}(X^k)$ für $l(q) \leqq n$.

Die Behauptung (2) folgt mit (1) und Folgerung 7.4. (2) und (3) aus Lemma 7.1. ▮

Satz 7.6. *Es sei Φ eine eindeutige stetige Abbildung von $[X^\omega, \varrho]$ in $[Y^\omega, \varrho]$. Dann gibt es eine Fortsetzung der Normalen zu einer sequentiellen Funktion φ über $[X, Y]$ derart, daß $\boldsymbol{P}\varphi = \Phi$ gilt.*

Beweis. Im Falle $e \notin C_\Phi$ ist Φ eine konstante Abbildung, d. h., es gilt $\Phi(\xi) = \eta_0$ für alle $\xi \in X^\omega$. Wir setzen in diesem Falle $\varphi(p) =_{Df} q$ mit $q \sqsubset \eta_0$ und $l(q) = l(p)$. Ist $e \in C_\Phi$, so definieren wir induktiv

A) $\varphi(e) =_{Df} \chi_\Phi(e)$

$$\text{I)}\quad \varphi(px) =_{Df} \begin{cases} \chi_\Phi(px), & \text{falls } px \in C_\Phi, \\ e, & \text{falls } p \in C_\Phi \text{ und } px \notin C_\Phi, \\ \varphi(p) \cdot y, & \text{mit } y \in Y \text{ und } \varphi(p) \cdot y \sqsubset \Phi(px), \text{ sonst.} \end{cases}$$

Wir zeigen zunächst, daß $\varphi(p) \sqsubset \Phi(\xi)$ für alle ξ mit $p \sqsubset \xi$ gilt. Ist $p \in C_\Phi$, so haben wir die Behauptung mit Folgerung 7.4. (3). Wir gehen jetzt induktiv vor: Es sei $p \in C_\Phi$ und $px \notin C_\Phi$. Dann ist $\varphi(px) = \varphi(p) \sqsubset \Phi(px\xi)$ für alle $\xi \in X^\omega$.

Nun nehmen wir an, für $p \notin C_\Phi$ sei die Behauptung schon bewiesen und zeigen, daß sie dann auch für px gilt. Es sei also $\varphi(p) \sqsubset \Phi(p \cdot \xi)$ für alle $\xi \in X^\omega$. Wegen $p \notin C_\Phi$ ist für alle $\xi \in X^\omega$ die Gleichung $\Phi(p\bar{x}) = \Phi(p\xi)$ erfüllt. Es ist nach Definition $\varphi(px) \sqsubset \Phi(p\bar{x})$. Also ist auch $\varphi(px) \sqsubset \Phi(px\xi)$ für alle $\xi \in X^\omega$.

Nun bleibt noch zu zeigen, daß φ nichtverstummend ist, und wir haben die Behauptung mit Lemma 7.1. Es sei $W \subseteq X^*$ unendlich. Dann ist auch $\mathsf{A}(W)$ unendlich, und mit Lemma 5.8. gibt es ein $\xi \in X^\omega$ mit $\mathsf{A}(\xi) \subseteq \mathsf{A}(W)$. Ist $\mathsf{A}(\xi) \subseteq C_\Phi$, so ist $\varphi(\mathsf{A}(\xi)) = \chi_\Phi(\mathsf{A}(\xi))$ nach Lemma 7.5. unendlich. Ist dagegen $\mathsf{A}(\xi) \nsubseteq C_\Phi$, so ist $\mathsf{A}(\xi) \setminus C_\Phi$ wegen Folgerung 7.4. unendlich. Für alle $p, p' \in \mathsf{A}(\xi) \setminus C_\Phi$ folgt aber nach Konstruktion von φ aus $l(p) \neq l(p')$ auch $l(\varphi(p)) \neq l(\varphi(p'))$.

Damit ist dann $\varphi(\mathsf{A}(\xi))$ und folglich $\varphi(\mathsf{A}(W))$ unendlich. Unter Verwendung der Folgerungen 6.18. (1) und 5.7. (6) ergibt sich, daß auch $\varphi(W)$ unendlich ist. ▮

Aus Korollar 6.20 leiten wir nun ab:

Korollar 7.7. *Eine eindeutige Abbildung Φ von X^ω in Y^ω ist genau dann sequentieller Operator uber $[X, Y]$, wenn sie stetig bezüglich der Metrik ϱ ist.*

Damit haben wir eine automatenfreie Charakterisierung der sequentiellen Operatoren gewonnen.

Folgerung 7.8. *Es seien Φ und Ψ sequentielle Operatoren über $[X, Y]$ bzw. $[Y, Y_1]$. Dann hat man:*

(1) *Es ist auch $\Psi \circ \Phi$ sequentieller Operator;*

(2) *aus $\Phi = \boldsymbol{P}\varphi$ und $\Psi = \boldsymbol{P}\psi$ folgt $\Psi \circ \Phi = \boldsymbol{P}\psi \circ \varphi$;*

(3) $G_{\Psi \circ \Phi} \leqq G_{\Psi} \cdot G_{\Phi}$;
(4) *ist* Φ *eine eineindeutige Abbildung von* X^{ω} *auf* Y^{ω}, *so ist auch* Φ^{-1} *sequentieller Operator.*

Beweis.

(1) Als Produkt (Hintereinanderausführung) stetiger Abbildungen ist auch $\Psi \circ \Phi$ stetig.
(2) Man verifiziert leicht $\psi \circ \varphi(p) \sqsubset \Psi \circ \Phi(\xi)$ für $p \sqsubset \xi$. Weiterhin ist $\psi \circ \varphi$ als Produkt nichtverstummender sequentieller Funktionen wieder eine nichtverstummende Funktion. Damit folgt die Behauptung aus Lemma 7.1.

Die Ungleichung (3) folgt mit (2) unmittelbar aus Lemma 6.6. (2) und Definition 6.23.

(4) Es ist Φ^{-1} eindeutig und, da Φ abgeschlossene Abbildung ist, auch stetig. ∎

Wir merken dem Beweis an, daß die Abschätzung in (3) nicht zu verbessern ist.

7.1.2. Die Begriffe Zustand und Minimalfunktion eines sequentiellen Operators

Die Normale χ_{Φ} eines sequentiellen Operators Φ ist von der speziellen Erzeugung durch sequentielle Funktionen unabhängig, d. h., aus $\boldsymbol{P}\varphi = \boldsymbol{P}\varphi'$ folgt $\chi_{\boldsymbol{P}\varphi} = \chi_{\boldsymbol{P}\varphi'}$. Weiter haben wir gesehen, daß sich jede Normale χ_{Φ} zu einer voll definierten, Φ erzeugenden sequentiellen Funktion φ erweitern läßt. Damit bietet sich uns die Möglichkeit, den Begriff des *Zustandes* für sequentielle Operatoren unter gewissen Einschränkungen *erzeugungsunabhängig* zu fassen.

Da die Normale eines sequentiellen Operators eine partielle sequentielle Funktion vom Typ A ist, führen wir zunächst für solche Funktionen die Begriffe *Zustand* und *Gewicht* analog zu den in Punkt 6.1.1. für voll definierte sequentielle Funktionen definierten Begriffen ein. Für $p \cdot r \in D_{\varphi}$ setzen wir $\varphi_p(r) =_{Df}$ $=_{Df} \varphi(p \cdot r) \mid \varphi(p)$ und nennen die so definierte partielle Funktion φ_p den *von* p *erzeugten Zustand* der Funktion φ. Weiterhin definieren wir $G_{\varphi} =_{Df} \mathsf{card}\, \{\varphi_p\colon p \in D_{\varphi}\}$ und nennen G_{φ} das *Gewicht* der partiellen Funktion φ. Für partielle sequentielle Funktionen vom Typ A hat man:

Folgerung 7.9.

(1) *Es ist genau dann* $\varphi_p = \varphi_q$, *wenn* $D_{\varphi_p} = D_{\varphi_q}$ *gilt und für alle* $r \in D_{\varphi_p}$ *folgt* $\varphi_p(r) = \varphi_q(r)$;
(2) $D_{\varphi_p} = D_{\varphi} \mid p$;
(3) *aus* $\varphi_p = \varphi_q$ *folgt* $D_{\varphi} \mid p = D_{\varphi} \mid q$;
(4) *hat* φ *endliches Gewicht, so ist* D_{φ} *regulär*;
(5) *aus* $p \in D_{\varphi}$ *folgt* $\varphi_p(e) = e$.

Beweis. Die Behauptungen (1) und (2) sind leicht einzusehen.

Die Aussage (3) folgt mit (1) aus (2).

(4) Hat φ endliches Gewicht, so hat auch D_{φ} zufolge (3) endliches Gewicht und ist nach Satz 5.52. (1) regulär.

Die Gültigkeit von (5) ist evident. ∎

Definition 7.10. Für $p \in C_\Phi$ nennen wir Φ_p den *von p erzeugten Zustand des Operators* $\Phi =_{Df}$. Für alle $\xi \in X^\omega$ gilt $\Phi_p(\xi) = \Phi(p \cdot \xi) \mid \chi_\Phi(p)$.

Normale und Zustand sequentieller Operatoren genügen den folgenden Beziehungen:

Folgerung 7.11.

(1) *Es ist jeder Zustand Φ_p eines sequentiellen Operators Φ wieder ein sequentieller Operator, und es gilt $C_{\Phi_p} = C_\Phi \mid p$;*

(2) *aus $p \in C_\Phi$ folgt $\chi_{\Phi_p} = (\chi_\Phi)_p$;*

(3) *aus $p \in C_\Phi$ folgt $\chi_{\Phi_p}(e) = e$;*

(4) *es gilt genau dann $\Phi = \Phi_e$, wenn $e \in C_\Phi$ und $\chi_\Phi(e) = e$;*

(5) *ist $pr \in C_\Phi$, so gilt $(\Phi_p)_r = \Phi_{pr}$.*

Beweis. Die Behauptung (1) folgt leicht aus der Stetigkeit von Φ_p und aus der Beziehung $\mathsf{card}\, \Phi_p(X^\omega) = \mathsf{card}\, \Phi(p \cdot X^\omega)$.

(2) Mit (1) haben wir zunächst $D_{\chi\Phi_p} = C_\Phi \mid p = D_{(\chi_\Phi)_p}$. Es sei $r \in C_\Phi \mid p$. Dann ist zufolge der Definitionen 7.3. und 7.10. $\mathsf{A}(\chi_{\Phi_p}(r)) = \bigcap_{r \sqsubset \xi} \mathsf{A}(\Phi_p(\xi)) = \bigcap_{r \sqsubset \xi} \mathsf{A}(\Phi(p \cdot \xi) \mid \chi_\Phi(p))$. Mit den Folgerungen 5.5.1. (4) und 5.50. (4) haben wir dann $\mathsf{A}(\chi_{\Phi_p}(r)) = \left(\bigcap_{r \sqsubset \xi} \mathsf{A}(\Phi(p \cdot \xi))\right)\Big| \chi_\Phi(p) = \mathsf{A}(\chi_\Phi(pr)) \mid \chi_\Phi(p)$. Hieraus können wir unmittelbar $\chi_{\Phi_p}(r) = \chi_\Phi(pr) \mid \chi_\Phi(p)$ schließen.

Die Aussage (3) leitet sich unmittelbar aus (2) und Folgerung 7.9. (5) ab.

(4) Mit $\Phi = \Phi_e$ ist $e \in C_\Phi$, und es gilt $e = \chi_{\Phi_e}(e) = \chi_\Phi(e)$. Sind andererseits $e \in C_\Phi$ und $\chi_\Phi(e) = e$, so haben wir $\Phi(\xi) = \chi_\Phi(e) \cdot \Phi_e(\xi) = \Phi_e(\xi)$ für alle $\xi \in X^\omega$.

(5) Es ist $\chi_\Phi(p \cdot r) \cdot \Phi_{pr}(\xi) = \Phi(pr \cdot \xi)$ für alle $\xi \in X^\omega$. Weiterhin haben wir $\chi_{\Phi_p}(r) \cdot (\Phi_p)_r\,(\xi) = \Phi_p(r \cdot \xi)$ für alle $\xi \in X^\omega$. Damit ist $\chi_\Phi(p) \cdot \chi_{\Phi_p}(r) \cdot (\Phi_p)_r\,(\xi) = \chi_\Phi(p) \cdot \Phi_p(r \cdot \xi) = \Phi(p \cdot r \cdot \xi)$ für $\xi \in X^\omega$. Mit (2) gilt nun $\chi_\Phi(p) \cdot \chi_{\Phi_p}(r) = \chi_\Phi(pr)$, und die Behauptung folgt leicht. ∎

Lemma 7.12. *Für einen sequentiellen Operator Φ und eine partielle sequentielle Funktion φ vom Typ A, die der Bedingung $\varphi(p) \sqsubset \Phi(p \cdot \xi)$ für $p \in D_\varphi$ und $\xi \in X^\omega$ genügt, sind die folgenden Aussagen äquivalent:*

(1) *Es ist φ Normale des sequentiellen Operators Φ.*

(2) *Der Definitionsbereich von φ stimmt mit C_Φ überein und für alle $p \in C_\Phi$ und alle Φ erzeugenden sequentiellen Funktionen φ' gilt $\varphi'(p) \sqsubseteq \varphi(p)$.*

Beweis. (1) → (2): Ist $\varphi = \chi_\Phi$, so gilt $D_\varphi = C_\Phi$. Weiterhin ist für alle $p \in X^*$, $\xi \in X^\omega$ und alle φ' mit $\boldsymbol{P}\varphi' = \Phi$ offensichtlich $\varphi'(p) \sqsubset \Phi(p \cdot \xi)$. Damit hat man $\mathsf{A}(\varphi'(p)) \subseteq \bigcap_{p \sqsubset \xi} \mathsf{A}(\Phi(\xi))$ und für $p \in C_\Phi$ also $\varphi'(p) \sqsubseteq \chi_\Phi(p)$.

(2) → (1): Wählen wir als φ' die in Satz 7.6. konstruierte Fortsetzung von χ_Φ, so gilt $\chi_\Phi(p) \sqsubseteq \varphi(p)$ für $p \in C_\Phi$. Weiterhin ist nach Voraussetzung $d(\Phi(p \cdot X^\omega)) \leqq \leqq \dfrac{1}{l(\varphi(p)) + 1}$ für $p \in C_\Phi$. Mit Folgerung 7.4. (4) haben wir dann $l(\varphi(p)) \leqq \leqq l(\chi_\Phi(p))$, also $\chi_\Phi(p) = \varphi(p)$ sowie $D_\varphi = C_\Phi$. ∎

Lemma 7.12. zeigt, daß die Normale χ_Φ eine bezüglich der Ausgabe maximale „erzeugende“ Funktion für den Operator Φ ist. Von einer eigentlichen Erzeugung des Operators Φ durch seine Normale kann aber nur dann gesprochen werden, wenn $C_\Phi = X^*$ gilt.

Wir wenden uns nun den Beziehungen zwischen Erzeugendenfunktionen, Zuständen und Normalen eines sequentiellen Operators zu und vereinbaren folgende Sprechweisen: Für sequentielle Operatoren Φ und Ψ über $[X, Y]$ und Wörter $w, v \in Y^*$ stehe $w \cdot \Phi = v \cdot \Psi$ dafür, daß $w \cdot \Phi(\xi) = v \cdot \Psi(\xi)$ für alle $\xi \in X^\omega$ erfüllt ist. Weiterhin bedeute $\Phi \mid w = \Psi \mid v$, daß $w \sqsubset \Phi(\xi)$, $v \sqsubset \Psi(\xi)$ und $\Phi(\xi) \mid w = \Psi(\xi) \mid v$ für alle $\xi \in X^\omega$ gelten.

Satz 7.13. *Es seien φ eine sequentielle Funktion über $[X, Y]$ und $\boldsymbol{P}\varphi = \Phi$. Sind $\varphi_p = \varphi_q$ und $p \in C_\Phi$, so ist auch $q \in C_\Phi$, und es gilt $\Phi_p = \Phi_q$.*

Beweis. Mit $\varphi_p = \varphi_q$ haben wir $\boldsymbol{P}\varphi_p = \boldsymbol{P}\varphi_q$. Weiterhin ist $\Phi(r \cdot X^\omega) = \varphi(r) \cdot \boldsymbol{P}\varphi_r(X^\omega)$ für $r \in X^*$. Damit haben wir $\mathsf{card}\, \Phi(p \cdot X^\omega) = \mathsf{card}\, \boldsymbol{P}\varphi_p(X^\omega) > 1$. Demzufolge ist auch $\mathsf{card}\, \Phi(q \cdot X^\omega) = \mathsf{card}\, \boldsymbol{P}\varphi_q(X^\omega) > 1$.

Wir zeigen nun $\Phi_p = \Phi_q$. Es ist $\varphi(p) \cdot \boldsymbol{P}\varphi_p = \chi_\Phi(p) \cdot \Phi_p$. Mit Lemma 7.12. ist dann $\boldsymbol{P}\varphi_p = (\chi_\Phi(p) \mid \varphi(p)) \cdot \Phi_p$. Analog gilt $\boldsymbol{P}\varphi_q = (\chi_\Phi(q) \mid \varphi(p)) \cdot \Phi_q$. Bezeichnen wir das Wort $\chi_\Phi(p) \mid \varphi(p)$ mit r und $\chi_\Phi(q) \mid \varphi(q)$ mit r', so haben wir $r \cdot \Phi_p = r' \cdot \Phi_q$. Also sind die Wörter r und r' bezüglich „$\sqsubset$“ vergleichbar. Nehmen wir an, es sei $r \sqsubset r'$. Daraus folgt $\Phi_p = (r' \mid r) \cdot \Phi_q$, wobei $r' \mid r \neq e$. Somit gilt $r' \mid r \sqsubseteq \chi_{\Phi_p}(e)$, was einen Widerspruch zu Folgerung 7.11. (3) ergibt. Im Falle $r' \sqsubset r$ erhält man auf gleichem Wege einen Widerspruch zur Gleichung $\chi_{\Phi_q}(e) = e$. Also ist $r = r'$ und mithin $\Phi_p = \Phi_q$. ∎

Korollar 7.14. (1) *Ist $\boldsymbol{P}\varphi = \Phi$ und sind $p, q \in C_\Phi$, so gelten $\chi_\Phi(p) \mid \varphi(p) = \chi_\Phi(q) \mid \varphi(q)$ und $\chi_{\Phi_p} = \chi_{\Phi_q}$, falls $\varphi_p = \varphi_q$.*

(2) *Es sei $G'_\Phi =_{Df} \mathsf{card}\, \{\Phi_p : p \in C_\Phi\}$. Dann gilt $G_{\chi_\Phi} \leqq G'_\Phi \leqq G_\Phi$.*

(3) *Ist $C_\Phi = X^*$, so folgt $G_{\chi_\Phi} = G_\Phi$.*

Beweis. (1) Die Gleichheit $\chi_\Phi(p) \mid \varphi(p) = \chi_\Phi(q) \mid \varphi(q)$ wurde bereits im Beweis von Satz 7.13. abgeleitet. Die andere Behauptung folgt unmittelbar aus Satz 7.13.

(2) Wählen wir die Funktion φ aus Satz 7.13. derart, daß $G_\varphi = G'_\Phi$ gilt, so haben wir $G'_\Phi \leqq G_\Phi$, und die Behauptung $G'_\Phi \geqq G_{\chi_\Phi}$ leiten wir mit Folgerung 7.11. (2) ab.

(3) Nach Lemma 7.5. (2) ist $\boldsymbol{P}_{\chi_\Phi} = \Phi$ für $C_\Phi = X^*$. Also haben wir dann $G_{\chi_\Phi} \geqq G_\Phi$. ∎

Anmerkung. Die Ungleichungskette in (2) ist nicht zu verschärfen, da für $C_\Phi \neq X^*$ stets $G'_\Phi + 1 \leqq G_\Phi$ gilt, und weil weiterhin aus $\chi_{\Phi_p} = \chi_{\Phi_q}$ für $C_\Phi \neq X^*$ nicht notwendig $\Phi_p = \Phi_q$ folgt. Entsprechende Gegenbeispiele überlegt sich der Leser an Hand dieser Anleitungen selbst.

Korollar 7.14. (1) gibt uns nun Anlaß zur folgenden

Definition 7.15. Eine sequentielle Funktion φ über $[X, Y]$ heißt *Minimalfunktion des sequentiellen Operators* $\Phi =_{Df}$

(1) $\boldsymbol{P}\varphi = \Phi$ und

(2) für alle sequentiellen Funktionen φ' mit $\boldsymbol{P}\varphi' = \Phi$ sowie für alle $p, q \in X^*$

folgt aus $\varphi'_p = \varphi'_q$ die Gleichheit von φ_p und φ_q. (Wir nennen manchmal φ eine *sequentielle Minimalfunktion*, wenn φ Minimalfunktion des sequentiellen Operators $\boldsymbol{P}\varphi$ ist.)

Folgerung 7.16.

(1) *Gilt* $C_\Phi = X^*$ *für einen sequentiellen Operator* Φ *über* $[X, Y]$, *so ist* χ_Φ *Minimalfunktion für* Φ.

(2) *Ist* φ *sequentielle Minimalfunktion, so gilt* $G_\varphi = G_{\boldsymbol{P}\varphi}$.

Beweis.

(1) Die Behauptung folgt aus Korollar 7.14. (1).

(2) Wir wählen ein φ' mit $\boldsymbol{P}\varphi' = \boldsymbol{P}\varphi$ und $G_{\varphi'} = G_{\boldsymbol{P}\varphi}$. Dann ist offensichtlich $G_\varphi \leqq G_{\varphi'}$, woraus sofort $G_\varphi = G_{\boldsymbol{P}\varphi}$ folgt. ▌

Folgerung 7.16. (2) gibt gleichzeitig eine Begründung für die Wahl der Bezeichnung „Minimalfunktion".

Im Zusammenhang mit Folgerung 7.16. (1) ergeben sich nun die nachstehenden Fragen: Ist jede Minimalfunktion eines sequentiellen Operators mit voll definierter Normalen gleichzeitig Normale? Gibt es Operatoren mit einer nicht voll definierten Normalen, die Minimalfunktionen besitzen? Wir führen dazu Beispiele an:

Beispiel 7.17.

(1) Es seien $X = Y = \{0, 1\}$. Wir betrachten den Operator Φ über $[X, Y]$, der durch die Beziehung $\Phi(\xi) = 0 \cdot \xi(1) \cdot 0 \cdot \xi(2) \cdot 0 \cdot \xi(3) \cdots$ definiert ist. Da Φ eineindeutig ist, gilt $C_\Phi = X^*$. Für die Normale haben wir $\chi_\Phi(e) = 0$. Wir wählen nun die folgende Erzeugende von Φ:

$$\varphi(e) =_{Df} e;$$
$$\varphi(px) =_{Df} \varphi(p) \cdot 0x\,.$$

Damit ist $G_\varphi = 1$, und φ ist somit Minimalfunktion für Φ, aber es gilt $\varphi \neq \chi_\Phi$.

(2) Für die konstanten Operatoren $\Phi(\xi) =_{Df} const.$ über $[X, Y]$ unterscheiden wir:

1. Fall: Es sei $\Phi(X^\omega) = p \cdot q^\omega$. Wir setzen

$$\varphi(e) =_{Df} p\,,$$
$$\varphi(px) =_{Df} \varphi(p) \cdot q\,.$$

Dann gilt $G_\varphi = 1$, und φ ist daher Minimalfunktion für Φ.

2. Fall: Es sei $\Phi(X^\omega) = \{\eta\}$, wobei η eine nichtperiodische Folge ist. Wir zeigen nun, daß Φ keine Minimalfunktion besitzt. Zunächst ist für jede Erzeugende φ von Φ stets $\varphi_p \neq \varphi_{px}$. Nehmen wir an, Φ hätte eine Minimalfunktion φ, so gäbe es Zustände φ_p und φ_q, für die $p \neq q$, $p \parallel q$ und $\varphi_p \neq \varphi_q$ gelten würde. (Ist $\varphi_p = \varphi_q$, so wählen wir statt φ_q einen Zustand φ_{qx}). Dann ist $\varphi(p) \cdot \boldsymbol{P}\varphi_p(\xi) = \eta = \varphi(q) \cdot \boldsymbol{P}\varphi_q(\xi)$. Also gibt es ein $w \in Y^*$ mit $w \cdot \boldsymbol{P}\varphi_p = \boldsymbol{P}\varphi_q$ oder $\boldsymbol{P}\varphi_p = w \cdot \boldsymbol{P}\varphi_q$. O. B. d. A. betrachten wir $w \cdot \boldsymbol{P}\varphi_p = \boldsymbol{P}\varphi_q$ und konstruieren wie folgt einen Automaten $\mathfrak{B} = [X, Y, Z, f, z_0\, q_0]$, der eine Erzeugende φ' von Φ derart realisiert, daß $\varphi'_p = \varphi'_q$ gilt:

$$Z =_{Df} X^*\,, \qquad z_0 =_{Df} e; \qquad q_0 =_{Df} \varphi(e);$$

$$f(r, x) =_{Df} \begin{cases} rx, & falls\ rx \neq p; \\ q, & falls\ rx \neq p; \end{cases}$$

$$g(r, x) =_{Df} \begin{cases} \varphi_r(x), & falls\ rx \neq p; \\ \varphi_r(x) \cdot w, & falls\ rx = p. \end{cases}$$

Damit gilt $\varphi'_p = \varphi'_q$, aber $\varphi_p \neq \varphi_q$, also kann φ nicht Minimalfunktion für Φ sein.

Zur Untersuchung der Minimalfunktionen bietet sich die folgende Relation an. Es sei φ eine nichtverstummende sequentielle Funktion über $[X, Y]$.

Wir setzen für $p, q \in X^*$:

$$p \underset{\varphi}{\wedge} q =_{Df} \exists w \exists v \, (w, v \in Y^* \wedge \boldsymbol{P}\varphi_p \mid w = \boldsymbol{P}\varphi_q \mid v \wedge (\sim p \parallel q \rightarrow \varphi(p) \cdot w \neq \varphi(q) \cdot v)) .$$

Satz 7.18. *Es seien Φ ein sequentieller Operator über $[X, Y]$ und φ eine Erzeugende von Φ. Falls es Wörter $p, q \in X^*$ mit $p \underset{\varphi}{\wedge} q$ gibt, so gibt es auch eine Erzeugende φ' von Φ mit $\varphi'_p = \varphi'_q$.*

Beweis. Wir nehmen $\varphi_p \neq \varphi_q$ an. Weiterhin sei $\boldsymbol{P}\varphi_p \mid w = \boldsymbol{P}\varphi_q \mid v$. Da $\boldsymbol{P}\varphi_p \mid w$ wieder sequentieller Operator ist, gibt es eine Erzeugende $\tilde{\varphi}$ von $\boldsymbol{P}\varphi_p \mid w$. Wir betrachten o.B.d.A. die Fälle $p \parallel q$ und $p \sqsubset q$.

1. Fall: $p \parallel q$. Mit Hilfe von φ und $\tilde{\varphi}$ konstruieren wir einen Automaten $\mathfrak{B} = [X, Y, Z, f, z_0, q_0]$, der eine Funktion φ' mit der Eigenschaft $\boldsymbol{P}\varphi' = \boldsymbol{P}\varphi$ und $\varphi'_p = \varphi'_q$ realisiert. Wir setzen $Z =_{Df} X^* \cup Z_{\tilde{\varphi}}$, $z_0 =_{Df} e$, $q_0 =_{Df} \varphi(e)$ sowie für $r \in X^*$ und $x \in X$

$$f(r, x) =_{Df} \begin{cases} \tilde{\varphi}_e, & \text{falls } rx = p \text{ oder } rx = q \,, \\ rx, & \text{sonst}; \end{cases}$$

$$f(\tilde{\varphi}_p, x) =_{Df} \tilde{\varphi}_{px};$$

$$g(r, x) =_{Df} \begin{cases} \varphi_r(x) \cdot w \cdot \tilde{\varphi}(e), & \text{falls } rx = p; \\ \varphi_r(x) \cdot v \cdot \tilde{\varphi}(e), & \text{falls } rx = q; \\ \varphi_r(x), & \text{sonst}; \end{cases}$$

$$g(\tilde{\varphi}_p, x) =_{Df} \tilde{\varphi}_p(x).$$

Offensichtlich gilt $\varphi'_p = \varphi'_q$. Es bleibt $\boldsymbol{P}\varphi' = \boldsymbol{P}\varphi$ zu zeigen. Dazu seien $\xi \in X^\omega$ und weder $p \sqsubset \xi$ noch $q \sqsubset \xi$. Dann gilt für $r \in \mathsf{A}(\xi)$ nach Konstruktion $\varphi'(r) = \varphi(r)$, also $\boldsymbol{P}\varphi'(\xi) = \boldsymbol{P}\varphi(\xi)$. Ist $p \sqsubset \xi$, so gilt $\varphi'(p) = \varphi(p) \cdot w \cdot \tilde{\varphi}(e)$, und es ist daher $\boldsymbol{P}\varphi'(\xi) = \varphi(p) \cdot w \cdot \boldsymbol{P}\tilde{\varphi}\ (\xi \mid p) = \varphi(p) \cdot w \cdot (\boldsymbol{P}\varphi_p\ (\xi \mid p) \mid w)$. Damit ist $\boldsymbol{P}\varphi'(\xi) = \boldsymbol{P}\varphi(\xi)$. Im Falle $q \sqsubset \xi$ schließt man analog.

2. Fall: $p \sqsubset q$. In diesem Falle ist die Abänderung von φ etwas komplizierter. Es ist notwendig, eine Erzeugende $\tilde{\varphi}$ von $\boldsymbol{P}\varphi_p \mid w$ so zu bestimmen, daß $\tilde{\varphi}_e = \tilde{\varphi}_{q \mid p}$ gilt. Gelingt dies, so erhalten wir mit der gleichen Konstruktion wie im Falle $p \parallel q$ eine Erzeugende φ' von Φ, die der Bedingung $\varphi'_p = \varphi'_q$ genügt. (Der Fall $rx = q$ wird hier bedeutungslos.) Zunächst haben wir $\varphi(p) \sqsubseteq \varphi(q)$. Weiterhin sind $\varphi(q) \cdot v \sqsubset \Phi(q \cdot \xi)$ und $\varphi(p) \cdot w \sqsubset \Phi(q \cdot \xi)$. Damit ist entweder $\varphi(p) \cdot w \sqsubset \varphi(q) \cdot v$ oder $\varphi(q) \cdot v \sqsupset \varphi(p) \cdot w$. (Der Fall „=" ist nach Definition von $\underset{\varphi}{\wedge}$ ausgeschlossen.) Es sei im Weiteren $p' =_{Df} q \mid p$. Betrachten wir zunächst den Fall $\varphi(q) \cdot v \sqsupset \varphi(p) \cdot w$. Es ist dann $\boldsymbol{P}\varphi_p(p' \cdot \xi) = \varphi_p(p') \cdot \boldsymbol{P}\varphi_q(\xi)$. Somit haben wir $\boldsymbol{P}\varphi_q \mid v = \varphi_p(p') \cdot \boldsymbol{P}\varphi_q \mid \varphi_p(p') \cdot v$. Nach Voraussetzung ist $\boldsymbol{P}\varphi_q \mid v = \boldsymbol{P}\varphi_p \mid w$. Also gilt $\boldsymbol{P}\varphi_p(p' \cdot \xi) \mid \varphi_p(p') \cdot v = \boldsymbol{P}\varphi_p(\xi) \mid w$ für alle $\xi \in X^\omega$. Weiterhin ist $w \mid \varphi_p(p') \cdot v = \varphi(p) \cdot w \mid \varphi(q) \cdot v$. Also haben wir $\boldsymbol{P}\varphi_p(p'\xi) = \boldsymbol{P}\varphi_p(\xi) \mid w_0$ mit $w_0 =_{Df} w \mid \varphi_p(p') \cdot v$, woraus $w_0 \cdot \boldsymbol{P}\varphi_p(p' \cdot X^\omega) = \boldsymbol{P}\varphi_p(X^\omega)$ folgt. Damit ist

$w_0 \cdot \boldsymbol{P}\varphi_p(p' \cdot X^\omega) \supseteq \boldsymbol{P}\varphi_p(p' \cdot X^\omega)$, und mit Lemma 5.56. (1) haben wir $\boldsymbol{P}\varphi_p(p' \cdot X^\omega) = w_0^\omega$. Folglich gilt auch $\boldsymbol{P}\varphi_p(X^\omega) = w_0^\omega$. Also ist $\boldsymbol{P}\varphi_p \mid w$ ein konstanter Operator mit dem Bild $w_0^\omega \mid w$. Definieren wir nun $\tilde{\varphi}$ wie im ersten Falle des Beispiels 7.17. (2), so haben wir $G_{\tilde{\varphi}} = 1$ und $\tilde{\varphi}_e = \tilde{\varphi}_{q|p}$. Nun betrachten wir den Fall $\varphi(p)\, w \sqsubset \varphi(q)\, v$. Wählen wir $w_0 =_{Df} \varphi(q) \cdot v \mid \varphi(p) \cdot w$, so erhalten wir nach den gleichen Schlüssen wie im vorangegangenen Falle die Beziehung $\boldsymbol{P}\varphi_p(p' \cdot \xi) = w_0 \cdot \boldsymbol{P}\varphi_p(\xi)$ für alle $\xi \in X^\omega$. Dividieren wir beide Seiten durch w, so ergibt sich $\boldsymbol{P}\varphi_p(p' \cdot \xi) \mid w = (w_0 \cdot \boldsymbol{P}\varphi_p(\xi)) \mid w = \boldsymbol{P}\varphi_p(\xi) \mid (w \mid w_0)$. Aus einem Vergleich von $\boldsymbol{P}\varphi_p \mid w$ mit $\boldsymbol{P}\varphi_p \mid (w \mid w_0)$ schließen wir auf die Existenz eines $v_0 \in Y^*$, für das $\boldsymbol{P}\varphi_p \mid (w \mid w_0) = v_0 \cdot (\boldsymbol{P}\varphi_p \mid w)$ gilt. Damit haben wir

$$\boldsymbol{P}\varphi_p(p' \cdot \xi) \mid w = v_0(\boldsymbol{P}\varphi_p(\xi) \mid w) \text{ für alle } \xi \in X^\omega. \quad (*)$$

Wir setzen $\tilde{\varphi}(e) =_{Df} e$, d. h. $\tilde{\varphi} = \tilde{\varphi}_e$, für $l(r) < l(p')$ ebenfalls $\tilde{\varphi}(r) =_{Df} e$, für $r \parallel p'$ mit $l(r) \geqq l(p')$ schließlich

$$\tilde{\varphi}(r) =_{Df} \begin{cases} e, & \text{falls } \varphi_p(r) \sqsubset w, \\ \varphi_p(r) \mid w, & \text{sonst,} \end{cases}$$

sowie $\tilde{\varphi}(p') =_{Df} v_0$ und $\tilde{\varphi}_{p'} =_{Df} \tilde{\varphi}_e$. Für $p' \not\sqsubset \xi$ gilt offensichtlich $\boldsymbol{P}\tilde{\varphi}(\xi) = \boldsymbol{P}\varphi_p(\xi) \mid w$. Es sei $\xi = p'^n \cdot \xi'$, wobei $p' \not\sqsubset \xi'$. Dann ist $\boldsymbol{P}\tilde{\varphi}(p'^n \cdot \xi') = v_0^n \cdot \boldsymbol{P}\tilde{\varphi}_p(\xi') = v_0^n \cdot (\boldsymbol{P}\tilde{\varphi}_p(\xi') \mid w)$. Durch sukzessive Anwendung von $(*)$ erhalten wir andererseits $v_0^n(\boldsymbol{P}\varphi_p(\xi') \mid w) = v_0^{n-1}(\boldsymbol{P}\varphi_p(p'\xi') \mid w) = \cdots = \boldsymbol{P}\varphi_p(p'^n \cdot \xi') \mid w$. Schließlich ist $\boldsymbol{P}\tilde{\varphi}(\overline{p}') = \overline{v}_0 = \boldsymbol{P}\varphi_p(\overline{p}') \mid w$, wie man leicht mit $(*)$ beweist. Also erfüllt $\tilde{\varphi}$ die Bedingungen $\boldsymbol{P}\tilde{\varphi} = \boldsymbol{P}\varphi_p \mid w$ und $\tilde{\varphi}_e = \tilde{\varphi}_{p|q}$. ∎

Den engen Zusammenhang zwischen der Relation $\underset{\varphi}{\wedge}$ und der Gleichheit von Zuständen unterstreicht nun das folgende

Lemma 7.19. *Es seien φ und φ' sequentielle Funktionen über $[X, Y]$, $\boldsymbol{P}\varphi = \boldsymbol{P}\varphi'$ und $\boldsymbol{P}\varphi$ sequentieller Operator. Dann folgt aus $\boldsymbol{P}\varphi_p' = \boldsymbol{P}\varphi_q'$ die Beziehung $p \underset{\varphi}{\wedge} q$.*

Beweis. Es ist $\varphi(p) \cdot \boldsymbol{P}\varphi_p = \varphi'(p) \cdot \boldsymbol{P}\varphi_p'$ und $\varphi(q) \cdot \boldsymbol{P}\varphi_q = \varphi'(q) \cdot \boldsymbol{P}\varphi_q'$ $(*)$. Es seien nun $v =_{Df} \varphi'(p) \mid \varphi(p)$, $v' =_{Df} \varphi(p) \mid \varphi'(p)$, $w =_{Df} \varphi'(q) \mid \varphi(q)$ und $w' =_{Df} \varphi(q) \mid \varphi'(q)$, falls die entsprechenden Größen existieren.

Dividieren wir die beiden Gleichungen in $(*)$ durch die kürzeren Faktoren, so erhalten wir unter Berücksichtigung der Gleichung $\boldsymbol{P}\varphi_p' = \boldsymbol{P}\varphi_q'$ einen der vier nachstehenden Fälle:

1) $\boldsymbol{P}\varphi_p = v \cdot \boldsymbol{P}\varphi_p'$ und $\boldsymbol{P}\varphi_q = w \cdot \boldsymbol{P}\varphi_q'$, d. h. $\boldsymbol{P}\varphi_p \mid v = \boldsymbol{P}\varphi_q \mid w$;
2) $\boldsymbol{P}\varphi_p = v \cdot \boldsymbol{P}\varphi_p'$ und $w' \cdot \boldsymbol{P}\varphi_q = \boldsymbol{P}\varphi_q'$, d. h. $\boldsymbol{P}\varphi_p \mid v \cdot w' = \boldsymbol{P}\varphi_q$;
3) $v' \cdot \boldsymbol{P}\varphi_p = \boldsymbol{P}\varphi_p'$ und $\boldsymbol{P}\varphi_q = w \cdot \boldsymbol{P}\varphi_q'$, d. h. $\boldsymbol{P}\varphi_p = \boldsymbol{P}\varphi_q \mid w \cdot v'$;
4) $v' \cdot \boldsymbol{P}\varphi_p = \boldsymbol{P}\varphi_p'$ und $w' \cdot \boldsymbol{P}\varphi_q = \boldsymbol{P}\varphi_q'$, d. h. $v' \sqsubseteq w'$ oder $w' \sqsubseteq v'$ und somit $\boldsymbol{P}\varphi_p \mid (w' \mid v') = \boldsymbol{P}\varphi_q$ oder $\boldsymbol{P}\varphi_p = \boldsymbol{P}\varphi_q \mid (v' \mid w')$.

Ist $p \parallel q$, so haben wir $p \underset{\varphi}{\wedge} q$ nachgewiesen. Wir nehmen jetzt o.B.d.A. $p \sqsubset q$ an und betrachten die Divisoren. Wegen $\varphi_p' = \varphi_q'$ ist dann $l(\varphi'(p)) < l(\varphi'(q))$. Entsprechend unseren vier Fällen folgt daher:

1) Es ist $\varphi(p) \cdot v = \varphi'(p) \neq \varphi'(q) = \varphi(q) \cdot w$.
2) Wir haben $l(\varphi(p) \cdot v \cdot w') = l(\varphi'(p)) + l(\varphi(q)) - l(\varphi'(q)) \neq l(\varphi(q))$.

3) Analog zu 2) ist $l(\varphi(q) \cdot w \cdot v') \neq (l\varphi(p))$.
4) Wir betrachten nur $\boldsymbol{P}\varphi_p \mid (w' \mid v') = \boldsymbol{P}\varphi_q$. Es gilt $l(\varphi(p)) + l(w') \neq l(\varphi(q)) + l(v')$ und demzufolge kann nicht $\varphi(p) \cdot (w' \mid v') = \varphi(q)$ sein.

Damit haben wir auch für den Fall $p \sqsubset q$ die Beziehung $p \underset{\varphi}{\wedge} q$ gezeigt. ▮

Wir sind nunmehr in der Lage, die sequentiellen Minimalfunktionen zu charakterisieren.

Satz 7.20. *Es ist φ genau dann sequentielle Minimalfunktion, wenn aus $p \underset{\varphi_p}{\wedge} q$ die Gleichheit $\varphi_p = \varphi_q$ folgt.*

Beweis. Es seien φ sequentielle Minimalfunktion und $p \underset{\varphi}{\wedge} q$. Dann gibt es zufolge Lemma 7.18. eine Funktion φ' mit $\boldsymbol{P}\varphi' = \boldsymbol{P}\varphi$ und $\varphi_p' = \varphi_q'$. Also ist $\varphi_p = \varphi_q$. Zum Beweis der anderen Richtung gehen wir von einer $\boldsymbol{P}\varphi$ erzeugenden Funktion φ' der Eigenschaft $\varphi_p' = \varphi_q'$ aus. Mit Lemma 7.19. haben wir dann $p \underset{\varphi}{\wedge} q$, und aus der Bedingung unseres Satzes schließen wir $\varphi_p = \varphi_q$. Also ist φ eine Minimalfunktion. ▮

Korollar 7.21. *Hat ein sequentieller Operator Φ über $[X, Y]$ eine Minimalfunktion φ', so ist für jede sequentielle Funktion φ mit $\boldsymbol{P}\varphi = \Phi$ die Relation $\underset{\varphi}{\wedge}$ eine bezüglich der Wortmultiplikation rechtsstabile Äquivalenzrelation, und es gilt* $\operatorname{card} X^*/\underset{\varphi}{\wedge} = G_\Phi$.

Beweis. Zufolge der Lemmata 7.18. und 7.19. fällt $\underset{\varphi}{\wedge}$ mit $\sim_{\varphi'}$ zusammen, wobei wie auf S. 101 $p \sim_{\varphi'} q =_{Df} \varphi_p' = \varphi_q'$ gesetzt sei. Für $\sim_{\varphi'}$ gilt aber die Behauptung. ▮

Anmerkung. Die Implikation $(\sim p \parallel q) \rightarrow \varphi(p) \cdot w \neq \varphi(q) \cdot v$ in der Definition von „$\underset{\varphi}{\wedge}$“ sichert uns erst die Aussage von Satz 7.20. Betrachten wir nämlich einen Operator der Art wie im Falle 2 von Beispiel 7.17. (2), so gilt natürlich $\boldsymbol{P}\varphi_p \mid \varphi_p(x) = \boldsymbol{P}\varphi_{px}$, aber es kann, wie wir gesehen haben, nicht $\varphi_p = \varphi_{px}$ gelten.

Die Eigenschaft, Minimalfunktion zu sein, vererbt sich auf die Zustände einer Minimalfunktion. Dies zeigt

Lemma 7.22. Die Funktion φ *ist genau dann sequentielle Minimalfunktion, wenn jeder Zustand φ_p von φ ebenfalls sequentielle Minimalfunktion ist.*

Beweis. Wir beweisen die Behauptung mit Hilfe von Satz 7.20. Mit $r \underset{\varphi_p}{\wedge} q$ haben wir $pr \underset{\varphi}{\wedge} pq$ und daraus folgt $\varphi_{pr} = \varphi_{pq}$. Ist jeder Zustand φ_p von φ Minimalfunktion, so ist auch φ_e sequentielle Minimalfunktion. Mit $p \underset{\varphi}{\wedge} q$ haben wir dann $p \underset{\varphi_e}{\wedge} q$ und somit $\varphi_p = \varphi_q$. ▮

Wir gehen nun an die Beantwortung der Frage, ob jede Normale χ_Φ eines sequentiellen Operators Φ endlichen Gewichts zu einer sequentiellen Minimalfunktion von Φ fortsetzbar ist. Eine Teilantwort haben wir schon in Beispiel 7.17. (2) gefunden: Ist Φ konstant, d. h. $C_\Phi = \emptyset$, so besteht das Bild von Φ aus einer periodischen Folge, und es ist die im ersten Fall des Beispieles angegebene Funktion eine Minimalfunktion für Φ. Im Falle $X^* \supset C_\Phi \neq \emptyset$ untersuchen wir für $p \in C_\Phi$ und $px \notin C_\Phi$ die Elemente $\Phi_p(\bar{x})$ von Y^ω. Da $px \notin C_\Phi$, gilt auch für alle $\xi \in X^\omega$ die Gleichung $\Phi_p(\bar{x}) = \Phi_p(x\xi)$. Ist G_Φ endlich, so haben wir höchstens $G'_\Phi \cdot \mathsf{card}\, X$ verschiedene Bildelemente dieser Art. Weiterhin haben dann die $\Phi_p(\bar{x})$ die Gestalt $r \cdot \bar{q}$. Wir können also o.B.d.A. fordern, daß alle auftretenden Wörter q dieselbe Länge haben. Gilt weiterhin für $r_1 \cdot \bar{q}_1$ und $r_2 \cdot \bar{q}_2$ die Beziehung $\bar{q}_1 \mid w = \bar{q}_2 \mid v$ und wählen wir $n \in \mathsf{N}$ derart, daß $l(q_1^n) = l(q_2^n) \geqq max\, \{l(w), l(v)\}$ ist, so gilt $(q_1^n \mid w) \cdot \bar{q}_1 = (q_2^n \mid v) \cdot \bar{q}_2$, und nach Division durch den kürzeren Faktor erhalten wir eine Beziehung der Art $w_0 \cdot \bar{q}_1 = \bar{q}_2$ oder $\bar{q}_1 = w_0 \cdot \bar{q}_2$. Also haben wir $r_2 \cdot \bar{q}_2 = r_2 \cdot w_0 \cdot \bar{q}_1$ oder $r_1 \cdot \bar{q}_1 = r_1 \cdot w_0 \cdot \bar{q}_2$. Damit ist die Existenz einer Abbildung $\mathfrak{h}_\Phi$ gesichert, die wir wie folgt für sequentielle Operatoren endlichen Gewichts definieren:

(1) $\mathfrak{h}_\Phi \colon \{\Phi_p \colon p \in C_\Phi\} \times X \to Y^* \times Y^*$

(2) $\mathfrak{h}_\Phi(\Phi_p, x) = \begin{cases} [r, q], & \text{falls } p \cdot x \notin C_\Phi \text{ und } \Phi_p(\bar{x}) = r \cdot \bar{q}, \\ \text{nicht definiert}, & \text{sonst}, \end{cases}$

wobei für die Wörter q die folgenden Bedingungen erfüllt seien: Sind $[r_1, q_1]$, $[r_2, q_2] \in \mathfrak{h}_\Phi(\{\Phi_p \colon p \in C_\Phi\} \times X)$, so gilt $l(q_1) = l(q_2)$, und für alle $w, v \in Y^*$ folgt aus $\bar{q}_1 \mid w = \bar{q}_2 \mid v$ die Gleichheit von q_1 und q_2. (*) Mit Hilfe der Abbildung $\mathfrak{h}_\Phi$ können wir nun die folgende Behauptung beweisen.

Satz 7.23. *Es sei Φ ein sequentieller Operator endlichen Gewichts über $[X, Y]$. Dann gibt es eine sequentielle Fortsetzung φ der Normalen χ_Φ, die Minimalfunktion für Φ ist.*

Beweis. Die Fälle $C_\Phi = X^*$ und $C_\Phi = \emptyset$ haben wir schon behandelt. Es sei nun $\emptyset \subset C_\Phi \subset X^*$. Wir definieren mit Hilfe der Zustände Φ_p und der oben festgelegten Abbildung $\mathfrak{h}_\Phi$ einen Automaten $\mathfrak{B} = [X, Y, Z, f, g, z_0, q_0]$, der φ realisiert. Es seien

$$Z =_{Df} \{\Phi_p \colon p \in C_\Phi\} \cup \{q \colon [r, q] \in \mathfrak{h}_\Phi(\{\Phi_p \colon p \in C_\Phi\} \times X)\}\,,$$

$$z_0 =_{Df} \Phi_e\,, \qquad q_0 =_{Df} \chi_\Phi(e)\,,$$

$$f(\Phi_p, x) =_{Df} \begin{cases} \Phi_{px}, & \text{falls } px \in C_\Phi\,, \\ q, & \text{für } [r, q] = \mathfrak{h}_\Phi(\Phi_p, x), \text{ falls } px \notin C_\Phi\,; \end{cases}$$

$$f(q, x) =_{Df} q\,;$$

$$g(\Phi_p, x) =_{Df} \begin{cases} \chi_{\Phi_p}(x), & \text{falls } px \in C_\Phi\,, \\ r, & \text{fur } [r, q] = \mathfrak{h}_\Phi(\Phi_p, x), \text{ falls } px \notin C_\Phi\,; \end{cases}$$

$$g(q, x) =_{Df} q\,.$$

Man überlegt sich an Hand dieser Konstruktion leicht, daß φ eine sequentielle Fortsetzung der Normalen χ_Φ ist, die Φ erzeugt. Wir haben noch zu zeigen, daß aus $p \underset{\varphi}{\wedge} p'$ stets $\varphi_p = \varphi_{p'}$ folgt (siehe Satz 7.20.).

Ist $p \in C_\Phi$, so gilt $\boldsymbol{P}\varphi_p = \Phi_p$. Weiterhin folgt aus $p \underset{\varphi}{\wedge} p'$ mit Lemma 7.18. die Existenz einer Funktion φ' mit $\boldsymbol{P}\varphi' = \Phi$ und $\varphi'_p = \varphi'_{p'}$. Also ist nach Satz 7.13. auch $p' \in C_\Phi$, und es gilt $\Phi_p = \Phi_{p'}$. Wegen $\Phi_p(\xi) = \Phi(p\xi) \mid \chi_\Phi(p) = \boldsymbol{P}\varphi_p(\xi)$ haben wir dann $\boldsymbol{P}\varphi_p = \boldsymbol{P}\varphi_{p'}$ und nach Konstruktion auch $\varphi_p = f(\varphi_e, p) = f(\varphi_e, p') = \varphi_{p'}$. Ist $p \notin C_\Phi$, so muß ebenfalls $p' \notin C_\Phi$ gelten. Dann ist aber $\boldsymbol{P}\varphi_p \equiv \bar{q}_1$ und $\boldsymbol{P}\varphi_{p'} \equiv \bar{q}_2$. Aus $p \underset{\varphi}{\wedge} p'$ folgt nach Bedingung (*) der Definition von $\mathfrak{h}_\Phi$ sofort $q_1 = q_2$, also ist $\varphi_p = f(\varphi_e, p) = q_1 = q_2 = f(\varphi_e, p') = \varphi_{p'}$. ∎

Dem Beweis des Satzes 7.23. entnehmen wir

Korollar 7.24. *Sind $C_\Phi \neq \emptyset$, $G'_\Phi < \aleph_0$, und ist für $p \in C_\Phi$ und $px \notin C_\Phi$ das Bild $\Phi(p\bar{x})$ von $p\bar{x}$ eine periodische Folge aus Y^ω, so gilt*

$$G_\Phi \leqq G'_\Phi \cdot (1 + \mathsf{card}\, X)\,.$$

Wegen der im Satz 7.23. nachgewiesenen Existenz von Minimalfunktionen für sequentielle Operatoren endlichen Gewichts folgt ferner:

Korollar 7.25. *Sind Φ sequentieller Operator endlichen Gewichts über $[X, Y]$ und φ eine Φ erzeugende sequentielle Funktion, so ist φ genau dann eine Minimalfunktion für Φ, wenn $G_\varphi = G_\Phi$ gilt.*

Beweis. Die eine Richtung der Aussage wurde schon in Folgerung 7.16. (2) bewiesen. Es sei nun $G_\varphi = G_\Phi$. Da Φ eine Minimalfunktion hat, ist nach Korollar 7.21. „$\underset{\varphi}{\wedge}$“ rechtsstabile Äquivalenzrelation über X^*, und es gilt $\mathsf{card}\, X^*/\underset{\varphi}{\wedge} = G_\Phi$. Weiterhin ist auch $\mathsf{card}\, X^*/\sim_\varphi = G_\varphi = G_\Phi$, und aus $p \sim_\varphi q$ folgt $p \underset{\varphi}{\wedge} q$. Somit stimmen wegen $G_\varphi < \aleph_0$ die Relationen $\underset{\varphi}{\wedge}$ und $\sim_\varphi$ überein. ∎

Zwar vererbt sich die Eigenschaft, Minimalfunktion oder Normale zu sein, auf die Zustände einer sequentiellen Funktion, aber das Produkt zweier Minimalfunktionen oder Normalen muß nicht notwendig wieder Minimalfunktion oder Normale sein. Dazu

Beispiel 7.26. Wir bemerken zunächst, daß der identische Operator Id^X über $[X, X]$ nur eine Minimalfunktion, nämlich seine Normale id^X (die identische Funktion auf X^*) besitzt. Der Leser überlegt sich diese Tatsache an Hand von Korollar 7.25. oder Satz 7.20. leicht selbst.

Wir geben nun sequentielle Operatoren Φ und Ψ durch realisierende Automaten $\mathfrak{A}$ bzw. $\mathfrak{B}$ an (siehe Abbildung 7.1.).

Man prüft leicht die folgenden Aussagen nach:

(1) Die von $\mathfrak{A}$ und $\mathfrak{B}$ realisierten Funktionen φ bzw. ψ sind Normalen von Φ bzw. Ψ.
(2) $\Psi \circ \Phi = Id^X \quad (X = \{0, 1, 2\})$.
(3) $(\psi \circ \varphi)(1) = e$.

Damit ist $\psi \circ \varphi$ weder Normale noch Minimalfunktion des identischen Operators.

7.1.3. Konstantenfreie Operatoren

In diesem Abschnitt beschäftigen wir uns mit solchen sequentiellen Operatoren, deren Normale eine voll definierte Funktion ist. Wir nennen derartige sequen-

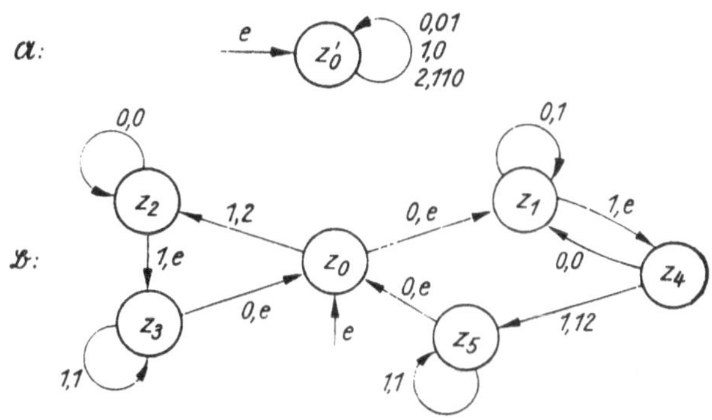

Abb. 7.1. Beispiele für Normalen, deren Produkt weder Normale noch Minimalfunktion ist

tielle Operatoren Φ über $[X, Y]$ *konstantenfrei*. Für sie gilt also $C_\Phi = X^*$. Man verifiziert leicht

Folgerung 7.27. *Es sei Φ sequentieller Operator über $[X, Y]$. Dann sind die folgenden Aussagen äquivalent:*

(1) *Es ist Φ konstantenfrei.*
(2) *Das Bild jeder offenen Teilmenge von X^ω ist nicht einelementig.*
(3) *Für jede Erzeugende φ von Φ und jeden Zustand φ_p von φ ist $\boldsymbol{P}\varphi_p$ nicht konstant.*
(4) *Für jede Erzeugende φ von Φ und jeden Zustand φ_p von φ ist $\boldsymbol{P}\varphi_p$ konstantenfrei.*

Die Eigenschaft (3) motiviert, weshalb wir die Benennung „konstantenfreier Operator" wählten.

Weiterhin hat man

Lemma 7.28. *Ein sequentieller Operator Φ über $[X, Y]$ ist genau dann konstantenfrei, wenn das Bild jeder gleichzeitig offenen und abgeschlossenen Teilmenge F von X^ω perfekt ist.*

Beweis. Für $F = \emptyset$ ist $\Phi(F) = \emptyset$ und somit perfekt. Es sei $F \neq \emptyset$. Zufolge Lemma 5.20. gibt es eine endliche Teilmenge W von X^* derart, daß $F = W \cdot X^\omega$ gilt. Daher reicht es aus, die Aussage für $F = p \cdot X^\omega$ zu zeigen. Wegen $\Phi(F) = \chi_\Phi(p) \cdot \Phi_p(X^\omega)$ und Folgerung 6.27. (4) genügt es zu zeigen, daß $\Phi_p(X^\omega)$ perfekt ist. Nehmen wir nun an, $\Phi_p(X^\omega)$ habe einen isolierten Punkt η. Dann gibt es ein $q \in Y^*$ derart, daß $q \cdot Y^\omega \cap \Phi_p(X^\omega) = \{\eta\}$ gilt. Damit ist $\Phi_p^{-1}(\eta) = \Phi_p^{-1}(q \cdot Y^\omega)$, und aus der Stetigkeit von Φ_p folgt, daß $\Phi_p^{-1}(\eta)$ offen und nichtleer ist. Wir haben $\Phi_p(\Phi_p^{-1}(q \cdot Y^\omega)) = \{\eta\}$. Die Umkehrung ist trivial, da keine perfekte Menge einelementig ist. ∎

Korollar 7.29. *Es sei Φ sequentieller Operator über $[X, Y]$. Dann gelten die Aussagen:*

(1) *Wenn* card $\Phi(X^\omega) < 2^{\aleph_0}$, *so ist Φ nicht konstantenfrei.*
(2) *Es ist $\Phi(X^\omega)$ genau dann endlich, wenn C_Φ endlich ist.*

Sind weiterhin C_Φ endlich und $C_\Phi \neq \emptyset$, so gelten die Ungleichungen

(3) $\mathrm{card}\, \Phi(X^\omega) \leqq \mathrm{card}\, C_\Phi \cdot X$;

(4) $\mathrm{card}\, C_\Phi \leqq \mathfrak{p}_{X^*}(G_\Phi)$ [1].

Beweis.

(1) Ist $\mathrm{card}\, \Phi(X^\omega) < 2^{\aleph_0}$, so kann $\Phi(X^\omega)$ nach Lemma 5.72. nicht perfekt sein, und die Behauptung folgt mit Lemma 7.28.

(2) Ist $\Phi(X^\omega)$ endlich, so ist das Urbild jedes Elementes von $\Phi(X^\omega)$ eine sowohl offene als auch abgeschlossene Teilmenge von X^ω. Demzufolge gibt es ein n, $n \in \mathsf{N}$, und endliche Teilmengen $W_i \subseteq X^*$ $(1 \leqq i \leqq n)$ derart, daß $\mathrm{card}\, \Phi(W_i \cdot X^\omega) = 1$ und $\bigcup_{i=1}^{n} W_i \cdot X^\omega = X^\omega$ gilt. Damit ist leicht $C_\Phi \subseteq \mathsf{A}\left(\bigcup_{i=1}^{n} W_i\right)$ nachzuweisen, und C_Φ ist deshalb endlich. Ist umgekehrt C_Φ endlich, so ist für alle $x \in X$ und $p \in C_\Phi$ mit $px \notin C_\Phi$ die Beziehung $\mathrm{card}\, \Phi(px \cdot X^\omega) = 1$ erfüllt. Weiterhin gibt es zu jeden $\xi \in X^\omega$ ein maximales $p \in C_\Phi$ derart, daß $p \sqsubset \xi$ gilt. Damit ist $\Phi(\xi) \in \Phi(px \cdot X^\omega)$ für ein $x \in X$. Wir haben also für endliches $C_\Phi \neq \emptyset$ schon $\mathrm{card}\, (\Phi(X^\omega)) \leqq \leqq \mathrm{card}\, C_\Phi \cdot X$ gezeigt. Ist $C_\Phi = \emptyset$, so ist $\mathrm{card}\, \Phi(X^\omega) = 1$, da Φ konstant ist.

Die Ungleichung (3) haben wir bereits im Beweis von (2) gezeigt.

(4) Für $G_\Phi = \aleph_0$ setzen wir $\mathfrak{p}_{X^*}(\aleph_0) = \aleph_0$ und haben nichts zu zeigen. Ist $G_\Phi < \aleph_0$, so ist mit Korollar 7.14. (1) auch $G_{\chi_\Phi} \leqq G_\Phi < \aleph_0$. Mit Folgerung 7.9. (3) haben wir dann $\mathrm{card}\, \{C_\Phi \mid p : p \in C_\Phi\} \leqq G_\Phi < \aleph_0$. Damit ist für alle p, $p \in G_\Phi$, die Beziehung $l(p) < G_\Phi$ erfüllt. ▮

Läßt sich für einen sequentiellen Operator endlichen Gewichts die Konstantenfreiheit algorithmisch entscheiden? Wir geben zur Lösung dieses Problems eine Methode an, mit der man C_Φ effektiv bestimmen kann.

Satz 7.30. *Es sei ein sequentieller Operator Φ über $[X, Y]$ endlichen Gewichts gegeben durch eine Erzeugende φ mit endlichem Gewicht. Dann lassen sich mit Hilfe von φ effektiv ein endlicher Automat $\mathfrak{A} = [X, Z, f, z_0]$ und ein $Z' \subseteq Z$ mit $\mathbf{T}(\mathfrak{A}, Z') = C_\Phi$ konstruieren.*

Beweis. Es ist genau dann $p \in C_\Phi$, wenn $\mathrm{card}\, \boldsymbol{P}\varphi_p(X^\omega) > 1$ gilt. Weiterhin läßt sich $\boldsymbol{P}\varphi_p(X^\omega)$ für jedes φ_p mit Hilfe der Verfahren aus 6.1. und 5.2.4. effektiv bestimmen. Somit können wir mit Lemma 5.69. (4) auch das Prädikat „$\mathrm{card}\, \boldsymbol{P}\varphi_p(X^\omega) > 1$" entscheiden. Wir setzen nun $\mathfrak{A} = [X, Z, f, z_0]$ mit $Z =_{Df} Z_\varphi$, $z_0 =_{Df} \varphi_e$, $f(\varphi_p, x) =_{Df} \varphi_{px}$ sowie $Z' =_{Df} \{\varphi_p : \mathrm{card}\, \boldsymbol{P}\varphi_p(X^\omega) > 1\}$. Damit gilt $\mathbf{T}(\mathfrak{A}, Z') = C_\Phi$. ▮

Wir haben in Folgerung 7.27. (4) gesehen, daß jeder Zustand eines konstantenfreien Operators wieder konstantenfrei ist. Für das Produkt konstantenfreier Operatoren gilt ein derartiger „Erhaltungssatz" nicht.

Beispiel 7.31. Wir wählen Φ wie in Beispiel 7.17. (1) und setzen Ψ wie folgt:

$$\Psi(\xi) =_{Df} \xi(1) \cdot \xi(3) \cdot \xi(5) \cdots$$

Dann ist Ψ konstantenfrei, aber

$$\Psi \circ \Phi(\xi) = \bar{0} \quad \text{für alle } \xi \in \{0, 1\}^\omega .$$

---

[1]) Die Bezeichnungen vergleiche man mit Seite 101.

Folgerung 7.32. *Es seien Φ und Ψ sequentielle Operatoren über $[X, Y]$ bzw. $[Y, Y_1]$. Dann gelten die folgenden Aussagen:*

(1) $C_{\Psi \circ \Phi} \subseteq C_\Phi$;

(2) $\chi_\Phi(C_{\Psi \circ \Phi}) \subseteq C_\Psi$;

(3) *für* $p \in C_{\Psi \circ \Phi}$ *ist* $\chi_\Psi \circ \chi_\Phi(p) \sqsubseteq \chi_{\Psi \circ \Phi}(p)$;

(4) *ist* $\Psi \circ \Phi$ *konstantenfrei, so ist es auch* Φ.

Beweis.

(1) Aus $\mathsf{card}\, \Psi \circ \Phi(p \cdot X^\omega) > 1$ folgt $\mathsf{card}\, \Phi(p \cdot X^\omega) > 1$.

(2) Ist $p \in C_{\Psi \circ \Phi}$, so gilt $\chi_\Phi(p) \cdot Y^\omega \supseteq \Phi(p \cdot X^\omega)$, woraus wegen $\mathsf{card}\, \Psi \circ \Phi(p \cdot X^\omega) > 1$ natürlich $\chi_\Phi(p) \in C_\Psi$ folgt.

(3) Nach Satz 7.6. gibt es sequentielle Fortsetzungen φ und ψ von χ_Φ bzw. χ_Ψ. Dann ist $\psi \circ \varphi$ eine $\Psi \circ \Phi$ erzeugende sequentielle Funktion, und mit Lemma 7.12. haben wir die Behauptung.

Die Aussage (4) folgt aus (1). ∎

Die Abschätzungen (1) und (2) lassen sich nicht verbessern, wie Beispiel 7.31. zeigt. Unser Beispiel 7.26. weist ferner nach, daß sich auch (3) nicht verbessern läßt. In (4) folgt die Konstantenfreiheit von Ψ im allgemeinen nicht. Man überlegt sich dazu leicht ein Beispiel, indem man etwa $\Phi(X^\omega) \subseteq 0 \cdot X^\omega$ und $\Psi(1 \cdot X^\omega) = 1^\omega$ wählt.

Wir geben nun zwei Unterklassen konstantenfreier sequentieller Operatoren an, für die bei der Hintereinanderausführung „$\circ$" die Konstantenfreiheit erhalten bleibt. Die erste Klasse ist die Klasse der eineindeutigen sequentiellen Operatoren, die zweite die der offenen sequentiellen Operatoren. Wir nennen dabei wie üblich einen sequentiellen Operator Φ über $[X, Y]$ genau dann *offen*, wenn das Bild $\Phi(F)$ jeder offenen Menge F wieder offen ist. Mit Korollar 6.20. haben wir dann

Folgerung 7.33. *Es sei Φ sequentieller Operator über $[X, Y]$.*

(1) *Es ist Φ genau dann offen, wenn das Bild jeder gleichzeitig offenen und abgeschlossenen Teilmenge von X^ω wieder offen und abgeschlossen ist.*

(2) *Ist Φ bijektiv, so ist Φ offen.*

Es ist also z. B. Id^X ein eineindeutiger und offener sequentieller Operator. Nachstehend folgt ein weiteres Beispiel für offene sequentielle Operatoren. Es sei $X = X_1 \times \cdots \times X_n$. Wir definieren für $1 \leqq i \leqq n$ den *Projektionsoperator* Pr_i^X. (Den oberen Index werden wir gelegentlich weglassen, wenn er aus dem Kontext hervorgeht.) Für $x = [x_1, \ldots, x_n] \in X$ und $\xi \in X^\omega$ setzen wir dazu

$$Pr_i^X(x \cdot \xi) =_{Df} x_i \cdot Pr_i^X(\xi)\,.$$

Die Normale von Pr_i^X bezeichnen wir mit pr_i^X. Es gelten dann die Gleichungen $l(pr_i^X(p)) = l(p)$ und $Pr_i^X(p \cdot X^\omega) = pr_i^X(p) \cdot X_i^\omega$. Somit ist Pr_i^X ein offener sequentieller Operator über $[X, X_i]$. Für das Produkt konstantenfreier Operatoren haben wir dann

Lemma 7.34. *Es seien Φ und Ψ konstantenfreie sequentielle Operatoren über $[X, Y]$ bzw. $[Y, Y_1]$. Dann gelten die Aussagen:*

(1) *Ist Φ offen, so ist $\Psi \circ \Phi$ konstantenfrei.*
(2) *Ist Ψ eineindeutig, so ist $\Psi \circ \Phi$ konstantenfrei.*

Beweis.

(1) Es sei $F \subseteq X^\omega$ offen. Dann ist $\Phi(F)$ offen, und $\mathrm{card}\,\Psi(\Phi(F)) \neq 1$ (siehe Folgerung 7.27. (2)). Damit ist $\Psi \circ \Phi$ konstantenfrei.

Die Behauptung (2) folgt mit $\mathrm{card}\,\Phi(p \cdot X^\omega) = \mathrm{card}\,\Psi(\Phi(p \cdot X^\omega))$ aus der Voraussetzung. ∎

Eine schärfere Aussage läßt sich auch für eineindeutige bzw. offene sequentielle Operatoren nicht treffen. Man beachte dazu Beispiel 7.31. Dort ist Φ eineindeutig und Ψ offen, aber $\Psi \circ \Phi$ ist ein konstanter Operator.

7.2. Lineare sequentielle Operatoren

Wir nehmen in diesem Abschnitt wie in Punkt 5.4. das Alphabet Y wieder als endlichen Körper $[Y, +, \bullet, 0, 1]$ an.

Definition 7.35. Wir nennen Ψ *linearen sequentiellen Operator über* $[Y, Y] =_{Df}$

(1) Ψ ist sequentieller Operator über $[Y, Y]$, und
(2) Ψ ist lineare Abbildung von Y^ω in Y^ω, d. h. für $\eta_1, \eta_2 \in Y^\omega$ und $\alpha \in Y$ gelten die Gleichungen $\Psi(\eta_1 + \eta_2) = \Psi(\eta_1) + \Psi(\eta_2)$ und $\Psi(\alpha \bullet \eta_1) = \alpha \bullet \Psi(\eta_1)$.

Mit Definition 7.35. und Korollar 7.7. haben wir

Folgerung 7.36. *Es seien Ψ_1, Ψ_2 lineare sequentielle Operatoren über $[Y, Y]$. Dann sind auch $\Psi_1 \circ \Psi_2$, $\Psi_1 + \Psi_2$ und $\alpha \bullet \Psi_1$ $(\alpha \in Y)$*[1]) *lineare sequentielle Operatoren über $[Y, Y]$.*

Weiterhin gilt

Folgerung 7.37. *Es sei Ψ linearer sequentieller Operator über $[Y, Y]$. Dann sind $\ker \Psi$ und $\Psi(Y^\omega)$ Unterräume von $[Y^\omega, +, Y, \|\cdot\|]$.*

Beweis. Nach Korollar 6.20. ist Ψ stetige und abgeschlossene Abbildung von Y^ω in Y^ω. Damit sind auch $\Psi(Y^\omega)$ und $\ker \Psi = \Psi^{-1}(0^\omega)$ abgeschlossen. Da sowohl $\Psi(Y^\omega)$ als auch $\ker \Psi$ lineare Teilmengen von $[Y^\omega, +, Y, \|\ \|]$ sind, folgt die Behauptung. ∎

7.2.1. Die Normale linearer sequentieller Operatoren

Wir wenden uns nun der Normalen linearer sequentieller Operatoren zu und interessieren uns insbesondere für diejenigen Einschränkungen, denen die Normale infolge der Linearität des Operators unterliegt. Zunächst untersuchen wir den Definitionsbereich.

[1]) Wir setzen wie üblich $(\Psi_1 + \Psi_2)(\eta) =_{Df} \Psi_1(\eta) + \Psi_2(\eta)$ und $(\alpha \bullet \Psi)(\eta) =_{Df} \alpha \bullet \Psi(\eta)$.

Lemma 7.38. *Es sei Ψ linearer sequentieller Operator über $[Y, Y]$. Dann ist entweder $C_\Psi = Y^*$, $C_\Psi = \emptyset$, oder es gibt ein $n \in \mathsf{N}$ derart, daß $C_\Psi = \mathsf{A}(Y^n)$ gilt.*

Beweis. Ist $\mathsf{card}\,\Psi(q \cdot Y^\omega) > 1$, so folgt auch für jedes $q' \in Y^*$ mit $l(q') = l(q)$ wegen $\Psi(q' \cdot Y^\omega) = \Psi(q \cdot Y^\omega) + \Psi((q' - q) \cdot \bar{0})$ die Beziehung $\mathsf{card}\,\Psi(q' \cdot Y^\omega) > 1$. ▮

Damit lassen sich die konstantenfreien linearen sequentiellen Operatoren wie folgt einfach charakterisieren.

Lemma 7.39. *Es sei Ψ linearer sequentieller Operator über $[Y, Y]$. Dann sind die folgenden Eigenschaften äquivalent:*

(1) *Ψ ist konstantenfrei;*

(2) *$\mathsf{ker}\,\Psi$ ist nicht offen;*[1])

(3) *$\Psi(Y^\omega)$ ist unendlich.*

Beweis.

(1) $\to$ (2): Wir beweisen die Kontraposition. Es sei dazu $\mathsf{ker}\,\Psi$ offen. Dann ist aber $\Psi(\mathsf{ker}\,\Psi) = 0^\omega$, und mit Folgerung 7.27. (2) ist Ψ nicht konstantenfrei.

(2) $\to$ (3): Wir zeigen wiederum die Kontraposition. Ist $\Psi(Y^\omega)$ endlich, so ist $\Psi^{-1}(\bar{0}) = \mathsf{ker}\,\Psi$ nach dem gleichen Schluß wie im Beweis von Korollar 7.29. (2) eine gleichzeitig offene und abgeschlossene Teilmenge von Y^ω.

(3) $\to$ (1): Ist $\Psi(Y^\omega)$ unendliche Teilmenge von Y^ω, so folgt mit Korollar 7.29. (2), daß auch C_Ψ unendlich ist. Die Behauptung erhalten wir dann mit Lemma 7.38. ▮

Wir nennen nun eine partielle sequentielle Funktion φ (und damit natürlich auch jede voll definierte sequentielle Funktion) *quasisynchron*, wenn aus $p, q \in D_\varphi$ und $l(p) = l(q)$ stets $l(\varphi(p)) = l(\varphi(q))$ folgt.

Satz 7.40. *Die Normale χ_Ψ jedes linearen sequentiellen Operators Ψ über $[Y, Y]$ ist quasisynchron.*

Beweis. Es seien $p, q \in C_\Psi$ und $l(p) = l(q)$. Nach Definition der Normalen gibt es Elemente $\eta_1, \eta_2 \in Y^\omega$ derart, daß $\Psi(p \cdot \eta_1) = \chi_\Psi(p) \cdot y_1 \cdot \eta_1'$ und $\Psi(p \cdot \eta_2) = \chi_\Psi(p) \cdot y_2 \cdot \eta_2'$ für $y_1 \neq y_2$ gelten. Damit haben wir $\Psi(q \cdot \eta_1) = \Psi(p \cdot \eta_1 + (q - p) \cdot \bar{0}) = \chi_\Psi(p) \cdot y_1 \cdot \eta_1' + \Psi((q - p) \cdot \bar{0})$ und $\Psi(q \cdot \eta_2) = \chi_\Psi(p) \cdot y_2 \cdot \eta_2' + \Psi((q - p) \cdot \bar{0})$, woraus wir sofort $l(\chi_\Psi(q)) \leqq l(\chi_\Psi(p))$ schließen. Eine Vertauschung der Rollen von p und q bringt $l(\chi_\Psi(p)) \leqq l(\chi_\Psi(q))$. ▮

Wir versuchen nun, die Sätze 7.6. und 7.23., die sich mit der Fortsetzbarkeit der Normalen beschäftigten, auf lineare sequentielle Operatoren zu übertragen. Hier haben wir jedoch nur

Satz 7.41. *Es sei Ψ linearer sequentieller Operator über $[Y, Y]$. Dann gelten die Aussagen:*

(1) *Die Normale χ_Ψ läßt sich zu einer quasisynchronen sequentiellen Funktion ψ, die Ψ erzeugt, fortsetzen.*

(2) *Hat Ψ endliches Gewicht, so ist χ_Ψ zu einer quasisynchronen sequentiellen Erzeugenden endlichen Gewichts fortsetzbar.*

[1]) Wegen Folgerung 7.37. ist also $\mathsf{ker}\,\Psi$ lediglich *abgeschlossen.*

Beweis.

(1) Benutzt man die in Lemma 7.38. gegebene Aussage über die Struktur von C_Ψ sowie Satz 7.40., so läßt sich unschwer zeigen, daß die Konstruktion des Beweises von Satz 7.6. eine quasisynchrone Funktion liefert.

(2) Im Falle $C_\Psi = \emptyset$ ist Ψ der konstante Operator, der jedem $\eta \in Y^\omega$ das Element $\bar{0}$ zuordnet. Hier läßt sich χ_Ψ sogar zu einer Minimalfunktion fortsetzen (siehe Beispiel 7.17.). Es sei nun $\emptyset \subset C_\Psi \subset Y^\omega$, d. h. $C_\Psi = \mathsf{A}(Y^n)$. Für $l(q) = n$ setzen wir

$$\mathfrak{h}'_\Psi(\Psi_q, y) =_{Df} [r, p]\,, \quad \text{wobei} \quad \Psi_q(\bar{y}) = r \cdot \bar{p} \text{ sei.}$$

Da $\Psi(Y^\omega)$ endlich ist, können wir für die Bildpaare $[r_1, p_1]$, $[r_2, p_2]$ von $\mathfrak{h}'_\Psi$ stets die Bedingungen $l(r_1) = l(r_2)$ und $l(p_1) = l(p_2)$ einhalten. Die Konstruktion des Beweises von Satz 7.23. liefert dann die gewünschte Funktion ψ. ▮

Allerdings läßt sich Satz 7.23. nicht vollständig übertragen, denn bedingt durch die Forderung nach Quasisynchronität können wir im allgemeinen nicht erwarten, daß ψ eine Minimalfunktion für Ψ ist. Wir geben dazu ein Beispiel an.

Beispiel 7.41. (a) Es seien $Y = \{0, 1\}$ und Ψ wie folgt definiert:

$$\Psi(00 \cdot \eta) =_{Df} \bar{0}\,, \qquad \Psi(01 \cdot \eta) =_{Df} \overline{01}$$
$$\Psi(10 \cdot \eta) =_{Df} \overline{10}\,, \qquad \Psi(11 \cdot \eta) =_{Df} \bar{1} \quad \text{für } \eta \in Y^\omega\,.$$

Ist nun ψ eine quasisynchrone Erzeugende von Ψ, so gilt für $p, q \in Y^*$ mit $01 \sqsubseteq p$, $10 \sqsubseteq q$ und $l(p) = l(q)$ stets $\boldsymbol{P}\psi_p(\eta) = \overline{01}$ und $\boldsymbol{P}\psi_q(\eta) = \overline{10}$ oder umgekehrt. Somit haben wir $\boldsymbol{P}\psi_p \mid 0 = \boldsymbol{P}\psi_q$ oder $\boldsymbol{P}\psi_p = \boldsymbol{P}\psi_q \mid 0$ und daher $p \underset{\psi}{\wedge} q$, aber nicht $\psi_p = \psi_q$.

Wir haben uns also davon überzeugen können, daß im Falle $\emptyset \subset C_\Psi \subset Y^*$ mitunter keine quasisynchrone Minimalfunktion für Ψ existiert. Natürlich gibt es im Falle $C_\Psi = Y^*$ stets eine solche, nämlich die Normale. Mit der Quasisynchronität einer Erzeugenden eines linearen sequentiellen Operators Ψ über $[Y, Y]$ hat man für $p, q \in Y^*$ und $l(p) = l(q)$ neben

$$l(\psi(p)) = l(\psi(q)) \text{ stets auch } \psi(p + q) = \psi(p) + \psi(q)\,. \tag{$*$}$$

Darüber hinaus gilt für jede Erzeugende ψ von Ψ

$$\psi(\alpha \bullet q) = \alpha \bullet \psi(q)\,. \tag{$**$}$$

Erzeugendenfunktionen mit den Eigenschaften ($*$) und ($**$) sind charakteristisch für lineare sequentielle Operatoren. Wir nennen sequentielle Funktionen über $[Y, Y]$, die ($*$) und ($**$) erfüllen, *lineare sequentielle Funktionen.* Den engen Zusammenhang zwischen linearen sequentiellen Operatoren und linearen sequentiellen Funktionen unterstreicht

Folgerung 7.42. *Ist ψ nichtverstummende lineare sequentielle Funktion über $[Y, Y]$, so ist $\boldsymbol{P}\psi$ linearer sequentieller Operator, und ist umgekehrt Ψ linearer sequentieller Operator, so ist jede quasisynchrone Erzeugendenfunktion von Ψ lineare sequentielle Funktion.*

Wir merken an, daß es sich nicht lohnt, einen speziellen Begriff des Gewichtes, etwa in der Form $min \{G_\varphi : \boldsymbol{P}\varphi = \Psi$ und φ ist lineare sequentielle Funktion$\}$ für Operatoren Ψ einzuführen, da nur im Falle $G_{\Psi} < \aleph_0$ und $\emptyset \subset C_{\Psi} \subset Y^*$ ein Unterschied zu G_{Ψ} auftritt, der überdies $G'_{\Psi} \cdot (1 + \mathsf{card}\ Y) - G_{\Psi}$ nicht überschreitet (man vergleiche mit Korollar 7.24. und dem Beweis von Satz 7.41. (2)).

7.2.2. Die Realisierung linearer sequentieller Operatoren und Funktionen

Wir analysieren zunächst einige Eigenschaften linearer sequentieller Funktionen. Auf die Definition dieser Funktionen geht zurück:

Folgerung 7.43. *Es sei φ lineare sequentielle Funktion über $[Y, Y]$. Dann gelten die folgenden Aussagen:*

(1) *Jeder Zustand von φ ist quasisynchrone Funktion.*

(2) *Für $p, q, r, r' \in Y^*$ mit $l(p) = l(q)$ und $l(r) = l(r')$ ist $\varphi_p(r) + \varphi_q(r') = \varphi_{p+q}(r + r')$.*

(3) *Für $p, r \in Y^*$ gilt $\alpha \bullet \varphi_p(r) = \varphi_{\alpha \bullet p}(\alpha \bullet r)$.*

(4) *Falls $p, r \in Y^*$, $l(p) = n$ und $l(r) = k$, so ist $\varphi_p(r) = \varphi_p(0^k) + \varphi_{0^n}(r)$.*

Beweis.

(1) Die Behauptung ist leicht einzusehen.

(2) Es ist $\varphi(p + q) \cdot \varphi_{p+q}(r + r') = \varphi(p \cdot r + q \cdot r')$. Weiterhin haben wir $\varphi(p \cdot r + q \cdot r') = \varphi(p \cdot r) + \varphi(q \cdot r')$, und somit $\varphi(p \cdot r) = \varphi(p) \cdot \varphi_p(r)$ sowie $\varphi(q \cdot r') = \varphi(q) \cdot \varphi_q(r')$. Damit ist $\varphi(p + q)\, \varphi_{p+q}(r + r') = (\varphi(p) + \varphi(q)) \cdot (\varphi_p(r) + \varphi_p(r')) = \varphi(p + q)\, (\varphi_p(r) + \varphi_p(r'))$. Nach Division durch $\varphi(p + r)$ erhalten wir die gewünschte Beziehung.

Die Behauptung (3) beweist man in gleicher Weise.

(4) Diese Aussage ist eine unmittelbare Folgerung von (2). ∎

Aus Folgerung 7.43. leiten wir unmittelbar ab:

Folgerung 7.44. *Es seien $l(p) = l(q)$, $p, q \in Y^*$. Dann gilt:*

(1) *Aus $\varphi_p(r) = \varphi_p(r')$ folgt $\varphi_q(r) = \varphi_q(r')$.*

(2) *Es ist schon dann $\varphi_p = \varphi_q$, wenn für alle $n \in \mathsf{N}$ die Beziehung $\varphi_p(0^n) = \varphi_q(0^n)$ erfüllt ist.*

(3) *Aus $\varphi_{pr} = \varphi_{pr'}$ folgt $\varphi_{qr} = \varphi_{qr'}$ für $l(r) = l(r')$.* ∎

Während die Zustände linearer sequentieller Funktionen wieder quasisynchrone sequentielle Funktionen sind, vererbt sich die Linearität nicht notwendig auf alle Zustände. Man überlegt sich leicht ein Beispiel, für das etwa $\varphi_1(0) = 1$ gilt.

Lemma 7.45. *Für den Zustand φ_q einer linearen sequentiellen Funktion sind die folgenden Eigenschaften gleichwertig:*

(1) *φ_q ist eine lineare sequentielle Funktion;*

(2) $\varphi_q = \varphi_{0^{l(q)}}$;

(3) $\varphi_q(0^*) \subseteq 0^*$.

Beweis. (2) $\to$ (1): Diese Richtung ergibt sich aus Folgerung 7.43. (2), (3), wenn wir dort speziell $p = q = 0^n$ wählen.

(1) $\to$ (3): Hier ist nichts zu beweisen.

(3) $\to$ (2): Unter Verwendung der Voraussetzung haben wir mit Folgerung 7.43. (4) $\psi_q(r) = \psi_q(0^{l(r)}) + \psi_{0^{l(q)}}(r) = \psi_{0^{l(q)}}(r)$, wie behauptet. ∎

Analoge Eigenschaften lassen sich natürlich auch für lineare sequentielle Operatoren formulieren und mit denselben Methoden beweisen.

Folgerung 7.46. *Es seien $l(p) = l(q)$, $p, q \in C_{\Psi}$, und Ψ ein linearer sequentieller Operator. Dann gelten die folgenden Aussagen:*

(1) $\Psi_{p+q}(\eta_1 + \eta_2) = \Psi_p(\eta_1) + \Psi_q(\eta_2)$;
(2) $\alpha \bullet \Psi_p(\eta) = \Psi_{\alpha \bullet p}(\alpha \bullet \eta)$;
(3) $\Psi_p(\eta) = \Psi_{0^{l(p)}}(\eta) + \Psi_p(\bar{0})$;
(4) *aus* $\Psi_p(\eta_1) = \Psi_p(\eta_2)$ *folgt* $\Psi_q(\eta_1) = \Psi_q(\eta_2)$ *für* $l(p) = l(q)$;
(5) *es gilt schon dann* $\Psi_p = \Psi_q$, *wenn* $\Psi_p(\bar{0}) = \Psi_q(\bar{0})$ *und* $\Psi_{0^{l(p)}} = \Psi_{0^{l(q)}}$.

Lemma 7.47. *Für den Zustand Ψ_q eines linearen sequentiellen Operators sind die folgenden Eigenschaften gleichwertig:*

(1) Ψ_q *ist linearer sequentieller Operator*;
(2) $\Psi_q = \Psi_{0^{l(q)}}$;
(3) $\Psi_q(\bar{0}) = \bar{0}$.

Wir geben nun einen Automatentyp an, von dem wir zeigen werden, daß er lineare sequentielle Funktionen und nur diese realisiert.

Definition 7.48. Die Struktur $\mathfrak{B} = [Y, Y, (Z_i)_{i \in \mathsf{N}}, f, g, z_0, q_0]$ heißt ein *initialer quasilinearer Automat* $=_{Df}$. Die nachstehenden Bedingungen (1)—(6) werden erfüllt:

(1) $\left[Y, Y, \bigcup_{i \in \mathsf{N}} Z_i, f, g, z_0, q_0\right]$ ist ein Automat;
(2) die Z_i sind lineare Räume über Y;
(3) $f(Z_i, Y) \subseteq Z_{i+1}$ für alle $i \in \mathsf{N}$;
(4) für alle $z, z' \in Z_i$ und $y, y' \in Y$ gilt $l(g(z, y)) = l(g(z', y'))$;
(5) für alle $z, z' \in Z_i$, $y, y' \in Y$ und $\alpha \in Y$ gelten die Gleichungen $f(z + z', y + y') = f(z, y) + f(z', y')$, $f(\alpha \bullet z, \alpha \bullet y) = \alpha \bullet f(z, y)$, $g(z + z', y + y') = g(z, y) + g(z', y')$, $g(\alpha \bullet z, \alpha \bullet y) = \alpha \bullet g(z, y)$;
(6) $z_0 \in Z_0$, $z_0 + z_0 = z_0$; $q_0 \in 0^*$.

Durch Induktion beweist man leicht

Folgerung 7.49. *Es seien $z, z' \in Z_i$, $r, r' \in Y^*$ und $l(r) = l(r')$. Dann gelten für f und g gemäß Definition 7.48. die folgenden Beziehungen:*

(1) $f(z + z', r + r') = f(z, r) + f(z', r')$;
(2) $f(\alpha \bullet z, \alpha \bullet r) = \alpha \bullet f(z, r)$;
(3) $g(z + z', r + r') = g(z, r) + g(z', r')$;
(4) $g(\alpha \bullet z, \alpha \bullet r) = \alpha \bullet g(z, r)$.

Wir nennen einen quasilinearen Automaten genau dann *endlich*, wenn die Menge $\bigcup_{i \in N} Z_i$ endlich ist. Zufolge Bedingung (3) der Definition 7.48. ist dann $(Z_i)_{i \in N}$ eine periodische Folge. Ist umgekehrt $(Z_i)_{i \in N}$ periodisch und sind alle Mengen Z_i endlich, so ist auch $\bigcup_{i \in N} Z_i$ endlich.

Satz 7.50. *Jeder quasilineare Automat realisiert eine lineare sequentielle Funktion, und jede lineare sequentielle Funktion ist in einem quasilinearen Automaten realisierbar. Ist der Automat endlich, so hat die realisierte Funktion auch endliches Gewicht, und hat eine lineare sequentielle Funktion endliches Gewicht, so gibt es einen endlichen quasilinearen Automaten, der sie realisiert.*

Beweis. Es sei $\mathfrak{B} = [Y, Y, (Z_i)_{i \in N}, f, g, z_0, q_0]$ quasilinearer Automat und $\psi_{\mathfrak{B}}(q) =_{Df} q_0 \cdot g(z_0, q)$. Da nach Definition 7.48. (6) die Gleichung $z_0 + z_0 = z_0$ gilt, haben wir auch $\alpha \bullet z_0 = z_0$, und mit $q_0 + q_0 = q_0 = \alpha \bullet q_0$ folgt $\psi_{\mathfrak{B}}(q + r) = = q_0 \cdot g(z_0, q + r) = q_0 \cdot g(z_0, q) + q_0 \cdot g(z_0, r) = \psi_{\mathfrak{B}}(q) + \psi_{\mathfrak{B}}(r)$. Analog gilt $\psi_{\mathfrak{B}}(\alpha \bullet q) = \alpha \bullet \psi_{\mathfrak{B}}(q)$. Ist nun ψ eine lineare sequentielle Funktion, so definieren wir $\mathfrak{B}_\psi = [Y, Y, (Z_i)_{i \in N}, f, g, z_0, q_0]$ wie folgt:

$$Z_i =_{Df} \{\psi_q : q \in Y^i\}\,, \qquad z_0 =_{Df} \psi_e\,, \qquad q_0 =_{Df} \psi(e)\,,$$

$$f(\psi_q, y) =_{Df} \psi_{qy}\,, \qquad g(\psi_q, y) =_{Df} \psi_q(y)\,.$$

Erklären wir nun noch in Z_i eine geeignete Addition sowie eine Multiplikation mit Skalaren, indem wir setzen

$$\psi_p + \psi_q =_{Df} \psi_{p+q} \quad \text{und} \quad \alpha \bullet \psi_p =_{Df} \psi_{\alpha \bullet p}\,,$$

so zeigt Folgerung 7.43., daß $\mathfrak{B}_\psi$ ein quasilinearer Automat ist. Die Endlichkeitsbedingungen sind nun leicht einzusehen. ∎

Hotz betrachtete zwar in [25] nur synchrone Automaten, schränkte aber dabei das Eingabe- und Ausgabealphabet nicht auf Y ein, sondern ließ endlichdimensionale Vektorräume über Y zu. Es läßt sich nun leicht einsehen, daß die von Automaten gemäß [25] realisierten Abbildungen auch durch quasilineare Automaten (im Sinne von Definition 7.49.) realisiert werden können. Faßt man nämlich Eingabe- und Ausgabealphabete als Wortmengen Y^k bzw. Y^n auf, so realisieren die quasilinearen Automaten (im Sinne von [25]) partielle lineare sequentielle Funktionen ψ von $(Y^k)^*$ in $(Y^n)^*$. Vervollständigt man diese Funktionen durch die Festlegung

$$\hat{\psi}(q) =_{Df} \psi(q')\,, \qquad \text{wobei } q' \sqsubseteq q \text{ und } l(q \mid q') < k\,,$$

so erhält man lineare sequentielle Funktionen über $[Y, Y]$, für die sich allerdings das Gewicht des realisierenden Automaten gegenüber dem des ursprünglichen Automaten erhöht.

7.2.3. Lineare sequentielle Operatoren endlichen Gewichts

In Folgerung 7.37. haben wir gesehen, daß Kern und Bild eines linearen sequentiellen Operators über $[Y, Y]$ Unterräume von $[Y^\omega, +, Y, \|\cdot\|]$ sind.

Mit Satz 6.27. ergibt sich dann

Lemma 7.51. *Ist Ψ ein linearer sequentieller Operator über $[Y, Y]$ mit endlichem Gewicht, so sind* $\mathsf{ker}\,\Psi$ und $\Psi(Y^\omega)$ *regulär.* Es gilt weiterhin

Lemma 7.52.

(1) *Sind $p, q \in \mathsf{A}(\mathsf{ker}\,\Psi)$, und ist $\boldsymbol{P}\psi_p = \boldsymbol{P}\psi_q$ für eine gewisse Erzeugende ψ von Ψ, so gilt* $\mathsf{ker}\,\Psi \mid p = \mathsf{ker}\,\Psi \mid q$.

(2) $G'_{\mathsf{ker}\,\Psi} \leqq G_\Psi$.

(3) *Ist $\emptyset \subset C_\Psi \subset Y^*$, so gilt $G'_{\mathsf{ker}\,\Psi} \leqq G'_\Psi + 1$.*

Beweis.

(1) Aus $p, q \in \mathsf{A}(\mathsf{ker}\,\Psi)$ folgt für eine Erzeugende ψ von Ψ stets $\psi(p), \psi(q) \in 0^*$. Mit Lemma 6.24. haben wir dann $\mathsf{ker}\,\Psi \mid p = \Psi^{-1}(0^\omega) \mid p = (\boldsymbol{P}\psi_p)^{-1}\left(0^\omega \mid \psi(p)\right)$ und $\mathsf{ker}\,\Psi \mid q = (\boldsymbol{P}\psi_q)^{-1}\left(0^\omega \mid \psi(q)\right)$, woraus unmittelbar die Behauptung folgt.

Die Ungleichung (2) leitet man leicht aus (1) ab.

Die Beziehung (3) erhalten wir aus (1) unter Beachtung der Tatsache, daß für $p \notin C_\Psi$ und $p \in \mathsf{A}(\mathsf{ker}\,\Psi)$ stets $\mathsf{ker}\,\Psi \mid p = Y^\omega$ folgt. ∎

Die Schranken für $G'_{\mathsf{ker}\,\Psi}$ sind universell nicht zu verbessern; man betrachte dazu etwa $\mathsf{ker}\,\Psi = Y \cdot 0 \cdot Y^\omega$. Es erhebt sich nun die Frage, ob es zu jedem Unterraum L von Y^ω lineare sequentielle Operatoren Π_L und Π'_L so gibt, daß $\Pi_L(Y^\omega) = L$ bzw. $\mathsf{ker}\,\Pi'_L = L$ gilt. Insbesondere intersssiert dabei, ob es für reguläre Mengen L Operatoren endlichen Gewichts gibt, die diese Eigenschaften haben.

Satz 7.53. *Für jede lineare Teilmenge L von Y^ω gilt:*

(1) *Es gibt einen linearen sequentiellen Operator Π_L mit den Eigenschaften $\Pi_L(Y^\omega) = \mathfrak{C}_\varrho(L)$, $\Pi_L(\eta) = \eta$ $\left(\eta \in \mathfrak{C}_\varrho(L)\right)$ sowie $G_{\Pi_L} \leqq G'_L$.*

(2) *Es gibt einen linearen sequentiellen Operator Π'_L mit* $\mathsf{ker}\,\Pi'_L = \mathfrak{C}_\varrho(L)$ *und $G_{\Pi'_L} \leqq G'_L$.*

Beweis.

(1) Wir geben einen quasilinearen Automaten $\mathfrak{B} = [Y, Y, (Z_i)_{i \in \mathsf{N}}, f, g, z_0, e]$ an, der Π_L realisiert. Dazu setzen wir

$$Z_i =_{Df} \{L \mid p : l(p) = i \wedge p \in \mathsf{A}(L)\}\,, \qquad z_0 =_{Df} L \mid e\,,$$

$$g(L \mid p, y) =_{Df} \begin{cases} y, & \text{falls } Y \subseteq \mathsf{A}(L \mid p)\,, \\ y', & \text{falls } L \mid p = y' \cdot F\,, \end{cases}$$

$$f(L \mid p, y) =_{Df} L \mid \left(p \cdot g(L \mid p, y)\right).$$

Der Automat $\mathfrak{B}$ ist nach demselben Prinzip konstruiert, wie es im Beweis von Satz 6.39. verwendet wurde. Es gilt also $\Pi_L(Y^\omega) = \mathfrak{C}_\varrho(L)$ und $\Pi_L(\eta) = \eta$ für $\eta \in \mathfrak{C}_\varrho(L)$. Weiterhin haben wir $\mathsf{card} \bigcup_{i \in \mathsf{N}} Z_i = G'_L$. Wir müssen noch zeigen, daß $\mathfrak{B}$ ein quasilinearer Automat ist. Dazu stützen wir uns auf den in Folgerung 5.87. bewiesenen regelmäßigen Aufbau linearer Teilmengen von Y^ω.

Es seien $p, q \in \mathsf{A}(L)$ und $l(p) = l(q)$. Dann ist $L \mid p + L \mid q = L \mid (p + q)$, und es gilt entweder $Y \subseteq \mathsf{A}(L \mid p)$, $Y \subseteq \mathsf{A}(L \mid q)$ und $Y \subseteq \mathsf{A}(L \mid (p + q))$ oder $L \mid p = y' \cdot F_1$, $L \mid q = y'' \cdot F_2$ und $L \mid (p + q) = (y' + y'') \cdot (F_1 + F_2)$. Somit ist

$$g((L \mid p) + (L \mid q), y_1 + y_2) = y_1 + y_2 = g(L \mid p, y_1) + g(L \mid q, y_2),$$

falls $Y \subseteq \mathsf{A}(L \mid (p + q))$, oder im anderen Falle

$$g((L \mid p) + (L \mid q), y_1 + y_2) = y' + y'' = g(L \mid p, y_1) + g(L \mid q, y_2).$$

Die übrigen Eigenschaften beweist man analog.

(2) Wir setzen $\Pi'_L = Id^Y - \Pi_L$, wobei Π_L wie in (1) gewählt sei. Dann ist Π'_L ein linearer sequentieller Operator, und man prüft leicht $\ker \Pi'_L = \mathfrak{C}_\varrho(L) = \{\eta : \eta \in Y^\omega \wedge \Pi_L(\eta) = \eta\}$. Wir haben nur noch $G_{\Pi'_L} \leqq G'_L$ zu zeigen. Dazu bemerken wir, daß die vom Automaten $\mathfrak{B}$ realisierte lineare sequentielle Funktion π synchron ist und der Ungleichung $G_\pi \leqq G'_L$ genügt. Damit weist man leicht nach, daß auch $\pi' =_{Df} id^Y - \pi$ eine lineare sequentielle Funktion ist und daß die Beziehungen $P\pi' = \Pi'_L$ und $G_{\pi'} \leqq G'_L$ gelten. ∎

Korollar 7.54. *Für die Operatoren* Π_L *und* Π'_L *aus Satz* 7.53. *gelten die Gleichungen* $\Pi_L \circ \Pi_L = \Pi_L$ *bzw.* $\Pi'_L \circ \Pi'_L = \Pi'_L$.

Beweis. Die erste Gleichung folgt unmittelbar aus der Aussage von Satz 7.53. (1). Die zweite Gleichung erhalten wir dann mit Hilfe der ersten und der Beziehung $\Pi'_L = Id^Y - \Pi_L$. ∎

Wir betrachten nun den Raum $Y^\omega/\ker \Psi$ aller *Nebenklassen* nach $\ker \Psi$, die bekanntlich zu $\Psi(Y^\omega)$ isomorph ist. Da, wie wir in Satz 7.53. gesehen haben, jeder Unterraum L von Y^ω Kern eines geeigneten linearen sequentiellen Operators Ψ ist, untersuchen wir einfach $Y^\omega/L =_{Df} \{\eta + L : \eta \in Y^\omega\}$ für Unterräume $L \subseteq\mid Y^\omega$. Uns interessiert in diesem Zusammenhang, welche Nebenklassen nach L regulär sind, falls L regulär ist.

Folgerung 7.55.

(1) *Ist* $L \subseteq\mid Y^\omega$ *regulär, so sind genau diejenigen Nebenklassen* $\eta + L$, *welche eine periodische Folge enthalten, regulär.*

(2) *Hat* $L \subseteq\mid Y^\omega$ *wenigstens eine reguläre Nebenklasse, so ist* L *selbst regulär.*

(3) *Es ist* $L \subseteq\mid Y^\omega$ *genau dann offen,*[1]) *wenn* $\operatorname{card} Y^\omega/L < \aleph_0$ *gilt.*

Beweis.

(1) Ist L regulär und enthält $\eta + L$ eine periodische Folge η', so ist $\eta + L = \eta' + L$ nach Lemma 6.91. (2) regulär. Eine Nebenklasse $\eta + L$, die keine periodische Folge enthält, kann naturgemäß nicht regulär sein.

(2) Ist $\eta + L$ regulär, so enthält $\eta + L$ eine periodische Folge η', und es ist daher $L = (-\eta') + \eta + L$ regulär.

[1]) Man beachte, daß L zugleich abgeschlossen ist.

(3) Ist L offen, so sind auch alle Mengen $\eta + L$ offen. Also bildet Y^ω/L eine offene disjunkte Überdeckung von Y^ω. Da $[Y^\omega, \varrho]$ kompakt ist, haben wir $\operatorname{card} Y^\omega/L < \aleph_0$. Die Umkehrung folgt leicht aus der Abgeschlossenheit aller Klassen $\eta + L$. ▮

7.2.4. Lineare Projektoren

In den folgenden beiden Punkten wollen wir uns mit einer speziellen Klasse linearer sequentieller Operatoren beschäftigen. Sofern die dabei auftretenden Eigenschaften ausschließlich auf die Theorie linearer Räume über endlichen Körpern zurückgehen, d. h. vom sequentiellen Charakter der betrachteten Abbildungen unabhängig sind, geben wir sie ohne Beweis wieder. Der weniger geübte Leser ist damit zumindest über die Natur der in Abschnitt 9 Verwendung findenden Aussagen informiert und kann sich gegebenenfalls ausführlicher, z. B. in [7], belesen.

Definition 7.56. Der Operator Π heißt *linearer Projektor* über $[X, Y] =_{Df}$

(1) Π ist linearer sequentieller Operator über $[X, Y]$, und es gilt

(2) $\Pi \circ \Pi = \Pi$.

Im folgenden nennen wir derartige Objekte einfach *Projektoren*, da Mißverständnisse ausgeschlossen sind.

Beispiele für Projektoren haben wir schon im Satz 7.53. (1) und (2) gegeben (Man vergleiche dazu Korollar 7.54.).

Folgerung 7.57. *Ein linearer sequentieller Operator Π ist genau dann Projektor, wenn $\Pi(Y^\omega)$ mit der Menge der Fixpunkte von Π übereinstimmt.*

Folgerung 7.58. *Es sei Π Projektor über $[Y, Y]$. Dann gelten die Aussagen:*

(1) *$Id^Y - \Pi$ ist ebenfalls Projektor über $[Y, Y]$;*

(2) $\ker (Id^Y - \Pi) = \Pi(Y^\omega)$;

(3) $(Id^Y - \Pi)(Y^\omega) = \ker \Pi$.

Folgerung 7.59. *Ist Π Projektor über $[Y, Y]$, so ist Y^ω direkte Summe der Unterräume $\ker \Pi$ und $\Pi(Y^\omega)$, d. h., es gilt $\Pi(Y^\omega) \cap \ker \Pi = 0^\omega$ und $\Pi(Y^\omega) + \ker \Pi = Y^\omega$.*[1]

Jeder Projektor bestimmt also eindeutig eine Darstellung von Y^ω als direkte Summe gewisser Unterräume. Es erhebt sich nun die Frage, ob auch jede Zerlegung von Y^ω in eine direkte Summe zweier Unterräume L und S eindeutig einen Projektor Π derart bestimmt, daß $L = \Pi(Y^\omega)$ und $S = \ker \Pi$ gilt. Eine positive Anwort auf diese Frage gibt uns

Satz 7.60. *Zu jeder direkten Summe $Y^\omega = L + S$ existiert ein Projektor Π derart, daß $\Pi(Y^\omega) = L$ und $\ker \Pi = S$ gilt. Der Projektor Π ist eindeutig bestimmt.*

---

[1]) Unteräume $L, S \subseteq | Y^\omega$ mit den Eigenschaften $L \cap S = 0^\omega$ und $L + S = Y^\omega$ wollen wir, wie allgemein üblich, auch komplementär (in Y^ω) nennen.

Beweis. Nach Voraussetzung läßt jedes Element $\eta \in Y^\omega$ genau eine Zerlegung $\eta = \eta' + \sigma$ mit $\eta' \in L$ und $\sigma \in S$ zu. Damit kann es höchstens einen Projektor mit den geforderten Eigenschaften geben. Wir setzen also $\Pi(\eta) =_{Df} \eta'$. Es bleibt nun zu zeigen, daß Π lineare und stetige Abbildung ist. Es seien dazu $\eta_1, \eta_2 \in Y^\omega$. Dann lassen sich η_1, η_2 in eindeutiger Weise zerlegen in $\eta_1' + \sigma_1$ bzw. $\eta_2' + \sigma_2$, wobei $\eta_1', \eta_2' \in L$ und $\sigma_1, \sigma_2 \in S$ sind. Damit ist $(\eta_1' + \eta_2') + (\sigma_1 + \sigma_2) = \eta_1 + \eta_2$ die eindeutig bestimmte Zerlegung von $\eta_1 + \eta_2$. Also haben wir $\Pi(\eta_1 + \eta_2) = = \eta_1' + \eta_2' = \Pi(\eta_1) + \Pi(\eta_2)$. Analog beweist man $\Pi(\alpha \bullet \eta) = \alpha \bullet \Pi(\eta)$.

Konvergiert nun die Folge $(\eta_i)_{i \in \mathsf{N}}$ gegen $\eta \in Y^\omega$, so betrachten wir die Zerlegungen $\eta_i = \eta_i' + \sigma_i$ mit $\eta_i' \in L$ und $\sigma_i \in S$. Da Y^ω kompakt ist, gibt es eine konvergente Teilfolge $(\eta_i')_{i \in \mathsf{N}}$. Damit konvergiert aber auch $(\sigma_i)_{i \in \mathsf{N}} = (\eta_i - \eta_i')_{i \in \mathsf{N}}$. Es seien nun η' bzw. σ die Grenzwerte der Folgen $(\eta_i')_{i \in \mathsf{N}}$ bzw. $(\sigma_i)_{i \in \mathsf{N}}$. Dann ist $\eta' + \sigma = \eta$ die eindeutig bestimmte Zerlegung von η. Also hat jede konvergente Teilfolge $(\eta_i')_{i \in \mathsf{N}}$ den Grenzwert η', d. h., $(\eta_i')_{i \in \mathsf{N}}$ ist konvergent. Somit ist Π stetig. ▮

Wir wenden uns nun dem Problem zu, unter welchen Bedingungen bei Anwendung der Operationen „$\circ$", „$+$", „$-$" und „$\bullet$" aus Projektoren wieder Projektoren entstehen. Dazu seien im folgenden stets Π_1 und Π_2 Projektoren über $[Y, Y]$.

Folgerung 7.61.

(1) $\Pi_1(Y^\omega) \supseteq \Pi_1 \circ \Pi_2(Y^\omega) \supseteq \Pi_1(Y^\omega) \cap \Pi_2(Y^\omega)$;

(2) $\ker \Pi_2 \subseteq \ker \Pi_1 \circ \Pi_2 \subseteq (\ker \Pi_1 \cap \Pi_2(Y^\omega)) + \ker \Pi_2$;

(3) *es ist* $\Pi_1 \circ \Pi_2 = \Pi_2$ *genau dann, wenn* $\Pi_2(Y^\omega) \subseteq \Pi_1(Y^\omega)$;

(4) *es ist* $\Pi_1 \circ \Pi_2 = \Pi_1$ *genau dann, wenn* $\ker \Pi_2 \subseteq \ker \Pi_1$.

Folgerung 7.62.

(1) *Wenn* $\Pi_1 \circ \Pi_2 = \Pi_2 \circ \Pi_1$, *so ist* $\Pi_1 \circ \Pi_2$ *ein Projektor, und es gelten die Gleichungen* $\Pi_1 \circ \Pi_2(Y^\omega) = \Pi_1(Y^\omega) \cap \Pi_2(Y^\omega)$ *und* $\ker \Pi_1 \circ \Pi_2 = \ker \Pi_1 + \ker \Pi_2$.

(2) *Wenn* $\Pi_1 \circ \Pi_2 = \alpha \bullet \Pi_2 \circ \Pi_1$, *wobei* $\alpha \neq 1$, *so ist* $\Pi_1 \circ \Pi_2 = 0^Y$.[1])

(3) *Wenn* $\Pi_1 \circ \Pi_2 = \Pi_2 \circ \Pi_1$, *so ist* $\Pi_1 + \Pi_2 - \Pi_1 \circ \Pi_2$ *ein Projektor, und es gelten die Gleichungen* $(\Pi_1 + \Pi_2 - \Pi_1 \circ \Pi_2)(Y^\omega) = \Pi_1(Y^\omega) + \Pi_2(Y^\omega)$ *und* $\ker(\Pi_1 + \Pi_2 - \Pi_1 \circ \Pi_2) = \ker \Pi_1 \cap \ker \Pi_2$.

Für die Charakteristik von Y (char Y) gelte in (4) und (5) die Ungleichung char $Y > 2$, d. h., die Operationen „$+$" und „$-$" fallen nicht zusammen.

(4) *Die Summe* $\Pi_1 + \Pi_2$ *ist genau dann ein Projektor, wenn* $\Pi_1 \circ \Pi_2 = \Pi_2 \circ \Pi_1 = = 0^Y$.

(5) *Die Differenz* $\Pi_1 - \Pi_2$ *ist genau dann ein Projektor, wenn* $\Pi_1 \circ \Pi_2 = \Pi_2 \circ \Pi_1 = = \Pi_2$ *gilt und die Bedingungen* $(\Pi_1 - \Pi_2)(Y^\omega) = \Pi_1(Y^\omega) \cap \ker \Pi_2$ *und* $\ker(\Pi_1 - \Pi_2) = \ker \Pi_1 + \Pi_2(Y^\omega)$ *erfüllt sind.*

Für char $Y = 2$ haben wir dagegen:

(6) $\Pi_1 + \Pi_2$ *ist genau dann ein Projektor, wenn* $\Pi_1 \circ \Pi_2 = \Pi_2 \circ \Pi_1$.

Bemerkung: Die Darstellungen für Kern und Bild aus Punkt (5) gelten auch für den Fall char $Y = 2$ unter der Voraussetzung $\Pi_1 \circ \Pi_2 = \Pi_2 \circ \Pi_1 = \Pi_2$.

[1]) Mit 0^Y bezeichnen wir den konstanten linearen Operator über $[Y, Y]$.

7.2.5. Der Endlichkeitssatz für Projektoren

In diesem Abschnitt interessieren uns die Bedingungen, die wir an eine Darstellung von Y^ω als direkte Summe zweier Unterräume L und S stellen müssen, damit der durch L und S bestimmte Projektor Π von endlichem Gewicht ist.

Aus Lemma 7.51. wissen wir, daß die Regularität von L und S für die Endlichkeit des Gewichts von Π notwendig ist. Wir werden nun zeigen, daß diese Eigenschaft auch hinreicht und geben als Beweis gleichzeitig ein Verfahren an, wie man zu gegebenen L und S den zugehörigen Projektor Π konstruiert. Im folgenden seien dazu stets L und S komplementäre Unterräume in Y^ω. Für die Menge $\mathsf{A}(L) \cap \mathsf{A}(S)$ erhalten wir leicht die folgende Darstellung

$$\mathsf{A}(L) \cap \mathsf{A}(S) = 0^* \cup \bigcup_{n \in \mathsf{N}} 0^n \cdot W_n\,, \qquad (*)$$

wobei $\mathsf{A}(W_n) \cap 0^* \subseteq \{e\}$, d. h., keines der Wörter aus W_n beginnt mit dem Buchstaben 0. Da die Menge $\mathsf{A}(L) \cap \mathsf{A}(S)$ regulär ist, sind auch die W_n reguläre Wortmengen, und es gibt überdies nur endlich viele verschiedene Mengen W_n. Weiterhin läßt sich mit Folgerung 5.14. (1) und Lemma 5.61.(1) aus der Gleichung $\mathsf{ls}\left(\mathsf{A}(L) \cap \mathsf{A}(S)\right) = L \cap S = 0^\omega$ (vergleiche Lemma 5.15. (2)) schließen, daß jede der Mengen W_n in (*) endlich ist. Für das Gewicht der Menge $\mathsf{A}(L) \cap \cap \mathsf{A}(S)$ haben wir mit Korollar 5.60 und Satz 5.54. (3), wenn man hierbei die entsprechende Abschätzung für Wortmengen verwendet, $G_{\mathsf{A}(L) \cap \mathsf{A}(S)} \leqq G_L \cdot G_S$. Damit erhalten wir dann $l(p) < G_L \cdot G_S$ für $p \in \bigcup_{n \in \mathsf{N}} W_n$. Gäbe es nämlich ein $p \in \bigcup_{n \in \mathsf{N}} W_n$ mit $l(p) \geqq G_L \cdot G_S$, so hätten wir wegen $G_{\mathsf{A}(L) \cap \mathsf{A}(S)} \leqq G_L \cdot G_S$ ein $n \in N$ und Wörter r, r'; $e \sqsubseteq r \sqsubset r' \sqsubseteq p$, für die $\mathsf{A}(L) \cap \mathsf{A}(S) \mid 0^n \cdot r = \mathsf{A}(L) \cap \mathsf{A}(S) \mid 0^n \cdot r'$ erfüllt wäre. Dann läge aber $0^n \cdot r' \cdot \overline{(r' \mid r)}$ in $L \cap S$, und diese Folge wäre von $\bar{0}$ verschieden, was unserer Voraussetzung widerspricht. Wir fixieren nun im weiteren noch

$$k_{L,S} =_{Df} max \left\{l(w): w \in \bigcup_{n \in \mathsf{N}} W_n\right\}.$$

Damit haben wir die Voraussetzungen zur Konstruktion eines endlichen Automaten, der Π realisiert, geschaffen. Wir beschreiben die Arbeitsweise des Automaten. Nehmen wir an, dem Automaten sei ein Anfangswort r einer abzuarbeitenden Folge η eingegeben. Dann bestimmt der Automat sämtliche Zerlegungen von r in eine Summe von Wörtern $p \in \mathsf{A}(L)$ und $q \in \mathsf{A}(S)$. Unter diesen Zerlegungen befindet sich genau eine, die der Zerlegung von η in $\eta = \eta' + \sigma$ mit $\eta' \in L$ und $\sigma \in S$ entspricht. Der Automat bestimmt nun das maximale gemeinsame Anfangswort der Menge $\{p : p \in \mathsf{A}(L) \wedge \exists q(q \in \mathsf{A}(S) \wedge p + q = r)\}$ und gibt dieses aus. Damit hat der Automat ein Anfangsstück von r schon richtig „zerlegt". Den Rest „merkt" sich der Automat. Bei der Eingabe der folgenden Buchstaben von η verfährt der Automat ebenso, berücksichtigt dabei aber, daß er ein gewisses Anfangsstück von r schon „zerlegt" hat. Daß unser Automat nichtverstummend ist, sichert uns die Endlichkeit der W_n. Ist nämlich $l(r) > k_{L,S}$, und haben wir Zerlegungen von r in $r = p_1 + q_1 = p_2 + q_2$, wobei $p_1, p_2 \in \mathsf{A}(L)$,

$q_1, q_2 \in \mathsf{A}(S)$, so gilt $p_1 - p_2 = q_2 - q_1$ und mithin ist $p_1 - p_2 \in \mathsf{A}(L) \cap \mathsf{A}(S)$. Damit muß wegen $l(r) > k_{L,S}$ der erste Buchstabe von $p_1 - p_2$ eine Null sein. Also haben alle Elemente von $\{p : p \in \mathsf{A}(L) \wedge \exists q(q \in \mathsf{A}(S) \vee p + q = r)\}$ denselben Anfangsbuchstaben. Wir formalisieren nun die erläuterte Arbeitsweise des Automaten: Es seien

$$V_{p,q}(r) =_{Df} \{p' : p' \in \mathsf{A}(L \mid p) \wedge \exists\, q'(q' \in \mathsf{A}(S \mid q) \wedge p' + q' = r)\}$$

und

$$W_{p,q}(r) =_{Df} \{q' : q' \in \mathsf{A}(S \mid q) \wedge \exists\, p'(p' \in \mathsf{A}(L \mid p) \wedge p' + q' = r)\}\,,$$

wobei $p \in \mathsf{A}(L)$, $q \in \mathsf{A}(S)$ und $l(p) = l(q)$. Die Menge $V_{p,q}(r)$ beschreibt uns die L-Anteile der Zerlegungen des Wortes r unter der Annahme, daß für das Wort $r' = (p + q) \cdot r$ schon das Anfangsstück $(p + q)$ eindeutig in den L-Anteil p und den S-Anteil q „zerlegt" worden ist. Man verifiziert mit Hilfe der Linearität von L und S nun leicht

Folgerung 7.63. (1) *Es seien* $L \mid p = L \mid p'$, $S \mid q = S \mid q'$, $l(p) = l(q)$ *und* $l(p') = l(q')$. *Dann gelten die Beziehungen*:

(1) $V_{p,q}(r) = V_{p',q'}(r)$ *und* $W_{p,q}(r) = W_{p',q'}(r)$;
(2) *für* $l(p) = l(p') = l(q) = l(q')$ *und* $l(r) = l(r')$ *ist* $V_{p+p',q+q'}(r + r') = V_{p,q}(r) + V_{p',q'}(r')$, $W_{p+p',q+q'}(r + r') = W_{p,q}(r) + W_{p',q'}(r')$;
(3) $V_{\alpha \bullet p, \alpha \bullet q}(\alpha \bullet r) = \alpha \bullet V_{p,q}(r)$, $W_{\alpha \bullet p, \alpha \bullet q}(\alpha \bullet r) = \alpha \bullet W_{p,q}(r)$.

Entsprechend der L- und S-Anteile nennen wir nun die Funktion *dec* bzw. *codec* (lineare) *Dekomposition* bzw. *Kodekomposition* $=_{Df}$

$$dec_{p,q}(r) = r'\,, \qquad \text{falls } \{r'\} = \mathsf{Max} \bigcap_{p' \in V_{p,q}(r)} \mathsf{A}(p')$$

und

$$codec_{p,q}(r) = r''\,, \qquad \text{falls } \{r''\} = \mathsf{Max} \bigcap_{q' \in W_{p,q}(r)} \mathsf{A}(q')\,.^{1)}$$

Man überlegt sich leicht, daß *dec* und *codec* korrekt definiert sind. Die Funktion $dec_{p,q}$ liefert uns das schon richtig dekomponierte Anfangsstück von r aus $\mathsf{A}(L \mid p)$ unter der Voraussetzung, daß $(p + q) \cdot r$ schon in p und q zerlegt worden war. Die Funktion $codec_{p,q}$ liefert uns den „anderen Teil" der Zerlegung.

Folgerung 7.64.

(1) $l(dec_{p,q}(r)) = l(codec_{p,q}(r))$;
(2) $dec_{p,q}(r) + codec_{p,q}(r) \sqsubseteq r$;
(3) $dec_{p,q}(e) = codec_{p,q}(e) = e$;
(4) *aus* $L \mid p = L \mid p'$ *und* $S \mid q = S \mid q'$ *folgen* $dec_{p,q}(r) = dec_{p',q'}(r)$ *und* $codec_{p,q}(r) = codec_{p',q'}(r)$;
(5) $l(r) - l(dec_{p,q}(r)) \leqq k_{L,S}$.

Beweis.

(1) Es seien $p' + q'$ und $p'' + q''$ Darstellungen von r mit $p', p'' \in V_{p,q}(r)$ und $q', q'' \in W_{p,q}(r)$. Weiterhin sei $\{dec_{p,q}(r)\} = \mathsf{Max}\, \mathsf{A}(p') \cap \mathsf{A}(p'')$. Damit ist

[1] Max wird wie in Punkt 7.1.1. gebildet.

für r', $\{r'\} = \mathsf{Max}\, \mathsf{A}(q') \cap \mathsf{A}(q'')$, die Beziehung $l(r') = l(dec_{p,q}(r))$ erfüllt. Also gilt $l(codec_{p,q}(r)) \leqq l(dec_{p,q}(r))$. Vertauscht man die Rollen von *dec* und *codec*, so erhält man $l(dec_{p,q}(r)) \leqq l(codec_{p,q}(r))$.

(2) Für $p' \in V_{p,q}(r)$ und $q' \in W_{p,q}(r)$ gelten $dec_{p,q}(r) \sqsubseteq p'$ und $codec_{p,q}(r) \sqsubseteq q'$. Ist nun darüber hinaus $p' + q' = r$, so haben wir unmittelbar die behauptete Beziehung.

(3) Diese Gleichung folgt aus (2).

(4) Diese Behauptung verifiziert man leicht mit Folgerung 7.63. (1).

(5) Es sei $p' + q' = p'' + q'' = r$ mit $p', p'' \in V_{p,q}(r)$ und $q', q'' \in W_{p,q}(r)$. Damit haben wir $p \cdot p' + q \cdot p' = p \cdot p + q \cdot q''$, also $0^{l(p)}(p' - p'') = 0^{l(q)}(q'' - q') \in \in \mathsf{A}(L) \cap \mathsf{A}(S)$. Wegen $k_{L,S} = max\left\{l(w): w \in \bigcup_{n \in \mathsf{N}} W_n\right\}$ gilt $0^{l(p)+l(r)-k_{L,S}} \sqsubseteq \sqsubseteq 0^{l(p)} \cdot (p' - p'')$, woraus die Behauptung folgt. ∎

Unsere Zerlegungen haben unter anderem die folgenden Eigenschaften, die wir hier nur für die Funktion *dec* formulieren und beweisen:

Folgerung 7.65. *Es seien $p, p' \in \mathsf{A}(L) \cap Y^n$, $q, q' \in \mathsf{A}(S) \cap Y^n$ und $r, r' \in Y^m$. Dann gelten die folgenden Gleichheiten:*

(1) $l(dec_{p,q}(r)) = l(dec_{p',q'}(r'))$;

(2) $dec_{p+p',q+q'}(r + r') = dec_{p,q}(r) + dec_{p',q'}(r')$;

(3) $dec_{\alpha \bullet p, \alpha \bullet q}(\alpha \bullet r) = \alpha \bullet dec_{p,q}(r)$.

Beweis.

(1) Es reicht aus, die Beziehung $l(dec_{p,q}(r)) = l(dec_{0^n,0^n}(0^m))$ zu zeigen. Mit Folgerung 7.63. (2) und (3) haben wir $V_{0^n,0^n}(0^m) = V_{p,q}(r) - V_{p,q}(r)$. Ist nun $\{r'\} = \mathsf{Max} \bigcap_{p' \in V_{p,q}(r)} \mathsf{A}(p')$, so haben wir sofort $0^{l(r')} \in \bigcap_{p'' \in V_{0^n,0^n}(0^m)} \mathsf{A}(p'')$, und es gilt daher $l(dec_{p,q}(r)) \leqq l(dec_{0^n,0^n}(0^m))$. Ist andererseits $\{0^l\} = = \mathsf{Max} \bigcap_{p'' \in V_{0^n,0^n}(0^m)} \mathsf{A}(p'')$, so müssen sämtliche Anfangswörter p' der Länge l von Wörtern aus $V_{p,q}(r)$ übereinstimmen. Folglich gilt $l(dec_{0^n,0^n}(0^m)) = = l(dec_{p,q}(r))$.

Die Gleichung (2) erhält man mit (1) leicht aus Folgerung 7.63. (2), und (3) folgt aus Folgerung 7.63. (3). ∎

Interpretieren wir den Index (p, q) als Zustand der Funktion *dec*, so ergibt sich aus Folgerung 7.65. die Vermutung, daß $dec_{e,e}$ und entsprechend auch $codec_{e,e}$ lineare sequentielle Funktionen sind. Zum Beweis dieser Vermutung benötigen wir noch die *Restfunktion*

$$rest_{p,q}(r) =_{Df} r \mid (dec_{p,q}(r) + codec_{p,q}(r))\,.$$

Diese Funktion ist korrekt definiert, wie uns Folgerung 7.64. (2) zeigt. Sie gibt uns den noch nicht „zerlegten“ Rest des Wortes r.

Folgerung 7.66.

(1) *Aus $r \sqsubseteq r'$ folgt $dec_{p,q}(r) \sqsubseteq dec_{p,q}(r')$.*
Für $p' =_{Df} dec_{p,q}(r)$ und $q' =_{Df} codec_{p,q}(r)$ gelten die Beziehungen

(2) $dec_{p,q}(r \cdot w) = dec_{p,q}(r) \cdot dec_{pp',qq'}(rest_{p,q}(r) \cdot w)$ und
(3) $rest_{p,q}(r \cdot w) = rest_{pp',qq'}(rest_{p,q}(r) \cdot w)$.
Ferner hat man:
(4) *Es ist* $l(rest_{p,q}(r)) \leqq k_{L,S}$;
(5) *für* $l(p) = l(p') = l(q) = l(q')$ *und* $l(r) = l(r')$ *gilt* $rest_{p+p',q+q'}(r + r') = rest_{p,q}(r) + rest_{p',q'}(r')$;
(6) *es ist* $rest_{\alpha \bullet p, \alpha \bullet q}(\alpha \bullet r) = \alpha \bullet rest_{p,q}(r)$.

(Die Eigenschaften (1) und (2) gelten ebenfalls für *codec*, da *dec* und *codec* bei Vertauschung der Rollen von L und S gleichfalls ihre Plätze tauschen.)

Beweis.

(1) Es sei $V =_{Df} \mathsf{A}(V_{p,q}(r')) \cap Y^{l(r)}$. Wir haben dann $V_{p,q}(r) \supseteq V$, denn aus $p'' + q'' = r'$ folgt für die Anfangswörter p' und q' der Länge $l(r)$ stets $p' + q' = r$. Mit Folgerung 7.2. (2) ist dann $r_1 \sqsubseteq r_2$ für $\{r_1\} = \mathsf{Max} \bigcap_{p' \in V_{p,q}(r)} \mathsf{A}(p')$ und $\{r_2\} = \mathsf{Max} \bigcap_{p'' \in V} \mathsf{A}(p'')$.

Weiterhin gilt offensichtlich $r_2 \sqsubseteq dec_{p,q}(r')$. Mithin haben wir $dec_{p,q}(r) = r_1 \sqsubseteq r_2 \sqsubseteq dec_{p,q}(r')$.

(2) Es genügt $V_{p,q}(r \cdot w) = p' \cdot V_{pp',qq'}(rest_{p,q}(r) \cdot w)$ zu zeigen. Wegen $dec_{p,q}(r) \sqsubseteq dec_{p,q}(r \cdot w)$ ist p' Anfangswort jedes Wortes aus $V_{p,q}(r \cdot w)$. Damit gilt für jede Darstellung $r \cdot w = p_1 + q_1$ mit $p_1 \in V_{p,q}(r \cdot w)$ die Beziehung $q' \sqsubseteq q_1$, und folglich haben wir $V_{p,q}(r \cdot w) = \{p' \cdot p'' : p' \cdot p'' \in \mathsf{A}(L \mid p) \wedge \exists q''(q' \cdot q'' \in \mathsf{A}(S \mid q) \wedge p' \cdot p'' + q' \cdot q'' = r \cdot w)\}$. Wegen $l(p') = l(q')$ und Folgerung 5.51. (2) und (4) können wir wie folgt umformen:

$$V_{p,q}(r \cdot w) = p' \cdot \{p'' : p'' \in \mathsf{A}(L \mid p \cdot p') \wedge \exists q''(q'' \in \mathsf{A}(S \mid q \cdot q') \wedge p'' + q'' = r \cdot w \mid (p' + q'))\}.$$

Es ist aber nach Voraussetzung $r \mid (p' + q') = rest_{p,q}(r)$, und die Behauptung ist damit bewiesen.

(3) Man hat $(dec_{p,q}(r \cdot w) + codec_{p,q}(r \cdot w)) \cdot rest_{p,q}(r \cdot w) = r \cdot w$. Mit (2) erhalten wir

$$(dec_{pp'}(rest_{p,q}(r) \cdot w) + codec_{pp',qq'}(rest_{p,q}(r) \cdot w) \cdot rest_{p,q}(r \cdot w)) = r \cdot w \mid (dec_{p,q}(r) + codec_{p,q}(r)) = rest_{p,q}(r) \cdot w.$$

Andererseits haben wir $rest_{p,q}(r) \cdot w = (dec_{pp',qq'}(rest_{p,q}(r) \cdot w)) + codec_{pp',qq'}(rest_{p,q}(r) \cdot w)) \cdot (rest_{pp',qq'}(rest_{pq}(r) \cdot w))$ nach Definition der Funktion *rest*.

(4) Hier schließt man leicht mit Folgerung 7.64. (5).

(5) Es sind

$$r = \left(dec_{p,q}(r) + codec_{p,q}(r)\right) \cdot rest_{p,q}(r),\ r' = \left(dec_{p',q'}(r') + codec_{p',q'}(r')\right) \cdot rest_{p',q'}(r')$$

und

$$r + r' = \left(dec_{p+p',q+q'}(r + r') + codec_{p+p',q+q'}(r + r')\right) \cdot rest_{p+p',q+q'}(r + r') .$$

Die Behauptung erhalten wir nun mit Folgerung 7.65. (1) und (2).

(6) Diese Aussage beweist man ebenso. ∎

Unsere Folgerung 7.66. (1) weist nach, daß $dec_{e,e}$ eine sequentielle Funktion ist, die wegen Folgerung 7.64. (5) nicht verstummt. Weiterhin zeigt uns Folgerung 7.65. (1), (2) und (3), daß $dec_{e,e}$ sogar lineare sequentielle Funktion ist. Nach Definition von dec haben wir nun $dec_{e,e}(Y^*) \subseteq \mathsf{A}(L)$, und trivial folgt aus $r \in \mathsf{A}(L)$ stets $r \in V_{e,e}(r)$ bzw. aus $r' \in \mathsf{A}(S)$ stets $r' \in W_{e,e}(r')$. Damit haben wir für $r \in \mathsf{A}(L)$ immer $dec_{e,e}(r) \sqsubseteq r$ und für $r' \in \mathsf{A}(S)$ entsprechend $codec_{e,e}(r') \sqsubseteq r'$, d. h. $dec_{e,e}(r') \in 0^*$. Ist andererseits $dec_{e,e}(r') \in 0^*$, so gilt $codec_{e,e}(r') \sqsubseteq r'$, was aber $r' \in \mathsf{A}(S)$ heißt.

Also ist der von $dec_{e,e}$ erzeugte Operator Π der gesuchte Projektor, der Y^ω auf L projiziert und den Kern S hat. Analog ist $Id^Y - \Pi$ der von $codec_{e,e}$ erzeugte sequentielle Operator, was leicht durch Vertauschen der Rollen von L und S ersichtlich ist.

Schließlich zeigen wir noch, daß $dec_{e,e}$ endliches Gewicht hat. Die wesentlichen Bestandteile des „Gedächtnisses“ von $dec_{e,e}$ werden durch die beiden Indizes und die Funktion *rest* fixiert. Nach Folgerung 7.64. (4) bestimmen nicht die Indizes selbst die Zustände von $dec_{e,e}$, sondern die von ihnen erzeugten Zustände von L bzw. S, und nach Folgerung 7.66. (4) braucht sich die Funktion $dec_{e,e}$ nur Restwörter bis zur Länge $k_{L,S}$ zu „merken“. Mithin beweist man leicht durch Induktion über die Wortlänge, daß der endliche Automat $\mathfrak{B}$, der wie folgt definiert ist, die Funktion $dec_{e,e}$ realisiert:

$$\mathfrak{B} = [Y, Y, Z, f, g, z_0, e] ,$$

wobei

$$Z = \{[L \mid p, S \mid p, r] \colon p, q, r \in Y^* \wedge l(r) \leqq k\} ,$$

$$z_0 = [L \mid e, S \mid e, e] ,$$

$$g([L \mid p, S \mid q, r], y) =_{Df} dec_{p,q}(ry) ,$$

und

$$f([L \mid p, S \mid q, r], y) =_{Df} [L \mid p \cdot dec_{p,q}(ry), S \mid q \cdot codec_{p,q}(r \cdot y), rest_{p,q}(ry)] .$$

Damit haben wir einen Beweis für den nachstehenden Satz erbracht.

Satz 7.67. (*Endlichkeitssatz für Projektoren*)

(1) *Ein Projektor Π über $[Y, Y]$ hat genau dann endliches Gewicht, wenn $\Pi(Y^\omega)$ und* $\mathsf{ker}\,\Pi$ *regulär sind.*

(2) *Sind L und S Unterräume von Y^ω, die den Bedingungen $L \cap S = 0^\omega$ und $L + S = Y^\omega$ genügen, und ist Π der Projektor, der Y^ω auf L projiziert und S als Kern hat, so gelten die Ungleichungen $G_\Pi \leqq G_L \cdot G_S \cdot \mathfrak{p}_{Y^*}(G_L \cdot G_S - 1)$ und $G_{(Id^Y - \Pi)} \leqq G_L \cdot G_S \cdot \mathfrak{p}_{Y^*}(G_L \cdot G_S - 1)$.*

Bemerkung: Die in diesem Abschnitt konstruierte Funktion $dec_{e,e}$ ist nicht notwendig die Normale bzw. eine Fortsetzung der Normalen des Projektors Π, da stets $l(dec_{e,e}(r)) \leqq l(r)$ gilt. Man betrachte etwa $L = 0 \cdot Y^\omega$ und $S = Y \cdot 0^\omega$. Schließlich erwähnen wir noch, daß für reguläre Unterräume L und S, für die lediglich $L \cap S = 0^\omega$ gilt, stets Projektoren Π_1 und Π_2 konstruiert werden können, die den Bedingungen $\Pi_1(Y^\omega) = L$ und $\ker \Pi_1 \supseteq S$ bzw. $\Pi_2(Y^\omega) \supseteq L$ und $\ker \Pi_2 = S$ genügen. Man bestimme dazu $L + S$ nach dem Verfahren aus Punkt 5.4.2. Danach konstruiere man den Operator Π_{L+S} gemäß Satz 7.53. (1). Der Kern von Π_{L+S} erfüllt die Bedingung $(L + S) \cap \ker \Pi_{L+S} = 0^\omega$. Damit hat man auch $L \cap (S + \ker \Pi_{L+S}) = 0^\omega$ und $S \cap (L + \ker \Pi_{L+S}) = 0^\omega$. Der Kern von Π_{L+S} läßt sich nach dem Verfahren aus Punkt 6.1. bestimmen. Also konstruiere man dann $L + \ker \Pi_{L+S}$ bzw. $S + \ker \Pi_{L+S}$ und damit die Projektoren Π_2 bzw. Π_1.

7.2.6. Unendliche Reihen im Raume $[Y^\omega, +, Y, \|\cdot\|]$

Zum Abschluß des Punktes 7.2. wollen wir uns mit dem Problem befassen, ob für lineare sequentielle Operatoren Ψ die Beziehung $\Psi\left(\sum_{i=0}^{\infty} \eta_i\right) = \sum_{i=0}^{\infty} \Psi(\eta_i)$ erfüllt ist.[1] Dazu ist es erforderlich, ein Kriterium für die Existenz des Grenzwertes von unendlichen Reihen aus Y^ω anzugeben. Mit Folgerung 5.84. (2) erhalten wir sofort einen aus der Analysis gut bekannten Satz, dessen Beweis aus Gründen der Vollständigkeit angefügt wird.

Lemma 7.68. *Die Reihe $\sum_{i=0}^{\infty} \eta_i$ existiert genau dann, wenn $\lim_{i\to\infty} \|\eta_i\| = 0$, d. h. $\lim_{i\to\infty} \eta_i = \bar{0}$ gilt.*

Beweis. Es ist $\sum_{i=0}^{\infty} \eta_i = \lim_{n\to\infty} \sum_{i=0}^{n} \eta_i$. Hieraus folgt sofort die Beziehung $\lim_{i\to\infty} \|\eta_i\| = 0$. Es sei nun $\lim_{i\to\infty} \eta_i = \bar{0}$. Dann haben wir $\left\|\sum_{i=0}^{n} \eta_i - \sum_{i=0}^{n+m} \eta_i\right\| = \left\|\sum_{i=n+1}^{n+m} \eta_i\right\|$, und mit Folgerung 5.84. (2) können wir sofort wie folgt abschätzen:

$$\left\|\sum_{i=n+1}^{n+m} \eta_i\right\| \leqq max\,\{\|\eta_i\| : n < i \leqq n + m\} \leqq sup\,\{\|\eta_i\| : n < i\}\,.$$

---

[1]) Wie üblich wollen wir derartige Gleichungen nur dann als erfüllt ansehen, wenn beide Seiten definiert sind.

Wegen $\lim_{i\to\infty} ||\eta_i|| = 0$ existiert somit zu jedem $\varepsilon, \varepsilon > 0$, ein $n \in \mathsf{N}$ derart, daß $\left|\left|\sum_{i=0}^{n} \eta_i - \sum_{i=0}^{n+m} \eta_i\right|\right| < \varepsilon$ für jedes $m \in \mathsf{N}$ gilt. Damit ist $\left(\sum_{i=0}^{n} \eta_i\right)_{n\in\mathsf{N}}$ eine CAUCHY-Folge in Y^ω, und aus der Vollständigkeit von $[Y^\omega, +, Y, ||\cdot||]$ folgt die Existenz von $\sum_{i=0}^{\infty} \eta_i$. ∎

Unter Verwendung dieses Lemmas können wir nun das eingangs gestellte Problem lösen.

Satz. 7.69. *Es sei* $\sum_{i=0}^{\infty} \eta_i = \eta$. *Dann gilt für jeden linearen sequentiellen Operator* Ψ *über* $[Y, Y]$ *die Gleichung* $\Psi(\eta) = \sum_{i=0}^{\infty} \Psi(\eta_i)$.

Beweis. Wir müssen zunächst die Existenz von $\sum_{i=0}^{\infty} \Psi(\eta_i)$ nachweisen. Aus der Voraussetzung folgt mit Lemma 7.68. sofort $\lim_{i\to\infty} \eta_i = \bar{0}$. Wegen der Stetigkeit von Ψ ist dann auch $\lim_{i\to\infty} \Psi(\eta_i) = \bar{0}$, und $\sum_{i=0}^{\infty} \Psi(\eta_i)$ existiert demnach. Damit folgt die Gleichung $\Psi(\eta) = \sum_{i=0}^{\infty} \Psi(\eta_i)$ leicht aus der Abgeschlossenheit des Operators Ψ. ∎

Aus Lemma 7.68. und Satz 7.69. erhalten wir nun eine Darstellung für lineare sequentielle Operatoren Ψ über $[Y, Y]$. Schreiben wir nämlich $\eta \in Y^\omega$ in der Form $\eta = \sum_{i=0}^{\infty} \eta(i+1) \bullet 0^i 1\bar{0}$, so gilt $\Psi(\eta) = \sum_{i=0}^{\infty} \eta(i+1) \bullet \Psi(0^i 1\bar{0})$. Damit haben wir eine Rechtfertigung dafür, den linearen sequentiellen Operator Ψ als zweiseitig unendliche Matrix $\mathfrak{U}(\Psi)$ vom Typ $\mathsf{N} \times \mathsf{N}$ mit Elementen $u_{i,j}$ aus Y zu notieren, wie dies z. B. in der Arbeit [72] zu finden ist. Wir setzen dazu $u_{i,j} =_{\mathrm{Df}} \Psi(0^i 1\bar{0})\,(j+1)$. Diese Matrix hat auf Grund der Stetigkeit von Ψ die Eigenschaft, daß nur endlich viele Elemente jeder Zeile von 0 verschieden sind. Damit verifiziert man leicht $\Psi(\eta) = \mathfrak{U}(\Psi) \cdot ||\eta||$, wobei wir unter $||\eta||$ den unendlichen Spaltenvektor $\left\|\begin{matrix}\eta(0)\\ \eta(1)\\ \vdots\end{matrix}\right\|$ und unter „·" die Matrizenmultiplikation verstehen wollen.[1]) Hat man andererseits eine Matrix $\mathfrak{U}$ vom Typ $\mathsf{N} \times \mathsf{N}$, die der angegebenen Eigenschaft genügt, so weist man unschwer nach, daß der durch $\Psi(\eta) =_{Df} \mathfrak{U} \cdot ||\eta||$ definierte Operator linear und sequentiell ist.

Weiterhin können wir mit Lemma 7.68. und Satz 7.69. leicht die folgende Aussage beweisen: Eine Abbildung Ψ von Y^ω in Y^ω ist genau dann linearer sequentieller Operator, wenn für jede Folge $(\eta_i)_{i\in\mathsf{N}}$ von Elementen aus Y^ω die Beziehung $\Psi\left(\sum_{i=0}^{\infty} \eta_i\right) = \sum_{i=0}^{\infty} \Psi(\eta_i)$ gilt.

---

1) Eine Verwechslung der Matrix $||\eta||$ mit der Norm $||\eta||$ ist nicht zu befürchten. Treten doch Kollisionen auf, so weisen wir ausdrücklich auf den Inhalt des Zeichens „|| ||" hin.

Dieser Sachverhalt führt uns zu der Vermutung, daß die Eigenschaften der *Linearität* und der *Stetigkeit* für Abbildungen von Y^ω in Y^ω *unabhängig* voneinander sind. Es ist z. B. der sequentielle Operator Φ über $[Y, Y]$, der jedes $\eta \in Y^\omega$ auf $\bar{1}$ abbildet, zwar stetig, aber nicht linear. Nach THIELE[1]) gehen wir zur Konstruktion einer linearen, aber nicht stetigen Abbildung $\Psi\colon Y^\omega \mapsto Y^\omega$ von einer (algebraischen) Basis von Y^ω (d. h. von einer linearen unabhängigen Teilmenge E von Y^ω, für die $\underline{\mathcal{S}}(E) = Y^\omega$ gilt, aus, die $0^* \cdot 1 \cdot 0^\omega$ umfaßt. Die Existenz einer solchen Menge E ist durch den Basissatz für lineare Räume gesichert. Für Elemente $\eta \in E$ setzen wir

$$\Psi_0(\eta) =_{Df} \begin{cases} 1 \cdot \bar{0}, & \text{falls } \eta \in 0^* \cdot 1 \cdot 0^\omega\,, \\ \bar{0}, & \text{sonst.} \end{cases}$$

Die Funktion Ψ_0 läßt sich nun auf bekannte Weise zu einer linearen Abbildung Ψ von Y^ω in Y^ω fortsetzen. Es kann Ψ aber nicht stetig sein, da $\Psi(\bar{0}) = \bar{0} \neq 1 \cdot \bar{0} = \lim\limits_{i\to\infty} \Psi(0^i \cdot 1 \cdot \bar{0})$ gilt.

7.3. Direktes und freies Produkt sequentieller Operatoren — Parallelschaltungen von Automaten

Wir untersuchen jetzt, ob die Summe linearer sequentieller Operatoren endlichen Gewichts wieder endliches Gewicht hat. Es wird sich zeigen, daß dies im allgemeinen nicht gilt.

Beispiel 7.70. Wir setzen $Y = \{0, 1\}$; Ψ_1 sei der identische Operator Id^Y über $[Y, Y]$, und Ψ_2 sei derjenige lineare sequentielle Operator, der jeden Buchstaben verdoppelt, d. h.

$$\Psi_2(y \cdot \eta) =_{Df} yy \cdot \Psi_2(\eta)\,.$$

Für das Bild der regulären Menge $1^* \cdot 0^\omega$ bei der Abbildung durch $\Psi_1 + \Psi_2$ erhalten wir unschwer

$$(\Psi_1 + \Psi_2)\,(1^n \cdot \bar{0}) = 0^n \cdot 1^n \cdot \bar{0}$$

und somit

$$(\Psi_1 + \Psi_2)\,(1^* \cdot 0^\omega) = \{0^n \cdot 1^n\colon n \in N\} \cdot 0^\omega\,.$$

Die Menge $\{0^n \cdot 1^n\colon n \in \mathsf{N}\} \cdot 0^\omega$ ist keine reguläre Folgenmenge, da sonst $\{0^n \cdot 1^n\colon n \in \mathsf{N}\}$ eine reguläre Wortmenge sein müßte, was bekanntlich (siehe z. B. [21], [15]) nicht der Fall ist. Damit kann auch $\Psi_1 + \Psi_2$ wegen Satz 6.31. bzw. 6.38. kein endliches Gewicht haben.

Das Problem, unter welchen Bedingungen die Summe von linearen sequentiellen Operatoren endlichen Gewichts wieder endliches Gewicht hat, führt uns auf die Untersuchung der *Parallelschaltung* von (asynchronen) Automaten. Ein Schema für die Parallelschaltung zweier Automaten ist in Abbildung 7.2. angegeben. Die Automaten $\mathfrak{A}_1$ und $\mathfrak{A}_2$ erhalten dabei eingabeseitig gleichzeitig Buchstaben des Alphabetes X eingegeben. Danach verarbeiten sie unabhängig voneinander die Eingabe. Die Ausgaben werden von einem Block $\mathfrak{S}$ erfaßt, welcher die Funktion eines Koordinators und Speichers hat. Als Koordinator

[1]) persönliche Information

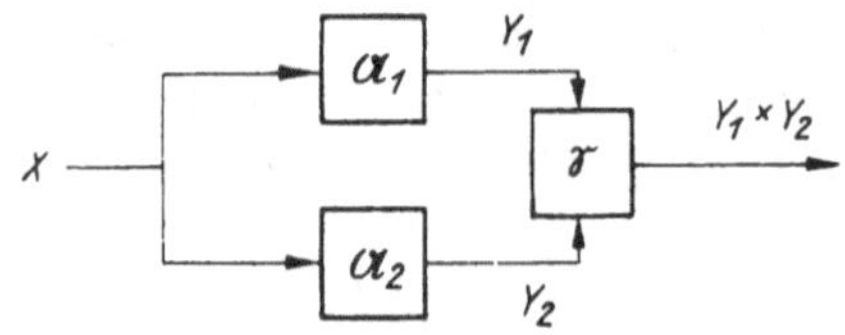

Abb. 7.2. Schema einer Parallelschaltung asynchroner Automaten

arbeitet er die Ausgaben, die Wörter über den Alphabeten Y_1 und Y_2 sind, nach einem Prinzip, das mit der Arbeitsweise eines Reißverschlusses vergleichbar ist, in eine gemeinsame Ausgabe über dem Alphabet $Y_1 \times Y_2$ um. Die Speicherfunktion ergibt sich einfach daraus, daß die Ausgaben beider Automaten nicht notwendig gleicher Länge sind, d. h., $\mathfrak{S}$ muß sich den auf der „längeren Seite überstehenden" Rest „merken".

Hieraus wird unmittelbar klar, daß eine Beschreibung des Verhaltens einer solchen Parallelschaltung im Kleinen gewisse Schwierigkeiten bereitet, die sich bei einer Beschreibung des Verhaltens im Großen vermeiden lassen.

Wir unterscheiden in dieser Arbeit zwei Arten der Parallelschaltung von Automaten. Zum einen den oben beschriebenen Fall, in dem beide Automaten *gleichzeitig denselben* Buchstaben als Eingabe erhalten; zum anderen den Fall, in dem die Automaten verschiedene Buchstaben als Eingabe erhalten können. Der zweite Fall ist durch den ersten gut modellierbar, indem man $X = X_1 \times X_2$ wählt und die Automaten $\mathfrak{A}_1$ und $\mathfrak{A}_2$ jeweils nur den X_1- bzw. X_2-Anteil des eingegebenen Buchstaben als Eingabeinformation verwenden läßt. Trotz dieser Gemeinsamkeiten sind die beiden Fälle ihrem Wesen nach doch unterschiedlich, wie die Ausführungen dieses Abschnittes zeigen werden.

7.3.1. Definition und Eigenschaften des direkten und freien Produktes

Wir werden im folgenden wieder die in Punkt 6.2.2. eingeführten Notationen $[[\xi, \eta]]$ und $F \otimes E$ sowie die in Punkt 7.1.3. eingeführten Projektionsoperatoren benutzen.

Definition 7.71. Der Operator Φ heißt *direktes Produkt* der sequentiellen Operatoren Φ_1 und Φ_2 über $[X, Y_1]$ bzw. $[X, Y_2]$ (kurz: $\Phi = \Phi_1 \otimes \Phi_2$) $=_{Df}$ (1) $\Phi\colon X^\omega \mapsto (Y_1 \times Y_2)^\omega$ und (2) für alle $\xi \in X^\omega$ gilt $\Phi(\xi) = [[\Phi_1(\xi), \Phi_2(\xi)]]$.

Definition 7.72. Der Operator Φ heißt *freies Produkt* der sequentiellen Operatoren Φ_1 und Φ_2 über $[X_1, Y_1]$ bzw. $[X_2, Y_2]$ (kurz: $\Phi = \Phi_1 \times \Phi_2$) $=_{Df}$
(1) $\Phi\colon (X_1 \times X_2)^\omega \mapsto (Y_1 \times Y_2)^\omega$ und
(2) für alle $\zeta \in (X_1 \times X_2)^\omega$ gilt $\Phi(\zeta) = [[\Phi_1(Pr_1(\zeta)), \Phi_2(Pr_2(\zeta))]]$.

Um uns davon zu überzeugen, daß sowohl das direkte als auch das freie Produkt sequentieller Operatoren wieder sequentielle Operatoren sind, ziehen wir das Produkt $[X_1^\omega \times X_2^\omega, \varrho']$ der metrischen Räume $[X_1^\omega, \varrho]$ und $[X_2^\omega, \varrho]$ heran, wobei wir setzen:

$$\varrho'([\xi, \eta], [\xi', \eta']) =_{Df} max\,\{\varrho(\xi, \xi'), \varrho(\eta, \eta')\}\,.$$

Damit ist ϱ' offensichtlich wieder eine Metrik, und die Zuordnung von $[\xi, \eta]$ zu $[[\xi, \eta]]$ vermittelt eine eineindeutige und isometrische Abbildung von $[X_1^\omega \times X_2^\omega, \varrho']$ auf $[(X_1 \times X_2)^\omega, \varrho]$. Unter diesen Voraussetzungen überlegt man sich dann leicht die Stetigkeit von $\Phi_1 \otimes \Phi_2$ und $\Phi_1 \times \Phi_2$.

Für unsere weiteren Untersuchungen ist es notwendig, die Operationen „[[,]]" und „$\otimes$", wie sie für Folgen bzw. Folgenmengen definiert wurden, auch für Wörter und Wortmengen zu erklären. Wir setzen also $[[e, e]] =_{Df} e$, und

$$[[x_1 \cdot \dots \cdot x_n, y_1 \cdot \dots \cdot y_m]] =_{Df} \begin{cases} [x_1, y_1] \cdot \dots \cdot [x_n, y_n]; \text{ falls } n = m, \\ \text{nicht definiert, anderenfalls,} \end{cases}$$

sowie $W \otimes V =_{Df} \{[[p, q]]: p \in W \wedge q \in V \wedge l(p) = l(q)\}$. Man verifiziert dann leicht

Folgerung 7.73.

(1) $\mathsf{A}(\mathsf{A}(W) \otimes \mathsf{A}(V)) = \mathsf{A}(W) \otimes \mathsf{A}(V)$;
(2) $\mathsf{Is}\, W \otimes \mathsf{Is}\, V = \mathsf{Is}\,(\mathsf{A}(W) \otimes \mathsf{A}(V))$;
(3) $W \otimes V \mid [[p, q]] = W \mid p \otimes V \mid q$, falls $l(p) = l(q)$;
(4) $F \otimes E \mid [[p, q]] = F \mid p \otimes E \mid q$, falls $l(p) = l(q)$;
(5) $G_{W \otimes V} \leqq G_W \cdot G_V$;
(6) $G'_{F \otimes E} \leqq G'_F \cdot G'_E$.

Mit Hilfe der Projektionsoperatoren Pr_i erhält man leicht

Folgerung 7.74. *Es seien* $\emptyset \subset F_1 \subseteq X_1^\omega$ *und* $\emptyset \subset F_2 \subseteq X_2^\omega$. *Dann gelten die Beziehungen:*

(1) $Pr_i(F_1 \otimes F_2) = F_i \ (i = 1, 2)$;
(2) $Pr_1^{-1}(F_1) = F_1 \otimes X_2^\omega$, $Pr_2^{-1}(F_2) = X_1^\omega \otimes F_2$;
(3) $F_1 \otimes F_2 = Pr_1^{-1}(F_1) \cap Pr_2^{-1}(F_2)$;
(4) $F_1 \otimes F_2$ *ist genau dann abgeschlossen, wenn* F_1 *und* F_2 *abgeschlossen sind*;
(5) $F_1 \otimes F_2$ *ist genau dann offen, wenn* F_1 *und* F_2 *offen sind.*

Beweis.

Die Aussagen (1) und (2) sind evident.

(3) Es ist $F_1 \otimes X_2^\omega \cap X_1^\omega \otimes F_2 = (F_1 \otimes F_2 \cup F_1 \otimes (X_2^\omega \setminus F_2)) \cap (F_1 \otimes F_2 \cup (X_1^\omega \setminus F_1) \otimes F_2)$. Berechnen wir die rechte Seite, so erhalten wir $F_1 \otimes X_2^\omega \cap X_1^\omega \otimes F_2 = F_1 \otimes F_2$, und mit (2) folgt die Behauptung.

Die Behauptungen (4) und (5) leitet man nun einfach aus (3) unter Berücksichtigung der Tatsache her, daß Pr_1 und Pr_2 abgeschlossene und zugleich offene Operatoren über $[X_1 \times X_2, X_1]$ bzw. $[X_1 \times X_2, X_2]$ sind. ∎

In analoger Weise lassen sich nun auch Beziehungen für die Operatorenprodukte „$\otimes$" und „$\times$" angeben.

Folgerung 7.75. *Es seien* Φ_1 *und* Φ_2 *sequentielle Operatoren über* $[X, Y_1]$ *bzw.* $[X, Y_2]$. *Dann gelten die folgenden Aussagen:*

(1) $\Phi_i = Pr_i \circ (\Phi_1 \otimes \Phi_2) \ (i = 1, 2)$;
(2) $\Phi_1 \otimes \Phi_2(F) \subseteq \Phi_1(F) \otimes \Phi_2(F)$;

(3) $\mathsf{card}\ \Phi_1(F) \cdot \mathsf{card}\ \Phi_2(F) \geqq \mathsf{card}\ \Phi_1 \otimes \Phi_2(F)$;
(4) $\mathsf{card}\ \Phi_1 \otimes \Phi_2(F) \geqq max\ \{\mathsf{card}\ \Phi_1(F), \mathsf{card}\ \Phi_2(F)\}$;
(5) $(\Phi_1 \otimes \Phi_2)^{-1}(E_1 \otimes E_2) = \Phi_1^{-1}(E_1) \cap \Phi_2^{-1}(E_2)$.

Beweis. Die Gleichung

(1) folgt aus Definition 7.71., und
(2) ist leicht einzusehen.
Die Ungleichung (3) folgt aus (2).
(4) Mit (1) ist $\mathsf{card}\ \Phi_1 \otimes \Phi_2(F) \geqq \mathsf{card}\ \Phi_i(F)$ für $i = 1, 2$.
(5) Es ist $\Phi_1^{-1} = (Pr_1 \circ (\Phi_1 \otimes \Phi_2))^{-1} = (\Phi_1 \otimes \Phi_2)^{-1} \circ Pr_1^{-1}$. Mit Folgerung 7.74. (2) haben wir dann $\Phi_1^{-1}(E_1) = (\Phi_1 \otimes \Phi_2)^{-1}(E_1 \otimes Y_2^\omega)$. Analog ist $\Phi_2^{-1}(E_2) = (\Phi_1 \otimes \Phi_2)^{-1}(Y_1^\omega \otimes E_2)$. Damit haben wir $\Phi_1^{-1}(E_1) \cap \Phi_2^{-1}(E_2) = (\Phi_1 \otimes \Phi_2)^{-1}(E_1 \otimes Y_2^\omega \cap Y_1^\omega \otimes E_2) = (\Phi_1 \otimes \Phi_2)^{-1}(E_1 \otimes E_2)$. ▮

Den eingangs erläuterten Zusammenhang zwischen direktem und freiem Produkt gibt uns

Lemma 7.76. *Es seien Φ_1, Φ_2 sequentielle Operatoren über $[X_1, Y_1]$ und $[X_2, Y_2]$. Setzen wir $\hat{\Phi}_i =_{Df} \Phi_i \circ Pr_i$ $(i = 1, 2)$, so gelten die Gleichungen:*

(1) $\Phi_1 \times \Phi_2 = \hat{\Phi}_1 \otimes \hat{\Phi}_2$;
(2) $\hat{\Phi}_i(F_1 \otimes F_2) = \Phi_i(F_i)$, *falls* $F_1 \otimes F_2 \neq \emptyset$;
(3) $\hat{\Phi}_1^{-1}(E_1) = \Phi_1^{-1}(E_1) \otimes X_2^\omega$, $\hat{\Phi}_2^{-1}(E_2) = X_1^\omega \otimes \Phi_2^{-1}(E_2)$.

Beweis. Die Gleichung

(1) gilt nach Definition 7.72., und
(2) erhält man mit Folgerung 7.74. (1).
(3) Es ist $\hat{\Phi}_i^{-1} = Pr_i^{-1} \circ \Phi_i^{-1}$, woraus man mit Folgerung 7.74. (2) auf die Behauptung schließt. ▮

Wir erhalten nun mit Folgerung 7.75. und Lemma 7.76. die

Folgerung 7.77.

(1) $\Phi_1 \times \Phi_2(F_1 \otimes F_2) = \Phi_1(F_1) \otimes \Phi_2(F_2)$;
(2) $\mathsf{card}\ (\Phi_1 \times \Phi_2(F_1 \otimes F_2)) = \mathsf{card}\ \Phi_1(F_1) \cdot \mathsf{card}\ \Phi_2(F_2)$;
(3) $(\Phi_1 \times \Phi_2)^{-1}(E_1 \otimes E_2) = \Phi_1^{-1}(E_1) \otimes \Phi_2^{-1}(E_2)$.

Beweis. Wir benutzen die in Lemma 7.76. definierten Operatoren $\hat{\Phi}_i$.

(1) Für $F_1 \otimes F_2 = \emptyset$ ist die Behauptung klar. Mit Lemma 7.76. (1) und (2) und Folgerung 7.75. (3) erhalten wir sofort $\Phi_1 \times \Phi_2(F_1 \otimes F_2) \subseteq \Phi_1(F_1) \otimes \Phi_2(F_2)$. Es sei nun $[[\eta_1, \eta_2]] \in \Phi_1(F_1) \otimes \Phi_2(F_2)$. Dann gibt es Folgen $\xi_1 \in F_1$ und $\xi_2 \in F_2$ derart, daß $\Phi_1(\xi_1) = \eta_1$ und $\Phi_2(\xi_2) = \eta_2$ gilt. Damit ist $\Phi_1 \times \Phi_2([[\xi_1, \xi_2]]) = [[\eta_1, \eta_2]]$.
(2) Diese Behauptung folgt aus (1).

(3) Es ist $(\Phi_1 \times \Phi_2)^{-1} (E_1 \otimes E_2) = (\hat{\Phi}_1 \otimes \hat{\Phi}_2)^{-1} (E_1 \otimes E_2)$. Mit Folgerung 7.75. (5) erhalten wir $(\Phi_1 \times \Phi_2)^{-1} (E_1 \otimes E_2) = \hat{\Phi}_1^{-1}(E_1) \cap \hat{\Phi}_2^{-1}(E_2)$, und mit Lemma 7.94. haben wir $\hat{\Phi}_1^{-1}(E_1) \cap \hat{\Phi}_2^{-1}(E_2) = \Phi_1^{-1}(E_1) \otimes X_2^\omega \cap X_1^\omega \otimes \otimes \Phi_2^{-1}(E_2) = \Phi_1^{-1}(E_1) \otimes \Phi_2^{-1}(E_2)$ (siehe den Beweis von Lemma 7.76.(5)). ▮

Schließlich sei zum Abschluß noch bemerkt, daß man das direkte und freie Produkt einer beliebigen endlichen Anzahl von sequentiellen Operatoren induktiv definiert, etwa $\Phi_1 \otimes \Phi_2 \cdots \otimes \Phi_n = (\cdots (\Phi_1 \otimes \Phi_2) \otimes \cdots) \otimes \cdots) \otimes \Phi_n)$. Damit lassen sich alle Ergebnisse, die für das Produkt zweier Operatoren gelten, auf das Produkt von n Operatoren übertragen ($n > 2$). Wir werden deshalb auch weiterhin nur Produkte zweier Operatoren betrachten.

7.3.2. Die Normale des direkten und freien Produktes

In diesem Abschnitt leiten wir das Verhalten der Parallelschaltung zweier Automaten im Kleinen aus dem Verhalten im Großen her. Zunächst untersuchen wir die Definitionsbereiche der Normalen.

Lemma 7.78. (1) *Es seien Φ_1, Φ_2 sequentielle Operatoren über $[X, Y_1]$ bzw. $[X, Y_2]$. Dann gilt*

$$C_{\Phi_1 \otimes \Phi_2} = C_{\Phi_1} \cup C_{\Phi_2} .$$

(2) *Es seien Φ_1, Φ_2 sequentielle Operatoren über $[X_1, Y_1]$ bzw. $[X_2, Y_2]$. Dann gilt*

$$C_{\Phi_1 \times \Phi_2} = C_{\Phi_1} \otimes X_2^* \cup X_1^* \otimes C_{\Phi_2} .$$

Beweis.

(1) Es ist $C_{\Phi_1 \otimes \Phi_2} = \{p : p \in X^* \wedge \operatorname{card} (\Phi_1 \otimes \Phi_2(p \cdot X^\omega)) > 1\}$. Mit Folgerung 7.75. (5) können wir aus $p \in C_{\Phi_1} \cup C_{\Phi_2}$, d. h. max $\{\operatorname{card} \Phi_1(p \cdot X^\omega), \operatorname{card} \Phi_2 \times (p \cdot X^\omega)\} > 1$, sofort auf $p \in C_{\Phi_1 \otimes \Phi_2}$ schließen. Es sei nun $p \notin C_{\Phi_1} \cup C_{\Phi_2}$, d. h. $\operatorname{card} \Phi_1(p \cdot X^\omega) = \operatorname{card} \Phi_2(p \cdot X^\omega) = 1$. Dann ist mit Folgerung 7.76. (3) auch $\operatorname{card} (\Phi_1 \otimes \Phi_2(p \cdot X^\omega)) = 1$, also $p \notin C_{\Phi_1 \otimes \Phi_2}$.

(2) Es ist $\Phi_1 \times \Phi_2 = \hat{\Phi}_1 \otimes \hat{\Phi}_2$ (siehe Lemma 7.94. (1)). Weiterhin gilt offensichtlich $C_{\hat{\Phi}_1} = C_{\Phi_1} \otimes X_2^*$ und $C_{\hat{\Phi}_2} = X_1^* \otimes C_{\Phi_2}$. Die Behauptung folgt dann mit (1). ▮

Nunmehr analysieren wir die Vererbung der Konstantenfreiheit, Eineindeutigkeit und Offenheit von sequentiellen Operatoren auf ihre Produkte.

Lemma 7.79.

(1) *Sind Φ_1 oder Φ_2 konstantenfrei, so ist auch $\Phi_1 \otimes \Phi_2$ konstantenfrei.*

(2) *Sind Φ_1 oder Φ_2 eineindeutig, so ist auch $\Phi_1 \otimes \Phi_2$ eineindeutig.*

(3) *Ist $\Phi_1 \otimes \Phi_2$ offen, so sind auch Φ_1 und Φ_2 offen.*

(4) *Es ist $\Phi_1 \times \Phi_2$ genau dann konstantenfrei, wenn Φ_1 oder Φ_2 konstantenfrei ist.*

(5) *Es ist $\Phi_1 \times \Phi_2$ genau dann eineindeutig, wenn Φ_1 und Φ_2 eineindeutig sind.*

(6) *Es ist $\Phi_1 \times \Phi_2$ genau dann offen, wenn Φ_1 und Φ_2 offen sind.*

Beweis.

(1) Diese Behauptung folgt aus Lemma 7.78. (1).

(2) Es sei o.B.d.A. Φ_1 eineindeutig. Dann folgt aus $\Phi_1 \otimes \Phi_2(\xi) = \Phi_1 \otimes \Phi_2(\xi')$ sofort $\Phi_1(\xi) = \Phi_1(\xi')$, also $\xi = \xi'$.

(3) Es ist $\Phi_i = Pr_i \circ (\Phi_1 \otimes \Phi_2)$ $(i = 1, 2)$ als Hintereinanderausführung zweier offener Abbildungen wieder offen.

(4) Es sei o.B.d.A. Φ_1 konstantenfrei. Dann ist $C_{\Phi_1} = X_1^*$, also $C_{\Phi_1 \times \Phi_2} = X_1^* \times X_2^*$ (siehe Lemma 7.78. (2)). Sind Φ_1 und Φ_2 nicht konstantenfrei, so gibt es Wörter $p \in X_1^*$ und $q \in X_2^*$ derart, daß $\mathsf{card}\, \Phi_1(p \cdot X_1^\omega) = \mathsf{card}\, \Phi_2(q \cdot X_2^\omega) = 1$ gilt. Wir können nun o.B.d.A. $l(p) = l(q)$ voraussetzen und erhalten dann mit Folgerung 7.77. (2) $\mathsf{card}\, \Phi_1 \times \Phi_2([[p,q]] \cdot (X_1 \times X_2)^\omega) = 1$.

(5) Diese Aussage ist leicht zu verifizieren.

(6) Es seien $\Phi_1 \times \Phi_2$ sowie $F_1 \subseteq X^\omega$ und $F_2 \subseteq X^\omega$ offen. Mit Folgerung 7.74. (5) ist dann auch $F_1 \otimes F_2$ offen in $(X_1 \times X_2)^\omega$. Daher ist nach Folgerung 7.77. (2) auch $\Phi_1(F_1) \otimes \Phi_2(F_2)$ offen. Wiederum aus Folgerung 7.74. (5) erhalten wir, daß $\Phi_1(F_1)$ und $\Phi_2(F_2)$ offen sind. Es seien nun Φ_1 und Φ_2 offene sequentielle Operatoren. Wir betrachten das Bild einer Vollkugel in $[(X_1 \times X_2)^\omega, \varrho]$. Nach Folgerung 7.77. (1) ist $\Phi_1 \times \Phi_2([[p,q]] \cdot (X_1 \times X_2)^\omega) = \Phi_1(p \cdot X_1^\omega) \otimes \Phi_2(q \cdot X_2^\omega)$ und nach Voraussetzung wegen Folgerung 7.74. (5) offen, woraus wir sofort auf die Offenheit des Operators $\Phi_1 \times \Phi_2$ schließen können. ∎

Die Aussagen (1), (2) und (3) von Lemma 7.97. sind nicht umkehrbar. Wir geben dazu Beispiele an.

Beispiel 7.80. (1) Wir setzen $X = Y_1 = Y_2 = \{0, 1\}$, sowie

$$\Phi_1(0 \cdot \xi) =_{Df} 0 \cdot \xi; \qquad \Phi_1(1 \cdot \xi) =_{Df} \bar{1};$$
$$\Phi_2(0 \cdot \xi) =_{Df} \bar{0}, \qquad \Phi_2(1 \cdot \xi) =_{Df} 1 \cdot \xi.$$

Dann ist offenbar $\Phi_1 \otimes \Phi_2$ eineindeutig und somit auch konstantenfrei. Aber weder Φ_1 noch Φ_2 sind konstantenfrei, also erst recht nicht eineindeutig.

(2) Wir setzen $X = Y_1 = Y_2$ und $\Phi_1 = \Phi_2 = Id^X$. Damit sind Φ_1 und Φ_2 offen. Es ist aber

$$Id^X \otimes Id^X(X^\omega) = \mathsf{diag}\,((X \times X^\omega)).^{1)}$$

Die Diagonale $\mathsf{diag}\,((X \times X)^\omega)$ der Menge $(X \times X)^\omega$ ist nicht offen in $(X \times X)^\omega$. Damit ist auch $Id^X \otimes Id^X$ kein offener sequentieller Operator.

Nach diesen Vorbetrachtungen wenden wir uns nun den Normalen der Produkte $\Phi_1 \otimes \Phi_2$ und $\Phi_1 \times \Phi_2$ zu. Wir bezeichnen im Folgenden mit χ_1 und χ_2 stets die Normalen von Φ_1 bzw. Φ_2, sowie mit $\chi_\otimes$ und $\chi_\times$ die Normalen der Produkte $\Phi_1 \otimes \Phi_2$ bzw. $\Phi_1 \times \Phi_2$.

Lemma 7.81.

(1) *Es seien Φ_1 und Φ_2 sequentielle Operatoren über $[X, Y_1]$ bzw. $[X, Y_2]$. Dann gilt*

$$l(\chi_\otimes(p)) = min\,\{l(\chi_1(p)), l(\chi_2(p))\}\,.$$

1) Wir definieren $\mathsf{diag}\,((X \times X)^\omega) =_{Df} \{[[\xi, \xi]] : \xi \in X^\omega\}$.

(2) *Es seien Φ_1 und Φ_2 sequentielle Operatoren über $[X_1, Y_1]$ bzw. $[X_2, Y_2]$. Dann gilt*

$$l(\chi_\times([[p, q]])) = min \{l(\chi_1(p)), l(\chi_2(q))\}\,.^{1)}$$

Beweis.

(1) Es ist $\Phi_1 \otimes \Phi_2(p \cdot X^\omega) \subseteq \Phi_1(p \cdot X^\omega) \otimes \Phi_2(p \cdot X^\omega)$ für $p \in C_{\Phi_1 \otimes \Phi_2}$ (siehe Folgerung 7.75. (2)). Wegen $\Phi_i(p \cdot X^\omega) \subseteq \chi_i(p) \cdot Y^\omega$ haben wir dann $\Phi_1 \otimes \Phi_2(p \cdot X^\omega) \subseteq \chi_1(p) \cdot Y_1^\omega \otimes \chi_2(p) \cdot Y_2^\omega$, woraus $l(\chi_\otimes(p)) \geqq min \{l(\chi_1(p)), l(\chi_2(p))\}$ folgt. Es sei nun $l(\chi_1(p)) \leqq l(\chi_2(p))$. Dann gibt es Folgen $\xi_1, \xi_2 \in X^\omega$ derart, daß $\chi_1(p)$ das maximale gemeinsame Anfangswort von $\Phi_1(p \cdot \xi_1)$ und $\Phi_1(p \cdot \xi_2)$ ist. Damit ist das maximale gemeinsame Anfangswort von $\Phi_1 \otimes \Phi_2(p \cdot \xi_1)$ und $\Phi_1 \otimes \Phi_2(p \cdot \xi_2)$ nicht länger als $\chi_1(p)$. Also haben wir $l(\chi_\otimes(p)) \leqq l(\chi_1(p))$. Ist $p \notin C_{\Phi_1 \otimes \Phi_2}$, so gilt $\text{card}\, \Phi_1 \otimes \Phi_2(p \cdot X^\omega) = 1$, also $l(\chi_\otimes(p)) = \infty$. Mit Lemma 7.76. (1) erhalten wir dann auch $l(\chi_1(p)) = l(\chi_2(p)) = \infty$.

(2) Wir gehen gemäß Lemma 7.76. zu $\Phi_1 \times \Phi_2 = \hat{\Phi}_1 \otimes \hat{\Phi}_2$ über. Mit $\hat{\chi}_i$ bezeichnen wir die Normale von $\hat{\Phi}_i$. Es ist dann $\hat{\chi}_1([[p, q]]) = \chi_1(p)$ und $\hat{\chi}_2([[p, q]]) = \chi_2(q)$, falls $p \in C_{\Phi_1}$ und $q \in C_{\Phi_2}$. Damit können wir (1) anwenden. ∎

Mit Hilfe der Abbildungen $\mathfrak{k}$ und $\mathfrak{kr}$, die wir nachstehend definieren werden, können wir $\chi_\otimes$ und $\chi_\times$ einfach beschreiben. Wir setzen für Wörter $p = x_1 \cdots x_n \in X^*$ und $q = y_1 \cdots y_m \in Y^*$

$$\mathfrak{k}(p, q) =_{Df} \begin{cases} [x_1, y_1] \cdot \cdots \cdot [x_n, y_n], & \text{falls } n \leqq m; \\ [x_1, y_1] \cdot \cdots \cdot [x_m, y_m], & \text{falls } m \leqq n; \end{cases}$$

und

$$\mathfrak{kr}\,(p, q) =_{Df} \begin{cases} [e, y_{n+1} \cdot \cdots \cdot y_m], & \text{falls } n \leqq m; \\ [x_{m+1} \cdot \cdots \cdot x_n, e], & \text{falls } m \leqq n\,. \end{cases}$$

Die Funktion $\mathfrak{k}$ verbindet also die Wörter p und q nach dem „Reißverschlußprinzip", wobei sie das längere Wort entsprechend dem kürzeren kürzt; die Funktion $\mathfrak{kr}$ „merkt" sich dann den Rest, der bei der Kürzung „abgeschnitten" wurde. Es gelten daher:

$$\mathfrak{k}(e, q) = \mathfrak{k}(p, e) = e\,,$$

$$\mathfrak{kr}(e, q) = [e, q]\,, \quad \mathfrak{kr}(p, e) = [p, e]\,,$$

sowie

$$\mathfrak{k}(p, q) = [[p, q]]$$

und

$$\mathfrak{kr}(p, q) = [e, e] \quad \text{für } l(p) = l(q)\,.$$

Damit haben wir unter Verwendung von Lemma 7.81.

$$\chi_\otimes(p) = \mathfrak{k}(\chi_1(p), \chi_2(p))\,, \quad \text{falls } p \in C_{\Phi_1} \cap C_{\Phi_2}\,,$$

und $\chi_\times([[p, q]]) = \mathfrak{k}(\chi_1(p), \chi_2(q))$, falls $p \in C_{\Phi_1}$ und $q \in C_{\Phi_2}$.

---

1) Wir setzen $l(\chi_\Phi(p)) =_{Df} \infty$, falls $p \notin C_\Phi$.

Satz 7.82. (1) *Es seien Φ_1 und Φ_2 sequentielle Operatoren über $[X, Y_1]$ bzw. $[X, Y_2]$, sowie φ_1 und φ_2 sequentielle Erzeugendenfunktionen von Φ_1 bzw. Φ_2. Dann ist φ eine Erzeugendenfunktion von $\Phi_1 \otimes \Phi_2$, falls*

$$\varphi(p) =_{Df} \mathfrak{k}(\varphi_1(p), \varphi_2(p)) .$$

(2) *Es seien Φ_1 und Φ_2 sequentielle Operatoren über $[X_1, Y_1]$ bzw. $[X_2, Y_2]$, sowie φ_1 und φ_2 sequentielle Erzeugendenfunktionen von Φ_1 bzw. Φ_2. Dann ist φ eine Erzeugendenfunktion von $\Phi_1 \times \Phi_2$, falls*

$$\varphi([[p, q]]) =_{Df} \mathfrak{k}(\varphi_1(p), \varphi_2(q)) .$$

Beweis.

(1) Es gilt offenbar $\varphi(p) \sqsubset \Phi_1 \otimes \Phi_2(p \cdot \xi)$ für jedes $\xi \in X^\omega$. Wegen Lemma 7.1. haben wir dann nur noch zu zeigen, daß φ nichtverstummend ist. Wir weisen nach, daß $\varphi^{-1}([[q_1, q_2]])$ endlich ist. Es sind nach Voraussetzung $\varphi_1^{-1}(q_1)$ und $\varphi_2^{-1}(q_2)$ endlich. Ist nun $k =_{Df} max \{l(p): p \in \varphi_1^{-1}(q_1) \cup \varphi_2^{-1}(q_2)\}$, so gilt für jedes $p \in X^{k+1}$ entweder $\varphi_1(p) \sqsupset q_1$ oder $\varphi_1(p) \parallel q_1$ sowie entweder $\varphi_2(p) \sqsupset q_2$ oder $\varphi_2(p) \parallel q_2$. Somit ist $\varphi^{-1}([[q_1, q_2]]) \subseteq \bigcup_{i=0}^{k} X^k$ und daher endlich.

Die Aussage (2) beweist man mit (1) durch Übergang einerseits von $\Phi_1 \times \Phi_2$ zu $\hat{\Phi}_1 \otimes \hat{\Phi}_2$ gemäß Lemma 7.78. und andererseits von φ_1 und φ_2 zu $\hat{\varphi}_1$ bzw. $\hat{\varphi}_2$ vermöge $\bar{\varphi}_1([[p, q]]) =_{Df} \varphi_1(p)$ und $\hat{\varphi}_2([[p, q]]) =_{Df} \varphi_2(q)$. ∎

Unter Ausnutzung von Satz 7.82. können wir nun auch einen Automaten $\mathfrak{B}$ konstruieren, der $\Phi_1 \otimes \Phi_2$ realisiert, falls uns zu Φ_1 und Φ_2 realisierende Automaten $\mathfrak{A}_1$ bzw. $\mathfrak{A}_2$, oder die von ihnen realisierten sequentiellen Funktionen φ und φ' vorgegeben sind. Es ist dann $\mathfrak{B} = [X, Y_1 \times Y_2, Z, f, g, z_0, q_0]$, wobei

$$Z =_{Df} \{[\varphi_p, \varphi_p', [r, r']]: p \in X^* \wedge r \in Y_1^* \wedge r' \in Y_2^*\};$$

$$q_0 =_{Df} \mathfrak{k}(\varphi(e), \varphi'(e));$$

$$z_0 =_{Df} [\varphi_e, \varphi_e', \mathfrak{k}\mathfrak{r}(\varphi(e), \varphi'(e))];$$

$$g([\varphi_p, \varphi_p', [r, r']], x) =_{Df} \mathfrak{k}(r \cdot \varphi_p(x), r' \cdot \varphi_p'(x));$$

$$f([\varphi_p, \varphi_p', [r, r']], x) =_{Df} [\varphi_{px}, \varphi_{px}', \mathfrak{k}\mathfrak{r}(r \cdot \varphi_p(x), r' \cdot \varphi_p'(x))] .$$

Man verifiziert durch Induktion über die Wortlänge leicht, daß $\mathfrak{B}$ den Operator $\Phi_1 \otimes \Phi_2$ realisiert. Weiterhin ist in jedem Zustand $[\varphi_p, \varphi_p', [r, r']]$ stets eines der Wörter r oder r' leer, weil für r und r' die Beziehung $l(\varphi(p)) - l(r) = l(\varphi'(p)) - l(r')$ erfüllt ist, d. h., es gilt sogar $[r, r'] = \mathfrak{k}\mathfrak{r}(\varphi(p), \varphi'(p))$. Ist nun $G_\varphi < \aleph_0$, $G_{\varphi'} < \aleph_0$ und $|l(\varphi(p)) - l(\varphi'(p))| \leqq m$ für jedes $p \in X^*$, so läßt sich offenbar $\mathfrak{B}$ als endlicher Automat wählen, da man Z auf $\{[\varphi_p, \varphi_p', [r, r']]: p \in X^* \wedge r \in Y_1^* \wedge r' \in Y_2^* \wedge l(r) \leqq m \wedge l(r') \leqq m\}$ beschränken kann.

Damit wird deutlich, daß die „Ausgabegeschwindigkeiten" der Automaten $\mathfrak{A}_1$ und $\mathfrak{A}_2$ für die Endlichkeit des Automaten $\mathfrak{B}$ eine große Rolle spielen. Wir werden deshalb in den nächsten Abschnitten ein Maß für diese „Ausgabegeschwindigkeit" angeben und für Operatoren endlichen Gewichts untersuchen.

Zuvor machen wir noch auf einen Sonderfall aufmerksam. Es sei $\mathfrak{A}_1$ derjenige Automat, der id^X realisiert, d. h., $\mathfrak{A}_1$ ist synchron und gibt jede Eingabe unverändert wieder aus. Ferner verwenden wir einen Automaten $\mathfrak{A}_2$,der für jede beliebige Eingabe von Buchstaben aus X das Wort 00 ausgibt, d. h., $\mathfrak{A}_2$ realisiert die Funktion φ mit

$$\varphi(e) =_{Df} e$$

und

$$\varphi(px) =_{Df} \varphi(p) \cdot 00 .$$

Dann ist zwar die „Ausgabegeschwindigkeit" von $\mathfrak{A}_2$ doppelt so groß wie die von $\mathfrak{A}_1$, und eine Parallelschaltung dieser beiden Automaten wäre nicht endlich, aber das Produkt $Id^X \otimes \boldsymbol{P}\varphi$ ist, wie man leicht prüft, trotzdem ein Operator endlichen Gewichts. Man kann nämlich $\mathfrak{A}_2$ „verlangsamen", indem man jede zweite „0" streicht. Dann realisiert der abgeänderte Automat denselben Operator, und die Parallelschaltung mit $\mathfrak{A}_1$ hat endliches Gewicht.

7.3.3. Die Ableitung sequentieller Operatoren

In diesem Abschnitt werden wir zunächst ein Maß für die Ausgabegeschwindigkeit von nichtverstummenden Automaten bzw. für die von ihnen realisierten sequentiellen Funktionen einführen und gehen zu diesem Zweck auf einen Ansatz von Bernhardt (siehe [5]) zurück. Wir werden dieses Maß nicht nur für sequentielle Funktionen oder Operatoren endlichen Gewichts im Hinblick auf hinreichende Bedingungen für die Endlichkeit des direkten bzw. freien Produkts sequentieller Operatoren untersuchen, sondern auch seine allgemeinen Eigenschaften angeben.

Definition 7.83. Wir nennen δ_Φ^φ *Ableitung* des sequentiellen Operators Φ über $[X, Y]$ *bezüglich einer Erzeugenden* $\varphi =_{Df}$. Die nachstehenden Eigenschaften sind erfüllt:

(1) $\boldsymbol{P}\varphi = \Phi$;

(2) $\delta_\Phi^\varphi \colon X^\omega \mapsto [0, \infty]$;

(3) $\delta_\Phi^\varphi(\xi) = \lim\limits_{n\to\infty} sup \left\{\dfrac{l(p)}{l(\varphi(p))} : p \sqsubset \xi \wedge l(p) \geqq n\right\}$.

Um den unhandlichen Ausdruck der Definitionsgleichung (3) zu vermeiden, vereinbaren wir, im folgenden für die rechte Seite dieser Gleichung $\overline{\lim\limits_{p\to\xi}} \dfrac{l(p)}{l(\varphi(p))}$ zu schreiben. Von Nutzen wird uns noch die folgende automatenunabhängige Festlegung sein.

Definition 7.84. (Bernhardt) Es heißt δ_Φ *Ableitung* des sequentiellen Operators Φ über $[X, Y] =_{Df}$

(1) $\delta_\Phi \colon X^\omega \mapsto [0, \infty]$ und

(2) $$\delta_\Phi(\xi) = \begin{cases} \overline{\lim\limits_{p\to\xi}} \dfrac{l(p)}{l(\chi_\Phi(p))}, & \text{wenn } \mathsf{A}(\xi) \subseteq C_\Phi, \\ 0, & \text{anderenfalls.} \end{cases}$$

Bemerkung. Wir haben $\delta_\Phi = \delta_\Phi^{\chi_\Phi}$, wenn wir $l(\chi_\Phi(p)) = \infty$ für $p \notin C_\Phi$ wie in Lemma 7.81. vereinbaren. Zunächst werden wir Schranken für den Wertebereich der Ableitung angeben.

Folgerung 7.85. *Es ist* (1) $\dfrac{1}{\mathfrak{max}\,\varphi} \leqq \delta_\Phi^\varphi(\xi) \leqq G_\varphi$ *für* $\xi \in X^\omega$ *und*

(2) $\dfrac{1}{\mathfrak{max}\,\chi_\Phi} \leqq \delta_\Phi(\xi) \leqq G_{\chi_\Phi}$

für $\xi \in \mathsf{ls}\, C_\Phi$.

Beweis.

(1) Es gilt für jedes $p \in X^*$ die Ungleichung $l(\varphi(p)) \leqq l(p) \cdot \mathfrak{max}\,\varphi + l(\varphi(e))$, woraus der erste Teil der Behauptung folgt. Mit Folgerung 6.13. haben wir weiterhin $l(\varphi(p)) \geqq [l(p)/G_\varphi]$, da für jeden Zustand φ_p von φ und jedes Wort $r \in X^*$ der Länge G_φ die Beziehung $l(\varphi_p(r)) \geqq 1$ erfüllt ist.

(2) Diese Ungleichung beweist man genauso wie (1), wobei man Folgerung 7.14. (2) ausnutzt. ▮

Damit haben wir für $\mathfrak{max}\,\chi_\Phi < \infty$ die Beziehung $\mathsf{ls}\, C_\Phi = \{\xi : \xi \in X^\omega \wedge \wedge\, \delta_\Phi(\xi) > 0\}$; die angegebene Gleichung gilt somit insbesondere für sequentielle Operatoren endlichen Gewichts. Zusammenhänge zwischen Ableitungen (schlechthin) und Ableitungen bezüglich gewisser Erzeugenden erläutern wir in

Lemma 7.86. *Es sei Φ ein sequentieller Operator über* $[X, Y]$. *Dann gelten die Aussagen*:

(1) *Für jedes $\xi \in X^\omega$ ist $\delta_\Phi(\xi) \leqq \delta_\Phi^\varphi(\xi)$.*

(2) *Es gibt ein φ mit $\mathbf{P}\varphi = \Phi$ derart, daß $\delta_\Phi(\xi) = \delta_\Phi^\varphi(\xi)$ für alle $\xi \in X^\omega$ gilt.*

(3) *Hat Φ endliches Gewicht, so gibt es zu jedem $n \in \mathsf{N}$ eine Erzeugendenfunktion φ_n von Φ endlichen Gewichts derart, daß $\delta_\Phi^{\varphi_n}(\xi) - \delta_\Phi(\xi) \leqq 1/n$ für jedes $\xi \in X^\omega$ gilt.*

Beweis.

(1) Diese Behauptung folgt leicht aus der Ungleichung $l(\varphi(p)) \leqq l(\chi_\Phi(p))$, falls $p \in C_\Phi$. Für $\xi \notin \mathsf{ls}\, C_\Phi$ ist ohnehin nichts zu zeigen.

(2) Wir wählen eine geeignete Erzeugende φ von Φ aus, für die wir dann zeigen, daß $\delta_\Phi(\xi) = \delta_\Phi^\varphi(\xi)$ für jedes $\xi \in X^\omega$ gilt. Dazu setzen wir

$$\varphi(p) =_{Df} \begin{cases} \chi_\Phi(p), & \text{falls } p \in C_\Phi, \\ q, & \text{wobei } \{q\} = \mathsf{A}(\Phi(p \cdot X^\omega)) \cap Y^{2^{l(p)}}, \quad \text{sonst.} \end{cases}$$

Die Funktion φ ist korrekt definiert, da für $p \notin C_\Phi$ die Menge $\Phi(p \cdot X^\omega)$ einelementig ist. Ist nun $\xi \in \mathsf{ls}\, C_\Phi$, so hat man $\delta_\Phi(\xi) = \delta_\Phi^\varphi(\xi)$. Für jedes $\xi \notin \mathsf{ls}\, C_\Phi$ gibt es ein r, $r \sqsubset \xi$, derart, daß für alle p, $r \sqsubseteq p$, stets $p \notin C_\Phi$ gilt. Damit haben wir

$$\delta_\Phi^\varphi(\xi) = \lim_{p \to \xi} \frac{l(p)}{l(\varphi(p))} = \lim_{n \to \infty} \frac{n}{2^n} = 0\,.$$

(3) Wir greifen auf die im Beweis von Satz 7.23. konstruierte Minimalfunktion φ für Φ zurück und verändern die dort verwendete Ausgabefunktion g wie folgt: $g_n(\Phi_p, x) =_{Df} g(\Phi_p, x)$ und $g_n(q, x) =_{Df} q^n$ für $n = 1, 2, \ldots$ Damit sind die φ_n sogar Minimalfunktionen für Φ. Weiterhin gilt $\delta_\Phi(\xi) = \delta_\Phi^{\varphi_n}(\xi)$ für $\xi \in \mathsf{ls}\, C_\Phi$, da die φ_n Fortsetzungen der Normalen χ_Φ sind. Für jedes $\xi \notin \mathsf{ls}\, C_\Phi$ gibt es ein r, $r \sqsubset \xi$, derart, daß für jedes p, $r \sqsubset p$, stets $p \notin C_\Phi$ gilt. Damit haben wir $l(\varphi_n(p)) = l(\varphi_n(r)) + l(p \mid r) \cdot l(q^n) \geqq n \cdot l(p \mid r)$. Man verifiziert dann unschwer $\delta_\Phi^{\varphi_n}(\xi) \leqq 1/n$, woraus sich sofort die Behauptung ergibt. ∎

Die folgenden Untersuchungen werden nun unter anderem auch die Bezeichnung „Ableitung" für die Funktion δ_Φ rechtfertigen. Wir gehen dabei auf die Beziehungen zwischen der Ableitung δ_Φ und der auf X^ω definierten Metrik ϱ ein.

Folgerung 7.87. *Es sei Φ ein sequentieller Operator über $[X, Y]$. Dann ist für jedes ξ aus X^ω die Gleichung*

$$\delta_\Phi(\xi) = \overline{\lim_{p \to \xi}} \frac{d(\Phi(p \cdot X^\omega))}{d(p \cdot X^\omega)}$$

erfüllt.[1])

Beweis. Für $p \in C_\Phi$ gilt $d(\Phi(p \cdot X^\omega)) = \dfrac{1}{l(\chi_\Phi(p)) + 1}$ mit Folgerung 7.4. (3), und für $p \notin C_\Phi$ haben wir $d(\Phi(p \cdot X^\omega)) = 0$. Damit folgt wegen $l(\chi_\Phi(p)) \to \infty$ für $l(p) \to \infty$ die Behauptung. ∎

Wir bezeichnen mit $\vartheta_\Phi(\xi, \xi')$ den *Differenzenquotienten* $\dfrac{\varrho(\Phi(\xi), \Phi(\xi'))}{\varrho(\xi, \xi')}$.

Lemma 7.88. (1) *Es sei* $\lim\limits_{i \to \infty} \xi_i = \xi$. *Dann gilt* $\overline{\lim\limits_{i \to \infty}} \vartheta_\Phi(\xi_i, \xi) \leqq \delta_\Phi(\xi)$, falls $\xi_i \neq \xi$ für alle $i \in \mathsf{N}$ ist.

(2) *Für jedes $\xi \in X^\omega$ gibt es eine Folge $(\xi_i)_{i \in \mathsf{N}}$ derart, daß $\xi_i \neq \xi (i \in \mathsf{N})$, $\lim\limits_{i \to \infty} \xi_i = \xi$ und $\lim\limits_{i \to \infty} \vartheta_\Phi(\xi_i, \xi) = \delta_\Phi(\xi)$.*

Beweis.

(1) Es sei p_i das maximale gemeinsame Anfangswort von ξ_i und ξ. Dann ist $\chi_\Phi(p_i)$ gemeinsames Anfangswort von $\Phi(\xi_i)$ und $\Phi(\xi)$, falls $p_i \in C_\Phi$. Damit haben wir $\varrho(\xi_i, \xi) = \dfrac{1}{l(p_i) + 1}$ und $\varrho(\Phi(\xi_i), \Phi(\xi)) \leqq \dfrac{1}{l(\chi_\Phi(p_i)) + 1}$, woraus wir für $\xi \in \mathsf{ls}\, C_\Phi$ sofort die Behauptung ableiten. Ist $\xi \notin \mathsf{ls}\, C_\Phi$, so sind für $i > i_0$ alle $\xi_i \in p \cdot X^\omega$, wobei $p \notin C_\Phi$. Damit ist dann $\vartheta_\Phi(\xi_i, \xi) = 0$ für $i > i_0$.

(2) Wegen Lemma 5.4. und Folgerung 7.87. können wir zu jedem p, $p \sqsubset \xi$, ein Element $\xi_p \in p \cdot X^\omega$ derart auswählen, daß $\varrho(\Phi(\xi_p), \Phi(\xi)) = d(\Phi(p \cdot X^\omega))$ und $\xi_p \neq \xi$ gilt. Damit sind dann $\varrho(\xi_p, \xi) \leqq \dfrac{1}{l(p) + 1}$ und $\varrho(\Phi(\xi_p), \Phi(\xi)) = $ $= \dfrac{1}{l(\chi_\Phi(p)) + 1}$, falls $p \in C_\Phi$. Wir haben daher sofort $\overline{\lim\limits_{p \to \xi}} \vartheta_\Phi(\xi_p, \xi) \geqq$ $\geqq \overline{\lim\limits_{p \to \xi}} \dfrac{l(p)}{l(\chi_\Phi(p))}$, und die Behauptung folgt mit (1). ∎

[1]) Es bezeichnet d den in Punkt 5.1.1. eingeführten Durchmesser von Folgenmengen.

Mit Lemma 7.88. erhalten wir nun eine einfache Abschätzung für die Ableitung des Produktes sequentieller Operatoren.

Folgerung 7.89. *Es seien Φ und Ψ sequentielle Operatoren über $[X, Y]$ bzw. $[Y, Y_1]$. Dann gilt $\delta_{\Psi\circ\Phi}(\xi) \leqq \delta_\Psi(\Phi(\xi)) \cdot \delta_\Phi(\xi)$, falls auf der rechten Seite kein unbestimmter Ausdruck der Form $0 \cdot \infty$ bzw. $\infty \cdot 0$ steht.*

Beweis. Ist $\Phi(\xi) \notin \mathsf{Is}\, C_\Psi$ oder $\xi \notin \mathsf{Is}\, C_\Phi$, so folgt $\xi \notin \mathsf{Is}\, C_{\Psi\circ\Phi}$ und damit $\delta_{\Psi\circ\Phi}(\xi) = 0$. Es seien nun $\Phi(\xi) \in \mathsf{Is}\, C_\Psi$, $\xi \in \mathsf{Is}\, C_\Phi$ und $\delta_\Psi(\Phi(\xi)) \cdot \delta_\Phi(\xi)$ nicht von der Form $0 \cdot \infty$ oder $\infty \cdot 0$. Dann gilt $\vartheta_{\Psi\circ\Phi}(\xi', \xi) = \vartheta_\Psi(\Phi(\xi'), \Phi(\xi)) \cdot \vartheta_\Phi(\xi', \xi)$, (*) falls $\Phi(\xi') \neq \Phi(\xi)$. Aufgrund unserer Voraussetzungen finden wir nach demselben Prinzip wie im Beweis von Lemma 7.88. (2) eine Folge $(\xi_i)_{i\in\mathsf{N}}$ aus X^ω so, daß sogar $\Phi(\xi_i) \neq \Phi(\xi)$ für jedes $i \in \mathsf{N}$ und außerdem $\delta_{\Psi\circ\Phi}(\xi) = \lim\limits_{i\to\infty} \vartheta_{\Psi\circ\Phi}(\xi_i, \xi)$ gilt. Mit Hilfe der Beziehung (*) haben wir dann $\delta_{\Psi\circ\Phi}(\xi) \leqq \overline{\lim\limits_{i\to\infty}}\, \vartheta_\Psi(\Phi(\xi_i), \Phi(\xi)) \cdot \overline{\lim\limits_{i\to\infty}}\, \vartheta_\Phi(\xi_i, \xi)$, und aus Lemma 7.88. (1) erhalten wir $\delta_{\Psi\circ\Phi}(\xi) \leqq \delta_\Psi(\Phi(\xi)) \cdot \delta_\Phi(\xi)$. ∎

Wir verallgemeinern nun die Ergebnisse von Folgerung 7.89. für den Fall der relativierten Ableitung.

Satz 7.90. *Es seien Φ und Ψ sequentielle Operatoren über $[X, Y]$ bzw. $[Y, Y_1]$ sowie φ und ψ sequentielle Erzeugendenfunktionen von Φ bzw. Ψ. Dann gelten die Aussagen*

(1) $\delta^{\psi\circ\varphi}_{\Psi\circ\Phi}(\xi) \leqq \delta^\psi_\Psi(\Phi(\xi)) \cdot \delta^\varphi_\Phi(\xi)$;

(2) *aus* $\delta^\psi_\Psi(\Phi(\xi)) = \lim\limits_{q\to\Phi(\xi)} \dfrac{l(q)}{l(\psi(q))}$ [1]) *folgt* $\delta^{\psi\circ\varphi}_{\Psi\circ\Phi}(\xi) = \delta^\psi_\Psi(\Phi(\xi)) \cdot \delta^\varphi_\Phi(\xi)$;

(3) *aus* $\delta^\varphi_\Phi(\xi) = \lim\limits_{p\to\xi} \dfrac{l(p)}{l(\varphi(p))}$ *und* $\mathfrak{max}\, \varphi = m < \infty$ *folgt* $\delta^{\psi\circ\varphi}_{\Psi\circ\Phi}(\xi) = \delta^\psi_\Psi(\Phi(\xi)) \cdot \delta^\varphi_\Phi(\xi)$,

falls die auf den rechten Seiten der angegebenen Beziehungen auftretenden Produkte nicht von der Form $0 \cdot \infty$ oder $\infty \cdot 0$ sind.

Beweis.

(1) Es ist $\overline{\lim\limits_{p\to\xi}}\, \dfrac{l(p)}{l(\psi(\varphi(p)))} = \overline{\lim\limits_{p\to\xi}}\, \dfrac{l(\varphi(p))}{l(\psi(\varphi(p)))} \cdot \dfrac{l(p)}{l(\varphi(p))}$. Somit erhalten wir

$$\delta^{\psi\circ\varphi}_{\Psi\circ\Phi}(\xi) \leqq \overline{\lim_{p\to\xi}}\, \frac{l(\varphi(p))}{l(\psi(\varphi(p)))} \cdot \overline{\lim_{p\to\xi}}\, \frac{l(p)}{l(\varphi(p))} \leqq \overline{\lim_{q\to\Phi(\xi)}}\, \frac{l(q)}{l(\psi(q))} \cdot \overline{\lim_{p\to\xi}}\, \frac{l(p)}{l(\varphi(p))} = \delta^\psi_\Psi(\Phi(\xi)) \cdot \delta^\varphi_\Phi(\xi)\,.$$

---

[1]) Diese Schreibweise bedeute, daß die Folge $\left(\dfrac{l(q)}{l(\psi(q))}\right)_{q\in\mathsf{A}(\Phi(\xi))}$ für $l(q) \to \infty$ gegen den Wert $\delta^\psi_\Psi(\Phi(\xi))$ konvergiert.

(2) Aus der Voraussetzung erhalten wir unmittelbar

$$\delta_\Psi^\psi(\Phi(\xi)) = \lim_{p\to\xi} \frac{l(\varphi(p))}{l(\psi(\varphi(p)))},$$

und man überzeugt sich leicht davon, daß die Abschätzungen „$\leqq$“ im Beweis von (1) deshalb durch „$=$“ ersetzbar sind.

(3) Unter der Voraussetzung $\delta_\Phi^\varphi(\xi) = \lim\limits_{p\to\xi} \frac{l(p)}{l(\varphi(p))}$ erhält man leicht

$$\overline{\lim_{p\to\xi}} \frac{l(p)}{l(\psi(\varphi(p)))} = \lim_{p\to\xi} \frac{l(p)}{l(\varphi(p))} \cdot \overline{\lim_{p\to\xi}} \frac{l(\varphi(p))}{l(\psi(\varphi(p)))}.$$

Es reicht also aus, $\delta_\Psi^\psi(\Phi(\xi)) = \overline{\lim\limits_{p\to\xi}} \frac{l(\varphi(p))}{l(\psi(\varphi(p)))}$ zu zeigen.

Wegen $\mathfrak{max}\ \varphi = m < \infty$ gibt es zu jeden $q \in \mathsf{A}(\Phi(\xi))$ ein $p \in \mathsf{A}(\xi)$ derart, daß $\varphi(p) \sqsubseteq q$ und $l(q) - m \leqq l(\varphi(p))$ gelten. Damit haben wir dann $\psi(\varphi(p)) \sqsubseteq \psi(q)$ und $\frac{l(q) - m}{l(\psi(q))} \leqq \frac{l(\varphi(p))}{l(\psi(\varphi(p)))}$. Somit ist

$$\overline{\lim_{q\to\Phi(\xi)}} \frac{l(q)}{l(\psi(q))} = \overline{\lim_{q\to\Phi(\xi)}} \frac{l(q) - m}{l(\psi(q))} \leqq \overline{\lim_{p\to\xi}} \frac{l(\varphi(p))}{l(\psi(\varphi(p)))}$$

erfüllt. Die umgekehrte Beziehung „$\geqq$“ gilt trivialerweise, da $(\varphi(p))_{p\in\mathsf{A}(\xi)}$ eine Teilfolge von $(q)_{q\in\mathsf{A}(\Phi(\xi))}$ ist. ∎

Die Aussagen von Satz 7.90. (2) und (3) lassen sich nur dann auf $\delta_{\Psi\circ\Phi}$ übertragen, wenn entweder $\delta_{\Psi\circ\Phi}(\xi) = \delta_{\Psi\circ\Phi}^{\chi_{\Psi\circ\chi_\Phi}}(\xi)$ für $\xi \in \mathsf{ls}\, C_{\Psi\circ\Phi}$ oder $\xi \in \mathsf{ls}\, C_\Phi \cup \cup\, \Phi^{-1}(\mathsf{ls}\, C_\Psi)$ gilt.

Gleichzeitig zeigt uns Satz 7.90., daß die Fälle, in denen bei der Berechnung von $\delta_\Phi^\psi(\xi)$ der obere Limes durch den Limes ersetzt werden kann, von besonderer Bedeutung sind. Wir geben deshalb nun eine hinreichende Bedingung für die Ersetzung des oberen Limes durch den Limes an. Dazu nennen wir einen sequentiellen Operator Φ im Punkte ξ *differenzierbar*, wenn für jede Folge $(\xi_i)_{i\in\mathsf{N}}$ von Elementen aus $X^\omega \setminus \{\xi\}$, die gegen ξ konvergiert, die Bedingung $\lim\limits_{i\to\infty} \vartheta_\Phi(\xi_i, \xi) = = \delta_\Phi(\xi)$ erfüllt ist (man vergleiche mit Lemma 7.88. (2)).

Lemma 7.91. (Bernhardt) *Ist Φ im Punkte ξ differenzierbar und $\xi \in \mathsf{ls}\, C_\varphi$, so gilt* $\delta_\Phi(\xi) = \lim\limits_{p\to\xi} \frac{l(p)}{l(\chi_\Phi(p))}$.

Beweis. Wir wählen eine Folge $(\xi_p)_{p\in\mathsf{A}(\xi)}$ derart, daß $\mathsf{A}(\xi_p) \cap \mathsf{A}(\xi) = \mathsf{A}(p)$ erfüllt ist. Damit ist dann $\chi_\Phi(p)$ gemeinsames Anfangswort von $\Phi(\xi_p)$ und $\Phi(\xi)$, und wir haben $\vartheta_\Phi(\xi_p, \xi) \leqq \frac{l(p) + 1}{l(\chi_\Phi(p)) + 1}$. Weiterhin wählen wir uns eine Folge $(\xi'_p)_{p\in\mathsf{A}(\xi)}$ derart, daß $\xi'_p \in p \cdot X^\omega$ und $\varrho(\Phi(\xi), \Phi(\xi'_p)) = d(\Phi(p \cdot X^\omega)) = \frac{1}{l(\chi_\Phi(p)) + 1}$

gelten (siehe Folgerung 7.4. (4)). Damit haben wir $\varrho(\xi_p', \xi) \leqq \frac{1}{l(p)+1}$ und somit $\vartheta_\Phi(\xi_p', \xi) \geqq \frac{l(p)+1}{l(\chi_\Phi(p))+1}$. Nach Voraussetzung ist nun $\lim\limits_{p\to\xi} \vartheta_\Phi(\xi_p, \xi) = \lim\limits_{p\to\xi} \vartheta_\Phi(\xi_p', \xi) = \delta_\Phi(\xi)$. Wegen $\vartheta_\Phi(\xi_p, \xi) \leqq \frac{l(p)+1}{l(\chi_\Phi(p))+1} \leqq \vartheta_\Phi(\xi_p', \xi)$ folgt dann $\delta_\Phi(\xi) = \lim\limits_{p\to\xi} \frac{l(p)}{l(\chi_\Phi(p))}$. ∎

Die Umkehrung der Aussage von Lemma 7.91. gilt nicht. Wir geben dazu ein Beispiel an, welches uns gleichzeitig die Schwierigkeiten verdeutlicht, die bei der Übertragung von Satz 7.90. (2) und (3) auf den Fall $\delta_{\Psi\circ\Phi}$ auftreten.

Beispiel 7.92 Wir wählen Φ und Ψ wie im Beispiel 7.31. Damit sind dann χ_Φ und χ_Ψ voll definierte Funktionen. Wie man leicht verifiziert, gelten

$$\delta_\Phi(\xi) = \lim_{p\to\xi} \frac{l(p)}{l(\chi_\Phi(p))} = \frac{1}{2}$$

und

$$\delta_\Psi(\xi) = \lim_{p\to\xi} \frac{l(p)}{l(\chi_\Psi(p))} = 2 \quad \text{für alle } \xi \in \{0, 1\}^\omega .$$

Es ist aber $\Psi \circ \Phi$ konstant und daher

$$\delta_{\Psi\circ\Phi}(\xi) = 0 < \delta_\Psi(\Phi(\xi)) \cdot \delta_\Phi(\xi) .$$

Weiterhin haben wir $\lim\limits_{i\to\infty} \vartheta_\Psi(0^{2i+1} \cdot 1 \cdot \bar{0}, \bar{0}) = 0 \neq \delta_\Psi(\bar{0})$; der Operator Ψ ist daher nicht im Punkt $\bar{0}$ differenzierbar.

7.3.4. Die gegenseitige Verzögerung sequentieller Funktionen

In diesem Abschnitt beschäftigen wir uns insbesondere mit den Ableitungen sequentieller Operatoren endlichen Gewichts. Dazu führen wir den Begriff der *gegenseitigen Verzögerung* von nichtverstummenden sequentiellen Funktionen φ und φ' über $[X, Y_1]$ bzw. $[X, Y_2]$ bezüglich einer Teilmenge F von X^ω ein. Wir setzen für nichtleeres $F \subseteq X^\omega$

$$\mathfrak{v}_F(\varphi, \varphi') =_{Df} \begin{cases} \max \{|l(\varphi(p)) - l(\varphi'(p))| : p \in \mathsf{A}(F)\}, & \text{falls das Maximum existiert,} \\ \infty, & \text{anderenfalls.} \end{cases}$$

Wir wollen im weiteren $\mathfrak{v}_{X^\omega}$ einfach mit $\mathfrak{v}$ bezeichnen. Falls $\Phi = \boldsymbol{P}\varphi$ und $\Phi' = \boldsymbol{P}\varphi'$ sind, so stehe $\mathfrak{v}_C$ für $\mathfrak{v}_{(\mathsf{Is}\, C_\Phi \cap \mathsf{Is}\, C_{\Phi'})}$. Weiterhin sollen als Argumente von $\mathfrak{v}_C$ auch Normalen sequentieller Operatoren zugelassen sein.

Folgerung 7.93.

(1) $\mathfrak{v}_F(\varphi, \varphi') = \mathfrak{v}_F(\varphi', \varphi)$;
(2) $\mathfrak{v}_F(\varphi, \varphi'') \leqq \mathfrak{v}_F(\varphi, \varphi') + \mathfrak{v}_F(\varphi', \varphi'')$;
(3) *ist* $\boldsymbol{P}\varphi = \boldsymbol{P}\varphi'$, *so gilt genau dann* $\varphi = \varphi'$, *wenn* $\mathfrak{v}(\varphi, \varphi') = 0$;
(4) *aus* $F \subseteq F'$ *folgt* $\mathfrak{v}_F(\varphi, \varphi') \leqq \mathfrak{v}_{F'}(\varphi, \varphi')$;
(5) *aus* $\mathfrak{v}_{\{\xi\}}(\varphi, \varphi') < \infty$ *folgt* $\delta^\varphi_\Phi(\xi) = \delta^{\varphi'}_{\Phi'}(\xi)$.

Beweis. Die Behauptungen (1), (2), (3) und (4) sind leicht einzusehen.

(5) Es sei $\mathfrak{v}_{\{\xi\}}(\varphi, \varphi') = m < \infty$. Dann gilt für jedes p, $p \sqsubset \xi$, die Beziehung $l(\varphi(p)) - m \leqq l(\varphi'(p)) \leqq l(\varphi(p)) + m$. Damit haben wir

$$\frac{l(p)}{l(\varphi(p)) - m} \geqq \frac{l(p)}{l(\varphi'(p))} \geqq \frac{l(p)}{l(\varphi(p)) + m},$$

und die Behauptung folgt wegen $l(\varphi(p)) \to \infty$ für $l(p) \to \infty$.

Zur Veranschaulichung von $\mathfrak{v}$ untersuchen wir $\mathfrak{v}_C(\varphi, \chi_\Phi)$ für $\boldsymbol{P}\varphi = \Phi$. Diese Größe gibt uns die maximale ausgabeseitige Verzögerung der Erzeugendenfunktion φ gegenüber der Normalen χ_Φ an.

Lemma 7.94. *Es seien Φ ein sequentieller Operator über $[X, Y]$ und φ eine Erzeugendenfunktion von Φ. Dann ist*

$$\mathfrak{v}_C(\varphi, \chi_\Phi) \leqq (G_\varphi - 1) \max \chi_\Phi + l(\chi_\Phi(e)) .$$

Beweis. Für $G_\varphi = \aleph_0$ vereinbaren wir $\aleph_0 \cdot n = \infty$, falls $n > 0$, und haben nichts zu zeigen. Im Falle $\max \chi_\Phi = 0$ ist C_Φ endlich und $\mathfrak{v}_C(\varphi, \chi_\Phi)$ daher nicht definiert. Es sei nun $G_\varphi = k < \infty$. Für jedes Wort $p \in C_\Phi$ mit $l(p) \geqq k$ gibt es Anfangswörter r und r' derart, daß $r \sqsubset r'$ und $\varphi_r = \varphi_{r'}$ gilt. Mit Satz 7.13. und Korollar 7.14. (1) haben wir dann $\chi_{\Phi_r} = \chi_{\Phi_{r'}}$ und $\chi_\Phi(r') \mid \varphi(r') = \chi_\Phi(r) \mid \varphi(r)$. Damit ist

$$\begin{aligned} l(\chi_\Phi(p)) - l(\varphi(p)) &= l(\chi_\Phi(r')) + l(\chi_{\Phi_{r'}}(p \mid r')) - l(\varphi(r')) - l(\varphi_{r'}(p \mid r')) = \\ &= l(\chi_\Phi(r)) + l(\chi_{\Phi_r}(p \mid r')) - l(\varphi(r)) - l(\varphi_r(p \mid r')) = \\ &= l(\chi_\Phi(r \cdot (p \mid r'))) - l(\varphi(r \cdot (p \cdot r'))) . \end{aligned}$$

Also gibt es zu jedem Wort $p \in C_\Phi$ mit $l(p) \geqq k$ ein Wort $p' \in C_\Phi$ derart, daß $l(p') < l(p)$ und $l(\chi_\Phi(p)) - l(\varphi(p)) = l(\chi_\Phi(p')) - l(\varphi(p'))$ gelten. Es ist deshalb $\mathfrak{v}_C(\varphi, \chi_\Phi) \leqq max \{l(\chi_\Phi(p)) - l(\varphi(p)) : p \in C_\Phi \wedge l(p) < k\}$. Für $l(p) < k$ gilt aber $l(\chi_\Phi(p)) \leqq (k - 1) \cdot \max \chi_\Phi + l(\chi_\Phi(e))$.

Korollar 7.95. *Es seien Φ ein sequentieller Operator endlichen Gewichts und φ eine Erzeugendenfunktion von Φ mit endlichem Gewicht. Dann gilt $\delta^\varphi_\Phi(\xi) = \delta_\Phi(\xi)$ für alle $\xi \in \mathsf{ls}\, C_\Phi$.*

Beweis. Mit $G_\varphi < \aleph_0$ haben wir auch $G_{\chi_\Phi} < \aleph_0$, also $\max \chi_\Phi < \infty$. Damit ist auch $\mathfrak{v}_C(\varphi, \chi_\Phi)$ endlich, und die Behauptung erhalten wir aus Folgerung 7.93. (4) und (5).

Die Aussage von Korollar 7.95. läßt sich nicht umkehren, d. h., aus $G_\varphi < \aleph_0$ und $\mathfrak{v}(\varphi, \varphi') < \infty$ läßt sich nicht schließen, daß φ' endliches Gewicht hat. Der Leser macht sich dies leicht am folgenden Beispiel klar: Wir setzen $\varphi =_{Df} id^X$ und bestimmen φ' derart, daß φ' jeden 4^n-ten Buchstaben „einbehält" und erst mit dem $(4^n + 1)$-ten zusammen ausgibt. Dann ist $\mathfrak{v}(\varphi, \varphi') = 1$, aber φ' hat unendliches Gewicht.

Die Ergebnisse von Lemma 7.94. und Korollar 7.95. lassen sich wie folgt veranschaulichen: Da eine Verzögerung gegenüber der Normalen nichts anderes als ein „Zurückbehalten" ausgabeseitiger Information ist, kann eine Funktion endlichen Gewichts natürlich nur Information von endlichem Umfang „speichern". Anders liegt der Fall, wenn $\xi \notin \mathrm{ls}\, C_\Phi$ gilt. Dann arbeitet die Funktion bzw. der Automat von einem gewissen Zeitpunkt ab autonom, d. h. unabhängig von der Eingabe. Man vergleiche dazu die Konstruktion im Beweis von Satz 7.23. Das Korollar 7.95. steht somit nicht im Widerspruch zu Lemma 86. (3). Wir geben nun einige Eigenschaften der Ableitung sequentieller Operatoren endlichen Gewichts an, die für die Berechnung der Ableitung von Nutzen sind und zur Abschätzung von $\mathfrak{v}_F$ herangezogen werden.

Folgerung 7.96.

(1) $\delta^\varphi_\Phi(p \cdot \xi) = \delta^{\varphi_p}_{P\varphi_p}(\xi)$;
(2) $\delta_\Phi(p \cdot \xi) = \delta_{\Phi_p}(\xi)$ *für* $p \in C_\Phi$.

Folgerung 7.97. *Es seien* φ *eine sequentielle Funktion über* $[X, Y]$, $\Phi = \boldsymbol{P}\varphi$ *und* $\varphi_p = \varphi_{pq}$ *für* $q \neq e$. *Dann ist* $\delta^\varphi_\Phi(p \cdot \bar{q}) = \lim\limits_{r \to p \cdot \bar{q}} \dfrac{l(r)}{l(\varphi(r))} = \dfrac{l(q)}{l(\varphi_p(q))}$.

Beweis. Mit Folgerung 7.96. (1) haben wir $\delta^\varphi_\Phi(p \cdot \bar{q}) = \delta^{\varphi_p}_{\Phi_p}(\bar{q})$. Es läßt sich nun jedes Anfangswort r von $\bar{q}$ in der Form $r = q^n \cdot q_r$ mit $l(q_r) < l(q)$ darstellen. Wegen $\varphi_p = \varphi_{pq}$ haben wir dann $\varphi_p(r) = (\varphi_p(q))^n \cdot \varphi_p(q_r)$ und $(l(\varphi_p(q_r))) \leqq l(\varphi_p(q))$. Damit ergibt sich $\dfrac{l(r)}{l(\varphi_p(r))} = \dfrac{n \cdot l(q) + l(q_r)}{n \cdot l(\varphi_p(q)) + l(\varphi_p(q_r))}$. Unter Beachtung der Beschränkungen für $l(q_r)$ nud $l(\varphi_p(q_r))$ erhalten wir

$$\frac{n \cdot l(q)}{(n+1) \cdot l(\varphi_p(q))} \leqq \frac{l(r)}{l(\varphi_p(r))} \leqq \frac{(n+1) \cdot l(q)}{n \cdot l(\varphi_p(q))},$$

woraus sofort die Behauptung folgt. ▮

Lemma 7.98. *Es seien* F *eine reguläre abgeschlossene Teilmenge von* X^ω, Φ *ein sequentieller Operator über* $[X, Y]$ *endlichen Gewichts und* φ *eine sequentielle Erzeugendenfunktion von* Φ *endlichen Gewichts. Dann gibt es zu jeder nichtperiodischen Folge* $\xi \in F$ *eine gegen* ξ *konvergierende Folge* $(\xi_i)_{i \in \mathsf{N}}$ *periodischer Folgen aus* F, *für die* $\lim\limits_{i \to \infty} \delta^\varphi_\Phi(\xi_i) = \delta^\varphi_\Phi(\xi)$ *gilt.*

Beweis. Es sei ξ eine nichtperiodische Folge aus F. Weiterhin sei $(p_i)_{i \in \mathsf{N}}$ eine Folge von Anfangswörtern von ξ, für die $\dfrac{l(p_i)}{l(\varphi(p_i))}$ gegen $\delta^\varphi_\Phi(\xi)$ konvergiert. Aus dieser Folge können wir wegen $G_\varphi < \aleph_0$ und $G_F < \aleph_0$ eine unendliche Teilfolge derart auswählen, daß für alle Elemente p, p' derselben die Gleichungen $\varphi_p = \varphi_{p'}$ und $F \mid p = F \mid p'$ gelten. Wir werden also o.B.d.A. voraussetzen, daß für alle p_i, p_j mit $i, j \in \mathsf{N}$ die angegebene Eigenschaft erfüllt sei; ferner setzen wir $p_i \sqsubset p_{i+1}$ voraus. Da F abgeschlossen ist und $F \mid p_0 = F \mid p_i$ für alle $i \in \mathsf{N}$ gilt, ist auch

$p_0(\overline{p_i \mid p_0}) \in F$ für $i > 0$. Mit Korollar 7.97. haben wir wegen $\varphi_{p_0} = \varphi_{p_i}$ dann $\delta_\Phi^\varphi(p_0(\overline{p_i \mid p_0})) = \dfrac{l(p_i \mid p_0)}{l(\varphi_{p_0}(p_i \mid p_0))}$. Es ist nun leicht einzusehen, daß $\lim\limits_{i\to\infty} p_0(\overline{p_i \mid p_0}) = \xi$ und $\lim\limits_{i\to\infty} \delta_\Phi^\varphi(p_0 \cdot \overline{(p_i \mid p_0)}) = \delta_\Phi^\varphi(\xi)$. ∎

Die periodischen Folgen aus X^ω sind also für die Berechnung der Ableitungen δ_Φ^φ und δ_Φ von besonderer Bedeutung. Wir geben nun noch ein Resultat an, das uns zeigt, wie die Ableitung eines Operators endlichen Gewichts schon durch ihre Werte an endlich vielen Stellen in gewisser Weise fixiert ist.

Lemma 7.99. *Es seien F eine reguläre abgeschlossene Teilmenge von X^ω, Φ ein sequentieller Operator über $[X, Y]$ endlichen Gewichts und φ eine Erzeugendenfunktion von Φ endlichen Gewichts. Dann gibt es zu jeder periodischen Folge $\xi \in F$ ein $n \in \mathsf{N}$ sowie natürliche Zahlen $k_1, \ldots, k_n$ und $l_1, \ldots, l_n$ derart, daß*

$$\delta_\Phi^\varphi(\xi) = \frac{k_1 + \cdots + k_n}{l_1 + \cdots + l_n}$$

und

$$\frac{k_i}{l_i} \in \{\delta_\Phi^\varphi(p \cdot \bar{q}) : l(q) < G_F \cdot G_\varphi \wedge \varphi_p = \varphi_{pq} \wedge F \mid p = F \mid pq\} .$$

Beweis. Es sei $\xi = p' \cdot \bar{r}$, wobei $\varphi_{p'} = \varphi_{p'r}$ und $F \mid p' = F \mid p' \cdot r$. Ist nun $l(r) \geqq G_\varphi \cdot G_F$, so gibt es in der Folge $([\varphi_{p'r'}, F \mid p'r'])_{r' \sqsubseteq r}$ Paare $[\varphi_{p'r_1}, F \mid p'r_1]$ und $[\varphi_{p'r_2}, F \mid p'r_2]$ mit $r_1 \sqsubset r_2$ und $l(r_2 \mid r_1) < G_\varphi \cdot G_F$, die übereinstimmen. Somit haben wir $\dfrac{l(r)}{l(\varphi_{p'}(r))} = \dfrac{l(r_1 \cdot (r \mid r_2)) + l(r_2 \mid r_1)}{l(\varphi_{p'}(r_1 \cdot (r \mid r_2))) + l(\varphi_{p'r_1}(r_2 \mid r_1))}$. Wir setzen also $k_1 =_{Df} l(r_2 \mid r_1)$ und $l_1 =_{Df} l(\varphi_{p'r_1}(r_2 \mid r_1))$. Wegen $F \mid p'r_1 = F \mid p'r_2$ ist dann $p'r_1(\overline{r_2 \mid r_1}) \in F$ und mit $\varphi_{p'r_1} = \varphi_{p'r_2}$ haben wir $k_1/l_1 = \delta_\Phi^\varphi(p' \cdot r_1(\overline{r_2 \mid r_1}))$. Dieses Verfahren wiederholen wir so lange, bis beide konstruierten Wörter $r_1 \cdot (r \mid r_2)$ und $r_2 \mid r_1$ eine Länge haben, die kleiner als $G_\varphi \cdot G_F$ ist. Damit erhalten wir die behauptete Darstellung. ∎

Korollar 7.100. *Es seien F eine reguläre abgeschlossene Teilmenge von X^ω, Φ ein sequentieller Operator über $[X, Y]$ endlichen Gewichts und φ eine Erzeugendenfunktion von Φ endlichen Gewichts. Dann gibt es Folgen $p_1\bar{q}_1$ und $p_2\bar{q}_2$, die den Bedingungen $l(q_i) < G_\varphi \cdot G_F$ $(i = 1, 2)$, $\delta_\Phi^\varphi(p_1 \cdot \bar{q}_1) = max\ \{\delta_\Phi^\varphi(\xi) : \xi \in F\}$ und $\delta_\Phi^\varphi(p_2 \cdot \bar{q}_2) = min\ \{\delta_\Phi^\varphi(\xi) : \xi \in F\}$ genügen.*

Beweis. Wir wählen p_1 und q_1 derart, daß $\delta_\Phi^\varphi(p_1 \cdot \bar{q}_1) = max\ \{\delta_\Phi^\varphi(p \cdot \bar{q}) : l(q) < G_\varphi \cdot G_F \wedge \varphi_p = \varphi_{pq} \wedge F \mid p = F \mid pq\}$. Mit der Beziehung $\dfrac{k + k'}{l + l'} \leqq max \left\{\dfrac{k}{l}, \dfrac{k'}{l'}\right\}$ folgt dann aus Lemma 7.99., daß keine periodische Folge $\xi \in F$ eine größere Ableitung als $\delta_\Phi^\varphi(p_1 \cdot \bar{q}_1)$ hat. Lemma 7.98. liefert uns nun die erste Behauptung. Ersetzt man „*max*" und „größer" in dem vorangegangenen Beweis durch „*min*" und „kleiner", so erhält man einen Beweis für die zweite Behauptung. ∎

Die Lemmata 7.98. und 7.99. lassen uns nun vermuten, daß für einen Vergleich der Ableitungen von Operatoren endlichen Gewichts schon der Vergleich ihrer Werte an endlich vielen Stellen ausreicht.

Satz 7.101. *Es seien Φ und Ψ sequentielle Operatoren endlichen Gewichts über $[X, Y_1]$ bzw. $[X, Y_2]$, φ und ψ Erzeugendenfunktionen endlichen Gewichts von Φ bzw. Ψ, sowie F eine reguläre abgeschlossene Teilmenge von X^ω. Für jedes $\xi \in F$ gilt $\delta_\Psi^\psi(\xi) \leqq \delta_\Phi^\varphi(\xi)$ genau dann, wenn $l(\varphi_p(q) \leqq l(\psi_p(q))$ für alle p, q mit $p \cdot \bar{q} \in F$, $\varphi_p = \varphi_{pq}$, $\psi_p = \psi_{pq}$, $F \mid p = F \mid pq$ und $0 < l(q) < G_\varphi \cdot G_\psi \cdot G_F$.*

Anmerkung: Satz 7.101. bleibt gültig, wenn man auf beiden Seiten „$\leqq$“ durch „$=$“ bzw. „$<$“ austauscht.

Beweis. Wir setzen zunächst $p \sim_{(\varphi,\psi,F)} r$ als eine Abkürzung für $\varphi_p = \varphi_r \wedge \psi_p = \psi_r \wedge F \mid p = F \mid r$. Ist dann $p \sim_{(\varphi,\psi,F)} p \cdot q$ und $p \in \mathsf{A}(F)$, so erhalten wir aus $\delta_\Phi^\varphi(p \cdot \bar{q}) \geqq \delta_\Psi^\psi(p \cdot \bar{q})$ mit Folgerung 7.97. sofort $l(\varphi_p(q)) \leqq l(\psi_p(q))$. Wir zeigen nun, daß diese Bedingung auch hinreichend ist. Nach dem gleichen Verfahren, das im Beweis von Lemma 7.99. angewandt wurde, berechnen wir für periodische Folgen $p' \cdot \bar{r} \in F$ mit $p' \sim_{(\varphi,\psi,F)} p' \cdot r$ die Ableitungen $\delta_\Phi^\varphi(p' \cdot \bar{r})$ und $\delta_\Psi^\psi(p' \cdot \bar{r})$ durch

$$\frac{k_1 + \cdots + k_n}{l_1 + \cdots + l_n} \quad \text{bzw.} \quad \frac{k_1' + \cdots + k_n'}{l_1' + \cdots + l_n'},$$

wobei $k_i = k_i'$ $(1 \leqq i \leqq n)$,

$$\frac{k_i}{l_i} \in \{\delta_\Phi^\varphi(p \cdot \bar{q}) : l(q) < G_\varphi \cdot G_\psi \cdot G_F \wedge p \sim_{(\varphi,\psi,F)} p \cdot q\}$$

und

$$\frac{k_i'}{l_i'} \in \{\delta_\Psi^\psi(p \cdot \bar{q}) : l(q) < G_\varphi \cdot G_\psi \cdot G_F \wedge p \sim_{(\varphi,\psi,F)} p \cdot q\}.$$

Wegen $l(\varphi_p(q)) \leqq l(\psi_p(q))$ haben wir dann $l_i \leqq l_i'$ $(1 \leqq i \leqq n)$ und somit $\delta_\Phi^\varphi(p' \cdot \bar{r}) \geqq \delta_\Psi^\psi(p' \cdot \bar{r})$. Für nichtperiodische Folgen $\xi \in F$ wählen wir eine Folge $(p_i)_{i \in \mathsf{N}}$ von Anfangswörtern von ξ derart, daß $p_i \sqsubset p_{i+1}$, $p_i \sim_{(\varphi,\psi,F)} p_j$ für $i, j \in \mathsf{N}$ und

$$\lim_{i \to \infty} \frac{l(p_i)}{l(\psi(p_i))} = \delta_\Psi^\psi(\xi)$$

gelten. Wegen

$$\frac{l(p_i \mid p_0)}{l(\psi_{p_0}(p_i \mid p_0))} = \delta_\Psi^\psi(p_0 \overline{(p_i \mid p_0)})$$

und

$$\frac{l(p_i \mid p_0)}{l(\varphi_p(p_i \mid p_0))} = \delta_\Psi^\psi(p_0 \overline{(p_i \mid p_0)})$$

für $i > 0$ folgt dann aus $\delta_\Psi^\psi(p_0 \overline{(p_i \mid p_0)}) \leqq \delta_\Phi^\varphi(p_0 \overline{(p_i \mid p_0)})$ die Beziehung

$$\delta_\Psi^\psi(\xi) = \lim_{i \to \infty} \frac{l(p_i)}{l(\psi(p_i))} \leqq \overline{\lim_{i \to \infty}} \frac{l(p_i)}{l(\varphi(p_i))} \leqq \delta_\Phi^\varphi(\xi). \blacksquare$$

Mit Satz 7.101. verfügen wir über ein Verfahren, für vorgegebene F, φ und ψ zu entscheiden, ob $\delta_{\Psi}^{\psi} \leqq \delta_{\Phi}^{\varphi}$ auf der Menge F gilt. Dazu prüft man lediglich die im Satz angegebene Bedingung nach. Dies ist aber effektiv möglich, weil wir die Endlichkeit der Gewichte von F, φ und ψ vorausgesetzt und die Länge der zu überprüfenden q beschränkt haben. Unser Verfahren wird sich insbesondere dann als nützlich erweisen, wenn es gilt, die Beziehung $\delta_{\Psi}^{\psi}(\xi) = \delta_{\Phi}^{\varphi}(\xi)$ nachzuprüfen. Die Lemmata 7.98. ,7.99., Korollar 7.100. und Satz 7.101. lassen sich ebenso für δ_{Φ} formulieren und beweisen. Man setze dabei nur $F \sqsubseteq \mathsf{ls}\, C_{\Phi}$ (bei Satz 7.101. $F \sqsubseteq \mathsf{ls}\, C_{\Phi} \cap \mathsf{ls}\, C_{\Psi}$) voraus. Wir sind nunmehr in der Lage, die gegenseitige Verzögerung von sequentiellen Funktionen endlichen Gewichts abzuschätzen. Abkürzend setzen wir $\mathfrak{max}\,(\varphi, \psi) =_{Df} max\,\{\mathfrak{max}\,\varphi, \mathfrak{max}\,\psi\}$.

Satz 7.102. *Es seien Φ und Ψ sequentielle Operatoren endlichen Gewichts über $[X, Y_1]$ bzw. $[X, Y_2]$, φ und ψ sequentielle Erzeugendenfunktionen von Φ bzw. Ψ, sowie F eine reguläre abgeschlossene Teilmenge von X^{ω}. Dann folgt aus der Gleichheit von δ_{Φ}^{φ} und δ_{Ψ}^{ψ} auf F die Beziehung* $\mathfrak{d}_F(\varphi, \psi) \leqq (G_{\varphi} \cdot G_{\psi} \cdot G_F - 1) \cdot \mathfrak{max}\,(\varphi, \psi) + |l(\varphi(e)) - l(\psi(e))|$.

Beweis. Wir verwenden wiederum die Relation „$\sim_{(\varphi, \psi, F)}$", die im Beweis von Satz 7.101. eingeführt worden war. Dann gilt nach Folgerung 7.97. für alle Wörter $p, q \in X^*$, die den Bedingungen $p \sim_{(\varphi, \psi, F)} p \cdot q$ und $p \in \mathsf{A}(F)$ genügen, die Gleichheit $l(\varphi_p(q)) = l(\psi_p(q))$. Demzufolge gibt es zu jedem $r \in \mathsf{A}(F)$ ein $r' \in \mathsf{A}(F)$ mit $l(r') < G_{\varphi} \cdot G_{\psi} \cdot G_F$ derart, daß sämtliche Tripel der Familie $([\varphi_{r''}, \psi_{r''}, F \mid r'']: r'' \sqsubseteq r')$ voneinander verschieden sind und $l(\varphi(r)) - l(\psi(r)) = l(\varphi(r')) - l(\psi(r'))$ gilt. Man streiche dazu sukzessive aus r alle Teilwörter der Form $r_2 \mid r_1$, für die $r_1 \sqsubset r_2$ und $r_1 \sim_{(\varphi, \psi, F)} r_2$. Für $|l(\varphi(r')) - l(\psi(r'))|$ ist die angegebene Schranke nun leicht einzusehen. ▮

Anmerkung: Wie aus dem Beweisgang sichtbar wird, gilt sogar $l(r') < \mathsf{card}\, X^*/{\sim_{(\varphi, \psi, F)}}$, und wir können daher den Faktor $(G_{\varphi} \cdot G_{\psi} \cdot G_F - 1)$ durch die Größe $(\mathsf{card}\, X^*/{\sim_{(\varphi, \psi, F)}} - 1)$ ersetzen.

Korollar 7.103. *Unter den Voraussetzungen von Satz* 7.102. *gilt* $\mathfrak{d}_C(\varphi, \psi) \leqq (G_{\varphi} \cdot G_{\psi} - 1) \cdot \mathfrak{max}\,(\varphi, \psi) + |l(\varphi(e)) - l(\psi(e))|$.

Beweis. Zufolge der Anmerkung zu Satz 7.102. haben wir nur noch $\mathsf{card}\, X^*/{\sim_{(\varphi, \psi, F)}} < G_{\varphi} \cdot G_{\psi}$ für $F = \mathsf{ls}\, C_{\Phi} \cap \mathsf{ls}\, C_{\Psi}$ zu zeigen. Mit Satz 7.13. und Folgerung 7.11. haben wir für $\varphi_p = \varphi_q$ auch $\chi_{\Phi_p} = \chi_{\Phi_q}$, falls $p, q \in C_{\Phi}$. Aus Folgerung 7.9. (2) erhalten wir damit $C_{\Phi} \mid p = C_{\Phi} \mid q$, also $\mathsf{ls}\, C_{\Phi} \mid p = \mathsf{ls}\, C_{\Phi} \mid q$. Ebenso folgt aus $\psi_p = \psi_q$ auch $\mathsf{ls}\, C_{\Psi} \mid p = \mathsf{ls}\, C_{\Psi} \mid q$, und daher haben wir $(\mathsf{ls}\, C_{\Phi} \cap \mathsf{ls}\, C_{\Psi}) \mid p = (\mathsf{ls}\, C_{\Phi} \cap \mathsf{ls}\, C_{\Psi}) \mid q$ für $\varphi_p = \varphi_q$ und $\psi_p = \psi_q$. Somit gilt $p \sim_{(\varphi, \psi, F)} q$ schon dann, wenn $\varphi_p = \varphi_q$ und $\psi_p = \psi_q$. ▮

Man kann auch in Korollar 7.103 den Faktor $(G_{\varphi} \cdot G_{\psi} - 1)$ durch die Größe $(\mathsf{card}\, X^*/{\sim_{(\varphi, \psi)}} - 1)$ ersetzen, wobei $p \sim_{(\varphi, \psi)} q =_{Df} \varphi_p = \varphi_q \wedge \psi_p = \psi_q$, und erhält dann für $\psi = \chi_{\Phi}$ die Aussage von Lemma 7.94.

Mit Satz 7.102. wird deutlich, daß für sequentielle Funktionen endlichen Gewichts die Aussagen $\delta_{\Phi}^{\varphi}(\xi) = \delta_{\Psi}^{\psi}(\xi)$ ($\xi \in F$, F regulär und abgeschlossen) und

$\mathfrak{v}_F(\varphi, \psi) < \infty$ äquivalent sind. Die folgenden Beispiele werden uns zeigen, daß die Endlichkeit von G_φ, G_ψ und G_F eine wesentliche Voraussetzung für diese Äquivalenz ist.

Da aus $\mathfrak{v}_F(\varphi, \psi) < \infty$ immer $\delta^\varphi_\Phi(\xi) = \delta^\psi_\Psi(\xi)$ für $\xi \in F$ folgt, sind solche Beispiele zu konstruieren, in denen zwar die Gleichheit der Ableitungen, aber nicht die Endlichkeit von $\mathfrak{v}_F(\varphi, \psi)$ gilt.

Beispiel 7.104.

(1) Wir wählen $\Psi = \Phi = Id^X$, $\psi = id^X$ und φ wie folgt

$$\varphi(p) =_{Df} q\,, \quad \text{wobei } q \sqsubseteq p \quad \text{und} \quad l(q) = l(p) - [\log_2 l(p)]\,.$$

Damit ist zwar

$$\delta^\varphi_\Phi(\xi) = \lim_{p\to\xi} \frac{l(p)}{l(\varphi(p))} = \lim_{n\to\infty} \frac{n}{n - [\log_2 n]} = 1\,,$$

aber offensichtlich $\mathfrak{v}(id^X, \varphi) = \infty$.

(2) Wir setzen für $X = Y_1 = Y_2 = \{0, 1\}$

$$\varphi(e) =_{Df} e,\ \varphi(px) =_{Df} \begin{cases} \varphi(p)\cdot 00\,, & \text{wenn } x = 0\,,\\ \varphi(p)\cdot 1\,, & \text{wenn } x = 1\,,\end{cases}$$

und $\psi =_{Df} id^X$.

Weiterhin seien $\Phi =_{Df} \boldsymbol{P}\varphi$, $\Psi =_{Df} \boldsymbol{P}\psi$ und $F =_{Df} \{\xi\}$, wobei

$$\xi(n) =_{Df} \begin{cases} 0, & \text{wenn } n = 2^k\,,\\ 1, & \text{sonst.}\end{cases}$$

Dann ist

$$\delta^\varphi_\Phi(\xi) = \lim_{p\to\xi} \frac{l(p)}{l(\varphi(p))} = \lim_{n\to\infty} \frac{n}{n + [\log_2 (n+1)]} = 1 = \delta^\psi_\Psi(\xi)\,,$$

aber es gilt $\mathfrak{v}_E(\varphi, \psi) = \infty$.

Das Beispiel 7.104. (2) zeigt uns gleichzeitig, daß für sequentielle Operatoren Φ und Ψ endlichen Gewichts die Menge $E =_{Df} \{\xi : \delta_\Psi(\xi) \leqq \delta_\Phi(\xi)\}$ nicht notwendig regulär sein muß. Die Funktionen φ und ψ aus diesem Beispiel sind die Normalen der von ihnen erzeugten Operatoren. Man verifiziert folgende Behauptungen leicht selbst:

(1) $\delta_\Phi(\xi) \leqq \delta_\Psi(\xi) = 1$ für $\xi \in X^\omega$;

(2) ist ξ periodische Folge, so gilt $\delta_\Phi(\xi) = 1$ genau dann, wenn $\xi \in X^* \cdot 1^\omega$.

Wäre nun E regulär, so wäre auch $E \setminus X^* \cdot 1^\omega$ regulär. Es enthält aber $E \setminus X^* \cdot 1^\omega$ keine periodische Folge, und somit müßte gelten $E \setminus X^* \cdot 1^\omega = \emptyset$, was aber, wie Beispiel 7.104. (2) zeigt, nicht der Fall ist.

Wir geben nun noch eine Abschätzung für die gegenseitige Verzögerung des Produktes von sequentiellen Funktionen an.

Lemma 7.104. *Es seien Φ, Ψ und Ψ' sequentielle Operatoren über $[X, Y]$, $[Y, Y_1]$ bzw. $[Y, Y_2]$ und $\varphi, \varphi', \psi, \psi'$ sequentielle Funktionen, die den Bedingungen $\boldsymbol{P}\varphi = \boldsymbol{P}\varphi' = \Phi, \boldsymbol{P}\psi = \Psi$ und $\boldsymbol{P}\psi' = \Psi'$ genügen. Dann gilt für jede abgeschlossene Teilmenge F von X^ω die Beziehung* $\mathfrak{v}_F(\psi \circ \varphi, \psi' \circ \varphi') \leqq \mathfrak{v}_{\Phi(F)}(\psi, \psi') + \mathfrak{v}_F(\varphi, \varphi') \cdot$

$\cdot\, \mathfrak{max}\,(\psi, \psi')$. *(Tritt hierbei der unbestimmte Ausdruck* $0 \cdot \infty$ *auf, so können wir dafür* 0 *setzen.)*

Beweis. Es ist $\mathfrak{d}_F(\psi \circ \varphi, \psi' \circ \varphi') = sup\, \{|l(\psi(\varphi(p)) - l(\psi'(\varphi'(p))| : p \in \mathsf{A}(F)\}$. Ist nun $\varphi(p) \sqsubseteq \varphi'(p)$, so haben wir $\psi'(\varphi'(p)) = \psi'(\varphi(p)) \cdot \psi'_{\varphi(p)}(\varphi'(p) \mid \varphi(p))$. Wegen $l(\varphi'(p) \mid \varphi(p)) \leqq \mathfrak{d}_F(\varphi, \varphi')$ gilt dann $l(\psi'_{\varphi(p)}(\varphi'(p) \mid \varphi(p))) \leqq \mathfrak{d}_F(\varphi, \varphi') \cdot \mathfrak{max}\,(\psi, \psi')$. Schließlich ist $\varphi(p) \in \mathsf{A}(\Phi(F))$, also $|l(\psi(\varphi(p))) - l(\psi'(\varphi(p)))| \leqq \mathfrak{d}_{\Phi(F)}(\psi, \psi')$. Im Falle $\varphi'(p) \sqsubset \varphi(p)$ erhält man dieselben Abschätzungen. Die Behauptung folgt nun durch Zusammenfassen beider Ungleichungen. ∎

Für die Gültigkeit von Lemma 7.105. ist es wesentlich, daß φ und φ' wenigstens auf F denselben Operator erzeugen. Anderenfalls kann man keine derartige Abschätzung angeben. Wir wollen abschließend eine weitere Klasse sequentieller Operatoren betrachten, für welche die Ableitung $\delta_\Phi(\xi)$ gleich dem Grenzwert der Folge $\left(\frac{l(p)}{l(\varphi(p))}\right)_{p \to \xi}$ ist. Es ist dies die Klasse der Operatoren mit *konstanter Ableitung* auf $\mathsf{ls}\, C_\Phi$.

Folgerung 7.106. *Ist die Normale* χ_Φ *des sequentiellen Operators* Φ *quasisynchron, so hat* Φ *eine auf* $\mathsf{ls}\, C_\Phi$ *konstante Ableitung.*

Eine Umkehrung dieser Aussage gilt allerdings nicht; der Leser überlegt sich leicht selbst ein Gegenbeispiel.

Lemma 7.107. *Es seien* Φ *ein sequentieller Operator endlichen Gewichts über* $[X, Y]$ *und* φ *eine Erzeugende von* Φ *mit endlichem Gewicht, für die* $\delta_\Phi^\varphi \equiv a$ *ist. Dann gilt auch* $\delta_\Phi(\xi) = a$ *für* $\xi \in \mathsf{ls}\, C_\Phi$ *und man hat*

(1) $|a \cdot l(\varphi(p)) - l(p)| \leqq max\, \{a((G_\varphi - 1) \cdot \mathfrak{max}\, \varphi + l(\varphi(e))), G_\varphi - 1)\}$ *für alle* $p \in X^*$;

(2) $|a \cdot l(\chi_\Phi(p)) - l(p)| \leqq max\, \{a \cdot ((G_{\chi_\Phi} - 1) \cdot \mathfrak{max}\, \chi_\Phi + l(\chi_\Phi(e))), G_{\chi_\Phi} - 1\}$ *für alle* $p \in \mathsf{A}(\mathsf{ls}\, C_\Phi)$.

Beweis. Wir zeigen nur (1), denn der Beweis von (2) verläuft völlig analog. Mit Folgerung 7.97. haben wir aus den Voraussetzungen sofort $a \cdot l(\varphi_r(q)) = l(q)$ für alle $r, q \in X^*$, die der Bedingung $\varphi_r = \varphi_{rq}$ genügen. (Hierbei ist im Beweis von (2) zu beachten, daß aus $\chi_{\Phi_r} = \chi_{\Phi_{rq}}$ stets $\mathsf{ls}\, C_\Phi \mid r = \mathsf{ls}\, C_\Phi \mid rq$ folgt.) Damit gibt es zu jedem $p \in X^*$ ein $p' \in X^*$ mit $l(p') < G_\varphi$ und $a \cdot l(\varphi(p)) - l(p) = a \cdot l(\varphi(p')) - l(p')$: Man streiche aus p sukzessive alle Teilwörter $p_2 \mid p_1$, für die $p_1 \sqsubset p_2$ und $\varphi_{p_1} = \varphi_{p_2}$ gelten. Also ist dann $l(\varphi(p')) \leqq (G_\varphi - 1) \cdot \mathfrak{max}\, \varphi + l(\varphi(e))$, und die Behauptung folgt unmittelbar. ∎

Anmerkung. Eine von a unabhängige Schranke erhält man mittels Ersetzung von a auf der rechten Seite in (1) durch G_φ bzw. in (2) durch G_{χ_Φ}. Die Berechtigung dazu gibt uns Folgerung 7.85.

Korollar 7.108. *Unter den Voraussetzungen von Lemma* 7.107. *gelten:*

(1) $\delta_\Phi^\varphi(\xi) = \lim\limits_{p \to \xi} \dfrac{l(p)}{l(\varphi(p))}$ *für* $\xi \in X^\omega$;

(2) $\delta_\Phi(\xi) = \lim\limits_{p \to \xi} \dfrac{l(p)}{l(\chi_\Phi(p))}$ *für* $\xi \in \mathsf{ls}\, C_\Phi$.

Beweis. Wir zeigen wiederum nur (1). Nach Lemma 7.107. (1) ist $|a \cdot l(\varphi(p)) - - l(p)| \leqq m$ für geeignet gewähltes m. Damit haben wir

$$\left| a - \frac{l(p)}{l(\varphi(p))} \right| \leqq \frac{m}{l(\varphi(p))} .$$

Die Behauptung ergibt sich nun leicht daraus, daß für $l(p) \to \infty$ auch $l(\varphi(p))$ unbeschränkt wächst. ∎

7.3.5. Die Endlichkeitssätze für das direkte und das freie Produkt

Nachdem wir in den vorhergehenden Abschnitten die Ableitung als Maß für die Ausgabegeschwindigkeit von Automaten untersucht und insbesondere ihre Beziehungen zur gegenseitigen Verzögerung zweier sequentieller Funktionen geklärt haben, können wir nun notwendige und hinreichende Bedingungen für die *endliche Realisierung des direkten* und *des freien Produktes* von sequentiellen Operatoren angeben.

Folgerung 7.109.

(1) *Es seien Φ_1 und Φ_2 sequentielle Operatoren über $[X, Y_1]$ bzw. $[X, Y_2]$. Dann gilt*

$$\delta_{\Phi_1 \otimes \Phi_2}(\xi) = max \{\delta_{\Phi_1}(\xi), \delta_{\Phi_2}(\xi)\} .$$

(2) *Sind Φ_1 und Φ_2 sequentielle Operatoren über $[X_1, Y_1]$ bzw. $[X_2, Y_2]$, so gilt*

$$\delta_{\Phi_1 \times \Phi_2}([[\xi_1, \xi_2]]) = max \{\delta_{\Phi_1}(\xi_1), \delta_{\Phi_2}(\xi_2)\} .$$

Zum Beweis wende man Lemma 7.81. an. Für die Beweise der angekündigten Sätze ist die folgende Konstruktion grundlegend:

Es sei für einen sequentiellen Operator endlichen Gewichts über $[X, Y_1]$ der Automat $\mathfrak{A} = [X, Y_1, Z, f, g, z_0, q_0]$ gegeben, der eine Minimalfunktion φ' von Φ realisiert. (Wir verwenden hier speziell den im Beweis von Satz 7.23. konstruierten Automaten.) Falls $\Phi(X^\omega) = p \cdot q^\omega$ gilt, so setzen wir $\mathfrak{A} = [X, Y_1, Z, f, g, q, p]$ wobei $Z =_{Df} \{q\}$, $f(q, x) =_{Df} q$ und $g(q, x) =_{Df} q$. Ist nun ψ eine Erzeugende endlichen Gewichts eines Operators Ψ über $[X, Y_2]$ and $\mathfrak{A}$ zu φ' wie oben gewählt, so wollen wir darüber hinaus $l(q) \geqq \mathfrak{max}\, \psi$ für alle $q \in Z$ fordern. Das ist zulässig, denn im Falle $l(q) < \mathfrak{max}\, \psi$ können wir von q zu einem q^n mit $l(q^n) \geqq \mathfrak{max}\, \psi$ übergehen, ohne daß sich der von $\mathfrak{A}$ realisierte Operator ändert.[1]) Wir konstruieren jetzt einen Automaten $[\mathfrak{A}; \psi]$, der eine Funktion φ realisiert, für die $l(\varphi_p(x)) = l(\psi_p(x))$ für alle $p \in X^* \setminus C_\Phi$ und $x \in X$ gilt. Diese Funktion φ nennen wir *Modell* von Φ nach ψ. Wir setzen dazu $[\mathfrak{A}; \psi] =_{Df} [X, Y_1, Z', f', g', z_0', q_0]$, wobei $Z' =_{Df} \{[\psi_p, \Phi_p]: p \in C_\Phi\} \cup \{[\psi_p, q]: p \in X^* \setminus C_\Phi \wedge q \in Y^* \wedge l(q) \leqq \leqq max \{l(q'): q' \in Z\}\}$,

$$z_0' =_{Df} \begin{cases} [\psi_e, \Phi_e], & \text{falls } C_\Phi \neq \emptyset , \\ [\psi_e, q], & \text{falls } C_\Phi = \emptyset \text{ und } q = z_0 , \end{cases}$$

[1]) Man vergleiche mit dem Beweis von Lemma 7.86. (3).

$$g([\psi_p, \Phi_p], x) =_{Df} \begin{cases} \chi_\Phi(px), & \text{falls } p \cdot x \in C_\Phi, \\ r, & \text{für } [r, q] = \mathfrak{h}_\Phi(\Phi_p, x), \text{ sonst}, \end{cases}$$

$g([\psi_p, q], x) =_{Df} q'$, wobei $q' \sqsubseteq q$ und $l(q') = l(\psi_p(x))$,

$$f([\psi_p, \Phi_p], x) =_{Df} \begin{cases} [\psi_{px}, \Phi_{px}], & \text{falls } px \in C_\Phi, \\ [\psi_{px}, q], & \text{für } [r, q] = \mathfrak{h}_\Phi(\Phi_p, x), \text{ sonst}, \end{cases}$$

$f([\psi_p, q], x) =_{Df} [\psi_{px}, (q \mid q') \cdot q']$, wobei $q' = g([\psi_p, q], x)$.

Es ist unmittelbar klar, daß Z' eine endliche Menge ist, da Z und Z_ψ endliche Mengen sind. Damit ist die von $[\mathfrak{A}; \psi]$ berechnete Funktion φ eine sequentielle Funktion endlichen Gewichts über $[X, Y]$. Durch Induktion über die Wortlänge beweist man unschwer $l(\varphi_p(r)) = l(\psi_p(r))$ für $p \notin C_\Phi$. Damit modelliert φ auf $X^* \setminus C_\Phi$ das Ausgabeverhalten von ψ im oben definierten Sinne, während φ auf C_Φ mit χ_Φ übereinstimmt.

Ist $\xi \in \mathsf{ls}\, C_\Phi$, so haben wir unmittelbar $\boldsymbol{P}\varphi(\xi) = \Phi(\xi)$. Im Falle $\xi \notin \mathsf{ls}\, C_\Phi$ gibt es ein $p \in C_\Phi$ und ein $x \in X$ derart, daß $px \sqsubset \xi$ und $px \notin C_\Phi$. Es gilt nun $\varphi(px) \sqsubset \Phi(px\xi')$ für alle $\xi' \in X^\omega$, da $\varphi(px)$ nach Definition mit $q_0 \cdot g(z_0, px)$ übereinstimmt. Weiterhin haben wir dann $\Phi(px\xi') \mid \varphi(px) = \bar{q}$, wobei $[r, q] = \mathfrak{h}_\Phi(\Phi_p, x)$. Es sei nun $p' \sqsubset \xi'$. Dann ist $\varphi_{px}(p') = r'$, wobei $r' \sqsubset \bar{q}$ und $l(r') = l(\psi_p(p'))$, wie man durch Induktion leicht nachweist. Damit haben wir $\boldsymbol{P}\varphi = \Phi$ gezeigt. Für die Ableitung δ_Φ erhalten wir unmittelbar aus der Konstruktion

$$\delta_\Phi^\varphi(\xi) = \begin{cases} \delta_\Phi(\xi), & \text{falls } \xi \in \mathsf{ls}\, C_\Phi \\ \delta_\Psi^\psi(\xi), & \text{anderenfalls.} \end{cases}$$

Nunmehr sind die Vorbereitungen für die Beweise der folgenden Sätze abgeschlossen.

Satz 7.110. (*Endlichkeitssatz für das direkte Produkt*) *Es seien Φ_1 und Φ_2 sequentielle Operatoren über $[X, Y_1]$ bzw. $[X, Y_2]$. Für die Endlichkeit des Gewichtes von $\Phi_1 \otimes \Phi_2$ ist es notwendig und hinreichend, daß die Bedingungen $G_{\Phi_1} \cdot G_{\Phi_2} < \aleph_0$ und $\delta_{\Phi_1}(\xi) = \delta_{\Phi_2}(\xi)$ für alle $\xi \in \mathsf{ls}\, C_{\Phi_1} \cap \mathsf{ls}\, C_{\Phi_2}$ erfüllt sind.*

Beweis. Wir zeigen zunächst, daß diese Bedingungen notwendig sind. Es sei dazu $G_{\Phi_1 \otimes \Phi_2} < \aleph_0$. Wegen $\Phi_i = Pr_i \circ (\Phi_1 \otimes \Phi_2)$ $(i = 1, 2)$ haben wir dann $G_{\Phi_i} \leqq G_{Pr_i} \cdot G_{\Phi_1 \otimes \Phi_2}$ und mit $G_{Pr_i} = 1$ folgt die erste Bedingung. Es sei weiter $\xi \in \mathsf{ls}\, C_{\Phi_1} \cap \mathsf{ls}\, C_{\Phi_2}$. Da $\delta_{Pr_i}(\eta) = 1$ für alle $\eta \in (Y_1 \times Y_2)^\omega$ gilt, haben wir mit Korollar 7.108. für die Normale pr_i von Pr_i sofort $\delta_{Pr_i}(\eta) = \lim\limits_{p \to \eta} \dfrac{l(p)}{l(pr_i(p))}$.

Damit ist nach Satz 7.90. (2) $\delta^{pr_i \circ \varphi}_{Pr_i \circ (\Phi_1 \otimes \Phi_2)}(\xi) = \delta_{Pr_i}(\Phi_1 \otimes \Phi_2(\xi)) \cdot \delta_{\Phi_1 \otimes \Phi_2}(\xi)$, wobei φ eine Fortsetzung der Normalen $\chi_\otimes$ von $\Phi_1 \otimes \Phi_2$ zu einer Minimalfunktion für $\Phi_1 \otimes \Phi_2$ sei. Wir haben also $\delta^{pr_i \circ \varphi}_{Pr_i \circ (\Phi_1 \otimes \Phi_2)}(\xi) = \delta_{\Phi_1 \otimes \Phi_2}(\xi)$. Es ist wegen $G_{pr_i \circ \varphi} \leqq G_{pr_i} \cdot G_\varphi = G_\varphi$ die Funktion $pr_i \circ \varphi$ eine Erzeugendenfunktion endlichen Gewichts von $Pr_i \circ (\Phi_1 \otimes \Phi_2) = \Phi_i$. Mit Korollar 7.95. erhalten wir dann $\delta^{pr_i \circ \varphi}_{\Phi_i}(\xi) = \delta_{\Phi_i}(\xi) = \delta_{\Phi_1 \otimes \Phi_2}(\xi)$. Damit ist auch die Notwendigkeit der zweiten Bedingung gezeigt.

Es seien nun $G_{\Phi_1} \cdot G_{\Phi_2} < \aleph_0$ und $\delta_{\Phi_1}(\xi) = \delta_{\Phi_2}(\xi)$ für alle $\xi \in \mathsf{ls}\, C_{\Phi_1} \cap \mathsf{ls}\, C_{\Phi_2}$. Weiterhin sei ψ eine Erzeugende endlichen Gewichts von Φ_2. Modellieren wir Φ_1 nach ψ, so erhalten wir eine Fortsetzung φ_1 der Normalen χ_{Φ_1} mit endlichem Gewicht, für die $\delta^{\varphi_1}_{\Phi_1}(\xi) = \delta^{\psi}_{\Phi_2}(\xi)$ für $\xi \notin \mathsf{ls}\, C_{\Phi_1}$ gilt. Wir modellieren Φ_2 nun nach dem erhaltenen φ_1 und gewinnen so eine Fortsetzung φ_2 der Normalen χ_{Φ_2}, die ebenfalls endliches Gewicht hat und die Gleichung $\delta^{\varphi_2}_{\Phi_2}(\xi) = \delta^{\varphi_1}_{\Phi_1}(\xi)$ für $\xi \notin \mathsf{ls}\, C_{\Phi_2}$ erfüllt. Nach Korollar 7.95. gilt für ψ die Beziehung

$$\delta^{\psi}_{\Phi_2}(\xi) = \delta_{\Phi_2}(\xi) \qquad \text{für } \xi \in \mathsf{ls}\, C_{\Phi_2}.$$

Mit der Voraussetzung $\delta_{\Phi_1}(\xi) = \delta_{\Phi_2}(\xi)$ für $\xi \in \mathsf{ls}\, C_{\Phi_1} \cap \mathsf{ls}\, C_{\Phi_2}$ erhalten wir also $\delta^{\varphi_1}_{\Phi_1}(\xi) = \delta^{\varphi_2}_{\Phi_2}(\xi)$ für alle $\xi \in X^\omega$. Da φ_1 und φ_2 endliches Gewicht haben, gibt es nach Satz 7.102. ein $m \in \mathsf{N}$ derart, daß $\mathfrak{v}(\varphi_1, \varphi_2) \leqq m$ gilt. Damit kann der im Anschluß an den Beweis von Satz 7.82. konstruierte Automat $\mathfrak{B}(\varphi_1, \varphi_2)$ endlich gewählt werden. Dieser Automat realisiert aber $\Phi_1 \otimes \Phi_2$. ∎

Wir beantworten nun die Frage, ob für zwei sequentielle Operatoren endlichen Gewichts Φ_1 und Φ_2 über $[X, Y_1]$ und $[X, Y_2]$ die Bedingung $G_{\Phi_1 \otimes \Phi_2} < \aleph_0$ entscheidbar ist, falls z. B. Φ_1 und Φ_2 durch sequentielle Erzeugenden endlichen Gewichts φ_1 bzw. φ_2 gegeben sind. Mit Hilfe von Satz 7.30. bestimmen wir zunächst C_{Φ_1} und C_{Φ_2}. Damit lassen sich auch $\mathsf{ls}\, C_{\Phi_1}$, $\mathsf{ls}\, C_{\Phi_2}$ und schließlich $F =_{Df} \mathsf{ls}\, C_{\Phi_1} \cap \mathsf{ls}\, C_{\Phi_2}$ effektiv angeben. Mithin können wir das im Anschluß an Satz 7.101 erläuterte Verfahren zur Entscheidung der Gleichheit von $\delta^{\varphi_1}_{\Phi_1}$ und $\delta^{\varphi_2}_{\Phi_2}$ auf F heranziehen, welches wegen Korollar 7.95 schon ein Entscheidungsverfahren für die Gleichheit von δ_{Φ_1} und δ_{Φ_2} auf F ist.

Satz 7.111. (*Endlichkeitssatz für das freie Produkt*) *Es seien Φ_1 und Φ_2 sequentielle Operatoren über $[X_1 Y_1]$ bzw. $[X_2, Y_2]$. Für die Endlichkeit des Gewichtes von $\Phi_1 \times \Phi_2$ ist es notwendig und hinreichend, daß die Bedingungen $G_{\Phi_1} \cdot G_{\Phi_2} < \aleph_0$ und $\delta_{\Phi_1}(\xi_1) = \delta_{\Phi_2}(\xi_2)$ für alle $\xi_1 \in \mathsf{ls}\, C_{\Phi_1}$ und $\xi_2 \in \mathsf{ls}\, C_{\Phi_2}$ erfüllt sind.*

Beweis. Wir zeigen zunächst, daß die angegebenen Bedingungen hinreichend sind. Dazu gehen wir zu der Darstellung $\Phi_1 \times \Phi_2 = \hat{\Phi}_1 \otimes \hat{\Phi}_2$, die in Lemma 7.76. benutzt wurde, über. Aus $\hat{\Phi}_i = \Phi_i \circ Pr_i$ $(i = 1, 2)$ erhalten wir leicht $G_{\hat{\Phi}_i} \leqq G_{\Phi_i} \cdot G_{Pr_i} = G_{\Phi_i}$. Also haben mit Φ_1 und Φ_2 auch $\hat{\Phi}_1$ und $\hat{\Phi}_2$ endliches Gewicht. Im Beweis von Lemma 7.78. (2) sind die folgenden Beziehungen bewiesen: $C_{\hat{\Phi}_1} = C_{\Phi_1} \otimes X_2^*$, $C_{\hat{\Phi}_2} = X_1^* \otimes C_{\Phi_2}$. Mit Folgerung 7.4. (1) und Folgerung 7.73. (2) erhalten wir deshalb $\mathsf{ls}\, C_{\hat{\Phi}_1} = \mathsf{ls}\, C_{\Phi_1} \otimes X_2^\omega$ und $\mathsf{ls}\, C_{\hat{\Phi}_2} = X_1^\omega \otimes \otimes\, \mathsf{ls}\, C_{\Phi_2}$. Damit ist $\mathsf{ls}\, C_{\hat{\Phi}_1} \cap \mathsf{ls}\, C_{\hat{\Phi}_2} = \mathsf{ls}\, C_{\Phi_1} \otimes \mathsf{ls}\, C_{\Phi_2}$. Es sei nun $\eta = [[\xi_1, \xi_2]]$ aus $\mathsf{ls}\, C_{\Phi_1} \otimes \mathsf{ls}\, C_{\Phi_2}$. Mit Korollar 7.95. und Satz 7.90. (3) haben wir die Beziehung $\delta_{\hat{\Phi}_i}(\eta) = \delta_{\Phi_i \circ Pr_i}(\eta) = \delta_{\Phi_i}(\xi_i) \cdot \delta_{Pr_i}(\eta) = \delta_{\Phi_i}(\xi_i)$. Also ist nach Voraussetzung $\delta_{\hat{\Phi}_1}(\eta) = \delta_{\hat{\Phi}_2}(\eta)$ für $\eta \in \mathsf{ls}\, C_{\hat{\Phi}_1} \cap \mathsf{ls}\, C_{\hat{\Phi}_2}$. Mithin hat zufolge Satz 7.110. der Operator $\Phi_1 \times \Phi_2$ endliches Gewicht.

Wir zeigen nun die Notwendigkeit der im Satz formulierten Bedingungen. Dazu wählen wir zunächst Buchstaben $x \in X_1$ und $x' \in X_2$ und definieren $\Psi_1(\xi) =_{Df} [[\xi, \bar{x}']]$ für $\xi \in X_1^\omega$ und $\Psi_2(\xi') =_{Df} [[\bar{x}, \xi']]$ für $\xi' \in x_2^\omega$. Hieraus folgt

$\Phi_i = \hat{\Phi}_1 \circ \Psi_i$. Wegen $G_{\Psi_i} = 1$ und $\delta_{\Psi_i}(\xi) = 1$ für $\xi \in X_i^\omega$ $(i = 1, 2)$ haben wir dann $G_{\Phi_i} \leqq G_{\hat{\Phi}_i}$, und aus dem ersten Teil des Beweises ergibt sich $\delta_{\Phi_i}(\xi_i) = \delta_{\hat{\Phi}_i}([[\xi_1, \xi_2]])$ für $\xi_i \in \mathsf{Is}\, C_{\Phi_i}$. Es habe nun $\Phi_1 \times \Phi_2 = \hat{\Phi}_1 \otimes \hat{\Phi}_2$ endliches Gewicht. Wenden wir Satz 7.110. an, so folgt, daß $\hat{\Phi}_1$ und $\hat{\Phi}_2$, und mithin auch Φ_1 und Φ_2, endliches Gewicht haben. Sind nun weiterhin $\xi_1 \in \mathsf{Is}\, C_{\Phi_1}$ und $\xi_2 \in \mathsf{Is}\, C_{\Phi_2}$, so gilt $[[\xi_1, \xi_2]] \in \mathsf{Is}\, C_{\Phi_1} \otimes \mathsf{Is}\, C_{\Phi_2} = \mathsf{Is}\, C_{\hat{\Phi}_1} \cap \mathsf{Is}\, C_{\hat{\Phi}_2}$. Wiederum mit Satz 7.110. erhalten wir $\delta_{\hat{\Phi}_1}([[\xi_1, \xi_2]]) = \delta_{\hat{\Phi}_2}([[\xi_1, \xi_2]])$, und somit $\delta_{\Phi_1}(\xi_1) = \delta_{\Phi_2}(\xi_2)$. ∎

Anmerkung. Im Falle $\mathsf{Is}\, C_{\Phi_1} \neq \emptyset$ folgt aus der zweiten Bedingung von Satz 7.111. sofort $\delta_{\Phi_2}(\xi_2) = const$ für alle $\xi_2 \in \mathsf{Is}\, C_{\Phi_2}$. Analog ergibt sich aus $\mathsf{Is}\, C_{\Phi_2} \neq \emptyset$ die Beziehung $\delta_{\Phi_1}(\xi_1) = const$ für alle $\xi_1 \in \mathsf{Is}\, C_{\Phi_1}$.

Das nach dem Beweis von Satz 7.110. erläuterte Verfahren ist auch zur Entscheidung der Frage, ob $\Phi_1 \times \Phi_2$ endliches Gewicht hat, verwendbar. Man benutze wiederum die Gleichung $\Phi_1 \times \Phi_2 = \hat{\Phi}_1 \otimes \hat{\Phi}_2$.

Im Anschluß an die Endlichkeitssätze wollen wir einige ihrer Anwendungen beschreiben. Dazu erwähnen wir zunächst eine Eigenschaft des in Definition 6.36. eingeführten inneren Graphen eines sequentiellen Operators.

Folgerung 7.112. *Der innere Graph* $\mathfrak{Gr}(\Phi)$ *eines sequentiellen Operators* Φ *über* $[X, Y]$ *ist eine abgeschlossene Teilmenge von* $(X \times Y)^\omega$.

Wir geben nun das im Zusammenhang mit Lemma 6.37. erwähnte Kriterium für die Regularität des inneren Graphen; ein Teil dieses Satzes wurde von Trachtenbrot ([63]) bewiesen.

Satz 7.113. (*Graphensatz*) *Der innere Graph* $\mathfrak{Gr}(\Phi)$ *eines sequentiellen Operators* Φ *über* $[X, Y]$ *ist genau dann regulär, wenn* Φ *endliches Gewicht hat und* $\delta_\Phi(\xi) = 1$ *für alle* $\xi \in \mathsf{Is}\, C_\Phi$ *gilt.*

Beweis. Man verifiziert mit Definition 6.36. leicht $\mathfrak{Gr}(\Phi) = (Id^X \otimes \Phi)\,(X^\omega)$. Sind nun $G_\Phi < \aleph_0$ und $\delta_\Phi(\xi) = 1$ für $\xi \in \mathsf{Is}\, C_\Phi$, so hat $Id^X \otimes \Phi$ nach Satz 7.110. endliches Gewicht. Also ist $(Id^X \otimes \Phi)\,(X^\omega)$ regulär (man vergleiche mit Satz 6.27.).

Es seien nun $F_1, \dots, F_k$ sämtliche nichtleeren Zustände der regulären abgeschlossenen Menge $\mathfrak{Gr}(\Phi)$. Weiterhin sei $p \in X^*$ ein Wort mit einer Länge $l(p) > k^2$. Dann haben alle $q \in Y^*$ mit $l(q) = l(p)$ und $[[p, q]] \in \mathsf{A}(F_i)$ denselben Anfangsbuchstaben. Wenn wir nämlich das Gegenteil annehmen, d. h., gibt es q' und q'' mit verschiedenen Anfangsbuchstaben, die den geforderten Bedingungen genügen, so existieren in der Folge

$$([F_i \mid r, F_i \mid r']: r \sqsubseteq [[p, q]] \wedge r' \sqsubseteq [[p, q']] \wedge l(r) = l(r'))$$

wegen $l(p) > k^2$ Paare, die gleich sind. Es seien dies die Paare $[F_i \mid r_1, F_i \mid r_1']$ und $[F_i \mid r_2, F_i \mid r_2']$, wobei $r_1 \sqsubset r_2$ und $r_1' \sqsubset r_2'$ gelte. Damit sind dann $r_1 \cdot \overline{(r_2 \mid r_1)} \in F_i$ und $r_1'\overline{(r_2' \mid r_1')} \in F_i$ und $r_1 \cdot \overline{(r_2 \mid r_1)} \neq r_1' \cdot \overline{(r_2' \mid r_1')}$. Es ist aber $Pr_1(r_1\overline{(r_2 \mid r_1)}) = Pr_1(r_1'\overline{(r_2' \mid r_2')})$, wovon man sich an Hand der Konstruktion leicht überzeugt. Somit wäre Φ nicht eindeutig.

Wir transformieren nun wie folgt den inneren Graphen $\mathfrak{Gr}(\Phi)$ in den inneren Graphen eines Operators Φ' über $[X, Y']$, wobei $Y' = Y \cup \{*\}$, $* \notin Y$ gesetzt sei:

$$\mathfrak{Gr}(\Phi') =_{Df} \{[[\xi, *^{k^2} \cdot \eta]]: [[\xi, \eta]] \in \mathfrak{Gr}(\Phi)\}$$

Damit ist auch $\mathfrak{Gr}(\Phi')$ regulär. Setzen wir $\varphi'(p) =_{Df} pr_2(\{p\} \otimes Y'^{l(p)} \cap \cap \mathsf{A}(\mathfrak{Gr}(\Phi')))$, so ist diese Funktion zufolge der oben durchgeführten Untersuchung eindeutig, sequentiell und hat, da $\mathsf{A}(\mathfrak{Gr}(\Phi'))$ regulär ist, außerdem endliches Gewicht. Weiterhin gilt $\boldsymbol{P}\varphi' = \Phi'$. Definieren wir nun

$$\varphi(p) =_{Df} \begin{cases} e, & \text{falls } l(p) \leqq k^2, \\ \varphi'(p) \mid *^{k^2}, & \text{falls } l(p) > k^2, \end{cases}$$

so ist φ eine sequentielle Funktion endlichen Gewichts, die Φ erzeugt. Damit ist Φ sequentieller Operator endlichen Gewichts. Schließlich hat man $\delta_\Phi(\xi) = 1$ für $\xi \in \mathsf{ls}\, C_\Phi$ wegen $l(p) - l(\varphi(p)) \leqq k^2$. ∎

Wir können aus Satz 7.110. ein Verfahren ableiten, welches es uns gestattet, für sequentielle Operatoren endlichen Gewichts Φ und Ψ über $[X, Y]$ und für eine reguläre Teilmenge F von X^ω zu entscheiden, ob Φ und Ψ auf F übereinstimmen:

(1) Gilt $\Phi(\xi) = \Psi(\xi)$ für alle $\xi \in F$, so ist auch $\Phi(\xi) = \Psi(\xi)$ für alle $\xi \in \mathfrak{C}_\varrho(F)$ auf Grund der Stetigkeit und Abgeschlossenheit sequentieller Operatoren. Somit können wir F als abgeschlossen voraussetzen.

(2) Damit ist das oben formulierte Problem äquivalent zur Frage „$\Phi \circ \Phi_F = \Psi \circ \Phi_F$?", wo Φ_F den im Aufzählungssatz 6.39. konstruierten, die Menge F aufzählenden kanonischen sequentiellen Operator über $[X, X]$ bezeichnet.

(3) Ist $\Phi \circ \Phi_F = \Psi \circ \Phi_F$, so hat natürlich $(\Phi \circ \Phi_F) \otimes (\Psi \circ \Phi_F)$ endliches Gewicht. Also ist der positive Ausgang des Testes „$\delta_{\Phi \circ \Phi_F}(\xi) = \delta_{\Psi \circ \Phi_F}(\xi)$?", eine notwendige Voraussetzung für die Gleichheit von $\Phi \circ \Phi_F$ und $\Psi \circ \Phi_F$.

(4) Wir bestimmen nun für den Operator $\Phi' =_{Df} (\Phi \circ \Phi_F) \otimes (\Psi \circ \Phi_F)$ das volle Bild $\Phi'(X^\omega)$. Gilt dann $\Phi'(X^\omega) \subseteq \mathsf{diag}\,((Y \times Y)^\omega)$, so stimmen Φ und Ψ auf F überein, anderenfalls nicht. Auch diese Bedingung ist effektiv nachprüfbar, da sowohl $\Phi'(X^\omega)$ als auch $\mathsf{diag}\,(Y \times Y)^\omega$ regulär sind.

Eine gewisse Umkehrung des soeben angegebenen Verfahrens hat man vermittels

Lemma 7.114. *Es seien Φ und Ψ sequentielle Operatoren endlichen Gewichts über $[X, Y]$ und $F \subseteq \mathsf{ls}\, C_\Phi \cap \mathsf{ls}\, C_\Psi$ reguläre Menge. Stimmen Φ und Ψ auf F überein, so gilt $\delta_\Phi(\xi) = \delta_\Psi(\xi)$ für jedes $\xi \in \partial F$.*

Beweis. Stimmen Φ und Ψ auf F überein, so stimmen sie auch auf $\mathfrak{C}_\varrho(F)$ überein. Für $\mathfrak{C}_\varrho(F)$ haben wir ebenfalls die Inklusion $\mathfrak{C}_\varrho(F) \subseteq \mathsf{ls}\, C_\Phi \cap \mathsf{ls}\, C_\Psi$, da $\mathsf{ls}\, C_\Phi \cap \mathsf{ls}\, C_\Psi$ schon abgeschlossen ist. Wir benutzen nun wieder den in Satz 6.39. konstruierten Operator Φ_F. Dieser Operator hat endliches Gewicht und ist durch eine synchrone sequentielle Funktion realisierbar. Nach Korollar 7.95. gilt daher $\delta_{\Phi_F}(\xi) = 1$ oder $\delta_{\Phi_F}(\xi) = 0$. Es sei nun ξ ein Häufungspunkt von F,

d. h., es gibt eine Folge $(\xi_i)_{i \in \mathbb{N}}$ in F, die gegen ξ konvergiert. Mit Satz 6.39. haben wir dann $\Phi_F(\xi) = \xi$ und $\Phi_F(\xi_i) = \xi_i$, also $\overline{\lim_{i \to \infty}} \vartheta_{\Phi_F}(\xi, \xi_i) = 1$. Aus Lemma 7.88. (1) folgt $\delta_{\Phi_F}(\xi) \geqq 1$. Damit ist $\delta_{\Phi_F}(\xi) = 1$, falls $\xi \in \partial F$. Wählen wir nun φ, ψ und φ_F als Erzeugendenfunktionen endlichen Gewichts von Φ, Ψ bzw. Φ_F, so folgt aus der Identität $\Phi \circ \Phi_F = \Psi \circ \Phi_F$ mit Satz 7.90. (3) und Korollar 7.95. sofort

$$\delta_\Phi^\varphi(\xi) = \delta_{\Phi \circ \Phi_F}^{\varphi \circ \varphi_F}(\xi) = \delta_{\Psi \circ \Phi_F}^{\psi \circ \varphi_F}(\xi) = \delta_\Psi^\psi(\xi) \quad \text{für } \xi \in \partial F .$$

Wegen Korollar 7.95. haben wir dann die Behauptung. ▮

Wir merken an, daß sich unter den Voraussetzungen des Lemmas 7.114. in der Tat nur die Gleichheit von δ_Φ und δ_Ψ auf ∂F beweisen läßt. Wählt man nämlich $\Phi =_{Df} Id^X$ und Ψ gleich demjenigen Operator, der jeden Buchstaben verdoppelt, so stimmen Φ und Ψ zwar auf $F =_{Df} \{\bar{x}\}$ überein, jedoch ist $\delta_\Phi(\bar{x}) \neq \delta_\Psi(\bar{x})$.

7.3.6. Die Summe sequentieller Operatoren

Wir kehren nun zu dem Problem zurück, welches wir zu Anfang des Punktes 7.3. erörtert hatten: Unter welchen Bedingungen ist die Summe $\Psi_1 + \Psi_2$ von sequentiellen Operatoren Ψ_1, Ψ_2 über $[Y, Y]$ endlichen Gewichts? Zu diesem Zwecke verwenden wir den sequentiellen Summations-Operator Σ über $[Y \times Y, Y]$, der wie folgt definiert ist: $\Sigma([[\eta, \eta']]) =_{Df} \eta + \eta'$. Er hat unter anderem die folgenden Eigenschaften:

(1) $G_\Sigma = 1$;
(2) Σ ist konstantenfrei;
(3) $\delta_\Sigma(\xi) = 1$ gilt für alle $\xi \in (Y \times Y)^\omega$.

Die Summe der Operatoren Ψ_1 und Ψ_2 läßt sich dann in der Form $\Psi_1 + \Psi_2 = \Sigma \circ (\Psi_1 \otimes \Psi_2)$ darstellen.

L e m m a 7.115. *Es seien Ψ_1 und Ψ_2 sequentielle Operatoren über $[Y, Y]$. Dann gilt*

$$\delta_{\Psi_1 + \Psi_2}(\eta) \leqq max \{\delta_{\Psi_1}(\eta), \delta_{\Psi_2}(\eta)\} \quad \text{für } \eta \in Y^\omega .$$

B e w e i s. Es ist $\Psi_1 + \Psi_2 = \Sigma \circ (\Psi_1 \otimes \Psi_2)$. Mit Folgerung 7.109. (1) haben wir $\delta_{\Psi_1 \otimes \Psi_2}(\eta) = max \{\delta_{\Psi_1}(\eta), \delta_{\Psi_2}(\eta)\}$. Daraus erhalten wir nach Folgerung 7.89 $\delta_{\Psi_1 + \Psi_2}(\eta) \leqq \delta_\Sigma((\Psi_1 + \Psi_2)(\eta)) \cdot \delta_{\Psi_1 \otimes \Psi_2}(\eta) = \delta_{\Psi_1 \otimes \Psi_2}(\eta)$ für alle $\eta \in Y^\omega$. Die Behauptung ergibt sich dann mit Folgerung 7.109. (1). ▮

Wir kommen nun zu dem angekündigten Resultat.

S a t z 7.116. *Es seien Ψ_1 und Ψ_2 sequentielle Operatoren endlichen Gewichts, die der Bedingung $\delta_{\Psi_1}(\eta) = \delta_{\Psi_2}(\eta)$ für $\eta \in \mathrm{ls}\, C_{\Psi_1} \cap \mathrm{ls}\, C_{\Psi_2}$ genügen. Dann ist $\Psi_1 + \Psi_2$ sequentieller Operator endlichen Gewichts.*

B e w e i s. Unter den Voraussetzungen des Satzes hat $\Psi_1 \otimes \Psi_2$ endliches Gewicht (siehe Satz 7.110.). Deshalb hat auch $\Psi_1 + \Psi_2 = \Sigma \circ (\Psi_1 \otimes \Psi_2)$ endliches Gewicht. ▮

Wir schließen die Lösung eines Problems an, welches im Zusammenhang mit Lemma 5.91. aufgetreten war.

Lemma 7.117. *Es seien F_1, F_2 reguläre Teilmengen von Y^ω. Dann ist auch $F_1 + F_2$ regulär.*

Beweis. Mit Folgerung 6.35. ist $F_1 \otimes F_2$ regulär. Daher ist $F_1 + F_2 = \Sigma(F_1 \otimes F_2)$ nach Satz 6.38. regulär. ▮

7.4. Generierungs- und Reduktionsprobleme für die vollen Urbilder von $\boldsymbol{P}$

7.4.1. Generierung von Erzeugenden

Für den Fall konstantenfreier Operatoren Φ über festen Alphabeten $[X, Y]$ (vergleiche Punkt 7.1.3.) untersuchen wir im vorliegenden Abschnitt einige algebraische Eigenschaften der Menge $\boldsymbol{P}^{-1}\Phi$ aller Erzeugenden φ von Φ. Bereits aus Satz 7.102. folgt, daß jede dieser Mengen unendlich ist. Weiter ist wegen Lemma 7.94. bekannt, daß sich die Funktionen aus $\boldsymbol{P}^{-1}\Phi$ untereinander (und insbesondere von der Normalen χ_Φ) nur durch ausgabeseitige Verzögerungen unterscheiden. Es liegt daher nahe, die Komplexprodukte $(\boldsymbol{P}^{-1}\Phi) \circ (\boldsymbol{P}^{-1}Id^X)$ bzw. $(\boldsymbol{P}^{-1}Id^X) \circ (\boldsymbol{P}^{-1}\Phi)$ zu untersuchen und nach Kriterien dafür zu fragen, daß für eine Menge $B \subseteq \boldsymbol{P}^{-1}\Phi$ bereits $B \circ (\boldsymbol{P}^{-1}Id^X) = \boldsymbol{P}^{-1}\Phi$ bzw. $(\boldsymbol{P}^{-1}Id^Y) \circ B = \boldsymbol{P}^{-1}\Phi$ gilt. Wir beantworten dieses Problem hier in Anlehnung an [32] für Einermengen B.

Als qualitatives Gegenstück zu der im Punkt 7.3.4. eingeführten gegenseitigen Verzögerung von Funktionen definieren wir in der Menge $\boldsymbol{P}^{-1}\Phi$ die Halbordnungsrelation „$\leqq$", indem wir für $\varphi, \varphi' \in \boldsymbol{P}^{-1}\Phi$ genau dann $\varphi \leqq \varphi'$ setzen, wenn für alle $p \in X^*$ die Beziehung $\varphi(p) \sqsubseteq \varphi'(p)$ erfüllt ist. Aus den Eigenschaften der Normalen folgt sofort (vergleiche Lemma 7.12.)

Folgerung 7.118. *Die Normale χ_Φ ist Maximum in $[\boldsymbol{P}^{-1}\Phi, \leqq]$.*

Fassen wir nun die Funktionen aus $\boldsymbol{P}^{-1}Id^X$ bzw. $\boldsymbol{P}^{-1}Id^Y$ als Operationen auf der Menge $\boldsymbol{P}^{-1}\Phi$ auf, indem wir für $\psi \in \boldsymbol{P}^{-1}Id^X$ (bzw. $\psi \in \boldsymbol{P}^{-1}Id^Y$) und $\varphi \in \boldsymbol{P}^{-1}\Phi$ definieren $\psi(\varphi) =_{Df} \varphi \circ \psi$ (bzw. $\psi(\varphi) =_{Df} \psi \circ \varphi$), so gilt

Folgerung 7.119. *$[\boldsymbol{P}^{-1}\Phi, \boldsymbol{P}^{-1}Id^X, \leqq]$ und $[\boldsymbol{P}^{-1}\Phi, \boldsymbol{P}^{-1}Id^Y, \leqq]$ sind halbgeordnete allgemeine Algebren.*

Beweis.

(1) Für jede Operation $\psi \in \boldsymbol{P}^{-1}Id^X$ (bzw. $\psi \in \boldsymbol{P}^{-1}Id^Y$) gilt $\psi: \boldsymbol{P}^{-1}\Phi \to \boldsymbol{P}^{-1}\Phi$, denn es ist $(\boldsymbol{P}\varphi) \circ (\boldsymbol{P}\psi) = \Phi \circ Id^X = \Phi$ und wegen Folgerung 7.8. (2) $\Phi = \boldsymbol{P}\varphi \circ \psi$, damit also stets $\psi(\varphi) \in \boldsymbol{P}^{-1}\Phi$. Analog schließt man für $\psi \in \boldsymbol{P}^{-1}Id^Y$.

(2) Die Halbordnungsrelation „$\leqq$" ist mit den Operationen aus $\boldsymbol{P}^{-1}Id^X$ (bzw. aus $\boldsymbol{P}^{-1}Id^Y$) verträglich, denn aus $\varphi \leqq \varphi'$ folgt für $\psi \in \boldsymbol{P}^{-1}Id^X$ und jedes $p \in X^*$ sofort $\varphi \circ \psi(p) \sqsubseteq \varphi' \circ \psi(p)$, d. h. $\psi(\varphi) \leqq \psi(\varphi')$; im Falle $\psi \in \boldsymbol{P}^{-1}Id^Y$ nutzt

man die Sequentialität von ψ aus und hat für jedes $p \in X^*$ ebenfalls $\psi \circ \varphi(p) \sqsubseteq \sqsubseteq \psi \circ \varphi'(p)$, d. h. $\psi(\varphi) \leqq \psi(\varphi')$. ▮

Die von $[\boldsymbol{P}^{-1}\Phi, \boldsymbol{P}^{-1}Id^X, \leqq]$ und $[\boldsymbol{P}^{-1}\Phi, \boldsymbol{P}^{-1}Id^Y, \leqq]$ erzeugten *algebraischen Hüllenoperatoren* wollen wir mit $\mathfrak{H}_{\Phi,X}$ bzw. $\mathfrak{H}_{\Phi,Y}$ bezeichnen.

Folgerung 7.120. *Für jede Menge $M \subseteq \boldsymbol{P}^{-1}\Phi$ ist*

1. $\mathfrak{H}_{\Phi,X}(M) = M \circ (\boldsymbol{P}^{-1}Id^X)$ *und*
2. $\mathfrak{H}_{\Phi,Y}(M) = (\boldsymbol{P}^{-1}Id^Y) \circ M$.

Beweis. Ist $\varphi \in \mathfrak{H}_{\Phi,X}(M)$, so existieren $\varphi' \in M$ und $\psi_1, \ldots, \psi_k \in \boldsymbol{P}^{-1}Id^X$ derart, daß $\varphi = \psi_1(\cdots \psi_k(\varphi') \cdots) = \psi_1 \circ \cdots \circ \psi_k \circ \varphi'$ gilt. Wegen $\boldsymbol{P}\psi_1 \circ \cdots \circ \psi_k = Id^X$ (vergleiche Folgerung 7.8. (2)) haben wir die Behauptung 1. Analog schließt man im Falle 2. ▮

Als erste Teilantwort auf unser eingangs formuliertes Problem erhalten wir nun:

Satz 7.121. *Die Normalität von φ ist notwendig dafür, daß $\mathfrak{H}_{P\varphi,X}(\{\varphi\}) = \boldsymbol{P}^{-1}\boldsymbol{P}\varphi$ bzw. $\mathfrak{H}_{P\varphi,Y}(\{\varphi\}) = \boldsymbol{P}^{-1}\boldsymbol{P}\varphi$ gilt.*

Beweis. Ist $\varphi \neq \chi_{P\varphi}$, so existiert ein $p \in X^*$ derart, daß $\varphi(p) \sqsubset \chi_{P\varphi}(p)$ gilt. Wegen Folgerung 7.120. (1) bzw. (2) haben wir für jedes $\varphi' \in \mathfrak{H}_{P\varphi,X}(\{\varphi\})$ bzw. $\varphi' \in \mathfrak{H}_{P\varphi,Y}(\{\varphi\})$ die Beziehung $\varphi' \leqq \varphi$. Also folgt $\chi_{P\varphi} \neq \varphi'$, d. h. $\mathfrak{H}_{P\varphi,X}(\{\varphi\}) \subset \subset \boldsymbol{P}^{-1}\boldsymbol{P}\varphi$ bzw. $\mathfrak{H}_{P\varphi,Y}(\{\varphi\}) \subset \boldsymbol{P}^{-1}\boldsymbol{P}\varphi$. ▮

Die Bedingung von Satz 7.121. ist nicht hinreichend, wie uns das folgende Beispiel zeigt.

Beispiel 7.122. Es sei φ die von dem in Abbildung 7.3 gegebenen Automaten realisierte sequentielle Funktion über $[\{x, y, u\}, \{0, 1\}]$. Man prüft leicht nach, daß φ Normale ist. Ferner untersuchen wir diejenige sequentielle Funktion φ', die von dem Automaten aus Abbildung 7.4. im Zustand z_0 realisiert wird. Es ist offensichtlich, daß $\boldsymbol{P}\varphi' = \boldsymbol{P}\varphi$ gilt. Jedoch kann nicht $\varphi' \in \mathfrak{H}_{P\varphi,X}(\{\varphi\})$ sein, denn für jedes $\psi \in \boldsymbol{P}^{-1}Id^X$ gilt entweder $\psi(x) = e$, d. h. $\psi \circ \varphi(x) = e \sqsubset \varphi'(x)$, oder $x \sqsubseteq \psi(x)$, d. h. $\varphi'(x) \sqsubset \varphi \circ \psi(x)$. Analog zeigt man, daß auch $\varphi' \notin \mathfrak{H}_{P\varphi,Y}(\{\varphi\})$: Soll nämlich $\psi' \circ \varphi = \varphi'$ für ein $\psi' \in \boldsymbol{P}^{-1}Id^Y$ gelten, so muß einerseits $\psi'(011) = 0$ sein, da $\varphi'(x) = 0$ gefordert ist. Andererseits müßte aber wegen $\varphi'(y) = 01$ auch $\psi'(01) = 01$ gelten. Dies steht in offensichtlichem Widerspruch zur Sequentialität der Elemente aus $\boldsymbol{P}^{-1}Id^Y$.

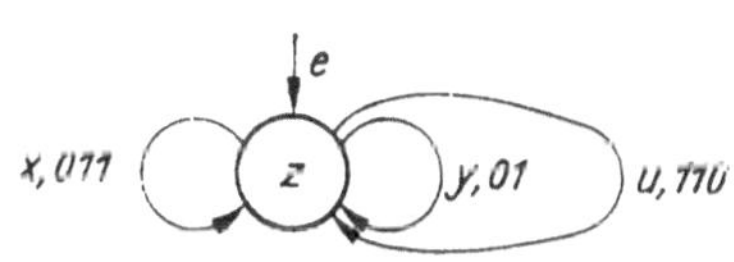

Abb. 7.3. Normale φ für die $\mathfrak{H}_{P\varrho,x}(\{\varphi\}) \neq \varrho^{-1}P\varphi$ gilt

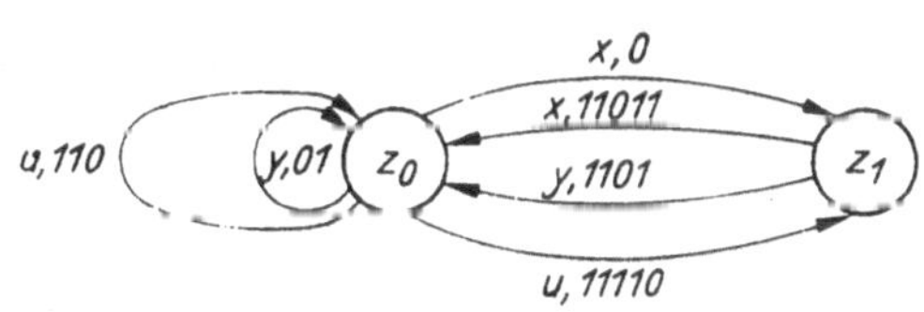

Abb. 7.4. Ein Beispiel für $\varphi' \in P^{-1}P\varphi \backslash \mathfrak{H}_{P\varphi,x}(\{\varphi\})$ (φ wie in Abb. 7.3)

Eine vollständige Antwort für den Fall $\mathfrak{H}_{P\varphi,X}$ liefert nun

Satz 7.123. *Für die Normale χ_Φ eines sequentiellen konstantenfreien Operators Φ über $[X, Y]$ gilt genau dann $\mathfrak{H}_{\Phi,X}(\{\chi_\Phi\}) = \boldsymbol{P}^{-1}\Phi$, wenn $l(\chi_\Phi(e)) = 0$ und $\mathfrak{max}\,\chi_\Phi = 1$.*

Beweis. a) $\rightarrow$: Ist $l(\chi_\Phi(e)) \neq 0$, so gehört keine der Funktionen $\varphi \in \boldsymbol{P}^{-1}\Phi$, für die $\varphi(e) \sqsubset \chi_\Phi(e)$ gilt, der Menge $\mathfrak{H}_{\Phi,X}(\{\chi_\Phi\})$ an. Ist dagegen $\mathfrak{max}\,\chi_\Phi > 1$, so gibt es ein $p \in X^*$ derart, daß $l((\chi_\Phi)_p\,(x)) > 1$ gilt. Dann gehört jedoch keine der Funktionen $\varphi \in \boldsymbol{P}^{-1}\Phi$, für die $\varphi(p) \sqsubset \varphi(px) \sqsubset \chi_\Phi(px)$ gilt, der Menge $\mathfrak{H}_{\Phi,X}(\{\chi_\Phi\})$ an.

b) $\leftarrow$: Es seien $l(\chi_\Phi(e)) = 0$, $\mathfrak{max}\,\chi_\Phi = 1$ und $\varphi \in \boldsymbol{P}^{-1}\Phi$. Wir definieren $\psi(p)$ als das Element der Einermenge $\mathsf{Min}\,(\mathsf{A}(p) \cap \chi_\Phi^{-1}(\varphi(p)))$. Man prüft ohne Mühe auf Grund der Voraussetzungen über χ_Φ und φ, daß $\psi \in \boldsymbol{P}^{-1}Id^X$ und $\psi(\chi_\Phi) = \varphi$, d. h. $\varphi \in \mathfrak{H}_{\Phi,X}(\{\chi_\Phi\})$ gilt. ∎

Im Falle $\mathfrak{H}_{P\varphi,Y}$ erhalten wir dagegen:

Satz 7.124. *Für die Normale χ_Φ eines sequentiellen konstantenfreien Operators Φ über $[X, Y]$ gilt genau dann $\mathfrak{H}_{\Phi,Y}(\{\chi_\Phi\}) = \boldsymbol{P}^{-1}\Phi$, wenn χ_Φ^{-1} auf der Menge $\chi_\Phi(X^*) \setminus \{e\}$ eindeutig ist.*

Beweis. a) $\rightarrow$: Es seien $\mathfrak{H}_{\Phi,Y}(\{\chi_\Phi\}) = \boldsymbol{P}^{-1}\Phi$ und $q \in \chi_\Phi(X^*) \setminus \{e\}$. Wir zeigen die Eindeutigkeit von χ_Φ^{-1}. Angenommen, es wäre $\chi_\Phi(u) = \chi_\Phi(v) = q$. Im Falle $u \sqsubset v$ oder $u \parallel v$ und $u \neq v$ läßt sich wegen $q \neq e$ ohne Mühe ein $\varphi \in \boldsymbol{P}^{-1}\Phi$ so angeben, daß $\varphi(u) \sqsubset \varphi(v)$ gilt. Der Annahme $\varphi \in \mathfrak{H}_{\Phi,Y}(\{\chi_\Phi\})$ wird damit widersprochen, denn nach Folgerung 7.120. müßte in diesem Falle wegen $\chi_\Phi(v) \sqsubseteq \chi_\Phi(u)$ auch $\varphi(v) \sqsubseteq \varphi(u)$ gelten. Analog schließt man für $v \sqsubset u$. Also ist $u = v$ und damit χ_Φ^{-1} auf $\chi_\Phi(X^*) \setminus \{e\}$ eindeutig.

b) $\leftarrow$: Falls χ_Φ^{-1} auf $\chi_\Phi(X^*) \setminus \{e\}$ eindeutig ist, so liefert uns ψ, für das wir $\psi(q) = e$ setzen, falls $\mathsf{A}(q) \cap \chi_\Phi(X^*) = \emptyset$ oder $\mathsf{Max}\,(\mathsf{A}(q) \cap \chi_\Phi(X^*)) = \{e\}$ ist, und sonst $\psi(q)$ gleich dem Element der Einermenge $\varphi(\chi_\Phi^{-1}\,(\mathsf{Max}\,(\mathsf{A}(q) \cap \chi_\Phi(X^*))))$ wählen, für jede vorgegebene Funktion $\varphi \in \boldsymbol{P}^{-1}\Phi$ ein Element aus $\boldsymbol{P}^{-1}Id^Y$. Unter Verwendung der Voraussetzungen über χ_Φ^{-1} rechnet man nun leicht aus, daß $\psi \circ \chi_\Phi = \varphi$, d. h. $\varphi \in \mathfrak{H}_{\Phi,Y}(\{\chi_\Phi\})$ gilt. ∎

Eine allgemeine Klassifizierung nach Merkmalen der Elemente und Mächtigkeiten der bezüglich „$\sqsubseteq$" minimalen und bezüglich $\mathfrak{H}_{\Phi,X}$ bzw. $\mathfrak{H}_{\Phi,Y}$ vollständigen Mengen (Basen) von $\boldsymbol{P}^{-1}\Phi$ in Abhängigkeit von gewissen Eigenschaften der sequentiellen Operatoren Φ steht bisher noch aus. Wir merken lediglich an:

Satz 7.143. *Für jeden konstantenfreien sequentiellen Operator Φ hat $\boldsymbol{P}^{-1}\Phi$ bezüglich $\mathfrak{H}_{\Phi,X}$ und $\mathfrak{H}_{\Phi,Y}$ eine und nur eine Basis.*

Beweis. Wegen der Gleichartigkeit der Schlüsse genügt es, die Behauptung für $\mathfrak{H}_{\Phi,X}$ zu beweisen. Es seien also $B, B' \subseteq \boldsymbol{P}^{-1}\Phi$ Basen für $\boldsymbol{P}^{-1}\Phi$ bezüglich $\mathfrak{H}_{\Phi,X}$. Für jedes $\varphi \in B$ ist $\mathfrak{H}_{\Phi,X}(\{\varphi\}) \cap B'$ höchstens einelementig, denn aus der Annahme $\varphi', \varphi'' \in \mathfrak{H}_{\Phi,X}(\{\varphi\}) \cap B'$ und der Voraussetzung, daß B' Basis ist, schließt man auf die Existenz eines $\varphi''' \in B'$ derart, daß $\varphi \in \mathfrak{H}_{\Phi,X}(\{\varphi'''\})$ und damit $\varphi', \varphi'' \in \mathfrak{H}_{\Phi,X}(\{\varphi'''\})$ gilt. Dies steht aber im Widerspruch zur mengentheoretischen Minimalität von B'.

Jede Menge $\mathfrak{H}_{\Phi,X}(\{\varphi\}) \cap B'$ enthält für $\varphi \in B$ aber auch wenigstens ein Element. Nehmen wir nämlich $\mathfrak{H}_{\Phi,X}(\{\varphi\}) \cap B' = \emptyset$ an, so muß in B' ein φ' derart existieren, daß $\varphi \in \mathfrak{H}_{\Phi,X}(\{\varphi'\})$ gilt. Da B nach Voraussetzung Basis ist, gibt es aber dann in B ein φ'' derart, daß $\varphi' \in \mathfrak{H}_{\Phi,X}(\{\varphi''\})$, d. h. $\varphi \in \mathfrak{H}_{\Phi,X}(\{\varphi''\})$ im Widerspruch zur Minimalität von B gilt.

Schließlich existiert zu jedem $\varphi' \in B$ ein $\varphi \in B$ so, daß $\mathfrak{H}_{\Phi,X}(\{\varphi\}) \cap B' = \{\varphi'\}$ ist. Wäre dies nicht der Fall, so könnte B bezüglich $\mathfrak{H}_{\Phi,X}$ nicht vollständig sein.

Definiert man also für $\varphi \in B$ als $f(\varphi)$ das Element der Menge $\mathfrak{H}_{\Phi,X}(\{\varphi\}) \cap B'$, so ist f eine surjektive Abbildung. In völliger Analogie hierzu konstruiert man eine solche Abbildung $g\colon B' \to B$, indem man für $\varphi' \in B'$ als $g(\varphi')$ das Element der Menge $\mathfrak{H}_{\Phi,X}(\{\varphi'\}) \cap B$ setzt. Es ist aber $g = f^{-1}$, denn aus der Annahme, es gäbe $\varphi, \varphi' \in B$ derart, daß $g(f(\varphi)) = \varphi' \neq \varphi$ gilt, folgt $\varphi' \in \mathfrak{H}_{\Phi,X}(\{\varphi\})$, was der Minimalität von B widerspricht.

Mit der Eigenschaft $g = f^{-1}$ beweisen wir nun leicht die Behauptung $B = B'$. Einerseits gilt nämlich $f(\varphi) \leqq \varphi$ für $\varphi \in B$, andererseits $\varphi = g(f(\varphi)) \leqq f(\varphi)$; zusammen also $f(\varphi) = \varphi$. Die Existenz von Basen weist man wie üblich mit dem ZORNschen Lemma nach. ∎

7.4.2. Reduktion von Erzeugenden zu normierten Minimalfunktionen

Wir lösen in diesem Abschnitt eine Aufgabe, die man im gewissen Sinne als Umkehrung der im Punkt 7.4.1. behandelten auffassen kann: Aus Lemma 7.5. ist uns bekannt, daß die Normale χ_Φ eines jeden sequentiellen Operators Φ eine nichtverstummende partielle sequentielle Funktion vom Typ A ist. Darüber hinaus besagt Satz 7.23., daß es zu jedem sequentiellen Operator endlichen Gewichts eine Fortsetzung der Normalen χ_Φ zu einer Minimalfunktion für Φ (im Sinne der Definition 7.15.) gibt. Derartige Fortsetzungen, wir wollen sie hier der Kürze halber *normierte Minimalfunktionen* für Φ nennen, sind einerseits durch ihre maximale Ausgabelänge auf C_Φ und andererseits durch ihr minimales Gewicht in der Klasse $\boldsymbol{P}^{-1}\Phi$ ausgezeichnet, sind also die am wenigsten komplizierten Realisierungsvarianten für Φ. Es liegt deshalb nahe, nach Verfahren zu suchen, die einen effektiven Übergang von einer Erzeugenden $\varphi \in \boldsymbol{P}^{-1}\Phi$ zu einer normierten Minimalfunktion $\varphi' \in \boldsymbol{P}^{-1}\Phi$ ermöglichen. Die Endlichkeit von G_φ ist dabei notwendig, wie sofort einleuchtet. Ebensogut ist es einzusehen, daß eine ausschließliche Anwendung von Reduktionsverfahren, wie sie etwa in [21] betrachtet wurden, versagen müssen, weil sie keine Abänderungen von φ innerhalb der Klasse $\boldsymbol{P}^{-1}\boldsymbol{P}\varphi$ ermöglichen. Bei der nachfolgend angegebenen Lösung dieses Reduktionsproblems beziehen wir uns eingangs auf [34]. Zum Zwecke einer Wiederholung werden die wesentlichen vorbereitenden Schritte, die sich auf vorangegangene Abschnitte beziehen, zusammengestellt. Parallel dazu betrachten wir ein Beispiel.

Uns sei also eine sequentielle Funktion φ über $[X, Y]$ mit endlichem Gewicht gegeben. Wir dürfen annehmen, sie liege durch Angabe eines sie realisierenden endlichen initialen asynchronen Automaten vor, wobei dieser Automat o.B.d.A. bereits reduziert sei. Dies ist der Fall in:

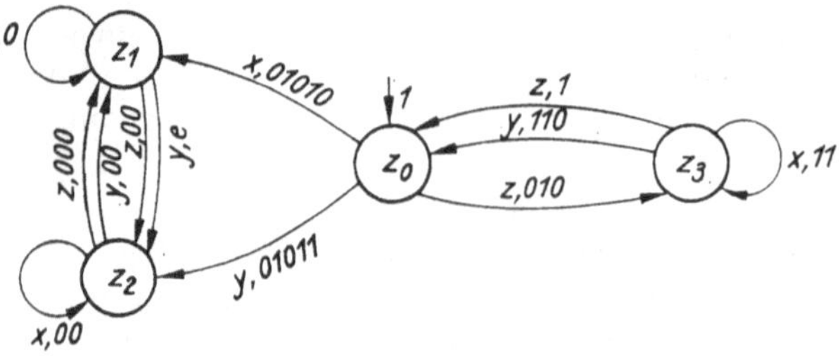

Abb. 7.5. Beispiel eines (im üblichen Sinne) reduzierten Automaten

Beispiel 7.126. Es sei φ diejenige sequentielle Funktion über $[\{x, y, z\}, \{0, 1\}]$, die von dem in Abbildung 7.5. angegebenen Automaten $\mathfrak{A}$ berechnet wird. Da $\mathfrak{A}$ reduziert ist, gilt $G_\varphi = 4$.

Wir haben uns zunächst davon zu überzeugen, daß φ überhaupt *Erzeugende* eines sequentiellen Operators ist. Dazu prüfen wir, ob φ nichtverstummend, d. h. wegen Folgerung 6.12., ob $\varphi_p^{-1}(e)$ für jedes $p \in X^*$ endlich ist. Diese Mengen können aber gemäß Punkt 6.1.1. effektiv angegeben werden.

Beispiel 7.126. (1)

Für unsere Funktion gilt $\varphi_e^{-1}(e) = \{e\}$, $\varphi_x^{-1}(e) = \{e, y\}$, $\varphi_y^{-1}(e) = \{e\}$, $\varphi_z^{-1}(e) = \{e\}$, d. h. φ ist Erzeugende, und für $\Phi = \boldsymbol{P}\varphi$ gilt $G_\Phi \leqq 4$.

Ist nun φ als Erzeugende nachgewiesen, und hat man wegen $G_{P\varphi} \leqq G_\varphi$ eine obere Schranke für das Gewicht von $\Phi = \boldsymbol{P}\varphi$, so kann zur Berechnung des regulären *Definitionsbereiches* C_Φ der Normalen χ_Φ übergegangen werden.

Die Menge C_Φ besteht gemäß Punkt 7.1.1. aus allen und nur den $p \in X^*$, für die $\mathsf{card}\, \Phi(p \cdot X^\omega) > 1$ ist. Entsprechend unserem Satz 7.30. konstruieren wir einen Term für C_Φ, indem wir zunächst für jeden Zustand φ_p die Menge $\mathsf{A}(\varphi_p(X^*))$ regulär beschreiben. Dies gelingt wegen der Beziehung $\mathsf{A}(\varphi_p(X^*)) = \mathsf{A}(\varphi_p(X^{G_\varphi})^*)$, da wir unter Verwendung der Ergebnisse von Punkt 6.1.1. für das Gleichungssystem

$$\varphi_j((X^{G_\varphi})^*) = \bigcup_{p_i \in X^{G_\varphi}} \varphi_j(p_i) \cdot \varphi_{jp_i}((X^{G_\varphi})^*) \cup \{\varphi_j(e)\} ,$$

in dem φ_j und φ_{jp_i} Zustände von φ_p sind, eine eindeutig bestimmte Lösung $\varphi_p((X^{G_\varphi})^*)$ erhalten und hierfür nach 5.2.4. auch $\mathsf{A}(\varphi_p(X^{G_\varphi})^*)$ konstruktiv angeben können.

Weiterhin prüfen wir für eine endliche Menge Y^K, $K \geqq G_{\Phi(X^\omega)}$, welche $p \in X^*$ der Ungleichung $\mathsf{card}\, \mathsf{A}(\varphi_p(X^*)) \cap Y^K > 1$ genügen. Auf diese Weise finden wir alle $p \in X^*$, für die $\mathsf{card}\, \Phi(p \cdot X^\omega) > 1$ gilt, man vergleiche dazu Lemma 5.69. (4). Auch dieser Schritt ist effektiv ausführbar, denn mit Lemma 6.25. (1) haben wir für $G_{\Phi(X^\omega)}$ unter Verwendung von φ eine obere Schranke $G_{\Phi(X^\omega)} \leqq \leqq 2^{G_\varphi \cdot \mathfrak{pr} \cdot (\mathfrak{max}\, \varphi - 1)} + l(\varphi(e)) + 1$. Auf diese Weise gewinnen wir die für die weitere Anwendung von Satz 7.30. erforderliche Menge.

Zu dem bisher angegebenen Verfahren bemerken wir, daß sein Wert in der universellen Programmierbarkeit besteht. Der damit verbundene Aufwand ist daher, wie stets in solchen Fällen, nur gerechtfertigt, wenn sich solche Berechnungen wiederholt notwendig machen. Für das ,,manuelle“ Vorgehen in einzelnen konkreten Fällen ist es natürlich häufig ökonomischer, die Menge $\mathsf{A}(\varphi_p(X^*))$ auf bezüglich ,,$\sqsubseteq$“ unvergleichbare Wörter zu untersuchen.

Beispiel 7.126. (2)

Für die gegebene Funktion φ ist $Z' = \{\varphi_e, \varphi_z\}$, denn $\varphi_e(x)$ und $\varphi_e(y)$ sowie $\varphi_z(xz)$ und $\varphi_z(y)$ sind unvergleichbar, während $\mathsf{A}(\varphi_x(X^*)) = \mathsf{A}(\varphi_y(X^*)) = 0^*$ gilt.

Haben wir nun Z' ermittelt, so konstruieren wir nach Satz 7.30. einen endlichen Akzeptor $\mathfrak{A}' = [X, Z, f, z_0]$, für den $\mathbf{T}(\mathfrak{A}', Z') = C_\Phi$ gilt. Ausgehend von $\mathfrak{A}'$ können wir einen Term für C_Φ konstruktiv angeben.

Beispiel 7.126. (3)

Der in Abbildung 7.6 angegebene Akzeptor $\mathfrak{A}'$ entscheidet C_Φ. (Die Zustände aus Z' sind durch Doppelkreise markiert.) Es ist C_Φ durch den Term $z \circ \langle\langle x\rangle \circ (y \vee z) \circ z\rangle \circ \langle x\rangle\rangle \vee$ $\vee \langle z \circ \langle x\rangle \circ (y \vee z)\rangle$ beschrieben.

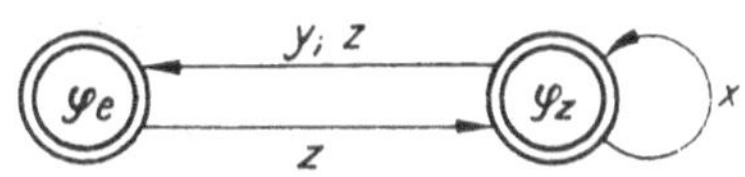

Abb. 7.6. Akzeptor für C_Φ aus Beispiel 7.126 (Abb. 7.5.)

Wir gehen nun abschließend zur eigentlichen Reduktion von φ, d. h. zur Konstruktion einer normierten Minimalfunktion φ^* aus $\boldsymbol{P}^{-1}\boldsymbol{\Phi}$ über, indem wir zunächst schrittweise eine Funktion $\hat{\varphi} \in \boldsymbol{P}^{-1}\boldsymbol{\Phi}$ bilden, deren Einschränkung auf C_Φ gleich der Normalen χ_Φ ist.

Schritt 0. Falls $e \notin C_\Phi$, so brechen wir mit $\hat{\varphi} =_{Df} \varphi$ bereits unser Verfahren ab. Ist dagegen $e \in C_\Phi$, so existiert $q_e \in Y^*$ derart, daß $\{q_e\} = \mathsf{Max} \bigcap_{\xi \in X^\omega} \mathsf{A}(\boldsymbol{P}\varphi_e(\xi))$ gilt, und q_e kann nach unseren Vorüberlegungen effektiv angegeben werden. Falls $q_e = e$, so gehen wir mit $\mathfrak{A}^{(0)} =_{Df} \mathfrak{A}$ zum Schritt 1 über. Im Falle $q_e \neq e$ konstruieren wir einen Automaten $\mathfrak{A}^{(0)}$, der die Funktion $\varphi^{(0)}$ berechnet, wobei wir $\varphi^{(0)}$ wie folgt definieren:

$$\varphi^{(0)}(p) =_{Df} \varphi(e) \cdot q_e \cdot r_p \quad \text{mit} \quad r_p = \begin{cases} \varphi_e(p) \mid q_e\,, & \text{falls } q_e \sqsubseteq \varphi_e(p), \\ e, & \text{sonst.} \end{cases}$$

($\mathfrak{A}^{(0)}$ identifizieren wir sogleich mit dem reduziertenAutomaten.) Anschließend gehen wir zum Schritt 1 über.

Wir haben noch nachzuweisen, daß Schritt 0 effektiv ausführbar ist. Dazu ziehen wir die Hilfsfunktion $\psi^{(e)}$ über $[Y, Y]$ heran, die wir wie nachstehend angegeben definieren:

$$\psi^{(e)}(q) =_{Df} \varphi(e) \cdot q_e \cdot (q \mid q_0) \quad \text{wo} \quad \{q_0\} = \mathsf{Max}\,(\mathsf{A}(q) \cap \mathsf{A}(\varphi(e) \cdot q_e)).$$

Diese Funktion ist für Wörter q mit $\varphi(e) \cdot q_e \sqsubseteq q$, die identische Abbildung. Wir verifizieren nun:

Lemma 7.127.

(1) $G_{\psi^{(e)}} = l(\varphi(e) \cdot q_e) + 1$;
(2) $\varphi^{(0)} = \psi^{(e)} \circ \varphi$;
(3) $\varphi \leqq \varphi^{(0)}$.

Beweis.

(1) Aus $\psi_r^{(e)} \neq \psi_s^{(e)}$ folgt $\{r, s\} \cap \mathsf{A}(\varphi(e) \cdot q_e) \neq \emptyset$ und $r \neq s$. Damit ist $G_\psi(e) \leqq \leqq l(\varphi(e) \cdot q_e) + 1$. Ferner ist für jedes r und s mit $r \sqsubset s \sqsubseteq \varphi(e)\, q_e$ auch $\psi_r^{(e)} \neq \psi_s^{(e)}$. Also folgt $G_\psi(e) \geqq l(\varphi(e) \cdot q_e) + 1$.

(2) Wir haben im Falle $q_e \sqsubseteq \varphi_e(p)$ die Beziehung $\psi^{(e)} \circ \varphi(p) = \psi^{(e)}(\varphi(p)) = = \varphi(e) \cdot q_e \cdot (\varphi(p) \mid q_0)$; dabei ist $\{q_0\} = \mathsf{Max}(\mathsf{A}(\varphi(p)) \cap \mathsf{A}(\varphi(e) \cdot q_e)) = \mathsf{Max}(\mathsf{A}(\varphi(e)\varphi_e(p)) \cap \cap \mathsf{A}(\varphi(e) \cdot q_e)) = \{\varphi(e) \cdot q_e\}$ nach Voraussetzung. Also gilt $\varphi(p) \mid q_0 = \varphi(e)\, \varphi_e(p) \mid \mid \varphi(e) \cdot q_e = \varphi_e(p) \mid q_e = r_p$, wie behauptet.

Im Falle $\varphi_e(p) \sqsubseteq q_e$ gilt dagegen $\psi^{(e)} \circ \varphi(p) = \varphi(e) \cdot q_e(\varphi(p) \mid q_0)$, dabei ist $\{q_0\} = \mathsf{Max}(\mathsf{A}(\varphi(p)) \cap \mathsf{A}(\varphi(e) \cdot q_e)) = \mathsf{Max}(\mathsf{A}(\varphi(e)\, \varphi_e(p)) \cap \mathsf{A}(\varphi(e) \cdot q_e)) = \{\varphi(e)\, \varphi_e(p)\}$. Also gilt $\varphi(p) \mid q_0 = \varphi(e)\, \varphi_e(p) \mid \varphi(e)\, \varphi_e(p) = e = r_p$, wie behauptet.

(3) Es ist $\boldsymbol{P}\psi^{(e)}\varphi = (\boldsymbol{P}_\psi(e)) \circ \Phi = \Phi$, also hat man $\varphi \leqq \psi^{(e)} \circ \varphi = \varphi^{(0)}$. ▮

Aus Lemma 7.121. (1) ziehen wir wegen $G_{\varphi^{(0)}} \leqq G_{\psi^{(e)}} \cdot G_\varphi$ den Schluß, daß wir $\mathfrak{A}^{(0)}$ effektiv konstruieren können, indem wir z. B. $\varphi^{(0)}$ auf der Menge $\mathsf{A}(X^{2G_{\varphi^{(0)}}-1})$ berechnen. Aus Teil (3) des gleichen Lemmas folgt ferner $\varphi^{(0)} \in \boldsymbol{P}^{-1}\Phi$.

Beispiel 7.126. (4) Es ist $q_e = 0101$. Wir erhalten für $\mathfrak{A}^{(0)}$ den in Abbildung 7.7 angegebenen Automaten.

Schritt i ($i > 0$). Es sei ein reduzierter Automat $\mathfrak{A}^{(i-1)}$, der die Funktion $\varphi^{(i-1)} \in \boldsymbol{P}^{-1}\Phi$, für die nach Konstruktion bereits $\varphi \leqq \varphi^{(0)} \leqq \cdots \leqq \varphi^{(i-1)}$ gelte, konstruiert. Wir prüfen, ob die Menge $X^i \cap C_\Phi$ leer ist. Wenn dies der Fall ist, so brechen wir unser Verfahren mit $\hat{\varphi} =_{Df} \varphi^{(i-1)}$ ab. Ist dagegen $X^i \cap C_\Phi \neq \emptyset$,

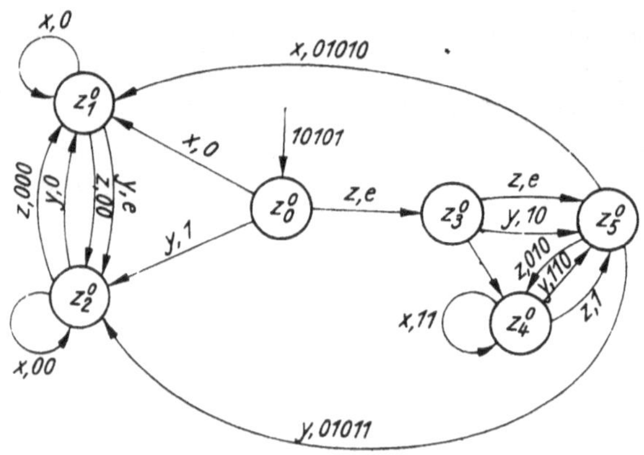

Abb. 7.7. Anwendung von Schritt 0 auf den Automaten aus Abb. 7.5.

so prüfen wir für jedes $p \in X^i \cap C_\Phi$, ob für $\{q_p\} = \mathsf{Max} \bigcap_{\xi \in X^\omega} \mathsf{A}(\boldsymbol{P}\varphi_p^{(i-1)}(\xi))$ die Beziehung $q_p = e$ gilt. Wenn dies der Fall ist, so gehen wir mit $\mathfrak{A}^{(i)} =_{Df} \mathfrak{A}^{(i-1)}$ zum Schritt $(i + 1)$ über; sonst führen wir die folgende Konstruktion durch: Es bezeichne Z_i die Menge $\{\varphi_p^{(i-1)}: p \in X^i \cap C_\Phi \wedge q_p \neq e\}$. Wir konstruieren einen Automaten $\mathfrak{A}^{(i)}$, der die Funktion $\varphi^{(i)}$ berechnet, für die wir definieren: a) Ist $\{\varphi_r: r \in \mathsf{A}(p)\} \cap Z_i = \emptyset$, so setzen wir $\varphi^{(i)}(p) =_{Df} \varphi^{(i-1)}(p)$. b) Sind $p_1 \sqsubset p_2 \sqsubset \cdots \sqsubset p_k \sqsubseteq p$ alle und nur die Anfangswörter von p, für die $\varphi_{p_\varkappa} \in Z_i$ gilt, so bilden wir $\varphi^{(i)}(p) =_{Df} \varphi^{(i-1)}(p_1)\, \psi^{(p_1)}(\varphi_{p_1}^{(i)}(p \mid p_1))$ und $\varphi_{p_\varkappa}^{(i)}(p \mid p_\varkappa) =_{Df}$ $=_{Df} \varphi_{p_\varkappa}^{(i-1)}(p_{\varkappa+1} \mid p_\varkappa)\, \psi^{(p_{\varkappa+1})}\,(\varphi_{p_{\varkappa+1}}^{(i)}(p \mid p_{\varkappa+1})), \varkappa \leqq k-1, \varphi_{p_k}^{(i)}(p \mid p_k) =_{Df} \varphi_{p_k}^{(i-1)}(p \mid p_k)$, wobei die $\psi^{(p_\varkappa)}$ in Analogie zu Schritt 0 definiert sind als

$$\psi^{(p_\varkappa)}(q) =_{Df} q_{p_\varkappa} \cdot (q \mid q_0)\,, \qquad \{q_0\} = \mathsf{Max}\,(\mathsf{A}(q) \cap \mathsf{A}(q_{p_\varkappa}))\,.$$

Anschließend geht man nach der Reduktion von $\mathfrak{A}^{(i)}$ zum Schritt $(i + 1)$ über.

Auf gleiche Weise wie im Schritt 0 zeigt man leicht, daß $G_{\varphi^{(i)}} < \aleph_0$ wegen der Endlichkeit der Gewichte von $\varphi^{(i-1)}$ und $\psi^{(p_\varkappa)}$ gilt. Ferner hat man $\varphi^{(i-1)} \leqq \varphi^{(i)}$.

Beispiel 7.126. (5) In $\mathfrak{A}^{(0)}$ von Beispiel 7.126 (4) ist $X^1 \cap C_\Phi = \{z\}$ und $q_z = e$. Also untersuchen wir $X^2 \cap C_\Phi = \{zx, zy, zz\}$ in $\mathfrak{A}^{(1)} =_{Df} \mathfrak{A}^{(0)}$. Es sind $q_{zx} = 1$, $q_{zy} = 0101$, $\varphi_{zy} = \varphi_{zz}$ und damit $Z_2 = \{\varphi_{zx}^{(1)}, \varphi_{zy}^{(1)}\}$. Als Automaten $\mathfrak{A}^{(2)}$ erhalten wir (nach üblicher Reduktion) den in Abbildung 7.8. angegebenen.

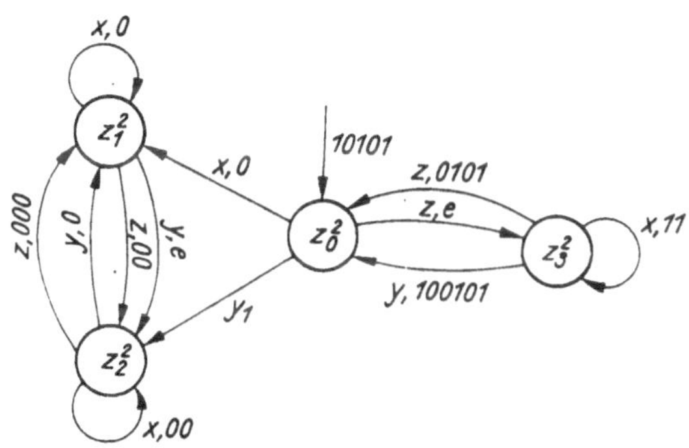

Abb. 7.8. Ergebnis $\mathfrak{A}^{(2)}$ nach Anwendung von Schritt 2 auf den Automaten $\mathfrak{A}^{(1)} = \mathfrak{A}^{(0)}$ aus Abb. 7.7

Unser Verfahren bricht spätestens im Schritt i_0 $(i_0 \leq G_\varphi - 1)$ ab, wie aus Satz 7.13. unschwer folgt. Das Beispiel 7.126. zeigt zugleich, daß diese Schranke nicht zu verbessern ist.

Nach Konstruktion ist $\varphi \leq \varphi^{(i_0)}$ und für jedes $p \in C_\Phi$ gilt $\bigcap_{\xi \in X^\omega} \mathsf{A}\,|\boldsymbol{P}\varphi_p^{(i_0)}(\xi) = \{e\}$, also ist die Einschränkung von $\varphi^{(i_0)}$ auf C_Φ gleich der Normalen χ_Φ und damit haben wir mit $\mathring{\varphi}$ unsere gesuchte Funktion. Unter Verwendung des im Beweis von Satz 7.23. ausführlich beschriebenen Verfahrens konstruieren wir schließlich eine normierte Minimalfunktion φ^* für Φ.

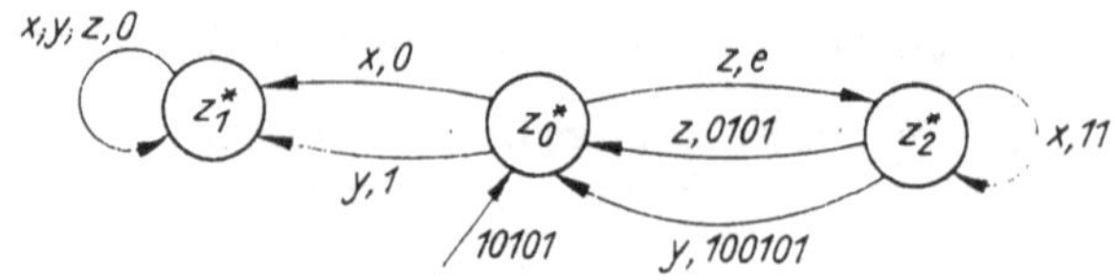

Abb. 7.9. Automat zur Realisierung einer normierten Minimalfunktion zu der in Abb. 7.5. gegeben

Beispiel 7.126. (6) Der in Abbildung 7.9 angegebene Automat $\mathfrak{A}^{(*)}$ berechnet eine normierte Minimalfunktion $\varphi^{(*)}$ für Φ.

Mit den Ausführungen dieses Abschnittes haben wir:

Satz 7.128. *Es gibt ein effekitves Verfahren, mit dem man zu jeder Erzeugenden φ endlichen Gewichts eines sequentiellen Operators Φ eine normierte Minimalfunktion $\varphi^{(*)}$ aus $\mathbf{P}^{-1}\Phi$ konstruktiv angeben kann.*

KAPITEL IV

ZU DEN LÖSUNGEN EINIGER AUFGABEN AUS DER THEORIE DER SEQUENTIELLEN CODIERUNGEN

Nachdem wir im Kapitel III grundlegende Eigenschaften der uns interessierenden Objekte, wie Funktionen, Operatoren, Wort- und Folgenmengen, untersucht haben, wenden wir uns wieder den eigentlichen codierungstheoretischen Anliegen zu. Unser weiteres Vorgehen wird dabei bestimmt durch die in Abschnitt 4 erarbeitete Zusammenstellung von Problemen einer Theorie der sequentiellen Codierungen. Wir empfehlen daher, bei der weiteren Lektüre die auf Seite 50 zu findende Übersicht heranzuziehen.

Im Vorwort erwähnten wir bereits, daß die Ausführungen des vorliegenden Kapitels mit Rücksicht auf den vorwiegend codierungstheoretisch und -praktisch orientierten Leser, der nicht die Absicht hat, alle Einzelheiten aus Kapitel III zur Kenntnis zu nehmen, gestaltet worden sind. Hat sich jener Leser erst mit dem Charakter der hier angebotenen Aussagen, Verfahren etc. vertraut gemacht, so kann er je nach Bedarf zu einer Vertiefung seiner Kenntnis der Zusammenhänge unter Hinzuziehung der aus dem Kapitel III zitierten Stellen übergehen.

8. Sequentielle Codierungen und ihre Decodierungen

Entsprechend der unter 1a), 2a), 2b) und 3b) der Übersicht von Seite 50 genannten Aufgaben der Kanalcodierung und -decodierung stehen die folgenden Objekte im Mittelpunkt der Betrachtungen des vorliegenden Abschnittes:

1. Eine reguläre Menge $R_1 \subseteq X^\omega$ — die *Informationsmenge* oder *Quelle*;
2. ein sequentieller Operator Φ über $[X, Y]$ mit endlichem Gewicht, dessen Einschränkung auf R_1 eineindeutig ist (Y ist dabei als endlicher Körper gewählt) — die *sequentielle Codierung*;
3. die nach Punkt 6.2.2. reguläre Menge $R_2 = \Phi(R_1) \subseteq Y^\omega$, die im Kern eines linearen sequentiellen Operators Ψ über $[Y, Y]$ mit endlichem Gewicht (vergleiche hierzu Punkt 7.2.3.), d. h. im *Code* ker Ψ eingebettet sein soll;
4. ein sequentieller Operator Θ über $[Y, X]$ mit endlichem Gewicht, für den $\Theta \circ \Phi$ auf R_1 die Identität ist — die *sequentielle Decodierung*.

Zum Zwecke der Vereinfachung wollen wir für den Abschnitt 8 die folgenden Redeweisen vereinbaren: Jeder sequentielle Operator Φ mit endlichem Gewicht über $[X, Y]$, der auf einer vorgegebenen regulären Menge $R \subseteq X^\omega$ eineindeutig ist, und dessen Bild $\Phi(R)$ eine Teilmenge eines vorgegebenen regulären Unterraumes $L \subseteq| Y^\omega$ des linearen Folgenraumes Y^ω ist (vergleiche hierzu Punkt 5.4.), soll *RL-Codierung* heißen.

Jede Erzeugende $\varphi \in \boldsymbol{P}^{-1}\Phi$ einer RL-Codierung Φ (vergleiche die Punkte 6.1., 6.2. und 7.1.) soll *Φ-Coder* heißen. Jeden sequentiellen Operator Θ über $[Y, X]$ mit endlichem Gewicht, für den das Produkt $\Theta \circ \Phi$ mit einer vorgegebenen RL-Codierung auf R eine Identität Id^R[1]) liefert, soll *Φ-Decodierung* genannt werden. Schließlich wollen wir jede Erzeugende $\vartheta \in \boldsymbol{P}^{-1}\Theta$ einer Φ-Decodierung einfach *Φ-Decoder* nennen. Neben der Regularität der Quelle R setzen wir im weiteren voraus, daß R im Sinne der Ausführungen von Punkt 5.3. *perfekt*, und damit zugleich auch *abgeschlossen* sei. Diese Annahme ist weder inhaltlich noch formal eine wesentliche Einschränkung, denn einerseits ist bei einer isolierten Folge $\xi \in R$ nur ein gewisses Anfangswort $p \sqsubset \xi$ als tatsächlicher Informationsträger von Interesse, andererseits läßt sich zu abgeschlossenem R nach Korollar 5.81. (2) stets konstruktiv die maximale reguläre perfekte Teilmenge von R angeben. Wegen der Stetigkeit und vorausgesetzten Eineindeutigkeit von Φ auf R ist nunmehr auch zugleich gesichert, daß bei jeder von uns zukünftig zu betrachtenden RL-Codierung auch $\Phi(R)$ perfekte Teilmenge von L ist. Aus diesen, generell für den Abschnitt 8 geltenden Voraussetzungen schließen wir unter Beachtung der Punkte 6.1. und 7.1.

Lemma 8.1. *Ein sequentieller Operator Φ über $[X, Y]$ ist nur dann eine RL-Codierung, wenn $\mathsf{A}(R) \subseteq C_\Phi$ gilt.*

Beweis. Nehmen wir an, Φ sei RL-Codierung, d. h. insbesondere auf R eineindeutig, und es gelte $\mathsf{A}(R) \setminus C_\Phi = \mathsf{A}(R) \setminus \{p\colon \mathsf{card}\,(\Phi(p \cdot X^\omega)) > 1\} \neq \emptyset$. Da R perfekt ist, gilt dann für jedes $q \in \mathsf{A}(R) \setminus C_\Phi$ die Beziehung $\mathsf{card}\,(q \cdot X^\omega \cap R) = 2^{\aleph_0}$. Da $q \notin C_\Phi$, hat man Folgen $\xi, \xi' \in q \cdot X^\omega \cap R$, für die $\xi \neq \xi'$ und $\Phi(\xi) = \Phi(\xi')$ gilt. Also ist Φ nicht, wie behauptet, auf R eineindeutig. ∎

Wir dürfen daher im folgenden bei RL-Codierungen Φ o.B.d.A. voraussetzen, daß der Definitionsbereich der Normalen χ_Φ die Menge $\mathsf{A}(R)$ umfaßt.

8.1. Das Entscheidungsproblem für *RL*-Codierungen

Wir wenden uns dem Problem zu, ob für vorgegebene R, L und Φ die Eigenschaft von Φ, eine RL-Codierung zu sein, *algorithmisch entscheidbar* ist. Damit tragen wir zur Beantwortung der Fragen 1a) und 2a) unserer Übersicht von 4 bei.

Satz 8.2. *Es kann ein effektives Verfahren angegeben werden, das für jede sequentielle Funktion φ endlichen Gewichts über $[X, Y]$, für jede perfekte reguläre Menge $R \subseteq X^\omega$ und für jeden regulären linearen Unterraum $L \subseteq Y^\omega$ entscheidet, ob $\boldsymbol{P}\varphi$ eine RL-Codierung, d. h., ob φ ein $\boldsymbol{P}\varphi$-Coder ist.*

[1]) Id^R ist also ein Operator aus der Klasse derjenigen sequentiellen Operatoren über $[X, X]$, die auf R mit Id^X übereinstimmen und endliches Gewicht haben.

Beweis. I. Wegen der Endlichkeit von G_φ ist nach Folgerung 6.13. und Korollar 6.23. die Eigenschaft von φ, Erzeugende eines sequentiellen Operators zu sein, entscheidbar. Ist φ eine verstummende Funktion, so ist $\boldsymbol{P}\varphi$ kein sequentieller Operator, also auch keine RL-Codierung.

II. Wir dürfen nunmehr annehmen, es liege eine Erzeugende φ eines sequentiellen Operators mit endlichem Gewicht vor. Wegen der vorausgesetzten Regularität von R sind auch $\mathsf{A}(R)$ und $\varphi(\mathsf{A}(R))$ nach Korollar 5.60. und Satz 6.8. regulär und können effektiv angegeben werden. (Man vergleiche hierzu die Punkte 5.2.5. und 6.1.1.) Weiterhin ist vorausgesetzt, daß R perfekt, also insbesondere abgeschlossen ist, weswegen mit Korollar 5.17. $\mathsf{ls}\ \mathsf{A}(R) = R$ und mit Satz 6.19. für $\Phi = \boldsymbol{P}\varphi$ auch $\Phi\,(\mathsf{ls}\ \mathsf{A}(R)) = \mathsf{ls}\ \varphi(\mathsf{A}(R))$ gilt. Also kann $\Phi(R)$ mit den Mitteln von Punkt 5.2. effektiv angegeben werden. Nach Satz 5.48. ist damit die Eigenschaft $\Phi(R) \subseteq L$ für reguläres L entscheidbar. Ist $\Phi(R) \setminus L \neq \emptyset$, so kann $\Phi = \boldsymbol{P}\varphi$ keine RL-Codierung sein.

III. Unter der Voraussetzung $\Phi(R) \subseteq L$ ist nun zu prüfen, ob $\Phi(R)$ perfekt ist. Nach Lemma 5.78. ist dies gleichbedeutend damit, daß in jedem nichtleeren Zustand $\mathsf{A}(\Phi(R)) \mid q$ Wörter q', q'' mit $max\,(l(q'), l(q'')) \leqq G_{\Phi(R)}$ und $q' \neq q''$ derart existieren, daß $q' \parallel q''$ gilt. Wegen der Regularität von $\Phi(R)$ ist diese Eigenschaft entscheidbar. Falls $\Phi(R)$ nicht perfekt ist, so kann Φ keine RL-Codierung sein.

IV. Wir dürfen nun weiter annehmen, $\Phi(R) \subseteq L$ sei perfekt. Für die Eineindeutigkeit von Φ auf R ist es ferner nach Lemma 8.1. notwendig, daß für den Definitionsbereich C_Φ der Normalen χ_Φ die Beziehung $C_\Phi \supseteq \mathsf{A}(R)$ gilt. Aus Satz 7.30. ist bekannt, daß C_Φ als reguläre Menge effektiv angegeben werden kann. Die Entscheidbarkeit der Beziehung $C_\Phi \supseteq \mathsf{A}(R)$ liegt damit wegen der Regularität von $\mathsf{A}(R)$ auf der Hand.

V. Im weiteren sind wir also berechtigt anzunehmen, der Definitionsbereich D_{χ_Φ} der Normalen χ_Φ umfasse die Menge $\mathsf{A}(R)$. Nach Satz 7.128. ist es keine Beschränkung der Allgemeinheit, wenn wir daher φ sogleich mit einer normierten Minimalfunktion identifizieren, was nach unseren bisherigen Schritten u. a. bedeutet, daß φ auf $\mathsf{A}(R)$ „Maximalausgaben" liefert. Für $q \in Y^*$ und $\Phi(R) =_{Df} R_2$ sei $\hat{R}_q =_{Df} R \cap \Phi^{-1}(q \cdot (R_2 \mid q))$ gesetzt. Nach Voraussetzung ist jedes $\hat{R}_q$ regulär, insbesondere gilt $\hat{R}_e = R$. Nun definieren wir induktiv eine gewisse Dechiffrierungscharakteristik $\varkappa_\Phi$:

A) $\varkappa_\Phi(e) =_{Df} q$, wobei $\{q\} = \mathsf{Max} \bigcap_{\xi \in \hat{R}_e} \mathsf{A}(\xi)$,

$$\text{I)}\quad \varkappa_\Phi(qy) =_{Df} \begin{cases} \varkappa_\Phi(q) \cdot x_0, & \text{falls } \ddot{R}_{qy} = \emptyset, \\ q, \text{ wobei } \{1\} = \mathsf{Max} \bigcap_{\xi \in \hat{R}_{qy}} \mathsf{A}(\xi), & \text{sonst,} \end{cases}$$

wobei $x_0 \in X$ fest gewählt sei.

Damit $\varkappa_\Phi$ auf der gesamten Menge Y^* definiert ist, muß $\mathsf{Max} \bigcap_{\xi \in \hat{R}_q} \mathsf{A}(\xi)$ für nichtleere $\hat{R}_q$ stets existieren. Zusammen mit unseren Zwischenüberlegungen haben wir jedoch sofort

Lemma 8.3. *Ist* $\hat{R}_q \neq \emptyset$, *so gilt* $\mathsf{card}\, \hat{R}_q = 2^{\aleph_0}$.

Beweis. Es sei $\hat{R}_q \neq \emptyset$. Wegen der Perfektheit von R_2 gilt $\mathsf{card}\,(q \cdot (R_2 \mid q)) = 2^{\aleph_0}$. Da R perfekt ist, folgt $\mathsf{card}\,(R \cap \Phi^{-1}(q \cdot (R_2 \mid q))) = 2^{\aleph_0}$, wenn man Lemma 5.72. berücksichtigt. ▮

Wir verifizieren ferner

Lemma 8.4. *Es ist* $\varkappa_\Phi$ *eine sequentielle Funktion über* $[Y, X]$.

Beweis. Es seien $q, q' \in Y^*$ und $q \sqsubseteq q'$. Falls $\hat{R}_{q'} = \emptyset$ gilt, so ist nach Definition $\varkappa_\Phi(q) \sqsubseteq \varkappa_\Phi(q')$. Ist dagegen $\hat{R}_{q'} \neq \emptyset$, so gilt auch $\hat{R}_q \neq \emptyset$. Da wir nach Voraussetzung $q \sqsubseteq q'$ haben, folgt $\hat{R}_{q'} \subseteq \hat{R}_q$, also mit Lemma 8.3. und nach Definition von $\varkappa_\Phi$ auch $\varkappa_\Phi(q) \sqsubseteq \varkappa_\Phi(q')$. (Man ziehe hierzu die Folgerung 7.2. (2) heran.) ▮

Zur Vorbereitung des Beweises der Endlichkeit von $G_{\varkappa_\Phi}$ zeigen wir nun

Lemma 8.5. *Es seien* Φ *ein sequentieller Operator,* φ *eine Erzeugendenfunktion von* Φ, *sowie* $\hat{c}_\Phi =_{Df} G_\varphi^2 \cdot G_R'^2 \cdot \mathfrak{p}_{Y^*}(\mathfrak{max}\, \varphi - 1) \cdot \mathfrak{max}\, \varphi$. *Dann gilt für jedes* $p \in \mathsf{A}(R)$ *und beliebige* $x_1, x_2 \in X$ *die Beziehung* $\varrho(\boldsymbol{P}\varphi_p(\xi_1), \boldsymbol{P}\varphi_p(\xi_2)) \geqq 1/\hat{c}_\Phi$, *falls* $\xi_1 \in R \mid P \cap x_1 \cdot X^\omega, \xi_2 \in R \mid p \cap x_2 \cdot X^\omega$ *und* $\boldsymbol{P}\varphi_p(R \mid p \cap x_1 \cdot X^\omega) \cap \boldsymbol{P}\varphi_p\,(R \mid p \cap x_2 \cdot X^\omega) = \emptyset$.

Beweis. Es sei $\varrho(\boldsymbol{P}\varphi_p(\xi_1), \boldsymbol{P}\varphi_p(\xi_2)) < 1/\hat{c}_\Phi$ *für* $\xi_i \in R \mid p \cap x_i \cdot X^\omega$, $i = 1,2$. Dann gilt für die Anfangswörter w und v der Länge $G_\Phi^2 \cdot G_\Phi'^2 \cdot \mathfrak{p}_{Y^*}(\mathfrak{max}\varphi - 1)$ von ξ_1 bzw. ξ_2, die Beziehung $\varphi_p(w) \sqsubseteq \varphi_p(v)$ oder $\varphi_p(v) \sqsubseteq \varphi_p(w)$. Es sei O. B. d. A. $\varphi_p(w) \sqsubseteq \varphi_p(v)$. Dann gibt es zu jedem $w', w' \sqsubseteq w$, ein $v', v' \sqsubseteq v$ mit $\varphi_p(w') \sqsubseteq \varphi_p(v')$ und $l(\varphi_p(v) \mid \varphi_p(w')) < \mathfrak{max}\, \varphi$. Wegen $l(w) = G_\varphi^2 \cdot G_R'^2 \cdot \mathfrak{p}_{Y^*}(\mathfrak{max}\, \varphi - 1)$ erhalten wir somit Wörter $w', w'', w' \sqsubseteq w'' \sqsubseteq w$ und $v', v'', v' \sqsubset v'' \sqsubseteq v$, für die die Beziehungen $\varphi_{pw'} = \varphi_{pw''}$, $R \mid pw' = R \mid pw'' \neq \emptyset$, $\varphi_{pv'} = \varphi_{pv''}$, $R \mid pv' = R \mid pv'' \neq \emptyset$ und $\varphi_p(v') \mid \varphi_p(w') = \varphi_p(v'') \mid \varphi_p(w'')$ erfüllt sind.

Damit haben wir $w' \cdot \overline{(w'' \mid w')} \in R \mid p$ und $v' \cdot \overline{(v'' \mid v')} \in R \mid p$. Weiter haben wir für $r =_{Df} \varphi_p(v') \mid \varphi_p(w')$ die Gleichheit $(\varphi_{pw'}(w'' \mid w') \mid r) \cdot r = \varphi_{pv'}(v'' \mid v')$, woraus mit $\varphi_{pw'} = \varphi_{pw''}$ und $\varphi_{pv'} = \varphi_{pv''}$ sofort $\boldsymbol{P}\varphi_p(w' \cdot \overline{(w'' \mid w')}) = \boldsymbol{P}\varphi_p(v' \cdot \overline{(v'' \mid v')})$ folgt. Also gilt $\boldsymbol{P}\varphi_p(R \mid p \cap x_1 \cdot X^\omega) \cap P\varphi_p(R \mid p \cap x_2 \cdot X^\omega) \neq \emptyset$. ▮

Aus dem Beweis von Lemma 8.5. lassen sich unmittelbar noch die folgenden Aussagen schließen.

Korollar 8.6. *Es seien* Φ *ein sequentieller Operator und* φ *eine Erzeugendenfunktion von* Φ. *Dann gelten:*

(1) *Der Operator* Φ *ist genau dann eineindeutig auf* R, *wenn für jedes* $p \in \mathsf{A}(R)$ *und beliebige Wörter* w, v *der Länge* $G_\varphi^2 \cdot G_R'^2 \cdot \mathfrak{p}_{Y^*}(\mathfrak{max}\, \varphi - 1)$ *mit* $p \cdot w, p \cdot v \in \mathsf{A}(R)$

deren erste Buchstaben voneinander verschieden sind, stets $\varphi_p(w) \,||\, \varphi_p(v)$ *und* $\varphi_p(w) \neq \varphi_p(v)$ *gilt.*
(2) Der Operator Φ *ist genau dann eineindeutig auf* R, *wenn er auf der Menge* $R' = \{\xi : \xi \in R \wedge \exists\, p\, \exists\, q(\xi = p \cdot \bar{q} \wedge l(p \cdot q)) \leqq G_\varphi \cdot G'_R + G_\varphi^2 \cdot G'^2_R \cdot \mathfrak{p}_{Y*}(\mathfrak{max}\, \varphi - 1)\}$ *eineindeutig ist.*

Korollar 8.7. *Ist* $l(q) - l(\varphi(\varkappa_\Phi(q)) > \hat{c}_\Phi$ *für* $q \in \mathsf{A}(R_2)$, *so gilt* $(\varkappa_\Phi)_q\,(v) = e$ *für jedes* $v \in \mathsf{A}(R_2 \mid q)$.

Damit haben wir nun

Lemma 8.8. *Es ist* $G_{\varkappa_\Phi} \leqq G_\varphi \cdot G_{R_2} \cdot \mathfrak{p}_{Y*}(\hat{c}_\Phi + G_{R_2}) + 1$.

Beweis. Wir schätzen ab, welche Informationen höchstens im Zustand $(\varkappa_\Phi)_q$, $R_q \neq \emptyset$ zu „speichern" sind. Es sind dies a) die Zustände $\varphi_{\varkappa_\Phi(q)}$, $R \mid \varkappa_\Phi(q)$. b) entweder das Wort $\varphi(\varkappa_\Phi(q)) \mid q$, falls $q \sqsubset \varphi(\varkappa_\Phi(q))$ gilt (wegen der Perfektheit von R_2 können diese Wörter die Länge G_{R_2} nicht überschreiten), oder das Wort $q \mid \varphi(\varkappa_\Phi(q))$, das wegen Korollar 8.7. nur im Falle einer Länge, die nicht größer als $\hat{c}_\Phi$ ist, zu neuen Zuständen beiträgt; c) gegebenenfalls ein Zustand $(\varkappa_\Phi)_s$, für den $(\varkappa_\Phi)_s\,(r) = x_0^{l(r)}$ gilt. ▌

Aus Lemma 8.8. folgt daher unmittelbar zusammen mit den Zwischenergebnissen I.—IV.:

Es ist algorithmisch entscheidbar, ob $\varkappa_\Phi$ *eine verstummende Funktion ist.*

Nun haben wir aber

Lemma 8.9. *Es ist* Φ *mit den Eigenschaften* I.—IV. *genau dann eine RL-Codierung, wenn* $\varkappa_\Phi$ *eine nichtverstummende Funktion ist.*

Beweis. Nach Konstruktion verstummt $\varkappa_\Phi$ höchstens auf $\mathsf{A}(\Phi(\xi))$, $\xi \in R$. Ferner folgt mit Lemma 8.5., daß $\varkappa_\Phi$ im Zustand $(\varkappa_\Phi)_q$ genau dann verstummt, wenn es Folgen ξ_1, ξ_2 aus $R \mid \varkappa_\Phi(q)$ mit $\varrho(\xi_1, \xi_2) = 1$ gibt, für die $\Phi(\varkappa_\Phi(q) \cdot \xi_1) = \Phi(\varkappa_\Phi(q) \cdot \xi_2)$ gilt. ▌

Damit ist Satz 8.2. vollständig bewiesen. ▌

Wir schließen die Beantwortung unseres Problems mit einem einfachen Beispiel ab.

Beispiel 8.10. Wir prüfen für die vom Automaten aus Abbildung 8.1 im Zustand z_0 realisierte sequentielle Funktion φ über $[\{a, b\}, \{0, 1\}]$, für $R = \{aa, ab, bb\}^\omega$ und $L = \{0, 1\}^\omega$, ob $P\varphi$ eine RL-Codierung ist.

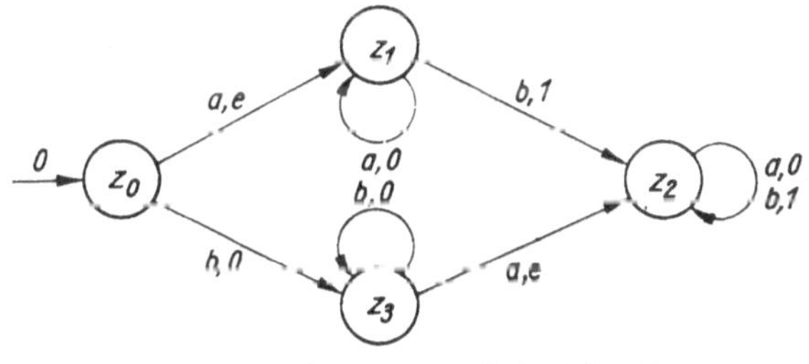

Abb. 8.1. Automat zu Beispiel 8.10.

I. Es gilt $G_\varphi = 4$ und φ ist eine nicht verstummende Funktion.
II. Es ist R eine perfekte Menge und trivialerweise gilt $\Phi(R) = R_2 \subseteq L$.
III. Für R_2 haben wir $R_2 = \{00, 01\} \cdot \{00, 01, 11\}^\omega$, also ist R_2 perfekte Menge.
IV. Die Funktion φ ist Normale, wobei $D\chi_{\mathbf{P}\varphi} = X^* \supseteq \mathsf{A}(R)$ trivial erfüllt ist.

Wir konstruieren nun einen Automaten zur Berechnung von $\varkappa_\Phi$. Als Zustände verwenden wir Elemente von $\mathsf{A}(Y) \times \mathsf{A}(Y^4) \times Z_\varphi \times Z_R \times Z_{R_2}$. Unwesentliche Komponenten versehen wir jeweils mit dem Zeichen „+“. Man erkennt mühelos, daß $\varkappa_\Phi$ verstummt. (Vergleiche hierzu den eingerahmten Teil der Abbildung 8.2.). Also ist φ **keine** RL-Codierung.

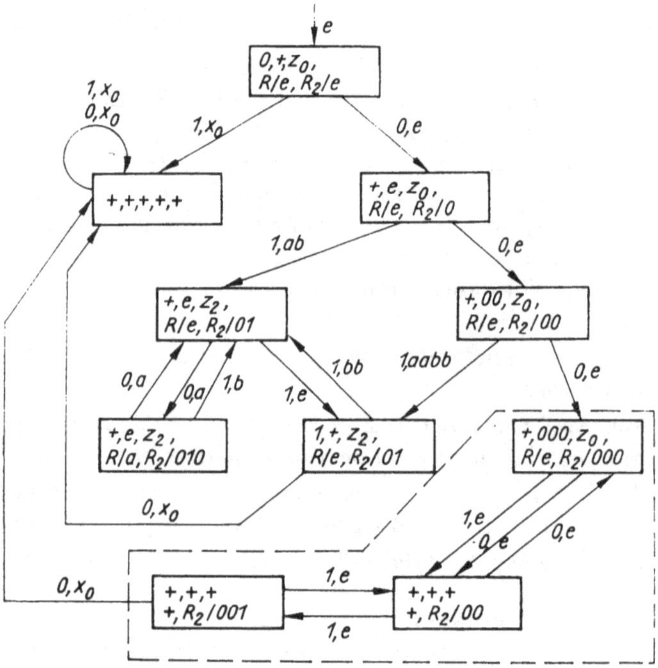

Abb. 8.2. Automat zur Realisierung von $\varkappa_\Phi$ (vgl. mit Abb. 8.1.)

8.2. Decodierung

Wir beantworten einige Probleme im Zusammenhang mit Punkt 2b) der Übersicht von Abschnitt 4.

Satz 8.11. *Zu jeder RL-Codierung Φ kann eine Φ-Decodierung Θ konstruktiv angegeben werden. Jeder Φ-Decoder $\vartheta \in \mathbf{P}^{-1}\Theta$ ist zugleich universeller Decoder für alle Φ-Coder $\varphi \in \mathbf{P}^{-1}\Phi$.*

Beweis. Ist Φ eine RL-Codierung, so ist die im Beweis von Satz 8.2. konstruierte sequentielle Funktion $\varkappa_\Phi$ endlichen Gewichts nach Lemma 8.9. nichtverstummend. Ferner gilt nach Konstruktion für jedes $\xi \in R$ und jedes $q \in \mathsf{A}(\Phi(\xi))$ die Beziehung $\varkappa_\Phi(q) \in \mathsf{A}(\xi)$, also ist gemäß Definition 6.16. die Funktion $\varkappa_\Phi$ eine Erzeugende eines Operators Θ über $[Y, X]$ mit endlichem Gewicht, für den $\Theta \circ \Phi$ auf R die Identität liefert. D. h., Θ ist Φ-Decodierung und $\varkappa_\Phi \in \boldsymbol{P}^{-1}\Theta$ ist Φ-Decoder. Der zweite Teil der Behauptung folgt unmittelbar aus den Eigenschaften von $\boldsymbol{P}$. (Vergleiche hierzu Folgerung 7.8. (2)). ▮

Wir bemerken, daß es also insbesondere möglich ist, einen Φ-Coder φ mit *unendlichem* Gewicht durch einen Φ-Decoder ϑ mit *endlichem* Gewicht zu decodieren, desgleichen einen Φ-Coder mit *endlichem* Gewicht durch einen Φ-Decoder *unendlichen* Gewichts. Die Zusammenhänge zwischen dieser Erscheinung und der *Decodierungsverzögerung* werden im folgenden noch zu untersuchen sein.

Folgerung 8.12. *Der im Satz* 8.11. *angegebene Φ-Decoder $\varkappa_\Phi \in \boldsymbol{P}^{-1}\Theta$ ist Minimalfunktion* (*Minimaldecoder*) *in $\boldsymbol{P}^{-1}\Theta$.* (Man vergleiche hierzu Definition 7.15.)

Beweis. Ist Φ eine RL-Codierung, so ist nach Konstruktion $C_{\boldsymbol{P}\varkappa_\Phi} = \mathsf{A}(\Phi(R))$ und aus gleichem Grunde gilt $\mathsf{Max} \bigcap_{\eta \in \Phi(R)|q} \mathsf{A}((\boldsymbol{P}\varkappa_\Phi)_q(\eta)) = \{e\}$ für jedes $q \in \mathsf{A}(\Phi(R))$. ▮

Zunächst formulieren wir der Vollständigkeit halber noch eine gewisse Umkehrung von Satz 8.11.

Satz 8.13. *Ist Φ sequentieller Operator endlichen Gewichts über $[X, Y]$, Θ sequentieller Operator endlichen Gewichts über $[Y, X]$ und ist $\Theta \circ \Phi$ auf einer gewissen perfekten Menge $R \subseteq X^\omega$ die Identität, so sind Φ eine RL-Codierung und Θ eine Φ-Decodierung für jedes L mit $\Phi(R) \subseteq L \subseteq| Y^\omega$.*

Im Anschluß an die Bemerkung zu Satz 8.11. ergibt sich nun in der Notation von Punkt 7.4.

Folgerung 8.14. *Sind Φ eine RL-Codierung und $\varphi \in \boldsymbol{P}^{-1}\Phi$ minimaler Φ-Coder, so gilt $\vartheta \circ \varphi' \leqq \varkappa_\Phi \circ \varphi$ eingeschränkt auf $\mathsf{A}(R)$ für jeden Φ-Coder φ' und für jeden Φ-Decoder $\vartheta \in \boldsymbol{P}^{-1}\boldsymbol{P}\varkappa_\Phi$.*

Beweis. Da φ Minimalfunktion ist und nach Lemma 8.1. $C_\Phi \supseteq \mathsf{A}(R)$ gilt, folgt $\varphi'(p) \sqsubseteq \varphi(p)$ für jedes $p \in \mathsf{A}(R)$. Nach Folgerung 8.12. ist $\varkappa_\Phi$ Minimalfunktion in $\boldsymbol{P}^{-1}\boldsymbol{P}\varkappa_\Phi$ und $C_{\boldsymbol{P}\varkappa_\Phi} = \mathsf{A}(\Phi(R))$. Also folgt $\vartheta(\varphi'(p)) \sqsubseteq \vartheta(\varphi(p)) \sqsubseteq \varkappa_\Phi(\varphi(p))$. ▮

Im allgemeinen ergibt jedoch auch die Nacheinanderausführung eines minimalen Φ-Coders und des minimalen Φ-Decoders $\varkappa_\Phi$ einer RL-Codierung keine Minimalfunktion in $\boldsymbol{P}^{-1}(\Theta \circ \Phi)$. (Man vergleiche hierzu Beispiel 7.26.)

Wir klassifizieren daher wie folgt.

Definition 8.15. Es sei Φ eine RL-Codierung. Wir nennen einen Φ-Coder φ genau dann *t-trennbar* für $t \in \mathsf{N}$, wenn es einen Φ-Decoder ϑ derart gibt, daß $\mathfrak{v}_R(\vartheta \circ \varphi, \chi_{\boldsymbol{P}\vartheta \circ \Phi}) \leqq t$ gilt. (Man vergleiche hierzu Punkt 7.3.4.) Der Φ-Coder φ soll (*schlechthin*) *trennbar* heißen, wenn es ein $t \in \mathsf{N}$ so gibt, daß φ bereits t-trennbar ist. Ferner bezeichne t_Φ das Minimum aller t, für die es einen t-trennbaren Φ-Coder φ gibt; im Falle der Nichtexistenz eines t-trennbaren Φ-Coders wollen wir $t_\Phi = \infty$ setzen.

Mit dieser Festlegung unterscheiden wir also Coder-Decoder-Varianten nach ihrer Gesamtverzögerung, d. h. nach der maximalen Abweichung der Länge des auf ein gesendetes Quellenwort $p \in \mathsf{A}(R)$ nach Ablauf des Codierungs- und Decodierungsvorganges tatsächlich auftretenden Senkenwortes von der günstigstenfalls denkbaren.

Satz 8.16. *Ist Φ eine RL-Codierung und φ ein Minimalcoder von Φ, so gilt* $t_\Phi = \mathfrak{v}_R(\varkappa_\Phi \circ \varphi, \chi_{P\varkappa_\Phi \circ \Phi})$.

Beweis. Es sei φ' ein t-trennbarer Φ-Coder. Wegen der Minimalität von φ gilt $\varphi' \leqq \varphi$ eingeschränkt auf $\mathsf{A}(R)$. Ist nun ϑ ein Φ-Decoder mit $\mathfrak{v}_R(\vartheta \circ \varphi', \varkappa_{P\vartheta \circ \Phi}) \leqq t$, so folgt wie in Folgerung 8.14. $\vartheta \leqq \varkappa_\Phi$ eingeschränkt auf $\mathsf{A}(R_2)$ und damit $\vartheta \circ \varphi' \leqq \varkappa_\Phi \circ \varphi$, d. h. $t_\Phi = \mathfrak{v}_R(\varkappa_\Phi \circ \varphi, \chi_{P\varkappa_\Phi \circ \Phi}) \leqq \mathfrak{v}_R(\vartheta \circ \varphi', \chi_{P\vartheta \circ \Phi}) \leqq t$. (Man vergleiche hierzu Folgerung 7.93. und Lemma 7.94.) ∎

Satz 8.17. *Es sei Φ eine RL-Codierung. Ein Φ-Coder φ ist trennbar, wenn G_φ endlich ist.*

Beweis. Wir zeigen, daß für einen beliebigen Φ-Coder φ die Ungleichung $\mathfrak{v}_R(\varkappa_\Phi \circ \varphi, \chi_{P\varkappa_\Phi \circ \Phi}) \leqq G_R \cdot G_{\varkappa_\Phi} \cdot G_\varphi$ gilt. Da $G_{\varkappa_\Phi} < \aleph_0$ und $G_R < \aleph_0$, ist dann im Falle der Endlichkeit von G_φ die t-Trennbarkeit für ein gewisses $t \leqq G_R \cdot G_{\varkappa_\Phi} \cdot G_\varphi$ gesichert. Nach Lemma 7.94. haben wir $\mathfrak{v}_R(\varkappa_\Phi \circ \varphi, \chi_{P\varkappa_\Phi \circ \Phi}) \leqq (G_{\varkappa_\Phi \circ \varphi} - 1) \cdot \cdot \mathfrak{max}\, \chi_{P\varkappa_\Phi \circ \Phi} + l(\chi_{P\varkappa_\Phi \circ \Phi}(e))$, und zufolge Lemma 6.6. (2) ist diese Zahl nach oben durch $(G_{\varkappa_\Phi} \cdot G_\varphi - 1) \cdot \mathfrak{max}\, \chi_{P\varkappa_\Phi \circ \Phi} + l(\chi_{P\varkappa_\Phi \circ \Phi}(e))$ abgeschätzt. Die zuletzt erhaltene Größe ist aber wegen der Perfektheit von R (vergleiche Lemma 5.78.) nicht größer als $(G_{\varkappa_\Phi} \cdot G_\varphi - 1) \cdot G_R + G_R$, weil man $\mathfrak{max}\, \chi_{P\varkappa_\Phi \circ \Phi}$ nach oben durch G_R abschätzen kann. ∎

Unser Satz 8.17. läßt sich nicht umkehren, wie die Bemerkung im Anschluß an Korollar 7.95. zeigt. D. h., es gibt Φ-Coder φ *unendlichen* Gewichts, die trennbar sind.

Satz 8.18. *Es seien Φ eine RL-Codierung und φ trennbarer Φ-Coder. Für einen Φ-Decoder ϑ gilt $\mathfrak{v}_R(\vartheta \circ \varphi, \chi_{P\vartheta \circ \Phi}) < \infty$, wenn $G_\vartheta < \aleph_0$ ist.*

Beweis. Da φ trennbar ist, haben wir $\mathfrak{v}_R(\varkappa_\Phi \circ \varphi, \chi_{P\varkappa_{\overline{\Phi}} \circ \Phi}) \leqq t < \infty$. Aus der vorausgesetzten Endlichkeit von G_ϑ erhalten wir mit Lemma 7.94. sofort $\mathfrak{v}_{\Phi(R)}(\varkappa_\Phi, \vartheta) < \infty$. Also ist auch $\mathfrak{v}_R(\varkappa_\Phi \circ \varphi, \vartheta \circ \varphi) < \infty$ (vergleiche Lemma 7.105.). Damit folgt die Behauptung. ∎

Aus den gleichen Gründen wie bei Satz 8.17. ist auch Satz 8.18. nicht umkehrbar. Damit ist nun hinreichend geklärt, daß die Kombination Minimalcoder-Minimaldecoder die günstigste Gesamtverzögerung t_Φ annimmt; jede andere Kombination bietet weniger „aktuelle“ Ausgaben an. Ferner kann man sich im Prinzip vorstellen, wenigstens eines der Elemente Coder-Decoder habe unendliches Gewicht. In diesen Fällen hat man unter Umständen mit unendlicher Verzögerung, d. h. mit faktischer Untrennbarkeit zu rechnen. Mit anderen Worten: Das System Coder-Decoder hält immer größer werdende Teile der eingespeisten

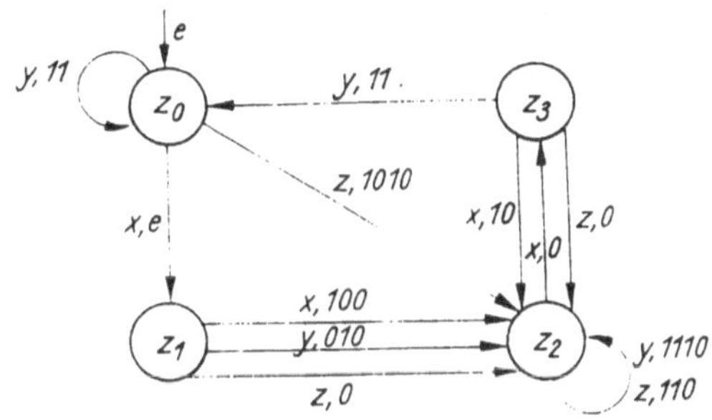

Abb. 8.3. Minimaler Φ-Coder der RL-Codierung Φ zu Beispiel 8.19

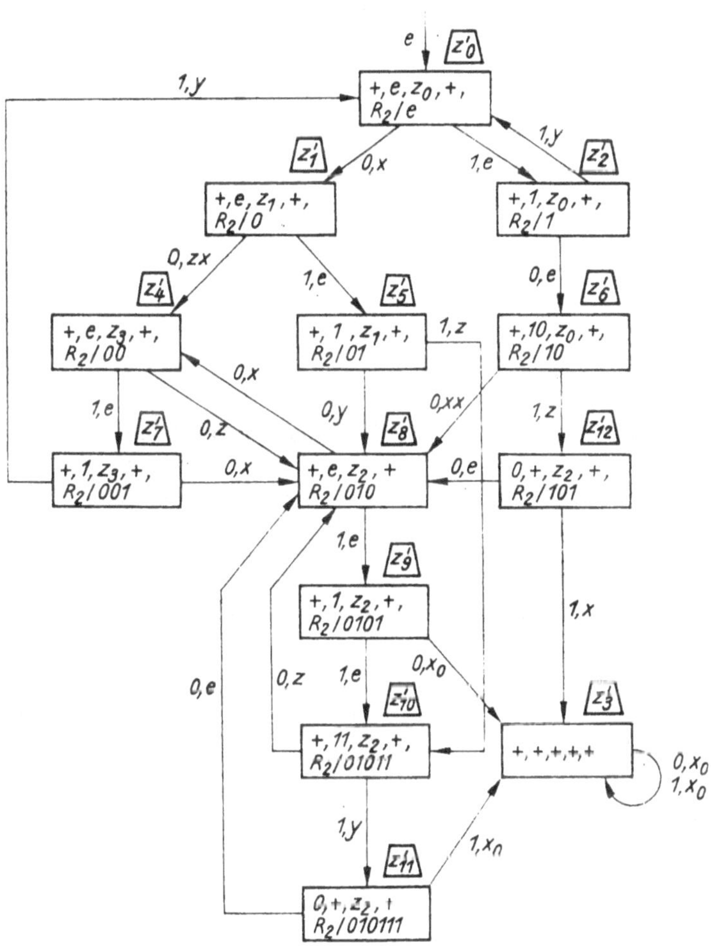

Abb. 8.4. Automat zur Realisierung von $\varkappa_\Phi$

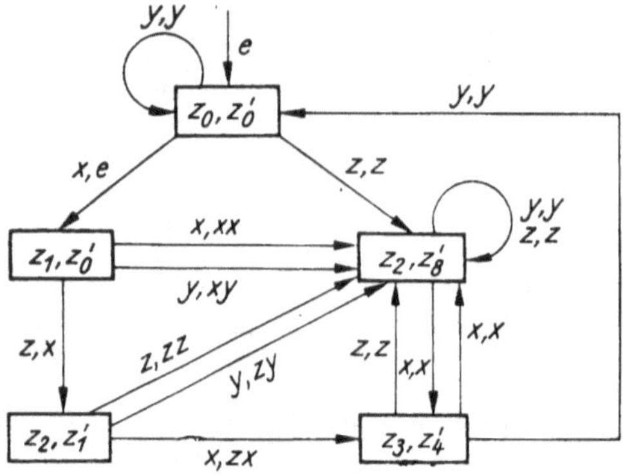

Abb. 8.5. Illustration von $\chi_\Phi \circ \varphi$ (vgl. mit Abb. 8.2.)

Informationen zurück. Wir illustrieren abschließend die t-Trennbarkeit an einem Beispiel.

Beispiel 8.19. Es bezeichne φ die vom Automaten aus Abbildung 8.3. im Zustand z_0 berechnete Funktion über $[\{x, y, z\}, \{0, 1\}]$. Man prüft leicht, daß φ Normale ist. Ferner sei der Einfachheit halber $R = \{x, y, z\}^\omega$ und $L = \{0, 1\}^\omega$ gesetzt. Danach gehen wir zur Konstruktion eines Automaten über, der $\varkappa_\Phi$ realisiert. Die unwesentlichen Komponenten werden dabei der Einfachheit halber mit „+" markiert (vergleiche Abbildung 8.4.). Wir stellen ohne Mühe fest, daß $\varkappa_\Phi$ nicht verstummt. Also ist $\Phi = \boldsymbol{P}_\varphi$ eine RL-Codierung. Nun konstruieren wir einen Automaten, der die Funktion $\varkappa_\Phi \circ \varphi$ realisiert. Ein Vergleich mit der Normalen $\chi_{P_{\varkappa_\Phi} \circ \Phi} = id^{\{x, y, z\}}$ ergibt $t_\Phi = 2$ (siehe Abbildung 8.5.).

8.3. Existenz und Konstruktion von *RL*-Codierungen

Im vorliegenden Punkt gehen wir auf Probleme ein, die mit den Aufgaben 2a) und 3b) der Übersicht von Abschnitt 4 korrespondieren.

Es sind Bedingungen dafür anzugeben, daß für vorgegebene reguläre $R \subseteq X^\omega$ und $L \subseteq| Y^\omega$ eine RL-Codierung *existiert.* Ferner werden Verfahren gesucht, die es erlauben, zu R, L und $t \in \mathsf{N}$ einen t-trennbaren Coder *effektiv* zu *konstruieren.*

Aus Gründen, wie wir sie bereits zu Beginn von Abschnitt 8 nannten, gehen wir davon aus, daß $R \subseteq X^\omega$ regulär und perfekt ist. Ferner wiesen wir bereits darauf hin, daß die Perfektheit von $R_2 = \Phi(R)$ notwendig für die Eineindeutigkeit von Φ ist. Beachten wir Lemma 5.85., so haben wir bereits eine notwendige Bedingung für die Existenz von RL-Codierungen.

Satz 8.20. *Zu regulärem und perfektem $R \subseteq| X^\omega$ und zu regulärem $L \subseteq| Y^\omega$ existiert nur dann eine RL-Codierung, wenn L perfekt ist.*

Wir können sogar zeigen, daß diese Bedingung bereits für die Existenz einer RL-Codierung Φ mit $t_\Phi = 0$ hinreicht.

Satz 8.21. *Zu jedem Paar regulärer und perfekter Mengen $R \subseteq X^{\omega}$ und $L \subseteq| Y^{\omega}$ existiert eine RL-Codierung Φ. Es kann ein effektives Verfahren angegeben werden, das zu R und L einen 0-trennbaren Φ-Coder φ mit einem Gewicht, das $G'_R \cdot G'_L + 1$ nicht übersteigt, liefert.*[1])

Beweis. Es bezeichnen Z'_R und Z'_L die Zustandsmengen von R und L, wobei wir $\emptyset \notin Z'_R \cup Z'_L$ fordern wollen. Da nach Voraussetzung R und L regulär sind, haben wir mit Satz 5.54. (1) $\mathsf{card}\, Z'_R \cdot \mathsf{card}\, Z'_L < \aleph_0$. Die vorausgesetzte Perfektheit von L besagt nach Lemma 5.78., daß wir zu jedem Zustand $L \mid q \neq \emptyset$ ein $s \in \mathsf{A}(Y^{G_L})$ und Buchstaben $y_1, y_2 \in Y$ so finden, daß $L \mid qsy_{1,2} \neq \emptyset$ und $y_1 \neq y_2$ gilt. Einen Zustand $L \mid qs$ dieser Art wollen wir *Verzweigung* nennen. Es bezeichne $\mathfrak{V}_L \subseteq Z'_L$ die Menge aller Verzweigungen von L. Ferner sei $V_L(q) =_{Df} =_{Df} \mathsf{Min}\,\{u: L \mid qu \in \mathfrak{V}_L \wedge u \neq e\}$ gesetzt. Auf analoge Weise benennen wir in R.

Wir konstruieren nun einen Automaten $\mathfrak{A} = [X, Y, Z, f, g, z_0, q_0]$, der uns den gesuchten Coder realisieren soll. Dazu wählen wir uns $Z =_{Df} Z'_R \times \mathfrak{V}_L \cap \{+\}$, $q_0 =_{Df} V_L(e)$, falls $\mathsf{card}\, V_L(e) = 1$, und $q_0 =_{Df} e$ sonst, $z_0 =_{Df} [z'_0, z''_0] = [R \mid e, L \mid q_0]$. Es sei nun $z =_{Df} [z', z''] = [R \mid p, L \mid q] \in Z'_R \times \mathfrak{V}_L$. Bei der Konstruktion von f und g unterscheiden wir die folgenden Fälle: a) Es ist $z' = R \mid p \notin \mathfrak{V}_R$. Dann gibt es genau ein x_0, so daß $R \mid px_0 \in Z'_R$ gilt. Wir setzen

$$f(z, x) =_{Df} \begin{cases} [z' \mid x, z''], & \text{falls } x = x_0, \\ +, & \text{sonst;} \end{cases}$$

$$g(z, x) =_{Df} \begin{cases} e, & \text{falls } x = x_0 \\ y_0, & \text{sonst, wobei } y_0 \in Y \text{ fest gewählt sei.} \end{cases}$$

b) Es ist $z' = R \mid p \in \mathfrak{V}_R$. Wir wählen eine beliebige, bezüglich „$\subseteq$" minimale Menge $M_{z''} \subseteq Y^*$ so aus, daß die folgenden Bedingungen erfüllt sind:

1. $M_{z''} \subseteq \{u: z'' \mid u \in \mathfrak{V}_L\}$;
2. $\mathsf{Min}\, M_{z''} = M_{z''}$;
3. $\mathsf{card}\, M_{z''} \geqq \mathsf{card}\, V_R(p)$.

Die Perfektheit von L erlaubt es uns stets, eine derartige Menge $M_{z''}$ anzugeben.

Schließlich sei $h_z: V_R(p) \to M_{z''}$ eine beliebige eineindeutige Abbildung von $V_R(p)$ in $M_{z''}$. Nach Wahl von $M_{z''}$ existiert eine solche Abbildung und kann wegen der Endlichkeit von $V_R(p)$ effektiv angegeben werden. Nun setzen wir

$$f(z, x) =_{Df} \begin{cases} [z' \mid x, z'' \mid h_z(p')], & \text{falls ein } p' \in V_R(p) \text{ mit } x \sqsubseteq p' \text{ existiert,} \\ + \text{ sonst;} \end{cases}$$

$$g(z, x) =_{Df} \begin{cases} h_z(p'), & \text{falls ein } p' \in V_R(p) \text{ mit } x \sqsubseteq p' \text{ existiert,} \\ y_0, & \text{sonst.} \end{cases}$$

Diese Definitionen sind korrekt, denn nach Voraussetzung ist $z' \in \mathfrak{V}_R$, und daher gilt $\mathsf{A}(p') \cap \mathsf{A}(p'') = \{e\}$ für jedes $p', p'' \in V_R(p)$ mit $p' \neq p''$.

[1]) Zur Beziehung G' siehe Seite 90.

c) Ist schließlich $z = +$, so setzen wir in diesem Falle

$$f(z, x) =_{Df} z \quad \text{und} \quad g(z, x) =_{Df} y_0 .$$

Nach Wahl von Z ist es sofort klar, daß keine anderen als die Fälle a), b) und c) auftreten können.

Bezeichnet nun φ die von $\mathfrak{A}$ im Zustand z_0 realisierte Funktion, so folgt unmittelbar aus der Konstruktion, daß φ nicht verstummt und daher einen sequentiellen Operator Φ über $[X, Y]$ erzeugt, für den $G_\Phi \leqq G_\varphi \leqq G'_R \cdot G'_L + 1$ gilt. Man beachte jedoch, daß φ', bedingt durch die Wahl von $M_{z''}$ im Falle b), im allgemeinen keine Normale ist. Es ist ferner ohne Mühe einzusehen, daß $\Phi(R)$ eine perfekte Teilmenge von L ist.

Wir überzeugen uns nun davon, daß Φ auf R eineindeutig ist. Es seien dazu $\xi_1, \xi_2 \in R$ und $\varrho(\xi_1, \xi_2) = 1/n$. Dann ist $R \mid p \in \mathfrak{B}_R$ für $p \in \mathsf{A}(\xi_1) \cap X^{n-1}$. Nach Konstruktion von $\mathfrak{A}$ (siehe Fall b)) gilt $\varphi_p(\xi_1(n)) \mid\mid \varphi_p(\xi_2(n))$ und $\varphi_p(\xi_1(n)) \neq \varphi_p(\xi_2(n))$ zufolge der Eineindeutigkeit von h_z und der Eigenschaft 2. der Mengen $M_{z''}$. Damit haben wir $\Phi(\xi_1) \neq \Phi(\xi_2)$, wie behauptet.

Schließlich folgt aus der Beschaffenheit von $\varkappa_\Phi$ (man vergleiche hierzu die Definition von $\varkappa_\Phi$ auf Seite 193) unmittelbar die Beziehung $R \mid \varkappa_\Phi(\varphi(p)) \in \mathfrak{B}_R$ und $p \sqsubseteq \varkappa_\Phi(\varphi(p))$, d. h. $\varkappa_\Phi \circ \varphi(p) = \chi_{P\varkappa_\Phi \circ \Phi}(p)$, für jedes $p \in \mathsf{A}(R)$, also ist $t_\Phi \leqq \mathfrak{d}_R(\varkappa_\Phi \circ \varphi, \chi_{P\varkappa_\Phi \circ \Phi}) = 0$. ∎

Zugleich zeigte der letzte Beweisschritt in Ergänzung zu Satz 8.16., daß es *t_Φ-trennbare und nichtminimale* Φ-Coder gibt. Wir erläutern die Konstruktion einer RL-Codierung an einem einfachen Beispiel.

Beispiel 8.22. Es seien $X = \{a, b, c\}$, $Y = \{0, 1\}$, R und L wie in den Graphen der Abbildung 8.6. angegeben.
Für $\mathfrak{A} = [X, Y, Z, f, g, z_0, q_0]$ erhalten wir im einzelnen entsprechend dem Beweis von Satz 8.21.

$$Z = \{R \mid e, R \mid a, R \mid c, R \mid ca\} \times \{L \mid 10\} \cup \{+\};$$

$$q_0 = V_L(e) = e , \qquad z_0 = [R \mid e, L \mid e] .$$

Auf z_0 trifft der Fall b) zu, denn $R \mid e \in \mathfrak{B}_R$. Es ist $\mathsf{card}\, V_R(R \mid e) = \mathsf{card}\, \{ab, c\} = 2$; wir wählen daher $M_{L|e} = \{00, 10\}$ und $h_{z_0}(ab) = 00$, $h_{z_0}(c) = 10$. Damit wird

$$f(z_0, a) = [R \mid a, L \mid e] = z_1, g(z_0, a) = 00 ,$$

$$f(z_0, b) = +, g(z_0, b) = 0 ,$$

$$f(z_0, c) = [R \mid c, L \mid e] = z_2, g(z_0, c) \, L = 10 .$$

Für den Zustand z_1 trifft der Fall a) zu, denn es ist $R \mid a \notin \mathfrak{B}_R$. Also haben wir

$$f(z_1, a) = f(z_1, c) = +, g(z_1, a) = g(z_1, c) = 0 ,$$

$$f(z_1, b) = [R \mid e, L \mid e], g(z_1, b) = e .$$

Für den Zustand z_2 trifft der Fall b) zu, denn es ist $R \mid c \in \mathfrak{B}_R$. Wir bestimmen $\mathsf{card}\, V_R(R \mid c) = \mathsf{card}\, \{a, b\} = 2$ und verwenden $M_{L|e} = \{00, 10\}$ sowie $h_{z_2}(a) = 00$, $h_{z_2}(b) = 10$. Damit wird

$$f(z_2, a) = [R \mid ca, L \mid e] = z_3, g(z_2, a) = 00 ,$$

$$f(z_2, b) = [R \mid ca, L \mid e], g(z_2, b) = 10 ,$$

$$f(z_2, c) = +, g(z_2, c) = 0 .$$

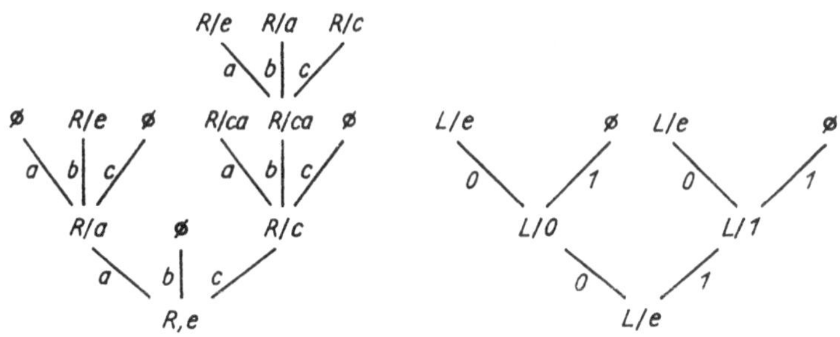

Abb. 8.6. R und L zu Beispiel 8.22

Für den Zustand z_3 trifft der Fall b) zu, denn $R \mid ca \in \mathfrak{V}_R$. Es ist $\operatorname{card} V_R(R \mid ca) = \operatorname{card} \{a, bb, c\} = 3$. Wir verwenden $M_{L|e} = \{00, 1010, 1000\}$ und $h_{z_3}(a) = 00$, $h_{z_3}(bb) = 1010$, $h_{z_3}(c) = 1000$. Damit erhalten wir

$$f(z_3, a) = [R \mid e, L \mid e], g(z_3, a) = 00\,,$$

$$f(z_3, b) = [R \mid a, L \mid e], g(z_3, b) = 1010\,,$$

$$f(z_3, c) = [R \mid c, L \mid e], g(z_3, c) = 1000\,.$$

Der Graph des soeben konstruierten Automaten ist in Abbildung 8.7. dargestellt.

Spätestens am Beispiel 8.21. wurde deutlich, welche große Bedeutung einer über den Rahmen der algebraischen Untersuchung hinausgehenden Betrachtung der Zufälligkeiten, mit denen die Elemente $\xi \in R$ auftreten, zukommt. Hierdurch wird es dann z. B. möglich, bei der Wahl der $M_{z''}$ zusätzlich gewissen Optimalitätsansprüchen zu genügen.

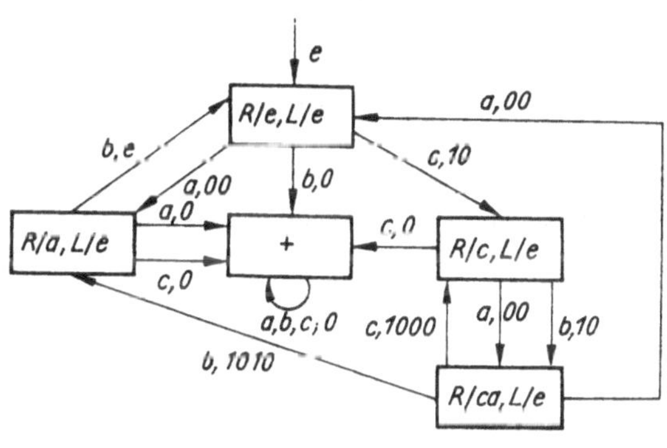

Abb. 8.7. Φ-Coder für eine RL-Codierung Φ zu R und L gemäß Abb. 8.6., nach Satz 8.21 konstruiert

9. Sequentielle Codes und lineare Filter

In diesem Abschnitt werden wir auf der Grundlage der im Kapitel III erarbeiteten Resultate einige Probleme behandeln, die bei der Entstörung der übertragenen Information auftreten. Damit gehen wir zur Beantwortung der Fragen 1c) und 3a) der Übersicht von Abschnitt 4 über.

Wir wollen voraussetzen, daß der Kanal nach dem Schema $\Sigma(\eta, \sigma) = \eta + \sigma$ störe. (Wir setzen in diesem Abschnitt Y wieder als endlichen Körper voraus.) Entsprechend den in Abschnitt 4 formulierten Aufgaben untersuchen wir hierbei also insbesondere die Abbildung Λ und ihre Beziehungen zum Code $\ker \Psi$ und zur Störmenge S (siehe Abbildung 4.1.). Wir geben dabei u. a. Resultate aus den Arbeiten [77, 78], [56, 58] und [74, 75] wieder.

9.1. Sequentielle Codes und Störmengen

Bevor wir zur Charakterisierung der Entstörung Λ kommen, untersuchen wir zunächst einige Beziehungen zwischen dem Code und zulässigen Störmengen. Nach den in Abschnitt 4 aufgeführten Vorgaben wollen wir als *linearen sequentiellen Code* den Kern $\ker \Psi$ eines linearen sequentiellen Operators Ψ mit endlichem Gewicht betrachten. In Punkt 7.2.3. (Satz 7.53. (2)) haben wir gesehen, daß jeder reguläre Unterraum $L \subseteq| Y^\omega$ Kern eines geeigneten linearen sequentiellen Operators Π'_L mit endlichem Gewicht ist. Daher sagen wir:

Definition 9.1. Eine Teilmenge L von Y^ω heißt *sequentieller Code über* $Y =_{Df} L$ ist regulärer Unterraum von Y^ω.

Die durch Definition 9.1. charakterisierte Klasse von Codes umfaßt die Klasse der aus der Literatur (siehe z. B. [40], [72]) bekannten *convolutional* bzw. *recurrent codes*. Diese Tatsache macht man sich mit Hilfe der Ausführungen von Punkt 7.2.6. und Satz 7.53. an Hand der in [72] gegebenen Matrizendarstellung rekurrenter Codes klar. Umgekehrt folgt aber aus der Betrachtung der Matrizen für rekurrente Codes, daß nicht jeder sequentielle Code derart dargestellt werden kann.

Als Störmenge $S \subseteq Y^\omega$ war in Abschnitt 4 eine reguläre Teilmenge von Y^ω vorgeschlagen worden. Wir werden später sehen, daß diese Voraussetzung notwendig für die Endlichkeit des Gewichtes der Entstörung Λ ist. Die Entstörung Λ für den Code L und die Störmenge S soll uns dabei für jede übertragene Folge $\eta \in L$ und jede Störfolge $\sigma \in S$ wieder die übertragene Folge liefern, d. h., wir fordern

$$\Lambda(\eta + \sigma) = \eta .$$

Aus dieser Betrachtung erhalten wir unmittelbar die wohlbekannte Bedingung für die *Zulässigkeit* einer Störmenge S gegenüber einem Code L. Es darf nämlich

S aus jeder Nebenklasse $\eta' + L$ von L höchstens ein Element enthalten. Anderenfalls gäbe es ein Element $\eta' \in L + S$, welches zwei verschiedene Darstellungen $\eta_1 + \sigma_1 = \eta' = \eta_2 + \sigma_2 (\eta_1, \eta_2 \in L, \sigma_1, \sigma_2 \in S)$ zuließe. Damit wäre dann Λ nicht eindeutig. Wir sagen also:

Definition 9.2. Die Störmenge $S \subseteq Y^\omega$ heißt *zulässig für den Code* $L =_{Df}$

$$L \cap (S - S) = 0^\omega .$$

Die angegebene Bedingung ist offensichtlich gleichwertig damit, daß jedes Element $\eta \in L + S$ höchstens eine Darstellung der Form $\eta = \eta' + \sigma$ mit $\eta' \in L$ und $\sigma \in S$ hat. Wir wollen ferner, wie auch in 1.1.4., sagen, der Code L ist *S-resistent*, falls S zulässig für L ist.

Weiterhin nehmen wir an, daß unser Übertragungskanal auch Folgen ungestört passieren läßt, d. h. wir vereinbaren, es sei stets $\bar{0} \in S$. Von unserer Entstörung Λ fordern wir, daß sie sequentiell realisiert werden kann, d. h., das n-te Symbol $\eta(n)$ einer übertragenen Folge η wird nach einer gewissen endlichen Zeit t entstört ausgegeben. Mit anderen Worten, die Abbildung Λ „gibt" das entstörte Symbol $\eta'(n)$ „aus", nachdem $\eta(1) \cdots \eta(n + t)$ „eingelesen" worden sind. Im Punkt 7.1. hatten wir gesehen, daß Sequentialität und Stetigkeit der Abbildungen von $[Y^\omega, \varrho]$ in $[Y^\omega, \varrho]$ gleichwertig sind. Also folgt aus der Bedingung $\Lambda(S) = 0^\omega$ und der Stetigkeit von Λ, daß auch $\Lambda(\mathfrak{C}_\varrho(S)) = 0^\omega$ gelten muß. (Zur Definition von $\mathfrak{C}_\varrho$ siehe Seite 57). Daher können wir die Störmenge S als abgeschlossen voraussetzen. Die Forderung, daß Λ sequentiell ist, entspringt dabei den Erwägungen von Punkt 1.1.4. Für die weiteren Betrachtungen eines *Codes L* und einer für *L zulässigen Störmenge S* halten wir also die folgenden Bedingungen fest:

(1) *L ist regulärer Unterraum von Y^ω;*
(2) *S ist reguläre abgeschlossene Teilmenge von Y^ω;*
(3) $\bar{0} \in S$;
(4) $L \cap (S - S) = 0^\omega$.

Schließlich wollen wir ein Paar $[L, S]$ mit $L \subseteq\!| \; Y^\omega$ und $S \subseteq Y^\omega$ *vollständig* nennen, falls $L + S = Y^\omega$ gilt.

9.2. [L, S]-Filter und lineare Filter

9.2.1. [L, S]-Filter

Wir werden uns in diesem Abschnitt mit den Eigenschaften der Entstörung Λ beschäftigen. In Punkt 9.1. hatten wir gefordert, daß Λ sequentiell realisierbar ist. Deshalb sagen wir für beliebige $L \subseteq\!| \; Y^\omega$ und $S \subseteq Y^\omega$:

Definition 9.3. Eine Abbildung Λ heißt ein $[L, S]$-*Filter* $=_{Df}$

(1) Λ ist sequentieller Operator über $[Y, Y]$ und

(2) für alle $\eta \in L$ und $\sigma \in S$ gilt $\Lambda(\eta + \sigma) = \eta$.

Nach dieser Definition existieren also $[L, S]$-Filter wegen Bedingung (2) nur dann, falls es für jedes $\eta' \in L + S$ höchstens eine Darstellung der Form $\eta' = \eta + \sigma$ mit $\eta \in L, \sigma \in S$ gibt. Weiterhin ist in der Definition nichts ausgesagt über das Verhalten der Abbildung auf $Y^\omega \setminus (L + S)$. Beispiele für $[L, S]$-Filter sind die in Punkt 7.2.4. eingeführten linearen Projektoren über $[Y, Y]$. Ist nämlich Π linearer Projektor über $[Y, Y]$, so ist Π natürlich ein $[\Pi(Y^\omega), \mathsf{ker}\,\Pi]$-Filter, was leicht mit Folgerung 7.59. zu verifizieren ist.

Uns interessiert hierbei, ob für reguläres $S \subseteq Y^\omega$ und einen S-resistenten sequentiellen Code L stets ein $[L, S]$-Filter existiert, das endliches Gewicht hat. Zur Beantwortung dieser Frage benutzen wir auf Grund der oben erwähnten Eigenschaft von Projektoren dasselbe Konstruktionsprinzip, wie es in Punkt 7.2.5. für Projektoren angegeben worden ist.

Zunächst erhalten wir wie in Abschnitt 7.2.5. die Beziehung (*) $\mathsf{A}(L) \cap \mathsf{A}(S - S) = 0^* \cup \bigcup_{n \in \mathsf{N}} 0^n \cdot W_n$, wobei $0^* \cap \mathsf{A}(W_n) \subseteq \{e\}$, d. h. keines der Wörter aus W_n beginnt mit dem Buchstaben 0. Wir hatten L und S als reguläre abgeschlossene Teilmengen von Y^ω vorausgesetzt. Damit sind auch $S - S$ nach Lemma 5.91. und $\mathsf{A}(L) \cap \mathsf{A}(S - S)$ nach Korollar 5.60. und Lemma 5.45. regulär. Somit gibt es nur endlich viele verschiedene Wortmengen W_n, welche wegen $\mathsf{ls}\,(\mathsf{A}(L) \cap \mathsf{A}(S - S)) = L \cap (S - S) = 0^\omega$ überdies endlich sind.

Wie in Abschnitt 7.2.5. erhalten wir nun $G_{\mathsf{A}(L) \cap \mathsf{A}(S-S)} \leqq G_L \cdot G_{S-S}$ und $l(p) < G_L \cdot G_{S-S}$ für $p \in \bigcup_{n \in \mathsf{N}} W_n$. Von Bedeutung für die weiteren Untersuchungen ist noch die Größe $k_{L,S} =_{Df} max \left\{l(w) \colon w \in \bigcup_{n \in \mathsf{N}} W_n\right\}$. Diese Größe läßt sich für gegebene reguläre L und S effektiv bestimmen:

Es seien L und S durch Gleichungssysteme

$$L_i = \bigcup_{y \in Y_i} y \cdot L_{\mathfrak{j}(y,i)} \quad (1 \leqq i \leqq m) \tag{I}$$

und

$$S_l = \bigcup_{y \in Y'_i} y \cdot S_{\mathfrak{k}(y,l)} \quad (1 \leqq l \leqq n) \tag{II}$$

gegeben.

Nach dem Verfahren, welches im Anschluß an Lemma 5.91. erläutert worden ist, bestimme man ein Gleichungssystem für $S - S$. Aus den Gleichungssystemen für L und $S - S$ erhält man mit Hilfe der Methode des Beweises von Satz 5.58. Gleichungssysteme für $\mathsf{A}(L)$ und $\mathsf{A}(S - S)$:

$$\mathsf{A}(L_i) = \bigcup_{y \in Y_i} y \cdot \mathsf{A}(L_{\mathfrak{j}(y,i)}) \cup \bigcup_{y \in Y \setminus Y_i} y \cdot \emptyset \cup c(L_i) \quad (1 \leqq i \leqq m)\,, \tag{III}$$

$$\mathsf{A}((S - S)_l) = \bigcup_{y \in Y'_l} y \cdot \mathsf{A}((S - S)_{\mathfrak{k}(y,l)}) \cup \bigcup_{y \in Y \setminus Y'_l} y \cdot \emptyset \cup c((S - S)_l) \quad (1 \leqq l \leqq n')\,. \tag{IV}$$

(Die Gleichung $\emptyset = \bigcup_{y \in Y} y \cdot \emptyset \cap \emptyset$ für die leere Menge haben wir beide Male weggelassen, da sie für die weiteren Betrachtungen nicht benötigt wird. Zur Definition von c vergleiche man mit der Fußnote auf Seite 74.)

Der Übersichtlichkeit halber werden wir jetzt $\mathsf{A}(L_i)$ mit V_i und $\mathsf{A}((S - S)_l)$ mit W_l bezeichnen. Weiterhin überlegt man sich leicht, daß $c(L_i) = c((S - S)_l) = \{e\}$ für $1 \leqq i \leqq m$ und $1 \leqq l \leqq n'$ gilt. Wir können also zur Bestimmung eines Gleichungssystems für $\mathsf{A}(L) \cap \mathsf{A}(S - S)$ ausgehen von

$$V_i = \bigcup_{y \in Y_i} y \cdot V_{\mathbf{j}(y,i)} \cup \bigcup_{y \in Y \setminus Y_i} y \cdot \emptyset \cup \{e\} \qquad (1 \leqq i \leqq m) \tag{III'}$$

und

$$W_l = \bigcup_{y \in Y_l'} y \cdot W_{\mathbf{k}(y,i)} \cup \bigcup_{y \in Y \setminus Y_l'} y \cdot \emptyset \cup \{e\} \qquad (1 \leqq l \leqq n')\,. \tag{IV'}$$

In Analogie zu dem Verfahren auf Seite 70 können wir nun aus (III') und (IV') ein Gleichungssystem für $V_1 \cap W_1 = \mathsf{A}(L) \cap \mathsf{A}(S - S)$ bestimmen. Dabei kommt uns zugute, daß für sämtliche V_i und W_l die Beziehung $e \in V_i \cap W_l$ gilt, d. h., es ist stets $V_i \cap W_l \neq \emptyset$. Wir setzen also

$$V_1 \cap W_1 = \bigcup_{y \in Y_1 \cap Y_1'} y \cdot (V_{\mathbf{j}(y,1)} \cap W_{\mathbf{k}(y,1)}) \cup \{e\}\,.$$

Die Komponenten $y \cdot \emptyset$ lassen wir im weiteren der Einfachheit halber weg. Für die neu entstehenden $V_i \cap W_l$ bestimmen wir in analoger Weise

$$V_i \cap W_l = \bigcup_{y \in Y_i \cap Y_l'} y \cdot (V_{\mathbf{j}(y,i)} \cap W_{\mathbf{k}(y,l)}) \cup \{e\}\,.$$

Das Verfahren bricht ab, falls keine neuen Zustände $V_i \cap W_l$ mehr auftreten. Wir erhalten also ein Gleichungssystem der Form

$$V_i \cap W_h = \bigcup_{y \in Y_{i,l}} y \cdot (V_{\mathbf{j}(y,i)} \cap W_{\mathbf{k}(y,l)}) \cup \{e\}\,,$$

wobei $Y_{i,l} =_{Df} Y_i \cap Y_l'$ und $[i, l] \in M \subseteq \{1, \dots, m\} \times \{1, \dots, n'\}$. Die Menge M schöpft nicht notwendig die gesamte Menge $\{1, \dots, m\} \times \{1, \dots, n'\}$ aus, da bei der Bildung von neuen Gleichungen nicht sämtliche $V_i \cap W_l$ erfaßt werden müssen.

Die Größe $k_{L,S}$ ist nun das Maximum der Länge aller Wörter $p \in \bigcup_{\substack{y \neq 0 \\ i,l \in M}} y \cdot (V_{\mathbf{j}(y,i)} \cap W_{\mathbf{k}(y,l)})$ und läßt sich aus dem Gleichungssystem leicht an Hand einer geeignet aufgestellten Tabelle ablesen. Wir illustrieren dieses Verfahren durch ein Beispiel.

Beispiel 9.4. Wir setzen $Y = \{0, 1\}$ und verwenden die im Beispiel 3.2. betrachtete Menge $S = \{0, 1000\}^\omega$ sowie die Menge L, welche durch das Gleichungssystem

$$\begin{aligned} L &= 00 \cdot L \cup 11 \cdot L' \\ L' &= 10 \cdot L \cup 01 \cdot L' \end{aligned} \tag{I}$$

gegeben ist (vergleiche Beispiel 3.4.). Im Beispiel 5.92. hatten wir ein Gleichungssystem für $S' =_{Df} S - S$ aufgestellt:

$$\begin{aligned} S' &= 0 \cdot S' \cup 1 \cdot S_1' \\ S_1' &= 0 \cdot S_2' \cup 1 \cdot S_3' \\ S_2' &= 0 \cdot S' \cup 1 \cdot S_4' \\ S_3' &= 0 \cdot S_5' \\ S_4' &= 0 \cdot S_2' \\ S_5' &= 0 \cdot S' . \end{aligned} \tag{II}$$

Damit erhalten wir die folgenden Systeme für $V =_{Df} \mathsf{A}(L)$ und $W =_{Df} \mathsf{A}(S - S)$:

$$\begin{aligned} \mathsf{A}(L) = V_1 &= 0 \cdot V_2 \cup 1 \cdot V_3 \cup \{e\} \\ V_2 &= 0 \cdot V_1 \cup \{e\} \\ V_3 &= 1 \cdot V_4 \qquad\quad \cup \{e\} \\ V_4 &= 1 \cdot V_2 \cup 0 \cdot V_3 \cup \{e\} \end{aligned} \tag{III}$$

$$\begin{aligned} \mathsf{A}(S') = W_1 &= 0 \cdot W_1 \cup 1 \cdot W_2 \cup \{e\} \\ W_2 &= 0 \cdot W_3 \cup 1 \cdot W_4 \cup \{e\} \\ W_3 &= 0 \cdot W_1 \cup 1 \cdot W_5 \cup \{e\} \\ W_4 &= 0 \cdot W_6 \qquad\quad \cup \{e\} \\ W_5 &= 0 \cdot W_3 \qquad\quad \cup \{e\} \\ W_6 &= 0 \cdot W_1 \qquad\quad \cup \{e\} \end{aligned} \tag{IV}$$

Aus (III) und (IV) folgt das Gleichungssystem (V) (Wir lassen auch hierbei wie in (III) und (IV) Ausdrücke der Form $y \cdot \emptyset$ weg.):

$$\begin{aligned} V_1 \cap W_1 &= 0 \cdot (V_2 \cap W_1) \cup 1 \cdot (V_3 \cap W_2) \cup \{e\} \\ V_2 \cap W_1 &= 0 \cdot (V_1 \cap W_3) \qquad\qquad\qquad \cup \{e\} \\ V_3 \cap W_2 &= \qquad\qquad\qquad 1 \cdot (V_4 \cap W_4) \cup \{e\} \\ V_1 \cap W_3 &= 0 \cdot (V_2 \cap W_1) \cup 1 \cdot (V_3 \cap W_5) \cup \{e\} \\ V_4 \cap W_4 &= 0 \cdot (V_3 \cap W_6) \qquad\qquad\qquad \cup \{e\} \\ V_3 \cap W_5 &= V_3 \cap W_6 = \qquad\qquad\qquad \{e\} \end{aligned} \tag{V}$$

Wir können nun das Gleichungssystem vereinfachen:
Es ist $V_4 \cap W_4 = \{e, 0\}$, somit $V_3 \cap W_2 = \{e, 1, 10\}$ und schließlich $V_1 \cap W_1 = 0 \cdot (V_2 \cap W_1) \cup \{e, 1, 11, 110\}$. Weiterhin ist $V_1 \cap W_3 = 0 \cdot (V_2 \cap W_1) \cup \{e, 1\}$. Wir erhalten also

$$\begin{aligned} V_1 \cap W_1 &= 0 \cdot (V_2 \cap W_1) \cup \{e, 1, 11, 110\} \\ V_2 \cap W_1 &= 0 \cdot (V_1 \cap W_3) \cup \{e\} \\ V_1 \cap W_3 &= 0 \cdot (V_2 \cap W_1) \cup \{e, 1\} . \end{aligned} \tag{V'}$$

Unschwer können wir nun $k_{L,S} = 3$ ablesen.

Nachdem wir nun die Größe $k_{L,S}$ bestimmt haben, konstruieren wir wie in Punkt 7.2.5. einen endlichen Automaten $\mathfrak{B}$ an Hand von L und S derart, daß $\mathfrak{B}$ ein $[L, S]$-Filter Λ realisiert. Der Automat $\mathfrak{B}$ arbeitet dabei nach demselben Prinzip, wie es schon in Punkt 7.2.5. erläutert wurde. Daher benutzen wir auch die dort angegebenen Mittel zur Beschreibung der Arbeitsweise von $\mathfrak{B}$. Es seien

$$V_{p,q}(r) =_{Df} \{p' : p' \in \mathsf{A}(L \mid p) \wedge \exists q' \, (q' \in \mathsf{A}(S \mid q) \wedge p' + q' = r)\}$$

und

$$W_{p,q}(r) =_{Df} \{q' : q' \in \mathsf{A}(S \mid q) \wedge \exists p' \, (p' \in \mathsf{A}(L \mid p) \wedge p' + q' = r)\} ,$$

wobei $p \in \mathsf{A}(L)$, $q \in \mathsf{A}(S)$ und $l(p) = l(q)$.

Folgerung 9.5.

(1) *Aus* $L \mid p = L \mid p'$ *und* $S \mid q = S \mid q'$ *folgt*

$$V_{p,q}(r) = V_{p',q'}(r) \quad \textit{und} \quad W_{p,q}(r) = W_{p',q'}(r) .$$

(2) *Es seien* $r \sqsubseteq r'$ *und* $l(r) = n$. *Dann ist* $V_{p,q}(r) \supseteq \mathsf{A}(V_{p,q}(r')) \cap Y^n$.

Die Eigenschaft (1) ist von Folgerung 7.63. (1) übernommen, und (2) wurde schon im Beweis der Folgerung 7.66. (1) benutzt. Dagegen lassen sich Folgerung 7.63. (2) und (3) hier nicht beweisen, da wir S nicht als lineare Teilmenge vorausgesetzt haben. Aus gleichem Grund gilt auch eine Reihe weiterer, im Punkt 7.2.5. formulierter Aussagen nicht.

Die Folgerungen 9.6. und 9.7. beweist man nun wie die Folgerungen 7.64. und 7.66. (Folgerung 7.65. läßt sich nicht übertragen, da für ihre Gültigkeit die Linearität von S notwendig ist.)

Wie in 7.2.5. seien also $dec_{p,q}(r)$ das maximale gemeinsame Anfangswort aller Wörter $p' \in V_{p,q}(r)$ und $codec_{p,q}(r)$ das maximale gemeinsame Anfangswort aller Wörter $q' \in W_{p,q}(r)$. Ist $V_{p,q}(r) = \emptyset$, d. h., besitzt das Wort r keine Zerlegung $r = p' + q'$ mit $p' \in \mathsf{A}(L \mid p)$ und $q' \in \mathsf{A}(S \mid q)$, so wollen wir $dec_{p,q}(r)$ als nicht definiert ansehen. Dieser Fall kann im Gegensatz zu Punkt 7.2.5. eintreten, da wir nicht $L + S = Y^\omega$ vorausgesetzt haben.

Man verifiziert leicht, daß die Mengen $V_{p,q}(r)$ und $W_{p,q}(r)$ stets gleichzeitig leer oder nichtleer sind. Damit stimmen die Definitionsbereiche von $dec_{p,q}(r)$ und $codec_{p,q}(r)$ überein. Die nun folgenden Aussagen sind daher in dem Sinne zu verstehen, daß wenigstens eines der Wörter $dec_{p,q}(r)$ oder $codec_{p,q}(r)$ existiert.

Folgerung 9.6.

(1) $l(dec_{p,q}(r)) = l(codec_{p,q}(r))$;
(2) $dec_{p,q}(r) + codec_{p,q}(r) \sqsubseteq r$;
(3) $dec_{p,q}(e) = codec_{p,q}(e) = e$;
(4) $dec_{p,q}(r) \in \mathsf{A}(L \mid p)$, $codec_{p,q}(r) \in \mathsf{A}(S \mid q)$;
(5) *aus* $L \mid p = L \mid p'$ *und* $S \mid q = S \mid q'$ *folgt* $dec_{p,q}(r) = dec_{p',q'}(r)$ *und* $codec_{p,q}(r) = codec_{p',q'}(r)$;
(6) $l(r) - l(dec_{p,q}(r)) \leqq k_{L,S}$.

Wir setzen wie in Punkt 7.2.5.

$$rest_{p,q}(r) =_{Df} \begin{cases} r \mid (dec_{p,q}(r) + codec_{p,q}(r)), \text{ falls } dec_{p,q}(r) \text{ existiert,} \\ \text{nicht definiert, anderenfalls.} \end{cases}$$

Folgerung 9.7.

(1) *Aus* $r \sqsubseteq r'$ *folgt* $dec_{p,q}(r) \sqsubseteq dec_{p,q}(r')$, *falls* $dec_{p,q}(r')$ *existiert.*
Wenn $p' = dec_{p,q}(r), q' = codec_{p,q}(r)$ *und* $dec_{p,q}(r \cdot w)$ *existiert, so gelten die Beziehungen:*

(2) $dec_{p,q}(r \cdot w) = dec_{p,q}(r) \cdot dec_{pp',qq'}(rest_{p,q}(r) \cdot w)$;

(3) $rest_{p,q}(r \cdot w) = rest_{pp',qq'}(rest_{p,q}(r) \cdot w)$.

Ferner hat man:

(4) $l(rest_{p,q}(r)) \leqq k_{L,S}$.

Die Eigenschaften (1) und (2) gelten auch, wenn man „*dec*" durch „*codec*" ersetzt.

Mit Hilfe der Funktionen *dec*, *codec* und *rest* läßt sich nun auf die gleiche Weise wie im Punkt 7.2.5. ein endlicher Automat $\mathfrak{B}$ konstruieren, der ein $[L, S]$-Filter Λ realisiert. Die Schwierigkeit, die im Falle $L + S \neq Y^\omega$ durch die Nichtexistenz von $dec_{p,q}(r)$ für gewisse r entsteht, läßt sich einfach beheben.

Zunächst ist leicht einzusehen, daß $dec_{p,q}(r)$ definiert ist, falls $r \in \mathsf{A}(L \mid p) + \mathsf{A}(S \mid q)$ gilt. Somit ist die Funktion $dec_{p,q}$ mit jedem r auch für alle r', $r \sqsubseteq r'$, nicht definiert. Wir wählen also in Abänderung der Konstruktion von Punkt 7.2.5. den Automaten $\mathfrak{B} = [Y, Y, Z, f, g, z_0, e]$, wobei

$$Z =_{Df} \{[L \mid p, S \mid q, r]: p, q, r \in Y^* \wedge l(r) \leqq k_{L,S}\} \cup \{+\},$$

$$z_0 =_{Df} [L \mid e, S \mid e, e]$$

$$f([L \mid p, S \mid q, r], y) =_{Df} \begin{cases} [L \mid p \cdot dec_{p,q}(ry), S \mid q \cdot codec_{p,q}(ry), rest_{p,q}(ry)], \\ \qquad \text{falls } dec_{p,q}(ry) \text{ definiert ist,} \\ +, \quad \text{anderenfalls;} \end{cases}$$

$$f(+, y) =_{Df} +;$$

$$g([L \mid p, S \mid q, r], y) =_{Df} \begin{cases} dec_{p,q}(ry), \text{ falls } dec_{p,q}(ry) \text{ definiert ist,} \\ 0, \qquad \text{sonst;} \end{cases}$$

$$g(+, y) =_{Df} 0.$$

Wir wollen hier noch eine weitere Möglichkeit der Konstruktion eines Automaten $\mathfrak{B}'$, der ein $[L, S]$-Filter Λ' realisiert, angeben: Der Automat $\mathfrak{B}'$ bestehe aus

(1) einem Automaten $\mathfrak{A}$, der bis auf ein Anfangsstück der Länge $k_{L,S}$ synchron arbeitet,

(2) einem Schieberegister mit $k_{L,S} + 1$ Plätzen (siehe Abbildung 9.1.).

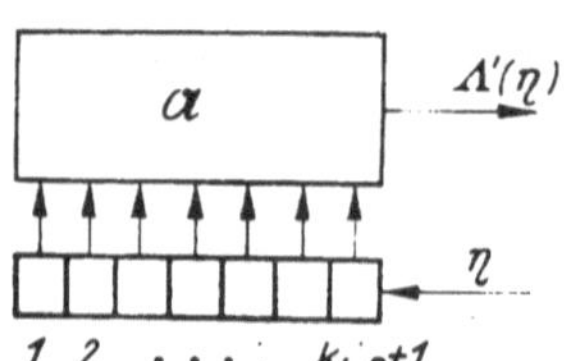

Abb. 9.1. Schema einer Realisierungsvariante des Filters Λ

Das Schieberegister ist zu Beginn an allen Stellen mit einem Hilfsbuchstaben $♀ \notin Y$ belegt. Im ersten Takt wird $\eta(1)$ an die Stelle $k_{L,S} + 1$ des Schieberegisters eingelesen. Im Takt t wird $\eta(t)$ eingelesen und das im Schieberegister stehende Wort wird dabei um eine Stelle nach links verschoben. Der Inhalt der Stelle 1 geht dabei verloren.

Der Automat $\mathfrak{A}$ hat $k_{L,S} + 1$ Eingänge. Er verfügt also in jedem Takt über das gesamte im Schieberegister stehende Wort als Eingabe. Wir setzen nun $\mathfrak{A} =_{Df} [(Y \cup \{♀\})^{k_{L,S}+1}, Y, Z, f, g, z_0, e]$, wobei
$Z =_{Df} \{[L \mid p, S \mid q]: p, q \in Y^*\} \cup \{+\}$, $z_0 =_{Df} [L \mid e, S \mid e]$,

$$g([L \mid p, S \mid q], r) =_{Df} \begin{cases} e, & \text{wenn } ♀ \sqsubseteq r, \\ y, & \text{wobei } y \in Y \text{ und } y \sqsubseteq dec_{p,q}(r), \\ & \text{falls } dec_{p,q}(r) \text{ definiert ist}, \\ 0, & \text{sonst}; \end{cases}$$

$g(+, r) =_{Df} 0;$

$$f([L \mid p, S \mid q], r) =_{Df} \begin{cases} [L \mid p, S \mid q], \text{ wenn } ♀ \sqsubseteq r, \\ [L \mid py, S \mid qy'], & \text{wobei } y, y' \in Y \text{ und } y \sqsubseteq dec_{p,q}(r), \\ & y' \sqsubseteq codec_{p,q}(r), \text{ falls } dec_{p,q}(r) \\ & \text{definiert ist}, \\ +, & \text{sonst}; \end{cases}$$

$f(+, r) =_{Df} +$, für $r \in (Y \cup \{♀\})^{k_{L,S}+1}$.

Der Automat $\mathfrak{A}$ ist korrekt definiert, da für $l(r) \geqq k_{L,S} + 1$ stets $l(dec_{p,q}(r)) \geqq 1$ gilt (siehe Folgerung 9.6. (6)), vorausgesetzt, daß $dec_{p,q}(r)$ überhaupt definiert ist.

Der Automat $\mathfrak{B}'$ gibt also in den ersten $k_{L,S}$ Takten das leere Wort e aus, während er beginnend mit dem Takt $k_{L,S} + 1$ synchron arbeitet. Dabei wird nach demselben Prinzip verfahren, welches wir schon im Punkt 7.2.5. erläutert haben. Man überlegt sich deshalb leicht, daß die Automaten $\mathfrak{B}$ und $\mathfrak{B}'$ jeweils $[L, S]$-Filter Λ und Λ' realisieren, die auf $L + S$ übereinstimmen. Nur wird die Aufgabe der dritten Komponente der Zustände von $\mathfrak{B}$, den noch nicht „zerlegten" (bzw. „entstörten") Rest des eingegebenen Wortes zu speichern, im Automaten $\mathfrak{B}'$ vom Schieberegister übernommen. Die nicht mehr benötigte Speicherinformation (Inhalt der ersten Stelle) wird nach jedem Takt „gelöscht". Zur Konstruktion des Automaten $\mathfrak{A}$ ist zu bemerken, daß man zunächst für alle Wörter $r \in Y^{k_{L,S}+1}$ und alle Zustandspaare $[L \mid p, S \mid q]$ mit $L \mid p, S \mid q \neq \emptyset$ die Mengen $V_{p,q}(r)$ bestimmt. An Hand jedes $V_{p,q}(r) \neq \emptyset$ liest man dann den ersten Buchstaben y der Wörter $p' \in V_{p,q}(r)$, d. h. den Anfangsbuchstaben von $dec_{p,q}(r)$ ab.

Aus y und r erhält man gemäß Folgerung 9.6. (2) den Anfangsbuchstaben y' von $codec_{p,q}(r)$. Diese Angaben reichen aus, um die Überführungs- und Ausgabefunktionen f und g zu bestimmen. Ist $V_{p,q}(r) = \emptyset$, so geht der Automat in den Zustand $+$ über und gibt 0 aus.

Wir illustrieren die Konstruktion des Automaten $\mathfrak{B}'$ durch ein Beispiel.

Beispiel 9.8. Wir verwenden L und S aus Beispiel 9.4., d. h. es ist $k_{L,S} = 3$. Das Schieberegister muß also 4 Stellen besitzen. Da in der Darstellung

$$\begin{aligned} L &= 00 \cdot L \cup 11 \cdot L' \\ L' &= 10 \cdot L \cup 01 \cdot L' \end{aligned} \tag{I}$$

für L nur zwei Zustände von L vorkommen, während wir sonst (siehe Beispiel 9.4. (III)) vier angeben müßten, modifizieren wir den Automaten $\mathfrak{A}$ entsprechend:
Für jedes $r \in \mathsf{A}(L)$ oder $r \in \mathsf{A}(L')$ mit $l(r) \geqq 2$ kennen wir nämlich mit dem ersten Buchstaben von r auch sogleich den zweiten.

Deshalb werden wir den Automaten $\mathfrak{A}$ so konstruieren, daß er stets zwei korrigierte Buchstaben ausgibt, sobald das Schieberegister nur Buchstaben aus Y enthält. Entsprechend dieser Arbeitsweise werden dann die letzten beiden Stellen des Schieberegisters gelöscht, und der Automat gibt die nächsten zwei korrigierten Stellen erst nach Eingabe der folgenden zwei Buchstaben von η aus. Damit wir beginnend mit dem Takt 5 eine synchrone Ausgabe erhalten, schalten wir dem Automaten ein Verzögerungsglied $\mathfrak{B}$ nach, welches jeden zweiten Buchstaben einbehält und erst im darauffolgenden Takt, in dem das Schieberegister noch nicht aufgefüllt ist, ausgibt (siehe auch Abbildung 9.2.).

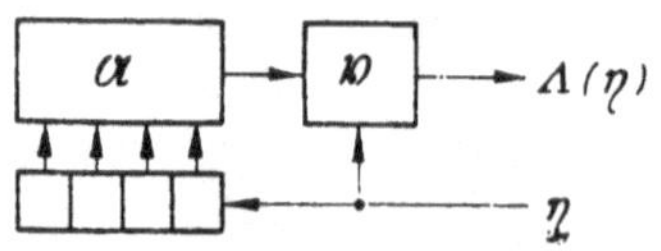

Abb. 9.2. Schema eines Filters zu Beispiel 9.8.

Wir müssen nun das Gleichungssystem für S (siehe Beispiel 5.9.2.) in eines verwandeln, welches dem System (I) angepaßt ist, d. h. Koeffizienten aus Y^2 hat. Dabei kann sich die Anzahl der Zustände bzw. Gleichungen natürlich nicht vergrößern:

$$\begin{aligned} S &= 00 \cdot S \cup 01 \cdot S_1 \cup 10 \cdot S_2 \\ S_1 &= 00 \cdot S_3 \\ S_2 &= 00 \cdot S \\ S_3 &= 00 \cdot S \cup 01 \cdot S_1 . \end{aligned} \tag{II}$$

Der Automat $\mathfrak{A}$ wird nun wie folgt definiert:

$$\mathfrak{A} = [(Y \cup \{♀\})^4, Y^2, Z, f, g, [L, S], e],$$

wobei

$$Z =_{Df} \{[L, S], [L', S], [L, S_1], [L', S_1], [L, S_2], [L', S_2], [L, S_3], [L', S_3], +\};$$

$f(+, r) = +$; $g(+, r) = 00$ für $r \in Y^4$; $f(z', r) = z'$; $g(z', r) = e$ für alle $z' \in Z$ und $♀ \sqsubseteq r$. Die übrigen Fälle der Überführungs- und Ausgabefunktion geben wir in Tabelle 9.4. an. Diese Tabelle ist zu lesen, wie in Tabelle 9.3. dargestellt.

Tab. 9.3. Zur Anordnung der Elemente in Tabelle 9.4.

	z'
r	$g(z', r)$ $f(z', r)$

Tab. 9.4. Tabelle zum Automaten $\mathfrak{A}$ aus Beispiel 9.8.

r	z'							
	$[L, S]$	$[L', S]$	$[L, S_1]$	$[L', S_1]$	$[L, S_2]$	$[L', S_2]$	$[L, S_3]$	$[L', S_3]$
0000	$00[L, S]$	$10[L, S_2]$	$00[L, S_3]$	$00 +$	$00[L, S]$	$00 +$	$00[L, S]$	$00 +$
0001	$00[L, S]$	$01[L', S_1]$	$00[L, S_3]$	$00 +$	$00[L, S]$	$00 +$	$00[L, S]$	$01[L', S_1]$
0010	$00[L, S]$	$01[L', S_1]$	$00[L, S_3]$	$00 +$	$00[L, S]$	$00 +$	$00[L, S]$	$01[L', S_1]$
0100	$00[L, S_1]$	$01[L', S]$	$00 +$	$01[L', S_3]$	$00 +$	$01[L', S]$	$00[L, S_1]$	$01[L', S]$
1000	$00[L, S_2]$	$10[L, S]$	$00 +$	$10[L, S_3]$	$00 +$	$10[L, S]$	$00 +$	$10[L, S]$
0011	$00[L, S]$	$10[L, S_2]$	$00[L, S_3]$	$00 +$	$00[L, S]$	$00 +$	$00[L, S]$	$00 +$
0101	$11[L', S_2]$	$01[L', S]$	$00 +$	$01[L', S_3]$	$00 +$	$01[L', S]$	$00 +$	$01[L', S]$
0110	$11[L', S_2]$	$01[L', S]$	$00 +$	$01[L', S_3]$	$00 +$	$01[L', S]$	$00 +$	$01[L', S]$
1001	$11[L', S_1]$	$10[L, S]$	$00 +$	$10[L, S_3]$	$00 +$	$10[L, S]$	$11[L', S_1]$	$10[L, S]$
1010	$11[L', S_1]$	$10[L, S]$	$00 +$	$10[L, S_3]$	$00 +$	$10[L, S]$	$11[L', S_1]$	$10[L, S]$
1100	$11[L', S]$	$10[L, S_1]$	$11[L', S_3]$	$00 +$	$11[L', S]$	$00 +$	$11[L', S]$	$10[L, S_1]$
0111	$00[L, S_1]$	$01[L', S]$	$00 +$	$01[L', S_3]$	$00 +$	$01[L', S]$	$00[L, S_1]$	$01[L', S]$
1011	$00[L, S_2]$	$10[L, S]$	$00 +$	$10[L, S_3]$	$00 +$	$10[L, S]$	$00 +$	$10[L, S]$
1101	$11[L', S]$	$01[L', S_2]$	$11[L', S_3]$	$00 +$	$11[L', S]$	$00 +$	$11[L', S]$	$00 +$
1110	$11[L', S]$	$00 +$	$11[L', S_3]$	$00 +$	$11[L', S]$	$00 +$	$11[L', S]$	$00 +$
1111	$11[L', S]$	$10[L, S_1]$	$11[L', S_3]$	$00 +$	$11[L', S]$	$00 +$	$11[L', S]$	$10[L, S_1]$

9.2.2. Lineare Filter

In diesem Abschnitt wollen wir uns mit einer speziellen Klasse von $[L, S]$-Filtern beschäftigen, den *linearen* Filtern. Wir nennen ein $[L, S]$-Filter Λ genau dann *lineares* Filter über $[Y, Y]$, wenn $[L, S]$ vollständig ist, d. h., wenn $L + S = Y^\omega$ gilt. Diese Bedingung sichert uns, daß jedes Element $\eta \in Y^\omega$ eine Zerlegung $\eta = \eta' + \sigma$ mit $\eta' \in L$, $\sigma \in S$ hat, und mit (4) von Seite 205 ist diese Zerlegung eindeutig bestimmt. Damit gilt für lineare Filter Λ die

Folgerung 9.9.
(1) *Es ist* $\Lambda(Y^\omega) = L$, *und für jedes* $\eta' \in L$ *gilt* $\Lambda(\eta') = \eta'$;
(2) $\Lambda^{-1}(0^\omega) = S$.

Die Aussage von Folgerung 9.9. gilt i.a. nicht für beliebige $[L, S]$-Filter Λ', denn für diese lassen sich nur die Eigenschaften $\Lambda'(Y^\omega) \supseteq L$ und $\Lambda'^{-1}(0^\omega) \supseteq S$ nachweisen. Lineare Filter sind auch unabhängig von L und S charakterisierbar. Dies zeigt uns

Satz 9.10. *Ein sequentieller Operator* Λ *über* $[Y, Y]$ *ist genau dann lineares Filter, wenn für alle* $\eta, \eta' \in Y^\omega$ *die Gleichungen*
(1) $\Lambda(\alpha \bullet \Lambda(\eta)) = \alpha \bullet \Lambda(\eta)$ mit $\alpha \in Y$ *und*
(2) $\Lambda(\Lambda(\eta) + \eta') = \Lambda(\eta) + \Lambda(\eta')$
erfüllt sind.

Beweis. Es sei Λ ein lineares Filter über $[Y, Y]$. Dann ist wegen Folgerung 9.9. (1) $\Lambda(\eta) \in L$. Damit ist auch $\alpha \bullet \Lambda(\eta) \in L$, und wir erhalten mit Folgerung 9.9. (1) sofort $\Lambda(\alpha \bullet \Lambda(\eta)) = \alpha \bullet \Lambda(\eta)$. Zum Beweis der Gleichung (2) benutzen wir eine Darstellung $\eta' = \eta'' + \sigma$ mit $\eta'' \in L$, $\sigma \in S$. Damit haben wir $\Lambda(\eta) + \eta' = (\Lambda(\eta) + \eta'') + \sigma$, wobei $\Lambda(\eta) + \eta'' \in L$. Also folgt $\Lambda(\Lambda(\eta) + \eta') = \Lambda(\eta) + \eta'' = \Lambda(\eta) + \Lambda(\eta')$ wegen $\Lambda(\eta') = \eta''$.

Erfüllt umgekehrt Λ die Eigenschaften (1) und (2), so setzen wir $L =_{Df} \{\eta : \Lambda(\eta) = \eta\}$ und $S =_{Df} \Lambda^{-1}(0^\omega)$. Wir haben dann für L und S mit Ausnahme der Regularität alle Eigenschaften (1) bis (4) von Seite 205 sowie die Vollständigkeit von $[L, S]$ zu zeigen.

Es seien dazu $\eta, \eta' \in L$. Dann gelten die Beziehungen $\eta + \eta' = \Lambda(\eta) + \Lambda(\eta') = \Lambda(\Lambda(\eta) + \eta') = \Lambda(\eta + \eta')$ und $\Lambda(\alpha \bullet \eta) = \Lambda(\alpha \bullet \Lambda(\eta)) = \alpha \bullet \Lambda(\eta) = \alpha \bullet \eta$. Damit ist L eine lineare Teilmenge von Y^ω. Die Abgeschlossenheit von L und S erhält man leicht aus der Stetigkeit des Operators Λ. Die Beziehung $\bar{0} \in S$ folgt aus $\Lambda(\bar{0}) = \Lambda(0 \bullet \Lambda(\bar{0})) = 0 \bullet \Lambda(\bar{0}) = \bar{0}$. Zum Beweis der Eigenschaft (4) sei für $\sigma, \sigma' \in S$ die Gleichung $\Lambda(\sigma - \sigma') = \sigma - \sigma'$, d. h. $\sigma - \sigma' \in L$ erfüllt. Somit ist $\bar{0} = \Lambda(\sigma) = \Lambda(\sigma - \sigma' + \sigma') = \Lambda(\Lambda(\sigma - \sigma') + \sigma') = \Lambda(\sigma - \sigma') + \Lambda(\sigma') = \sigma - \sigma'$. Schließlich zeigen wir noch $\eta - \Lambda(\eta) \in S$ für alle $\eta \in Y^\omega$ und haben damit die Vollständigkeit von $[L, S]$ bewiesen. Es ist $\Lambda(\eta) = \Lambda(\Lambda(\eta) + (\eta - \Lambda(\eta))) = \Lambda(\eta) + \Lambda(\eta - \Lambda(\eta))$. Also haben wir $\Lambda(\eta - \Lambda(\eta)) = \bar{0}$, d. h. $\eta - \Lambda(\eta) \in S$. ▮

Aus Satz 9.10. folgt insbesondere, daß auch jeder Projektor über $[Y, Y]$ ein lineares Filter ist. (Man vergleiche dazu mit der Definition 7.56.) Projektoren und lineare Filter sind gleichermaßen durch gewisse Verschärfungen der Idempotenz charakterisiert. Diese Ähnlichkeit wird noch durch die folgenden Sätze 9.11. und 9.14. unterstrichen.

Satz 9.11. *Ein lineares Filter über* $[Y, Y]$ *hat genau dann endliches Gewicht, wenn* $\Lambda(Y^\omega)$ *und* $\Lambda^{-1}(0^\omega)$ *regulär sind.*

Beweis. Hat Λ endliches Gewicht, so sind nach Satz 6.27. sowohl $\Lambda(Y^\omega)$ als auch $\Lambda^{-1}(0^\omega)$ regulär. Sind nun $L =_{Df} \Lambda(Y^\omega)$ und $S =_{Df} \Lambda^{-1}(0^\omega)$ regulär, so können wir mit dem Verfahren aus Punkt 9.2.1. einen endlichen Automaten $\mathfrak{B}$ konstruieren, der Λ realisiert. Dabei entfällt der Zustand $+$, da $\mathsf{A}(L + S) = Y^*$ gilt, d. h. für jedes Wort $r \in Y^*$ gibt es eine Zerlegung $r = p + q$ mit $p \in \mathsf{A}(L)$ und $q \in \mathsf{A}(S)$. ∎

Aus dem Beweis von Satz 9.11. und der Konstruktion von Punkt 9.2.1. erhält man unmittelbar

Korollar 9.12. *Ist* Λ *lineares Filter endlichen Gewichts und sind* $L = \Lambda(Y^\omega)$ *sowie* $S = \Lambda^{-1}(0^\omega)$, *so gilt*

$$G_\Lambda \leqq G_L \cdot G_S \cdot \mathfrak{p}_{Y^*}(k_{L,S}) \,.$$

Eine ähnliche Abschätzung für Projektoren wurde in Satz 7.67. (2) angegeben. Man beachte, daß stets $k_{L,S} < G_L \cdot G_{S-S}$ gilt. Weiterhin erhält man unmittelbar aus der Konstruktion von Punkt 9.2.1. die

Folgerung 9.13. *Ist* Λ *lineares Filter endlichen Gewichts, so gilt* $\delta_\Lambda(\eta) = 1$ *für alle* $\eta \in \mathsf{Is}\, C_\Lambda$.

Beweis. Es sei λ die von dem in 9.2.1. konstruierten Automaten $\mathfrak{B}$ realisierte Erzeugendenfunktion von Λ. Dann haben wir $\mathfrak{d}(\lambda, id^Y) \leqq k_{L,S}$ (siehe Folgerung 9.6. (6)). Mit Korollar 7.95. folgt die Behauptung. ∎

Satz 9.14. *Es seien* Λ *ein lineares Filter über* $[Y, Y]$ *und* $L = \Lambda(Y^\omega)$. *Dann gibt es einen bijektiven sequentiellen Operator* Ψ *von* Y^ω *nach* Y^ω *derart, daß* $\Lambda \circ \Psi = \Pi_L$, *wobei* Π_L *der in Satz* 7.53. (1) *konstruierte Projektor auf L ist. Hat darüber hinaus* Λ *endliches Gewicht, so hat auch* Ψ *endliches Gewicht.*

Beweis. Wir setzen $S =_{Df} \Pi_L^{-1}(0^\omega) = \mathsf{ker}\, \Pi_L$ und $S' =_{Df} \Lambda^{-1}(0^\omega)$. Weiterhin sei $\Pi'_L =_{Df} Id^Y - \Pi_L$ der in Satz 7.53. (2) konstruierte Projektor, für den die Beziehungen $\mathsf{ker}\, \Pi'_L = L$ und $\Pi'_L(Y^\omega) = S$ gelten. Wir setzen $\hat{\Pi}_L =_{Df} \Pi_L \otimes \Pi'_L$.

Dieser Operator gibt uns die Zerlegung jedes Elements $\eta' \in Y^\omega$ in den L-Anteil η und S-Anteil σ an, d. h. $\hat{\Pi}_L(\eta') =_{Df} [[\Pi_L(\eta'), \Pi'_L(\eta')]] = [[\eta, \sigma]]$, wobei $\eta' = \eta + \sigma$ und $\eta \in L$, $\sigma \in S$. Hat L endliches Gewicht, so hat zufolge Satz 7.53., Folgerung 9.13. und Satz 7.110. auch $\hat{\Pi}_L$ endliches Gewicht.

Mit Hilfe des Operators $\hat{\Pi}_L$, des Summationsoperators Σ (siehe Punkt 7.3.6.) und des Operators $Id^Y - \Lambda$, der ebenfalls wegen Folgerung 9.13. und Satz 7.116. endliches Gewicht hat, wenn nur $G_\Lambda < \aleph_0$, definieren wir den Operator

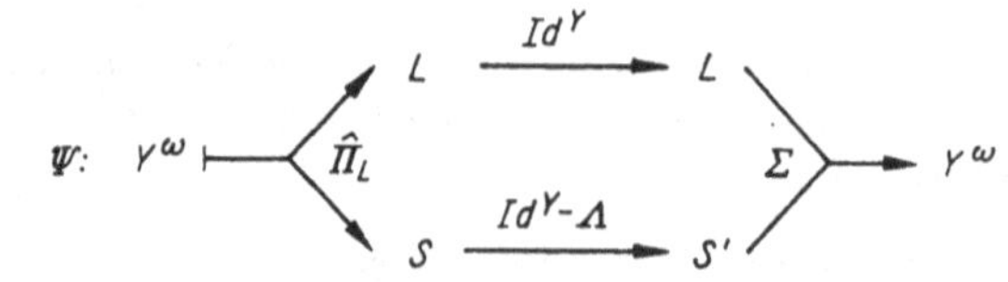

Abb. 9.5. Schema der Definition von ψ aus dem Beweis von Satz 9.14

Ψ nach dem Schema von Abbildung 9.5. Dazu ist noch zu zeigen, daß $Id^Y \times (Id^Y - \Lambda)$ endliches Gewicht hat, falls Λ endliches Gewicht hat. Es ist aber $\delta_{Id^Y - \Lambda}(\eta) = 1$ für $\eta \in \mathrm{ls}\, C_{(Id^Y - \Lambda)}$, weil $\mathfrak{v}(\lambda, id^Y) \leqq k_{L,S}$ für die von dem Automaten $\mathfrak{B}$ realisierte Erzeugende λ von Λ gilt. Damit hat $Id^Y \times (Id^Y - \Lambda)$ nach Satz 7.111. endliches Gewicht. Also hat auch $\Psi =_{Df} \Sigma \circ (Id^Y \times (Id^Y - \Lambda)) \circ \hat{\Pi}_L$ endliches Gewicht, falls Λ und damit auch $L = \Lambda(Y^\omega)$ endliches Gewicht haben.

Es bleibt noch zu zeigen, daß der Operator Ψ die Menge Y^ω eineindeutig auf sich abbildet und daß $\Lambda \circ \Psi = \Pi_L$ gilt.

Für die Eineindeutigkeit von Ψ zeigen wir zunächst, daß $(Id^Y - \Lambda)\colon S \to S'$ bijektiv ist. Es seien dazu $\sigma, \sigma' \in S$ und $(Id^Y - \Lambda)(\sigma) = (Id^Y - \Lambda)(\sigma')$. Damit haben wir $\sigma - \sigma' = \Lambda(\sigma') - \Lambda(\sigma)$ und mit Satz 9.10. $\sigma - \sigma' = \Lambda(\Lambda(-\Lambda(\sigma)) + \sigma') \in L$, woraus wir mit Folgerung 7.59. $\sigma - \sigma' \in L \cap S = 0^\omega$, d. h. $\sigma = \sigma'$ erhalten. Ist weiterhin $\sigma' \in S'$, so gibt es $\eta \in L$ und $\sigma \in S$ derart, daß $\eta + \sigma = \sigma'$ gilt. Damit ist $\sigma = -\eta + \sigma'$, und wir haben $(Id^Y - \Lambda)(\eta) = \sigma + (-\eta) = \sigma + \eta = \sigma'$. Also bildet $Id^Y - \Lambda$ die Menge S eineindeutig auf S' ab.

Nun seien $\eta_1, \eta_2 \in Y^\omega$ und $\eta_1 \neq \eta_2$. Damit ist auch $\hat{\Pi}_L(\eta_1) \neq \hat{\Pi}_L(\eta_2)$, da η_1 und η_2 verschiedene Darstellungen $\eta_1 = \eta_1' + \sigma_1$, $\eta_2 = \eta_2' + \sigma_2$ mit $\eta_i' \in L$, $\sigma_i \in S$ haben. Somit erhalten wir auch $[[\eta_1', \sigma_1']] = (Id^Y \times (Id^Y - \Lambda))(\hat{\Pi}_L(\eta_1)) \neq (Id^Y \times \times (Id^Y - \Lambda))(\hat{\Pi}_L(\eta_2)) = [[\eta_2', \sigma_2']]$. Wegen $L \cap (S' - S') = 0^\omega$ haben wir dann $\eta_1' + \sigma_1' \neq \eta_2' + \sigma_2'$. Also ist Ψ eineindeutig.

Schließlich existiert für $\eta \in Y^\omega$ eine Darstellung $\eta = \eta' + \sigma'$ mit $\eta' \in L$ und $\sigma' \in S'$. Das Element σ' besitzt ein Urbild $\sigma \in S$ bezüglich des Operators $Id^Y - \Lambda$. Damit ist dann $\eta' + \sigma$ Urbild des Elementes η bezüglich des Operators Ψ. Also ist Ψ eineindeutiger Operator von Y^ω auf Y^ω.

Es bleibt noch $\Lambda \circ \Psi = \Pi_L$ zu zeigen. Hierzu sei $\eta \in Y^\omega$. Dann hat η eine Darstellung $\eta = \eta' + \sigma$ mit $\eta' \in L$ und $\sigma \in S$. Der Operator Ψ überführt η in $\eta' + \sigma'$, wobei $\sigma' \in S'$. Damit ist $\Lambda \circ \Psi(\eta) = \eta' = \Pi_L(\eta)$. ▮

Der Satz 9.14. gibt uns die Möglichkeit, das Studium linearer Filter auf die Betrachtung von Projektoren zu reduzieren. Bedingt durch diese Reduktion klären sich im Sinne der Aufgaben 1c) und 3a) aus der Übersicht von Abschnitt 4 abschließend unter Verwendung der Lemmata 5.85. und 7.39. die Beziehungen zwischen $L = \Lambda(Y^\omega)$ und $S = \Lambda^{-1}(0^\omega)$. Wir erhalten die in Tabelle 9.6. aufgeführten Kombinationen. Die Fälle (1) und (3) sind für die Praxis nicht von Bedeutung, da über einen potentiell *unendlichen Übertragungszeitraum* nur eine *endliche Informationsmenge* zugelassen wäre oder nur eine *endliche Anzahl von Störungen* der übertragenen Information erfolgen könnte, d. h., der Kanal wäre nahezu als *störungsfrei* anzusehen.

Tab. 9.6. Die möglichen Kombinationen der Eigenschaften von L und S

	$\Lambda(Y^\omega)$	$\Lambda^{-1}(0^\omega)$
(1)	endlich	perfekt und offen
(2)	perfekt und nicht offen	perfekt und nicht offen
(3)	perfekt und offen	endlich

Der Fall (2) gibt uns einen weiteren wichtigen Fingerzeig auf die Beschaffenheit der Störmenge S (siehe Lemma 5.71.): Nach jeder Vorgeschichte $r \sqsubset \sigma$ einer Störfolge $\sigma \in S$ ist diese Störfolge σ noch nicht durch r eindeutig bestimmt. Mit anderen Worten, es gibt zu jedem σ und jedem $r \sqsubset \sigma$ ein $\sigma' \in S$ mit $\sigma' \neq \sigma$ und $r \sqsubset \sigma'$.

Damit haben die vorliegenden mathematisch-strukturellen Untersuchungen auf ihre Weise erhärtet, daß die der Codierungspraxis intuitiv naheliegende Forderung nach Perfektheit von Störungen auch zugleich die einzig sinnvolle ist.

Wir werden also die im Punkt 9.1. aufgestellte Bedingung (2) durch die stärkere

(2') *S ist reguläre und perfekte Teilmenge von Y^ω*

ersetzen.

9.3. Ein Informationsmaß für abgeschlossene Folgenmengen

Sequentielle Codes L und Störmengen S sind, wie in Punkt 9.1. erläutert wurde, abgeschlossene Teilmengen von Y^ω. Um die Beziehungen zwischen L und S genauer studieren zu können, führen wir in diesem Abschnitt ein Informationsmaß (die *Entropie*) für abgeschlossene Folgenmengen F ein. Dieses Maß soll uns die mittlere Informationsmenge angeben, die benötigt wird, um die Folgenmenge F „etagenweise aufzubauen". Dabei berufen wir uns auf die in [74] angegebene Definition. Nach Satz 5.16. und Korollar 5.17. sind im Gegensatz zum allgemeinen Fall die abgeschlossenen Folgenmengen F eindeutig durch $\mathsf{A}(F)$ charakterisiert. Wir fragen deshalb danach, wieviel zusätzliche Information im Mittel notwendig ist, um ausgehend von $\mathsf{A}(F) \cap X^n$ die Menge $\mathsf{A}(F) \cap X^{n+1}$ zu konstruieren.

Beispiel 9.15. Es sei $F = (Y \cdot 0)^\omega \subseteq Y^\omega$. Ist n ungerade, so haben wir $\mathsf{A}(F) \cap Y^{n+1} = (\mathsf{A}(F) \cap Y^n) \cdot 0$, d. h. wir benötigen keine zusätzliche Information, um von $\mathsf{A}(F) \cap Y^n$ zu $\mathsf{A}(F) \cap Y^{n+1}$ überzugehen. Andererseits ist für gerades n offensichtlich $(\mathsf{A}(F) \cap Y^{n+1}) = (\mathsf{A}(F) \cap Y^n) \cdot Y$, d. h. in jeder zweiten „Etage" benötigen wir die volle uns durch Y zur Verfügung stehende Information für den Übergang zur nächsten „Etage". Bezogen auf den Grundwert an Information, der durch Y gegeben ist, bedeutet dies, daß wir nach zwei Etagen jeweils einen Informationszuwachs von 1 haben. Es erscheint in diesem Falle sinnvoll, den mittleren Informationszuwachs von F mit der reellen Zahl 1/2 festzulegen.

9.3.1. Definition und allgemeine Eigenschaften

In diesem und in den folgenden Abschnitten werden wir im Gegensatz zu 9.1. und 9.2. für Alphabete nicht fordern, daß sie zugleich endliche Körper sind. Für eine Teilmenge W von X^* bezeichnen wir mit $\mathfrak{z}_W$ die *Anzahlfunktion* von W, d. h., wir setzen

(1) $\mathfrak{z}_W : \mathsf{N} \to \mathsf{N}$ mit
(2) $\mathfrak{z}_W(n) =_{Df} \mathsf{card}\ W \cap X^n$.

Weiterhin werden wir für $\mathfrak{z}_{\mathsf{A}(F)}$ abkürzend $\mathfrak{z}_F$ schreiben. Für $\mathfrak{z}$ gelten die leicht einzusehenden Beziehungen:

Folgerung 9.16.

(1) $\mathfrak{z}_W(n) \leqq \mathsf{card}\ X^n$;
(2) $\mathfrak{z}_{W|p}(n) \leqq \mathfrak{z}_W(n + l(p))$;
(3) $\mathfrak{z}_{p.W}(n) = \mathfrak{z}_W(n - l(p))$ für $n \geqq l(p)$;
(4) aus $W \subseteq V$ folgt $\mathfrak{z}_W(n) \leqq \mathfrak{z}_V(n)$;
(5) $\mathfrak{z}_{W \cup V}(n) \leqq \mathfrak{z}_W(n) + \mathfrak{z}_V(n)$;
(6) $\mathfrak{z}_{W.V}(n) \leqq \sum_{i=0}^{n} \mathfrak{z}_W(i) \cdot \mathfrak{z}_V(n - i)$.

Folgerung 9.17.

(1) $\mathfrak{z}_W(n) \leqq \mathfrak{z}_{\mathsf{A}(W)}(n)$;
(2) $\mathfrak{z}_{\mathsf{A}(W)}(n + 1) \leqq \mathfrak{z}_{\mathsf{A}(W)}(n) \cdot \mathsf{card}\ X$;
(3) $\mathfrak{z}_F(n) \leqq \mathfrak{z}_F(n + 1) \leqq \mathfrak{z}_F(n) \cdot \mathsf{card}\ X$.

Es sei nun F eine abgeschlossene Teilmenge von X^ω. In Anlehnung an Kuich ([74, 75]) vereinbaren wir:

Definition 9.18. Wir nennen $M_X\delta_F$ den (*mittleren*) *Informationsgehalt* (*die Entropie*) *von F bezogen auf X* $=_{Df}$

$$M_X\delta_F = \overline{\lim_{n\to\infty}} \frac{log_X\ \mathfrak{z}_F(n)}{n}.$$

(Dabei stehe $log_X\ \mathfrak{z}_F(n)$ abkürzend für den Logarithmus von $\mathfrak{z}_F(n)$ zur Basis $\mathsf{card}\ X$.)

Wir erhalten mit den Folgerungen 9.16. und 9.17. unmittelbar die nachstehend angegebenen Beziehungen:

Folgerung 9.19.

(1) $M_X\delta_\emptyset = -\infty$, $M_X\delta_{X^\omega} = 1$;
(2) *ist* $F \neq \emptyset$, *so gilt* $0 \leqq M_X\delta_F \leqq 1$;
(3) $M_X\delta_{F|p} \leqq M_X\delta_F$;
(4) $M_X\delta_{p.F} = M_X\delta_F$;
(5) *aus* $F_1 \subseteq F_2$ *folgt* $M_X\delta_{F_1} \leqq M_X\delta_{F_2}$.

Weiterhin haben wir

Lemma 9.20. *Es seien F_1, F_2 abgeschlossene Teilmengen von X^ω. Dann gilt* $M_X\delta_{F_1 \cup F_2} = max\,\{M_X\delta_{F_1}, M_X\delta_{F_2}\}$.

Beweis. Wegen Folgerung 9.16. (3) und (4) ist $max\,\{\mathfrak{s}_{F_1}(n), \mathfrak{s}_{F_2}(n)\} \leqq \mathfrak{s}_{F_1 \cup F_2}(n) \leqq \leqq 2 \cdot max\,\{\mathfrak{s}_{F_1}(n), \mathfrak{s}_{F_2}(n)\}$. Mit Definition 9.18. erhält man dann unmittelbar die Behauptung. ▮

Korollar 9.21. *Es sei F abgeschlossene Teilmenge von X^ω. Dann gibt es zu jedem $n \in \mathsf{N}$ ein $p \in X^n$ derart, daß $M_X\delta_{F|p} = M_X\delta_F$.*

Beweis. Es ist $F = \bigcup\limits_{p \in X^\omega} p \cdot (F \mid p)$. Damit folgt die Behauptung unmittelbar aus Lemma 9.20. und Folgerung 9.19. (3). ▮

Wir nennen nun eine abgeschlossene Teilmenge F von X^ω genau dann *homogen*, wenn für alle $p \in \mathsf{A}(F)$ die Gleichung $M_X\delta_{F|p} = M_X\delta_F$ erfüllt ist.

Aus dieser Definition erhalten wir unmittelbar

Folgerung 9.22. *Ist F homogene Teilmenge von X^ω, so sind auch die Mengen $F \mid p$ und $p \cdot F$ für alle $p \in X^*$ homogen.*

Dagegen ist die Vereinigung homogener Mengen im allgemeinen keine homogene Menge:

Beispiel 9.23. Es seien $F_1 = 1 \cdot X^\omega$ und $F_2 = (0 \cdot X)^\omega$ für $X = \{0, 1\}$. Man verifiziert leicht $M_X\delta_{F_1} = 1$ und $M_X\delta_{F_2} = \frac{1}{2}$ (siehe Beispiel 9.15.). Im Unterschied zu F_1 und F_2 ist die Menge $F = F_1 \cup F_2$ nicht homogen, da $M_X\delta_{F|0} = M_X\delta_{F_2} = \frac{1}{2}$ und $M_X\delta_{F|1} = M_X\delta_{F_1} = 1$ gilt.

Weiterhin haben wir

Lemma 9.24. *Ist $F \subseteq X^\omega$ homogen und gilt $M_X\delta_F > 0$, so ist F eine perfekte Menge.*

Beweis. Hat F einen isolierten Punkt ξ, d. h., gibt es ein $p \in \mathsf{A}(F)$ derart, daß $F \cap p \cdot X^\omega = \{\xi\}$, so ist $M_X\delta_{F|p} = M_X\delta_{\{\xi|p\}} = 0 \neq M_X\delta_F$. Also ist F nicht homogen. ▮

Dieser Satz läßt sich weder umkehren noch für $M_X\delta_F = 0$ formulieren. Wir betrachten dazu die Menge F aus Beispiel 9.23. Es ist F offensichtlich perfekt, aber nicht homogen. Aus $F' =_{Df} 0^\omega \cup 0^* \cdot 1 \cdot 0^\omega$ schließen wir, daß F' homogen, jedoch nicht perfekt ist, denn es gelten $M_X\delta_{F'} = 0$ und $\mathsf{card}\, F' = \aleph_0$.

Zum Beweis einer Verallgemeinerung von Lemma 9.20. für homogene Mengen benötigen wir den

Satz 9.25. (*Satz von* Baire *über die Kategorien*). *Es seien F und F_i ($i \in \mathsf{N}$) nichtleere abgeschlossene Teilmengen von X^ω derart, daß $F = \bigcup\limits_{i \in \mathsf{N}} F_i$. Dann enthält wenigstens eine der Mengen F_i($i \in \mathsf{N}$) eine nichtleere und bezüglich F offene Teilmenge.*[1])

[1]) Wie üblich nennen wir $E \subseteq X^\omega$ genau dann *bezüglich F offen*, wenn es eine offene Menge $E' \subseteq X^\omega$ derart gibt, daß $E = F \cap E'$ gilt.

Lemma 9.26. *Es sei F eine homogene Teilmenge von X^ω. Ferner seien F_i ($i \in \mathsf{N}$) abgeschlossene Teilmengen von X^ω derart, daß $F = \bigcup_{i \in \mathsf{N}} F_i$. Dann gilt*

$$M_X \delta_F = max \{ M_X \delta_{F_i} : i \in \mathsf{N} \} .$$

Beweis. Mit Folgerung 9.19. (5) haben wir $M_X \delta_F \geqq sup \{ M_X \delta_{F_i} : i \in \mathsf{N} \}$. Falls wir o.B.d.A. $F \neq \emptyset$ annehmen, so folgt aus Satz 9.25. die Existenz eines $i \in \mathsf{N}$, für das F_i eine bezüglich F offene Teilmenge enthält. Damit haben wir ein $p \in \mathsf{A}(F)$, für welches $p \cdot (F \mid p) \subseteq F_i$ gilt. Da F als homogen vorausgesetzt war, erhalten wir die Behauptung nun mit Folgerung 9.19. (5). ∎

Die Voraussetzung des Lemmas 9.26. läßt sich nicht abschwächen, wie uns das folgende Beispiel zeigt.

Beispiel 9.27. Wir setzen $X = \{0, 1\}$ und $F = 0^\omega \cup \bigcup_{n \in \mathsf{N}} 0^n \cdot 1 \cdot X^{2^n} \cdot 0^\omega$. Dann ist F abzählbar, also $F = \bigcup_{i \in \mathsf{N}} \{\xi_i\}$, woraus wir $sup \{ M_X \delta_{\{\xi_i\}} : i \in \mathsf{N} \} = 0$ erhalten. Es ist aber $\mathfrak{s}_F(2^n + n + 1) \geqq 2^{2^n}$ und damit

$$M_F \delta_X \geqq \overline{\lim_{n \to \infty}} \frac{2^n}{2^n + n + 1} = 1 .$$

9.3.2. Eigenschaften der Entropie regulärer Folgenmengen

Da wir in Punkt 9.1. sequentielle Codes und Störmengen als regulär vorausgesetzt hatten, werden wir nun insbesondere die Eigenschaften der Entropie regulärer Folgenmengen untersuchen. Zu diesem Zwecke analysieren wir die Funktion $\mathfrak{s}_W$ im Falle regulärer Wortmengen W ausführlicher und berufen uns u. a. auf die Arbeiten [45] und [74].

Nach Satz 6.52. (2) läßt sich jede reguläre Wortmenge W durch ein endliches Gleichungssystem der Form

$$W_i = \bigcup_{x \in X} x \cdot W_{\mathfrak{j}(x,i)} \cup \varepsilon(W_i) \qquad (1 \leqq i \leqq k') \tag{$*$}$$

eindeutig beschreiben.

Damit erhalten wir für die Funktionen $\mathfrak{s}_{W_i}$ unmittelbar das Gleichungssystem

$$\mathfrak{s}_{W_i}(0) = \mathsf{card}\, \varepsilon(W_i) , \qquad \mathfrak{s}_{W_i}(n+1) = \sum_{x \in X} \mathfrak{s}_{W_{\mathfrak{j}(x,i)}}(n) \qquad (1 \leqq i \leqq k') . \tag{$**$}$$

Wir vereinbaren noch, daß wir in $(**)$ die Funktion $\mathfrak{s}_\emptyset$ stets streichen wollen, da $\mathfrak{s}_\emptyset \equiv 0$ gilt. Damit geht $(**)$ im Falle $W \neq \emptyset$ in die Form

$$\mathfrak{s}_{W_i}(0) = \mathsf{card}\, \varepsilon(W_i) , \qquad \mathfrak{s}_{W_i}(n+1) = \sum_{x \in X_i} \mathfrak{s}_{W_{\mathfrak{j}(x,i)}}(n) \qquad (1 \leqq i \leqq k) \tag{$***$}$$

über, wobei $X_i = \{x : x \in X \wedge W_i \mid x \neq \emptyset\}$. Es ist $k = k' - 1$, falls in $(*)$ ein und damit auch nur ein W_i leer ist. Weiterhin können wir das System $(**)$ mit

Hilfe einer quadratischen Matrix, der sogenannten *Strukturmatrix* $\mathfrak{U}_W = \|u_{ij}\|_{1 \leq i, j \leq k}$, wo $u_{ij} =_{Df} \mathsf{card}\,\{x\colon j = \mathrm{j}(x, i) \wedge x \in X_i\}$ gesetzt sei, in der vektoriellen Form

$$\hat{\mathfrak{z}}_W(0) = \mathfrak{e}_W\,, \qquad \hat{\mathfrak{z}}_W(n+1) = \mathfrak{U}_W \cdot \hat{\mathfrak{z}}_W(n) \qquad (+)$$

darstellen, in der $\hat{\mathfrak{z}}_W(n)$ den Spaltenvektor $\|\mathfrak{z}_{W_i}(n)\|_{1 \leq i \leq k}$ bezeichnet.

Die Matrix $\mathfrak{U}_W$ und der Vektor $\mathfrak{e}_W$ enthalten also nur ganzzahlige Werte, wobei die Zeilensumme der Matrix $\mathfrak{U}_W$ offensichtlich $\mathsf{card}\, X$ nicht übersteigt. Außerdem lassen sich $\mathfrak{U}_W$ und $\mathfrak{e}_W$ aus dem Gleichungssystem (∗) effektiv bestimmen. Durch vollständige Induktion erhält man nun leicht

Folgerung 9.28.

(1) $\hat{\mathfrak{z}}_W(n) = \mathfrak{U}_W^n \cdot \mathfrak{e}_W$;

(2) $\mathfrak{z}_{W_i}(n) = \mathfrak{e}_i \cdot \mathfrak{U}_W^n \cdot \mathfrak{e}_W$.[1])

Damit lassen sich die Anzahlfunktionen regulärer Wort- und Folgenmengen sehr einfach durch eine ganzzahlige quadratische Matrix und durch Vektoren beschreiben, die man auf effektive Weise aus dem Gleichungssystem für die betreffenden Wort- bzw. Folgenmengen gewinnt. Bei regulärem F gehe man dazu wie in Satz 5.64. entweder zum Gleichungssystem von $\mathsf{A}(F)$ über oder setze

$$u_{ij} =_{Df} \mathsf{card}\,\{x\colon x \in X_i \wedge j = \mathrm{j}(x, i)\}\,,$$

falls F Lösung des Gleichungssystems $F_i = \bigcup_{x \in X_i} x \cdot F_{\mathrm{j}(x,i)}$ $(1 \leq i \leq k)$ ist. Schließlich ist dann $\mathfrak{e}_F$ der Spaltenvektor der Länge k, der ausschließlich Einsen enthält.

Als ein weiteres Hilfsmittel zur Untersuchung der Funktion $\mathfrak{z}_W$ eignet sich die Potenzreihe $\mathfrak{u}_W(t) =_{Df} \sum_{n \in \mathsf{N}} \mathfrak{z}_W(n) \cdot t^n$, die wir wie in [74] *Strukturfunktion* der Menge W nennen wollen. Für den Konvergenzradius $\mathsf{rad}\,\mathfrak{u}_W$ dieser Reihe gilt

$$\mathsf{rad}\,\mathfrak{u}_W = \overline{\lim_{n \to \infty}}\, \frac{1}{\sqrt[n]{\mathfrak{z}_W(n)}}\,.$$

Damit haben wir

$$\overline{\lim_{n \to \infty}}\, \frac{log_X\, \mathfrak{z}_W(n)}{n} = -\, log_X\, \mathsf{rad}\,\mathfrak{u}_W$$

und für $W = \mathsf{A}(F)$ die Gleichung

$$M_X \delta_F = -\, log_X\, \mathsf{rad}\,\mathfrak{u}_F\,.$$

Wegen $0 \leq \mathfrak{z}_W(n) \leq \mathsf{card}\, X^n$ gilt daher

Folgerung 9.29.

(1) $\mathsf{rad}\,\mathfrak{u}_W \geq 1/\mathsf{card}\, X$;

(2) *aus* $\mathsf{card}\, W = \aleph_0$ *folgt* $1 \geq \mathsf{rad}\,\mathfrak{u}_W$.

---

[1]) Wir setzen $\mathfrak{e}_i = \|\underset{i}{0, \ldots, 0, 1, 0, \ldots, 0}\|$ für $1 \leq i \leq k$.

Also stimmt Folgerung 9.29. für $W = \mathsf{A}(F)$ mit den in Folgerung 9.19. angegebenen Beziehungen überein. Weiterhin sichert uns Folgerung 9.29. (1) die absolute Konvergenz der Reihe $\mathfrak{u}_W(t)$ für $|t| < 1/\mathsf{card}\, X$.
Für $W \neq \emptyset$ ist wegen $\mathfrak{z}_W(n) \geqq 0$ stets $\mathsf{rad}\, \mathfrak{u}_W$ singulärer Punkt der durch $\mathfrak{u}_W$ dargestellten komplexwertigen Funktion. Nichtleere reguläre Mengen W erlauben es nun, $\mathfrak{u}_W$ einfach zu bestimmen.

Wir gehen dazu vom Gleichungssystem (+) aus. Ersetzen wir $\mathfrak{z}_{W_i}(n)$ durch $\mathfrak{z}_{W_i}(n) \cdot t^n$, so stellt sich (+) in der Form

$$\left\| \begin{matrix} \mathfrak{z}_{W_1}(n+1)\, t^{n+1} \\ \vdots \\ \mathfrak{z}_{W_k}(n+1)\, t^{n+1} \end{matrix} \right\| = (t \cdot \mathfrak{U}_W) \cdot \left\| \begin{matrix} \mathfrak{z}_{W_1}(n)\, t^n \\ \vdots \\ \mathfrak{z}_{W_k}(n)\, t^n \end{matrix} \right\|$$

dar. Durch Summation über alle $n \in \mathsf{N}$ erhalten wir

$$\left\| \begin{matrix} \mathfrak{u}_{W_1}(t) \\ \vdots \\ \mathfrak{u}_{W_k}(t) \end{matrix} \right\| = (t \cdot \mathfrak{U}_W) \cdot \left\| \begin{matrix} \mathfrak{u}_{W_1}(t) \\ \vdots \\ \mathfrak{u}_{W_k}(t) \end{matrix} \right\| + \mathfrak{e}_W \,. \tag{I}$$

Bezeichnen wir mit $\mathfrak{E}_k$ die Einheitsmatrix vom Typ (k, k), so ergibt sich

$$(\mathfrak{E}_k - t \cdot \mathfrak{U}_W) \cdot \left\| \begin{matrix} \mathfrak{u}_{W_1}(t) \\ \vdots \\ \mathfrak{u}_{W_k}(t) \end{matrix} \right\| = \mathfrak{e}_W \,. \tag{II}$$

Dieses System ist wegen $\mathsf{det}\,(\mathfrak{E}_k - t \cdot \mathfrak{U}_W) \neq 0$[1] $(t = 0)$ in einer gewissen Umgebung von 0 innerhalb der komplexen Ebene eindeutig lösbar. Als Lösung erhalten wir rationale Funktionen in t, da die Elemente von $\mathfrak{E}_k - t \cdot \mathfrak{U}_W$ und $\mathfrak{e}_W$ Konstanten oder lineare Polynome in t sind. Die Lösung $\mathfrak{u}_W(t)$ läßt sich in der Form $\mathfrak{b}_W(t)/\mathfrak{a}_W(t)$ darstellen, wobei $\mathfrak{b}_W$ und $\mathfrak{a}_W$ Polynome sind, für die $\mathsf{grad}\, \mathfrak{b}_W \leqq k$ und $\mathsf{grad}\, \mathfrak{a}_W \leqq k$[2]) gelten. Damit haben wir

Lemma 9.30. (Shannon) *Zu jeder regulären Wortmenge W gibt es Polynome $\mathfrak{b}_W(t)$ und $\mathfrak{a}_W(t)$ derart, daß $\mathsf{grad}\, \mathfrak{b}_W(t) \leqq G_W$, $\mathsf{grad}\, \mathfrak{a}_W(t) \leqq G_W$ und $\mathfrak{u}_W(t) = \mathfrak{b}_W(t)/\mathfrak{a}_W(t)$ gelten.*

Korollar 9.31. (Shannon) *Es sei t_0 die kleinste positive reelle Zahl, für die $\mathfrak{b}_W(t_0)/\mathfrak{a}_W(t_0) = \infty$ ist. Dann gilt $\mathsf{rad}\, \mathfrak{u}_W = t_0$.*

Beweis. Wir hatten schon festgestellt, daß $\mathsf{rad}\, \mathfrak{u}_W$ singulärer Punkt von $\mathfrak{u}_W(t)$ ist. Damit muß $\mathfrak{b}_W(\mathsf{rad}\, \mathfrak{u}_W)/\mathfrak{a}_W(\mathsf{rad}\, \mathfrak{u}_W) = \infty$ sein. Weiterhin ist aber für alle t', $|t'| < \mathsf{rad}\, \mathfrak{u}_W$, die Beziehung $\mathfrak{b}_W(t')/\mathfrak{a}_W(t') = \mathfrak{u}_W(t') \neq \infty$ erfüllt. ∎

Lemma 9.30. und Korollar 9.31. liefern uns nun für den Fall regulärer abgeschlossener nichtleerer Teilmengen F von X^ω ein Verfahren zur Bestimmung von

---

[1]) Es bezeichne $\mathsf{det}\, \mathfrak{U}$ die *Determinante* einer quadratischen Matrix $\mathfrak{U}$.
[2]) Das Symbol $\mathsf{grad}\, \mathfrak{b}$ bezeichne den *Grad* eines Polynomes $\mathfrak{b}$.

$M_X\delta_F$. Man errechne zunächst an Hand der Gleichung (II) die Strukturfunktion $\mathfrak{u}_F$ von F als vollständig gekürzte rationale Funktion $\mathfrak{b}_F(t)/\mathfrak{a}_F(t)$. Die Größe $M_X\delta_F$ erhält man dann als $-log_X\, t_0$, wobei t_0 die kleinste positive Nullstelle von $\mathfrak{a}_F$ ist. Wir geben dazu ein Beispiel an.

Beispiel 9.32. Es wird wieder die Menge S aus den Beispielen 3.2. und 5.92. verwendet. Man bestimmt an Hand des Gleichungssystems für S leicht

$$\mathfrak{A}_S = \begin{Vmatrix} 1 & 1 & 0 & 0 \\ 0 & 0 & 1 & 0 \\ 0 & 0 & 0 & 1 \\ 1 & 0 & 0 & 0 \end{Vmatrix} \quad \text{und} \quad \mathfrak{e}_S = \begin{Vmatrix} 1 \\ 1 \\ 1 \\ 1 \end{Vmatrix}.$$

Damit erhalten wir das Gleichungssystem

$$\begin{aligned} (1-t)\cdot \mathfrak{u}_S - t\cdot \mathfrak{u}_{S_1} &= 1\,, \\ \mathfrak{u}_{S_1} - t\cdot \mathfrak{u}_{S_2} &= 1\,, \\ \mathfrak{u}_{S_2} - t\cdot \mathfrak{u}_{S_3} &= 1\,, \\ \mathfrak{u}_{S_3} - t\cdot \mathfrak{u}_S &= 1\,, \end{aligned}$$

woraus wir $\mathfrak{u}_S(t) = \dfrac{1+t+t^2+t^3}{1-t-t^4}$ gewinnen. Zähler- und Nennerpolynom sind teilerfremd. Also errechnet man näherungsweise als kleinste positive Nullstelle von $1-t-t^4$ den Wert 0,724. Mithin ergibt sich $M_{\{0,1\}}\delta_S = -\log_2 t_0 = 0{,}4661$.

Wir geben noch eine weitere Methode zur Berechnung von $M_X\delta_F$ für reguläre abgeschlossene nichtleere Mengen F an, bei der die Eigenwerte der Matrix $\mathfrak{U}_F$ benutzt werden. Zu diesem Zwecke benötigen wir eine geeignete Norm für Matrizen $\mathfrak{U} = ||u_{ij}||_{1\leq i\leq k,\,1\leq j\leq k}$. Wir wählen die *Zeilensummennorm*, d. h. $||\mathfrak{U}||_\Sigma = {}_{Df}\, max \left\{\sum_{j=1}^{k} |u_{ij}|: {}_{1\leq i\leq k}\right\}$, die unseren Problemen gut angepaßt ist. Zunächst untersuchen wir einige Beziehungen zwischen $||\mathfrak{U}_W||_\Sigma$ und $\mathfrak{s}_W$ für den Fall einer regulären nichtleeren Wortmenge W. Wir setzen dabei voraus, daß W analog zu den im Punkt 5.2.4. für Folgenmengen eingeführten Gleichungssystemen durch ein Gleichungssystem der Form

$$W_i = \bigcup_{x\in X_i} x\cdot W_{\mathfrak{j}(x,i)} \cup \varepsilon(W_i) \qquad (1 \leqq i \leqq k) \tag{i}$$

mit $X_i =_{Df} \{x\colon x \in X \wedge W_i \mid x \neq \emptyset\}$ beschrieben sei. Ein solches Gleichungssystem erhält man aus dem System (*) durch Streichen des Zustandes $\emptyset$ auf der linken und der Glieder $x\cdot\emptyset$ auf der rechten Seite des Gleichungssystems. Der Leser überlegt sich nun leicht, daß man aus (i) das Gleichungssystem

$$A(W_i) = \bigcup_{x\in X_i} x\cdot \mathsf{A}(W_{\mathfrak{j}(x,i)}) \cup \{e\} \qquad (1 \leqq i \leqq k\} \tag{ii}$$

erhält (siehe die Folgerungen 5.7. (2) und 5.50.). Damit haben wir

Folgerung 9.33. *Es sei $\mathfrak{U}_W$ die Strukturmatrix der Wortmenge W. Dann gilt*

$$\mathfrak{s}_{\mathsf{A}(W)}(n) = \mathfrak{e}_1\cdot \mathfrak{U}_W^n\cdot \bar{\mathfrak{e}}\,.^{1)}$$

[1] $\bar{\mathfrak{e}}$ bezeichne den Spaltenvektor, der ausschließlich Einsen enthält.

Bemerkung: Wir hatten bei Gleichungssystemen für Wort- bzw. Folgenmengen W (bzw. F) stets $W = W_1$ (bzw. $F = F_1$) vorausgesetzt.

Wir erinnern nun noch an einige Eigenschaften regulärer Wortmengen. Dazu sei W Lösung des Gleichungssystems (i).

Folgerung 9.34.

(1) *Für jeden Zustand W_i von W gibt es ein $p \in X^*$ mit $l(p) < k$ derart, daß $W_i = W \mid p$ gilt.*

(2) *Ist $p \in \mathsf{A}(W)$, so gibt es ein $p' \in X^*$ mit $l(p') < k$ derart, daß $pp' \in W$.*

Die Folgerung 9.34. (1) gilt gleichermaßen für Folgenmengen F. Eine analoge Eigenschaft zu Folgerung 9.34. (2) für Folgenmengen liefert uns

Folgerung 9.35. *Es sei $F = \mathsf{ls}\ W \neq \emptyset$, und W löse das Gleichungssystem (i). Dann gibt es zu jedem $p \in W$ ein $p' \in \mathsf{A}(F)$ derart, daß $p' \sqsubseteq p$ und $l(p) - l(p') < k$.*

Damit erhalten wir für reguläre Wortmengen W die

Folgerung 9.36. *Hat W höchstens k nichtleere Zustände, so gelten die Ungleichungen*

(1) $||\mathfrak{U}_W^n||_\Sigma \geqq \mathfrak{z}_W(n)$;

(2) $||\mathfrak{U}_W^n||_\Sigma \leqq \mathfrak{z}_{\mathsf{A}(W)}(n + k)$;

(3) $||\mathfrak{U}_W^n||_\Sigma \leqq \sum_{i=0}^{k-1} \mathfrak{z}_W(n + k + i)$.

Beweis. Da alle Elemente $u_{ij}^{(n)}$ von $\mathfrak{U}_W^n$ die Ungleichung $u_{ij}^{(n)} \geqq 0$ erfüllen, benutzen wir die folgende Darstellung:

$$||\mathfrak{U}_W^n||_\Sigma = max\,\{\mathfrak{e}_i \cdot \mathfrak{U}_W^n \cdot \bar{\mathfrak{e}} : 1 \leqq i \leqq k\}\,.$$

(1) Es ist $\mathfrak{z}_W(n) = \mathfrak{e}_1 \cdot \mathfrak{U}_W^n \cdot \mathfrak{e}_W \leqq \mathfrak{e}_1 \cdot \mathfrak{U}_W^n \cdot \bar{\mathfrak{e}}$, da $\mathfrak{U}_W^n \geqq 0$ und $\bar{\mathfrak{e}} \geqq \mathfrak{e}_W$ gilt.[1])

(2) Mit den Folgerungen 9.33. und 9.34. (1) haben wir sofort $\mathfrak{z}_{\mathsf{A}(W_i)}(n) = \mathfrak{e}_i \cdot \cdot\, \mathfrak{U}_W^n \cdot \bar{\mathfrak{e}} \leqq \mathfrak{z}_{\mathsf{A}(W)}(n + k)$.

(3) Diese Beziehung erhält man aus (2) mit Folgerung 7.34. (2). ▮

Lemma 9.37. *Es sei W reguläre Teilmenge von X^*. Dann gilt*

$$M_X \delta_{\mathsf{ls}\, W} = \overline{\lim_{n\to\infty}} \frac{log_X\, \mathfrak{z}_W(n)}{n}.$$

Beweis. Mit Folgerung 5.13. (3) haben wir $\mathsf{A}(\mathsf{ls}\ W) \subseteq \mathsf{A}(W)$. Demnach ist $\mathfrak{z}_{\mathsf{ls}\, W}(n) \leqq \mathfrak{z}_{\mathsf{A}(W)}(n) \leqq \sum_{i=0}^{G'_W} \mathfrak{z}_W(n + i)$.[2]) Der zweite Teil der Ungleichung ergibt sich leicht aus Folgerung 9.34. (2). Andererseits erhalten wir aus Folgerung 9.35. die Beziehung $\mathfrak{z}_W(n) \leqq \mathfrak{z}_{\mathsf{A}(W)}(n) \leqq \mathfrak{z}_{\mathsf{ls}\, W}(n - G'_W) \cdot \mathsf{card}\ X^{G'_W}$. Auf Grund der beiden angeführten Abschätzungen ist die Gleichheit $\overline{\lim_{n\to\infty}} \sqrt[n]{\mathfrak{z}_{\mathsf{ls}\, W}(n)} = \overline{\lim_{n\to\infty}} \sqrt[n]{\mathfrak{z}_W(n)}$ leicht einzusehen. ▮

---

[1]) Im folgenden erklären wir die Beziehung „$\leqq$" auch für reelle Matrizen bzw. Vektoren gleichen Typs, falls „$\leqq$" komponentenweise erfüllt ist.

[2]) G'_W bezeichne analog zu Punkt 5.4.2. die Anzahl der nichtleeren Zustände von W.

Die in Folgerung 9.36. dargelegten Zusammenhänge zwischen $||\mathfrak{U}_W^n||_\Sigma$ und $\mathfrak{z}_W(n)$ erlauben es uns nun, die Berechnung von $\overline{\lim\limits_{n\to\infty}} \frac{log_X\, \mathfrak{z}_W(n)}{n}$ auf die Berechnung des oberen Limes der Folge $\left(\sqrt[n]{||\mathfrak{U}_W^n||_\Sigma}\right)_{n=1,2,\ldots}$ zurückzuführen. Dazu wiederholen wir eine Aussage aus [7].

Lemma 9.38. *Es sei* $\mathfrak{U}$ *eine quadratische Matrix. Dann konvergiert die Folge* $\left(\sqrt[n]{||\mathfrak{U}^n||_\Sigma}\right)_{n=1,2,\ldots}$ *gegen das Maximum der absoluten Beträge aller Eigenwerte von* $\mathfrak{U}$.

Da wir unsere Betrachtungen auf nichtnegative Matrizen $\mathfrak{U}$, einschränken können, wird uns die folgende Verallgemeinerung des Satzes von Perron und Frobenius (siehe [13]) von Nutzen sein.

Lemma 9.39. *Ist* $\mathfrak{U}$ *eine quadratische nichtnegative Matrix, so gibt es unter den Eigenwerten maximalen Betrages von* $\mathfrak{U}$ *einen nichtnegativen.*

Den in Lemma 9.39. erwähnten Eigenwert wollen wir im folgenden stets mit t_{max} bezeichnen. Mit Lemma 9.38. können wir nun Lemma 9.37. für den Fall $W = \mathsf{A}(W)$ präzisieren.

Satz 9.40.

(1) *Es sei W reguläre Teilmenge von* X^*. *Dann gilt*

$$M_X\delta_{\mathsf{ls}\,W} = \lim_{n\to\infty} \frac{log_X\, \mathfrak{z}_{\mathsf{A}(W)}(n)}{n}$$

(2) *Ist F reguläre abgeschlossene Teilmenge von* X^ω, *so konvergiert* $\frac{log_X\, \mathfrak{z}_F(n)}{n}$ *gegen* $M_X\delta_F$ *für* $n \to \infty$.

Beweis.

(1) Mit W ist nach Folgerung 5.59. (4) auch $\mathsf{A}(W)$ regulär, und somit gilt $G'_{\mathsf{A}(W)} = k < \aleph_0$. Mit Folgerung 9.36. (1) und (2) haben wir ferner $||\mathfrak{U}_W^{n-k}||_\Sigma \leqq \mathfrak{z}_{\mathsf{A}(W)}(n) \leqq ||\mathfrak{U}_W^n||_\Sigma$ für $n \geqq k$. Damit folgt aus der Konvergenz der Folge $\left(\sqrt[n]{||\mathfrak{U}_W^n||_\Sigma}\right)_{n=1,2,\ldots}$ sofort die Konvergenz von $\left(\sqrt[n]{\mathfrak{z}_{\mathsf{A}(W)}(n)}\right)_{n=1,2,\ldots}$. Die Behauptung (1) erhalten wir nun aus Lemma 9.37.

(2) Mit F ist nach Korollar 5.60. auch $\mathsf{A}(F)$ regulär. Wir können daher (1) anwenden und erhalten die Behauptung (2). ∎

Damit haben wir die Berechnung von $M_X\delta_F$ auf die des maximalen Eigenwertes t_{max} der Matrix $\mathfrak{U}_F$ zurückgeführt.

Beispiel 9.41. Wir berechnen $M_{\{0,1\}}\delta_S$ für S aus Beispiel 9.32. nach der angegebenen Methode. Das charakteristische Polynom $\hat{\mathfrak{a}}_S(t)$ von $\mathfrak{U}_S$ ergibt sich als

$$\hat{\mathfrak{a}}_S(t) = \det\,(t \cdot \mathfrak{E}_4 - \mathfrak{U}_S) = t^4 - t^3 - 1\,.$$

Für t_{max} erhalten wir näherungsweise den Wert 1,38. Somit haben wir für $M_{\{0,1\}}\delta_S = log_2\, t_{max}$ den ungefähren Wert 0,4648. (Die Abweichung zu dem in Beispiel 9.32. errechneten Wert ergibt sich aus der üblichen Ungenauigkeit der Rechnung.)

Wir haben die Berechnung von $M_X\delta_F$ nicht nur deshalb auf die Bestimmung des maximalen Eigenwertes von $\mathfrak{U}_F$ zurückgeführt, um eine weitere Methode anzugeben, sondern auch, weil sich in Verbindung mit der Theorie der nichtnegativen Matrizen, wie sie z. B. bei GANTMACHER ([13]) dargelegt ist, darüber hinaus für unsere Zwecke anwendbare Resultate finden lassen, wie die folgenden Ausführungen zeigen.

Definition 9.42. Wir nennen eine Menge $W \subseteq X^*$ (bzw. $F \subseteq X^\omega$) *zusammenhängend* $=_{Df}$ Zu jedem $p \in \mathsf{A}(W)$ bzw. $p \in \mathsf{A}(F)$ gibt es ein $q \in X^*$ derart, daß $(W \mid p) \mid q = W$ bzw. $(F \mid p) \mid q = F$ gilt.

Anmerkung: Dieser Begriff des Zusammenhanges entspricht in der Theorie der Automaten dem starken Zusammenhang. Überträgt man nämlich den in der Automatentheorie gebräuchlichen Begriff des einfachen Zusammenhangs auf Wort- bzw. Folgenmengen, so ist jede Menge in diesem Sinne zusammenhängend. Mit Folgerung 9.19. (3) erhält man sofort

Folgerung 9.43. *Jede zusammenhängende Folgenmenge F ist homogen.*

In der Arbeit [75] wurde angemerkt, daß zwischen zusammenhängenden Wortmengen und unzerlegbaren Matrizen eine enge Beziehung besteht.

Wir erinnern zunächst an einen wohlbekannten Sachverhalt: Eine quadratische Matrix $\mathfrak{U}$ heißt genau dann *zerlegbar*, wenn sie durch gleichzeitiges Vertauschen von Zeilen und Spalten gleicher Nummer in die Form

$$\begin{Vmatrix} \mathfrak{U}_1 & \mathfrak{U}' \\ 0 & \mathfrak{U}_2 \end{Vmatrix}$$

überführt werden kann, wobei $\mathfrak{U}_1$ und $\mathfrak{U}_2$ quadratische Matrizen sind. Anderenfalls heißt die Matrix *unzerlegbar*. Das in [75] angegebene Resultat lautet:

Lemma 9.44. *Eine reguläre Menge $W \subseteq X^*$ bzw. $F \subseteq X^\omega$ ist genau dann zusammenhängend, wenn $\mathfrak{U}_W$ bzw. $\mathfrak{U}_F$ unzerlegbar ist.*

Beweis. Es sei $\mathfrak{U}_W$ vom Typ (k, k) und zerlegbar. Dann gibt es eine Permutation ν der Zahlen $1, \dots, k$ und ein m, $1 \leqq m \leqq k$, derart, daß $u_{\nu(i)\nu(j)} = 0$ für $\nu(i) \geqq m$ und $\nu(j) < m$ gilt. Damit ist für alle Zustände W_i von W, für die $\nu(i) \geqq$ $\geqq m$ ist, die Beziehung $W_i \mid x \neq W_j$ erfüllt, falls $\nu(j) < m$. Somit ist $W_i \mid p \neq W_j$ für alle $p \in X^*$. Dann ist aber W nicht zusammenhängend.

Ist andererseits W nicht zusammenhängend, und sind $W_1, \dots, W_k$ sämtliche nichtleeren Zustände von W, so gibt es ein W_i derart, daß $M =_{Df} \{W_j : \exists\, p(p \in$ $\in X^* \wedge W_j = W_i \mid p)\} \neq \{W_1, \dots, W_k\}$. Ordnen wir nun mittels einer geeigneten Permutation ν die Matrix $\mathfrak{U}_W$ so um, daß den Elementen der Menge M die letzten Zeilen (und damit auch Spalten) der neuen Matrix $\mathfrak{U}$ entsprechen, so hat $\mathfrak{U}$ die Gestalt

$$\begin{Vmatrix} \mathfrak{U}_1 & \mathfrak{U}' \\ 0 & \mathfrak{U}_2 \end{Vmatrix},$$

wobei $\mathfrak{U}_1$ und $\mathfrak{U}_2$ quadratische Matrizen sind. ▮

Für die weiteren Betrachtungen erweist es sich als nützlich, die Zeilen und Spalten der Matrix $\mathfrak{U}_W$ (bzw. $\mathfrak{U}_F$) nach dem folgenden Prinzip anzuordnen.

Wir definieren in der Menge der nichtleeren Zustände von W (bzw. F) die Quasihalbordnung

$$W_i \vdash W_j =_{Df} \exists p(p \in X^* \wedge W \mid p = W_j).$$

Diese Relation ist für reguläre Wort- bzw. Folgenmengen an Hand der beschreibenden Gleichungssysteme entscheidbar, da schon gilt:

Es ist genau dann $W_i \vdash W_j$, wenn ein $p \in X^*$ mit $l(p) < G'_W$ so existiert, daß $W_i \mid p = W_j$.

Weiterhin teilen wir die Menge aller nichtleeren Zustände von W in Äquivalenzklassen nach der Relation

$$W_i \vdash\dashv W_j =_{Df} W_i \vdash W_j \wedge W_j \vdash W_i$$

ein. Damit können wir „$\vdash$" auf die Menge aller Äquivalenzklassen übertragen:

$$\mathfrak{W} \models \mathfrak{W}' =_{Df} \exists W_i \exists W_j (W_i \in \mathfrak{W} \wedge W_j \in \mathfrak{W}' \wedge W_i \vdash W_j).$$

Die Relation „$\models$" ist eine Halbordnungsrelation. Darüber hinaus haben wir:

Folgerung 9.45.

(1) *Ist $W \in \mathfrak{W}$, so gilt für alle $\mathfrak{W}'$ die Beziehung $\mathfrak{W} \models \mathfrak{W}'$.*

(2) *Gibt es keinen Nachfolger von $\mathfrak{W}$, so sind alle Zustände $W_i \in \mathfrak{W}$ zusammenhängend.*

(3) *Streichen wir aus dem Gleichungssystem für W alle diejenigen Zustände, die nicht in $\mathfrak{W}$ liegen, so erhalten wir ein Gleichungssystem für eine zusammenhängende Menge.*

Wir merken noch an, daß die Mengen $\mathfrak{W}$ effektiv aus dem Gleichungssystem für W bzw. für F bestimmt werden können und daß „$\models$" entscheidbar ist.

Die Zustände von W werden nun auf die folgende Weise numeriert:

(1) $W = W_1$.

(2) Elemente derselben Klasse $\mathfrak{W}$ erhalten aufeinanderfolgende Indizes.

(3) Gilt $\mathfrak{W} \models \mathfrak{W}'$, so erhalten die Elemente der Klasse $\mathfrak{W}$ niedrigere Indizes als die der Klasse $\mathfrak{W}'$.

Durch diese Art der Numerierung erzeugen wir eine Matrix $\mathfrak{U}_W$ in (oberer) Dreiecksform

$$\mathfrak{U}_W = \begin{Vmatrix} \mathfrak{U}_1 & \cdots \\ & \ddots & \vdots \\ 0 & & \mathfrak{U}_m \end{Vmatrix},$$

wobei auf der Hauptdiagonalen die durch die Klassen $\mathfrak{W}$ (vergleiche auch Folgerung 9.45. (3)) bestimmten unzerlegbaren quadratischen Matrizen $\mathfrak{U}_i$ ($1 \leqq i \leqq m$) stehen. Man überzeugt sich nun leicht davon, daß die Menge der Eigenwerte von $\mathfrak{U}_W$ mit der Menge der Eigenwerte der Matrizen $\mathfrak{U}_1, \ldots, \mathfrak{U}_m$

zusammenfällt. Da die Matrizen $\mathfrak{U}_1, \ldots, \mathfrak{U}_m$ unzerlegbar sind, ist es zweckmäßig, die folgenden Sätze aus [13] zur Bestimmung der Eigenwerte von $\mathfrak{U}_W$ anzuwenden.

Satz 9.46 (*Satz von* FROBENIUS) *Ist* $\mathfrak{U}$ *eine nichtnegative unzerlegbare Matrix, so hat ihr maximaler Eigenwert* t_{max} *die Vielfachheit* 1, *d. h.* t_{max} *ist einfache Nullstelle des Polynoms* $\det(\mathfrak{E} \cdot t - \mathfrak{U})$.

Lemma 9.47.

(1) *Es seien* $\mathfrak{U}$ *und* $\mathfrak{U}'$ *quadratische nichtnegative Matrizen ,die der Ungleichung* $\mathfrak{U} \leqq \mathfrak{U}'$ *genügen. Dann gilt für die maximalen Eigenwerte* t_{max} *und* t'_{max} *von* $\mathfrak{U}$ *und* $\mathfrak{U}'$ *die Beziehung* $t_{max} \leqq t'_{max}$. *Ist darüber hinaus* $\mathfrak{U}$ *unzerlegbar und* $\mathfrak{U} \neq \mathfrak{U}'$, *so haben wir* $t_{max} < t'_{max}$.

(2) *Es sei* $\mathfrak{U}$ *eine nichtnegative unzerlegbare Matrix vom Typ* (k, k). *Dann gilt* $m_1 \leqq t_{max} \leqq m_2$, *wobei* $m_1 =_{Df} min\left\{\sum_{j=1}^{k} u_{ij} : 1 \leqq i \leqq k\right\}$ *und* $m_2 =_{Df} ||\mathfrak{U}||_\Sigma = max\left\{\sum_{j=1}^{k} u_{ij} : 1 \leqq i \leqq k\right\}$. *Ist darüber hinaus* $m_1 < m_2$, *so gilt* $m_1 < t_{max} < m_2$.

Wir kommen nun zur Darlegung der im Anschluß an Beispiel 9.41. angekündigten Resultate.

Satz 9.48. *Es sei* F *eine reguläre abgeschlossene Teilmenge von* X^ω. *Dann gibt es eine reguläre homogene Teilmenge* F' *von* F *derart, daß* $M_X\delta_F = M_X\delta_{F'}$ *gilt.*

Beweis. Es sei $F \neq \emptyset$ durch das Gleichungssystem

$$F_i = \bigcup_{x \in X_i} x \cdot F_{\mathfrak{j}(x,i)} \qquad (1 \leqq i \leqq k)$$

beschrieben. Wir ordnen die Matrix $\mathfrak{U}_F$ gemäß „$\models$" in oberer Dreiecksform an, so daß auf der Hauptdiagonalen quadratische unzerlegbare Matrizen $\mathfrak{U}_1, \ldots, \mathfrak{U}_m$ stehen. Dann gibt es eine Matrix $\mathfrak{U}_l$ $(1 \leqq l \leqq m)$ derart, daß der maximale Eigenwert von $\mathfrak{U}_l$ mit t_{max} übereinstimmt. Es sei $\mathfrak{U}_l = ||u_{ij}||_{k' \leqq i,j \leqq k''}$. Nach Wahl der $\mathfrak{U}_1, \ldots, \mathfrak{U}_m$ gibt es ein $p \in \mathsf{A}(F)$ derart, daß $F \mid p = F_{k'}$, gilt.

Wir ändern nun $F_{k'}$ wie folgt zu einer Teilmenge $F'_{k'}$ von $F_{k'}$ ab. Es sei dazu $F_i = \bigcup_{x \in X_i} x \cdot F_{\mathfrak{j}(x,i)}$ $(k' \leqq i \leqq k)$ das oberhalb von k' „abgeschnittene" Teilgleichungssystem von F. Streichen wir nun aus diesem Gleichungssystem alle Zustände F_j, für die $j > k''$ gilt, so erhalten wir ein System

$$F'_i = \bigcup_{x \in X'_i} x \cdot F'_{\mathfrak{j}(x,i)} \qquad (k' \leqq i \leqq k''),$$

das die Strukturmatrix $\mathfrak{U}_l$ hat (man vergleiche Folgerung 9.45. (3)). Damit sind offensichtlich $F'_{k'}$ eine zusammenhängende Teilmenge von $F_{k'}$ und $p \cdot F'_{k'}$ eine homogene Teilmenge von F (siehe auch Folgerungen 9.22. und 9.43.). Schließlich folgt aus $M_X\delta_{F'_{k'}} = log_X\, t_{max} = M_X\delta_F$ mit Folgerung 9.19. (4) die Behauptung. Für $F = \emptyset$ ist nichts zu zeigen. ▮

Mit Lemma 9.26. erhalten wir aus Satz 9.48. unmittelbar

Lemma 9.49. *Es seien F reguläre abgeschlossene Teilmenge und $(F_i)_{i \in \mathsf{N}}$ eine Familie von abgeschlossenen Teilmengen von X^ω derart, daß $F = \bigcup_{i \in \mathsf{N}} F_i$ gilt. Dann ist $M_X\delta_F = max\,\{M_X\delta_{F_i}: i \in \mathsf{N}\}$.*

Mit Satz 5.76. haben wir nun

Korollar 9.50.

(1) *Für jede nichtleere, höchstens abzählbare reguläre abgeschlossene Teilmenge F von X^ω gilt $M_X\delta_F = 0$.*

(2) *Für jede überabzählbare reguläre abgeschlossene Teilmenge F von X^ω gilt*

$$M_X\delta_F = M_X\delta_{F^\odot}\,^{1)}\,.$$

Für die Entropie von überabzählbaren Mengen folgt daher:

Lemma 9.51. *Eine reguläre abgeschlossene Menge $F \subseteq X^\omega$ ist genau dann überabzählbar, wenn $M_X\delta_F > 0$ gilt.*

Beweis. Ist $M_X\delta_F > 0$, so ist nach Korollar 9.50. (1) die Menge F nicht abzählbar. Zum Beweis der anderen Richtung können wir uns auf perfekte Mengen F beschränken. Die Berechtigung dazu geben uns einerseits Korollar 9.50. (2) und andererseits Satz 5.80. und Korollar 5.81. Es sei also F eine reguläre perfekte Menge, $\mathfrak{U}_F$ habe Dreiecksform, und schließlich seien $k = G'_F$ und $F \mid p = F_k$. Mit $\mathfrak{U}_m$ bezeichnen wir die letzte, d. h. die unterste der Diagonalmatrizen $\mathfrak{U}_m =_{Df} ||u_{ij}||_{k' \leqq i,\, j \leqq k}$. Nach Lemma 5.71. gibt es nun Wörter p_0, p_1 mit $p_0 \neq p_1$, $p_0, p_1 \in \mathsf{A}(F \mid p)$ und $p_0 \,||\, p_1$. O. B. d. A. seien $p_0 = p' \cdot x$ und $p_1 = p' \cdot x'$ gewählt, wobei $x \neq x'$. Somit gibt es ein i_0 mit $k' \leqq i_0 \leqq k$ derart, daß $F_k \mid p' = F_{i_0}$ gilt. Wegen $x \neq x'$ haben wir dann $\sum_{j=k'}^{k} u_{i_0 j} \geqq 2$. Weiterhin ist $\sum_{j=k'}^{k} u_{ij} \geqq 1$ für $k' \leqq i \leqq k$, da für alle F_i, $k' \leqq i \leqq k$, stets ein $x \in X$ existiert, für welches $k' \leqq j(x, i) \leqq k$ gilt. Aus Lemma 9.47. (2) folgt daher, daß der maximale Eigenwert $t^{(m)}_{max}$ von $\mathfrak{U}_m$ der Ungleichung $t^{(m)}_{max} > 1$ genügt. Damit haben wir $M_X\delta_F = log_X\, t_{max} \geqq log_X\, t^{(m)}_{max} > 0$. ∎

Abschließend wollen wir noch eine Charakterisierung der Mengen F mit Entropie $M_X\delta_F = 1$ angeben.

Lemma 9.52. *Eine reguläre abgeschlossene Teilmenge F von X^ω hat genau dann die Entropie $M_X\delta_F = 1$, wenn F eine nichtleere offene Teilmenge enthält.*

Beweis. Enthält F eine nichtleere offene Teilmenge $V \cdot X^\omega$, so ist wegen Folgerung 9.10. (1) und (4) für jedes $p \in V$ die Gleichung $M_X\delta_{p \cdot X^\omega} = 1$ erfüllt.

Es gelte nun $M_X\delta_F = 1$, und weiterhin sei $\mathfrak{U}_F$ in Dreiecksform dargestellt. Damit ist $t_{max} = \mathrm{card}\, X$ Eigenwert einer gewissen Matrix $\mathfrak{U}_l$, $1 \leqq l \leqq m$. Für

---

1) $F^\odot$ ist die Menge aller Kondensationspunkte von F (vergleiche Punkt 5.3.).

diese Matrix $\mathfrak{U}_l$ gilt $||\mathfrak{U}_l||_\Sigma \leqq \mathsf{card}\, X$. Nach Lemma 9.47. (2) wissen wir dann, daß die Summe jeder Zeile die Zahl $\mathsf{card}\, X$ nicht unterschreitet. Damit ist $\mathsf{card}\, X$ gleich der Summe jeder Zeile in $\mathfrak{U}_l$. Also bestimmt $\mathfrak{U}_l = ||u_{ij}||_{k' \leqq i, j \leqq k''}$ ein Teilgleichungssystem von F, für das

$$F_i = \bigcup_{x \in X} x \cdot F_{\mathfrak{j}(x,i)} \qquad (k' \leqq i \leqq k'')$$

gilt. Folglich ist $F_i \mid x$ $(k' \leqq i \leqq k'')$ für kein $x \in X$ leer und überdies gleich einem der Zustände $F_{k'}, \ldots, F_{k''}$. Unser Teilgleichungssystem hat die Lösung $F_{k'} = X^\omega$, und diese ist nach Satz 5.58. auch die einzige abgeschlossene. Damit enthält F eine nichtleere offene Teilmenge. ▮

Da $X^\omega = X^\omega \mid x$ für jedes $x \in X$ gilt, können wir aus dem Beweis von Lemma 9.52. schließen, daß jede Diagonalmatrix mit dem Eigenwert $\mathsf{card}\, X$ die Form $||\mathsf{card}\, X||$ hat, also aus genau einem Element besteht, und daß es darüber hinaus nur eine solche Diagonalmatrix gibt.

Korollar 9.53. *Ist* $\mathsf{card}\, X$ *Eigenwert der Matrix* $\mathfrak{U}_F$ *einer regulären abgeschlossenen Teilmenge* F *von* X^ω, *so ist* $\mathsf{card}\, X$ *einfacher Eigenwert, und es gibt keinen weiteren Eigenwert* t' *von* $\mathfrak{U}_F$, *dessen Betrag gleich* $\mathsf{card}\, X$ *ist.*

9.3.3. Anwendungen der Entropie im Raume $[X^\omega, +, Y, ||\ ||]$

In diesem Abschnitt werden wir Abschätzungen für den Informationsgehalt der Summe $F_1 + F_2$ abgeschlossener Teilmengen F_1 und F_2 von Y^ω angeben. Darüber hinaus untersuchen wir die Entropie von Unterräumen in $[Y^\omega, +, Y, ||\ ||]$. Nach dem Verfahren aus Punkt 5.4.2. ist es möglich, ein Gleichungssystem für $F_1 + F_2$ an Hand der Gleichungssysteme für F_1 und F_2 aufzustellen, vorausgesetzt, daß F_1 und F_2 regulär sind. Damit läßt sich $M_Y\delta_{F_1+F_2}$ berechnen. Für manche Fälle ist es jedoch ausreichend, eine Abschätzung für $M_Y\delta_{F_1+F_2}$ mittels der Größen $M_Y\delta_{F_1}$ und $M_Y\delta_{F_2}$ zu kennen. Der Vollständigkeit halber betrachten wir auch die Größe $M_Y\delta_{\alpha \bullet F}$ für $\alpha \in Y$.

Folgerung 9.54. *Es seien* $W \subseteq X^*$ *und* $\alpha \in Y$. *Dann ist*

$$\mathfrak{z}_{\alpha \bullet W}(n) = \begin{cases} \mathfrak{z}_W(n), & \textit{falls}\ \alpha \neq 0\,, \\ 1, & \textit{falls}\ \alpha = 0\ \textit{und}\ \mathfrak{z}_W(n) \geqq 1\,, \\ 0, & \textit{sonst}. \end{cases}$$

Damit erhalten wir unmittelbar

Folgerung 9.55. *Es sei* F *eine abgeschlossene nichtleere Teilmenge von* Y^ω. *Dann gilt*

$$M_Y\delta_{\alpha \bullet F} = |\alpha| \cdot M_Y\delta_F \ ^{1)}$$

Wir wenden uns nun, wie angekündigt, der Abschätzung von $M_Y\delta_{F_1+F_2}$ zu.

---

1) $|\alpha|$ ist dabei wie in Punkt 5.4.1. definiert.

Lemma 9.56. *Es seien $W, V \subseteq Y^*$. Dann gelten die folgenden Ungleichungen:*

(1) $\mathfrak{z}_{W+V}(n) \leqq \mathfrak{z}_W(n) \cdot \mathfrak{z}_V(n)$;

(2) $\mathfrak{z}_{W+V}(n) \geqq \dfrac{\mathfrak{z}_W(n) \cdot \mathfrak{z}_V(n)}{\mathfrak{z}_{(W-W)\cap(V-V)}(n)}$.

Anmerkung: Ist in (2) $\mathfrak{z}_{(W-W)\cap(V-V)}(n) = 0$, so ist wenigstens eine der Mengen $W \cap Y^n$ oder $V \cap Y^n$ leer (anderenfalls wäre $0^n \in (W - W) \cap (V - V)$). Wir ordnen deshalb in diesem Falle dem Ausdruck auf der rechten Seite von (2) den Wert 0 zu.

Beweis von Lemma 9.56.

(1) Jedes Paar (p, q) mit $p \in W$, $q \in V$ und $l(p) = l(q) = n$ bestimmt eindeutig ein Element $p + q \in W + V$. Damit ist die angegebene Ungleichung leicht einzusehen.

(2) Ist $r \in W + V$, so gibt es höchstens $\mathfrak{z}_{(W-W)\cap(V-V)}(l(r))$ Paare (p_i, q_i) derart, daß $p_i \in W$, $q_i \in V$ und $p_i + q_i = r$ gilt. Ist nämlich $p_1 + q_1 = \cdots = p_k + q_k = r$, so haben wir $p_1 - p_i = q_i - q_1 \in (W - W) \cap (V - V)$. Damit wird jedes Wort aus $(W + V) \cap Y^n$ auf höchstens $\mathfrak{z}_{(W-W)\cap(V-V)}(n)$ verschiedene Weisen als Summe von Wörtern aus W und V dargestellt. Das ist aber gerade die Behauptung. ∎

Korollar 9.57. *Sind W und V bezüglich „+" abgeschlossen, d. h. gelten die Beziehungen $W + W = W$ und $V + V = V$, so folgt*

$$\mathfrak{z}_{W+V}(n) = \frac{\mathfrak{z}_W(n) \cdot \mathfrak{z}_V(n)}{\mathfrak{z}_{W\cap V}(n)}.$$

Anmerkung: Aus $W + W = W$ und der Endlichkeit von Y folgt auch $W - W = W$. Ebenso gilt $V - V = V$. Aus diesem Grunde vereinfacht sich $\mathfrak{z}_{(W-W)\cap(V-V)}$ zu $\mathfrak{z}_{W\cap V}$.

Beweis von Korollar 9.57. Wegen Lemma 9.56. (2) genügt es, die Beziehung „$\leqq$" zu zeigen. Hierzu reicht der Nachweis, daß jedes Element $r \in (W + V) \cap Y^n$ mindestens $\mathfrak{z}_{W\cap V}(n)$ verschiedene Darstellungen als Summe von Elementen $p \in W$ und $q \in V$ hat. Ist nun $p + q = r$, so wird für jedes $w \in (W \cap V) \cap Y^n$ die Beziehung $(p + w) + (q - w) = r$ erfüllt. Weiterhin haben wir auf Grund der Voraussetzung $W + W = W$ und $V - V = V$, also $p + w \in W$ und $q - w \in V$. Damit hat r mindestens $\mathfrak{z}_{W\cap V}(n)$ verschiedene Darstellungen als Summe von Elementen aus W und V. ∎

Mit Hilfe der im Korollar 9.57 angegebenen Gleichung läßt sich nun die Entropie der Summe $F + F'$ abgeschlossener Teilmengen F und F' von Y^ω wie folgt abschätzen:

Satz 9.58. *Es seien F, F' abgeschlossene Teilmengen von Y^ω. Dann hat man:*

(1) $M_Y\delta_{F+F'} \leqq M_Y\delta_F + M_Y\delta_{F'}$;

(2) *sind F und F' darüber hinaus nichtleer und regulär, so gilt*

$$M_Y\delta_{F+F'} \geqq M_Y\delta_F + M_Y\delta_{F'} - M_Y\delta_{(F-F)\cap(F'-F')}.$$

Beweis.

(1) Es ist $M_Y\delta_{F+F'} = \overline{\lim\limits_{n\to\infty}} \frac{log_Y\, \mathfrak{s}_{F+F'}(n)}{n}$. Mit Lemma 9.56. (1) haben wir somit

$$M_Y\delta_{F+F'} \leqq \overline{\lim_{n\to\infty}} \frac{log_Y\, \mathfrak{s}_F(n) + log_Y\, \mathfrak{s}_{F'}(n)}{n} \leqq \overline{\lim_{n\to\infty}} \frac{log_Y\, \mathfrak{s}_F(n)}{n} + \\ + \overline{\lim_{n\to\infty}} \frac{log_Y\, \mathfrak{s}_{F'}(n)}{n} = M_Y\delta_F + M_Y\delta_{F'}\,.$$

(2) Nach Lemma 5.91. (2) ist mit F und F' auch $F + F'$ regulär und abgeschlossen. Damit erhalten wir wegen Satz 9.40. (2) die Beziehung

$$M_Y\delta_{F+F'} = \lim_{n\to\infty} \frac{log_Y\, \mathfrak{s}_{F+F'}(n)}{n}\,.$$

Mit Lemma 9.56. (2) haben wir $\log_Y \mathfrak{s}_{F+F'}(n) \geqq log_Y\, \mathfrak{s}_F(n) + log_Y\, \mathfrak{s}_{F'}(n) - - log_Y\, \mathfrak{s}_{(\mathsf{A}(F)-\mathsf{A}(F))\cap(\mathsf{A}(F')-\mathsf{A}(F'))}(n)$. Der Minuend läßt sich mit Folgerung 5.86. (1) zu $log_Y\, \mathfrak{s}_{\mathsf{A}(F-F)\cap\mathsf{A}(F'-F')}(n)$ vereinfachen. Weiterhin gilt wegen Lemma 5.15. (2) und Korollar 5.17. die Beziehung $\mathsf{ls}\,\mathsf{A}(F - F) \cap \mathsf{A}(F' - F') = = (F - F) \cap (F' - F')$. Schließlich ist $V =_{Df} \mathsf{A}(F - F) \cap \mathsf{A}(F' - F')$ nach Lemma 5.91. (2) und Korollar 5.60. eine reguläre Wortmenge, für die außerdem $\mathsf{A}(V) = V$ gilt (siehe Folgerung 5.7.). Damit können wir Satz 9.40. (1) und (2) anwenden und erhalten

$$M_Y\delta_{F+F'} \geqq \overline{\lim_{n\to\infty}} \frac{log_Y\, \mathfrak{s}_F(n) + log_Y\, \mathfrak{s}_{F'}(n) - log_Y\, \mathfrak{s}_V(n)}{n} = \\ = \overline{\lim_{n\to\infty}} \frac{log_Y\, \mathfrak{s}_F(n)}{n} + \overline{\lim_{n\to\infty}} \frac{log_Y\, \mathfrak{s}_{F'}(n)}{n} - \overline{\lim_{n\to\infty}} \frac{log_Y\, \mathfrak{s}_V(n)}{n} = \\ = M_Y\delta_F + M_Y\delta_{F'} - M_Y\delta_{(F-F)\cap(F'-F')}\,. \blacksquare$$

Korollar 9.59. *Es seien L und L' reguläre Unterräume von Y^ω. Dann gilt*

$$M_Y\delta_{L+L'} = M_Y\delta_L + M_Y\delta_{L'} - M_Y\delta_{L\cap L'}\,.$$

Beweis. $\mathsf{A}(L)$ und $\mathsf{A}(L')$ erfüllen die Voraussetzungen von Korollar 9.57. Damit läßt sich der Beweis völlig gleichlautend zu dem von Satz 9.58. (2) führen, wobei die Beziehung „$\geqq$“ durch „$=$“ ersetzt wird. (Man beachte dabei nur, daß $L - L = L$ und $L' - L' = L'$.) $\blacksquare$

Wir wollen nun durch Beispiele belegen, daß die Grenzen, die in Satz 9.58. gegeben worden sind, unabhängig voneinander angenommen bzw. nicht angenommen werden können. Wir geben dazu Mengen F_1, F_2 und F_3 an, die den Ungleichungen

(1) $2 \cdot M_Y\delta_{F_1} > M_Y\delta_{F_1+F_1} = 2 \cdot M_Y\delta_{F_1} - M_Y\delta_{(F_1-F_1)}$,

(2) $2 \cdot M_Y\delta_{F_2} = M_Y\delta_{F_2+F_2} > 2 \cdot M_Y\delta_{F_2} - M_Y\delta_{(F_2-F_2)}$,

(3) $2 \cdot M_Y\delta_{F_3} > M_Y\delta_{F_3+F_3} > 2 \cdot M_Y\delta_{F_3} - M_Y\delta_{(F_3-F_3)}$

genügen. Beide in Satz 9.58. angegebenen Grenzen fallen zusammen und werden daher zugleich angenommen, falls z. B. $(F_1 - F_1) \cap (F_2 - F_2) = 0^\omega$ gilt, was u. a. für die in Beispiel 9.8. angegebenen Mengen L und S der Fall ist.

Beispiel 9.60. Wir setzen $Y =_{Df} \{0, 1\}$.

(1) Wählen wir $F_1 = (Y \cdot 0)^\omega$ wie in Beispiel 9.15., so ist F_1 Unterraum von Y^ω, insbesondere gilt $F_1 + F_1 = F_1 - F_1 = F_1$. Weiterhin haben wir $M_Y\delta_{F_1} = \frac{1}{2}$. Damit erhalten wir die Ungleichung (1).

(2) Wir wählen $F_2 = (0 \cdot Y)^\omega \cup 1 \cdot (0 \cdot Y)^\omega$. Dann ist $F_2 + F_2 = F_2 - F_2 = (0 \cdot Y)^\omega \cup 0 \cdot (0 \cdot Y)^\omega \cup 1 \cdot Y^\omega$. Somit haben wir $M_Y\delta_{F_2} = \frac{1}{2}$ und $M_Y\delta_{F_2+F_2} = 1$ (siehe Lemma 9.52.), und die Beziehung (2) ist erfüllt.

(3) Wir wählen $F_3 = \{0, 10\}^\omega$. Damit erfüllt F_3 das Gleichungssystem

$$F_3 = 0 \cdot F_3 \cup 1 \cdot F_3'$$
$$F_3' = 0 \cdot F_3 .$$

Daraus gewinnen wir unter Berücksichtigung von $F_3' \subseteq F_3$ für $F_3 + F_3$ das System

$$F_3 + F_3 = 0 \cdot (F_3 + F_3) \cup 1 \cdot (F_3 + F_3') .$$
$$F_3 + F_3' = 0 \cdot (F_3 + F_3) \cup 1 \cdot (F_3 + F_3') .$$

Somit haben wir $F_3 + F_3 = F_3 + F_3'$, und erhalten

$$F_3 + F_3 = Y \cdot (F_3 + F_3) ,$$

woraus $F_3 + F_3 = Y^\omega$ folgt. Weiterhin ist $\mathfrak{U}_{F_3} = \begin{Vmatrix} 1 & 1 \\ 1 & 0 \end{Vmatrix}$, und als maximaler Eigenwert t_{max} von $\mathfrak{U}_{F_3}$ ergibt sich $t_{max} = \dfrac{1 + \sqrt{5}}{2}$. Damit ist $M_Y\delta_{F_3}$ näherungsweise gleich 0,6944, und die Beziehung (3) ist erfüllt.

Für Unterräume L von Y^ω läßt sich auf Grund des regelmäßigen Aufbaus von $\mathsf{A}(L)$ (siehe Folgerung 5.87. (2) und (3)) die Entropie sehr einfach berechnen. Wir können in diesem Falle nämlich Folgerung 9.17. (3) für Unterräume L wie folgt vereinfachen:

Folgerung 9.61. *Es sei $L \subseteq| Y^\omega$. Dann gelten die Aussagen:*

(1) $\mathfrak{z}_{L|0^m}(n) = \mathfrak{z}_{L|p}(n)$ *für* $p \in \mathsf{A}(L) \cap Y^m$;

(2) $\mathfrak{z}_L(m + n) = \mathfrak{z}_L(m) \cdot \mathfrak{z}_{L|0^m}(n)$;

(3) *es ist entweder* $\mathfrak{z}_L(n + 1) = \mathfrak{z}_L(n)$ *oder* $\mathfrak{z}_L(n + 1) = \mathfrak{z}_L(n) \cdot \mathsf{card}\, Y$.

Beweis.

(1) Es sei $\eta \in L | p$. Dann gilt $L | p = \eta + L | 0^m = (-\eta) + \eta + L | p$. Mit Lemma 9.56. (1) haben wir dann $\mathfrak{z}_{L|p}(n) \leqq \mathfrak{z}_{L|0^m}(n) \cdot \mathfrak{z}_{\{\eta\}}(n) \leqq \mathfrak{z}_{L|p}(n) \cdot \mathfrak{z}_{\{\eta\}}(n) \cdot \mathfrak{z}_{\{-\eta\}}(n)$, woraus wegen $\mathfrak{z}_{\{\eta\}}(n) = \mathfrak{z}_{\{-\eta\}}(n) = 1$ die Behauptung folgt.

(2) Wir setzen $V =_{Df} \mathsf{A}(L) \cap Y^m$. Dann ist $\mathfrak{z}_L(m + n) = \sum_{p \in V} \mathfrak{z}_{L|p}(n)$, und mit (1) haben wir $\mathfrak{z}_L(m + n) = \mathsf{card}\, V \cdot \mathfrak{z}_{L|0^m}(n) = \mathfrak{z}_L(m) \cdot \mathfrak{z}_{L|0^m}(n)$.

(3) Wegen (2) gilt $\mathfrak{z}_L(n + 1) = \mathfrak{z}_L(n) \cdot \mathfrak{z}_{L|0^n}(1)$. Nach Folgerung 5.87. (2) ist aber $\mathsf{A}(L | 0^n) \cap Y$ entweder gleich $\{0\}$ oder gleich Y. ∎

Folgerung 9.62. *Jeder Unterraum L von Y^ω ist homogen.*

Beweis. Aus Folgerung 9.61. (1) können wir sofort auf die Gleichung $M_Y\delta_{L|0^m} = M_Y\delta_{L|p}$ für $p \in \mathsf{A}(L) \cap Y^m$ schließen. Es bleibt noch zu zeigen, daß für alle $m \in \mathsf{N}$ die Beziehung $M_Y\delta_{L|0^m} = M_Y\delta_L$ gilt. Dazu seien $m \in \mathsf{N}$ und $V =_{Df} \mathsf{A}(L) \cap Y^m$. Dann ist $L = \bigcup_{p \in V} p \cdot (L \mid p)$. Unter Berücksichtigung der Tatsache, daß für alle $p, p' \in V$ die Gleichheit $M_Y\delta_{L|p} = M_Y\delta_{L|p'}$ gilt, erhält man mit Lemma 9.20. sofort $M_Y\delta_{L|0^m} = M_Y\delta_L$. ▮

Für die weiteren Untersuchungen erweist es sich als zweckmäßig, die folgenden Begriffe einzuführen:

Wir nennen einen Unterraum $L \subseteq| Y^\omega$ genau dann *periodisch*, wenn es Wörter p, q ($p, q \in \mathsf{A}(L)$) unterschiedlicher Länge gibt, so daß $L \mid p = L \mid q$ gilt. Ist nun $L \mid p = L \mid q$, so gilt auch $L \mid 0^{l(p)} = L \mid 0^{l(q)}$. (Man vergleiche mit Folgerung 5.87. (1).) Damit können wir die Bedingung $p, q \in \mathsf{A}(L)$ durch die Forderung $p, q \in 0^*$ ersetzen.

Weiterhin definieren wir für einen periodischen Unterraum L von Y^ω

$$\mathsf{per}\, L =_{Df} min\, \{|l(p) - l(q)| : p, q \in 0^* \wedge l(p) \neq l(q) \wedge L \mid p = L \mid q\}$$

und nennen $\mathsf{per}\, L$ die *Periode* von L. Es gilt dann

Folgerung 9.63.

(1) *Jeder reguläre Raum $L \subseteq| Y^\omega$ ist periodisch, und es gilt $\mathsf{per}\, L \leqq G'_L$.*
(2) *Jeder endliche Unterraum L von Y^ω ist periodisch, und hat die Periode* 1.

Beweis.

(1) Es sei $G'_L = k < \aleph_0$. Dann sind die Zustände $L \mid e, L \mid 0, \dots, L \mid 0^k$ sämtlich nichtleer, und ihre Anzahl ist größer als G'_L. Demzufolge gibt es k' und k'' mit $0 \leqq k' < k'' \leqq k$ derart, daß die Zustände $L \mid 0^{k'}$ und $L \mid 0^{k''}$ übereinstimmen.
(2) Da L endlich ist, gibt es ein $n \in \mathsf{N}$ derart, daß $L \cap 0^n \cdot Y^\omega = 0^\omega$ gilt. Damit ist $L \mid 0^n = L \mid 0^{n+1}$. ▮

Die zweite Aussage von Folgerung 9.63. zeigt uns insbesondere, daß nicht jeder periodische Unterraum von Y^ω regulär ist. Man wähle etwa $L = \mathcal{L}(\eta)$, wobei η eine nichtperiodische Folge aus Y^ω sei.

Lemma 9.64. *Es sei L ein periodischer Unterraum von Y^ω. Dann konvergiert $\left(\frac{log_Y\, \mathfrak{z}_L(n)}{n}\right)_{n \in \mathsf{N}}$, und es gibt ein $m \in \mathsf{N}$ derart, daß $M_Y\delta_L = \lim\limits_{n\to\infty} \frac{log_Y\, \mathfrak{z}_L(n)}{n} = \frac{m}{\mathsf{per}\, L}$ gilt.*

Beweis. Es sei $L \mid 0^k = L \mid 0^{k+\mathsf{per}\, L}$. Damit haben wir $\mathfrak{z}_L(n) = \mathfrak{z}_L(k) \cdot \mathfrak{z}_{L|0^k}(n-k)$ für $n \geqq k$. Weiterhin läßt sich $\mathfrak{z}_{L|0^k}(n-k)$ wegen $L \mid 0^k = L \mid 0^{k+\mathsf{per}\, L}$ wie folgt zerlegen: $\mathfrak{z}_{L|0^k}(n-k) = (\mathfrak{z}_{L|0^k}(\mathsf{per}\, L))^{k'} \cdot \mathfrak{z}_{L|0^k}(k'')$, wobei

$k' \cdot \mathsf{per}\, L + k'' = n - k$ und $k'' < \mathsf{per}\, L$ (siehe Folgerung 9.61. (2)). Daher gilt

$$\frac{log_Y \mathfrak{Z}_L(n)}{n} = \frac{log_Y \mathfrak{Z}_L(k) + k' \cdot log_Y \mathfrak{Z}_{L|0^k}(\mathsf{per}\, L) + log_Y \mathfrak{Z}_{L|0^k}(k'')}{k + k' \cdot \mathsf{per}\, L + k''}.$$

Weil k und k'' nach oben beschränkt sind, existiert der Grenzwert dieser Folge und ist gleich $\frac{log_Y \mathfrak{Z}_{L|0^k}(\mathsf{per}\, L)}{\mathsf{per}\, L}$. Nach Folgerung 9.61. (3) ist aber $\mathfrak{Z}_{L|0^k}(\mathsf{per}\, L)$ gleich einer ganzzahligen Potenz von **card** Y, und die Behauptung ist bewiesen. ▮

Mit Hilfe von Folgerung 9.63. (1) läßt sich die Aussage von Lemma 9.64. in gewisser Weise umkehren.

Korollar 9.65. *Es sei L ein Unterraum von Y^ω, für den $M_Y\delta_L = m/k$ mit teilerfremden m und k gelte. Dann ist $k \leqq G'_L$.*

Die angegebene Ungleichung läßt sich nicht verschärfen, d. h., „=" kann nicht ausgeschlossen werden. Wie das folgende Beispiel zeigt, ist auch G'_L nicht durch k nach oben abzuschätzen.

Beispiel 9.66. Es sei $m \leqq k$. Wir setzen $L(m, k) =_{Df} (Y^m \cdot 0^{k-m})^\omega$. Man prüft leicht die Gleichheiten $G'_{L(m,k)} = k$ und $M_Y\delta_{L(m,k)} = m/k$ nach. Sind nun m und k teilerfremd, so gilt $G'_{L(m,k)} = k$. Andererseits haben wir $G'_{L(nm,nk)} = nk$ für $n \neq 0$.

Lemma 9.64. und Folgerung 9.61. geben uns ein Verfahren zur Bestimmung von $M_Y\delta_L$ für reguläre Mengen $L \subseteq| Y^\omega$ in die Hand. Zunächst bestimme man mit Hilfe des Gleichungssystems

$$L_i = \bigcup_{y \in Y_i} y \cdot L_{\mathfrak{j}(y,i)} \qquad (1 \leqq i \leqq G'_L)$$

einen Zustand L_k und ein $m \in \mathsf{N}$ derart, daß $L_k \mid 0^m = L_k$ gilt. Dies ist immer möglich; man betrachte dazu nur die Zustände $L \mid 0^n$ für $0 \leqq n \leqq G'_L$. Für gewisse n', n'' $(0 \leqq n' < n'' \leqq G'_L)$ müssen $L \mid 0^{n'}$ und $L \mid 0^{n''}$ übereinstimmen. Danach zähle man in der Menge $\{L_k \mid 0^n : 0 \leqq n < m\}$ diejenigen Zustände von L ab, für die $\mathsf{A}(L_k \mid 0^n) \supseteq Y$ gilt, ab. Ihre Anzahl sei m'. Man erhält so $M_Y\delta_L = = m'/m$.

Die Bedingung $\mathsf{A}(L_k \mid 0^n) \supseteq Y$ ist gleichwertig damit, daß für den Zustand $L_{k'} = L_k \mid 0^n$ im Gleichungssystem die Gleichung $L_{k'} = \bigcup_{y \in Y} y \cdot L_{\mathfrak{j}(y,k')}$, d. h. $Y_{k'} = Y$, erfüllt ist. Wir geben dazu ein Beispiel an.

Beispiel 9.67. Es sei L der Unterraum aus Beispiel 9.4. Dann erfüllt L das Gleichungssystem

$$L = 00 \cdot L \cup 11 \cdot L',$$
$$L' = 10 \cdot L \cup 01 \cdot L',$$

woraus wir sofort das folgende Gleichungssystem mit Koeffizienten aus Y erhalten:

$$L = 0 \cdot L'' \cup 1 \cdot L'''$$
$$L' = 1 \cdot L'' \cup 0 \cdot L'''$$
$$L'' = 0 \cdot L$$
$$L''' = 1 \cdot L'.$$

Damit ist $L \mid 00 = L$. In der Menge $\{L, L \mid 0\} = \{L, L''\}$ hat nur L eine „volle" Gleichung, d. h. nur in der Gleichung für L kommen sämtliche $y \in Y$ als Koeffizienten vor, während in der Gleichung für L'' nur 0 als Koeffizient vorkommt. Damit ist $m' = 1$, also $M_Y\delta_L = \frac{1}{2}$.

Eine ähnliche Aussage wie die von Korollar 9.65. läßt sich auch für beliebige Alphabete X und beliebige abgeschlossene Folgenmengen F formulieren.

Lemma 9.68. *Es sei a eine reelle Zahl. Dann folgt für alle Mengen $F \subseteq X^\omega$ aus der Beziehung $M_X\delta_F = a$ die Ungleichung $G'_F \geqq m$, in der m den Grad eines Minimalpolynoms mit ganzzahligen Koeffizienten bezeichnet, das die Wurzel* $(\mathsf{card}\, X)^a$ *hat.*

Beweis. Hat F endliches Gewicht, so hat $M_X\delta_F$ nach Lemma 9.38. und Satz 9.40. den Wert $log_X\, t_{max}$, wobei t_{max} maximaler Eigenwert der Matrix $\mathfrak{U}_F$ ist. Somit folgt $t_{max} = (\mathsf{card}\, X)^a$. Ist nun t_{max} Wurzel eines Minimalpolynoms vom Grade m, so muß $\mathfrak{U}_F$ wenigstens vom Typ (m, m) sein. Also kann F nicht weniger als m nichtleere Zustände haben. Im Falle $G_F = \aleph_0$ ist nichts zu zeigen. ∎

Die angegebene Abschätzung läßt sich nicht verschärfen, d. h. „=" ist nicht auszuschließen. Bemerkenswert ist auch die Tatsache, daß der Entropie $M_Y\delta_L = a$ eines Unterraumes L, für den $G'_L = \mathsf{per}\, L$ gilt (siehe Korollar 9.65.), nicht notwendig ein Minimalpolynom mit der Wurzel $(\mathsf{card}\, Y)^a$ vom Grade $\mathsf{per}\, L$ entspricht, sondern unter Umständen ein Polynom mit einem Grad, der echt kleiner als $\mathsf{per}\, L$ ist. Dieser Effekt tritt aber nur auf, falls Y kein Primkörper ist. Insofern ist Korollar 9.65. kein Spezialfall von Lemma 9.68. Wir werden dies an einem Beispiel erläutern.

Beispiel 9.69. Es seien Y der vierelementige Körper und $F = \{0, 1\}^\omega \subseteq Y^\omega$. Damit ist offensichtlich $\mathfrak{s}_F(n) = 2^n$, also $M_Y\delta_F = \frac{1}{2}$. Schließlich ist $G'_F = 1$, und es gibt ein Minimalpolynom ersten Grades, das die Wurzel $4^{1/2} = 2$ hat. Es gibt allerdings keinen Unterraum L von Y^ω, der die Bedingungen $M_Y\delta_L = \frac{1}{2}$ und $G'_L = 1$ erfüllt, da stets $2 \leqq \mathsf{per}\, L \leqq G'_L$ gelten muß.

9.3.4. Schranken für die Kanalkapazität und die Gesamtverzögerung

Die *Kapazität* oder *Durchlaßfähigkeit* eines Übertragungskanals hat, wie die Arbeiten von SHANNON (siehe z. B. [77, 78, 79]) zeigen, für die *Übertragungsgeschwindigkeit*, mit der Informationen übermittelt werden können, eine hervorragende Bedeutung: Es ist nämlich die Kanalkapazität die kleinste obere Schranke für die Übertragungsgeschwindigkeit, sofern man den nichtkorrigierbaren Fehleranteil beliebig klein halten will. Da die im Punkt 9.2. beschriebenen Entstörmechanismen deterministisch arbeiten, da wir ferner die zulässige Störmenge S konstruktiv beschrieben haben, gehen wir zur folgenden Interpretation über:

Die Kanalkapazität des Übertragungskanals, der nach dem Prinzip $\sum_S(\eta, \sigma) = \eta + \sigma$ stört, ist gleich dem Supremum der Übertragungsgeschwindigkeiten aller sequentiellen Codes L, die S-resistent sind.

Zunächst steht dabei vor uns die Aufgabe, die Übertragungsgeschwindigkeit eines sequentiellen Codes L begrifflich zu fixieren. Dieses Problem führt zu der Frage, wieviel Information im Mittel ein Symbol $\eta(i)$ einer beliebigen Codefolge η bei fest vorgegebenem Code L „trägt". Dabei beziehen wir den Grundwert der Information auf den durch das zur Übertragung zugelassene Alphabet Y. Der Leser wird leicht erkennen, daß unser Problem mit dem am Anfang von Punkt 9.3. erläuterten gleichwertig ist. Daher bietet es sich an, die Übertragungsgeschwindigkeit eines Codes $L \subseteq| Y^\omega$ gleich der Größe $M_Y\delta_L$ zu setzen.

Es sei nun unser Übertragungskanal durch die vorgegebene reguläre perfekte Störmenge S fixiert. (Man vergleiche dazu die Ausführungen von Punkt 9.1. und 9.2.)

Für jeden S-resistenten sequentiellen Code L gilt nach Definition 9.2. die Beziehung

$$L \cap (S - S) = 0^\omega .$$

Da wir L und S als reguläre Teilmengen von Y^ω vorausgesetzt haben, können Wir Satz 9.58. (2) anwenden und erhalten

$$1 \geqq M_Y\delta_{L+S} \geqq M_Y\delta_L + M_Y\delta_S - M_Y\delta_{L \cap (S-S)} = M_Y\delta_L + M_Y\delta_S .$$

Wir bezeichnen mit $\mathsf{kap}\, \Sigma_S$ die *Kapazität* des durch Σ_S beschriebenen Kanals.

Satz 9.70. *Es ist* $\mathsf{kap}\, \Sigma_S \leqq 1 - M_Y\delta_S$.

Es erweist sich nun, daß die Größe $1 - M_Y\delta_S$ zwar stets die Kanalkapazität $\mathsf{kap}\, \Sigma_S$ nach oben abschätzt, jedoch fällt die Abschätzung in vielen Fällen sehr grob aus. Andererseits gibt es auch Fälle, in denen $\mathsf{kap}\, \Sigma_S$ den Wert $1 - M_Y\delta_S$ annimmt, und dies nicht nur dann, wenn S ein Unterraum von Y^ω ist.

Ist S ein Unterraum von Y^ω, so kann man nach Satz 7.53. und Folgerung 7.59. stets einen Code L derart bestimmen, daß die Eigenschaften $L \cap S = 0^\omega$ und $L + S = Y^\omega$ erfüllt sind. Man setze dazu einfach $L =_{Df} \mathsf{ker}\, \Pi_S$, wobei Π_S der in Satz 7.53. (1) konstruierte Projektor ist. Wir geben ein Beispiel dafür an, daß für gewisse Mengen S, die keine Unterräume von Y^ω sind, die Abschätzung von Satz 9.70. sehr grob ausfallen bzw. genau sein kann.

Beispiel 9.71. Es sei $Y = \{0, 1\}^\omega$.

(1) Wir setzen $S = \{0, 10\}^\omega$ (man vergleiche mit Beispiel 9.60. (3)). Dann ist $S - S = S + S = Y^\omega$, und somit $\mathsf{kap}\, \Sigma_S = 0$. Andererseits ist nach Beispiel 9.60. (3) $M_Y\delta_S < 0{,}7$, also $1 - M_Y\delta_S > 0{,}3$.

(2) Wir setzen $S' =_{Df} (0 \cdot Y)^\omega \cup 1 \cdot (0 \cdot Y)^\omega$ (man vergleiche mit Beispiel 9.60. (2)). Es ist dann $M_Y\delta_{S'} = \frac{1}{2}$ und somit $\mathsf{kap}\, \Sigma_{S'} \leqq \frac{1}{2}$. Wählen wir nun $L' = 0 \cdot \{00, 11\}^\omega$, so gilt offensichtlich $L' \cap (S' - S') = 0^\omega$. Also ist L' ein S'-resistenter Code. Man verifiziert nun leicht $M_Y\delta_{L'} = \frac{1}{2}$ und somit $\mathsf{kap}\, \Sigma_{S'} = \frac{1}{2}$.

Das Beispiel 9.71. ist so konstruiert, daß in beiden Fällen sogar $M_Y\delta_{S-S} = M_Y\delta_{S'-S'} = 1$ gilt (man vergleiche mit Beispiel 9.60. (2) und (3)). Obwohl sich beide Störmengen in dieser Hinsicht gleichartig verhalten, haben die durch sie bestimmten Kanalabbildungen jedoch gänzlich unterschiedliches Verhalten.

Bei bekannter Kanalkapazität wird man natürlich um eine *rationelle Ausnutzung* des Kanals bemüht sein. In vielen Fällen hat man für einen Code L und die Störmenge S die Beziehung $M_Y\delta_{L+S} < 1$. Diese Ungleichung deutet nun darauf hin, daß gewissermaßen der Anteil $1 - M_Y\delta_{L+S}$ bei der Übertragung „verschenkt" wird. Unser Lemma 9.64. weist aber nach, daß es zumindest in den Fällen, in denen $M_Y\delta_S$ eine irrationale Zahl ist, gar nicht möglich sein kann, S-resistent zu übertragen, ohne Kapazität zu verschenken, weil $M_Y\delta_L$ stets rational ist. Ein solcher Fall liegt bei den aus den Beispielen 9.4., 9.8., 9.32., und 9.67. bekannten Mengen L und S vor. Hier ist $M_Y\delta_S$ eine Irrationalzahl, was man leicht mit Hilfe der nachfolgenden Betrachtung verifiziert:

Wäre $M_Y\delta_S$ rational, so müßte der maximale Eigenwert t_{max} von $\mathfrak{U}_S$ in der Form $2^{m/n}$ darstellbar sein. Damit wäre t_{max} eine Wurzel des Polynoms $t^n - 2^m$. Andererseits ist t_{max} Wurzel des irreduziblen Polynoms $t^4 - t^3 - 1$. Also müßte $t^4 - t^3 - 1$ das Polynom $t^n - 2^m$ teilen, und somit hätten auch alle Wurzeln t' von $t^4 - t^3 - 1$ einen Betrag $|t'| = t_{max} > 1$. Es läßt sich aber leicht nachweisen, daß $t^4 - t^3 - 1$ eine Wurzel zwischen -1 und 0, d. h. von kleinerem Betrage hat. Damit gibt es für $S = \{0, 1000\}^\omega$ keinen Code L, der die Bedingung $M_Y\delta_{L+S} = 1$ erfüllt.

Eng mit dem Problem einer möglichst guten Ausnutzung der Kanalkapazität ist der *Entstöraufwand*, d. h. die Anzahl der Zustände G_Λ des die Entstörabbildung Λ realisierenden Automaten, verbunden. Nach Korollar 9.12. hängt G_Λ u. a. von G_L, und nach Korollar 9.65. die Größe G_L ihrerseits von $M_Y\delta_L$ ab. Es ist also in dem Falle, daß $M_Y\delta_S$ eine irrationale bzw. eine rationale Zahl mit relativ großem Nenner ist, immer zu erwägen, ob die angestrebte möglichst gute Ausnutzung der Kanalkapazität noch verträglich ist mit dem Aufwand, den man dann bei der Entstörung treiben muß. In diesem Sinne sind auch L und S aus den Beispielen 9.4. bis 9.67. als optimal anzusehen:
Da $0{,}464 < M_Y\delta_S < 0{,}466$ gilt, wäre zu einer nächstbesseren Auslastung der Kanalkapazität schon ein Code L' mit $M_Y\delta_{L'} = \frac{8}{15}$, d. h. mit einer Anzahl G'_L von mindestens 15 Zuständen, notwendig.

Bestimmend für die Güte eines Übertragungsensembles (man vergleiche die Punkte 1.1.5. und 1.1.6.) ist neben dem zur Verfügung stehenden Kanal, der die Geschwindigkeit der Informationsübertragung beeinflußt, die *Gesamtverzögerung*, die bei der Informationsübertragung auftritt. Es ist dabei unmittelbar einzusehen, daß diese Verzögerung im Gegensatz zur Übertragungsgeschwindigkeit nicht nur von der Störmenge S und dem Code L abhängt, sondern auch von den übrigen Bestimmungsstücken R, Φ, Λ und Θ des Ensembles beeinflußt werden kann.

Wir gehen naturgemäß im Weiteren davon aus, daß unser Ensemble auf der regulären und perfekten Menge R unter Verwendung des Codes L eineindeutig codiert und die Störmenge S eliminiert, d. h., die *Gesamttransformation* $\Gamma = \Theta \circ \Lambda \circ \Sigma_S \circ \Phi$ sei auf R die Identität Id^R. (Die abkürzende Schreibweise für Γ bezeichnet, wie auch in Abschnitt 4, die Familie $\Gamma = \{\Gamma_\sigma = \Theta \circ \Lambda \circ \Sigma_\sigma \circ \Phi$:

$\sigma \in S\}$, wo $\Sigma_\sigma(\eta) =_{Df} \sigma + \eta$ gesetzt ist. Die Redeweise $\Gamma = Id^R$ bedeutet daher genauer: $\Gamma = \{\Gamma_\sigma : \sigma \in S\} \subseteq Id^R$. Dabei betrachten wir Id^R als Klasse aller sequentiellen Operatoren Ω über $[X, X]$ mit endlichem Gewicht, für die $\Omega(\xi) = \xi$ $(\xi \in R)$ gilt; id^R bezeichnet die zugehörigen Normalen.) Zur Messung der Gesamtverzögerung stehen uns zwei *Taktskalen* zur Verfügung, die ineinander überführbar sind:

1. Die durch den Rhythmus der auftretenden *Quellen*buchstaben fixierte Taktlänge T_X; hier sind offensichtlich die „inneren" Betriebstakte des Ensembles für die Bearbeitung von Codebuchstaben Teiler dieser Taktlänge. Wir schätzen in diesem Falle die Größe $\mathfrak{v}_R(\gamma, id^R) =_{Df} max\,\{\mathfrak{v}_R(\gamma_\sigma, id^R) : \sigma \in S\}$ für Erzeugende $\gamma = \vartheta \circ \lambda \circ \chi_{\Sigma_S} \circ \varphi$ von Γ ab, wobei wir die abkürzende Schreibweise für $\{\Gamma_\sigma : \sigma \in S\}$ auch auf $\{\gamma_\sigma : \sigma \in S\}$ übertragen. Dieser Wert gibt uns die Aktualität des Ensembles bezogen auf die „äußere" Taktlänge an. Durch einfache Umrechnung erhält man hieraus die Gesamtverzögerung.

2. Die durch den Rhythmus der auftretenden *Code*buchstaben fixierten Taktlänge T_Y als Aktualität des Ensembles bezogen auf die Länge der internen Betriebstakte.

In Abhängigkeit von den konkreten Erfordernissen (Speicherbelastung, insbesondere Registerlängen, vorgegebene Takt-units etc.) wird man sich jeweils für eine angepaßte Beschreibung interessieren. Wir können uns hier mit Abschätzungen gemäß 1. begnügen. Die Variationsmöglichkeiten werden nur unbedeutend eingeschränkt, wenn wir im Folgenden stets annehmen, die Erzeugende λ von Λ sei so beschaffen, wie dies die Konstruktion im Punkt 9.2.1. vorschreibt.

Satz 9.72. *Genügt die Gesamttransformation $\Gamma = \Theta \circ \Lambda \circ \Sigma_S \circ \Phi$ eines Ensembles auf einer regulären und perfekten Quelle $R \subseteq X^\omega$ der Gleichung $\Gamma = Id^R$, so kann zu jedem Φ-Coder φ mit endlichem Gewicht eine Erzeugende γ von Γ so angegeben werden, daß $\mathfrak{v}_R(\gamma, id^R) \leqq G_R G_{\varkappa_\Phi} G_\varphi + k_{L,S}\, \mathfrak{max}\, \varkappa_\Phi$ gilt.*

Beweis. Da G_φ endlich ist, folgt nach Satz 8.17. für $\vartheta =_{Df} \varkappa_\Phi$ die Ungleichung $t_\varphi \leqq G_R G_{\varkappa_\Phi} G_\varphi$. Wählen wir nun noch $\lambda \in \boldsymbol{P}^{-1}\Lambda$ wie im Punkt 9.2.1. und beachten die Definition von Σ_S, so sind alle Bestimmungsstücke einer gewissen Erzeugenden γ von Γ fixiert. Da für $p \in \mathsf{A}(R)$ stets $\gamma(p) \sqsubseteq id^R(p)$ und $p = id^X(p) \sqsubseteq id^R(p)$ wegen der Perfektheit von R gelten muß, schätzen wir mit Folgerung 7.93. (2) wie folgt ab:

$$\mathfrak{v}_R(\gamma, id^R) \leqq \mathfrak{v}_R(\gamma, \varkappa_\Phi \circ \varphi) + \mathfrak{v}_R(\varkappa_\Phi \circ \varphi, id^R) \leqq$$
$$\leqq \mathfrak{v}_R(\gamma, \varkappa_\Phi \circ \varphi) + \mathfrak{v}_R(\varkappa_\Phi \circ \varphi, \chi_{\Theta \circ \Phi}) + \mathfrak{v}_R(\chi_{\Theta \circ \Phi}, id^R)\,.$$

Wir erhalten mit Satz 8.16 $\mathfrak{v}_R(\gamma, id^R) \leqq \mathfrak{v}_R(\gamma, \varkappa_\Phi \circ \varphi) \geqq t_\varphi + \mathfrak{v}_R(\chi_{\Theta \circ \Phi}, id^R)$, woraus wegen $\chi_{\Theta \circ \Phi} = id^R$ die Ungleichung $\mathfrak{v}_R(\gamma, id^R) \leqq \mathfrak{v}_R(\gamma, \varkappa_\Phi \circ \varphi) + t_\varphi$ folgt. Aus Lemma 7.105. und Folgerung 7.93. (4) erhalten wir ferner die Abschätzung $\mathfrak{v}_R(\gamma, \varkappa_\Phi \circ \varphi) \leqq \mathfrak{v}_L(\varkappa_\Phi \circ \lambda \circ \chi_{\Sigma_S}, \varkappa_\Phi) \leqq \mathfrak{v}_L(\lambda \circ \chi_{\Sigma_S}, id^Y) \cdot \mathfrak{max}\, \varkappa_\Phi$ und zufolge der Synchronitat von χ_{Σ_S} schließlich $\mathfrak{v}_R(\gamma, \varkappa_\Phi \circ \varphi) \leqq \mathfrak{v}_{L+S}(\lambda, id^Y) \cdot \mathfrak{max}\, \varkappa_\Phi \leqq k_{L,S} \cdot \mathfrak{max}\, \varkappa_\Phi$. Zusammen ergibt dies $\mathfrak{v}_R(\gamma, id^R) \leqq t_\varphi + k_{L,S} \cdot \mathfrak{max}\, \varkappa_\Phi$, woraus mit der eingangs erwähnten Abschätzung für t_φ die Behauptung folgt. ∎

Korollar 9.73. *Wird zu vorgegebenen perfekten und regulären Mengen $R \subseteq X^\omega$ und $L \subseteq Y^\omega$ ein Φ-Coder φ gemäß Satz 8.21. gewählt, so gilt $\mathfrak{v}_R(\gamma, id^R) \leqq$ $\leqq k_{L,S} \cdot G_R$.*

Damit erweisen sich nun abschließend die durch L und S definierte Größe $k_{L,S}$ und das Gewicht von R als diejenigen Kennzahlen, welche allein bereits die Gesamtverzögerung bestimmen, da man den Codierungs-Decodierungsprozeß nach Satz 8.21. stets so einrichten kann, daß er auf die Gesamtverzögerung keinen Einfluß mehr hat. Erst an dieser Stelle ist daher der exakte Nachweis dafür erbracht, unter welchen Bedingungen und warum man sich gegebenenfalls auf das Studium von Filtern zurückziehen kann. (Wir erinnern in diesem Zusammenhang an entsprechende Ausführungen in den Abschnitten 1. und 2.) Abschließend wollen wir noch ein Problem nennen, welches bei der Wahl von RL-Codierungen auftreten kann: Im allgemeinen ist $\Phi(R)$ eine Teilmenge von L, d. h., es wird nicht die gesamte Menge L für die Übertragung von Informationen genutzt. Demzufolge verringert sich die Übertragungsgeschwindigkeit auf die Größe $M_Y\delta_{\Phi(R)}$. Im Interesse einer möglichst guten Ausnutzung des Kanals ist es daher angebracht, Φ so zu wählen, daß $M_Y\delta_{\Phi(R)}$ möglichst groß wird. Wendet man die Codierungsvariante von Satz 8.21. an, so heißt dies: Es sind die $M_{z''}$ so zu wählen, daß einerseits die Wörter aus $M_{z''}$ eine möglichst geringe Länge haben und andererseits die Differenz $(\mathsf{card}\ M_{z''} - \mathsf{card}\ V_R(z'))$ möglichst klein wird.

9.4. Abstandsbegriffe für sequentielle Codes

In diesem Abschnitt betrachten wir einen Abstand für sequentielle Codes L, der es uns gestattet, bezüglich L zulässige Störmengen S geeignet zu beschreiben. Die Bedeutung der Verallgemeinerung von Hamming-Distanzen für *rekurrente* Codes wurde schon in den Arbeiten [2], [70] und [76] unterstrichen.

Weiterhin werden wir eine Einordnung der rekurrenten (*convolutional*) Codes in die Klasse der sequentiellen Codes angeben und dabei zeigen, daß die Eigenschaften sequentieller Codes im wesentlichen mit den Eigenschaften rekurrenter Codes korrespondieren. In diesem Zusammenhang möchten wir den Leser, der sich mit der Konstruktion sequentieller Codes beschäftigen will, auf die in der Literatur angegebenen Konstruktionen rekurrenter (convolutional) Codes verweisen, die sich unschwer mit den in der vorliegenden Monographie benutzten Mitteln beschreiben lassen. Wir können deshalb im Rahmen dieser Monographie auf eine ausführliche Darstellung der *Konstruktion* sequentieller Codes verzichten.

9.4.1. n-Distanz und absolute (freie) Distanz

Für die angekündigten Betrachtungen führen wir zunächst eine geeignete Verallgemeinerung der Hamming-Distanz für unendliche Folgen ein. Es bezeichne $H(p)$ für $p \in Y^*$ die Anzahl aller von 0 verschiedenen Buchstaben, die in p vorkommen, d. h., $H(p)$ entspricht dem üblichen Hamming-Gewicht.

Definition 9.74.

(1) $H_n(\eta, \eta') =_{Df} max \{H(p): l(p) = n \wedge \exists q(q \in Y^* \wedge q \cdot p \sqsubseteq \eta - \eta')\}$,

(2) $H_\infty(\eta, \eta') =_{Df} \sum_{i=1}^{\infty} |\eta(i) - \eta'(i)|$.

Man verifiziert nun leicht, daß H_n für jedes n ($n \geqq 1$) eine *Metrik* auf Y^ω ist, die außerdem der Bedingung

$$H_n(\eta + \eta'', \eta' + \eta'') = H_n(\eta, \eta')$$

genügt. Gleichfalls ist H_∞ eine Metrik auf Y^ω, die derselben Gleichung genügt. Sie ordnet allerdings gewissen Punkten einen unendlichen Abstand zu. Weiterhin setzen wir

$$H_n(F) =_{Df} inf \{H_n(\eta, \eta'): \eta, \eta' \in F \wedge \eta \neq \eta'\} ,$$
$$\overline{H}_n(F) =_{Df} max \{H_n(\eta, \eta'): \eta, \eta' \in F\}$$

sowie

$$H_\infty(F) =_{Df} inf \{H_\infty(\eta, \eta'): \eta, \eta' \in F \wedge \eta \neq \eta'\}$$

und nennen $H_n(F)$ die *minimale n-Distanz*, $\overline{H}_n(F)$ die *maximale n-Distanz* und $H_\infty(F)$ die aus der Literatur (siehe [2, 70]) bekannte *absolute* oder *freie Distanz* der Menge F ($F \subseteq Y^\omega$).

Folgerung 9.75. *Aus der Inklusion $F \subseteq F'$ folgen die Beziehungen*

(1) $H_n(F) \geqq H_n(F')$,

(2) $H_\infty(F) \geqq H_\infty(F')$,

(3) $\overline{H}_n(F) \leqq \overline{H}_n(F')$.

Für jedes $F \subseteq Y^\omega$ gilt ferner

(4) $\overline{H}_n(F - F) \leqq 2 \cdot \overline{H}_n(F)$,

(5) $\overline{H}_n(F) = \overline{H}_n(\mathfrak{C}_\varrho(F))$.

Weiterhin haben wir

Folgerung 9.76.

(1) *Aus $n \leqq m$ folgt $H_n(F) \leqq H_m(F)$;*

(2) $H_{n+m}(F) \leqq H_n(F) + H_m(F)$;

(3) $H_n(F) \leqq H_\infty(F)$.

Lemma 9.77. *Für jeden unendlichen sequentiellen Code L gilt $H_\infty(L) < \infty$.*

Beweis. Nach Voraussetzung ist L ein Unterraum von Y^ω mit endlichem Gewicht. Da L unendlich ist, gibt es ein $n \in \mathsf{N}$ derart, daß $\mathfrak{z}_L(n) > G_L'$. Folglich existieren Wörter $p, q \in Y^n \cap \mathsf{A}(L)$ mit $p \neq q$ und $L \mid p = L \mid q$. Wegen Folgerung 5.87. (1) haben wir dann $L \mid 0^n = L \mid p - q$. Mithin ist $0 < H_\infty(L) \leqq \leqq H_\infty(\overline{0}, (p - q) \cdot \overline{0}) < \infty$. ∎

Wir wollen nun zu einem Verfahren übergehen, das es uns erlaubt, die absolute Distanz eines sequentiellen Codes L zu bestimmen. Dazu benötigen wir die Größe $G_L^0 =_{Df} \mathsf{card} \{L \mid 0^n: n \in \mathsf{N}\}$, die wir aus Gründen, welche dem Kontext zu entnehmen sind, das *Nullgewicht* von L nennen wollen. Für sie gilt

Folgerung 9.78. per $L \leqq G_L^0 \leqq G_L'$.

Weiterhin haben wir

Satz 9.79. *Für jeden unendlichen sequentiellen Code L gilt* $H_\infty(L) = H_\infty(L \cap \cap Y^{G_L'} \cdot 0^\omega)$.

Beweis. Die Ungleichung „$\leqq$" ergibt sich mit Folgerung 9.75. (2). Wegen Lemma 9.77. genügt es nun zu zeigen, daß zu jedem $p \cdot \bar{0} \in L$ ein $r \cdot \bar{0} \in L$ mit $l(r) \leqq G_L'$ existiert, für das $H_\infty(\bar{0}, p \cdot \bar{0}) \geqq H_\infty(\bar{0}, r \cdot \bar{0})$ gilt. Es sei dazu $p \cdot \bar{0} = = 0^n \cdot p' \cdot \bar{0}$, wobei der erste Buchstabe von p' nicht gleich 0 sei. Ist $n \geqq G_L^0$, so gibt es n', n'', $0 \leqq n' < n'' \leqq n$ derart, daß $L \mid 0^{n'} = L \mid 0^{n''}$ gilt. Damit ist auch $0^{n-n''+n'} \cdot p' \cdot \bar{0} \in L$. Wir können somit $n < G_L$ annehmen. Ist $l(p') > > G_L' - G_L$, so gibt es $q', q'', e \sqsubset q' \sqsubset q'' \sqsubseteq p'$ derart, daß $L \mid 0^n \cdot q' = L \mid 0 \cdot q''$ oder es gibt ein q mit $e \sqsubset q \sqsubseteq p'$ derart, daß $L \mid 0^n \cdot q = L \mid 0^{n+l(q)}$. Im ersten Falle ist auch $0^n \cdot q' \cdot (p' \mid q'') \cdot \bar{0} \in L$ und im zweiten ist $0^n \cdot q \cdot \bar{0} \in L$. Durch sukzessive Anwendung dieser Verkürzung gelingt es, ein r' mit $l(r') \leqq G_L' - G_L$ und $H(r') \leqq \leqq H(p)$ zu konstruieren, für das $0^n \cdot r' \cdot \bar{0} \in L$ gilt. ∎

Aus dem Beweis von Satz 9.79. ergibt sich nun unmittelbar

Korollar 9.80. $H_\infty(L) \leqq G_L' - G_L^0 + 1$.

Weiterhin hat man wegen der Endlichkeit von $L \cap Y^{G_L'} \cdot 0^\omega$ sofort ein Verfahren zur Berechnung von $H_\infty(L)$: Man bestimmt dazu an Hand eines Gleichungssystems für L alle Wörter $p \in \mathsf{A}(L) \setminus 0^*$, für die $L \mid p = L \mid 0^{l(p)}$ und $l(p) \leqq G_L'$ gilt. Die Größe $H_\infty(L)$ ergibt sich dann als Minimum der $H(p)$.

Zur Berechnung der minimalen n-Distanz eines sequentiellen Codes formulieren wir zunächst

Lemma 9.81. *Es sei* $\eta \in L$. *Dann gibt es eine Folge* $p \cdot \bar{q} \in L$ *mit* $l(p \cdot q) \leqq \leqq n \cdot ((G_L' - G_L^0) \cdot \mathsf{card}\, Y^n + 1) + G_L^0$ *derart, daß* $H_n(\bar{0}, \eta) \geqq H_n(\bar{0}, p \cdot \bar{q})$ *gilt.*

Beweis. Es sei $\eta = 0^m p_0 \cdot p_1 \cdot p_2 \cdot \cdots$, wobei $l(p_i) = n$ und der erste Buchstabe von p_0 verschieden von 0 seien. Wegen $H_n(\bar{0}, \eta) = H_n(\bar{0}, \alpha \bullet \eta)$ für $\alpha \neq 0$ können wir nun o.B.d.A. annehmen, daß der erste Buchstabe von p_0 das Element $1 \in Y$ sei. Weiterhin schließen wir wie im Beweis von Satz 9.79. auf die Beziehung $m < G_L^0$. Gibt es nun ein p, $0^m 1 \sqsubseteq p \sqsubset \eta$, mit $l(p) < n((G_L' - G_L^0) \cdot \cdot \mathsf{card}\, Y^n + 1) + G_L^0$ und $L \mid p = L \mid 0^{l(p)}$, so ist auch $p \cdot \bar{0} \in L$, und es gilt offensichtlich $H_n(\bar{0}, \eta) \geqq H_n(\bar{0}, p \cdot \bar{0})$. Anderenfalls treten in der Folge $([L \mid 0^m p_0 \cdots p_i, p_{i+1}])_{i \in \mathsf{N}}$ nur solche Paare $[L \mid p, q]$ auf, die den Bedingungen $p \cdot q \in \in \mathsf{A}(L)$, $l(q) = n$ und $L \mid p \cdot q' \neq L \mid 0^{l(p \cdot q')}$ für $q' \sqsubseteq q$ genügen. Die Anzahl dieser Paare $[L \mid p, q]$ ist nicht größer als $(G_L' - G_L^0) \cdot \mathsf{card}\, Y^n$. Demnach gibt es $i, k \in \mathsf{N}$ derart, daß $i < i + k \leqq (G_L' - G_L^0) \cdot \mathsf{card}\, Y^n + 1$ und $[L \mid 0^m p_0 \cdots \cdots p_i, p_{i+1}] = [L \mid 0^m p_0 \cdots p_{i+k}, p_{i+k+1}]$ gilt. Setzen wir nun $p =_{Df} 0^m \cdot p_0 \cdots p_i$ und $q =_{Df} p_{i+1} \cdots p_{i+k}$, so haben wir $p \cdot \bar{q} \in L$ und $l(p \cdot q) \leqq n \cdot ((G_L' - G_L) \cdot \cdot \mathsf{card}\, Y^n + 1) + G_L^0$.

Die Beziehung $H_n(0, \eta) \geqq H_n(0, p \cdot \bar{q})$ ergibt sich wegen $p_{i+1} = p_{i+k+1}$ leicht aus der Tatsache, daß jedes Teilwort r der Länge n von $p \cdot \bar{q}$ ebenfalls ein Teilwort von η ist. ∎

Aus dem Beweis von Lemma 9.81. läßt sich nun eine Methode zur Berechnung von $H_n(L)$ ableiten: Man bestimme zunächst für alle $L \mid 0^m$, $m < G_L^0$ und sämtliche Wörter $p_0 \in 1 \cdot Y^{n-1}$ die Zustände $L \mid 0^m \cdot p_0$. Unter diesen Zuständen zeichnen wir diejenigen aus, welche den Ungleichungen $L \mid 0^m \cdot p_0 \neq \emptyset$ und $L \mid 0^m \cdot p_0' \neq L \mid 0^{m+l(p_0')}$ für $1 \sqsubseteq p_0' \sqsubseteq p_0$ genügen. Ausgehend von den ausgezeichneten Zuständen bestimmen wir nun sämtliche Paare $[L \mid p, q]$ mit $q \in \in \mathsf{A}(L \mid p)$, $l(q) = n$ und $L \mid p \cdot q' \neq L \mid 0^{l(p \cdot q')}$ für $q' \sqsubseteq q$. Die Anzahl dieser Paare sei k, dann ist $k \leqq (G_L' - G_L^0) \cdot \mathsf{card}\ Y^n$.

Damit erhalten wir leicht sämtliche Elemente der Form $p \cdot \bar{q} \in \bigcup_{m<G_L^0} L \mid 0^m$, die den folgenden Bedingungen genügen: Es ist $l(p \cdot q) \leqq (k+1) \cdot n$, jedes Wort $p \cdot q$ beginnt mit dem Buchstaben 1, die Längen $l(p)$ und $l(q)$ sind Vielfache von n, und es gilt $\{L \mid r: 1 \sqsubseteq r \sqsubset p \cdot \bar{q}\} \cap \{L \mid 0^m: m < G_L^0\} = \emptyset$. Zu dieser endlichen Menge fügen wir noch die Menge aller $p \cdot \bar{0} \in \bigcup_{m \in G_L} L \mid 0^m$ mit $1 \sqsubseteq p$ und $l(p) < k$ hinzu. In der so definierten endlichen Teilmenge von $\bigcup_{m<G_L^0} L \mid 0^m \cap 1 \cdot Y^\omega$ läßt sich nun leicht eine Folge η' mit minimaler n-Distanz zu $\bar{0}$ finden. Für dieses Element η' gilt $H_n(L) = H_n(0, \eta')$.

Beispiel 9.82. Wir bestimmen $H_n(L)$, wobei L der aus den Beispielen 9.4 und 9.8. bekannte Code sei.

Es ist bekanntlich

$$L = 0 \cdot L_1 \cup 1 \cdot L_2$$

$$L_1 = 0 \cdot L$$

$$L_2 = 1 \cdot L'$$

$$L' = 1 \cdot L_1 \cup 0 \cdot L_2$$

ein Gleichungssystem für L. Weiterhin gilt $G_L^0 = 2$, $G_L' = 4$ und $\{L \mid 0^m: m < G_L\} = \{L, L_1\}$. Wegen $L_1 \cap 1 \cdot Y = \emptyset$ genügt es, die Menge aller $\{L \mid p_0: p_0 \in 1 \cdot Y^3\}$ zu betrachten: Es ist

$$L \mid 1110 = L$$

$$L \mid 1101 = L'$$

und

$$L \mid p_0 \quad = \emptyset$$

für alle restlichen $p_0 \in 1 \cdot Y^3$. Weiterhin gilt $L' \mid 0101 = L'$ und $L' \mid q \notin \{L, L_1\}$ für $q \sqsubseteq 0101$, $L' \mid 1011 = L'$, aber $L' \mid 10 = L$ sowie $L' \mid q = L$ für alle anderen $q \in \mathsf{A}(L') \cup Y^4$. Damit ist $k = 1$. Die zur Berechnung von $H_4(L)$ benötigte Teilmenge von $\bigcup_{m<G_L^0} L \mid 0^m \cap \cap 1 \cdot Y^n = L \cap 1 \cdot Y^n$ ergibt sich somit als

$$\{1101 \cdot \overline{0101}, 111\bar{0}, 11011\bar{0}, 1101011\bar{0}\}\,.$$

Man errechnet nun leicht $H_4(L) = 3$.

Die Bestimmung von $\overleftarrow{H}_n(F)$ für reguläres F führt man leicht durch, indem man $max \left\{H(r): r \in \bigcup_{p \in \mathsf{A}(F)} \mathsf{A}(F \mid p) \cap Y^n\right\}$ berechnet.

Beispiel 9.83. Wir bestimmen $H_4(S - S)$ für das in den Beispielen 9.4. und 9.8. gegebene S. Nach Beispiel 5.92. ist

$$\begin{aligned}(S - S) = S' &= 0 \cdot S' \cup 1 \cdot S'_1 \\ S'_1 &= 0 \cdot S'_2 \cup 1 \cdot S'_3 \\ S'_2 &= 0 \cdot S' \cup 1 \cdot S'_4 \\ S'_3 &= 0 \cdot S'_5 \\ S'_4 &= 0 \cdot S'_2 \\ S'_5 &= 0 \cdot S'\end{aligned}$$

ein Gleichungssystem für $S - S$. Weiterhin haben wir

$$(\mathsf{A}(S') \cup \bigcup_{1 \leqq i \leqq 5} \mathsf{A}(S'_i)) \cap \{0,1\}^4 =$$
$$= \{0000, 0001, 0010, 0011, 0100, 0101, 0110, 1000, 1001, 1010, 1100\}$$

und daher $\overline{H}_4(S - S) = 2$.

Das Verfahren zur Berechnung von $H_n(L)$, welches im Anschluß an Lemma 9.81. angegeben worden war, hat den Nachteil, daß sein Umfang mit größer werdendem n schnell wächst. Andererseits wissen wir aus Folgerung 9.76. (1), (3) und aus Lemma 9.77., daß für jeden unendlichen sequentiellen Code L ein $n_0 \in \mathsf{N}$ existiert, das die Beziehung $H_{n_0}(L) = H_n(L)$ für $n \geqq n_0$ erfüllt. Wir werden daher eine Methode angeben, welche es uns erlaubt, an Hand von L ein solches n_0 zu bestimmen.

Folgerung 9.84. *Es seien $p \cdot 0^n \cdot \eta \in L$ und $n \geqq G'_L - G^0_L$. Dann ist auch $p \cdot \overline{0} \in L$.*

Beweis. Wir betrachten die Folge $(L \mid p \cdot 0^m)_{m \leqq n}$ von Zuständen des Codes L. Ist für ein $m \leqq n$ die Beziehung $L \mid p \cdot 0^m = L \mid 0^{l(p)+m}$ erfüllt, so haben wir bereits die Behauptung. Nehmen wir nun an, es sei für alle $m \leqq n$ stets $L \mid p \cdot 0^m \neq L \mid 0^{l(p)+m}$. In diesem Falle gibt es wegen $n \geqq G'_L - G^0_L$ natürliche Zahlen $m' < m'' \leqq n$ derart, daß $L \mid p \cdot 0^{m'} = L \mid p \cdot 0^{m''}$ gilt. Damit haben wir sofort $(0^{m''-m'})^* \subseteq \mathsf{A}(L \mid p \cdot 0^{m'})$, und aus der Abgeschlossenheit von L folgt $p \cdot \overline{0} \in L$. ∎

Der folgende Satz erlaubt es uns nun, die Berechnung von $H_n(L)$ für großes n auf die Berechnung von $H_\infty(L)$ zurückzuführen.

Satz 9.85. *Es sei L unendlicher sequentieller Code. Dann gilt $H_n(L) = H_\infty(L)$ für alle $n \geqq (G'_L - G^0_L)(H_\infty(L) - 1) + 1$.*

Beweis. Es sei $\eta \in L$ und $\eta = 0 \cdot p \cdot \eta'$, wobei $l(p) = n$ und $1 \sqsubseteq p$. Dann gilt $H(p) \leqq H_n(\overline{0}, \eta)$. Nehmen wir nun an, daß $H(p) < H_\infty(L)$ sei, so gibt es wegen $n \geqq (G'_L - G^0_L)(H_\infty(L) - 1) + 1$ Wörter p' und 0^m mit $m \geqq G'_L - G^0_L$ derart, daß $p' \cdot 0^m \sqsubseteq p$ gilt. Mit Folgerung 9.84. haben wir dann $0^k \cdot p' \cdot \overline{0} \in L$, wobei $H_\infty(\overline{0}, 0^k p' \overline{0}) = H(p') \leqq H(p) < H_\infty(L)$ ist. Das ist aber ein Widerspruch zur Definition von $H_\infty(L)$. Demzufolge gilt für alle $\eta \in L \setminus \{\overline{0}\}$ die Beziehung $H_n(0, \eta) \geqq H_\infty(L)$. Die Behauptung erhalten wir nun mit Folgerung 9.76. (3). ∎

Mit Hilfe der n-Distanzen ist es möglich, für sequentielle Codes L gewisse „natürliche“ Störmengen S zu bestimmen, die für L zulässig sind. Aus den Definitionen von H_n und $\overline{H}_n$ und Folgerung 9.75. ergibt sich unmittelbar

Lemma 9.86. *Für einen sequentiellen Code* $L \subseteq| Y^\omega$ *und eine Störmenge* $S \subseteq Y^\omega$ *ist jede der Ungleichungen*

(1) $\overline{H}_n(S - S) < H_n(L)$,

(2) $2\overline{H}_n(S) < H_n(L)$

für die S*-Resistenz von* L *hinreichend.*

Im Anschluß an Lemma 9.86. (2) erhebt sich nun die Frage nach der Struktur derjenigen Folgenmengen $S(n, k)$, die sämtliche Folgen $\eta \in Y^\omega$ mit $H_n(\overline{0}, \eta) \leqq k$ enthalten. Wir geben ein Konstruktionsverfahren für die Mengen $S(n, k)$ an. Dazu wählen wir als Indexmenge der Zustände von $S(n, k)$ die Menge $W =_{Df} \{p : p \in \{0, 1\}^n \wedge H(p) \leq k\}$. Mit Hilfe der Indexmenge W definieren wir nun wie folgt ein Gleichungssystem für S:

$$S_{xp} =_{Df} 0 \cdot S_{p0} \cup \bigcup_{y \neq 0} y \cdot S_{p1}\,, \quad \text{falls } H(p) < k\,,$$

$$S_{xp} =_{Df} 0 \cdot S_{p0}\,, \quad \text{falls } H(p) = k\,,$$

wobei xp aus W und x aus $\{0, 1\}$ gewählt seien. Man sieht leicht ein, daß $S(n, k) = S_0n$ gilt. In den Fällen $k = 0$ und $k = n$ erhalten wir $S(n, 0) = 0^\omega$ bzw. $S(n, n) = Y^\omega$. Interessant sind natürlich nur diejenigen Fälle, in denen $0 < k < n$ gilt. Aus dieser Bedingung ergeben sich die folgenden Eigenschaften für $S(n, k)$:

(1) $G'_{S(n,k)} \leqq \sum_{i=0}^{k} \binom{n}{i} < 2^n$, *und*

(2) $S(n, k)$ *ist eine perfekte Teilmenge von* Y^ω, *die keine nichtleere offene Teilmenge enthält.*

Damit erfüllt $S(n, k)$ für $0 < k < n$ die im Punkt 9.2.2. gestellten Anforderungen an Störmengen. Unter der „Natürlichkeit“ der Mengen $S(n, k)$ ist dabei die größtmögliche Freiheit der Anordnung (im Rahmen der durch n und k vorgegebenen Beschränkung) von Symbolen $y \in Y \setminus \{0\}$ innerhalb einer Störfolge η zu verstehen. Im Gegensatz zu den Mengen $S(n, k)$ ist die Menge $S' = (0 \cdot Y)^\omega \cup 1 \cdot (0 \cdot Y)^\omega$ aus Beispiel 9.71. (2) als „weniger“ natürlich anzusehen, da ein Kanal, der nach dem Schema $\Sigma_{S'}$ stört, gewissen stärkeren Einschränkungen seiner Störtätigkeit unterliegt als ein nach dem Schema $\Sigma_{S(n,k)}$ störender.

9.4.2. Reinperiodische sequentielle Codes

Zur Beurteilung der S-Resistenz von sequentiellen Codes L ist es günstig, *Untercodes* und *Restcodes* von L zu betrachten. Wir nennen dabei jeden Unterraum L' von L endlichen Gewichts *Untercode* von L und jeden Zustand der

Form $L \mid 0^n$ *Restcode* von L. Unter- bzw. Restcodes haben dabei die folgenden leicht einzusehenden Eigenschaften.

Folgerung 9.87. *Für jeden Untercode L' von L gelten die Beziehungen:*

(1) $H_n(L) \leqq H_n(L')$;

(2) $H_\infty(L) \leqq H_\infty(L')$;

(3) $M_Y\delta_L \geqq M_Y\delta_{L'}$.

(4) *Ist L ein S-resistenter Code, so ist L' ebenfalls S-resistent.*

Folgerung 9.88. *Es sei $L' = L \mid 0^n$ Restcode von L. Dann gelten die folgenden Beziehungen:*

(1) $H_n(L) \leqq H_n(L')$;

(2) $H_\infty(L) \leqq H_\infty(L')$;

(3) $M_Y\delta_L = M_Y\delta_{L'}$.

(4) *Ist L ein S-resistenter Code, so ist L' ein $S \mid p$-resistenter Code für alle $p \in \in \mathsf{A}(S) \cap Y^n$.*

(5) *Es ist $G'_L \geqq G'_{L'}$.*

Beweis. Die Ungleichungen (1) und (2) erhält man leicht mit Folgerung 9.87. (1) bzw. (2), da $0^n \cdot (L \mid 0^n)$ Untercode von L ist.

Die Gleichung (3) gilt wegen Folgerung 9.62.

(4) Ist $L \cap (S - S) = 0^\omega$, so gilt auch $(L \cap (S - S)) \mid 0^n = 0^\omega$. Mit den Folgerungen 5.50. (4) und 5.86. (2) ergibt sich daraus $L \mid 0^n \cap (S \mid p - S \mid p) = 0^\omega$ für alle $p \in \mathsf{A}(S) \cap Y^n$.

Die Behauptung (5) folgt unmittelbar aus Definition 5.52. ▮

Zu den Folgerungen 9.87. (1) und (2) sowie 9.88. (1) und (2) sei noch bemerkt, daß wir vermöge der Definition von H_n und H_∞ die Beziehung $H_n(0^\omega) = = H_\infty(0^\omega) = \infty$ haben.

Untercodes und Restcodes eines sequentiellen Codes L erhalten nun gewisse charakteristische Eigenschaften des Codes L. Man vergleiche etwa die Folgerungen 9.87. (4) sowie 9.88. (3) und (5). Es erhebt sich die Frage, ob es möglich ist, auf kanonische Weise einen Untercode zu konstruieren, der in gewissem Sinne auch die Eigenschaften eines Restcodes hat.

Satz 9.89. *Zu jedem sequentiellen Code L gibt es einen Untercode L', der die Bedingungen $M_Y\delta_L = M_Y\delta_{L'}$ und $G'_{L'} \leqq G'_L$ erfüllt.*

Beweis. Wir setzen $L' =_{Df} 0^k \cdot (L \mid 0^k)$, wobei k die kleinste natürliche Zahl sei, für die es ein $m \in \mathsf{N}$ gibt, so daß $L \mid 0^k = L \mid 0^{k+m}$ gilt. Eine solche Zahl k existiert stets, da L ein periodischer Unterraum von Y^ω ist. Es bleibt noch zu zeigen, daß L' die angegebenen Bedingungen erfüllt. Die Beziehung $M_Y\delta_L = = M_Y\delta_{L'}$ erhalten wir leicht aus den Folgerungen 9.88. (3) und 9.19. (4). Wir zeigen nun noch $G'_{L'} \leqq G'_L$.

Dazu bemerken wir zunächst, daß nach Wahl von k alle Zustände $L \mid 0^m$ mit $m < k$ untereinander und von den Zuständen $L \mid 0^n$ mit $k \leqq n$ verschieden sind. Weiterhin folgt aus $L \mid p = L \mid q$ für $0^k \sqsubseteq p$ und $0^k \sqsubseteq q$ die Beziehung $L' \mid p = = L' \mid q$. Damit haben wir $G'_{L'} \leqq G'_L$. ▮

Der im Beweis von Satz 9.89. konstruierte Untercode L' von L hat also nach Folgerung 9.87. kein schlechteres Resistenzverhalten gegenüber Störmengen S als der Code L selbst. Weiterhin läßt er bei der Übertragung von Information dieselbe Geschwindigkeit zu wie L, wobei seine Kompliziertheit, d. h. sein Gewicht, nicht größer als G_L ist. Diese Tatsache führt uns zu dem Schluß, daß es für die Zwecke der Codierungstheorie vollkommen ausreichend ist, Codes L' der angegebenen Gestalt zu untersuchen, da sie die besten Eigenschaften unter allen sequentiellen Codes besitzen.

Der im Beweis von Satz 9.89. konstruierte Untercode L' hat die Form $L' = 0^k \cdot (L \mid 0^k)$, wobei es im Restcode $L \mid 0^k$ ein $m > 0$ so gibt, daß $L \mid 0^k = L \mid 0^{k+m}$ gilt. Dies gibt Anlaß zu der nachstehenden

Definition 9.90. Ein sequentieller Code L heißt *reinperiodisch* $=_{Df}$. Es gibt ein $m > 0$ derart, daß $L \mid 0^m = L$ gilt.

Gemäß Punkt 9.3.3. ist im Falle reinperiodischer Codes $\text{per}\, L = min\, \{m\colon L \mid 0^m = L\}$. Es läßt sich die rechte Seite von Definition 9.90. umformen und gibt Aufschluß über die Struktur reinperiodischer sequentieller Codes.

Satz 9.91. *Ein sequentieller Code L ist genau dann reinperiodisch, wenn L zusammenhängend ist.*[1])

Beweis. Es sei L reinperiodisch. Dann ist zu zeigen, daß es zu jedem $p \in \mathsf{A}(L)$ ein $w \in Y^*$ derart gibt, daß $L \mid p \cdot w = L$ gilt. Ist $p \in 0^*$, so existiert nach Voraussetzung ein $w \in 0^*$ derart, daß $l(p \cdot w) = k \cdot \text{per}\, L$. Damit haben wir wegen $L \mid 0^{\text{per}\, L} = L$ sofort $L \mid p \cdot w = L$. Im Falle $p \notin 0^*$ gibt es wegen der Endlichkeit des Gewichts von L Wörter $q, r \in Y^*$ mit $l(q) - l(r) \geqq l(p)$ derart, daß $L \mid p \cdot q = L \mid p \cdot r$ gilt. Daraus folgt sofort $L \mid 0^{l(p \cdot q)} = L \mid 0^{l(p \cdot r)}$, und mithin ist $l(q) - l(r) = k$ durch $\text{per}\, L$ teilbar. Wir erhalten also $L \mid 0^k \cdot p \cdot r = L \mid p \cdot r = L \mid p \cdot q$, woraus sich unmittelbar $L \mid (p \cdot q - 0^k \cdot p \cdot r) = L \mid 0^{l(p \cdot q)}$ ergibt. Wegen $k \geqq l(p)$ haben wir also ein $w \in Y^*$, für welches $L \mid p \cdot w = L \mid 0^{l(p \cdot w)}$ gilt. Die Umkehrung ist leicht einzusehen. ∎

Anmerkung. Die Aussage von Satz 9.91. erlaubt es uns, die rekurrenten (convolutional) Codes wie folgt innerhalb der sequentiellen Codes einzuordnen: *Ein sequentieller Code ist genau dann ein verzögerungsfreier rekurrenter Code, wenn er reinperiodisch ist.*

Damit ist zugleich die in Punkt 9.1. getroffene Aussage, daß die Klasse der sequentiellen Codes die der rekurrenten Codes umfaßt, weitergehend präzisiert. Auf einen Beweis der in der Anmerkung ausgesprochenen Behauptung möchten wir im Rahmen dieser Monographie verzichten, da er eine ausführliche Wiedergabe der in der Literatur ([72], [40] oder [80]) angegebenen Darstellungen rekurrenter Codes erfordern würde.

Unser Satz 9.89. und die Anmerkung zu Satz 9.91. rechtfertigen es nun auch, daß man sich bei der Anwendung sequentieller Codes vornehmlich auf rein-

[1]) Der Begriff des Zusammenhangs von Folgenmengen ist in Definition 9.42. festgelegt worden.

periodische Codes beschränkt. Von dieser Tatsache wird in der bereits zitierten Literatur Gebrauch gemacht. Es ist dabei interessant, daß man dort von ganz anderen Erwägungen ausgehend zu analogen Konsequenzen kam.

Abschließend wollen wir uns noch mit einer Kenngröße reinperiodischen Codes L beschäftigen, die es uns erlauben wird, die Größe $H_\infty(L)$ auf eine andere Weise als in Korollar 9.80. angegeben, abzuschätzen.

Wir setzen

$$Z_L^{(n)} =_{Df} \{L \mid p : p \in \mathsf{A}(L) \cap Y^n\},$$

$$\bar{G}_L =_{Df} max \{\mathsf{card}\, Z_L^{(n)} : n \in \mathsf{N}\}$$

und bezeichnen $Z_L^{(n)}$ als das *n-te Zustandsspektrum* sowie $\bar{G}_L$ als das *Spektralgewicht von L.* Im Weiteren werden wir, sofern nicht ausdrücklich anders vereinbart, L stets als einen *reinperiodischen* sequentiellen Code voraussetzen.

Folgerung 9.92.

(1) *Das n-te Zustandsspektrum $Z_L^{(n)}$ bildet einen endlichen linearen Raum über dem Körper* $[Y, +, \cdot, 0, 1]$.
(2) *Aus $Z_L^{(n)} \subseteq Z_L^{(m)}$ folgt für alle $k \in \mathsf{N}$ die Beziehung $Z_L^{(n+k)} \subseteq Z_L^{(m+k)}$.*
(3) *Es gelten $Z_L^{(n)} \subseteq Z_L^{(n+\mathsf{per}\, L)}$ sowie $Z_L^{(m)} \cap Z_L^{(n)} = \emptyset$, falls $(m - n)$ nicht durch* per L *teilbar ist.*
(4) *Ist $Z_L^{(n)} \subset Z_L^{(n+\mathsf{per}\, L)}$, so gilt* $\mathsf{card}\, Z_L^{(n+\mathsf{per}\, L)} \geqq \mathsf{card}\, Y \cdot \mathsf{card}\, Z_L^{(n)}$.

Beweis. Die Behauptung (1) erhalten wir unmittelbar aus den Folgerungen 5.86. (3) und 5.87. (1).

(2) Es sei $L \mid p \cdot r \in Z_L^{(n+k)}$, wobei $l(p) = n$ und $l(r) = k$ gelte. Nach Voraussetzung gibt es ein $q \in \mathsf{A}(L) \cap Y^m$ mit $L \mid p = L \mid q$. Damit ist auch $L \mid pr = L \mid qr \in Z_L^{(m+k)}$.
(3) Es ist $Z_L^{(0)} = \{L\} \subseteq Z_L^{(\mathsf{per}\, L)}$. Die erste Behauptung folgt nun mit (2). Die zweite Behauptung erhalten wir aus der bekannten Tatsache, daß im Falle $L \mid p = L \mid q$ die Differenz $(l(p) - l(q))$ durch per L teilbar ist.
(4) Wegen (1) sind $Z_L^{(n)}$ und $Z_L^{(n+\mathsf{per}\, L)}$ endliche lineare Räume über demselben Körper. Die Behauptung ergibt sich nun leicht aus der Tatsache, daß die Dimension von $Z_L^{(n)}$ kleiner ist als die Dimension von $Z_L^{(n+\mathsf{per}\, L)}$. ∎

Folgerung 9.93. *Es gilt* (1) $\bar{G}_L + \mathsf{per}\, L \leqq G'_L + 1$ *und* (2) $G'_L \leqq \bar{G}_L \cdot \mathsf{per}\, L$.

Beweis.

(1) Hier ist nichts zu beweisen.
(2) Nach Voraussetzung ist G'_L endlich. Damit gibt es ein $n \in \mathsf{N}$ derart, daß $Z_L^{(n)} = Z_L^{(n+\mathsf{per}\, L)}$ gilt. Mit Folgerung 9.92. (2), (3) und (4) haben wir dann $\bigcup_{i \in \mathsf{N}} Z_L^{(i)} = \bigcup_{i=0}^{\mathsf{per}\, L-1} Z_L^{(n+i)}$, woraus sofort die Behauptung folgt. ∎

Im Falle beliebiger, d. h. nicht notwendig reinperiodischer, sequentieller Codes gilt nur die Ungleichung $\bar{G}_L + G_L^0 \leqq G'_L + 1$, dagegen nicht $G'_L \leqq \bar{G}_L \cdot G_L^0$. Wir geben hierfür ein Beispiel an.

Beispiel 9.94. Es seien $Y = \{0, 1\}$ und $L = 0 \cdot (Y \cdot 0)^\omega \cup 1 \cdot (Y \cdot 1)^n \cdot (Y \cdot 0)^\omega$. Dann gelten die Beziehungen $G'_L \geqq n$, $G_L^0 = 3$ und $\bar{G}_L = 2$.

Aus Folgerung 9.92. läßt sich nun leicht ein Verfahren zur Bestimmung des Spektralgewichtes $\bar{G}_L$ für reinperiodische Codes L ableiten: An Hand eines Gleichungssystems für L konstruiere man die Folge $(Z_L^{(i)})_{i \in \mathsf{N}}$ bis zu der ersten Stelle m, für die es ein $n < m$ gibt, so daß $Z_L^{(n)} = Z_L^{(m)}$ gilt. Dann berechne man $max\,\{\mathsf{card}\, Z_L^{(i)} : n \leqq i < m\}$ und hat damit die gesuchte Größe $\bar{G}_L$.

Dieses Verfahren bricht nach spätestens $\left(log_Y \frac{G'_L}{\mathsf{per}\, L} + 1\right) \cdot \mathsf{per}\, L$ Schritten ab. Ist nämlich $Z_L^{(k \cdot \mathsf{per}\, L)} = Z_L^{((k+1) \cdot \mathsf{per}\, L)}$ und gilt $Z_L^{(n + \mathsf{per}\, L)} \supset Z_L^{(n)}$ für $n < k \cdot \mathsf{per}\, L$, so erhalten wir mit Folgerung 9.92. (3) die Beziehung $\mathsf{card} \bigcup_{i=0}^{\mathsf{per}\, L - 1} Z_L^{(k \cdot \mathsf{per}\, L + i)} = \sum_{i=0}^{\mathsf{per}\, L - 1} \mathsf{card}\, Z_L^{(k \cdot \mathsf{per}\, L + i)}$. Aus Folgerung 9.92. (5) folgt daher unter den angegebenen Voraussetzungen

$$\sum_{i=0}^{\mathsf{per}\, L - 1} \mathsf{card}\, Z_L^{(k \cdot \mathsf{per}\, L + i)} \geqq \mathsf{per}\, L \cdot \mathsf{card}\, Y^k .$$

Damit erhalten wir $\mathsf{per}\, L \cdot \mathsf{card}\, Y^k \leqq G'_L$, was die Ungleichung

$$(k + 1) \cdot \mathsf{per}\, L \leqq \left(log_Y \frac{G'_L}{\mathsf{per}\, L} + 1\right) \cdot \mathsf{per}\, L$$

zur Folge hat.

Das maximale Spektralgewicht $\bar{G}_L$ läßt sich nun im Verein mit $M_Y \delta_L$ wie folgt zu einer Abschätzung von $H_\infty(L)$ benutzen.

Lemma 9.95. *Ist für einen sequentiellen Code $\mathfrak{z}_L(n) > \bar{G}_L$, so gilt $H_\infty(L) \leqq n$.*

Beweis. Aus der Beziehung $\mathfrak{z}_L(n) > \bar{G}_L$ folgt sofort die Existenz eines $p \in \mathsf{A}(L) \cap Y^n$ mit $p \neq 0^n$ und $L \mid p = L \mid 0^n$. Damit ist $p \cdot \bar{0} \in L$ und folglich $H_\infty(\bar{0}, p \cdot \bar{0}) = H(p) \leqq l(p) = n$. ∎

Satz 9.96. *Es sei L ein reinperiodischer sequentieller Code. Dann ist* $H_\infty(L) \leqq \frac{log_Y \bar{G}_L}{M_Y \delta_L} + \mathsf{per}\, L.$

Beweis. Mit Lemma 9.95. folgt aus $\mathfrak{z}_L(k \cdot \mathsf{per}\, L) > \bar{G}_L$ sofort $H_\infty(L) < k \cdot \mathsf{per}\, L$. Das kleinste $k \in \mathsf{N}$, für welches $\mathfrak{z}_L(k \cdot \mathsf{per}\, L) > \bar{G}_L$ erfüllt ist, genügt der Ungleichung $\bar{G}_L \geqq \mathfrak{z}_L((k - 1) \cdot \mathsf{per}\, L)$. Nach Folgerung 9.61. (2) und Lemma 9.64. gilt $\mathfrak{z}_L((k - 1) \cdot \mathsf{per}\, L) = \mathsf{card}\, Y^{(k-1) \cdot \mathsf{per}\, L \cdot M_Y \delta_L}$. Damit haben wir $log_Y \bar{G}_L \geqq (k - 1) \cdot \mathsf{per}\, L \cdot M_Y \delta_L$, woraus sich $k \cdot \mathsf{per}\, L \leqq \frac{log_Y \bar{G}_L}{M_Y \delta_L} + \mathsf{per}\, L$ ergibt. ∎

Korollar 9.97. *Die Abschätzung von Satz 9.96. gilt sogar für beliebige sequentielle Codes.*

Beweis. Wie die Konstruktion des Beweises von Satz 9.89. zeigt, hat jeder sequentieller Code L einen reinperiodischen Restcode L' mit derselben Periode, das heißt $\mathsf{per}\, L = \mathsf{per}\, L'$. Die Abschätzung für L ergibt sich nun aus Folgerung 9.88. (2) und (5). ▮

Ein Vergleich der in Korollar 9.80. und in Satz 9.96. gegebenen Schranken für $H_\infty(L)$ zeigt, daß sich die in Korollar 9.80. angegebene Abschätzung für kleine $M_Y\delta_L$ und G_L^0, die etwa in der Größenordnung von G_L' liegen, anbietet, während für große $M_Y\delta_L$ und $\bar{G}_L$, die etwa in der Größenordnung von G_L' liegen, die Schranke von Satz 9.96. zu bevorzugen ist. Die Schranke von Satz 9.96. hat weiterhin den Vorteil, daß sie die Einzelcharakteristika $\bar{G}_L$, $\mathsf{per}\, L$ und $M_Y\delta_L$ besser berücksichtigt, als die von Korollar 9.80. Die Berechnung der minimalen n-Distanz $H_n(L)$ sequentieller Codes L, die für kleine n (für $n \geqq (G_L' - G_L^0) \cdot (H_\infty(L) - 1) + 1$ ist sie nach Satz 9.85. auf $H_\infty(L)$ zurückzuführen) einen wesentlich größeren Aufwand als die Berechnung von $H_\infty(L)$ erfordert, läßt sich mit Hilfe von Folgerung 9.76. und geeigneten Abschätzungen für $H_\infty(L)$ etwas vereinfachen, indem man einerseits die Beziehung $H_n(L) \leqq \sum_{i=1}^{j} k_i \cdot H_{m_i}(L)$, wobei $n = \sum_{i=1}^{j} k_i \cdot m_i$, ausnutzt und für m_i genügend kleine Werte einsetzt, sowie andererseits die Beziehung $H_n(L) \geqq 1/k \cdot H_\infty(L)$, wobei $k \cdot n \geqq (G_L' - G_L^0) \cdot (H_\infty(L) - 1) + 1$, und die angegebenen Schranken für $H_\infty(L)$ benutzt.

ANHANG

Hinweise zur Anwendung der Theorie bei der Lösung codierungstheoretischer Standardaufgaben

I. Entscheidung, ob für vorgegebene Φ, R und L eine RL-Codierung vorliegt

0. Grundbegriffe

Erzeugende φ eines sequentiellen Operators (Punkte 6.1.1., 6.1.2.); Terme bzw. Gleichungssysteme für reguläre Mengen (Punkte 5.2.1., 5.2.4., Seite 76);
Perfektheit (Punkt 5.3.);
RL-Codierungen (Seite 192).

1. Aufgabe

Gegeben sind ein sequentieller Operator Φ mittels eines realisierenden endlichen Automaten sowie Gleichungssysteme für eine Quelle R und einen sequentiellen Code L. Es ist zu prüfen, ob Φ eine RL-Codierung ist.

2. Lösung

Verfahren aus dem Beweis von Satz 8.2.

II. Konstruktion eines minimalen Φ-Coders zu vorgegebenem Φ

0. Grundbegriffe

Erzeugende, Normale und normierte Minimalfunktion eines sequentiellen Operators (Punkte 6.1., 7.1.);
Φ-Coder (Seite 192).

1. Aufgabe

Aus einem Φ-Coder φ endlichen Gewichts ist ein minimaler Φ-Coder φ' zu erzeugen.

2. Lösung

Punkt 7.4.2.

III. Beschreibung der Mindestcodemenge die von einer vorgegebenen Codierung für eine feste Quelle benötigt wird

0. Grundbegriffe

Erzeugende φ eines sequentiellen Operators Φ (Punkte 6.1.1., 6.1.2.);
Terme bzw. Gleichungssysteme für reguläre Mengen (Punkte 5.2.1., 5.2.4., Seite 76);
$\mathsf{A}(R)$, $\mathsf{ls}\ W$ (Punkt 5.1.).

1. Aufgabe

Gegeben ist eine sequentielle Funktion mittels eines endlichen realisierenden Automaten. Für eine reguläre Quelle R, die durch ein Gleichungssystem vorgelegt ist, hat man ein Gleichungssystem der Menge $\Phi(R)$ anzugeben.

2. Lösung

Aufstellung eines Gleichungssystems für $\mathsf{A}(R)$ (Punkt 5.2.4., Beweis von Satz 5.58.);

Aufstellung eines Gleichungssystems für $\varphi(\mathsf{A}(R))$ (Seite 103);

Aufstellung eines Gleichungssystems für $\mathsf{ls}\ \varphi(\mathsf{A}(R))$ (Lemma 5.15. (1), Lemma 5.61. (1)).

IV. Konstruktion eines linearen sequentiellen Operators Ψ, der vermittels $\ker \Psi$ einen sequentiellen Code zur Einbettung einer gegebenen regulären Menge R_2 definiert

0. Grundbegriffe

Lineare sequentielle Operatoren (Punkt 7.2.3.);

Erzeugende von sequentiellen Operatoren (Punkte 6.1.1., 6.1.2.); $\ker \Psi$ (Punkt 2.3.);

Terme bzw. Gleichungssysteme für reguläre Mengen (Punkte 5.2.1., 5.2.4., Seite 76);

$\mathcal{L}(R_2)$ (Punkt 5.4.).

1. Aufgabe

Gegeben ist eine reguläre Codemenge R_2 durch ein Gleichungssystem. Es ist ein linearer sequentieller Operator Ψ, beschrieben durch einen realisierenden endlichen Automaten, so zu konstruieren, daß $\ker \Psi \supseteq R$ gilt.

2. Lösung

Aufstellung eines Gleichungssystems für $\mathcal{L}(R_2)$ (Seite 95); Bestimmung von Ψ (Satz 7.53. (2)).

V. Beschreibung des durch einen linearen sequentiellen Operator Ψ definierten Codes $L = \ker \Psi$

0. Grundbegriffe

Lineare sequentielle Operatoren (Punkt 7.2.3.);

Erzeugende von sequentiellen Operatoren (Punkte 6.1.1., 6.1.2.);

Terme bzw. Gleichungssysteme für reguläre Mengen (Punkte 5.2.1., 5.2.4., Seite 76).

1. Aufgabe

Gegeben ist ein linearer sequentieller Operator Ψ durch einen realisierenden endlichen Automaten. Es ist ein Gleichungssystem für $L = \ker \Psi$ anzugeben.

2. Lösung

Seite 104.

VI. Beschreibung von Störmengen S, die zu vorgelegtem sequentiellen Code zulässig sind

0. Grundbegriffe

Terme bzw. Gleichungssysteme für reguläre Folgenmengen (Punkte 5.2.1., 5.2.4., Seite 76);
Sequentielle Codes (Punkt 9.1.);
S-Resistenz (Definition 9.2.);
Kanalkapazität (Punkt 9.3.);
Entropie (Punkt 9.3.);
n-Distanzen (Punkt 9.4.1.).

1. Aufgabe

Gegeben ist ein sequentieller Code L mittels eines Gleichungssystems. Es sind Störmengen, beschrieben durch Gleichungssysteme, anzugeben, für die L ein S-resistenter Code ist.

2. Lösung

a) Notwendige Bedingungen für S (Satz 9.58. (2));
b) Abschätzung der Kanalkapazität (Satz 9.70.);
Entropie von S (Seiten 222, 225, Beispiel 9.41.);
Entropie von L (Seite 235);
c) Hinreichende Bedingungen für S (Lemma 9.86.);
d) Natürliche Störmengen (Seite 245).

VII. Konstruktion von RL-Codierungen Φ zu vorgegebenen Quellen R und Codes L

0. Grundbegriffe

Terme bzw. Gleichungssysteme für reguläre Folgenmengen (Punkte 5.2.1., 5.2.4., Seite 76);
Perfektheit (Punkt 5.3.);
RL-Codierungen (Seite 192).

1. Aufgabe

Gegeben sind Gleichungssysteme der regulären Quelle R und eines sequentiellen Codes L. Es ist eine RL-Codierung Φ, beschrieben durch einen realisierenden endlichen Automaten, zu konstruieren.

2. Lösung

Punkt 8.3.

VIII. Konstruktion einer Decodierung θ zu vorgegebener RL-Codierung

0. Grundbegriffe

RL-Codierungen (Seite 192);
Φ-Coder (Seite 192);
Φ-Decodierung, Φ-Decoder (Seite 192);
Terme bzw. Gleichungssysteme für reguläre Mengen (Punkte 5.2.1., 5.2.4., Seite 76).

1. Aufgabe

Gegeben ist ein endlicher Automat, der eine RL-Codierung realisiert. Es ist ein endlicher Automat zu konstruieren, so daß die von ihm realisierte Funktion ϑ ein Φ-Decoder ist.

2. Lösung

Verfahren aus dem Beweis von Satz 8.2.

IX. Entscheidung der S-Resistenz eines sequentiellen Codes L bei vorgegebener Störmenge S

0. Grundbegriffe

Terme bzw. Gleichungssysteme für reguläre Mengen (Punkte 5.2.1., 5.2.4., Seite 76);
Perfektheit (Punkt 5.3.);
S-Resistenz (Punkt 9.1.).

1. Aufgabe

Gegeben sind eine reguläre perfekte Menge S und ein regulärer Unterraum L vermittels Gleichungssystemen. Es ist zu prüfen, ob L ein S-resistenter Code ist.

2. Lösung

Aufstellung der Gleichungssysteme für $(S - S)$ (Seite 91) und $L \cap (S - S)$ (Satz 5.54. (3), Seite 206);
Entscheidung nach Definition 9.2.

X. Beschreibung von sequentiellen Codes L, die S-resistent bei vorgegebener Störmenge S sind

0. Grundbegriffe

Terme bzw. Gleichungssysteme für reguläre Mengen (Punkte 5.2.1., 5.2.4., Seite 76);
S-Resistenz (Definition 9.2.);
Kanalkapazität (Punkt 9.3.);
Entropie (Punkt 9.3.);
n-Distanzen (Punkt 9.4.1.).

1. Aufgabe

Gegeben ist eine reguläre und perfekte Störmenge S durch ein Gleichungssystem. Es ist ein sequentieller Code L durch ein Gleichungssystem so anzugeben, daß S für L eine zulässige Störmenge ist.

2. Lösungen

a) Notwendige Bedingungen für L (Satz 9.58.);
b) Abschätzung der Kanalkapazität (Satz 9.70.);
Entropie von S (Seiten 222, 225, Beispiel 9.41.);
Entropie von L (Seite 235);
c) Hinreichende Bedingungen für L (Lemma 9.86.);
d) Reinperiodische Codes (Punkt 9.4.2.).

XI. Konstruktion von [L, S]-Filtern

0. Grundbegriffe

Sequentielle Codes (Punkt 9.1.);
[L, S]-Filter (Punkt 9.2.1.).

1. Aufgabe

Gegeben ist ein S-resistenter sequentieller Code L. Es ist ein [L, S]-Filter Λ zu konstruieren.

2. Lösung

Punkt 9.2.1.

XII. Abschätzungen der Übertragungsgeschwindigkeit eines Kanals und der Gesamtverzögerung eines Ensembles

0. Grundbegriffe

Verzögerung (Punkt 7.3.4.);
Entropie (Punkt 9.3.1.);
Kanalkapazität (Punkt 9.3.4.);
Gesamtverzögerung (Punkt 9.3.4.).

1. Aufgabe

Zu gegebener Quelle R, Codierung Φ, Decodierung Θ, Störmenge S und Entstörung Λ (Φ, Θ, Λ jeweils durch realisierende endliche Automaten beschrieben) sind die Kanalkapazität kap Σ_S *und die Gesamtverzögerung der Realisierung des Ensembles abzuschätzen.*

2. Lösung

Satz 9.70.; Satz 9.72.; Korollar 9.73.

LITERATURVERZEICHNIS

[1] ALEXANDROFF, P. S., Einführung in die Mengenlehre und die Theorie der reellen Funktionen, VEB Deutscher Verlag der Wissenschaften, Berlin 1973.

[2] BAHL, L. R., CULLIUM, C. D., FRAZER, W. D., JELINEK, F., An efficient algorithm for computing free distance, IEEE Trans. Inform. Th. IT-18, 437–439, May 1972.

[3] BAHL, L. R., JELINEK, F., On the structure of rate $1/n$ convolutional codes, IEEE Trans. Inform. Th. IT-18, 192–196, January 1972.

[4] BERLEKAMP, E. R., Algebraic Coding Theory, McGraw-Hill, Book Co., New York 1968.

[5] BERNHARDT, L., LINDNER, R., THIELE, H., Sequentiell berechenbare reelle Abbildungen, Elektron. Informationsverarb. u. Kybernetik 7 (1971) 5/6, 317–330.

[6] BRILLOUIN, L., Science and Information-theory, Academic Press, New York 1956.

[7] BROWN, A. L., PAGE, A., Elements of Functional Analysis, van Norstrand Reinhold Co., London 1970.

[8] BÜCHI, J. R., On a Decision Method in Restricted Second Order Arithmetic, Logic, Methodology and Philosophy of Science: Proc. 1960 Intern. Congr., Stanford Univ. Press 1972, 1–11.

[9] CHOMSKY, N., SCHÜTZENBERGER, M. P., The Algebraic Theory of Context-free Languages, In "Computer Programming and Formal Systems" (F. BRAFFORT et al., eds.) North-Holland Publ., Amsterdam 1963.

[10] DUNFORD, N., SCHWARTZ, J. T., Linear Operators I, Interscience Publishers, New York 1958.

[11] ELGOT, C. C., Decision Methods of Finite Automata Design and Related Arithmetics, Trans. Amer. Math. Soc. 98 (1961), 4, 21–51.

[12] FANO, R. M., Transmission of Information, M.I.T. Press and John Wiley & Sons Inc., New York, London 1961.

[13] GANTMACHER, F. R., Matrizenrechnung I, II, VEB Deutscher Verlag der Wissenschaften, Berlin 1958.

[14] GECSEG, F., PEÁK, J., Algebraic Theory of Finite Automata, Akademiái Kiado, Budapest 1972.

[15] GINSBURG, S., The Mathematical Theory of Context-free Languages, McGraw-Hill Book Co., New York 1966.

[16] GINSBURG, S., RICE, H. G., Two Families of Languages Related to ALGOL, J. ACM. 9 (1962) 2, 350–371.

[17] GINSBURG, S., ROSE, G. F., Operations which Preserve Definability in Languages, J. ACM. 10 (1963), 175–195.

[18] GINSBURG, S., ROSE, G. F., A Characterisation of the Automaton Mappings, Canad. J. Math. 18 (1966), 381–388.

[19] Глебский, Ю. В., Кодирование с помощью конечных автоматов, ДАН СССР 141 (1961) 5, 1054–1057.

[20] Глушков, В. М., Синтез цифровых автоматов, Физматгиз, Москва 1962.

[21] GLUSCHKOW, W. M., Theorie der abstrakten Automaten, VEB Deutscher Verlag der Wissenschaften, Berlin 1963.

[22] GRABOWSKI, J., Umkehrung nicht-deterministischer Automaten, Diss. A, Humboldt-Universität Berlin 1972.
Diese Arbeit ist auszugsweise erschienen in:
(1) Anwendung topologischer Methoden in der Theorie der ND-Automaten, Elektron. Informationsverarb. u. Kybernetik **9** (1973) 10, 615–633.
(2) Eindeutige Umkehrbarkeit des Verhaltens asynchroner ND-Automaten, Elektron. Informationsverarb. u. Kybernetik **10** (1974) 2/3, 109–122.
(3) Ein Analyse-Synthese-Satz für lokal-endliche ND-Automaten, Elektron. Informationsverarb. u. Kybernetik **10** (1974) 7, 393–397.

[23] HAMMING, R. W., Error Detecting and Error Correcting Codes, Bell System Tech. J., **29** (1950) 147–160.

[24] HOTZ, G., On the Mathematical Theory of Linear Sequential Networks, Switching Theory in Space Technology, Stanford Univ. Press 1963, 11–19.

[25] HOTZ, G., Quasilineare Automaten, Computing **2** (1967) 2, 139–152.

[26] JACOBS, K., TURING-Maschinen und zufällige 0-1-Folgen, Selecta Mathematica II, Springer-Verlag, Berlin-Heidelberg-New York 1970.

[27] KLEENE, S. C., Representation of Events in Nerve-nets and Finite Automata, Automata Studies, Princeton 1956, 3–41.

[28] KOBRINSKI, N. E., TRACHTENBROT, B. A., Einführung in die Theorie endlicher Automaten, Akademie-Verlag, Berlin 1967.

[29] Крейн,, С. Г., Линейные уравнения в Банаховом пространстве, изд-во Наука, Москва 1971.

[30] KURATOWSKI, K., Topology I, II, Academic Press New York and London, Páństwowe wydawnictwo naukowe Warszawa 1966, 1968.

[31] LINDNER, R., Über die Trennbarkeit sequentieller Codierungen, Elektron. Informationsverarb. u. Kybernetik **2** (1966) 4, 247–256.

[32] LINDNER, R., Sequentielle Operatoren und ihre Anwendung beim Studium sequentieller (diskreter) Codierungen I, II, Elektron. Informationsverarb. u. Kybernetik **4** (1968) 2, 107–136, 3, 151–172.

[33] LINDNER, R., Lineare sequentielle Operatoren, Wiss. Zeitschrift d. Friedrich-Schiller-Universität Jena, Math.-nat. Reihe **18** (1969) 2, 273–277.

[34] LINDNER, R., STAIGER, L., Eine Bemerkung über nichtkonstantenfreie sequentielle Operatoren, Elektron. Informationsverarb. u. Kybernetik **10** (1974) 4, 195–202.

[35] Левенштейн, В. И., О некоторых свойствах кодирования и самонастраивающихся автоматах для декодирования сообщений, Проблемы кибернетики, вып. **11**, Москва 1964, 63–121.

[36] Левенштейн, В. И., Двойчные коды с исправлением выпадений и вставок синвола I, Пробл. передачи информации **1**, 1965, 12—25.

[37] Левенштейн, В. И., Об обращении конечных автоматов, ДАН СССР **147** (1962) 6, 1300—1303.

[38] MALCEV, A. I., Algorithmen und rekursive Funktionen, Akademie-Verlag, Berlin 1974.

[39] MARTIN-LÖF, P., The definition of random sequences, Information and Control **6** (1966), 602–619.

[40] MASSEY, J. L., Threshold Decoding, M.I.T. Press Cambridge, Mass., 1963.

[41] MCNAUGHTON, R., Testing and Generating Infinite Sequences by a Finite Automaton, Information and Control **9** (1966) 5, 521–530.

[42] NATANSON, I. P., Theorie der Funktionen einer reellen Veränderlichen, Akademie-Verlag, Berlin 1969.

[43] NEUMANN, P. G., Efficient Error-limiting Variable-length Codes, IRE Trans. Inform. Th. IT-8, 292–304, July 1962.

[44] NEUMANN, P. G., Error-limiting Coding Using Information-lossless Sequential Machines, IEEE Trans. Inform. Th. IT-**10** 108–115, 1964.

[45] Paz, A., Salomaa, A., Integral Sequential Word Functions and Growth Equivalence of Lindenmayer Systems, Information and Control **23** (1973) 4, 313–343.

[46] Peterson, W. W., Error-correcting Codes, M.I.T. Press, Cambridge, Mass., Wiley, New York 1961.

[47] Rabin, M. O., Decidability of Second-order Theories and Automata of Finite Trees, Trans. Amer. Math. Soc. **141** (1967), 1–35.

[48] Rabin, M. O., Scott, D., Finite Automata and their Decision Problems, IBM I. Res. Dev. **3** (1959), 114–125.

[49] Salomaa, A., Two Complete Axioms Systems for the Algebra of Regular Events, J. ACM **13** (1966) 1, 158–169.

[50] Salomaa, A., Theory of Automata, Pergamon Press 1968.

[51] Sardinas, A. A., Patterson, G. W., A Necessary and Sufficient Condition for Unique Decomposition of Codes Messages, Conv. Record of the IRE, Inform. Theory, p. 8, 1953.

[52] Schnorr, C. P., Zufälligkeit und Wahrscheinlichkeit, Lect. Notes in Mathematics **218**, Springer-Verlag, Berlin-Heidelberg-New York 1971.

[53] Schützenberger, M. P., On a Application of Semigroup Methods to some Problems in Coding, IRE Trans. Inform. Th. IT-2, 47–60, May 1956.

[54] Штайгер, Л., Аналог теорены Гинзбурга-Роуза для последовательностных операторов и регулярных множеств последовательностей, сб. трудов ВЦ АН СССР (im Druck).

[55] Staiger, L., Eine Bemerkung zur Charakterisierung von Folgenmengen durch Wortmengen, Elektron. Informationsverarb. u. Kybernetik **8** (1972) 10, 589–592.

[56] Штайгер, Л., Последовательностсьные операторы и их применение в теорим кодирования (unveröffentlicht).

[57] Staiger, L., Parallelschaltungen asynchroner Automaten, Tagungsber. d. Int. Symp. „Algorithm. Kompliziertheit von Lern- und Erkennungsprozessen", Jena 1975.

[58] Staiger, L., The Entropy of ω-regular Sets, erscheint in: Schriftenr. d. WBZ f. MKR, TU Dresden, Sekt. Math., Heft 17 (1977).

[59] Staiger, L., Quasilineare Automaten und die von ihnen realisierten Operatoren, Elektron. Informationsverarb. u. Kybernetik **12** (1976) 1/2, 83–92

[60] Staiger, L., Wagner, K., Automatentheoretische und automatenfreie Charakterisierungen topologischer Klassen regulärer Folgenmengen, Elektron. Informationsverarb. u. Kybernetik **10** (1974) 7, 379–392.

[61] Starke, P. H., Abstrakte Automaten, VEB Deutscher Verlag der Wissenschaften, Berlin 1969.

[62] Stucky, W., Linear realisierbare endliche Automaten, Diss. Math.-Nat. Fak. d. Univ. d. Saarlandes, Saarbrücken 1969.

[63] Трахтенброт, Б. А., Конечные автоматы и логика одноместных предикатов, Сиб. мат. ж. **3** (1961), I, 103–131.

[64] Трахтенброт, Б. А., Барздинь, Я. М., Конечные автоматы, изд-во Наука, Москва 1970.

[65] Viterbi, A. J., Error Bounds for Convolutional Codes and an Asymptotically Optimum Decoding Algorithm, IEEE Trans. Inform. Th. IT-13 260–269, March 1967

[66] Wagner, K., Acceptation Degrees of Regular Sequence Sets, Eingereicht zur Veröffentlichung in: Information and Control.

[67] Walter, H., Synchronous Simulations of Sequential Machines, Saarbrücken.

[68] Wechsung, G., Zur Theorie der subrekursiven Berechenbarkeit, Diss. B an der Humboldt-Univ., Berlin 1973.

[69] Wechsung, G., Quasisequentielle Funktionen, Acta Cybernetica. **2** (1973) 1, 23–33.

[70] Wolf, J. K., A Survey of Coding Theory 1967–72, IEEE Trans. Inform. Th. IT-19, 381–389, July 1973.

[71] Wozencraft, J. M., Reiffen, B., Sequential Decoding, Technology Press, M.I.T. Cambridge, Mass., Wiley, New York 1961.

[72] Wyner, A. D., Ash, R. B., Analysis of Recurrent Codes, IEEE Trans. Inform. Th. IT-9 143–146, May 1963.

[73] Justesen, J., New convolutional code constructions and a class asymptotically good time-varying codes, IEEE Trans. Inform. Th., IT-19, 220–225, March 1973.

[74] Kuich, W., On the Entropy of Context-Free-Languages, Information and Control 16 (1970) 2, 173–200.

[75] Kuich, W., Entropy of Transformed Finite-State Automata and Associated Languages, Graph Theory and Computing, Academic Press, New York and London 1972, 77–86.

[76] Massey, J. L., Costello, D. J., Justesen, J., Polynomial weights and code constructions, IEEE Trans. Inform. Th. IT-19, 101–110, January 1973.

[77] Shannon, C. E., Communication in the Presence of Noise, Proc. IRE 37 (1949) 10.

[78] Shannon, C. E., A Mathematical Theory of Communication, Bell System Tech. J., 27 (1948) 3, 379–423, 4, 623–656.

[79] Shannon, C. E., Certain Results in Coding Theory for Noisy Channels, Information and Control 1 (1957) 6.

[80] Forney, G. D. Jr., Convolutional Codes I: Algebraic Structure, IEEE Trans. Inform. Theory IT-16, 720–738, November 1970.

SYMBOLVERZEICHNIS

G'_{Φ}	— reduziertes Gewicht von Φ	128
G^0_L	— Nullgewicht von L	241
$\bar{G}_L$	— Spektralgewicht	248
H_W	— minimale HAMMING-Distanz	21
$\mathfrak{h}_{\Phi}$	— Abbildung für segnentielle Operatoren	133
H	— HAMMING-Gewicht	240
H_n	— minimale n-Distanz	241
$\bar{H}_n$	— maximale n-Distanz	241
H_{∞}	— freie Distanz	241
ker	— Kern einer linearen Abbildung	16
$\varkappa_{\Phi}$	— Dechiffrierungscharakteristik	193
$k_{L,S}$	— Entstörungsverzögerung	206, 148
ls W	— Limes von W	56
$\mathcal{L}$	— lineare Hülle	89
log_X	— *Log.* zur Basis card X	218
Min W	— Minimum von W	58
$M \mid p$	— Zustand von M	68
$\mathfrak{max}$	— Maximalausgabe	99
Max W	— Maximum von W	123
$\|\| \cdot \|\|_{\Sigma}$	— Zeilensummennorm in Matrizen	223
N	— natürliche Zahlen	—
$\|\| \cdot \|\|$	— —Norm in Y^{ω}	87
$\mathfrak{P}$	— Potenzmenge	—
$\mathfrak{p}_W(t)$	— Wortanzahlfunktion	101
pr_i	— i-te Projektion	112
Pr^X_i	— Projektionsoperator	137
pr^X_i	— Normale des Projektionsoperators	137
per L	— Periode von L	234
R_1	— Quelle	8
R_2	— Code	10
R_3	— S-gestörter Code	11
R_5	— entstörter Code	13
R_6	— Decodierungsergebnis	14
ϱ	— Metrik	52
$P\varphi$	— von φ erzeugter Operator	106
rest	— Restfunktion	150

NAMENSVERZEICHNIS

SACHWORTVERZEICHNIS

FSC
www.fsc.org
MIX
Papier | Fördert gute Waldnutzung
FSC® C083411

Zeitfracht Medien GmbH
Ferdinand-Jühlke-Straße 7
99095 Erfurt, Deutschland
produktsicherheit@kolibri360.de